建筑工程技术文件编制系列丛书

园林工程施工文件一本通

王立信　主编

中国建筑工业出版社

图书在版编目（CIP）数据

园林工程施工文件一本通/王立信主编. —北京：中
国建筑工业出版社，2012.7
（建筑工程技术文件编制系列丛书）
ISBN 978-7-112-14448-8

Ⅰ．①园… Ⅱ．①王… Ⅲ．①园林-工程施工-
施工管理-文件-中国 Ⅳ.①TU986.3

中国版本图书馆 CIP 数据核字（2012）第 147126 号

　　《园林工程施工文件一本通》是以北京市地方标准《园林绿化工程施工及验收规
范》DB11/T 212—2009 和《园林绿化工程资料管理规程》DB11/T 712—2010 为依据编
写，全书涵盖了园林绿化工程文件、基建文件、监理文件、施工文件等资料。其中，检
验批质量验收与实施包括了绿化种植、园林景观构筑物、园林铺地、园林给水排水、园
林用电等子单位工程。

　　本书内容丰富、资料翔实，可供园林人员、资料人员、施工人员使用。

* * *

责任编辑：郭　栋　辛海丽
责任设计：李志立
责任校对：肖　剑　赵　颖

建筑工程技术文件编制系列丛书
园林工程施工文件一本通
王立信　主编
*
中国建筑工业出版社出版、发行（北京西郊百万庄）
各地新华书店、建筑书店经销
霸州市顺浩图文科技发展有限公司制版
北京同文印刷有限责任公司印刷
*
开本：787×1092 毫米　1/16　印张：39¾　字数：986 千字
2012 年 11 月第一版　2012 年 11 月第一次印刷
定价：**86.00** 元
<u>ISBN 978-7-112-14448-8</u>
（22544）

园林工程施工文件一本通
编写委员会

主　　编　　王立信

编写人员　　王立信　刘伟石　贾翰卿　赵　涛

　　　　　　田云涛　郭晓冰　段万喜　王少众

　　　　　　王常丽　郭　彦　孙　宇　郭天翔

　　　　　　付长宏　马　成　王春娟　张菊花

　　　　　　王　薇　王　倩　王丽云

目 录

检验批质量验收表式与实施

绿化种植子单位工程　01

种植基础分部工程　C7-01

【一般性基础子分部工程】　C7-01-01

【架空绿地构造层子分部工程】　C7-01-02

【边坡基础子分部工程】　C7-01-03

种植分部工程　C7-01

【一般性种植子分部工程】　C7-01-04

【大规格苗木移植子分部工程】　C7-01-05

【坡面绿化子分部工程】　C7-01-06

养护分部工程　C7-01

【苗木养护子分部工程】　C7-01-07

【古树复壮子分部工程】　C7-01-08

园林景观构筑物及其他造景子单位工程　02

地基基础分部工程　C7-02

【无支护土方子分部工程】　C7-02-01

园林绿化工程文件组成

园林绿化工程文件通常包括：工程基建文件（准备阶段文件）、监理文件、施工文件、工程文件的立卷和移交。

1. 工程基建文件（准备阶段文件）：包括工程可研、立项、审批、征地、拆迁、勘察、设计、招投标、开工审批、概预算及工程竣工验收等阶段的项目建设文件与资料，由建设单位整理提供。

2. 监理文件（资料）：包括监理规划、进度控制、质量控制、投资控制、监理通知、工程总结、合同、勘察、设计、施工等实施过程的监理资料，由监理单位整理提供。

3. 施工文件（资料）包括：

（1）工程质量验收文件；

（2）施工技术文件（工程质量控制资料、工程安全与功能检验文件，工程观感质量验收文件……），由施工单位整理提供。

4. 竣工图

5. 工程文件（资料）的立卷和移交：包括工程档案立卷及移交等，由建设单位整理提供。

注：园林绿化工程是指服务于园林工程的树木、花卉、草坪、地被植物等的种植工程。是指城市（城镇）区域范围内的绿化工程。不包括野外风景区的绿化工程。

依据标准：北京市地方标准《园林绿化工程资料管理规程》DB11/T 712—2010

北京市地方标准《园林绿化工程施工及验收规范》DB11/T 212—2009

1 园林绿化工程文件

1.1 工程文件（资料）分类及编号

1.1.1 分类原则

（1）工程资料按照 DB11/T 712—2010 标准规定的管理职责和资料性质进行分类。

（2）施工资料分类根据类别和专业系统划分。

（3）施工过程中工程资料的分类、整理除执行本标准规定外，同时应执行国家、地方及行业现行的法规、标准及有关规定。

1.1.2 工程文件（资料）分类表

工程文件（资料）分类见表1。

工程文件（资料）分类表 表1

类别编号	资料名称	表格编号（或资料来源）	保存单位			
			施工单位	监理单位	建设单位	备案部门
A 类	**基建文件**					
A1	**决策立项文件**					
A1-1	投资项目建议书	建设单位			●	
A1-2	对项目建议书的批复文件	建设主管部门			●	
A1-3	环境影响审批文件	市环保局			●	
A1-4	可行性研究报告	工程咨询单位			●	
A1-5	对可行性研究报告的批复文件	有关主管部门			●	
A1-6	关于立项的会议纪要、领导批示	会议组织单位			●	
A1-7	专家对项目的有关建议文件	建设单位			●	
A1-8	项目评估研究资料	建设单位			●	
A1-9	批准的立项文件	建设单位			●	●
A2	**建设规划用地、征地、拆迁文件**					
A2-1	土地使用报告预审文件、国有土地使用证	市国土主管部门			●	
A2-2	拆迁安置意见及批复文件	政府有关部门			●	
A2-3	规划意见书及附图	市规划委			●	
A2-4	建设用地规划许可证、附件及附图	市规划委			●	
A2-5	其他文件：掘路占路审批文件、移伐树木审批文件、工程项目统计登记文件、向人防备案(施工图)文件、非政府投资项目文件	政府有关部门			●	

续表

类别编号	资料名称	表格编号（或资料来源）	保存单位			
			施工单位	监理单位	建设单位	备案部门
A3	**勘察、测绘、设计文件**					
A3-1	工程地质勘察报告	勘察部门	●	●	●	
A3-2	水文地质勘察报告	勘察部门	●	●	●	
A3-3	审定设计批复文件及附图	市规划委	●	●	●	
A3-4	审定设计方案通知书	市规划委			●	
A3-5	初步设计文件	设计单位			●	
A3-6	施工图设计文件	设计单位	●	●	●	
A3-7	初步设计审核文件	园林绿化行政主管部门			●	●
A3-8	对设计文件的审查意见	建设单位			●	
A4	**工程招标及相关合同文件**					
A4-1	勘察招投标文件	建设、勘察单位			●	
A4-2	设计招投标文件	建设、设计单位			●	
A4-3	拆迁招投标文件	建设、拆迁单位			●	
A4-4	施工招投标文件	建设、施工单位	●	●	●	
A4-5	监理招投标文件	建设、监理单位		●	●	
A4-6	设备、材料招投标文件	建设、供应单位			●	
A4-7	勘察合同	建设、勘察单位			●	
A4-8	设计合同	建设、设计单位			●	
A4-9	拆迁合同	建设、拆迁单位			●	
A4-10	施工合同	建设、施工单位	●	●	●	
A4-11	监理合同	建设、监理单位		●	●	
A4-12	材料设备采购合同	建设、供应单位	●		●	
A5	**工程开工文件**					
A5-1	工程质量监督登记表	质量监督机构			●	●
A5-2	建改工程附属绿化工程开工告知受理通知单	园林绿化行政主管部门			●	
A6	**商务文件**					
A6-1	工程投资估算材料	造价咨询单位			●	
A6-2	工程设计概算	造价咨询单位				
A6-3	施工图预算	造价咨询单位	●	●	●	
A6-4	施工预算	施工单位	●	●	●	
A6-5	工程结、决算	合同双办	●	●	●	●
A6-6	交付使用固定资产清单	建设单位			●	
A7	**工程竣工备案文件**					
A7-1	工程竣工验收通知单	表 A7-1			●	
A7-2	工程竣工验收备案表	表 A7-2			●	
A7-3	工程竣工验收报告	表 A7-3			●	●
A7-4	勘察、设计单位质量检查报告	相关单位			●	●
A7-5	养护、保修责任书,设备使用说明书	建设、施工单位			●	

类别编号	资料名称	表格编号（或资料来源）	施工单位	监理单位	建设单位	备案部门
A7-6	开工前原貌、施工过程、竣工新貌等照片	建设、施工单位			●	
B 类	**监理资料**					
B1	监理管理资料					
	监理规划、监理实施细则	监理单位		●	●	
	监理月报	监理单位		●	●	
	监理会议纪要	监理单位	●	●	●	
	工程项目监理日志	监理单位		●		
	监理工作总结	监理单位		●	●	
B2	**施工监理资料**					
	工程技术文件报审表	表 B2-1	●	●	●	
	施工测量放线报验表	表 B2-2	●	●	●	
	施工进度计划报审表	表 B2-3	●	●	●	
	工程物资进场报验表	表 B2-4	●	●	●	
	苗木、种子进场报验表	表 B2-5	●	●	●	
	工程动工报审表	表 B2-6	●	●	●	
	分包单位资质报审表	表 B2-7	●	●	●	
	分项/分部工程施工报验表	表 B2-8	●	●		
	（ ）月工、料、机动态表	表 B2-9	●	●		
	工程复工报审表	表 B2-10	●	●	●	
	（ ）月工程进度款报审表	表 B2-11	●	●	●	
	工程变更费用报审表	表 B2-12	●	●	●	
	费用索赔申请表	表 B2-13	●	●	●	
	工程款支付申请表	表 B2-14	●	●	●	
	工程延期申请表	表 B2-15	●	●	●	
	监理通知回复单	表 B2-16	●	●		
	监理通知	表 B2-17	●	●		
	旁站监理记录	表 B2-18	●	●		
	监理抽检记录	表 B2-19	●	●		
	不合格项处置记录	表 B2-20	●	●		
	工程暂停令	表 B2-21	●	●	●	
	工程延期审批表	表 B2-22	●	●	●	
	费用索赔审批表	表 B2-23	●	●	●	
	工程款支付证书	表 B2-24	●	●	●	
	见证记录	表 B2-25	●	●	●	
	有见证取样和送检见证人备案书	表 B2-26	●	●	●	
	有见证试验汇总表	表 82-27	●	●	●	
B3	**竣工验收监理资料**					
	单位(子单位)工程竣工预验收报验表	表 B3-1	●	●	●	

续表

类别编号	资料名称	表格编号（或资料来源）	保存单位			
			施工单位	监理单位	建设单位	备案部门
	工程质量评估报告	表 B3-2		●	●	●
	竣工移交证书	表 B3-3	●	●	●	
B4	**其他资料**					
	工作联系单	表 B4-1	●	●	●	
	工程变更单	表 B4-2		●	●	
C类	**施工资料**					
C0	**工程管理与验收资料**					
	工程概况表	表 C0-1	●			●
	项目大事记	表 C0-2	●			
	工程质量事故记录	表 C0-3	●	●	●	
	工程质量事故调(勘)查记录	表 C0-4	●	●	●	
	工程质量事故处理记录	表 C0-5	●	●	●	
	单位(子单位)工程质量竣工验收记录	DB11/T 212—2009	●	●	●	●
	单位(子单位)工程质量控制资料核查记录	DB11/T 212—2009	●	●	●	
	单位(子单位)工程安全、功能和植物成活要素检验资料核查及主要功能抽查记录	DB11/T 212—2009	●	●	●	
	单位(子单位)工程观感质量检查记录	DBll/T 212—2009	●	●	●	
	单位(子单位)工程植物成活率统计记录	DB11/T 212—2009	●	●	●	
	施工总结	施工单位编制	●		●	
	工程质量竣工报告	表 C0-6	●	●	●	●
Cl	**施工管理资料**					
	施工现场质量管理检查记录	表 C1-1	●	●		
	施工日志	表 C1-2	●			
C2	**施工技术文件**					
	施工组织设计	施工单位	●			
	施工组织设计审批表	表 C2-1	●			
	图纸会审记录	表 C2-2	●	●	●	
	设计交底记录	表 C2-3	●	●	●	
	技术交底记录	表 C2-4	●			
	设计变更通知单	表 C2-5	●	●	●	
	工程洽商记录	表 C2-6	●	●	●	
	安全交底记录	表 C2-7	●			
C3	**施工物资资料**					
	通用表格					
	工程物资选样送审表	表 C3-1	●	●	●	
	材料、构配件进场检验记录	表 C3-2	●			
	材料试验报告(通用)	表 C3-3			●	

类别编号	资料名称	表格编号（或资料来源）	保存单位			
			施工单位	监理单位	建设单位	备案部门
	设备开箱检验记录	表 C3-4	●			
	设备及管道附件试验记录	表 C3-5	●		●	
	产品合格证衬纸	表 C3-6	●			
	绿化种植工程					
	苗木选样送审表	表 C3-7	●		●	
	非圃地苗木质量证明	表 C3-8	●		●	
	苗木进场检验记录	表 C3-9	●			
	种子进场检验记录	表 C3-10	●			
	客土进场检验记录	表 C3-11	●			
	非饮用水试验报告	表 C3-12	●			
	客土试验报告	表 C3-13	●		●	
	种子发芽率试验报告	表 C3-14	●		●	
	园林铺地、园林景观构筑物及其他造景工程					
	各种物资出厂合格证、质量保证书和商检证	供应单位提供	●		●	
	预制钢筋混凝土构件出厂合格证	表 C3-15	●		●	
	钢构件出厂合格证	表 C3-16	●		●	
	水泥性能检测报告	供应单位提供	●		●	
	钢材性能检测报告	供应单位提供	●		●	
	木结构材料检测报告	供应单位提供	●		●	
	防水材料性能检测报告	供应单位提供	●		●	
	水泥试验报告	表 C3-17	●		●	
	砂试验报告	表 C3-18	●		●	
	钢材试验报告	表 C3-19	●		●	
	碎（卵）石试验报告	表 C3-20	●		●	
	木材试验报告	试验单位提供	●		●	
	防水卷材试验报告	表 C3-21	●		●	
	园林用电工程					
	低压成套配电柜、动力照明配电箱（盘柜）出厂合格证、生产许可证、试验记录、CCC 认证及证书复印件	供应单位提供	●		●	
	电动机、低压开关设备合格证、生产许可证、CCC 认证及证书复印件	供应单位提供	●		●	
	照明灯具、开关、插座及附件出厂合格证、CCC 认证及证书复印件	供应单位提供	●		●	
	电线、电缆出厂合格证、生产许可证、CCC 认证及证书复印件	供应单位提供	●		●	
	电缆头部件及钢制灯柱合格证	供应单位提供	●		●	
	主要设备安装技术文件	供应单位提供	●		●	
	园林给水排水工程					
	管材产品质量证明文件	供应单位提供	●		●	

续表

类别编号	资料名称	表格编号（或资料来源）	保存单位			
			施工单位	监理单位	建设单位	备案部门
	主要材料、设备等产品质量合格证及检测报告	供应单位提供				
	水表计量检定证书	供应单位提供	●		●	
	安全阀、减压阀调试报告及定压合格证书	供应单位提供	●		●	
	主要设备安装使用说明书	供应单位提供	●		●	
C4	**施工测量监测记录**					
	工程定位测量记录	表 C4-1	●	●	●	
	测量复核记录	表 C4-2	●			
	基槽验线记录	表 C4-3	●		●	
C5	**施工记录**					
	通用表格					
	施工通用记录	表 C5-1	●			
	隐蔽工程检查记录	表 C5-2	●		●	
	预检记录	表 C5-3	●			
	交接检查记录	表 C5-4	●	●		
	绿化种植工程					
	绿化用地处理记录	表 C5-5	●			
	土壤改良检查记录	表 C5-6	●			●
	病虫害防治检查记录	表 C5-7	●			
	苗木保护记录	表 C5-8	●			
	园林铺地、园林景观构筑物及其他造景工程					
	地基处理记录	表 C5-9	●		●	
	地基钎探记录	表 C5-10	●			
	桩基础施工纪录	表 C5-11	●			
	砂浆配合比申请单、通知单	表 C5-12	●			
	混凝土配合比申请单、通知单	表 C5-13	●			
	混凝土浇筑申请书	表 C5-14	●	●		
	混凝土浇筑记录	表 C5-15	●			
	园林用电工程					
	电缆敷设检查记录	表 C5-16	●			
	电气照明装置安装检查记录	表 C5-17	●			
C6	**施工试验记录**					
	通用表格					
	施工试验记录（通用）	表 C6-1	●		●	
	园林铺地、园林景观构筑物及其他造景工程					
	土壤压实度试验记录（环刀法）	表 C6-2	●		●	
	土壤压实度试验记录（灌砂法）	表 C6-3	●		●	
	混凝土抗压强度试验报告	表 C6-4	●		●	
	砌筑砂浆抗压强度试验报告	表 C6-5	●		●	

续表

类别编号	资料名称	表格编号（或资料来源）	施工单位	监理单位	建设单位	备案部门
	混凝土抗渗试验报告	表 C6-6	●		●	
	钢筋连接试验报告	表 C6-7	●		●	
	防水工程试水记录	表 C6-8	●		●	
	水池满水试验记录	表 C6-9	●		●	
	景观桥荷载通行试验记录	表 C6-10	●		●	
	土壤干密度试验记录	表 C6-11	●			
	园林给水排水工程					
	给水管道通水试验记录	表 C6-12	●		●	
	给水管道水压试验记录	表 C6-13	●		●	
	污水管道闭水试验记录	表 C6-14	●		●	
	管道通球试验记录	表 C6-15	●		●	
	调试记录（通用）	表 C6-16	●		●	
	喷泉水景效果试验记录	表 C6-17	●		●	
	园林用电工程					
	夜景灯光效果试验记录	表 C6-18	●		●	
	设备单机试运行记录（通用）	表 C6-19	●		●	
	电气绝缘电阻测试记录	表 C6-20	●		●	
	电气照明全负荷试运行记录	表 C6-21	●		●	
	电气接地电阻测试记录	表 C6-22	●		●	
	电气接地装置隐检/测试记录	表 C6-23	●		●	
C7	**施工质量验收记录**					
	检验批质量验收记录	DB11/T 212—2009	●	●	●	
	分项工程质量验收记录	DB11/T 212—2009	●	●	●	
	分部（子分部）工程质量验收记录	DB11/T 212—2009	●	●	●	●
D	**竣工图**	**施工单位**				●
F	**工程资料封面和目录**					
	工程资料案卷封面	施工单位	●		●	
	工程资料卷内目录	施工单位	●		●	
	分项目录（一）	施工单位	●		●	
	分项目录（二）	施工单位	●		●	
	工程资料卷内备考表	施工单位	●		●	

注：按 DB11/T 712—2010。

1.1.3 工程文件（资料）的编号

1.1.3.1 编号依据

（1）DB11/T 712—2010 的工程文件（资料）分类表。

（2）DB11/T 712—2010 的附录 A 园林绿化工程分部（子分部）工程划分与代号索引表。

1.1.3.2 文件的名称编号

1.1.3.2-1　A 类　基建文件

A1——决策立项文件（A1-1～A1-9）

A2——建设规划用地、征地、拆迁文件（A2-1～A2-5）

A3——勘察、测绘、设计文件（A3-1～A3-8）

A4——工程招标及相关合同文件（A4-1～A4-12）

A5——工程开工文件（A5-1～A5-2）

A6——商务文件（A6-1～A6-6）

A7——工程竣工备案文件（A7-1～A7-6）

1.1.3.2-2　B 类　监理文件（资料）

B1——监理管理资料（B1-1～B1-5）

B2——施工监理资料（B2-1～B2-27）

B3——竣工验收监理资料（B3-1～B3-3）

B4——其他资料（B4-1～B4-2）

1.1.3.2-3　C 类　施工文件（资料）

C0——工程管理与验收资料（C0-1～C0-6）

C1——施工管理资料（C1-1～C1-2）

C2——施工技术文件（C2-1～C2-7）

C3——施工物资资料（C3-1～C3-21）

C4——施工测量监测记录（C4-1～C4-3）

C5——施工记录（C5-1～C5-16）

C6——施工试验记录（C6-1～C6-23）

C7——施工质量验收记录（园林绿化工程质量验收文件）见组卷目录表

园林绿化工程文件编号根据上述规定编制。见"施工资料、竣工图组卷参考表"。

附录 A 园林绿化工程分部（子分部）工程划分与代号索引表

分部工程代号	分部工程名称	子分部工程代号	子分部工程名称	分 项	备注
01	绿化种植	01	一般性基础	整理绿化用地,地形整理(土山,微地形),通气透水	
		02	架空绿地构造层	防水隔(阻)根,排(蓄)水设施	
		03	边坡基础	锚杆及防护网安装,铺笼砖	
		04	一般性种植	种植穴(槽),栽植,草坪播种,分栽,草卷,草块铺设	
		05	大规格苗木移植	掘苗及包装,种植穴(槽),栽植	
		06	坡面绿化	喷播,栽植,分栽	
		07	苗木养护	围堰,支撑,浇灌水,树木修剪	
		08	古树复壮	通气透水,修补树穴,古树保护	
02	园林景观构筑物及其他造景	01	无支护土方	土方开挖,土方回填	
		02	地基及基础处理	灰土地基,砂和砂石地基,碎砖三合土地基	
		03	混凝土基础	模板,钢筋,混凝土	
		04	砌体基础	砖砌体,混凝土砌块砌体,石砌体	
		05	桩基	混凝土预制桩,混凝土灌注桩	
		06	混凝土结构	混凝土模板,钢筋,混凝土	
		07	砌体结构	砖砌体,石砌体,叠山	
		08	钢结构	钢结构焊接,紧固件连接,单层钢结构安装,钢构件组装	
		09	木结构	方木和原木结构,木结构防护	
		10	基础防水	防水混凝土,水泥砂浆防水,卷材防水,涂料防水,防水毯防水	
		11	地面	水泥混凝土面层,砖面层,石面层,料石面层,木地板面层	
		12	墙面	饰面砖,饰面板	
		13	顶面	玻璃,阳光板	
		14	涂饰	水性涂料涂饰,溶剂型涂料涂饰,美术涂饰	
		15	仿古油饰	地仗,油漆,贴金,大漆,打蜡,花色墙边	
		16	仿古彩画	大木彩绘,斗栱彩绘,天花,枝条彩绘,楣子,芽子雀替,花活彩绘,椽头彩绘	
		17	园林简易设施安装	果皮箱,座椅(凳),牌示,雕塑雕刻,塑山,园林护栏	
		18	花坛设置	立体(花坛)骨架,花卉摆放	
03	园林铺地	01	地基及基础	混凝土基层,灰土基层,碎石基层,砂石基层,双灰面层	
		02	面层	混凝土面层,砖面层,料石面层,花岗石面层,卵石面层,木铺装面层,路缘石(道牙)	
04	园林给水排水	01	园林给水	管沟,井室,管道安装	
		02	园林排水	排水盲沟,管道安装,管沟,井池	
		03	园林喷灌	管沟及井室,管道安装,设备安装	
05	园林用电	01	电气动力	成套配电柜,控制柜(屏,台)和动力配电箱(盘)及控制柜安装,低压电动机,接线,低压电气动力设备检测,试验和空载试运行,电线,电缆穿管和线槽敷设,电缆头制作,导线连接和线路电气试验,插座,开关,风扇安装	
		02	电气照明安装	成套配电柜,控制柜(屏,台)和照明配电箱(盘)及控制柜安装,低压电动机,接线,电线,电缆穿管和线槽敷设,电缆头制作,导线连接和线路电气试验,灯具安装,插座,开关,风扇安装,照明通电试运行	

1.1.4　工程质量验收文件编号

1.1.4.1　编号依据

（1）DB11/T 712—2010 的工程文件（资料）分类表（界定施工质量验收记录为 C7）。

（2）DB11/T 712—2010 的附录 A 园林绿化工程分部（子分部）工程划分与代号索引表［界定园林绿化工程分部（子分部）工程编号］。

1.1.4.2　分部（子分部）工程代号

（1）绿化种植分部工程：绿化种植分部工程代号为 01；绿化种植子分部工程：一般性基础子分部工程代号为 01、架空绿地构造层子分部工程代号为 02、边坡基础为 03、一般性种植子分部工程代号为 04、大规格苗木移植子分部工程代号为 05、坡面绿化子分部工程代号为 06、苗木养护子分部工程代号为 07、古树复壮子分部工程代号为 08。

（2）园林景观构筑物及其他造景分部工程：园林景观构筑物及其他造景分部工程代号为 02；园林景观构筑物及其他造景子分部工程：无支护土方子分部工程代号为 01；地基及基础处理子分部工程代号为 02、混凝土基础子分部工程代号为 03、砌体基础子分部工程代号为 04、桩基子分部工程代号为 05、混凝土结构子分部工程代号为 06、砌体结构子分部工程代号为 07、钢结构子分部工程代号为 08、木结构子分部工程代号为 09、基础防水子分部工程代号为 10、地面子分部工程代号为 11、墙面子分部工程代号为 12、顶面子分部工程代号为 13、涂饰子分部工程代号为 14、仿古油饰子分部工程代号为 15、仿古彩画子分部工程代号为 16、园林简易设施安装子分部工程代号为 17、花坛设置子分部工程代号为 18。

（3）园林铺地分部工程：园林铺地分部工程代号为 03；园林铺地子分部工程：地基及基础子分部工程代号为 01、面层子分部工程代号为 02。

（4）园林给水排水分部工程：园林给水排水分部工程代号为 04；园林给水排水子分部工程：园林给水子分部工程代号为 01、园林排水子分部工程代号为 02、园林喷灌子分部工程代号为 03。

（5）园林用电分部工程：园林用电分部工程代号为 05；园林用电子分部工程：电气动力子分部工程代号为 01、电气照明安装子分部工程代号为 02。

1.1.4.3　分项/检验批代号

按 DB11/T 712—2010 的附录 A 园林绿化工程分部（子分部）工程划分与代号索引表分项下的分项/检验批工程名称的序列编号。如 1、2、3……。

工程质量验收文件编号根据上述规定编制。见"园林绿化工程质量验收文件组卷目录表"。

举例：绿化种植分部一般性基础子分部工程中的整理绿化用地分项/检验批质量验收记录其编号为表 C7-01-01-1。

注：C7 为施工质量验收记录类别编号；01 为分部工程代号；01 为子分部工程代号；1 为分项检验批编号。

2 园林绿化工程基建文件

园林绿化工程基建文件是指建设单位在工程建设过程中形成并收集汇编的关于立项、征用地、拆迁、地质勘察、测绘、设计、招投标、工程验收等文件或资料。

2.1 基建文件的申报与审批

园林绿化工程的新建、改建、扩建的工程建设项目，基建文件涉及向政府主管部门申报、审批的有关文件，均应按有关政府主管部门的规定及本标准要求进行。

2.2 工程准备阶段文件

2.2.1 建设规划用地、征地、拆迁文件

2.2.1.1 工程项目选址申请及选址规划意见通知书（A2-1）

资料说明

（1）指城市规划行政主管部门最终审批的工程项目选址申请及选址规划意见通知书。以此文件直接归存。按当地城市规划行政主管部门的统一表式执行。

（2）各级政府计划部门审批项目建议书时，征求同级政府城市规划行政主管部门的意见。即城市规划行政主管部门对确定安排在城市规模区内的建设项目从城市规划方面提出的选址意见书。可行性研究报告请批时，必须附有城市规划行政主管部门的选址意见书。

1）建设项目选址意见书应包括的内容：

① 建设项目的基本情况：名称、性质、用地、建设规模、供水、能源、运输、三废排放方式与数量等。

② 选址依据：经批准的项目建议书应与城市规划、布局、交通、通信、能源、市政、防灾、配套生活设施、环境污染、环保与风景名胜、文物保护等协调。

③ 项目选址、用地范围及规划要求。

2）建设项目选址意见书审批权限实行分级管理，审批单位应符合分级管理权限要求的规定。

3）建设项目选址报告的基本内容：

① 选址的依据及选址经过简况。

② 选址方案的比较：选址方案优缺点比较；选址方案的投资比较；选址方案的经济费用比较；选址的推荐方案。

③ 城市规划行政主管部门核发：《建设项目选址意见书》、《建设用地规划许可证》、

《建设工程规划许可证》。

④ 主要附件：各项协议文件。

2.2.1.2 用地申请及批准书（A2-2）

资料说明

（1）土地征用申请书

1）以建设单位持批准的可行性研究报告或县以上人民政府批准的有关文件，向县以上人民政府土地管理部门提出的项目建设申请书（城市规划区内的需征得城市规划管理部门同意），以此申请书，归存。

2）建设单位持批准的建设项目可行性研究报告或县以上人民政府批准的有关文件，向县以上人民政府土地管理部门提出项目建设用地申请。

（2）政府批准的土地征用文件

1）以政府批准的征用农田文件归存。

2）由当地人民政府有关部门批准文件形成。

2.2.1.3 拆迁安置意见、协议、方案等（A2-3）

资料说明

（1）根据《城市房屋拆迁管理条例》按征地、拆迁过程经双方同意，实际形成的并经当地建设行政主管部门签证的协议书归存。

（2）由当地人民政府有关部门批准文件形成。

2.2.1.4 建设用地规划许可证及附件（A2-4）

资料说明

按当地城市规划行政主管部门的统一表式执行，以城市规划行政主管部门最终审批的文件归存。

建设用地规划许可证是由建设单位和个人提出建设用地申请，城市规划行政主管部门根据规划和建设项目的用地需要，确定建设用地位置、面积、界限的法定凭证。

（1）建设用地规划许可证的申办

1）申办程序：

① 凡在城市规划区内进行建设需要申请用地的，必须按国家批准的建设项目的有关文件，向城市规划行政主管部门提出定点申请；

② 城市规划行政主管部门根据用地项目的性质、规模等，按城市规划要求，初步选定用地项目的具体位置和界线；

③ 根据需要，征求有关行政主管部门对用地位置和界线的具体意见；

④ 城市规划行政主管部门向用地单位提供规划设计条件；

⑤ 审核用地单位提供的规划设计总图；

⑥ 核发建设用地规划许可证；

⑦ 据此，向县以上地方人民政府土地管理部门申请用地。

2）建设用地规划许可证应包括内容：

① 标有建设用地具体界线的附图和明确具体规划要求的附件；

② 附图和附件是建设用地规划许可证的配套证件，具有同等的法律效力；

③ 附图和附件由发证单位根据法律、法规的规定和实际情况制定；

④ 建设用地规划许可证由市、县规划行政主管部门核发。

（2）建设用地来源及征用土地的审批程序

1）明确建设用地来源：

① 集体土地：国家可依法对集体所有土地实行征用；

② 国有土地：国家可实行有偿划拨和无偿划拨；

2）申请用地：

① 持有按国家基本建设程序批准的可行性研究报告等文件、资料，向当地县以上人民政府土地管理部门申请建设用地。在城市规划区内进行建设，还应先取得城市规划管理部门的同意。申请用地单位应具有法人地位。

② 拟定征地方案签订补偿安置协议。土地管理部门会同城建规划部门组织建设单位和被征用、划拨土地单位按国家和地方法律、法规和有关规定，商定补偿费用标准和劳动力安置方案，签订补偿和安置协议。

③ 审查批准。按照法定的权限呈报县以上人民政府批准。

④ 划拨土地。在县以上人民政府土地管理部门主持下，由建设单位和被征（拨）用土地单位进行协商，修订征（拨）用地补偿安置协议，结算各项费用，填发建设用地批准书，一次或分期划拨土地。

⑤ 颁发土地使用证。竣工验收后由用地单位到当地土地管理部门办理土地登记申请，注册登记，颁发土地使用证。

2.2.1.5 划拨建设用地文件（A2-5）

指县以上人民政府批准用地位置、面积、界线的文件，以批准文件直接归存。

2.2.1.6 土地使用许可证（A2-6）

资料说明

（1）按当地土地管理部门统一表式执行，必须是经县以上人民政府依法批准，项目所在地土地管理部门颁发的土地使用证归存。

（2）由县以上人民政府土地管理部门核发土地使用许可证。

2.2.1.7 工程建设项目报建资料

资料说明

（1）按当地建设行政主管部门的统一表式执行，以当地建设行政主管部门最终审批的文件归存。

（2）工程项目报建由建设单位或其代理机构在工程项目可行性研究报告或其他立项文件审批后，向当地建设行政主管部门或其授权机构进行报建。

凡在我国境内投资兴建的工程建设项目，包括外国独资、合资、合作的工程建设项目，都必须实行报建制度，接受当地建设行政主管部门或其授权机构的监督管理。

1）报建内容包括：

工程名称；建设地点；投资规模；资金来源；当年投资额；工程规模；开工、竣工日期；发包方式；工程筹建情况。

2）报建程序：

① 建设单位到建设行政主管部门或其授权机构领取《工程建设项目报建表》；

② 建设单位按报建表的内容认真填写；

③ 向建设行政主管部门或其授权机构报送《工程建设项目报建表》，并按要求进行招标准备。

未办理报建的工程建设项目，不得办理招投标手续和发放施工许可证，设计、施工单位不得承接该项工程的设计和施工任务。

2.2.2 勘察、测绘、设计文件

勘察、测绘、设计类的文件应是具有相应资质的勘察、测绘、设计单位提供的具有满足内容深度、要求的上述单位的责任制单位、人员签章齐全的上述文件。

2.2.2.1 工程地质勘察报告（A3-1）

指建设单位委托勘察设计单位按批准的建设用地规划界线勘察的工程地质勘察技术文件。

2.2.2.2 水文地质勘察报告（初勘、详勘）（A3-2）

指建设单位委托勘察设计单位对水文地质勘察后，提出的技术文件。

2.2.2.3 建设用地钉桩通知单（A3-3）

指建设单位委托测绘设计单位根据划拨用地等文件提供的用地测绘资料。

2.2.2.4 地形测量和拨地测量成果报告（A3-4）

指建设单位委托测绘设计单位测量结果资料。

2.2.2.5 规划设计条件通知书（A3-5）

指规划行政主管部门出具的规划设计条件文件，并附建设单位申报的规划设计方案。

2.2.2.6 初步设计图纸及说明（A3-6）

指建设单位委托设计单位提出的初步设计阶段技术文件资料。

2.2.2.7 技术设计图纸和说明（A3-7）

指设计单位委托设计单位提出的技术设计阶段技术文件资料。

2.2.2.8 审定设计方案通知书及审查意见（A3-8）

指有关部门或建设单位组织审查后，形成的文件资料。

2.2.2.9 有关行政主管部门（人防、环保、消防、交通、园林、河湖、市政、文物、通信、保密、教育等）的批准文件或协议文件（A3-9）

指上述有关行政主管部门对项目涉及的相关方面审查批准文件或协议文件。

2.2.2.10 施工图设计及其说明（A3-10）

指建设单位委托的设计单位提供的施工图设计技术文件资料。

2.2.2.11 设计计算书（A3-11）

指建设单位委托的设计单位提供的设计计算资料。

2.2.2.12 施工图设计审查、审批文件（A3-12）

指政府有关部门和经审批成立的施工图审查机构对施工图设计文件的审批意见。如消防、防震、节能审查或其他明文规定进行的审查。

2.2.3 工程招标及承包合同文件

2.2.3.1 勘察设计招投标文件（A4-1）

资料说明

指建设单位选择工程项目勘察设计单位过程中所进行招标、投标活动的文件资料。

工程招投标及承包合同文件包括：勘察、设计招投标文件；建筑安装工程招投标文件；设备招投标文件；监理招投标文件；建筑安装工程监理招投标文件；设备监理招投标文件；勘察、设计合同文件；施工合同文件；监理合同文件；设备制造或供应合同文件。均按当地建设行政主管部门规定的表式及文本执行。

（1）工程勘察招标：

1）实行勘察招标的建设项目应具备的条件

① 具有经过有审批权限的机关批准的设计任务书；

② 具有建设规划管理部门同意的用地范围许可文件；

③ 有符合要求的地形图。

2）工程勘察招投标的工作程序

① 办理招标登记、组织招标工作机构、组织评标小组、编制招标文件；

② 报名参加投标，对投标单位进行资格审查、领取招标文件、进行招标文件签额、编制投标书并送达招标单位；

③ 开标、评标、决标、选定中标单位、发出中标通知、签订勘察合同。

（2）工程设计招标

1）建设项目进行项目设计招标应具备的条件

① 建设单位必须是法人或依法成立的组织；

② 有与招标的工程项目相适应的技术、经济管理人员；

③ 具有编制招标文件，审查投标单位资格和组织招标、开标、评标、定标的能力。

不具备上述条件时必须委托具有相应资质和能力的建设监理、咨询服务单位代理。

2) 进行设计招标的建设项目应具备的条件

① 具有经过审批机关批准的设计任务书，如进行可行性研究招标，必须有批准的项目建议书；

② 具有工程设计所需要的可靠基础资料。

3) 设计招标程序

① 编制招标文件，发布招标公告或发出招标通知书、领取招标文件、投标单位报送申请书及提供资格预审文件，对投标者进行资格审查；

② 组织投标单位现场踏勘，对招标文件进行签额编制投标书并按规定送达；

③ 当众开标、组织评标、确定中标单位、与中标单位签订合同。

（3）勘察、设计招标方式：

1) 勘察招标方式：招标单位发布通知，以法定方式吸引勘察单位参加竞争，经审查合格的勘察单位按招标文件要求在规定的时间内向招标单位填报标书，择优选择勘察单位；

2) 设计招标方式：公开招标或邀请招标（必须三家以上）。

2.2.3.2 勘察设计承包合同 （A4-2）

指建设单位同中标或委托的勘察设计单位签订的勘察设计合同。

按建设单位与勘察、设计单位签订的合同文件直接归存。

2.2.3.3 施工招投标文件 （A4-3）

指建设单位选择工程项目施工单位过程中所进行的招标、投标活动的文件资料。

1) 建设项目施工招标应具备的条件

① 估算已经批准；

② 项目已正式引入国家部门或地方的年度固定投资计划；

③ 建设用地的征用工作已经完成；

④ 有能够满足施工需要的施工图纸及技术资料；

⑤ 建设资金和主要建筑材料、设备来源已经落实；

⑥ 已经建设项目所在地规划部门批准，施工现场的"四通一平"已经完成或一并列入施工招标范围。

2) 建设工程施工招标程序

① 建设单位组织招标工作机构；

② 向招标、投标办事机构提出招标申请书；

③ 编制招标文件；

④ 制定标底，报招标、投标办事机构审定；

⑤ 发布招标公告或招标邀请书；

⑥ 对投标单位进行资质预审，并将审查结果通知各申请投标者；

⑦ 分发招标文件等资料；

⑧ 组织投标单位现场踏勘，并对招标文件签额；

⑨ 建立评标组织，制定评标、定标办法；

⑩ 召开开标会议，审查投标书；

⑪ 组织评标，决定中标单位；

⑫ 发出中标通知书；

⑬ 建设单位与中标单位签订承发包合同。

2.2.3.4　施工承包合同（A4-4）

指建设单位同中标或委托的施工总承包单位签订的施工合同。

按建设与施工单位签订的合同文件直接归存。

2.2.3.5　监理招投标文件（A4-5）

指建设单位选择工程项目监理单位过程中所进行的招标、投标活动的文件资料。

2.2.3.6　监理委托合同（A4-6）

指建设单位同中标或委托的监理单位签订的监理合同。

按建设单位与监理单位签订的合同文件直接归存。

2.2.4　工程开工文件

2.2.4.1　建设项目年度计划申报文件（A5-1）

指建设单位年度工程项目建设进度计划申请报告。

2.2.4.2　建设项目年度计划批复文件或年度计划项目表（A5-2）

指有关部门对工程建设项目年度计划的批复文件或批复的年度计划项目表。

2.2.4.3　规划审批申请表及报送的文件和图纸（A5-3）

资料说明

指建设单位向规划行政主管部门提出的建设工程规划申请文件及图纸。

（1）由建设单位向当地建设规划管理部门提出。

（2）申办程序：

1）凡在城市规划区新建、改建和扩建的工程设施，均需持有关批准文件向城市规划行政主管部门报送建设工程规划申请文件及图纸；

2）城市规划行政主管部门根据城市规划，提出建设工程规划的设计要求；

3）城市规划行政主管部门征求并综合协调有关行政主管部门对建设工程设计方案的意见，审定建设工程初步设计方案；

4）城市规划行政主管部门审核建设单位或个人提供的工程施工图后，核发建设工程规划许可证；

5）据此，方可申请办理开工手续。

2.2.4.4　建设工程规划许可证及附件（A5-4）

资料说明

指建设规划行政主管部门颁发的规划许可证书和批准的文件、附图等。

（1）以当地建设规划部门颁发并经批准的规划许可证书、附件及附图归存。

（2）建设工程规划许可证应包括内容：

1）附图和附件按不同工程的不同要求，由发证单位根据法律、法规和实际情况制定；

2）附图和附件是建设工程许可证的配套证件，具有同等法律效力；

3）工程规划许可证由市、县规划行政主管部门核发。

2.2.4.5　建筑工程施工许可申请表（A5-5）

资料说明

（1）以当地建设行政主管部门颁发的施工许可证归存。

（2）建设工程开工实行许可证制度，建设单位应在工程开工前，按国家有关规定向工程所在地县以上人民政府建设行政主管部门办理施工许可证手续，申请施工许可证应具备以下条件：

1）已经办理该工程的用地批准手续；

2）在城市规划区内的工程，已取得规划许可证；

3）需要拆迁的其拆迁进度符合施工要求；

4）已经确定建筑施工企业；

5）有满足施工需要的施工图纸及技术资料；

6）有保证工程质量和安全的具体措施；

7）建设资金已经落实；

8）法律、行政法规规定的其他条件。

未取得施工许可的建设单位不得擅自组织开工。取得施工证后，应在自批准之日起三个月内组织开工，不按期开工又不申请延期或超过时限的，已批准的施工许可证自行作废。

2.2.4.6　建筑工程施工许可证（A5-6）

指建设行政主管部门颁发的《中华人民共和国建筑工程施工许可证》。

以当地建设行政主管部门颁发的施工许可证归存。

2.2.4.7　投资许可证、审查证明及交纳各种建设费用证明（A5-7）

指按现行明文规定有关部门的审计、投资许可、审查证明及建设单位应交纳的各项建设费用。

2.2.5　商务文件

2.2.5.1　工程投资估算资料（A6-1）

指由建设单位委托工程设计单位、咨询单位或勘察设计单位编制的工程投资估算资料。以此文件直接归存。

2.2.5.2   工程设计概算书（A6-2）

指由建设单位委托工程设计单位编制的设计概算资料。以此文件直接归存。

2.2.5.3   工程施工图预算书（A6-3）

由建设单位委托承接工程的施工总包单位编制的预算资料。以此文件直接归存。

2.2.5.4   工程决算书（A6-4）

以承接工程的施工单位提出的经有资质的造价审查单位核准的工程决算归存。

2.2.5.5   交付使用固定资产清单（A6-5）

由建设单位根据工程投资经审查核实的实际形成的固定资产编制的清单形成。

2.2.6   其他文件

其他文件等应按照相关规定填写和编制

2.3   工程竣工验收与备案文件

建设单位应组织勘察、设计、施工、监理等有关单位进行工程竣工验收，并形成竣工验收文件。

工程竣工验收合格后，建设单位应负责工程竣工备案工作。

工程竣工验收与备案由建设单位负责组织实施。工程竣工验收与备案分三步进行，工程验收前的准备→工程竣工验收→工程竣工验收备案。

2.3.1   建设单位竣工验收通知单（表 A7-1）

_____：

本单位建设的_____工程，已完成施工图和合同约定的各项任务。施工单位提出工程质量竣工报告；监理单位已组织并通过了预验收，并提出了工程质量评估报告；勘察、设计单位分别提出了勘察、设计质量检查报告；建设单位已按合同约定支付工程款，已与施工单位签署工程质量保修书。本工程将按国家现行施工质量验收规范、设计文件和项目批准相关资料，初步定于____年___月___日___午___时___分在_____组织竣工验收。

现请园林绿化工程质量监督站，对上报资料文件进行检查，并对本工程竣工验收进行监督。

竣工验收小组成员				
验收组职务	姓　名	工　作　单　位	技术职称	单位职务
验收组组长				
副组长				
验收组成员				

竣工验收方案	
验收基本程序	
验收内容	

联系人：　　　　　电话：　　　　　手机：

　　　　　　　　　(建设单位名称)　　　　　(公章)

　　　　　　　　　　　　　　　　　　　　　年　　月　　日

监理站资料审查情况、竣工验收组织及时间确认：

项目监督员签名：

　　　　　　　　　　　　　　　　　　　　　年　　月　　日

注：本通知单一式两份，建设单位一份，监督站一份。

　　附件：1. 施工单位工程质量竣工报告及竣工总平面图。

　　　　　2. 监理单位工程质量评价报告。

　　　　　3. 勘察、设计单位工程质量检查报告。

　　　　　4. 监理单位签署的《单位工程竣工预验收报验表》。

　　　　　5.《单位（子单位）工程质量控制资料核查记录》、《单位（子单位）工程安全功能和植物成活要素检验资料核查及主要功能抽查记录》、《单位（子单位）工程观感质量检查记录》、《单位（子单位）工程植物成活率统计记录》。

2.3.2 工程竣工验收备案表（表 A7-2）

编号：

园林绿化工程竣工验收备案表

工程名称_____

建设单位_____

××市园林绿化局制

工程名称	
工程地点	
质监编号	

	单 位 名 称	法定代表人
建设单位：		
施工单位：		
监理单位：		
设计单位：		
勘察单位：		
检测机构：		

工程概况	

　　本工程已按照北京市地方标准《园林绿化工程施工及验收规范》及相关要求进行了竣工验收，并且验收合格。所需文件已齐备，现报送备案。

　　　建设单位（公章）　　　　　　法定代表人（签字）：

　　　　报送时间：　　　年　　月　　日

竣工验收意见	勘察单位意见	法定代表人（签字）： 年　月　日 （单位公章）
	设计单位意见	法定代表人（签字）： 年　月　日 （单位公章）
	施工单位意见	法定代表人（签字）： 年　月　日 （单位公章）
	监理单位意见	法定代表人（签字）： 年　月　日 （单位公章）

内　容	份　数	备　注
1. 工程竣工验收报告		
2. 工程质量竣工报告及竣工总平面图		
3. 工程质量评估报告		
4. 工程质量检查报告		
5.《单位(子单位)工程质量竣工验收记录》、《单位(子单位)工程质量控制资料核查记录》、《单位(子单位)工程质量安全功能和植物成活要素检验资料核查及主要功能抽查记录》、《单位(子单位)工程观感质量检查记录》、《单位(子单位)工程植物成活率统计记录》及所签认涉及的施工、监理文件		
6. 备案机关认为需要提供的其他资料		

本工程的竣工验收备案文件于　　年　　月　　日收讫,经验证文件符合要求。

经办人		负责人		日期	

竣工验收备案文件清单

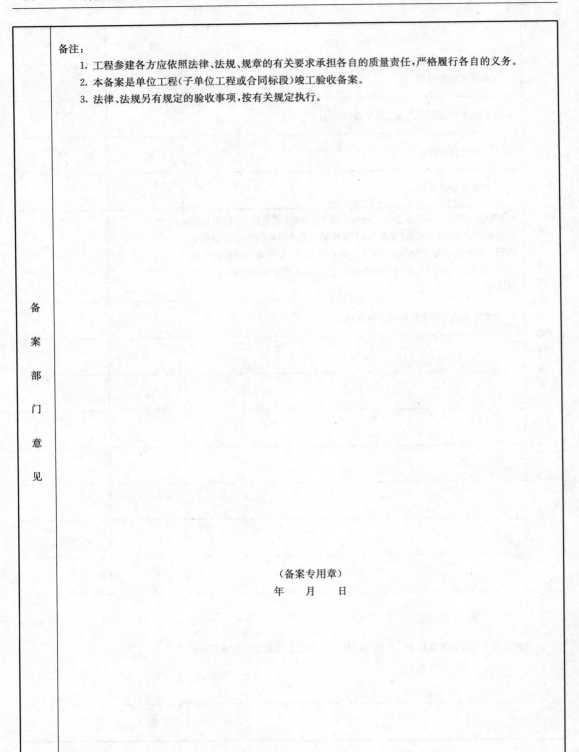

备案部门意见	备注： 　　1. 工程参建各方应依照法律、法规、规章的有关要求承担各自的质量责任，严格履行各自的义务。 　　2. 本备案是单位工程(子单位工程或合同标段)竣工验收备案。 　　3. 法律、法规另有规定的验收事项，按有关规定执行。 （备案专用章） 年　　月　　日

　　填写说明：1. 本表用钢笔、签字笔认真填写清楚，内容真实有效。

　　　　　　　2. 本表一式两份，建设单位一份，备案部门一份。

2.3.3　工程竣工验收报告（表 A7-3）

建设单位工程竣工验收报告

工程名称					
绿化面积		铺装面积		构筑物面积	
施工单位名称					
勘察单位名称					
设计单位名称					
监理单位名称					
开工时间					
工程造价					
竣工验收时间					
工程概况：					
竣工验收的内容：					
竣工验收标准：					
建设单位执行基本建设程序情况：					
工程竣工验收意见：					
工程竣工验收结论：					

竣工验收人员签字	验收组职务	姓名	工作单位	技术职称	单位职务
	验收组组长				
	副组长				
	验收组成员				
	建设单位项目负责人:(签名) 建设单位法定代表人:(签名) （建设单位盖章） 　　　　　　　　　　　　　年　　月　　日				
注:建设单位对经竣工验收的工程质量全面负责					

注：竣工验收人员签字栏应本人签字，不得打印（复印）。

3 园林绿化工程监理文件（资料）

《建设工程监理规范》GB 50319—2000 规定：工程质量验收工作由项目监理机构主持。

3.1 监理文件（资料）用表与实施

3.1.1 工程技术文件报审表（表 B2-1）

1. 资料表式

工程技术文件报审表 表 B2-1

工程名称		编　号	
地　　点		日　期	
现报上关于		工程技术管理文件，请予以审定。			

	类　　别	编制人	册　数	页　数
1				
2				
3				
4				

编制单位名称：

技术负责人(签字)：　　　　　　　　　　　申报人(签字)：

施工单位审核意见：

□有/□无　附页

承包单位名称：　　　　审核人(签字)：　　　　审核日期：

监理单位审核意见：

审定结论：　　□同意　　□修改后再报　　□重新编制

监理单位名称：　　　　总监理工程师(签字)：　　　　日期：

本表由施工单位填报，建设单位、监理单位、施工单位各存一份。

2. 应用指导

（1）该表为资料编制单位根据已完工程编制的资料按类别汇总后报送审核的表式。

（2）编制单位、施工单位、监理单位的申报人、审核人、总监理工程师均应本人签字，方为有效。

（3）施工单位审核意见，当表内填写需附页时可另行附页。监理单位审核结论除应填写审核意见外并在□同意、□修改后再报或□重新编制上打"√"。

（4）工程名称按全称填写；日期应按 年 月 日填写。

3.1.2 施工测量定点放线报验表（表 B2-2）

1. 资料表式

施工测量定点放线报验表 表 B2-2

工程名称		编　号	
地　点		日　期	

致：＿＿＿＿＿＿＿＿＿＿＿＿＿＿＿＿＿＿＿＿＿（监理单位）：

　　我方已完成(部位)＿＿＿＿＿＿＿＿＿＿＿＿＿＿＿＿＿＿＿

　　(内容)的测量放线，经自验合格，请予查验。

附件：1 □放线的依据材料＿＿＿＿＿＿＿＿＿页

　　　　2 □放线成果表＿＿＿＿＿＿＿＿＿页

测量员(签字)：　　　　　　　岗位证书号：

查验人(签字)：　　　　　　　岗位证书号：

施工单位名称：　　　　　　　技术负责人(签字)：

查验结果：

查验结论：　　　□合格　　　　□纠错后重报

监理单位名称：　　　　监理工程师(签字)：　　　　　日期：

本表由施工单位填报，建设单位、监理单位、施工单位各存一份。

2. 应用指导

（1）施工测量定点放线报验是指园林绿化工程根据当地建设行政主管部门给定总图范围内，规划设计的园林绿化工程的位置、标高进行的测量，以保证施工测量定点放线等的标高、位置。

施工测量定点放线报验是项目监理机构对施工单位的工程或部位的测量放线进行的报验确认和批复。

（2）本表由施工单位填报，加盖公章，测量、查验人员签字，经专业监理工程师初审符合要求后签字，由总监理工程师最终审核加盖项目监理机构章，经总监理工程师本人签字后执行。

（3）施工测量定点放线由测量专业监理工程师对报审的施工测量进行复测监控，由专业监理工程师对报审表进行审核后报总监理工程师批复。

项目监理机构应协同建设单位、施工单位对提供的定位依据进行确认，确认后项目监理机构必须校测红线桩、水准点及定位依据。

1）对交桩进行检查，不论建设单位交桩，还是委托设计或监理单位交桩一定要确保施工单位复测无误才可认桩。如有问题须请建设单位处理。确认无误后由承包单位建立施工控制网，并妥善保管。

当由监理单位交桩时，对工程师而言，特别需要做好水准点与坐标控制点的交验，按时提供标准、规范。

2）施工单位在测量放线完毕，应进行自检，合格后填写施工测量定点放线报验表。

3）对专职测量人员的岗位证书及测量设备稳定证书报送项目监理机构审批认可。

4）当施工单位对交验的桩位通过复测提出质疑时，应通过建设单位邀请当地建设行政主管部门认定的规划勘察部门或勘察设计单位复核红线桩及水准点引测的成果；最终完成交桩过程，并通过会议纪要的方式予以确认。

5）专业监理工程师应实地查验放线精度是否符合规范及标准要求，施工轴线控制桩的位置、轴线和高程的控制标志是否牢靠、明显等。经审核、查验合格，签认施工测量报验申请表。

（4）工程测量放线应检查的内容

1）施工单位专职测量人员的岗位证书及测量设备的检定证书（应由有资质的计量鉴定单位出具的检定证书）。

2）应对报审的控制桩成果、保护措施以及平面控制网、高程控制网和临时水准点测量成果进行校核。

3）检查基准点的设置（包括水准点的引进地点及其编号）。

（5）施工测量定点放线报验应提送：专职测量人员岗位证书及测量设备检定证书；测量放线依据资料及放线成果。施工测量定点放线报验应认真填写工程或部位名称和放线内容。

（6）资料内必须附图，附图应简单易懂，且能全面反映附图质量。

（7）本表责任制均需本人签字，不盖章。

3.1.3 施工进度计划报审表（表 B2-3）

1. 资料表式

施工进度计划报审表   表 B2-3

工程名称		编　号	
地　　点		日　期	

致：＿＿＿＿＿＿＿＿＿＿＿＿＿＿＿＿＿＿（监理单位）：
　　现报上＿＿年＿＿季＿＿月工程施工进度计划请予以审查和批准。

附件：1　□施工进度计划（说明、图表、工程量、资源配置）＿＿＿＿＿＿＿＿＿页

　　　　2　□

施工单位名称：	技术负责人（签字）：

审查意见：

监理单位名称：	监理工程师（签字）：	日期：

审查结论：　　　□同意　　　　□修改后再报　　　□重新编制

监理单位名称：	监理工程师（签字）：	日期：

本表由施工单位填报，建设单位、监理单位、施工单位各存一份。

2. 应用指导

施工进度计划报审表是指施工单位根据施工组织设计中的总进度计划要求，编制的施工进度计划，提请项目监理机构审查、确认批复（可为年、季、月、旬计划均用此表进行报审）。

（1）本表由施工单位填报，由项目监理机构的总监理工程师审查并批准。加盖公章，项目负责人签字，经专业监理工程师审查符合要求后报总监理工程师批准后签字有效，加盖项目监理机构章。

（2）施工单位提请施工进度计划报审，提供的附件应齐全、真实，对任何不符合附件要求的资料，施工单位不得提请报审，监理单位不得批准报审表。

（3）施工进度计划报审程序：

1）施工单位按施工合同要求的时间编制好施工进度计划，并填报施工进度计划报审表报监理机构。

2）总监理工程师指定专业监理工程师对施工单位所报的施工进度计划报审表，及有关资料进行审查，并向总监理工程师报告。

3）总监理工程师按施工合同要求的时间，对施工单位所报施工进度计划报审表予以确认或提出修改意见。

4）编制和实施施工进度计划是施工单位的责任，因此项目监理机构对施工进度的审查或批准，并不解除施工单位对施工进度计划的责任和义务。

（4）进度计划的审查

1）对进度计划监理工程师必须注意控制总工期，分析网络计划的关键线路是否正确。

2）用于工程的人力、施工设备等是否满足完成计划的需求。人力的数量、工种是否配套；施工设备是否配套、有效，规模和技术状态是否良好，维护保养是否满足需要。

3）计划安排中是否预留了足够的动员时间和清理现场时间。

4）进度计划的修改是否改变了关键线路。是否需要增加劳动力和机械设备。

5）气候因素对工程可能造成的影响。如冰冻、炎热、潮湿、雨季、台风等。对气候因素可能造成影响的防范措施。例如：雨、冰冻、潮湿等对土方工程的影响；冰冻、炎热对混凝土工程的影响；大雨、洪水对运输（密、繁）的影响；洪水对隧道的影响；台风对海岸工程的影响等。

6）分包工程、临时工程可能对工程进度造成的影响。

（5）进度控制方法

监理工程师必须做的控制工作包括：

1）检查工程进度情况，进行实际进度与计划进度的比较，分析延误原因，采取相应措施。

2）修订进度计划。施工单位应根据工程实际进行修订，对不属于施工原因造成的工程延期，施工方有权得到补偿的额外付款。

3）认真编制年、季、月、旬计划，分项工程施工计划，劳动力、机械设备、材料采购计划。

4）监理工程师应及时对已经延误的工期及其原因做出分析，及时告知施工单位。

5）施工单位及时提出合理的施工进度措施或方案，并应得到监理工程师批准。

6）施工单位提交的施工进度计划，经监理工程师批准后，监理工程师应据此请其编制年、季、月度计划，并按此检查执行，对执行中不符合年、季、月度计划的部分应及时检查并提出警告或协商，以保证工程进度按计划实施。对不接受警告或协商者，监理工程师可以建议中止合同。

（6）进度控制注意事项

1）坚持实事求是的态度。一定要确定合理的施工工期，其依据是国家制定的工期定额。确定施工工期不能只按日历天数，应考虑到有效工期。

2）注意协调解决好建筑资金，保证按时拨付工程款。

3）落实旬、月计划。应注意资金、机具、材料、劳力等，资源保障体系一定要落实，外部协作条件要衔接。

4）注意保证检验批、分项工程质量合格。不发生质量事故。

（7）工程进度控制的分析

进度控制的分析方法主要有定量分析、定性分析和综合分析。定量分析是一种对进度控制目标进行定量计算分析，以数据说明问题的分析方法；定性分析是一种主要依靠文字描述进行总结、分析，说明问题的分析方法；综合分析法是在数据计算的基础上作深层的定性解剖，以数据所具有的准确性和定量的科学性使总结分析更加有力的一种分析方法。

进度控制分析必须采用综合分析方法。进度控制分析中应着重强调以下几点。

1）在计划的编制和执行中，应大量积累资料，其中包括数据资料和实际情况记录。

2）总结分析前应对已有资料进行初议，对已取得资料中没有的情况，应进行调查和充实，要把问题摆透。做到总结分析应有提纲、有目标、有准备。

3）建立总结分析制度，经常性对执行计划进行阶段性分析，以及早发现进度执行中的问题。

4）参加总结分析的人应当对进度控制情况了解，是进度控制的实践者，内行。

5）分析过程应对定量资料和其他经济活动资料进行对比分析，做到图表、数据、文字并用。

6）充分利用计算机软件储存信息、数据处理等方法。

7）进度控制总结分析应在不同阶段分别进行，即应进行阶段性分析、专题分析和竣工后的全面分析。

8）进度控制总结分析结果应存入档案，供参考应用。

3.1.4 工程物资进场报验表（表 B2-4）

1. 资料表式

工程物资进场报验表 表 B2-4

工程名称					编 号	
地 点					日 期	

现报上关于_____工程的物资进场检验记录,该批物资经我方检验符合设计、规范及合同要求,请予以批准使用。

物资名称	主要规格	单位	数量	选样报审表编号	使用部位

附件： 名 称 页 数 编 号
1 □ 出厂合格证 _____页
2 □ 厂家质量检验报告 _____页
3 □ 厂家质量保证书 _____页
4 □ 商 检 证 _____页
5 □ 进场检查记录 _____页
6 □ 进场复试报告 _____页
7 □ 备案情况 _____页
8 □
申报单位名称 申报人（签字）：

施工单位检验意见： □有/□无 附页
监理单位名称 监理工程师（签字）： 日期：
验收意见： 审定结论： □同意 □补报资料 □重新检验 □退场 监理单位名称： 监理工程师（签字）： 日期：

本表由施工单位填报，建设单位、监理单位、施工单位各存一份。

2. 应用指导

（1）工程物资进场报验是指工程物资进场后施工单位向监理单位进行的报验。对进场的物资施工单位首先要组织自检自验，并按有关规定进行抽样测试，确认合格后填写工程材料，构配件、设备报验单，连同出厂合格证、质量证明书、复试报告等一并报专业监理工程师进行质量认证。

工程物资进场报验表是施工单位向项目监理机构提请工程项目用物资进场后进行的审查、确认和批复的文件。

（2）本表由施工单位填报，申报人签字。经项目监理机构专业监理工程师审查符合要求后签字有效。

（3）施工单位提请工程物资进场报验时提供的附件：数量清单；质量证明文件。自检结果应齐全、真实，对任何不符合附件要求的资料，施工单位不得提请报审，监理单位不得批准。

（4）工程物资进场报验的基本要求

1）施工单位对所有工程物资进场均应报验，材料报验要和设计要求物资的品种、数量相一致。

2）进场物资报验应及时，监理单位可以和施工单位、材料供应单位协商确定物资进场后的报验方法。

监理单位认证不合格的物资，应和施工单位协商处理办法，需征得设计、建设单位同意，总监理工程师批准。

（5）对拟进场工程物资报审，经专业监理工程师审核，检查合格后签认。对未经监理工程师验收或验收不合格的工程物资，监理工程师应拒绝签认，并应签发书面通知施工单位限期退场。

（6）工程物资进场未经报验不得用于工程。对明令不得使用的物资不得进场。

（7）工程物资进场报验的申报人、审核人均需本人签字。

3.1.5　苗木、种子进场报验表（表 B2-5）

1. 资料表式

苗木、种子进场报验表　　　　　　　　　　　　表 B2-5

工程名称		编　号	
地　　点		日　期	

现报上关于_____工程的苗木/种子进场检验记录,该批物资经我方检验符合设计、规范及合同要求,请予以批准使用。

序号	苗木/种子名称	来源(本地/外地)	单位	进场数量	检验日期

附件：　　　名　　称　　　　　　　　页　数　　　　　　　编　号
1 □ 苗木、种子进场检查记录　_____页
2 □ 种子发芽试验报告　　　　　_____页
3 □ 非本地苗木的检疫证明文件　_____页
4 □ 本地苗木出圃合格证明　　　_____页
5 □ 其他附属文件　　　　　　　_____页

施工单位名称：　　　　　　　技术负责人（签字）：

验收意见：

审定结论：□同意　□补报资料　□重新检验　□退场

监理单位名称：　　　　　监理工程师（签字）：　　　　　日期：

本表由施工单位填报，建设单位、监理单位、施工单位各存一份。

2. 应用指导

（1）苗木、种子均必须进行进场报验，报验合格的苗木、种子项目监理机构应签发报验表。对报验不合格的苗木、种子应通过总监理工程师和相关人员协商后退回或做其他处理。

（2）苗木、种子进场报验应及时，施工单位技术负责人，监理单位的监理工程师均必须本人签字。

（3）应报苗木、种子应全部进场报验，报验时应提送的表列附件资料应齐全，不得缺漏。

（4）监理单位的验收意见：应明确提出验收意见，不得用模棱两可的词意。应在审定结论：□同意、□补报资料、□重新检验、□退场等项"□"内划"√"，予以确认。

3.1.6　工程动工报审表（表 B2-6）

1. 资料表式

工程动工报审表　　　　　　　　　　　表 B2-6

工程名称		编　号	
地　　点		日　期	
致：_____（监理单位）： 　　根据合同约定,建设单位已取得主管单位审批的开工文件,我方也完成了开工前的各项准备工作,计划于___年___月___日开工,请审批。 　　已完成报审的条件有： 　　1.□园林绿化行政主管部门批示文件(复印件) 　　2.□施工组织设计(含主要管理人员和特殊工种资格证明) 　　3.□施工测量放线成果 　　4.□主要人员、材料、设备进场 　　5.□施工现场道路、水、电信等已达到开工条件 　　6.□ 施工单位名称：　　　　　技术负责人(签字)：			
审查意见： 　　　　　　　　　监理工程师(签字)：　　　　日期：			
审批结论：　　　　□同意　　　　□不同意 监理单位名称：　　　监理工程师(签字)：　　　日期：			

本表由施工单位填报，建设单位、监理单位、施工单位各存一份。

2. 应用指导

工程动工报审表是项目监理机构对施工单位施工的工程经自查已满足动工条件后提出申请动工且已经项目监理机构审核确已具备动工条件后的报审与批复文件。

（1）施工单位提请动工报审时，提供的附件应满足表列"已完成报审的条件"的要求，表列内容的证明文件必须齐全、真实，对任何形式的不符合动工报审条件的工程项目，施工单位不得提请报审，监理单位不得签发报审表。

（2）施工单位提请动工报审时，应加盖施工单位章，项目负责人本人签字不盖章。

（3）工程动工报审除监理合同规定须经当地建设行政主管部门批准外，以总监理工程师最终签发有效，项目监理机构盖章总监理工程师签字。

（4）动工报审必须在动工前完成报审，表列项目应逐项填写，不得缺项。应完成表列"已完成报审的条件"中的全部方可提请报审。

（5）本表由施工单位填报，满足表列条件后，监理单位填写审查意见并经总监理工程师批复后执行。

（6）审查动工报告时，施工单位的施工准备工作必须确已完成且具备动工条件时方可提请报审。

（7）项目监理机构除应完成"已完成报审的条件"外，尚应对以下内容进行审查：

1）施工许可证已获政府主管部门批准，并已签发《建设工程施工许可证》，口头讲已获批准无效；

2）征地拆迁工作应能够满足工程施工进度的需要；

3）施工图纸及有关设计文件标准均确已备齐（包括图纸、设计变更、规程、规范、标准图纸，均应为正式版本并有标识）；

4）施工组织设计（施工方案）已经项目监理机构审定，总监理工程师已经批准并签字；

5）施工现场的场地、道路、水、电、通信和临时设施已满足动工要求，地下障碍物已清除或查明；

6）测量控制桩已经项目监理机构复验合格；

7）施工、管理人员（主要指负责人、技术负责人、施工工长、质量检查员、材料员、信息员等）已按计划到位，相应的组织机构和制度已经建立，施工设备、料具已按需要到场，主要材料供应已落实。

（8）对监理单位审查施工单位现场项目管理机构的要求

1）现场项目管理机构的质量管理体系、技术管理体系和质量保证体系的确认，必须在确能保证工程项目施工质量时，由总监理工程师负责审查完成。

2）现场项目管理机构的质量管理体系、技术管理体系和质量保证体系的确认，必须在确能保证工程项目施工质量时，应在工程项目动工前完成。

3）对施工单位现场项目管理机构的质量管理体系、技术管理体系和质量保证体系，应审查下列内容：质量管理、技术管理和质量保证的组织机构；质量管理、技术管理的制度；专职管理人员和特种作业人员的资格证、上岗证（特种作业指电工、起重机械、金属焊接和高空作业）。

4）应当深刻地认识监理工作必须是在施工单位建立健全质量管理体系、技术管理体系和质量保证体系的基础上才能完成的，如果施工单位不建立质量管理体系、技术管理体系和质量保证体系，是难以保证施工合同履行的。

（9）经专业监理工程师核查，具备动工条件时报项目总监理工程师审核同意后签发《工程动工报审表》，并报建设单位备案，委托合同规定工程动工报审需经建设单位批准时，项目总监理工程师审核后应报建设单位，由建设单位批准。工期自批准之日起计算。

（10）整个项目一次动工，只填报一次，如工程项目中涉及较多单位工程，且动工时间不同时，则每个单位工程动工都应填报一次。

（11）关于延期动工

1）施工单位要求的延期动工，监理工程师有权批准是否同意延期动工。当施工单位不能按时动工，应在不迟于协议书约定的动工日期前 7 天，以书面形式向监理工程师提出延期动工的理由和要求。监理工程师在接到延期动工申请后的 48 小时内以书面形式答复施工单位。监理工程师在接到延期申请后的 48 小时内不答复，视为同意施工单位的要求，工期相应顺延。如果监理工程师不同意延期要求，工期不予顺延。如果施工单位未在规定时间内提出延期动工的要求，如在协议书约定的动工日期前 5 天才提出，工期也不予顺延。

2）因建设单位的原因不能按照协议书约定的动工日期动工，监理工程师以书面形式通知施工单位后，可推迟动工日期。施工单位对延期动工的通知没有否决权，但建设单位应当赔偿施工单位因此造成的损失，相应顺延工期。

3）施工许可证是由建设单位申请办理的，由于监理单位是受建设单位委托，监理单位往往坚持原则不够而妥协，这是不对的。监理单位必须坚持未领取施工许可证不得动工。对有意规避办理、采用虚假证明文件或伪造施工许可证的，监理单位一定要坚持原则，向有关单位讲明利害，坚决制止。

4）审查意见：总监理工程师指定专业监理工程师应对施工单位的准备工作情况一至八项等内容进行审查，除所报内容外，还应对施工图纸及有关设计文件是否齐备；施工现场的临时设施是否满足动工要求；地下障碍物是否清除或查明；测量控制桩是否已经项目监理机构复验合格等情况进行审查，专业监理工程师根据所报资料及现场检查情况，如资料是否齐全，有无缺项或动工准备工作是否满足动工要求等情况逐一落实，具备动工条件时，向总监理工程师报告并填写"该工程各项动工准备工作符合要求，同意某年某月某日动工。"

5）施工单位按表列内容逐一落实后，自查符合要求可在该项"□"内划"√"。并需将《施工现场质量管理检查记录》及其要求的有关证件；《建设工程施工许可证》；现场专职管理人员资格证、上岗证；现场管理人员、机具、施工人员进场情况；工程主要材料落实情况等资料作为附件同时报送。

3.1.7　分包单位资质报审表（表 B2-7）

1. 资料表式

分包单位资质报审表　　　　　　　　　　　　表 B2-7

工程名称		编　号	
地　　点		日　期	

致：＿＿＿＿＿＿＿＿＿＿＿＿＿＿＿＿＿＿＿（监理单位）：

　　经考察，我方认为拟选择的＿＿＿＿＿＿＿＿＿＿＿（分包单位）具有承担下列工程的施工资质和施工能力，可以保证本工程项目按合同的约定进行施工。分包后，我方仍然承担总包施工单位的责任。请予以审查批准。

附：

　　1.□分包单位资质材料

　　2.□分包单位业绩材料

　　3.□中标通知书

分包工程名称（部位）	单　　　位	工程数量	其他说明

施工单位名称：　　　　　　　项目负责人（签字）：

监理工程师审查意见：

监理工程师（签字）：　　　　　　　　日期：

总监理工程师审批结论：	□同意	□不同意

监理单位名称：　　　　　　　总监理工程师（签字）：　　　　　　　日期：

本表由施工单位填报，建设单位、监理单位、施工单位各存一份。

2. 应用指导

　　分包单位资质报审是总包施工单位实施分包时，提请项目监理机构对其分包单位资质进行查检而提请报审的批复。

　　（1）本表由施工单位填报，项目负责人本人签字，经专业监理工程师初审符合要求后签字，由总监理工程师最终审核加盖项目监理机构章，经总监理工程师签字后作为有效资料。

　　（2）对分包单位资质的审核应满足应用指导（7）的审查内容要求。

　　（3）本表责任制，施工单位和项目监理机构均盖章；项目负责人、专业监理工程师、总监理工程师分别签字，不盖章。

　　（4）本表由施工单位填报，项目监理机构专业监理工程师审查，总监理工程师终审并签发。

　　（5）分包单位资质审查由项目监理机构负责进行。

　　（6）对监理单位审查分包资质的要求

　　1）分包单位的资质报审表和报审所附的分包单位有关资料的审查由专业监理工程师

负责完成。

2）分包单位的资质报审表和报审所附的分包单位有关资料的审查必须在分包工程开工前完成。

3）对符合分包资质的分包单位需经总监理工程师审查并予以签认。

4）以上审查是在施工合同中未指明分包单位时，项目监理机构应对该分包单位的资质进行审查。如在施工合同已说明，则不再重新审查。

（7）对分包单位资质应审核以下内容：

1）分包单位的营业执照、企业资质等级证书、特殊行业施工许可证、国外（境外）企业在国内承包工程许可证；

2）分包单位的业绩（指分包单位近三年所承建的分包工程名称、质量等级证书或经建设单位组织验收后形成的各方签章的单位工程质量验收记录应附后）；

3）拟分包工程的内容和范围；

4）专职管理人员和特种作业人员的资格证、上岗证。

（8）关于转包、违法分包和挂靠的界定。

1）转包：凡有下列行为之一的，均属于转包行为：

① 不履行合同约定的责任和义务，将其承包的企业部分工程转包给他人，或者将其承包的全部工程肢解后以分包的名义分别转包给他人的；

② 分包人对其承包的工程未在施工现场派驻人员配套的项目管理机构，并未对该工程的施工活动进行组织管理的；

③ 法律、法规规定的其他转包行为；

④ 法律、法规规定的其他挂靠行为。

2）违法分包：凡有下列行为之一的均属违法分包：

① 将专业工程或者劳务作业分包给不具备相应资质条件的承包人的；

② 将工程主体结构的施工分包给他人的（劳务作业除外）；

③ 在总承包合同中没有约定，又未经建设单位的认可，将承包的部分专业分包给他人的；

④ 承包人将其承包的分包工程再分包的；

⑤ 法律、法规规定的其他违法分包行为。

3）挂靠行为：凡有下列行为之一的，均属挂靠行为：

① 转让、出借资质证书或者以其他方式允许他人以本企业名义承揽工程的；

② 项目管理机构的项目经理、技术负责人、项目核算负责人、质量管理人员、安全管理人员等不是本单位人员，与本单位无合法的人事或劳动合同、工资福利及社会保险关系的；

③ 建设单位的工程款直接进入项目管理机构财务的。

（9）对分包单位一定要分清楚，一是该分包单位是总包单位的一部分，一切受总包单位的管理，分包单位任何违约及存在的质量问题等均由总包单位负责；二是该分包单位是一个独立但又接受总包单位管理的分包单位。第一种情况监理单位应直接对总包单位下达指令以此开展工作，第二种情况监理单位可直接向分包单位下达指令，开展工作。该项确定原则以总分包合同文本为据。

（10）对分包单位所报资料，应审查其资料完整性、真实性。

3.1.8 分项/分部工程施工报验表（表 B2-8）

1. 资料表式

分项/分部工程施工报验表   表 B2-8

工程名称		编　号	
地　　点		日　期	

　　现我方完成_____
部位的工程,经我方检验符合设计、规范要求,请予以验收。

附件：	名　称	页　数	编　号
1 □	质量控制资料汇总表(适用于分部工程)	_____页	
2 □	隐蔽工程检查记录表	_____页	
3 □	预检工程检查记录表	_____页	
4 □	施工记录	_____页	
5 □	施工试验记录	_____页	
6 □	分项工程质量检验评定记录	_____页	
7 □	分部工程质量检验评定记录	_____页	
8 □			

施工单位名称：

　　　　质量检查员(签字)：　　　　　　技术负责人(签字)：

审查意见：

审查结论：　　□合格　　　□不合格

监理单位名称：　　　(总)监理工程师(签字)：　　　　审查日期：

　　本表由施工单位填报,监理、施工单位各存一份。如原属不合格的,分项、分部工程报验应填写《不合格项处置记录》(表 B.4),分部工程应由总监理工程师签字。

2. 应用指导

　　(1) 分项/分部工程均必须进行施工报验,所报分项/分部工程附件资料应真实、完整、齐全。

　　(2) 分项/分部工程必须是经施工单位初验合格的分项/分部工程。

　　(3) 分项/分部工程的施工试验资料必须符合相应标准的质量规定和设计要求。

　　(4) 分项/分部工程施工报验,施工单位的技术负责人、监理单位的总监理工程师均必须本人签字。

　　(5) 监理单位的审查意见应明确,审查结论合格或不合格,可在该项"□"内划"√",予以确认。

3.1.9　（　）月工、料、机动态表（表 B2-9）

1. 资料表式

（　）月工、料、机动态表　　　　　　　　表 B2-9

工程名称							编　号		
地　点							日　期		
人工	工　种							其他	合计
	人　数								
	持证人数								
主要材料	名称	单位	上月库存量		本月进场量		本月消耗量		本月库存量
主要机械	名　称		生产厂家			规格型号		数　量	

附件：

施工单位名称：　　　　　　　项目负责人（签字）：

　　本表由施工单位于每阶段提前 5 日填报，建设单位、施工单位各存一份。工、料、机情况应按不同施工阶段填报主要项目。

2. 应用指导

　　（1）本表为施工单位填报，月度施工的工、料、机应实行动态管理，核查工程进度控制的变化情况，以便采取措施通过加强管理，满足进度控制要求。

　　（2）（　）月工、料、机动态管理必须实事求是，相关附件资料应齐全、真实。

　　（3）（　）月工、料、机动态表，施工单位的项目负责人必须本人签字。

3.1.10　工程复工报审表（表 B2-10）

1. 资料表式

工程复工报审表　　　　　　　　　　　　　表 B2-10

工程名称		编　号	
地　　点		日　期	

致＿＿＿＿＿＿＿＿＿＿＿＿＿＿＿＿＿＿＿＿（监理单位）：

　　＿＿＿＿＿＿＿＿＿＿＿＿＿＿＿＿＿＿＿工程，由总监理工程师签发的第（　）号工程暂停令指出的原因已消除，经检查已具备了复工条件，请予审核并批准复工。

附件：具备复工条件的详细说明

施工单位名称：　　　　　　项目负责人（签字）：

审查意见：

审查结论：□具备复工条件，同意复工。
　　　　　□不具备复工条件，暂不同意复工。

监理单位名称：　　　　　（总）监理工程师（签字）：　　　　　日期：

本表由施工单位填报，建设单位、监理单位、施工单位各存一份。

2. 应用指导

复工报审必须是施工单位按项目监理机构下发的监理通知、工程质量整改通知或工程暂停指令等提出的问题确已认真改正并具备复工条件时提出的文件资料。

（1）施工单位提请复工报审时，提供的附件资料应满足具备复工条件的情况和说明，证明文件必须齐全真实，对任何形式的不符合复工报审条件的工程项目，承包单位不得提请报审，监理单位不得签发复工报审表。

（2）施工单位提请复工报审时，应加盖施工单位章，项目经理本人签字不盖章。

（3）工程复工报审，项目监理机构盖章，总监理工程师本人签字，以总监理工程师最终签发有效。

（4）必须进行复工报审，复工报审必须在复工前完成。

（5）表列项目应逐项填写，不得缺项，缺项为不符合复工条件。

（6）本表由施工单位填报，监理单位的总监理工程师审批，需经建设单位同意时应经建设单位同意后签发。

（7）工程暂停原因消失后，施工单位即可向项目监理机构提请复工报审。

（8）复工报审必须附有复工条件的附件资料，说明整改已经结束，且整改后的结果已符合有关的标准要求。

（9）复工指令的签发原则

1）工程暂停是由于非施工单位原因引起的，签发复工报审表时，只需要看引起暂停施工的原因是否还存在，如果不存在即可签发复工指令。

2）工程暂停是由于施工单位原因引起时，重点要审查施工单位的管理、或质量、或安全等方面的整改情况和措施，总监理工程师确认：施工单位在采取所报送的措施之后不再会发生类似的问题。否则不应同意复工。对不同意复工的申请应重新按此表再次进行报审。

3）另外应当注意：根据施工合同范本，总监理工程师应当在48小时内答复施工单位书面形式提出的复工要求。总监理工程师未能在规定时间内提出处理意见，或收到承包人复工要求后48小时内未给答复，承包人可自行复工。

（10）审查意见：由总监理工程师根据核实结果填写并签字有效。总监理工程师应指定专业监理工程师对复工条件进行复核，在施工合同约定的时间内完成对复工申请的审批，符合复工条件在同意复工项"□"内划"√"，并注明同意复工的时间；不符合复工条件在不同意复工项"□"内划"√"，并注明不同意复工的原因和对施工单位的要求。

3.1.11 （　　）月工程进度款报审表（表 B2-11）

1. 资料表式

（　　）月工程进度款报审表　　　　　　表 B2-11

工程名称				编　号	
地　点				日　期	

致_____（监理单位）：

　　兹申报_____年____月份完成的工作量，请予以核定。

附件：月完成工作量统计报表

施工单位名称：　　　　　　项目负责人（签字）：

　　经审以下项目工作量有差异，应以核定工作量为准。本月度认定工程进度款为：
施工单位申报数（　　）＋监理单位核定差别数（　　）＝本月工程进度款数（　　）。

统计表序号	项目名称	单位合计	申报数			核定数		
			数量	单价(元)	合计(元)	数量	单价(元)	合计(元)

监理工程师（签字）：　　　　　　日期：

监理单位名称：　　　　　　总监理工程师（签字）：　　　　　　日期：

　　本表由施工单位填报，由监理单位签认，建设单位、监理单位、施工单位各存一份。

2. 应用指导

（　　）月工程进度款报审是施工单位根据项目监理机构对施工单位自检合格后，且经项目监理机构验收合格经工程量计算应收（　　）月工程进度款的报审表。

（1）施工单位提请（　　）月工程进度款报审时，提供的附件：工程量清单、计算方法必须齐全、真实，对任何形式的不符合（　　）月工程进度款报审的内容，施工单位不得提出报审。

（2）施工单位应认真填写表列子项的内容不得缺漏。（　　）月工程进度款报审施工单位必须盖章、项目负责人签字。责任制签章齐全。

（3）（　　）月工程进度款报审中包括合同内工作量、工程变更增减费用、批准的索赔费用、应扣除的预付款、保留金及合同中约定的其他费用。

（4）施工单位统计报送的工程量必须是经专业监理工程师质量验收合格的工程，才能按施工合同的约定填报（　　）月工程进度款报审表。

（5）（　　）月工程进度款报审一般按以下程序执行：检验批验收合格→施工单位申请批准计量→监理工程师审批计量→施工单位提出支付申请→监理单位审批支付申请→总监核定支付申请→总监签发支付证书→建设单位审核→向施工单位付款。

注：各环节中的审批，凡未获同意，均需说明原因重新报批。

（6）（　　）月工程进度款报审，专业监理工程师必须按施工合同的约定进行现场计量复核，并报总监理工程师审定。

（7）总监理工程师指定专业监理工程师对（　　）月工程进度款报审中包括合同内工作量、工程变更增减费用、经批准的费用索赔、应扣除的预付款、保留金及施工合同约定的其他支付费用等项目应逐项审核，并填写审查记录，提出审查意见报总监理工程师审核签认。

（8）施工单位、监理单位的相关责任人均必须本人签字。

3.1.12 工程变更费用报审表（表 B2-12）

1. 资料表式

工程变更费用报审表　　　　　　　　　　　　　　　　　表 B2-12

工程名称				编　号	
地　点				日　期	

致_____（监理单位）：

根据第（　）号工程变更单，申请费用如下表；请审核。

项目名称	变更前			变更后			工程款 增(＋)减(-)
	工程量	单价	合价	工程量	单价	合价	

施工单位名称：　　　　　　项目负责人(签字)：

监理工程师审核意见：

监理工程师(签字)：　　　　　　　　　　日期：

监理单位名称：　　　　　　总监理工程师(签字)：　　　　日期：

本表由施工单位填报，建设单位、监理单位、施工单位各存一份。

2. 应用指导

工程变更费用报审表是指由于建设、设计、监理、施工任何一方提出的工程变更，经有关方同意并确认其工程数量后，计算出的工程价款提请报审、确认和批复。

（1）本表由施工单位填报，加盖公章，项目负责人本人签字，经专业监理工程师审查符合要求后报总监理工程师批准后签字有效，加盖项目监理机构章。

（2）施工单位提请工程变更费用报审，提供的附件应齐全、真实，对任何不符合附件要求的资料，施工单位不得提请报审，监理单位不得批准报审表。

（3）施工单位必须加盖公章，项目负责人本人签字；项目监理机构必须加盖公章，总监理工程师本人签字有效。责任制签章齐全。

（4）发生工程变更，无论是由设计单位、建设单位或施工单位提出的，均应经过建设单位、设计单位、施工单位和监理单位的代表签认，并通过项目总监理工程师下达变更指令后，施工单位方可进行施工和费用报审。

（5）工程变更费用的拒审

1）未经监理工程师审查同意，擅自变更设计或修改施工方案进行施工而计量的费用；

2）工序施工完成后，未经监理工程师验收或验收不合格而计量的费用；

3）隐蔽工程未经监理工程师验收确认合格而计量和提出的费用。

（6）工程变更时的造价确定方法

1）发生工程变更，无论是由设计单位、建设单位或施工单位提出的，均应经过建设单位、设计单位、施工单位和监理单位的代表签认，并通过项目总监理工程师下达变更指令后，施工单位方可进行施工。经过批准的工程变更才可以参加计量和计价。

2）施工单位应按照施工合同的有关规定，编制工程变更概算书，报送项目总监理工程师审核、确认，经建设单位、施工单位认可后，方可进入工程计量和工程款支付程序。

（7）审查意见：将审查要点的审查结果一一列出，诸如各项变更手续是否齐全，是否经总监理工程师批准；工程变更确认后，是否在 14 天内向专业监理工程师提出变更价款报告（超过期限应视为该项目不涉及合同价款的变更）；核对的工程变更价款是否准确等。报总监理工程师审核，由总监理工程师签署审查意见和暂定价款数。

3.1.13　费用索赔申请表（表 B2-13）

1. 资料表式

费用索赔申请表　　　　　　　　　　　　表 B2-13

工程名称		编　号	
地　　点		日　期	
致＿＿＿＿＿＿＿＿＿＿＿＿＿＿＿＿＿＿＿＿＿＿＿＿＿＿（监理单位）： 　　根据施工合同第＿＿＿＿＿＿＿＿＿＿＿＿＿＿＿条款的规定，由于＿＿＿＿＿＿＿＿＿＿＿＿＿＿的原因，我方要求索赔金额共计人民币（大写）＿＿＿＿＿＿＿＿元，请批准。 索赔的详细理由及经过： 索赔金额的计算： 附件：证明材料 施工单位名称：　　　　　　　　项目负责人（签字）：			

本表由施工单位填报，建设单位、监理单位、施工单位各存一份。

2. 应用指导

费用索赔申请表是施工单位向建设单位提出索赔的申请，提请项目监理机构审查，费用索赔可否列项。

（1）本表由施工单位填报。

（2）施工单位提请报审费用索赔提供的附件：索赔的详细理由及经过、索赔金额的计算、证明材料必须齐全真实，对任何形式的不符合费用索赔的内容，施工单位不得提出申请。

（3）项目监理机构必须认真审查施工单位报送的附件资料，填写复查意见，索赔金额的计算可以附附页计算依据。

（4）施工单位必须加盖公章、项目负责人本人签字，责任制签章齐全。

（5）项目监理机构受理索赔的基本条件

根据合同法关于赔偿损失的规定及建设工程施工合同条件的约定，必须注意分清：建设单位原因、施工单位原因、不可抗力或其他原因。《建设工程监理规范》第6.3.2条规定了施工单位向建设单位提出索赔成立的基本条件：

1）索赔事件造成了施工单位直接经济损失；

2）索赔事件是由于非施工单位的责任发生的；

3）施工单位已按照施工合同规定的期限和程序提出费用索赔申请表，并附索赔凭证材料。

4）当施工单位提出费用索赔的理由同时满足以上三个条件时，施工单位提出的索赔成立，项目监理机构应予受理。但是依法成立的施工合同另有规定时，按施工合同规定办理。

5）当建设单位向施工单位提出索赔也符合类似的条件时，索赔同样成立。

（6）可能作为索赔的证据主要包括：

1）招标文件、合同文本及附件、其他各种签约（备忘录、修正案）、发包人认可的工程实施计划、各种工程图纸（包括图纸修改指令）、技术规范等。

2）来往信件（有关合同双方认可的通知和建设单位的变更指令）；

3）各种会谈纪要（需经各方签署才有法律效率）；

4）各种会议纪要（发包、承包、监理各方会议形成的纪要且经签认的）；

5）施工组织设计；

6）指令和通知（发包、监理方发出的）；

7）施工进度计划与实际施工进度记录；

8）施工现场的工程文件（施工记录、备忘录、施工日志、工长和检查员工作日记；监理工程师填写的监理记录和签证、发包人或监理工程师签认的停水、停电、道路封闭、开通记录和证明，其他可以作证的工程文件等）；

9）工程照片（如表示进度、隐蔽工程、返工等照片，应注明日期）；

10）气象资料（需经监理工程师签证）；

11）工程中各种检查验收报告和各种技术鉴定报告；

12）工程交接记录、图纸和资料交接记录；

13）建筑材料和设备的采购、订货、运输进场、保管和使用方面记录、凭证和报表；

14）政府主管部门、工程造价部门发布的材料价格、信息、调整造价方法和指数等；

15）市场行情资料；

16）各种公开的成本和会计资料，财务核算资料；

17）国家发布的法律、法令和政策文件，特别是涉及工程索赔的各类文件；

18）附加工程（建设单位附加的工程项目）；

19）不可抗力；

20）特殊风险（战事、敌对行动、入侵、核装置污染和冲击波破坏、叛乱、暴动、军事政变……）；

21）其他。

（7）监理工程师审核和处理索赔准则

1）依据合同条款及合同，实事求是地对待索赔事件；

2）各项记录、报表、文件、会议纪要等索赔证据等文档资料必须准确和齐全；

3）核算数据必须正确无误。

（8）审查意见：专业监理工程师对所报资料审查、与监理同期纪录核对、计算，并将审查情况报告总监理工程师。不满足索赔条件，总监理工程师在不同意此索赔前"□"内划"√"。满足索赔条件，总监理工程师应分别与建设单位、施工单位协商，达成一致或总监理工程师公正地自主决定后，在同意此项索赔前"□"内划"√"，并填写商定（或自主决定）的金额。

3.1.14　工程款支付申请表（表 B2-14）

1. 资料表式

工程款支付申请表　　　　　　　　　　　表 B2-14

工程名称		编　号	
地　　点		日　期	

致＿＿＿＿＿＿＿＿＿＿＿＿＿＿＿＿＿＿＿＿＿＿（监理单位）：

　　我方已完成了＿＿＿＿＿＿＿＿＿＿＿＿＿＿＿＿＿＿工作，按施工合同的规定，建设单位应在＿＿＿＿年＿＿＿月＿＿＿日前支付该项工程款共计人民币（大写）＿＿＿＿＿＿＿＿＿＿＿＿＿＿元，小写＿＿＿＿＿＿＿＿＿元，现报上＿＿＿＿＿＿＿＿＿＿＿＿＿＿＿＿＿工程款支付申请表，请予以审查并开具工程款支付证书。

附件：

　　1. 工程量清单；

　　2. 计算方法。

施工单位名称：　　　　　　　项目负责人（签字）：

本表由施工单位填报，建设单位、监理单位、施工单位各存一份。

2. 应用指导

工程款支付申请是施工单位根据项目监理机构对施工单位自检合格后且经项目监理机

构验收合格经工程量计算应收工程款的申请书。

（1）施工单位提出工程款支付申请时，提供的附件：工程量清单、计算方法必须齐全、真实，对任何形式的不符合工程款支付申请的内容，施工单位不得提出申请。

（2）工程款支付申请施工单位必须盖章、项目负责人本人签字。责任制签章齐全。

（3）工程款支付申请中包括合同内工作量、工程变更增减费用、批准的索赔费用、应扣除的预付款、保留金及合同中约定的其他费用。

（4）施工单位统计报送的工程量必须是经专业监理工程师质量验收合格的工程，才能按施工合同的约定填报工程量清单和工程款支付申请表。

（5）工程款支付申请一般按以下程序执行：检验批验收合格→施工单位申请批准计量→监理工程师审批计量→施工单位提出支付申请→监理单位审批支付申请→总监核定支付申请→总监签发支付证书→建设单位审核→向施工单位付款。

注：各环节中的审批，凡未获同意，均需说明原因重新报批。

（6）施工单位报送的工程量清单和工程款支付申请表，专业监理工程师必须按施工合同的约定进行现场计量复核，并报总监理工程师审定。

（7）总监理工程师指定专业监理工程师对工程款支付申请中包括合同内工作量、工程变更增减费用、经批准的费用索赔、应扣除的预付款、保留金及施工合同约定的其他支付费用等项目应逐项审核，并填写审查记录，提出审查意见报总监理工程师审核签认。

（8）工程量清单：指本次付款申请经过专业监理工程师确认已完成合格工程的工程量清单及经专业监理工程师签认的工程计量报审表。

（9）计算方法：指本次付款申请对经过专业监理工程师确认已完合格工程量按施工合同约定采用的有关定额规定的计算方法求得的工程价款。

3.1.15 工程延期申报表（表 B2-15）

1. 资料表式

工程延期申报表　　　　　　　　　　　　　　　表 B2-15

工程名称		编　号	
地　　点		日　期	

致＿＿＿＿＿＿＿＿＿＿＿＿＿＿＿＿＿＿＿＿（监理单位）：

　　根据合同款＿＿＿＿＿＿＿＿＿＿＿＿＿＿＿＿＿＿＿条的规定，由于＿＿＿＿＿＿＿＿的原因，申请工程延期，请批准。

工程延期的依据及工期计算：

合同竣工日期：
申请延长竣工日期：
证明材料：

施工单位名称：　　　　　　　项目负责人（签字）：

本表由施工单位填报，建设单位、监理单位、施工单位各存一份。

2. 应用指导

工程延期的申报，延期时间是指施工单位对一次影响工期事件的终结（当临时延期报审执行结果与申请量无误时，可不再下发某一次的最终延期批复，临时申请表即可代替该次的最终延期审批表）或最终延期申请批准后的累计时间。但并不是每一项延期时间的累加，如果后面批准的延期内包含有前一个批准延期的内容，则前一项延期的时间搭接不能予以累计。

（1）工程延期的提出应依据真实，审报批复必须严格审查，延时必须发生在关键线路上。

（2）施工单位提出工程延期均必须在规范限定的时间内。

（3）工程延期申报表项目监理机构必须加盖公章，经专业监理工程师本人签字，总监理工程师审核同意本人签字后发出，不得代签和加盖手章，不签字无效。责任制签章齐全。

（4）本表由施工单位填写、总监理工程师或专业监理工程师签字后下发。

（5）工程临时延期与最终工程延期的审批及依据

当影响工期事件具有连续性时，监理机构对施工单位提交的阶段性工程延期申请可按临时延期和最终延期分段进行，目的是保证工作的连续性和正确性。

（6）工程延期审批的依据。延期申请能够成立并获得监理工程师批准的依据如下：

1）工期拖延事件是否属实，强调实事求是；

2）是否符合本工程合同规定；

3）延期事件是否发生在工期网络计划图的关键线路上，即延期是否有效合理；

4）延期天数的计算是否正确，证据资料是否充足。

审批依据的 4 款中，只有同时满足前三条，延期申请才能成立。至于时间的计算，监理工程师可以根据自己的记录，做出公正合理的计算。

项目是否在关键线路上的确定，一般常用方法是：监理工程师根据最新批准的进度计划，可根据进度计划来确定关键线路上的分部工程项目。另外，利用网络图来确定关键线路，是最直观的方法。

（7）确定工程延期批准的时间和步骤

1）项目监理机构在审批工程延期时，应依下列情况确定批准工程延期的时间：施工合同中有关工程延期的约定；工期拖延和影响工期事件的事实和程度；影响工期事件对工程影响的量化程度。

2）在确定各影响工期事件对工期或区段工期的综合影响程度时，可按下列步骤进行：以事先批准的详细的施工进度计划为依据，确定假设工程不受影响工期事件影响时应该完成的工作或应该达到的进度；详细核实受该影响工期事件影响后，实际完成的工作或实际达到的进度；查明因受该影响工期事件的影响而受到延误的作业工种；查明实际的进度滞后是否还有其他影响因素，并确定其影响程度；最后确定该影响工期事件对工程竣工时间或区段竣工时间的影响值。

3.1.16 监理通知回复单（表 B2-16）

1. 资料表式

监理通知回复单　　　　　　　　　　　　　　　　　表 B2-16

工程名称		编　号	
地　　点		日　期	

致＿＿＿＿＿＿＿＿＿＿＿＿＿＿＿＿＿＿＿＿（监理单位）：

　　我方接到第（　　）号监理通知后，已按要求完成了＿＿＿＿＿＿＿＿＿＿＿
＿＿＿＿＿＿＿＿＿＿＿＿＿＿＿＿＿＿＿＿＿工作，特此回复，请予以复查。

详细内容：

施工单位名称：　　　　　　项目负责人（签字）：

复查意见：

　　　　　　　　　　　监理工程师（签字）：　　　　　　日期：

监理单位名称：　　　　　　总监理工程师（签字）：　　　　日期：

本表由施工单位填报，建设单位、监理单位、施工单位各存一份。

2. 应用指导

　　监理通知回复单是指监理单位发出监理通知，施工单位对监理通知执行完成后，请求复查的回复。

　　（1）施工单位提交的监理工程师通知回复单的附件内容必须齐全真实，填报详细内容，施工单位加盖公章，项目经理必须签字。

　　（2）复查意见由项目监理机构的专业监理工程师先行审查，必须填写审查意见。总监理工程师认真审核后由项目监理机构签章，总监理工程师、专业工程师签字执行。

　　（3）本表责任制、施工单位和项目监理机构均盖章，项目负责人、专业监理工程师、总监理工程师分别签字。责任制签章齐全。

　　（4）本表由施工单位填报。项目监理机构的总监理工程师或专业监理工程师签认后回复。

　　（5）施工单位填报的监理通知回复单应附详细内容，包括：《监理通知》、《工程质量整改通知》、《工程暂停指令》等提出的整改内容。

　　（6）监理通知回复单中施工单位、项目监理机构应做到技术用语规范，内容有序，字迹清楚。

　　（7）详细内容：是针对《监理通知》、《工程质量整改通知》等的要求，具体写明回复意见或整改的过程、结果及自检等情况。《工程质量整改通知》应提出整改方案。

（8）复查意见：专业监理工程师应详细核查施工单位所报的有关资料，符合要求后针对工程质量实体的缺陷整改进行现场检查，符合要求后填写"已按《监理通知》/《工程质量整改通知》整改完毕/经检查符合要求"的意见，如不符合要求，应具体指明不符合要求的项目或部位，签署"不符合要求，要求施工单位继续整改"的意见，直至施工单位整改符合要求。

3.1.17　监理通知（表 B2-17）

1. 资料表式

监理通知　　　　　　　　　　　　　　　　　　　　表 B2-17

工程名称		编　号	
地　　点		日　期	
致_____（施工单位）： 问题： 内容： 			
监理单位名称：	监理工程师(签字)： 总监理工程师(签字)：	日期： 日期：	

重要监理通知应由总监理工程师签署，监理单位、有关单位各存一份。

2. 应用指导

监理通知是指监理单位认为在工程实施过程中需要让建设、设计、勘察、施工、材料供应等各方应知的事项而发出的监理文件。

（1）监理通知的办理必须及时、准确，通知内容完整，技术用语规范，文字简练明了。

（2）监理通知项目监理机构必须加盖公章和监理总监理工程师本人签字，不得代签和加盖手章，不签字无效。责任制签章齐全。

（3）监理通知需附图时，附图应简单易懂，且能反映附图的内容。

（4）监理通知的下发由于各方所处的地位不同认识也不同，因此，监理通知下发前对容易引起不同看法的"通知内容"应事先和有关方协商。监理通知用词要恰当，处理不好会起副作用。

（5）在监理工作中，项目监理机构应按委托监理合同授予的权限，对施工单位发出指令、提出要求，除另有规定外，均应采用此表。监理工程师现场发出的口头指令及要求，也应采用此表，在规定的时间内予以确认。

（6）监理通知，施工单位应认真执行，并将执行结果用《监理工程师通知单》报监理机构复核。

（7）本表由监理单位填写。填写时内容应齐全、完整、文字简明易懂。

（8）监理通知一般包括如下内容：

1）监理通知是监理单位在工程实施过程中发现了与设计图纸不符，与设计、规范、规程等与监理工作"四控二管"相违背的问题后，由监理单位向施工单位、材料供应等单位发出的通知，说明违章的内容、程度、建议或改正措施。

2）建设单位组织协调确定的事项，需要设计、施工、材料等各方实施，且需由监理单位发出通知的事宜。

3）监理在旁站、巡视过程中发现需要及时纠正的事宜，通知应包括工程部位、地段、发现时间、问题性质、要求处理的程度等。

4）季节性的天气预报的通知。

5）工程计量的通知。

6）试验结果需要说明或指正的内容等。

均需监理单位向有关单位发出监理通知。

3.1.18 旁站监理记录（表 B2-18）

1. 资料表式

旁站监理记录　　　　　　　　　　　　　　　　　表 B2-18

工程名称		编　号	
地　　点		日　期	
旁站部位或工序：			
旁站开始时间：		旁站结束时间：	
施工情况：			
监理情况：			
发现问题：			
处理意见：			
施工单位：_____ 质检员（签字）：_____		监理单位：_____ 旁站监理员（签字）：_____	
	年　月　日		年　月　日

本表由监理单位填写，建设单位、监理单位、施工单位各存一份。

2. 应用指导

旁站监理是监理单位执行法律和规范规定的应尽职责，是监理企业为保证工程质量体现自身价值的工作之一。

（1）旁站监理必须坚决执行并记录，记录应及时、真实、准确；内容完整、齐全，书写工整清晰，全面反映旁站监理有关情况，技术用语规范，文字简练明了。

（2）旁站监理记录是监理工程师或总监理工程师依法行使有签字权的重要依据。对于需要旁站监理的关键部位，关键工序施工，凡没有实施旁站监理或者没有旁站监理记录的，监理工程师或总监理工程师不得在相应文件上签字。

旁站监理的工程经验收后，应当将旁站监理记录存档备查。

（3）责任制签章必须齐全，不得代签和加盖手章，不签字无效。

（4）旁站监理的范围：

旁站监理对工程的关键部位、关键工序的施工质量实施全过程现场跟班监督活动。旁站监理对重要工序间的检查必须严格执行，重要工序间未经监理人员检查不得进行下道工序施工。

关键部位：是指工程分布于所在工程的该部位质量的好坏，直接影响到结构安全或使用功能的部位。

关键工序：是指工程施工该过程段，鉴于工程本身的特点，加上操作过程中人、料、机、环境等因素直接影响工程质量的环节（过程段）称为关键工序。

关键部位与关键工序的质量控制，不同工作内容其控制的工程内容是不同的。

凡是主体结构部位，有可能涉及使用功能和结构安全的部位，以及这些部位的关键工序、隐蔽工程的隐蔽过程、下道工序施工完成后难以检查的重点部位，都必须实行旁站监理。

（5）监理单位在编制监理规划时，应当制定旁站监理方案，明确旁站监理的范围、内容、程序和旁站监理人员的职责等。旁站监理人员应在专业监理工程师指导下开展监理工作，发现问题及时指出并向专业监理工程师报告。旁站监理必须会同施工单位的质检员一起旁站，旁站工作完成后双方需在旁站监理记录表上共同签字。

（6）旁站监理的主要任务

1）旁站监理人员应当认真履行职责，对需要实施旁站监理的关键部位、关键工序在施工现场跟班监督，及时发现和处理旁站监理过程中出现的质量问题。见证整个被施单项产品质量的形成过程，因此必须注意记录齐全，发现问题必须及时解决。

2）监督施工单位严格按照设计和规范要求施工。旁站监理时，发现施工企业违反工程建设强制性条文行为的，有权责令其立即改正。发现其施工活动已经或者可能危及工程质量的，应当及时向监理工程师或总监理工程师报告，由总监理工程师下达局部暂停施工指令或其他应急措施。

（7）旁站监理应记录的内容要点

1）旁站监理工作的部位或工序或称监理工程部位名称；

2）旁站监理：起讫时间、地点、气候与环境（如冬期、酷夏、特殊天时）；

3）旁站监理施工中执行规范、设计等的情况；

4）旁站监理工作中对所监理的重点部位、工序等的质量控制情况，对旁站监理系统的工程质量的总体评价；

5）旁站监理工作中发现的操作、工艺、质量等方面的问题；旁站监理中有无突发性事故发生，如有应写明是什么内容，提出了哪些解决办法；

6）旁站监理是全过程质量控制，对所有影响某一系统工程质量、施工过程均应进行质量控制。

7）其他应记录的内容。

（8）旁站监理工作的主要操作程序：

1）检查用于该旁站监理的全部工程的材料、半成品和构配件是否经过检验，该报验是否合格。工程用材料、构配件、设备和商品混凝土试（检）验报告必须齐全、真实，否则不准进行施工。

2）检查施工是否按技术标准、规范、规程和批准的设计文件、施工组织设计、"工程建设标准强制性条文"施工。

3）对已施工的工程进行检查，看其是否存在质量和安全隐患。发现问题及时上报。

4）检查施工机械、设备运行是否正常。

5）检查施工单位的质量检查人员必须到岗，检查特殊工种的上岗操作证书，无证应提出建议不准上岗。

6）按批准执行的施工方案、操作工艺检查操作的人员的技术水平，操作条件是否达到卫生标准要求。是否经过技术交底。

7）检查施工环境是否对工程质量产生不利影响。

8）施工方的质量管理人员、质量检查人员，必须在岗并定期进行检查。

9）做好监理的有关资料填报、整理、签审、归档等工作。

（9）旁站监理必须进行考核，其主要内容包括：

1）旁站监理的时间考核，必须保证全过程监理。

2）旁站监理的工程质量考核，必须保证旁站监理的工程质量符合设计和规范规定的质量标准。

3）旁站监理的绩效考核，保证旁站监理的质量效果达到100%。

3.1.19 监理抽检记录（表 B2-19）

1. 资料表式

监理抽检记录

表 B2-19

工程名称		编　号	
地　点		日　期	
检查项目：			
检查部位：			
检查数量：			
被委托单位：			
检查结果：　　　　□合格　　　　　　　□不合格			
处置意见：			
监理单位名称：			
监理工程师(签字)：　　　　　　　　　日期： 总监理工程师(签字)：　　　　　　　日期：			

本表由监理单位填写，建设单位、监理单位、施工单位各存一份。如不合格应填写《不合格项处置记录》。

2. 应用指导

监理抽检记录是项目监理机构在工程实施中对正在实施的工程进行随机检验，以保证完整实施过程的控制。

（1）监理抽检记录必须及时、准确，记录内容完整、齐全，技术用语规范，文字简练明了，注意不要遗留未了事项。

（2）监理抽检记录责任制必须责任人本人签字，不得代签和加盖手章。

（3）对监理巡检中发现问题的处置意见，应明确、可行，且应符合设计和标准或规范要求。

3.1.20　不合格项处置记录（表 B2-20）

1. 资料表式

不合格项处置记录

表 B2-20

工程名称			编　号	
地　　点			发生/发现日期	
不合格项发生部位与原因： 致_____（施工单位）： 　　由于以下情况的发生，使你单位在_____施工中,发生严重□/一般□不合格项,请及时采取措施及时整改。 具体情况： 　　　　　　□自行整改 　　　　　　□整改后报我方验收 监理单位名称　　　　　　　　签发人（签字）：　　　　　　　日期：				
不合格项整改措施和结果： （签发单位）： 　　根据你方指示,我方已完成整改,请予以验收。 单位负责人（签字）：　　　　　　　　　　　　　日期：				
整改结论：　　　□同意验收　　　□_____ 　　　　　　　　□继续整改　　　□_____ 验收单位名称：　　　　　　　验收人（签字）：　　　　　　　日期：				

本表由监理单位下达，整改方填报整改措施和结果，建设单位、监理单位、施工单位各存一份。

2. 应用指导

（1）本表由监理单位填写、总监理工程师或专业监理工程师签字后下发。

（2）不合格项处置记录是指分项（检验批）工程未达到分项工程质量检验评定要求，经检查发现后，下达不合格项处置记录，要求不合格项处置单位限时改正，由项目监理机构下达的文件。

（3）不合格项处置记录必须及时发出，整改内容表述完全，问题提出准确，技术用语规范，文字简练明了。

（4）不合格项处置记录，项目监理机构必须加盖公章，经专业监理工程师签字，总监理工程师审核同意签字后发出，不得代签和加盖手章。责任制签章齐全。

（5）当工程出现不符合设计要求、不符合施工技术标准、不符合合同约定时，监理单位必须向施工单位及时发出"工程质量整改通知"。不能只用口头通知改了就算了事。由于施工单位操作人员更换、自检不到位、环境变化、利益驱动等因素，很可能给工程造成隐患，监理单位应予注意。监理单位发出工程质量整改通知的同时，要注意协调建设单位与施工单位之间的关系。

（6）该表不适用于分部工程，分部工程是不能返修加固的，因为一个分部工程不仅涉及一个分项，而是涉及若干个分项，分部工程若容许返修质量将难以控制。

对于连续三次检查仍不符合要求的，监理工程师可以采取请求停工（注意征得建设单位同意）、撤换施工人员的措施。

3.1.21　工程暂停令（表 B2-21）

1. 资料表式

工程暂停令　　　　　　　　　　　　　　　　　　　表 B2-21

工程名称		编　号	
地　　点		日　期	

致＿＿＿＿＿＿＿＿＿＿＿＿＿＿＿＿＿＿＿＿＿（施工单位）：

　　由于＿＿＿＿＿＿＿＿＿＿＿＿＿＿＿＿＿＿＿原因，现通知你方应于＿＿＿＿年＿＿月＿＿日＿＿＿时起，对本工程的＿＿＿＿＿＿＿＿＿＿＿＿＿部位（工序）实施暂停施工，并按下述要求做好各项工作：

　　　

监理单位名称：　　　　　　　总监理工程师（签字）：

本表由监理单位签发，建设单位、监理单位、施工单位各存一份。

2. 应用指导

工程暂停令是指施工过程中某一个（或几个）部位工程质量不符合标准要求的质量水平，需要返工或进行其他处理时需暂时停止施工，由项目监理机构下发的指令性文件。

（1）本表由监理单位填写、下发。

（2）工程暂停令办理必须及时、准确，通知内容完整，技术用语规范，文字简练明了。

（3）对工程暂停令，项目监理机构必须加盖公章和总监理工程师签字。责任制签章齐全。

（4）因试验报告单不符合要求下达停工指令时，应注意在"指令"中说明实验编号，以备核对。

（5）工程暂停令下达后，该部位未经监理单位下达复工指令不准继续施工。

（6）工程暂停令，由监理工程师提出建议，经总监理工程师批准，经建设单位同意后下发。应当以书面形式要求承包方暂停施工，不论暂停施工的责任在建设单位还是在施工单位。监理工程师应当在提出暂停施工要求后 48 小时内提出书面处理意见。施工单位应当按照监理工程师的要求停止施工，并妥善保护已完工工程。施工单位实施监理工程师作出的处理意见后，可提出书面复工要求，监理工程师应当在 48 小时内给予答复。监理工程师未能在规定时间内提出处理意见，到施工单位复工要求后 48 小时内未予答复，施工单位可以自行复工。

如果停工责任在建设单位，由建设单位承担所发生的追加合同价款，赔偿承包商由此造成的损失，相应顺延工期；如果停工责任在承包方，由施工单位承担发生的费用，工期不予顺延。由于监理工程师不及时作出答复，导致施工单位无法复工，由建设单位承担违约责任。意外情况导致的暂停施工，如发现有价值的文物、发生不可抗拒事件等，责任应当由建设单位承担，应给予施工单位工期顺延。

（7）签发工程暂停令时相关问题的处理

1）当工程暂停是由于非施工单位的原因造成时，也就是业主的原因和应当由建设单位承担责任的风险或其他事件时，总监理工程师在签发工程暂停令之后，并在签署复工申请之前，要根据实际的工程延期和费用损失，给予施工单位工期和费用方面的补偿，主动就工程暂停引起的工期和费用补偿等与施工单位、建设单位进行协商和处理，以免日后再来处理索赔，并应尽可能达成协议。

项目监理机构应如实记录所发生的实际情况以备查询。

2）由于施工单位的原因导致工程暂停，施工单位申请复工时，除了填报"工程复工报审表"外，还应报送针对导致停工的原因而进行的整改工作报告等有关材料。

3）当引起工程暂停的原因不是非常紧急（如由于建设单位的资金问题、拆迁等），同时工程暂停会影响一方（尤其是施工单位）的利益时，总监理工程师应在签发暂停令之前就工程暂停引起的工期和费用补偿等与施工单位、建设单位进行协商，如果总监理工程师认为暂停施工是妥善解决的较好办法时，也应当签发工程暂停指令。

（8）施工中出现下列情况之一者，总监理工程师有权下达《工程暂停令》，要求承包单位停工整改、返工：

1）未经监理工程师审查同意，擅自变更设计或修改施工方案进行施工者；

2）未通过监理工程师审查的施工人员或经审查不合格的施工人员进入现场施工者；

3）擅自使用未经监理工程师审查认可的分包单位进入现场施工者；

4）使用不合格的或未经监理工程师检查验收的材料、构配件、设备或擅自使用未经审查认可的代用材料者；

5）工序施工完成后，未经监理工程师验收或验收不合格而擅自进行下一道工序施工者；

6）隐蔽工程未经监理工程师验收确认合格而擅自隐蔽者；

　　7）施工中出现质量异常情况，经监理工程师指出后，施工单位未采取有效改正措施或措施不力、效果不好仍继续作业者；

　　8）已发生质量事故迟迟不按监理工程师要求进行处理，或发生质量隐患、质量事故，如不停工则质量隐患、质量事故将继续发展，或已发生质量事故，施工单位隐瞒不报，私自处理者。

　　（9）对需要返工处理或加固补强的质量事故，总监理工程师应签发监理指令，要求承包单位报送《质量问题报告》、《质量问题处理意见》。质量问题的技术处理方案应由原设计单位提出，或由设计单位书面委托施工单位或其他单位提出，由设计单位签认，经总监理工程师批复，施工单位处理。总监理工程师（必要时请建设单位和设计单位参加）应组织监理人员对处理过程和结果进行跟踪检查和验收。

　　施工中发生的质量事故，施工单位应按国家有关规定上报；项目总监理工程师应书面报告监理单位。同时项目监理机构应将完整的质量问题和质量事故处理记录整理归档。

　　（10）因试验报告单不符合要求下达工程暂停指令时，应注意在指令中说明不符合要求的试验报告单的编号，以备核对。

3.1.22　工程延期审批表（表 B2-22）

1. 资料表式

工程延期审批表　　　　　　　　　　　　　　　　表 B2-22

工程名称		编　号	
地　　点		日　期	

致＿＿＿＿＿＿＿＿＿＿＿＿＿＿＿＿＿＿＿＿＿＿（施工单位）：

　　根据施工合同条款＿＿＿＿＿＿＿＿＿条的规定，我方对你方提出的第（　　　　）号关于＿＿＿＿＿＿＿＿＿工程延期申请，要求延长工期＿＿＿＿＿＿日历天，经过我方审核评估：

□　同意工期延长＿＿＿＿＿日历天，竣工日期（包括已指令延长的工期）从原来的＿＿＿＿＿年＿＿＿月＿＿＿日延长到＿＿＿＿＿年＿＿＿月＿＿＿日。请你方执行。

□不同意延长工期，请按约定竣工日期组织施工。

说明：

监理单位名称：　　　　　　　　　总监理工程师（签字）：

本表由监理单位签发，建设单位、监理单位、施工单位各存一份。

2. 应用指导

　　工程延期审批，延期时间是指施工单位对一次影响工期事件的终结（当临时延期报审执行结果与申请量无误时，可不再下发某一次的最终延期批复，临时申请表即可代替该次的最终延期审批表）或最终延期申请批准后的累计时间。但并不是每一项延期时间的累加，如果后面批准的延期内包含有前一个批准延期的内容，则前一项延期的时间搭接不能予以累计。

（1）本表由项目监理机构填写、总监理工程师或专业监理工程师本人签字后下发。

（2）工程延期的提出应依据真实，申报批复必须严格审查，延时必须发生在关键线路上。

（3）施工单位提出工程延期和批准延期均必须在规范限定的时间内。

（4）工程延期审批项目监理机构必须加盖公章，经专业监理工程师本人签字，总监理工程师审核同意签字后发出，不得代签和加盖手章，责任制签章齐全。

（5）工程延期审批及依据

当影响工期事件具有连续性时，监理机构对施工单位提交的阶段性工程延期申请可按临时延期和最终延期分段进行，目的是保证工作的连续性和正确性。

（6）工程延期审批的依据

1）工期拖延事件是否属实，强调实事求是；

2）是否符合本工程合同规定；

3）延期事件是否发生在工期网络计划图的关键线路上，即延期是否有效合理；

4）延期天数的计算是否正确，证据资料是否充足。

审批依据的 4 款中，只有同时满足前三条，延期申请才能成立。至于时间的计算，监理工程师可根据自己的记录，作出公正合理的计算。

上述前三条中，最关键的一条就是第三条，即："延期事件是否发生在工期网络计划图的关键线路上"。因为在承包商所报的延期申请中，有些虽然满足前两个条件，但并不一定是有效和合理的，只有有效和合理的延期申请才能被批准。也就是说，所发生的工期拖延工程部分项目必须是会影响到整个工程项目工期的工程。如果发生工期拖延的工程部分项目并不影响整个工程完工期，那么，批准延期就没有必要了。

项目是否在关键线路上的确定，一般常用方法是：监理工程师根据最新批准的进度计划，可根据进度计划来确定关键线路上的分部工程项目。另外，利用网络图来确定关键线路，是最直观的方法。

（7）延期审批应注意的问题

1）关键线路并不是固定的，随着工程进展，关键线路也在变化，而且是动态变化。随着工程进展的实际情况，有时在计划调整后，原来的非关键线路有可能变为关键线路，监理工程师要随时记录并注意。

2）关键线路的确定，必须是依据最新批准的工程进度计划。

3）总监理工程师在作出临时延期批准时，要按正常的工程延期批准审查的同样程序和同样的要求进行审查。

在工程延期审查与批准时，总监理工程师应复查与工程延期有关的全部情况，再作出工程延期批准。

工期滞后时间在重新安排计划时应保持整个流水作业面的平衡，通过平衡能保证原施工工期时，不应延长工期。工期延长后，在人力、物力、财力的安排上应恰当，应注意施工单位有意延长工期。

（8）加强工程进度控制，尽量避免和减少工期拖延

关于工期拖延问题，应尽量避免和减少，使工程能按期或提早完工，发挥其工程效益。一般地讲，因拆迁工期拖延，工程暂时停工或工程变更过多等容易引起延期。监理工程师应及时提醒和告知建设单位，做好参谋和顾问。要尽量减少和避免延期，还需建设单位的协调和大力支持。

（9）工程延期批准的协商和时间确定

1）延期批准的协商：项目监理机构在作出临时工程延期或最终工程延期批准之前，均应与建设单位和施工单位协商；项目监理机构审查和批准临时延期或最终工程延期的程序与费用索赔的处理程序相同。

2）工程延期时间的确定：计算工程延期批准值的直接方法就是通过网络分析计算，但是对于一些工程变更或明显处于关键线路上的工程延误，也可以通过比例分析法或实测法得出结果。

（10）确定工程延期批准的时间和步骤

1）项目监理机构在审批工程延期时，应依下列情况确定批准工程延期的时间：施工合同中有关工程延期的约定；工期拖延和影响工期事件的事实和程度；影响工期事件对工程影响的量化程度。

2）在确定各影响工期事件对工期或区段工期的综合影响程度时，可按下列步骤进行：以事先批准的详细的施工进度计划为依据，确定假设工程不受影响工期事件影响时应该完成的工作或应该达到的进度；详细核实受该影响工期事件影响后，实际完成的工作或实际达到的进度；查明因受该影响工期事件的影响而受到延误的作业工种；查明实际的进度滞后是否还有其他影响因素，并确定其影响程度；最后确定该影响工期事件对工程竣工时间或区段竣工时间的影响值。

3.1.23　费用索赔审批表（表 B2-23）

1. 资料表式

费用索赔审批表　　　　　　　　　　　　　　　表 B2-23

工程名称		编　号	
地　　点		日　期	

致＿＿＿＿＿＿＿＿＿＿＿＿＿＿＿＿＿＿＿＿＿＿＿（施工单位）：

　　根据施工合同第＿＿＿＿＿＿＿＿＿＿＿＿＿＿条款的规定,你方提出的第（　　　）号关于费用索赔申请,索赔金额共计人民币(大写)＿＿＿＿＿＿＿,(小写)＿＿＿＿＿＿。

经我方审核评估：

□不同意此项索赔。

□同意此项索赔,金额(大写)＿＿＿＿＿＿＿。

理由：

索赔金额的计算：

　　　　　　　　　　　　　　　监理工程师(签字)：

监理单位名称：　　　　　　　　总监理工程师(签字)：

本表由监理单位填报，建设单位、监理单位、施工单位各存一份。

2. 应用指导

　　费用索赔审批表是施工单位向建设单位提出索赔的报审，提请项目监理机构审查、确认和批复。包括工期索赔和费用索赔等。

　　（1）本表由监理单位填报。由项目监理机构的总监理工程师签发。

　　（2）施工单位提请审批费用索赔提供的附件：索赔的详细理由及经过、索赔金额的计算、证明材料必须齐全真实，对任何形式的不符合费用索赔的内容，施工单位不得提出申请。

　　（3）项目监理机构必须认真审查施工单位报送的附件资料，填写复查意见，索赔金额的计算可以附附页计算依据。

　　（4）项目监理机构必须加盖公章、总监理工程师、专业监理工程师分别本人签字。责任制签章齐全。

　　（5）项目监理机构受理索赔的基本条件

　　根据合同法关于赔偿损失的规定及建设工程施工合同条件的约定，必须注意分清：建设单位原因、施工单位原因、不可抗力或其他原因。《建设工程监理规范》第 6.3.2 条规定了施工单位向建设单位提出索赔成立的基本条件，参见 3.1.13 的"2（5）"。

（6）承包商向建设单位提出的可能产生索赔的内容

1）合同文件内容出错引起的索赔；

2）由于图纸延迟交出造成索赔，勘察、设计出现错误引起的索赔；

3）由于不利的实物障碍和不利的自然条件引起索赔；

4）由于建设单位（或监理单位转提）的水准点、基线等测量资料不准确造成的失误与索赔；

5）承包商根据监理工程师指示，进行额外钻孔及勘探工作引起索赔；

6）由建设单位风险所造成损害的补救和修复所引起的索赔；

7）施工中承包商开挖到化石、文物、矿产等物品，需要停工处理引起的索赔；

8）由于需要加强道路与桥梁结构以承受"特殊超重荷载"而引起的索赔；

9）由于建设单位雇用其他施工单位的影响，并为其他施工单位提供服务而提出的索赔；

10）由于额外样品与试验而引起索赔；

11）由于对隐蔽工程的揭露或开孔检查引起的索赔；

12）由于工程中断引起的索赔；

13）由于建设单位延迟移交土地（或临时占地）引起的索赔；

14）由于非施工单位原因造成了工程缺陷需要修复而引起的索赔；

15）由于要求施工单位调查和检查缺陷而引起的索赔；

16）由于工程变更引起的索赔；

17）由于变更使合同总价格超过有效合同价的15%而引起的索赔；

18）由特殊风险引起的工程被破坏和其他款项支付而提出的索赔；

19）因特殊风险使合同终止后的索赔；

20）因合同解除后引起的索赔；

21）建设单位违约引起工程终止等的索赔；

22）由于物价变动引起的工程成本增减的索赔；

23）由于后继法规的变化引起的索赔；

24）由于货币及汇率变化引起的索赔；

25）建设单位指令增、减的工程量引起的索赔。

注：施工单位提出的索赔必须指出：索赔所依据的合同条款，提出的索赔数量必须根据索赔类别，说明计算方法、计算过程、计算结果。否则即为索赔报告内容不全，可请予重新提出索赔报告。

（7）可能作为索赔的证据主要包括：

同 3.1.1.3 中的"2（6）"。

（8）监理工程师审核和处理索赔准则

1）依据合同条款及合同，实事求是地对待索赔事件；

2）各项记录、报表、文件、会议纪要等索赔证据等文档资料必须准确和齐全；

3）核算数据必须正确无误。

（9）项目监理机构对费用索赔的审查和处理程序

1）施工单位在施工合同规定的期限内向项目监理机构提交对建设单位的费用索赔意向通知书；

2）总监理工程师指定专业监理工程师收集与索赔有关的资料；

3）施工单位在承包合同规定的期限内向项目监理机构提交对建设单位的费用索赔申请表；

4）总监理工程师初步审查费用索赔申请，符合《建设工程监理规范》GB 50319—2000 第 6.3.2 条所规定的条件时予以受理；

5）总监理工程师进行费用索赔审查，并在初步确定一个额度后，与施工单位和建设单位进行协商。

（10）审查和初步确定索赔批准额时，项目监理机构的审查要点：

1）索赔事件发生的合同责任；

2）由于索赔事件的发生，施工成本及其他费用的变化和分析；

3）索赔事件发生后，施工单位是否采取了减少损失的措施，施工单位报送的索赔额中是否包含了让索赔事件任意发展而造成的损失额。

（11）审核要点

1）查证索赔原因。监理工程师首先应看到施工单位的索赔申请是否有合同依据，然后查看施工单位所附的原始记录和账目等，与专业监理工程师所保存的记录核对，以了解以下情况：工程遇到怎样的情况减慢或停工的；需要另外雇用多少人才能加快进度，或停工已使多少人员闲置；怎样另外引进所需的设备，或停工已使多少设备闲置；监理工程师曾经采取哪些措施。

2）核实索赔费用的数量

施工单位的索赔费用数量计算一般包括：所列明的数量；所采用的费率。在费用索赔中，承包单位一般采用的费率为：

① 采用工程量清单中有关费率或从工程量清单里有关费率中推算出费率；

② 重新计算费率。

原则上，施工单位提出的所有费用索赔均可不采用工程量清单中的费率而重新计算。监理工程师在审核施工单位提出的费用索赔时应注意：索赔费用只能是施工单位实际发生的费用，而且必须符合工程项目所在国或所在地区的有关法律和规定。另外，绝大部分的费用索赔是不包括利润的，只涉及直接费和管理费。只有遇到工程变更时，才可以索赔到费用和利润。

（12）项目监理机构在确定索赔批准额时，可采用实际费用法。索赔批准额等于施工单位为了某项索赔事件所支付的合理实际开支减去施工合同中的计划开支，再加上应得的管理费和利润。

总监理工程师应在施工合同规定的期限内签署费用索赔审批表。

（13）总监理工程师附送索赔审查报告的内容：

总监理工程师在签署费用索赔审批表时，可附一份索赔审查报告。索赔审查报告可包括以下内容：

1）正文：受理索赔的日期，工作概况，确认的索赔理由及合同依据，经过调查、讨论、协商而确定的计算方法及由此而得出的索赔批准额和结论。

2）附件：总监理工程师对索赔评价，施工单位索赔报告及其有关证据、资料。

（14）费用索赔与工期索赔的互联处理

费用索赔与工期索赔有时候会相互关联，在这种情况下，建设单位可能不愿给予工程延期批准或只给予部分工程延期批准，此时的费用索赔批准不仅要考虑费用补偿还要给予赶工补偿。所以总监理工程师要综合作出费用索赔和工程延期的批准决定。

（15）建设单位向施工单位的索赔处理原则

由于施工单位的原因造成建设单位的额外损失，建设单位向施工单位提出费用索赔时，总监理工程师在审查索赔报告后，应公正地与建设单位和施工单位进行协商，并及时作出答复。

（16）施工单位提请报审、项目监理机构复查提出和审查后的索赔金额必须大写。

（17）审核确定索赔数量时应注意的几个具体问题

1）定价基础

单价和费用构成：施工过程中的工程数量、施工方案、进度计划、工艺操作和招投标时期是不同的，从而构成索赔单价的差异；因施工时间变化对各种建筑材料、子项预算构成单价的价格影响；合同条款对单价和费率的规定。

2）计算范围：是指索赔涉及的工程范围和数量，是计算索赔的基础。

① 应注意索赔涉及的工程范围和数量双方有无争议；

② 合同条件以外施工过程中的有关记录中涉及的本次索赔事宜；

③ 进度计划中延期及采取相应措施中的费用增加；

④ 专项技术分析原因中涉及索赔，可能计入的索赔范围。

3）款项或费用的构成

① 单价中包含着工程的直接费、管理费和利润。索赔设计工程往往不应包括管理费和利润。例如机械闲置费不应按台班计算，而应按实际租金或折旧费计算，人工费不应按日工计算，只能按劳务成本（工资、奖金、差旅费、法定补贴、保险费等）计算。

② 在运输道路上施工单位因违章（如运输工具选择不当、超重等对路桥造成损失），不应计入索赔的内容，因为公路章程任何人都应遵守，施工单位属明知故犯。如果建设单位指使或强令施工单位进行此类行为时，其损失可由建设单位负责，可以计入索赔内容。

（18）对待索赔，合同有关各方都应高度重视，并力求尽早妥善处理好，索赔本身会带来许多意想不到的麻烦，如不尽早按合同要求处理，只会带来更多的问题。应当充分认识索赔绝大部分问题都可以用合同文件来解决，重要的是项目监理机构的专业监理工程师应熟悉索赔事务并能公正而认真地对待索赔。

（19）表列子项中，专业监理工程师对所报资料经审查、核对、计算，并将审查情况报告总监理工程师。不满足索赔条件时，总监理工程师在不同意此索赔前"□"内划"√"。满足索赔条件，总监理工程师在同意此项索赔前"□"内划"√"，并填计索赔金额。

3.1.24 工程款支付证书（表 B2-24）

1. 资料表式

工程款支付证书

表 B2-24

工程名称		编　号	
地　　点		日　期	

致＿＿＿＿＿＿＿＿＿＿＿＿＿＿＿＿＿＿＿＿＿＿＿＿＿（建设单位）：

　　根据施工合同规定，经审核施工单位的付款申请和报表，并扣除有关款项，同意本期支付工程款共计（大写）＿＿＿＿＿＿＿＿＿，（小写）＿＿＿＿＿＿＿，请按合同规定及时付款。

其中：

　　1. 施工单位申报款为：＿＿＿＿＿＿＿＿＿＿＿

　　2. 经审核施工单位应得款为：＿＿＿＿＿＿＿＿＿

　　3. 本期应扣款为：＿＿＿＿＿＿＿＿＿＿＿＿＿

　　4. 本期应付款为：＿＿＿＿＿＿＿＿＿＿＿＿

附件：

　　1. 施工单位的工程付款申请表及附件；

　　2. 项目监理部审查记录。

监理单位名称：　　　　　　　总监理工程师（签字）：

本表由监理单位填报，建设单位、监理单位、施工单位各存一份。

2. 应用指导

　　工程款支付证书是施工单位根据合同规定，对已完工程或其他与工程有关的付款事宜，填报的工程款支付申请后，经项目监理机构审查确认工程计量和付款额无误，由项目监理机构向建设单位转呈的支付证明书。

　　（1）本表由项目监理机构根据施工单位提请报审的工程款申请表的审查结果填写的工程款支付证书，由总监理工程师签字后报建设单位。

　　（2）工程款支付证书的办理必须及时、准确，内容填写完整，注文简练明了。

　　（3）工程款支付证书项目监理机构必须加盖公章和总监理工程师签字，不得代签和加盖手章，责任制签章齐全。

　　（4）施工单位统计报送的工程量必须是经专业监理工程师质量验收合格的工程，才能按施工合同的约定填报工程量清单和工程款支付申请表。

（5）施工单位报送的工程量清单和工程款支付申请表，专业监理工程师必须按施工合同的约定进行现场计量复核，并报总监理工程师审定。工程款支付证书中的款额必须是经项目监理机构的专业监理工程师对施工单位向监理机构填报《工程款支付申请表》后，审核核定的工程款额。

（6）总监理工程师签署工程款支付证书后，并报建设单位。

（7）工程量计量和工程款支付方法

1）专业监理工程师对施工单位报送的工程款支付申请表进行审核时，应会同承包单位对现场实际完成情况进行计量，对验收手续齐全、资料符合验收要求并符合施工合同规定的计量范围内的工程量予以核定。

2）工程款支付申请中包括合同内工作量、工程变更增减费用、经批准的索赔费用，应扣除的预付款、保留金及施工合同约定的其他支付费用。专业监理工程师应逐项审查后，提出审查意见报总监理工程师审核签认。

3.1.25 见证记录（表 B2-25）

1. 资料表式

见证记录 表 B2-25

工程名称			编　号	
施工单位			取样部位	
样品名称		样品规格	样品数量	
取样地点			取样日期	
见证记录：				
有见证取样和送检印章				
取样人签字				
见证人签字				
送样日期				

本表由监理（建设）单位填写。建设单位、监理单位、试验单位、见证单位、监督站、施工单位保存。

2. 应用指导

（1）见证记录是监理（建设）单位对有见证取、送检要求的试样进行取样、送样作为见证方逐一进行的记录，证明其试样的真实性和正确性。

（2）试样取、送检，凡标准或规范规定执行见证取、送样的试件均必须进行见证记录。实行见证取、送检的试样都是涉及工程质量、安全和使用功能的重要试件。

（3）见证记录的相关参与安装检查人员的责任制，均需本人签字。

3.1.26　有见证取样和送检见证人备案书（表 B2-26）

1. 资料表式

有见证取样和送检见证人备案书

表 B2-26

工程名称		编　号	
监督站			
试验室			

　　我单位决定，由_____同志担任_____工程有见证取样和送检见证人。负责对涉及结构安全及主要功能的试件、试样、材料的见证取样和送检。

　　有关的印章和签字如下，请查收备案。

有见证取样和送检印章	见证人签字

建设单位名称(盖章)：

监理单位名称(盖章)：

施工项目负责人(签字)：

本表由建设（监理）单位填写，建设单位、监理单位、试验单位、见证单位、监督站、施工单位保存。

2. 应用指导

（1）见证人员应由建设单位或项目监理机构书面通知施工、检测单位和负责该项工程的质量监督机构。

（2）施工过程中，见证人员应按照见证取样和送检计划，对施工现场的取样和送检进行见证，并由见证人、取样人签字。见证人应制作见证记录，并归入工程档案。

（3）涉及结构安全的试块、试件和材料见证取样和送检的比例不得低于有关技术标准中规定应取样数量的 30%。

（4）见证取样必须采取相应措施以保证见证取样具有公正性、真实性，应做到：

1）严格按照建设部建［2000］211 号文确定的见证取样项目及数量执行。项目不超过该文规定，数量按规定取样数量的 30%；

2）按规定确定见证人员，见证人员应为建设单位或监理单位具备建筑施工试验知识的专业技术人员担任，并通知施工、检测单位和质量监督机构；

3）见证人员应在试件或包装上做好标识、封志、标明工程名称、取样日期、样品名称、数量及见证人签名；

4）见证人应保证取样具有代表性和真实性并对其负责。见证人应作见证记录并归档；

5）检测单位应保证严格按上述要求对其试件确认无误后进行检测，其报告应科学、真实、准确，应签章齐全。

（5）见证人备案书的建设单位、监理单位均必须加盖单位公章；施工单位的项目负责人本人签字。

3.1.27　有见证试验汇总表（表 B2-27）

1. 资料表式

有见证试验汇总表　　　　　　　　　　　　　　　　　表 B2-27

工程名称				编　号	
施工单位					
建设单位					
监理单位					
见证试验室名称				见证人	
样品名称	样品规格	有见证试验组数	试验报告份数	备　　注	
负责人		填表人		汇总日期	

本表由建设（监理）单位填写，建设单位、监理单位、试验单位、见证单位、监督站、施工单位保存。

2. 应用指导

有见证试验汇总按见证试验样品名称、样品规格、有见证试验组数、试验报告份数的检验结果汇整。

见证试验汇总的相关参与人员负责人、填表人的责任制，均需本人签字。

3.1.28　单位（子单位）工程竣工预验收报验表（表 B3-1）

1. 资料表式

单位（子单位）工程竣工预验收报验表　　　　　**表 B3-1**

工程名称		编　号	
地　　点		日　期	

致＿＿＿＿＿＿＿＿＿＿＿＿＿＿＿＿＿＿＿＿＿＿＿（监理单位）：

　　我方已按合同要求完成了＿＿＿＿＿＿＿＿＿＿＿＿＿＿＿＿工程，经自检合格，请予以检查和验收。

附件：

施工单位名称：　　　　　　　项目负责人（签字）：

审查意见：

　　经预验收，该工程：

　　1　□符合□不符合　我国现行法律、法规要求；

　　2　□符合□不符合　我国现行工程建设标准；

　　3　□符合□不符合　设计文件要求；

　　4　□符合□不符合　施工合同要求。

综上所述，该工程预验结论：□合格　　　□不合格

可否组织正式验收：　　□可　　　　□否

监理单位名称：　　　　　　　总监理工程师（签字）：　　　　　日期：

本表由施工单位填报，建设单位、监理单位、施工单位各存一份。

2. 应用指导

　　单位（子单位）工程竣工预验收报验表是施工单位对所施工程完成后，经预验合格报请项目监理机构（建设单位）提请（当工程项目确以具备交工条件后），对该工程项目进行的预验申请。

　　（1）本表由施工单位填报，项目监理机构的总监理工程师审查并签发。

　　（2）检验批、分项、分部（子分部）工程资料数量必须齐全，企业技术负责人对单位工程已组织有关人员对工程进行了验收，并达到合格或其以上标准。据此，施工单位根据预验结果向建设、监理单位提请预验收。

　　（3）按验收的有关要求进行检查，内容、责任制签章齐全。

　　（4）竣工预验收及资料

1）竣工预验收必须达到具备交工条件，应在施工单位预验合格后进行，不具备交工条件的，任何一方不应对未完工程提请提前交工。

确已具备交工验收条件，建设、监理、施工单位均不能因个别原因拒绝进行竣工预验收。

2）交工验收的标准：工程项目按照工程合同规定和设计图纸要求，已全部施工完毕达到国家规定的质量标准，能满足使用要求；交工工程达到设计要求；提供工程文件资料齐全。

（5）竣工预验收的工程文件资料内容

单位工程竣工预验收资料内容包括：单位（子单位）工程质量竣工验收记录［含分部（子分部）、分项、检验批］、单位（子单位）工程质量控制资料核查记录、单位（子单位）工程安全和功能检验资料核查及主要功能抽查记录、单位（子单位）工程观感质量检查记录。工程管理文件资料应齐全、真实、正确。责任制签章齐全。

（6）工程的竣工预验收

1）单位工程竣工预验收由项目监理机构的总监理工程师组织专业监理工程师进行；建设、施工单位参加。

2）竣工预验收的依据：有关法律、法规、工程建设强制性标准、设计文件及施工合同，对施工单位报送的竣工资料进行预验收；对存在的问题，应及时要求施工单位整改，整改完毕由总监理工程师签署工程竣工报告单，在此基础上提出工程质量评估报告。

工程质量评估报告应经总监理工程师和监理单位的技术负责人审核签字。

（7）竣工预验收的程序

1）当单位工程达到竣工验收条件后，施工单位应完成自审、自查、自评工作，编制竣工报告，施工单位的法定代表人和技术负责人签章后填写工程竣工预验报验单，并将全部竣工资料报送项目监理机构，申请竣工预验收。

2）总监理工程师应组织各专业监理工程师对竣工资料及各专业工程的质量情况进行全面检查，对检查出的问题，应督促施工单位及时整改。

3）总监理工程师应组织各专业监理工程师对本专业工程的质量情况进行全面检查、检测，对发现影响竣工验收的问题，签发监理工程师通知单，要求施工单位整改和完善。

4）对需要进行工程安全和功能检验的工程项目，监理工程师应督促施工单位及时进行试验，并对试验过程进行现场监督、检查，必要时请建设单位和设计单位参加；监理工程师应认真审查试验报告单。

5）监理工程师督促施工单位搞好成品保护和现场清理。

6）经项目监理机构对竣工资料及实物全面检查、验收合格后，由总监理工程师签署单位（子单位）工程竣工预验收报验表，并向建设单位提出质量评估报告。请建设单位组织工程竣工验收。

（8）表列子项中的审查意见栏：由项目监理机构的专业监理工程师先行审查：该工程符合/不符合我国现行法律、法规要求；符合/不符合我国现行工程建设标准；符合/不符合施工合同要求。然后由总监理工程师组织专业监理工程师按标准规定的单位（子单位）工程竣工验收的有关规定进行复查并对工程质量进行预验收，根据复查和预验收结果填写审查意见，对符合要求的在符合处的"□"内打"√"，对不符合要求的在不符合处的"□"内打"√"。

3.1.29 监理单位工程质量评估报告（表 B3-2）

1. 资料表式

监理单位工程质量评估报告 表 B3-2

工程名称				编 号	
种植面积		铺装面积		构筑物面积	
单位名称					
单位地址					
单位邮编		联系电话			
质量验收意见：					
总监理工程师：		年 月 日		监理单位公章	
监理单位技术负责人：		年 月 日			
监理单位法人代表：		年 月 日			

2. 应用指导

（1）监理单位的工程质量评估报告是项目监理机构对被监理工程的单位（子单位）工程的施工质量进行总体评价的技术性文件。监理单位的工程质量评估报告是在项目监理机构签认单位（子单位）工程预验收后，总监理工程师组织专业监理工程师编写。一般情况下监理单位应在工程完成且与验收评定后一周内完成。

（2）监理单位的工程监理质量评价经项目监理机构对竣工资料及实物全面检查、验收合格后，由总监理工程师签署工程竣工报验单，并向建设单位提出质量评估报告。

（3）工程质量评估报告由总监理工程师和监理单位技术负责人本人签字，并加盖监理单位公章。

（4）工程质量评估报告编写的主要依据

1）遵循独立、公正、科学的准则；

2）施工过程中的工程质量验收资料并经各方签认的质量验收记录；

3）建设、监理、施工单位竣工预验收汇总整理的：单位（子单位）工程质量竣工验收记录、单位（子单位）工程质量控制资料核查记录、单位（子单位）安全和功能资料核查及主要功能抽查记录、单位（子单位）工程观感质量检查记录等施工文件。

（5）工程质量评估报告内容包括：工程概况；单位（子单位）工程所包含的分部（子分部）、分项工程逐项说明其施工质量验收情况；竣工资料核查情况；观感质量验收情况；施工过程质量事故及处理结果；对工程施工质量验收意见的建议。

（6）工程质量评估报告监理单位应在工程完成且验收合格后一周内完成，总监理工程师和监理单位技术负责人分别签字，加盖监理单位公章。

3.1.30 竣工移交证书（表 B3-3）

1. 资料表式

竣工移交证书

表 B3-3

工程名称		编　号	
地　　点		日　期	

致＿＿＿＿＿＿＿＿＿＿＿＿＿＿＿＿＿＿＿＿＿（建设单位）：

　　兹证明施工单位＿＿＿＿＿＿＿＿＿＿＿＿＿＿＿施工的＿＿＿＿＿＿＿＿＿＿工程,已按施工合同的要求完成,并验收合格,即日起该工程移交建设单位管理,进入保修期。

附件:单位工程验收记录

总监理工程师(签字)	监理单位(章)
日期:　　　　　年　月　日	日期:　　　　　年　月　日
建设单位代表(签字)	建设单位(章)
日期:　　　　　年　月　日	日期:　　　　　年　月　日

　　本表由监理单位签发,建设单位、监理单位、施工单位各存一份。

2. 应用指导

　　（1）竣工移交证书是单位（子单位）工程竣工质量验收完成后,工程质量已达到设计和验收规范的要求,达到合同规定的要求,据此监理单位向建设单位进行工程移交,同时签发竣工移交证书。移交证书由监理单位的总监理工程师向建设单位代表进行移交。

　　（2）监理单位的专业监理工程师和建设单位的各专业技术负责人参加移交。

　　（3）监理单位应提交单位工程验收记录及其相关文件资料。

　　（4）责任制应双方代表签章并加盖建设、监理单位章。

3.1.31　工作联系单（表 B4-1）

1. 资料表式

工作联系单　　　　　　　　　　　　　　　表 B4-1

工程名称		编　号	
地　　点		日　期	

致＿＿＿＿＿＿＿＿＿＿＿＿＿＿＿＿＿＿＿＿＿＿（单位）：

事由：

内容：

发出单位名称：　　　　　　单位负责人（签字）：

重要工作联系单应加盖单位公章，施工单位、建设单位、监理单位各存一份。

2. 应用指导

（1）工作联系单要及时办理，注意不遗留未了事项。

（2）工作联系单是指监理单位涉及与参与工程各方需要在监理实施过程中进行联系时，发出的联系文件，是联系单不是指令、通知，该表具有协商性质。

注：联系单是指将相关联的事情，有关方用文字形式联结备忘。

（3）工作联系单的办理必须及时、准确；联系单内容完整、齐全，技术用语规范，文字简练明了。

（4）工作联系单监理机构必须加盖公章和负责人本人签字，责任制签章齐全。

（5）工作联系单的一般内容：

1）召开某种会议的时间、地点安排；

2）建设单位向监理机构提供的设施、物品及监理机构在监理工作完成后向建设单位移交设施及剩余物品；

3）建设单位、施工单位就本工程及本合同需要向监理机构提出保密的有关事项；

4）建设单位向监理机构提供的与本工程合作的原材料、构配件、机械设备生产厂家名录以及与本工程有关的协作单位、配合单位的名录；

5）按《建设单位委托监理合同》监理单位权利中需向委托人书面报告的事项；

6）监理单位调整总监及监理人员；

7）建设单位要求监理单位更换监理人员；

8）监理合同的变更与终止；

9）监理费用支付通知；

10）项目监理机构提出的合理化建议；

11）建设单位派驻及变更施工场地履行合同的代表姓名、职务、职权；

12）施工单位认为不合理的指令提出的修改意见；

13）紧急情况下无法与专业监理工程师联系时，项目经理在采取保证人员生命和财产安全的紧急措施，并在采取措施后 48 小时内向专业监理工程师提交的报告；

14）对不能按时开工提出延期开工理由和要求的报告；

15）实施爆破作业、在放射毒害环境中施工及使用毒害性、腐蚀性物品施工，施工单位在施工前 14 天以内向专业监理工程师提出的书面通知；

16）可调价合同发生实体调价的情况时，施工单位向专业监理工程师发出的调整原因、金额的书面通知；

17）索赔意向通知；

18）发生不可抗力事件，施工单位向专业监理工程师通报受害损失情况，施工单位提出使用专利技术和特殊工艺，向专业监理工程师提出的书面报告及专业监理工程师的认可；

19）在施工中发现的文物、地下障碍物向专业监理工程师提出的书面汇报等其他各方需要联系的事宜。

3.1.32　工程变更单（表 B4-2）

1. 资料表式

工程变更单　　　　　　　　　　　　　　　　　表 B4-2

工程名称		编　号	
地　　点		日　期	

致_____（监理单位）：

　　由于_____的原因，兹提出
_____工程变更（内容详见附件），请予以审批。

附件：

　　提出单位名称：　　　　　　　　提出单位负责人（签字）：

一致意见：

建设单位代表 （签字）： 日　期：	设计单位代表 （签字）： 日　期：	监理单位代表 （签字）： 日　期：	施工单位代表 （签字）： 日　期：

本表由提出单位填报，监理单位、建设单位会签，并保存一份。

2. 应用指导

工程变更单是在施工过程中，建设单位、施工单位提出工程变更要求，报项目监理机构审核确认的用表。

工程变更实质上是指合同文件中有关条款的变更。工程的变更可能引起设计变更、进度计划的变更、施工条件的变更、技术规范或标准变更、施工工艺或工序变更、工程数量变更、合同条款的修改或补充以及招标文件、合同条款、工程量清单中没有包括但又必须增加的工程项目等内容。由此可见，工程变更对整个建设工程的建设过程可能产生较大影响，因此必须严加控制。

（1）本表由提出单位填写，经建设、设计、监理、施工等单位协商同意并签字后为有效工程变更单。

（2）工程变更单属设计变更时，必须经建设单位同意，有设计单位出具设计变更通知；当为施工单位提出的洽商变更时，必须经建设、监理、施工三方签章，否则为无效工程变更单。建设单位代表、设计单位代表、监理单位代表、施工单位代表本人签字。责任制签章齐全。

（3）工程变更单必须及时办理，必须是先变更后施工。紧急情况下，必须是在标准规定时限内办理完成工程变更手续。

（4）监理规范关于监理工程师对工程变更处理的程序要求

1）设计单位对原设计存在的缺陷提出的工程变更，由设计单位编制设计变更文件。

建设单位或施工单位提出的工程变更，应首先交总监理工程师，然后由总监理工程师组织专业监理工程师审查同意后，由建设单位转交原设计单位，经设计单位审查同意后，编制设计变更文件发送建设单位。

当工程变更涉及安全、环保、消防等内容时，应按规定经有关部门审定。

2）项目监理机构应了解实际情况和收集与工程变更有关的资料。

3）总监理工程师必须根据实际情况、设计变更文件和其他有关资料，按照施工合同的有关条款，在指定专业监理工程师完成下列工作后，对工程变更的费用和工期作出评估：

① 确定工程变更项目与原工程项目之间的类似程度和难易程度；

② 确定工程变更项目的工程量；

③ 确定工程变更的单价或总价。

4）总监理工程师应就工程变更费用及工期的评估情况与施工单位和建设单位进行协商。

5）总监理工程师签发工程变更单，应包括工程变更要求、工程变更说明、工程变更费用和工期、必要的附件等内容，有设计变更文件的工程变更应附设计变更文件。

6）项目监理机构应根据工程变更单监督施工单位实施。

（5）项目监理机构在处理工程变更中的权限

建设工程监理规范规定项目监理机构处理工程变更的权力有：

1）所有工程变更必须经过总监理工程师的签发，施工单位方可实施。这是项目监理机构保证工程项目的实施处于受控状态的一个非常重要的方面。在许多的工程项目中，工程变更不通过项目监理机构，监理人员开展监理工作时非常被动；

2）建设单位或施工单位提出工程变更时要经过总监理工程师审查。总监理工程师要从工程项目建设的大局来审查工程变更的建议或要求。

3）项目监理机构对工程变更的费用和工期作出评估只是作为与建设单位、施工单位进行协商的基础。没有建设单位的充分授权，项目监理机构无权确定工程变更的最终价格。

4）项目监理机构在工程变更的质量、费用和工期方面取得建设单位授权后，应按施工合同规定与施工单位进行协商，经协商达成一致后，总监理工程师应将协商结果向建设单位通报，并由建设单位与施工单位在变更文件上签字。项目监理机构无权代理。

5）当建设单位与施工单位就工程变更的价格等未能达成一致时，项目监理机构有权确定暂定价格来指令施工单位继续施工和便于工程进度款的支付。

6）在项目监理机构未能就工程变更的质量、费用和工期方面取得授权时，总监理工程师应协助建设单位和施工单位进行协商，并达成一致。应注意这只是协助。

7）项目监理机构应按照委托监理合同的约定进行工程变更的处理，不应超越所授权限，并应协助建设单位与施工单位签订工程变更的补充协议。

8）如果建设单位委托监理单位有权处理工程变更时，监理单位一定要谨慎使用这一权利，一切以为建设单位负责为出发点。

9）工程变更审批的原则：工程变更的管理与审批的一般原则：

① 考虑工程变更对工程进展是否有利；

② 考虑工程变更可能对工程带来的影响是节约工程造价还是超过造价；

③ 考虑工程变更应兼顾业主、承包商或工程项目之外其他第三方的利益，不能因工程变更而损害任何一方的正当权益；

④ 必须保证变更工程符合本工程的技术标准要求；

⑤ 工程受阻，遇有特殊风险、人为阻碍、合同一方当事人违约等不得不变更工程。

总之，监理工程师应注意处理好工程变更问题，并对合理的确定工程变更后的估价与费率非常熟悉，以免引起索赔或合同争端。

10）工程变更的实施原则：

① 在总监理工程师签发工程变更单之前，施工单位不得实施工程变更；

② 未经总监理工程师审查同意而实施的工程变更，项目监理机构不得予以计量；

③ 工程变更的实施必须经总监理工程师批准并签发工程变更单。

（6）施工合同范本约定的工程变更程序：

1）建设单位提前书面通知承包人有关工程变更，或施工单位提出变更申请经监理工程师和发包人同意予以变更；

2）由原设计单位出图并在实施前14天交施工单位。如超出原设计标准或设计规模时，应由发包人按原程序报审；

3）承包人必须在确定工程变更后14天内提出变更价款，提交监理工程师确认；

4）监理工程师在收到变更价款报告后的14天内必须审查完变更价款报告后，并确认变更价款；

5）监理工程师不同意承包人提出的变更价款时，按合同争议的方式解决。

（7）工程变更的内容

为了有效地解决工程变更问题，一般合同中都有一条专门的变更条款，对有关工程变更的问题作出具体规定。

1）工程设计变更：我国施工合同范本规定承包人可以按照经监理工程师审查批准后发出的变更通知进行下列变更，也就是：更改工程的有关标高、基线、位置和尺寸；增减合同中约定的工程量；改变有关工程的施工时间和顺序；其他有关工程变更需要的附加工作。

2）其他变更

① 其他变更是指发包人要求变更工程质量要求及发生其他实质性变更。如建设单位提出的工程变更并已实施的。

② 由于施工环境、施工技术等原因，施工单位已提请审查并已经建设、监理单位批准且已经实施的。

③ 其他原因提出的工程变更已经建设、设计、监理各方同意并已实施的。

（8）工程变更的估价

我国施工合同范本对确定工程变更价款的规定："承包人在工程变更确定后 14 天内，提出变更工程价款的报告，经监理工程师确认后调整合同价款"。变更合同价款按下列方法进行：

1）合同中已有适用于变更工程的价格，按合同已有的价格变更合同价款；

2）合同中只有类似于变更工程的价格，可以参照类似价格变更合同价款；

3）合同中没有适用或类似于变更工程的价格，由承包人提出适当的变更价格，经监理工程师确认后执行。

4）如果监理工程师与承包商的意见不一致时，监理工程师可以确定一个他认为合适的价格，同时通知建设单位和承包商，任何一方不同意都可以提请仲裁。

（9）工程变更后的合同变化应及时反映出来，以便于及时报呈建设单位，对工程投资做到心中有数。

（10）工程变更的审查原则

1）工程变更应在保证生产能力和使用功能的前提下，适用、经济、安全、方便生活、有利生产、不降低使用标准为出发点。

2）工程变更应进行技术经济分析，必须保证在技术上可行、施工工艺上可靠、经济上合理，不增加项目投产后的经常性维护费用。

3）凡属于重大的设计变更，如改变工艺流程、资源、水文地质、工程地质有重大变化引起设计方案的变动，设计方案的改变，增加单项工程、追加投资等，均应在建设单位或由建设单位报原主管审批部门批准后方可办理变更。

4）工程变更应力求在使用前进行，以避免和减少不必要的损失，并认真审核工程数量。

5）对工程变更要严肃、公正、完整，对必须变更的才予以变更，同时要考虑由此影响工期和对承建单位造成的损失，以达到控制投资的目的。

6）工程变更要严格按程序进行，手续要齐全，有关变更的申请，变更的依据，变更的内容及图纸、资料、文件等清楚完整和符合规定。

7）严禁通过工程变更扩大建设规模，增加建设内容、提高建筑标准。

（11）表列子项中的附件包括：工程变更的详细内容、变更的依据，对工程造价及工期的影响程度，对工程项目功能、安全的影响分析及必要的图示。

4 园林绿化工程施工文件（资料）

4.1 园林绿化工程质量验收文件

Ⅰ 园林绿化工程施工及验收基本规定

施工前准备

（1）建设单位应组织参建各方进行图纸会审。由设计人员向施工单位和监理单位进行设计交底及答疑。

（2）施工单位应当建立质量责任制和项目管理机构，确定工程项目的负责人、技术负责人和施工管理负责人，根据工程性质配备各专业有资格的管理人员和技术人员。施工现场质量管理应有相应的施工技术标准，健全的质量管理体系、施工质量检验制度和综合施工质量水平评定考核制度。根据建设单位提供的相关资料组织有关人员到现场勘查，一般包括：现场周围环境、施工条件、电源、水源、土源、道路交通、堆料场地、生活设施的位置以及定点放线的依据。填写施工现场质量管理检查记录表。

（3）工程开工前，施工单位应制定施工方案（施工组织设计）。非正常种植季节绿化种植、大树移植等应制定专项施工方案。

植物及物资进场

（1）园林绿化所有植物材料和木本苗应符合北京市地方标准 DB11/T 211—2003 的要求

（2）采用的主要植物材料、其他材料、半成品、成品、器具和设备应进行现场验收，并形成相应的检查记录。

（3）用于重要景区的大规格珍贵树种，还应在移植前进行选样，填写《苗木选样送审表》，报请审定。其他物资根据合同约定需进行选样的，填写《工程物资选样送审表》，报请审定。

（4）自检合格的主要植物材料、其他材料、半成品、成品、器具和设备等，按进场批次填写《物资进场报验表》、《苗木、种子进场报验表》报监理单位进行验收。验收不合格的不得投入使用。

（5）施工物资进场报验时应提供质量证明文件（包括：质量合格证明文件或检验/试验报告、产品生产许可证、产品合格证、产品监督检验报告等）。质量证明文件应反映工程物资的品种、规格、数量、性能指标，植物种类等，并与实际进场物资相符。进口物资还应有进口商检证明文件。

（6）涉及安全、植物成活、使用功能的下列物资和产品应按各专业工程质量验收规范规定和"物资和产品的复验方式及必试项目参照表"的要求进行复验（复试检验），并取得试（检）验报告。

物资和产品的复验方式及必试项目参照表   表1

序号	物资名称	验收批划分及取样方法和数量	必试项目
1	非饮用水	同一水源为一个检验批，随机取样三次，每次取样100g，经混合后组成一组试样	pH值；含盐量
2	原状土	同一区域、同一原状条件的原状土每2000m² 随机取样5处，取样时，先去除表面浮土，每处采样100g，混合后组成一组试样	pH值；含盐量；有机质含量；非毛管孔隙度；密度
2	客土	每500m² 或2000m² 为一检验批，随机取样5处，每处100g，经混合组成一组试样	pH值；含盐最；有机质含量；机械组成
2	种植基质	每200m² 为一检验批，随机拆开5袋取样，每袋取100g，经混合组成一组试样	湿密度；pH值；全氮量；速效磷、速效钾含量；有机质含量
3	草籽	每100kg为一检验批，每袋等量取样，共取50g组成一组试样	发芽率
4	热轧钢筋（光圆、带肋）	同一厂别、规格、炉罐号、交货状态，每60t为一批，不足60t也按一批计。每批取拉伸试件3个，弯曲试件3个。（在任选的3根钢筋切取）	拉伸试验（屈服点、抗拉强度、伸长率）；弯曲试验
4	余热处理钢筋	同一厂别、规格、炉罐号、交货状态，每60t为一批，不足60t也按一批计。每批取拉伸试件3个，弯曲试件3个。（在任选的3根钢筋切取）	拉伸试验（屈服点、抗拉强度、伸长率）；弯曲试验
4	冷轧带肋钢筋	同一厂别、规格、炉罐号、交货状态，每60t为一批，不足60t也按一批计。每批取拉伸试件1个（逐盘），弯曲试件3个，松弛试件1个（定期）。每（任）盘中任意一端截去500mm后切取	拉伸试验（屈服点、抗拉强度、伸长率）；弯曲试验
5	水泥	同厂家、同品种、同强度等级、同期出厂、同一编号散装500t，袋装200t为一个验收批。散装水泥：随机从不少于三个车罐中各取等量水泥，经搅拌均匀后，再从中取不少于12kg的水泥作为试样。袋装水泥：随机从不少于20袋中各取等量水泥，经搅拌均匀后，再从中取不少于12kg的水泥作为试样	安定性；凝结时间；强度
6	砂	同产地、同规格的砂，每200m³ 或300 t为一验收批。取样部位应均匀分布，在料堆上从8个不同部位抽取等量试样（每份11kg），然后用四分法缩至20kg，取样前先将取样部位表面铲除	筛分析；含泥量；泥块含量
7	卵石或碎石	同产地、同规格的卵石或碎石，200m³ 或300 t为一验收批。取样部位应均匀分布，在料堆上从5个不同部位抽取大致相等的试样15份（料堆的顶部、中部、底部），每份5～40kg，然后缩到到60kg送试	筛分析；含泥量；泥块含量
8	木材	锯材50m³ 原木100m³ 为一验收批。每批随即抽取3根，每根取5个试样	含水率
9	防水卷材	柔性防水（隔根）材料；刚性防水（隔根）材料	不透水性

注：本表所列1、2、3、9项应做试（检）验，并进行有见证取样送检，取得试（检）验报告；4、5、6、7、8项所列材料在用于结构工程或大于3000m² 的铺装中时应做试（检）验，并进行有见证取样送检，取得试（检）验报告

植物及物资质量

（1）种植土（原状土、客土、种植基质）的酸碱性、排水性、疏松度等应满足植物生态习性的要求。

（2）种植穴内的回填土应无直径大于 2cm 的渣砾；无沥青、混凝土及其他对植物生长有害的污染物，并应符合下列要求：

——酸碱性 pH 值应为 7.0～8.5；土壤含盐量应小于 0.12%。

——土壤排水良好，非毛管孔隙度不得低于 10%。

——土壤营养平衡，其中有机质含量不得低于 l0g/kg，全氮含量不得低于 1.0g/kg；速效磷含量不得低于 0.6g/kg；速效钾含量不得低于 17g/kg。

——土壤疏松，密度不得高于 1.3g/cm³。

（3）园林植物生长所必需的种植土层厚度，其最小值应大于植物主要根系分部深度，设计、施工单位应当参照表 2 的要求进行设计和施工。

种植土层厚度要求（单位：cm）   表 2

植被类型	草本花卉	地被植物	小灌木	大灌木	浅根乔木	深根乔木
分部深度	30	35	45	60	90	200
允许偏差	<5%			<10%		

（4）常用的改良土与超轻量基质的理化性状应符合表 3 要求。

常用改良土与超轻量基质物理性状   表 3

理化指标		改良土	超轻量基质
密度（kg/m³）	干密度	550～900	120～150
	湿密度	780～1300	450～650
非毛管孔隙度		≥10%	≥10%

（5）有机肥应经过充分腐熟方可施用。复合肥、无机肥施用量应按产品说明合理施用。

（6）苗木的质量应符合下列规定：

——施工单位应按下列要求选择苗木，并在苗木进场时出具《苗木检验合格证书》（出圃单）、外埠苗木应出具当地植物检疫证明文件。

——木本苗应符合 DB11/T 211 的有关要求。

——露地栽培花卉应符合下列规定：一、二年生花卉，株高一般为 10～50cm，冠径为 15～35cm，分枝不少于 3～4 个，植株健壮，色泽明亮，无病虫害。宿根花卉，根系应完整，无腐烂变质。球根花卉，球根应苗壮，无损伤，幼芽饱满。观叶植物，叶片分布均匀，排列整齐，形状完好，色泽正常。

——水生植物根、茎、叶发育良好，植株健壮。

苗木病虫害控制

（1）不得带有国家及本市植物检疫名录规定的植物检疫对象。

（2）不得带有蛀干害虫，苗木根部不得有腐烂、根瘤。

（3）植物检疫对象以外的苗木病虫害，其危害程度不得超出以下规定：

1）叶部病害：叶片受害面积不得超过叶片面积的 1/4；

2）干部病害：乔木干部病斑不得超过抽检数量的 2%；

3）根部病害：进场苗木根部病害不得超过 5%；

4）刺吸害虫：单株树木的蚧壳虫活虫数不得超过 50 头；

5）食叶害虫：进场苗木叶片无虫粪、虫网。叶片受害率每株不超过 2%；

6）地下害虫：每株苗木根部虫数不得超过 2 头。

（4）草坪、地被无斑秃和病害，无地下害虫。

（5）施工单位在进行苗木病虫害防治时应合理掌握时间。采用药物防治时，应合理控制药物浓度，避免造成药害。

苗木的保护

（1）在装卸车时不得造成苗木损伤和土球松散。

（2）土球苗木装车时，将土球朝向车头方向，并固定牢靠。树冠朝向车尾方向码放整齐。

（3）裸根乔木长途运输时，应保持根系湿润，装车时应顺序码放整齐，装车后应将树干捆牢，并应加垫层防止磨损树干及进行根系保护。

（4）装运竹类时，不得损伤竹竿与竹鞭之间的着生点和鞭芽。

（5）苗木运到现场后，裸根苗木应当天种植，不能种植的苗木应及时进行假植。

（6）带土球苗木运至施工现场后，不能立即种植的，应当采取措施，保持土球湿润。

（7）与建筑、市政交叉施工时，对种植完成的苗木应及时保护。

质量检查

（1）下列工程应当做好隐蔽工程检查，填写《隐蔽工程检查记录》：

1）地基与基础：土质情况、槽基位置坐标、几何尺、几标高、边坡坡度、地基处理、钎探记录等。

2）基础与主体结构各部位钢筋：钢筋品种、规格、数量、位置、间距、接头情况、保护层厚度及除锈、代用变更情况。

3）管道、构件的基层处理，内外防腐、保温。

4）管道混凝土管座、管带及附属构筑物的隐蔽部位。

5）管沟、小室（闸井）防水。

6）水工构筑物及沥青防水工程包括防水层下的各层细部做法、工作缝、防水变形缝等。

7）各类钢筋混凝土构筑物预埋件位置、规格、数量、安装质量情况。

8）各类填埋场导排层（渠）铺设材质、规格、厚度、平整度，导排渠轴线位置、花管内底高程、断面尺寸等。

9）直埋于地下或结构中以及有保温、防腐要求的管道：管道及附件安装的位置、高程、坡度；各种管道间的水平、垂直净距；管道及其焊缝的安排及套管尺寸；组对、焊接质量（间隙、坡口、钝边、焊缝余高、焊缝宽度、外观成型等）、管支架的设置等。

10）电气工程：没有专业表格的电气工程隐蔽工程内容，如电缆埋设路径、深度、工艺质量；暗装电气配线的形式、规格、安装工艺、质量。

11）架空绿地构造层：检查防水隔根（阻根）层及排蓄水层的材质、规格、铺贴方式、坡度、厚度、排水方向、接缝处理、细部做法等。

12）大规格树木的种植基础及通气透水设施：种植穴底部及四周土质；排水方式、管材规格、材质、数量、排水方向。

13）草坪铺设前整地：检查翻地深度、土质、添加基肥等。

14）古树复壮：检查通气管数量、规格、位置、材质等；检查透水层厚度、材质等。

15）古树树穴：填充、修补前清理工艺、质量。

16）边坡基础：检查锚杆的品种、规格、除锈、除污。

（2）下列施工工序应当进行预先质量控制检查，填写《预检记录》：

1）苗木：检查 5.0m 以上落叶大规格苗木栽植前修剪。

2）叠山：检查山石纹理、裂缝、污垢。

3）园林简易设施：检查基础的位置、标高、预留孔等。

4）模板：检查尺寸、轴线、标高、牢固性、接缝严密性、清扫预留口、预埋件及预留孔位置、脱模剂涂刷。

5）地上混凝土结构施工缝：检查预留位置、接槎处理。

6）大型立体花坛骨架：检查稳定性、承载力、规格、放线位置等。

（3）施工的承接力与完成方之间工程交接，应进行交接检查，填写《交接检查记录》。

（4）功能性试验内容：

1）防水层铺设完成后进行淋（蓄）水试验。

2）给水管道敷设连接完成后进行通水试验。

3）排水管道敷设连接完成后进行通球试验和闭水试验。

4）喷泉水景安装完成后进行效果试验。

5）景观照明安装完成后进行全负荷试验和接地阻值试验。

6）夜景灯光安装完成后进行效果试验。

7）园林景观桥施工完成后进行荷载通行试验。

8）避雷接地完成后进行阻值测试。

9）其他系统试运行试验。

其 他 要 求

（1）设计单位选用建筑材料、构配件和设备应符合质量标准，选用的种植材料除应根据植物种类明确干径、高度、几年生，还应明确冠径、定干高度、主枝数量等范围。

（2）开工后严格按照施工图纸及相关规范的要求组织施工。施工中，专业技术负责人应根据设计图纸及施工规范向施工人员进行分项工程技术交底。

（3）施工单位发现地下遇有密实度高、黏重性强、结构层等不利透水情况时，应及时向建设单位提出报告，建设单位应要求设计单位根据种植区域内的地下土质勘察情况，做出能够有效排水的专项设计，或变更适宜树种。

（4）施工单位在进行到种植基础、园林景观构筑物基础和主体结构等重点部位以及栽植、各种试验等关键工序时应通知监理单位，监理单位应对上述部位和环节的施工实施旁站。

（5）参建单位不得擅自改变施工图纸，如需变动应履行相关的变更手续。施工单位在施工过程中发现设计文件和图纸有差错的，应当及时提出意见和建议。设计单位应及时根据具体情况进行调整，配合施工单位履行变更手续。

（6）设计单位应参加重要分部和单位工程的质量验收，对施工是否符合设计要求提出评价。

Ⅱ 非植物造景质量原则
园林汀步

（1）园林汀步按其所处的环境部位分为水池汀步、草地汀步。依据形式不同也可分为规则汀步和自然汀步。

（2）园林汀步基础垫层使用混凝土时，其强度应为 C15，其厚度应大于 100mm，混凝土基层的周围尺寸应较汀步石外围尺寸大 50～60mm。

（3）水池汀步施工时应考虑到浮力的影响，石材组砌应合理牢固，一般情况下采用 1：3 水泥砂浆砌筑，汀步顶层应距水面的最高水位不小于 150mm，汀步表面不宜光滑，面积一般为 0.25～0.35m² 为宜。汀步之间的间距一般为 0.3～0.4m 为宜，相邻汀步之间的高程差不应大于 25mm。

木 栈 道

（1）木栈道的基础分为台基和桩基。台式基础之上可直接铺设面层。桩基则应设连接梁，其上可设置枕木，也可直接敷设面层。

（2）木栈道地基应土质均匀，当土质不均匀时应进行技术处理。地基回填土应进行分层夯实，密实度应达到 0.90 以上。

（3）木栈道基础应设在冻土层以下，采用 C25 以上混凝土浇筑。当采用台式基础时，其长度大于 25 延长米的应设置变形缝。

（4）桩尖进入持力层深度及桩与承台梁的连接应符合相关规范要求。

（5）面层所用木板应为经过熟化、防水、防腐处理的木材。

（6）面层悬挑部位其单侧的长度应小于木板总长度的 15%。

（7）面层木质色泽应自然和顺，含水率小于 15%，两平行板间隙符合设计要求。

（8）面层与枕木或梁的连接应牢固无松动，用于固定面层的螺栓规格不小于 M12。紧固后，高度不高于板面。

花 架

（1）花架的基础适用于一般性地基，地基的承载力应满足设计要求，设计未提出具体要求时，则不低于 80kPa。基础深埋应超过该地区的冻结线。

（2）单排混凝土立柱断面不小于 300mm×250mm，双排混凝土柱断面不小于 200mm×200mm。钢筋不应小于二级钢筋 φ14×4，保护层不小于 30mm。混凝土应不低于 C20。

（3）花架采用型钢其壁厚不低于 5mm，或满足设计要求。采用焊接连接时，其焊缝等级不应低于 3 级。

（4）木花架的材质、断面尺寸应满足设计要求。花架立柱垂直偏差应小于 5mm。

（5）室外花架应做防腐蚀处理，外观无明显缺陷。

旱 喷 泉

（1）旱喷泉地基应夯实，密实度应大于 0.93。

（2）旱喷泉管沟砌筑及钢筋混凝土浇筑应符合相关规范要求。沟壁、沟底、集水井应采取防水措施。底部及管沟底部应有 2‰～5‰ 的坡度。

（3）旱喷泉管道、管件的连接、敷设、安装应符合相关规范要求。金属管道应做防腐处理。电气设备的安装应符合相关规范要求。

（4）旱喷泉管沟覆盖物承载力应大于 $2kN/m^2$。安装后，其水平标高应低于地面铺装 3～5mm。

（5）旱喷泉给水系统应进行水压实验，实验压力为工作压力的 1.5 倍，且不得小于 0.6MPa，10min 压力降不大于 0.05MPa。

园林驳岸

（1）园林驳岸地基要相对稳定，土质应均匀一致，防止出现不均匀沉降。持力层标高应低于水体最低水位标高 500mm。基础垫层按设计要求施工，设计未提出明确要求时，基础垫层应为 100mm 厚 C15 混凝土。其宽度应大于基础底宽度 100mm。

（2）园林驳岸基础的宽度应符合设计要求，设计未提出明确要求的，基础宽度应是驳岸主体高度的 0.6～0.8 倍，压顶宽度最低不小于 360mm，砌筑砂浆应采用 1：3 水泥砂浆。

（3）园林驳岸视其砌筑材料不同，应执行不同的砌筑施工规范。采用石材为砌筑主体的石材应配重合理、砌筑牢固，防止水托浮力使石材产生位移。

（4）驳岸后侧回填土不得采用黏性土，并按要求设置排水盲沟与雨排系统相连。

（5）较长的园林驳岸，应每隔 20～30m 设置变形缝，变形缝宽度应为 10～20mm；园林驳岸顶部标高出现较大高程差时，应设置变形缝。

（6）以石材为主体材料的自然式园林驳岸，其砌筑应曲折蜿蜒，错落有致，纹理统一，景观艺术效果符合设计要求。

（7）规则式园林驳岸压顶标高距水体最高水位标高不宜小于 0.5m。

（8）园林驳岸溢水口的艺术处理，应与驳岸主体风格一致。

园林叠水

（1）园林叠水的结构主体按材料区分为钢筋混凝土主体、砌筑主体和其他结构主体，其基础土层承载力标准值应在 60kPa 以上，土壤密实度应大于 0.90。土质应均匀，当土质不均匀时应进行技术处理。

（2）园林叠水的砌筑和混凝土施工应按照相应的规范、标准要求施工。做防水处理时，防水卷材应顺叠水方向搭接，搭接长度应大于 200mm。并用专业胶结材料胶结牢固；所使用的防水、胶结等材料应满足使用条件及环境的要求。

（3）园林叠水的给水排水系统施工应符合相关规范、标准的要求；构筑物及叠水的景观效果应符合设计要求。

（4）自然叠水防水卷材上应铺设 40mm 以上厚的级配石。叠水瀑布直接冲击部位应用垫石处理。

园林景观桥

（1）园林景观桥的设计、施工应符合相关规范的要求。

（2）园林景观桥跨度大于 3m 小于 6m 时，设计图应由专业设计院审核通过；跨度大于 6m 或采用拱桥、钢轿、桁架桥、斜拉桥、悬索桥及组合桥时，应由专业设计院进行设计。

（3）园林景观桥的跨度大于 3m 时，应对桥基础做岩土工程勘察，在山地建桥时，还应对桥址进行山地灾害性地质情况评估。

（4）基坑开挖后，应对基坑进行钎探，并由有关人员联合验槽。

（5）园林景观轿使用的建筑材料应符合设计要求，其中圬工桥所用石材强度大于 30 号。现浇混凝土不低于 C20，预制混凝土不低于 C25。钢材不低于 Q235B。木材要求顺纹无疤结、含水率小于 12%、并做防腐处理。

（6）大型景观桥的栏杆高度应不低于 1.3m，并能承受顶部 1kN/m 的水平推力，当竖杆间距小于 1m 时，其竖杆应承受 1kN 的水平推力。桥栏杆的竖杆间距应小于 100mm，中间不设横杆。

（7）园林景观桥表面需做防滑和排水处理。当桥面坡度大于 1∶8 时，应设无障碍桥面。园林景观桥需设踏步时，其踏步数不宜少于三级，踏步的高度不应大于 100mm，踏步的宽度不应小于 300mm。

架空绿地

（1）架空绿地总重量（含植物预期生长及灌溉、雨、雪等活荷载）应符合地面或地下构、建筑物顶部荷载的要求。较重物体应定位在构、建筑物承重墙、柱梁的位置。

（2）找平层、二次防水层、隔根层、排水层、过滤层等各层敷设材料、工艺厚度、坡度符合设计要求。其中找平层坡度应在 1%～2% 之间。

（3）防水层卷材厚度、搭接方法及搭接宽度应符合本规范 5.17 的要求。

（4）架空绿地覆土厚度在满足 DB11/T 212—2009 规范 4.3.3 款的前提下，应符合《北京地区地下设施覆土绿化指导书》和 DB11/T 281 的要求。

（5）屋顶绿化中高度 2.0m 以上新植树木应采取固定措施。

4.1.1 单位（子单位）工程质量竣工验收记录

4.1.1.1 单位（子单位）工程质量竣工验收记录表

1. 资料表式

单位（子单位）工程质量竣工验收记录表

表 4.1.1.1

工程名称						
施工单位		技术负责人		开工日期		
项目经理		项目技术负责人		竣工日期		
序号	项　目	验　收　记　录			验　收　结　论	
1	分部工程	共　　分部,经查　　分部 符合标准及设计要求　　分部				
2	质量控制资料核查	共　项,经审查符合要求　　项, 经核定符合规范要求　　项				
3	安全和主要使用功能及涉及植物成活要素核查及抽查结果	共核查　　项,符合要求　　项, 共抽查　　项,符合要求　　项, 经返工处理符合要求　　项				
4	观感质量验收	共抽查　　项,符合要求　　项, 不符合要求　　项				
5	植物成活率	共抽查　　项,符合要求　　项, 不符合要求　　项				
6	综合验收结论					
参加验收单位	建设单位 （公章） 单位(项目)负责人： 年　月　日	监理单位 （公章） 总监理工程师： 年　月　日		施工单位 （公章） 单位负责人： 年　月　日	设计单位 （公章） 单位(项目)负责人： 年　月　日	

单位（子单位）工程质量验收记录，为单位工程质量验收的汇总表，与分部（子分部）工程质量验收记录和单位（子单位）工程质量控制资料核查记录，单位（子单位）工程安全、功能及涉及植物成活要素检验资料核查及主要功能抽查记录，单位（子单位）工程观感质量检查记录，单位（子单位）工程植物成活率及地被覆盖率统计记录配合使用。

验收记录由施工单位填写，验收结论由监理（建设）单位填写。综合验收结论由参加验收各方共同商定，建设单位填写，应对工程质量是否符合设计和规范要求及总体质量水平做出评价。

2. 应用指导

（1）园林绿化单位工程的子单位工程名目

1）绿化种植子单位工程质量竣工验收记录表

2）景观构筑物及其他造景子单位工程质量竣工验收记录表

3）园林铺地子单位工程质量竣工验收记录表

4）园林给水排水子单位工程质量竣工验收记录表

5）园林用电子单位工程质量竣工验收记录表

（2）单位（子单位）工程质量验收合格应符合下列规定：

1）单位（子单位）工程所含分部（子分部）工程的质量均应验收合格。

2）质量控制资料应完整。

3）单位（子单位）工程所含分部工程有关安全、功能及涉及植物成活要素的检测资料应完整。

4）主要功能项目的抽查结果应符合相关专业质量验收规范的规定。

5）观感质量验收应符合要求。

（3）园林绿化工程验收要求

1）工程质量应符合本规范和相关专业验收规范的规定。

2）工程施工应符合工程勘察、设计文件的要求。

3）参加工程验收的人员应具备相应的资格。

4）工程质量的验收应在施工单位自行检查评定的基础上进行。

5）隐蔽工程在隐蔽前应由施工单位通知有关单位进行验收，并应形成验收文件。

6）关系植物成活的水、土、基质，涉及结构安全的试块、试件以及有关材料，应按规定进行见证取样检测。

7）检验批的质量应按主控项目和一般项目验收。

8）对涉及植物成活、结构安全和使用功能的重要分部工程应进行抽样检测。

9）承担见证取样检测及有关结构安全检测的单位应具有相应资格。

10）工程的观感质量应由验收人员通过现场检查，共同确认。

（4）工程质量不符合要求时，应按下列规定进行处理：

1）经返工重做或更换设备的检验批，应重新进行验收。

2）经有资质的检测单位检测鉴定能够达到设计要求的检验批，应予以验收。

3）经有资质的检测单位检测鉴定达不到设计要求、但经原设计单位核算认可能够满足结构安全和使用功能的检验批，可予以验收。

4）经返修或加固处理的分项、分部工程，虽然改变外形尺寸但仍能满足安全使用要求，可按技术处理方案和协商文件进行验收。

（5）通过返修或加固处理仍不能满足安全使用要求的分部工程、单位（子单位）工程，不得验收。

（6）验收程序和组织

1）检验批及分项工程应由监理工程师（建设单位项目技术负责人）组织施工单位项目专业质量（技术）负责人等进行验收。

2）分部工程应由总监理工程师（建设单位项列负责人）组织施工单位项目负责人和技术、质量负责人等进行验收；涉及主体结构安全的分部工程的勘察、设计单位工程项目负责人和施工单位技术、质量部门负责人也应参加相关分部工程验收。

3）施工单位在单位（子单位）工程完工，经自检合格并达到竣工验收条件后，填写《单位工程竣工预验收报验表》，并附相应竣工资料报监理单位，申请工程竣工初验收。总监理工程师组织监理项目部人员与施工单位根据有关规定共同对工程进行工程竣工初验收。

4）工程竣工初验收合格后，应由建设单位（项目）负责人组织施工（含分包单位）、设计、监理等单位（项目）负责人进行单位（子单位）工程验收，形成《单位（子单位）工程质量竣工验收记录》。

5）单位工程有分包单位施工时，分包单位对所承包的工程项目应按本标准规定的程序检查评定，总包单位应派人参加。分包工程完成后，应将工程有关资料交总包单位。

6）当参加验收各方对工程质量验收意见不一致时，可请本市园林绿化行政主管部门或工程质量监督机构协调处理。

（7）备案

单位工程质量验收合格后，建设单位应在规定时间内将工程竣工验收报告和有关文件，报园林绿化主管部门备案。

4.1.1.2　单位（子单位）工程质量控制资料核查记录表

1. 资料表式

单位（子单位）工程质量控制资料核查记录表　　　　　表 4.1.1.2

工程名称			施工单位			
序号	项目	资　料　名　称	份数	核查意见	核查人	
1	绿化种植	图纸会审、设计变更、洽商记录、定点放线记录				
2		园林植物进场检验记录以及材料、配件出厂合格证书和进场检验记录				
3		隐蔽工程验收记录及相关材料检测试验记录				
4		施工记录				
5		分项、分部工程质量验收记录				
1	园林景观构筑物及其他造景	图纸会审、设计变更、洽商记录				
2		工程定位测量、放线记录				
3		原材料出厂合格证书及进场检（试）验报告				
4		施工试验报告及见证检测报告				
5		隐蔽工程验收记录				
6		施工记录				
7		预制构件、预拌混凝土合格证				
8		地基、基础主体结构检验及抽样检测资料				
9		分项、分部工程质量验收记录				
10		工程质量事故及事故调查处理资料				
11		新材料、新工艺施工记录				
1	园林铺地	图纸会审、设计变更、洽商记录				
2		工程定位测量、放线记录				
3		原材料出厂合格证书及进场检（试）验报告				
4		施工试验报告及见证检测报告				
5		隐蔽工程验收记录				
6		施工记录				
7		预制构件、预拌混凝土合格证				
8		地基、基础主体结构检验及抽样检测资料				
9		分项、分部工程质量验收记录				
10		工程质量事故及事故调查处理资料				
11		新材料、新工艺施工记录				
1	园林给水排水	图纸会审、设计变更、洽商记录				
2		材料、配件出厂合格证书及进场检（试）验报告				
3		管道、设备强度试验、严密性试验记录				
4		隐蔽工程验收记录				
5		系统清洗、灌水、通水试验记录				
6		施工记录				
7		分项、分部工程质量验收记录				
1	园林用电	图纸会审、设计变更、洽商记录				
2		材料、配件出厂合格证书及进场检（试）验报告				
3		设备调试记录				
4		接地、绝缘电阻测试记录				
5		隐蔽工程验收记录				
6		施工记录				
7		分项、分部工程质量验收记录				

结论：

施工单位项目经理：　　　　　　　　　　　　　总监理工程师：

　　　　年　月　日　　　　　　　　　（建设单位项目负责人）　　　年　月　日

2. 应用指导

工程质量控制资料是利用科学方法测量实际质量的结果与标准对比，对其差异采取措施，以达到规定的质量标准的过程。实施这一过程形成的技术资料即为工程质量控制资料。对该资料进行核查以达到确保工程质量达标的目的。

工程质量控制资料是反映园林绿化工程施工过程中各环节工程质量的基本数据和原始记录，反映已完工程项目的测试结果和记录完整性，是评定工程质量的重要依据之一。

（1）单位（子单位）工程质量控制资料核查记录

园林绿化工程的质量控制资料，应按照标准规定的应检目次，单位（子单位）工程质量控制资料核查记录进行。见表 4.1.1.2。

（2）关于"工程质量控制资料应完整"的说明

标准规定工程质量控制资料应完整，即 DB11/T 712—2010 规程"单位（子单位）工程质量控制资料核查记录表"。表列子项中应检项目齐全（合理缺项除外）即为质量控制资料完整。

质量控制资料完整是指一个分部、子分部工程的质量控制资料虽有欠缺，但能反映其结构安全和使用功能，是满足设计要求的，则可以认定该工程质量控制资料为完整。例如：钢材的标准要求既要有出厂合格证，又要有试验报告，即为完整。实际中，如有一批用于非重要构件的钢材没有出厂合格证，但经有资质的检测单位检测，该批钢材物理性能和化学成分均符合标准和设计要求，则可认为该批钢材技术资料是完整的。

单位（子单位）工程质量控制资料核查必须是：完整的经检查验收合格确认的单位（子单位）工程质量控制资料，反映了检验批从原材料到最终验收的各施工工序的操作依据、检查情况以及保证质量所必须的试（检）验等。

4.1.1.3 单位（子单位）工程安全功能和植物成活要素检验资料核查及主要功能抽查记录

1. 资料表式

单位（子单位）工程安全功能和植物成活要素检验资料核查及主要功能抽查记录

表 4.1.1.3

工程名称			施工单位			
序号	安全和功能检查项目		份数	核查意见	抽查结果	核（抽）查人
1	有防水要求的淋（蓄）水试验记录					
2	园林景观构筑物沉降观测测量记录					
3	园林景观桥荷载通行试验记录					
4	山石牢固性检查记录					
5	喷泉水景效果检查记录					
6	给水管道通水试验记录					
7	排水管道通球试验记录					
8	照明全负荷试验记录					
9	夜景灯光效果检查记录					
10	大型灯具牢固性试验记录					
11	避雷接地阻值测试记录					
12	线路、插座、开关接地检验记录					
13	系统试运行记录					
14	系统电源及接地检测报告					
15	土壤理化性质检测报告					

续表

序号	安全和功能检查项目	份数	核查意见	抽查结果	核（抽）查人
16	水理化性质检测报告				
17	种子发芽试验记录				

结论：
施工单位项目经理：　　　　　　　　　　　　　　　　总监理工程师：
　　　　　　　　　　　　　　　　　　　　　　　　（建设单位项目负责人）
　　　年　月　日　　　　　　　　　　　　　　　　　　　　　　年　月　日

注：抽查项目由验收组协商确定。

2. 应用指导

（1）工程安全和主要使用功能检验

工程安全和主要使用功能检验资料核查及主要功能抽查记录是指直接影响工程安全和主要使用功能的检验资料。

单位（子单位）工程安全和功能检验资料核查及主要功能抽查记录资料的核查必须是：完整的按规范规定的子项进行资料的完整性复查，并对见证抽样报告等的资料进行复核。

（2）植物成活要素检验资料核查及主要功能抽查

1）植物成活要素检验资料核查及主要功能抽查包括：土（成分、厚度），水（数量、质量），坑（深度、宽度、尺寸），苗木（自身质量），苗木保护，种植时间，种植的操作及工艺。

2）DB11/T 212—2009 规范对植物及物资质量

① 种植土（原状土、客土、种植基质）的酸碱性、排水性、疏松度等应满足植物生态习性的要求。

② 种植穴内的回填土应无直径大于 2cm 的渣砾；无沥青、混凝土及其他对植物生长有害的污染物，并应符合下列要求：

A. 酸碱性 pH 值应为 7.0～8.5；土壤含盐量应小于 0.12％。

B. 土壤排水良好，非毛管孔隙度不得低于 10％。

C. 土壤营养平衡，其中有机质含量不得低于 10g/kg，全氮含量不得低于 1.0g/kg；速效磷含量不得低于 0.6g/kg；速效钾含量不得低于 17g/kg。

D. 土壤疏松，密度不得高于 1.3g/cm³。

③ 园林植物生长所必需的种植土层厚度，其最小值应大于植物主要根系分部深度，设计、施工单位应当参照表 4.1.1.3-1 的要求进行设计和施工。

种植土层厚度要求（单位：cm）　　　　　　　　　　表 4.1.1.3-1

植被类型	草本花卉	地被植物	小灌木	大灌木	浅根乔木	深根乔木
分部深度	30	35	45	60	90	200
允许偏差	<5％			<10％		

④ 常用的改良土与超轻量基质的理化性状应符合表 4.1.1.3-2 要求。

常用改良土与超轻量基质物理性状　　　　　　　　　　表 4.1.1.3-2

理化指标		改良土	超轻量基质
密度（kg/m³）	干密度	550～900	120～150
	湿密度	780～1300	450～650
非毛管孔隙度		≥10％	≥10％

⑤ 有机肥应经过充分腐熟方可施用。复合肥、无机肥施用量应按产品说明合理施用。

⑥ 苗木的质量应符合下列规定：

A. 施工单位应按下列要求选择苗木，并在苗木进场时出具《苗木检验合格证书》

（出圃单）、外埠苗木应出具当地植物检疫证明文件。

　　B. 木本苗应符合 DB11/T 211 的有关要求。

　　C. 露地栽培花卉应符合下列规定：一、二年生花卉，株高一般为 10～50cm，冠径为 15～35cm，分枝不少于 3～4 个，植株健壮，色泽明亮，无病虫害。宿根花卉，根系应完整，无腐烂变质。球根花卉，球根应苗壮、无损伤，幼芽饱满。观叶植物，叶片分布均匀，排列整齐，形状完好，色泽正常。

　　D. 水生植物根、茎、叶发育良好，植株健壮。

4.1.1.4　单位（子单位）工程观感质量检查记录

1. 资料表式

单位（子单位）工程观感质量检查记录表　　　　表 4.1.1.4

工程名称			施工单位								质量评价		
序号		项　　目	抽查质量状况								好	一般	差
1	种植工程	生长势											
2		植株形态											
3		定位、朝向											
4		植物配置											
5		外观效果											
1	园林景观构筑物及其他造景	色彩											
2		协调											
3		层次											
4		整洁度											
5		效果											
1	园林铺地	整洁度											
2		协调性											
3		色泽											
1	园林给水排水	整齐											
2		整洁											
3		效果											
1	园林用电	整齐											
2		整洁											
3		效果											
观感质量综合评价													
检查结论	施工单位项目经理： 　　　　　年　月　日			总监理工程师： （建设单位项目负责人） 　　　　　年　月　日										

　　注：质量评价为差的项目，应进行返修。

2. 应用指导

　　（1）单位（子单位）观感质量验收是指通过观察或必要的量测所反映的工程外在质量。验收时只给出好、一般、差，不评合格或不合格。对差的应进行返修处理。由监理单位的总监理工程师（建设单位项目专业负责人）组织施工单位的项目负责人和有关勘察、设计项目负责人进行验收。检查的内容、方法均应按标准要求进行，结论由监理单位的总监理工程师（建设单位项目专业负责人）和施工单位的项目经理根据验收人员的检查结论做出。

4.1.1.5 单位（子单位）工程植物成活率统计记录

1. 资料表式

单位（子单位）工程植物成活率统计记录 表 4.1.1.5

工程名称			施工单位		
序号	植物类别	种植数量	成活率	抽查结果	核（抽）查人
1	常绿乔木				
2	常绿灌木				
3	绿篱				
4	落叶乔木				
5	落叶灌木				
6	色块（带）				
7	花卉				
8	攀援植物				
9	水生植物				
10	竹子				
11	草坪				
12	地被				
13					
14					
15					
16					
结论：					
施工单位项目经理：　　　　　　　　　　　　　总监理工程师： 　　　　　　　　　　　　　　　　　　　　（建设单位项目负责人） 　　　　　年　月　日　　　　　　　　　　　　　　　年　月　日					

注：树木花卉按株统计；草坪按覆盖率统计。抽查项目由验收组协商确定。

2. 应用指导

单位（子单位）工程植物成活率统计的植物类别应按表列子项（常绿乔木、常绿灌木、绿篱、落叶乔木、落叶灌木、色块（带）、花卉、攀援植物、水生植物、竹子、草坪、地被）逐一进行，除合理缺项外，原则上不应缺漏。

4.1.2 分部（子分部）工程质量验收记录

4.1.2.1 分部（子分部）工程质量验收记录表

1. 资料表式

分部（子分部）工程质量验收记录表   表 4.1.2.1

工程名称		结构类型		层数	
施工单位		技术部门负责人		质量部门负责人	
分包单位		分包单位负责人		分包技术负责人	

序号	分项工程名称	检验批数	施工单位检查评定	验 收 意 见
1				
2				
3				
4				
5				
6				

质量控制资料		
安全和功能要素检验(检测)报告		
观感质量验收		

验收单位	分包单位	项目经理	年　月　日
	施工单位	项目经理	年　月　日
	勘察单位	项目负责人	年　月　日
	设计单位	项目负责人	年　月　日
	监理（建设）单位	总监理工程师： （建设单位项目专业负责人）：　　　　　　　年　月　日	

2. 应用指导

（1）分部（子分部）工程的验收名目

1）种植基础分部工程质量验收记录

一般性基础子分部工程质量验收记录表；架空绿地构造层子分部工程质量验收记录表；边坡基础子分部工程质量验收记录表。

2）种植分部工程质量验收记录

一般性种植子分部工程质量验收记录表；大规格苗木移植子分部工程质量验收记录表；坡面绿化子分部工程质量验收记录表。

3）养护分部工程质量验收记录

苗木养护子分部工程质量验收记录表；古树复壮子分部工程质量验收记录表。

4）地基基础分部工程质量验收记录

无支护土方子分部工程质量验收记录表；地基及基础处理子分部工程质量验收记录表；混凝土基础子分部工程质量验收记录表；砌体基础子分部工程质量验收记录表；桩基子分部工程质量验收记录表。

5）主体结构分部工程质量验收记录

混凝土结构子分部工程质量验收记录表；砌体结构子分部工程质量验收记录表；钢结构子分部工程质量验收记录表；木结构子分部工程质量验收记录表；基础防水子分部工程质量验收记录表。

6）装饰分部工程质量验收记录

地面子分部工程质量验收记录表；墙面子分部工程质量验收记录表；顶面子分部工程质量验收记录表；涂饰子分部工程质量验收记录表；仿古油饰子分部工程质量验收记录表；仿古彩画子分部工程质量验收记录表。

7）园林简易设施安装分部工程质量验收记录

8）花坛设置分部工程质量验收记录

9）地基及基础分部工程质量验收记录

10）面层分部工程质量验收记录

11）园林给水分部工程质量验收记录

12）园林排水分部工程质量验收记录

13）园林喷灌分部工程质量验收记录

14）电气动力分部工程质量验收记录

15）电气照明安装分部工程质量验收记录

（2）分部（子分部）工程质量验收合格应符合下列规定：

1）分部（子分部）工程所含工程的质量均应验收合格。

2）质量控制资料应完整。

3）分部工程各有关安全、功能及涉及植物成活要素的检验和抽样检测结果应符合有关规定。

4）观感质量验收应符合要求。

（3）分部（子分部）工程质量验收：施工单位自检合格后，应填报《____分部（子分部）工程质量验收记录表》和《分项/分部工程施工报验表》。分部（子分部）工程质量验收应由总监理工程师（建设单位项目负责人）组织有关设计单位及施工单位项目负责人和技术、质量负责人等共同验收并签认。

架空绿地构造层分部、园林景观构筑物地基与基础分部、主体结构分部工程完工，施工项目部应先行组织自检，合格后填写《____分部（子分部）工程质量验收记录表》，报请施工企业的技术、质量部门验收并签认后，由建设、监理、勘察、设计和施工单位进行分部工程验收，并报园林绿化工程质量监督机构。

（4）园林绿化工程质量验收应划分为单位（子单位）工程、分部（子分部）工程、分项工程和检验批。（见附录 B）

附录 B 质量验收分部（子分部）分项名录划分

质量验收分部（子分部）分项名录划分表

子单位	分部/子分部		分　项
绿化种植	种植基础	一般性基础	整理绿化用地，地形整理（土山、微地形），通气透水
		架空绿地构造层	防水隔（阻）根，排（蓄）水设施
		边坡基础	锚杆及防护网安装，铺笼砖
	种植	一般性种植	种植穴（槽），栽植，草坪播种，分栽，草卷、草块铺设
		大规格苗木移植	掘苗及包装，种植穴（槽），栽植
		坡面绿化	喷播，栽植，分栽
	养护	苗木养护	围堰，支撑，浇灌水，树木修剪
		古树复壮	通气透水，修补树穴，古树保护
景观构筑物及其他造景	地基基础	无支护土方	土方开挖，土方回填，混凝土模板，钢筋，混凝土
		地基及基础处理	灰土地基，砂和砂石地基，碎砖三合土地基
		混凝土基础	模板，钢筋，混凝土
		砌体基础	砖砌体，混凝土砌块砌体，石砌体
		桩基	混凝土预制桩，混凝土灌注桩
	主体结构	混凝土结构	混凝土模板，钢筋，混凝土
		砌体结构	砖砌体，石砌体，叠山
		钢结构	钢结构焊接，紧固件连接，单层钢结构安装，钢构件组装
		木结构	方木和原木结构，木结构防护
		基础防水	防水混凝土，水泥砂浆防水，卷材防水，涂料防水，防水毯防水
	装饰	地　面	水泥混凝土面层，砖面层，石面层，料石面层，木地板面层
		墙　面	饰面砖，饰面板
		顶　面	玻璃，阳光板
		涂　饰	水性涂料涂饰，溶剂型涂料涂饰，美术涂饰
		仿古油饰	地仗，油漆，贴金，大漆，打蜡，花色墙边
		仿古彩画	大木彩绘，斗栱彩绘，天花，枝条彩绘，楣子，芽子雀替，花活彩绘，椽头彩绘
	园林简易设施安装		果皮箱，座椅（凳），牌示，雕塑雕刻，塑山，园林护栏
	花坛设置		立体（花坛）骨架，花卉摆放
园林铺地	地基及基础		混凝土基层，灰土基层，碎石基层，砂石基层，双灰面层
	面层		混凝土面层，砖面层，料石面层，花岗石面层，卵石面层，木铺装面层，路缘石（道牙）
园林给水排水	园林给水		管沟，井室，管道安装
	园林排水		排水盲沟，管道安装，管沟，井池
	园林喷灌		管沟及井室，管道安装，设备安装
园林用电	电气动力		成套配电柜，控制柜（屏、台）和动力配电箱（盘）及控制柜安装，低压电动机，接线，低压电气动力设备检测、试验和空载试运行，电线、电缆穿管和线槽敷设，电缆头制作，导线连接和线路电气试验，插座、开关、风扇安装
	电气照明安装		成套配电柜，控制柜（屏、台）和照明配电箱（盘）及控制柜安装，低压电动机，接线，电线、电缆导管和线槽敷设，电缆头制作，导线连接和线路电气试验，灯具安装，插座、开关、风扇安装，照明通电试运行

4.1.3 分项/检验批质量验收记录

4.1.3.1 分项工程质量验收记录表

1. 资料表式

分项工程质量验收记录表   表 4.1.3.1

工程名称			结构类型		检验批数	
施工单位			项目经理		项目技术负责人	
分包单位			分包单位负责人		分包项目经理	
序号	检验批部位、区段		施工单位检查评定结果	监理(建设)单位验收结论		
1						
2						
3						
4						
5						
6						
7						
8						
9						
10						
11						
12						
13						
14						
15						
16						
17						
检查结论	项目专业技术负责人: 年 月 日			验收结论	监理工程师: (建设单位项目专业技术负责人) 年 月 日	

2. 应用指导

（1）分项工程质量验收：分项工程完成（即分项工程所含的检验批均已完工）施工单位自检合格后，应填报《＿＿分项工程质量验收记录表》和《分项/分部工程施工报验表》。

分项工程质量验收应由监理工程师（建设单位项目专业技术负责人）组织项目专业技术负责人等进行验收并签认。

（2）分项工程质量验收合格应符合下列规定：

分项工程所含的检验批均应符合合格质量的规定。

分项工程所含的检验批的质量验收记录应完整。

4.1.3.2 检验批质量验收记录表

1. 资料表式

检验批质量验收记录表   表 4.1.3.2

工程名称		分项工程名称		验收部位	
施工单位				项目经理	
施工执行标准名称及编号				专业工长	
分包单位		分包项目经理		施工班组长	

检控项目	序号	质量验收规范规定	施工单位检查评定记录	监理(建设)单位验收记录
主控项目	1			
	2			
	3			
	4			
	5			
	6			
	7			
	8			
	9			
一般项目	1			
	2			
	3			
	4			

施工单位检查评定结果	专业工长(施工员)		施工班组长	
	项目专业质量检查员：　　　　　　　　　　年　　月　　日			

监理(建设)单位验收结论	专业监理工程师： (建设单位项目专业技术负责人)　　　　　　年　　月　　日

2. 应用指导

（1）质量验收记录应符合下列规定：

检验批质量验收：检验批施工完成，施工单位自检合格后，由项目专业质量检查员填报《检验批质量验收记录表》。检验批质量验收应由监理工程师（建设单位项目专业技术负责人）组织项目专业质量检查员等进行验收并签认。

（2）检验批合格质量应符合下列规定：

主控项目和一般项目的质量经抽样检验合格。

具有完整的施工操作依据、质量检查记录。

（3）抽样方案

1）检验批的质量检验，应根据检验项目的特点在下列抽样方案中进行选择：

计量、计数或计量—计数等抽样方案。

一次、二次或多次抽样方案。

根据生产连续性和生产控制稳定性情况，尚可采用调整型抽样方案。

对重要的检验项目当可采用简易快速的检验方法时，可选用全数检验方案。

经实践检验有效的抽样方案。

2）在制定检验批的抽样方案时，应遵守下列规定：

主控项目：对应合格批但被判为不合格的概率不宜超过 5％；且不合格批被判为合格批的概率也不宜超过 5％。

一般项目：对应合格批但被判为不合格的概率不宜超过 5％；且不合格批被判为合格批的概率也不宜超过 10％。

4.1.4 工程质量验收管理流程简介

4.1.4.1 检验批质量验收记录

检验批质量验收记录：检验批施工完成，施工单位自检合格后，由项目专业质量检查员填报《检验批质量验收记录表》。检验批质量验收应由专业监理工程师（建设单位项目专业技术负责人）组织项目专业质量检查员等进行验收并签认。检验批质量验收流程见图1。

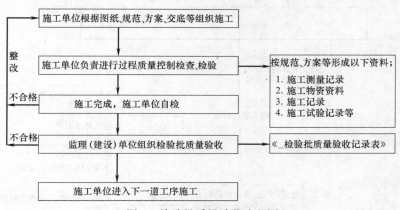

图1 检验批质量验收流程图

4.1.4.2 分项工程质量验收记录

分项工程质量验收记录：分项工程完成（即分项工程所含的检验批均已完工）施工单位自检合格后，应填报《＿＿＿分项工程质量验收记录表》和《分项/分部工程施工报验表》。分项工程质量验收应由专业监理工程师（建设单位项目专业技术负责人）组织项目专业技术负责人等进行验收并签认。分项工程质量验收流程见图2。

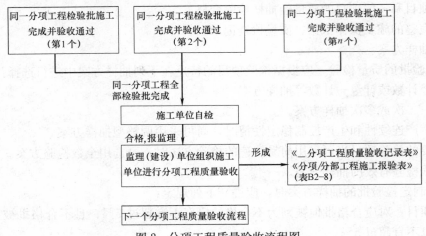

图 2　分项工程质量验收流程图

4.1.4.3　分部（子分部）工程质量验收记录

分部（子分部）工程质量验收记录：施工单位自检合格后，应填报《＿＿分部（子分部）工程质量验收记录表》和《分项/分部工程施工报验表》。分部（子分部）工程质量验收应由总监理工程师（建设单位项目负责人）组织有关设计单位及施工单位项目负责人和技术、质量负责人等共同验收并签认。分部（子分部）工程质量验收流程见图3。

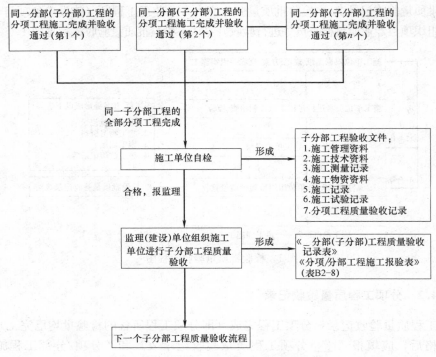

图 3　分部（子分部）工程质量验收流程图

4.1.4.4 单位（子单位）工程质量验收记录

单位（子单位）工程质量验收记录：单位（子单位）工程验收管理流程见图4。

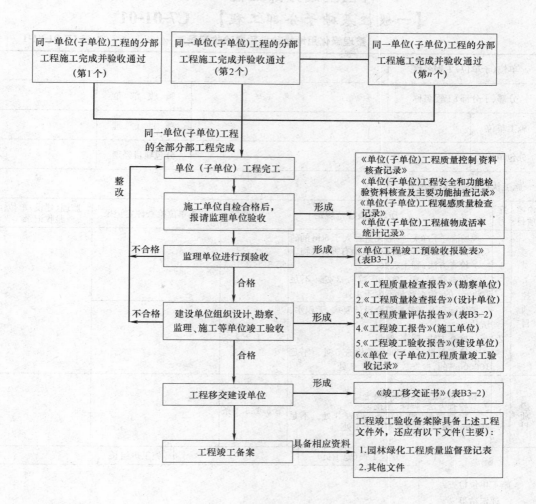

图4 单位（子单位）工程验收管理流程图

检验批质量验收表式与实施
绿化种植子单位工程 01
种植基础分部工程 C7-01
【一般性基础子分部工程】 C7-01-01

整理绿化用地检验批质量验收记录表 　　　　表 C7-01-01-1

单位(子单位)工程名称					
分部(子分部)工程名称			验收部位		
施工单位			项目经理		
分包单位			分包项目经理		
施工执行标准名称及编号					
检控项目	序号	质量验收规范规定		施工单位检查评定记录	监理(建设)单位验收记录
主控项目	1	现场清理干净无遗漏,无直径大于5cm的砖(石)块、宿根性杂草、树根及其他有害污染物。 检查方法:翻土观察。 检查数量:每1000m² 检查3 处。不足1000m² 的,检查数量不少于1 处	第5.1.2.1条		
	2	场地标高及平整度符合设计要求,无积水、坑洼。 检查方法:观察、测量。 检查数量:每10000m² 检查5 处。不足10000m² 的,检查数量不少于3 处	第5.1.2.2条		
一般项目	1	黏土层、淤泥宜清除、换土。 检查方法:脚踩、刨挖。 检查数量:每1000m² 检查3 处。不足1000m² 的,检查数量不少于1 处	第5.1.3.1条		
施工单位检查评定结果	专业工长(施工员)			施工班组长	
	项目专业质量检查员: 　　　　　　年　　月　　日				
监理(建设)单位验收结论	专业监理工程师: (建设单位项目专业技术负责人) 　　　　年　　月　　日				

【规范规定的施工过程控制要点】

5.1.1 一般规定

5.1.1.1 有各种管线的区域、建（构）筑物周边的整理绿化用地，应在其完工并验收合格后进行。

5.1.1.2 清理物应及时外运，不得就地填埋。

地形整理（土山、微地形）检验批质量验收记录表 表 C7-01-01-2

单位(子单位)工程名称				
分部(子分部)工程名称			验 收 部 位	
施工单位			项 目 经 理	
分包单位			分包项目经理	
施工执行标准名称及编号				

检控项目	序号	质量验收规范规定		施工单位检查评定记录	监理(建设)单位验收记录
主控项目	1	土山、微地形的高程控制应符合竖向设计要求	第5.2.2.1条		
		项　目	允许偏差(cm)	量测值(mm)	
	(1)	边界线位置	±50		
	(2)	等高线位置	±50		
	(3)	地形相对标高 ≤100	±5		
		101～200	±8		
		201～300	±12		
		301～400	±15		
		401～500	±20		
		＞500	±30		
	2	土山的覆土碾压应分层进行，每30cm为一层，密实度控制在0.90以上。　检查方法：环刀取测。　检查数量：每1000m²取样1次；不足1000m²，检查数量不少于1次	第5.2.2.2条		
一般项目	1	土山、微地形测量放线方格网尺寸按设计要求，设计未提出要求的，则最大尺寸应≤10m×10m	第5.2.3.1条		

施工单位检查评定结果	专业工长(施工员)		施工班组长	
	项目专业质量检查员：		年　月　日	

监理(建设)单位验收结论	
	专业监理工程师： (建设单位项目专业技术负责人)　　　　　年　月　日

【土山、微地形尺寸和相对高程的允许偏差及检查方法】

土山、微地形尺寸和相对高程的允许偏差（单位：cm）　　　表 5.2.2.1

项次	项　目		尺寸要求	允许偏差	检查方法
1	边界线位置		设计要求	±50	经纬仪、钢尺测量
2	等高线位置		设计要求	±50	经纬仪、钢尺测量
3	地形相对标高	≤100	回填土方自然沉降以后	±5	水准仪、钢尺测量每1000m² 测定一次
		101～200		±8	
		201～300		±12	
		301～400		±15	
		401～500		±20	
		＞500		±30	

【规范规定的施工过程控制要点】

5.2.1　一般规定

5.2.1.1　新堆土山、微地形应考虑自然沉降系数。机械轧实时宜考虑种植、土建、设施安装等对地基的不同需求。

5.2.1.2　土山、微地形土料不得有影响植物栽植和生长的成分存在。

　　检查方法：检查土壤检测报告。

　　检查数量：每1000m² 检查3处。不足1000m² 的，检查数量不少于1处。

通气透水检验批质量验收记录（表 C7-01-08-1）

种植基础的一般性基础子分部工程的通气透水检验批质量验收记录按表 C7-01-08-1 执行。

【架空绿地构造层子分部工程】　C7-01-02

防水隔（阻）根检验批质量验收记录表　　表 C7-01-02-1

单位(子单位)工程名称				
分部(子分部)工程名称			验 收 部 位	
施工单位			项 目 经 理	
分包单位			分包项目经理	
施工执行标准名称及编号				

检控项目	序号	质量验收规范规定		施工单位检查评定记录	监理(建设)单位验收记录
主控项目	1	防水隔(阻)根层所用材料的品种、规格、技术性能等应符合相关标准及设计要求	第5.17.2.1条		
	2	根据材料不同,防水、隔根材料厚度应满足表5.17.2.2的要求	第5.17.2.2条		
	3	防水、隔根材料进场后,应按规定实行见证抽样复验	第5.17.2.3条		
	4	防水、隔根施工细部构造部位进行密封处理时,密封材料嵌填应密实、连续、饱满、粘结牢固,无气泡、开裂、脱落等缺陷	第5.17.2.4条		
	5	防水、隔根层施工完成应进行蓄水或淋水试验,24小时内不得有渗漏或积水现象	第5.17.2.5条		
	6	卷材接缝处应粘接或焊接牢固,密封严密,搭接或焊接宽度符合设计要求,设计无要求时搭接宽度不小于150 mm,要求收头应与基层粘接并固定牢固,封闭严密,不得有翘边、张口等缺陷;涂膜防水层与基层粘接牢固,表面平整,涂刷均匀,无起皮、翘边等缺陷 　　检查方法:尺量、观察 　　检查数量:每50延长米检查一处,不足50延长米的全数检查	第5.17.2.6条		
	7	立面防水层应收头入槽,用密封材料封严	第5.17.2.7条		
一般项目	1	防水、隔根层施工前,应对找平层的压实、平整、干燥、干净、排水坡度、分格缝及突出屋面结构交接处的处理进行检查	第5.17.3.1条		
	2	防水、隔根层施工完毕后应进行检查,不得堵塞排水口,并做好成品保护	第5.17.3.2条		

施工单位检查评定结果	专业工长(施工员)		施工班组长	
	项目专业质量检查员:　　　　　　　　　年　月　日			

监理(建设)单位验收结论	专业监理工程师: (建设单位项目专业技术负责人)　　　　　年　月　日

【检查验收时执行的规范条目】

5.17.2.2 根据材料不同，防水、隔根材料厚度应满足表5.17.2.2的要求。

防水隔根材料厚度参照表（单位：mm）   表5.17.2.2

序号	防水材料	选用厚度	施工方法
*1	合金防水卷材（PSS）	单层使用≥0.5	热焊接法
*2	铜复合胎基改性沥青根组防水卷材	单层使用≥4 双层使用≥4+3	热熔法
*3	金属铜胎改性沥青防水卷材（JCUB）	单层使用≥4 双层使用≥4+3	热熔（冷自粘）法
*4	聚乙烯胎高聚物改性沥青防水卷材（PPE）	单层使用≥4 双层使用≥4+3	冷自粘（热熔）法
5	高聚物改性沥青防水卷材	单层使用≥4 双层使用≥6（3+3）	热熔法
6	双面自粘橡胶沥青防水卷材（BCA）	单层使用≥3 双层使用≥2+2	水泥浆湿铺法
*7	聚氯乙烯防水卷材（PVC）	单层使用≥1.5 双层使用≥1.2+1.2	热焊接法
*8	聚乙烯丙纶防水卷材	单层使用≥0.9 双层使用≥0.7+0.7	专用胶粘法
9	水泥基渗透结晶型防水材料	单层使用≥0.8，用量≥$1.2kg/m^3$	涂刷施工

注：1. 铜复合胎基改性沥青根组防水卷材双层使用时，底层可用3mm厚聚酯胎SBS改性沥青防水卷材；
2. 聚乙烯丙纶防水卷材胶粘层厚度应不小于1.3mm；
3. 加*号的材料具有隔根性能

【规范规定的施工过程控制要点】

5.17.1 一般规定

5.17.1.1 防水隔（阻）根层施工前，应完成对结构承重、建筑防水的交接检验。

5.17.1.2 根据需要防水层可设置一层或多层。采用具有隔根性能的防水材料，可将防水、隔根一次性铺设完成，否则应专门铺设隔根层。

排蓄水设施检验批质量验收记录表　　表 C7-01-02-2

单位(子单位)工程名称				
分部(子分部)工程名称			验 收 部 位	
施工单位			项 目 经 理	
分包单位			分包项目经理	
施工执行标准名称及编号				

检控项目	序号	质量验收规范规定		施工单位检查评定记录	监理(建设)单位验收记录
主控项目	1	凹凸型塑料排蓄水板厚度应符合设计要求。顺茬搭接,搭接宽度应符合设计要求,设计无明确要求的,搭接宽度应大于150mm 检查方法:尺量、观察。 检查数量:每 50 延长米检查一处,不足50m 全数检查	第5.18.2.1条		
	2	采用卵石、陶粒等材料铺设排蓄水层的,其铺设厚度应符合设计要求	第5.18.2.2条		
	3	卵石大小均匀。屋顶绿化采用卵石排水的,卵石直径应为 30～50mm;地下设施覆土绿化用卵石排水的,卵石直径应为80～100mm	第5.18.2.3条		
一般项目	1	四周设置明沟的,排蓄水层应铺设至明沟边缘	第5.18.3.1条		
	2	挡上墙下设排水管的,排水管与天沟或落水口宜合理连接、坡度适当	第5.18.3.2条		

施工单位检查评定结果	专业工长(施工员)		施工班组长	
	项目专业质量检查员:　　　　　　　　年　　月　　日			
监理(建设)单位验收结论	专业监理工程师: (建设单位项目专业技术负责人)　　　　　年　　月　　日			

【规范规定的施工过程控制要点】

5.18.1　一般规定

5.18.1.1　排蓄水设施施工前应根据坡向规划好整体导流方向。

5.18.1.2　铺设排蓄水材料时,不得破坏隔(阻)根层。

【边坡基础子分部工程】　C7-01-03

锚杆及防护网安装检验批质量验收记录表

表 C7-01-03-1

单位(子单位)工程名称					
分部(子分部)工程名称				验收部位	
施工单位				项目经理	
分包单位				分包项目经理	
施工执行标准名称及编号					

检控项目	序号	质量验收规范规定		施工单位检查评定记录	监理(建设)单位验收记录
主控项目	1	锚杆孔位应符合设计要求,孔位误差不得超过±50mm。对于不平顺的位置需增设锚杆孔位。钻孔方向不得扭曲和变径。孔径、孔深应符合设计要求。钻孔完成后应将孔内杂物清除。 　　检查方法:尺量。检查数量:全数检查	第5.19.2.1条		
	2	锚杆材质、长度应符合设计要求	第5.19.2.2条		
	3	锚杆固定采用水泥砂浆,其强度应符合设计要求。水泥砂浆应采用普通硅酸盐水泥	第5.19.2.3条		
	4	锚杆表面应设置定位器	第5.19.2.4条		
	5	根据坡度及岩石稳定性可采用钢筋网片、普通铁丝网、镀锌铁丝网、土工网等	第5.19.2.5条		
	6	钢筋网片、普通铁丝网应做防腐处理	第5.19.2.6条		
	7	钢筋网铺设时,每边的搭接长度不小于一个网格的边长	第5.19.2.7条		
	8	普通铁丝网、镀锌铁丝网或土工网在挂网时应向坡顶上方延伸50cm,搭接距离不小于15cm,并绑扎牢固,保持坡面和网紧密贴近。 　　检查方法:尺量。 　　检查数量:每500m² 检查3处;面积小于500m² 时,检查数量不少于3处	第5.19.2.8条		
一般项目	1	锚杆安装前应对钢筋顺直,除油污,尾端和外露部分做防锈处理	第5.19.3.1条		
	2	钢筋网片网格大小一致,网格允许偏差10mm	第5.19.3.2条		

施工单位检查评定结果	专业工长(施工员)		施工班组长	
	项目专业质量检查员:		年　月　日	
监理(建设)单位验收结论	专业监理工程师: (建设单位项目专业技术负责人)		年　月　日	

【规范规定的施工过程控制要点】

5.19.1　一般规定

5.19.1.1　经勘察单位认定坡体不稳定的坡面,应当采取锚杆加固及防护网护坡措施。

5.19.1.2　施工前应根据岩石类型、风化程度、坡度等制定具体施工方案。

铺笼砖检验批质量验收记录表

表 C7-01-03-2

单位(子单位)工程名称				
分部(子分部)工程名称			验 收 部 位	
施工单位			项 目 经 理	
分包单位			分包项目经理	
施工执行标准名称及编号				

检控项目	序号	质量验收规范规定		施工单位检查评定记录	监理(建设)单位验收记录
主控项目	1	铺设笼砖时,应自下而上、对缝码放,坡度一致。缝间隙应小于5mm,相邻砖相对高差应小于5mm。 检查方法:尺量,10m小线拉直。 检查数量:每500m² 检查3处;面积小于500m² 时,检查数量不少于3处	第5.20.2.1条		
	2	堤坡底部应设坡牙。铺至堤顶后应做压顶	第5.20.2.2条		
一般项目	1	笼砖材质、规格应满足设计要求	第5.20.3.1条		

施工单位检查评定结果	专业工长(施工员)		施工班组长	
	项目专业质量检查员:		年　月　日	

监理(建设)单位验收结论	
	专业监理工程师: (建设单位项目专业技术负责人)　　　　年　月　日

【规范规定的施工过程控制要点】

5.20.1　一般规定

5.20.1.1　坡度较大,不宜直接栽植的坡面,可采取铺笼砖方式进行固土栽植。

5.20.1.2　笼砖铺设前应夯实、修整堤坡,堤坡坡度应一致。

种植分部工程　C7-01

【一般性种植子分部工程】　C7-01-04

种植穴（槽）检验批质量验收记录表

表 C7-01-04-1

单位(子单位)工程名称				
分部(子分部)工程名称			验收部位	
施工单位			项目经理	
分包单位			分包项目经理	
施工执行标准名称及编号				

检控项目	序号	质量验收规范规定		施工单位检查评定记录	监理(建设)单位验收记录
主控项目	1	一般种植穴（槽）大小应根据苗木根系、土球直径和土壤情况而定，应符合表 5.3.2.1-1～表 5.3.2.1-5 的规定。 检查方法：观察、尺量。 检查数量：以天为单位，按挖掘时间分批抽查，每批检查 100 个穴，100 个穴以下全数检查	第 5.3.2.1 条		
	2	非正常种植季节施工时种植穴直径应相应扩大 20%，深度相应加深 10%；当土壤密实度≥0.80 时，应采取通气透水措施	第 5.3.2.2 条		
	3	种植穴（槽）应垂直下挖，垂直度允许偏差为±5°	第 5.3.2.3 条		
	4	大规格树木栽植时，其种植穴应较土球直径大 60～80cm，深度增加 20～30cm	第 5.3.2.4 条		
一般项目	1	种植穴（槽）挖出的好土和弃土分别置放处理，底部应回填适量好土。对排水不良的土层，应在穴底铺设厚度不低于 10cm 的砂砾，或铺设渗水管、设盲沟	第 5.3.3.1 条		

施工单位检查评定结果	专业工长(施工员)		施工班组长	
	项目专业质量检查员：　　　　　　　　　　　　　年　月　日			
监理(建设)单位验收结论	专业监理工程师： (建设单位项目专业技术负责人)　　　　　　　年　月　日			

【检查验收时执行的规范条目】

第 5.3.2.1 条　一般种植穴（槽）大小应根据苗木根系、土球直径和土壤情况而定，应符合表 5.3.2.1-1～表 5.3.2.1-5 的规定。

常绿乔木类种植穴规格（单位：cm）　　表 5.3.2.1-1

树高	土球直径	种植穴深度	种植穴直径
150	40～50	50～60	80～90
150～250	70～80	80～90	100～110
250～400	80～100	90～110	120～130
400 以上	140 以上	120 以上	180 以上

落叶乔木类种植穴规格（单位：cm）　　表 5.3.2.1-2

干径	深度	直径	干径	深度	直径
2～3	30～40	40～60	5～6	60～70	80～90
3～4	40～50	60～70	6～8	70～80	90～100
4～5	50～60	70～80	8～10	80～90	100～110

花灌木类种植穴规格（单位：cm）　　表 5.3.2.1-3

树高	土球（直径×高）	圆坑（直径×高）	说　明
1.2～1.5	30×20	60×40	
1.5～1.8	40×30	70×50	三株以上
1.8～2.0	50×30	80×50	
2.0～2.5	70×40	90×60	

竹类种植穴规格（单位：cm）　　表 5.3.2.1-4

种植穴深度	种植穴直径
大于盘根或土球(块)厚度 20～40	大于盘根或土球(块)直径 40～60

篱类种植槽规格（单位：cm）　　表 5.3.2.1-5

种植高度	单行	双行
30～50	30×40	40×60
50～80	40×40	40×60
100～120	50×50	50×70
120～150	60×60	60×80

【规范规定的施工过程控制要点】

5.3.1　一般规定

5.3.1.1　种植穴（槽）挖掘前，应向有关单位了解地下管线和隐蔽物埋设情况。

5.3.1.2　种植穴（槽）的定点放线应符合下列规定：

a. 种植穴（槽）定点放线应符合设计图纸要求，位置准确，标记明显。

b. 种植穴（槽）定点时应标明中心点位置，种植槽应标明边线。

c. 树木定点遇有障碍物影响，应及时与设计单位取得联系，进行适当调整。

5.3.1.3　开挖的种植穴（槽）遇灰土、石砾、有机污染物、黏性土等土壤状况时，应扩大种植穴（槽），回填土应满足本规范第 4.3.1 和 4.3.2 的要求［见基本规定植物及物资质量中的（1）、（2）］。

栽植检验批质量验收记录（表 C7-01-05-2）

种植的一般性种植的栽植检验批质量验收记录按表 C7-01-05-2 执行。

草坪播种检验批质量验收记录表   表 C7-01-04-2

	单位(子单位)工程名称				
	分部(子分部)工程名称			验收部位	
	施工单位			项目经理	
	分包单位			分包项目经理	
	施工执行标准名称及编号				

检控项目	序号	质量验收规范规定		施工单位检查评定记录	监理(建设)单位验收记录
主控项目	1	播种时应先浇水浸地,保持土壤湿润,并将表层土耧细耙平,坡度应达到 0.3%~0.5%	第 5.12.2.1 条		
	2	用等量的沙子和种子拌均匀进行撒播,均匀覆细土 0.3~0.5cm 后轻压	第 5.12.2.2 条		
	3	播种后应及时采取喷灌,保持土壤湿润	第 5.12.2.3 条		
一般项目	1	选择优良种子,不得含有杂质	第 5.12.3.1 条		
	2	整地前应进行土壤处理,防治地下害虫	第 5.12.3.2 条		

施工单位检查评定结果	专业工长(施工员)		施工班组长		
	项目专业质量检查员:			年　　月　　日	

监理(建设)单位验收结论	专业监理工程师: (建设单位项目专业技术负责人)			年　　月　　日	

【规范规定的施工过程控制要点】

5.12.1 一般规定

5.12.1.1 用于草坪播种的场地应提前做完喷水、喷雾给水系统,并通过验收。

5.12.1.2 播种前应做种子发芽试验,确保种子发芽率在 85% 以上,并进行催芽处理。

5.12.1.3 种子纯净度应达到 95%,确定合理的播种量,种子播种量应符合表 5.12.1.3 的要求。

不同草类播种量参照表 （单位：g/m²）   表 5.12.1.3

草坪种类	精细播种量	粗放播种量
剪股颖	3~5	5~8
早熟禾	8~10	10~15
多年生黑麦草	25~30	30~40
高羊茅	20~25	25~35
羊胡子草	7~10	10~15
结缕草	8~10	10~15

分栽检验批质量验收记录表

表 C7-01-04-3

单位(子单位)工程名称						
分部(子分部)工程名称				验 收 部 位		
施工单位				项 目 经 理		
分包单位				分包项目经理		
施工执行标准名称及编号						
检控项目	序号	质量验收规范规定		施工单位检查评定记录		监理(建设)单位验收记录
主控项目	1	栽植前应先浇水浸地,浸水深度应达到10cm。栽植后应立即浇灌水。 检查方法:翻挖、钎探。 检查数量:每1000m² 检查 3 处,不足1000m²,检查数量不少于2处。		第5.11.2.1条		
	2	土地平整度、坡度应符合设计要求。设计无明确要求时,按排水方向整理地形,坡度不低于1‰		第5.11.2.2条		
	3	土壤理化性质应满足本规范第4.3.1的要求		第5.11.2.3条		
一般项目	1	浇水前栽植面应平整		第5.11.3.1条		
施工单位检查评定结果		专业工长(施工员)			施工班组长	
		项目专业质量检查员:			年　月　日	
监理(建设)单位验收结论		专业监理工程师: (建设单位项目专业技术负责人)			年　月　日	

【规范规定的施工过程控制要点】

5.11.1 一般规定

5.11.1.1 栽植前应整地,翻耕深度不少于30cm。

　　检查方法:翻挖、查看隐检记录。

　　检查数量:每1000m² 检查 3 处,不足 1000m²,检查数量不少于 2 处。

5.11.1.2 分栽植物应选择适应性强、病虫害少的品种。时令草花应选择花期长、色泽鲜艳、生长健壮的植株。

5.11.1.3 分栽植物的株行距、每束的单株数应满足设计要求,设计无明确要求时,草类株行距应保持在 (10~15)cm×(10~15)cm,每束5~7株;时令草花每平方米 35~45株。

5.11.1.4 水生花卉应根据不同种类、习性进行种植。可采用容器直接摆放水中,或种植于泥土中。水深度控制应符合表5.11.1.4的规定。

水生花卉适宜深度 (单位 cm)

表 5.11.1.4

类 别	种 类	适用水深	备 注
沼生类	菖蒲、千屈菜等	10~20	千屈菜可盆栽
挺水类	荷花、宽叶香蒲等	100	
浮水类	芡实、睡莲等	50~300	睡莲可水中盆栽
漂浮类	浮萍、凤眼莲等	浮于水面	根不生于土中

草卷、草块铺设检验批质量验收记录表　　　　　　表 C7-01-04-4

单位（子单位）工程名称				
分部（子分部）工程名称			验 收 部 位	
施工单位			项 目 经 理	
分包单位			分包项目经理	
施工执行标准名称及编号				
检控项目	序号	质量验收规范规定	施工单位检查评定记录	监理（建设）单位验收记录
主控项目	1	草卷、草块铺设前应先浇水浸地和整地。表层土应耧细耙平，坡度、土壤质量应符合设计要求。 　　检查方法：翻挖、查看隐检记录。 　　检查数量：每 500m² 检查 1 处，不足 500m² 检查数量不少于 1 处	第 5.10.2.1 条	
	2	草块、草卷应规格一致，品种统一，边缘平直，杂草不得超过 1%。草块土层厚度不得低于 3cm，草卷土层厚度不得低于 2cm	第 5.10.2.2 条	
	3	草块、草卷在铺设后应进行滚压或拍打，使之与土壤密切接触，然后浇水	第 5.10.2.3 条	
	4	铺设草卷、草块，均应及时浇水，浸湿土厚度应达到 10cm	第 5.10.2.4 条	
	5	铺设草卷、草块应相互衔接不留缝，高度一致。 　　检查方法：观察和查看施工记录。 　　检查数量：每 1000m² 检查 3 处，不足 1000m² 检查数量不少于 2 处	第 5.10.2.5 条	
一般项目	1	草卷、草块应草色纯正，挺拔鲜绿	第 5.10.3.1 条	
	2	草地排水坡度适当，无坑洼积水现象	第 5.10.3.2 条	
施工单位检查评定结果	专业工长（施工员）		施工班组长	
	项目专业质量检查员：　　　　　　　　年　　月　　日			
监理（建设）单位验收结论	专业监理工程师： （建设单位项目专业技术负责人）　　　年　　月　　日			

【规范规定的施工过程控制要点】

5.10.1　一般规定

5.10.1.1　铺设草卷、草块地域的种植土厚度应不低于 30cm。

5.10.1.2　当日进场的草卷、草块数量应做好测算并与铺设进度相一致。

【大规格苗木移植子分部工程】　C7-01-05

掘苗及包装检验批质量验收记录表　　表 C7-01-05-1

单位(子单位)工程名称					
分部(子分部)工程名称				验收部位	
施工单位				项目经理	
分包单位				分包项目经理	
施工执行标准名称及编号					

检控项目	序号	质量验收规范规定		施工单位检查评定记录	监理(建设)单位验收记录
主控项目	1	土球规格应大于干径的 8 倍,土球高度为土球直径的 2/3,土球底部直径为土球直径的 1/3。土台上大下小,下部边长比上部边长少 1/10。 检查方法:观察、尺量。检查数量:全数检查	第5.4.2.1条		
	2	粗根应用手锯锯断,锯口平滑无劈裂并不得露出土球表面	第5.4.2.2条		
	3	土球软质包装应紧实无松动	第5.4.2.3条		
	4	腰绳宽度应大于 10cm	第5.4.2.4条		
	5	土球直径 1m 以上的应做封底处理,紧实无松动	第5.4.2.5条		
	6	箱板包装应立支柱,稳定牢固	第5.4.2.6条		
	7	修平的土台尺寸应大于边板长度5cm,土台面平滑,不得有砖石或粗根等突出土台	第5.4.2.7条		
	8	土台顶边应高于边板上口 1cm～2cm,土台底边应低于边板下口 1cm～2cm。边板与土台应紧密严实	第5.4.2.8条		
	9	边板与边板、底板与边板、顶板与边板应钉装牢固无松动;箱板上端与坑壁、底板与坑底应支牢、稳定无松动	第5.4.2.9条		
一般项目	1	挖掘高大乔木前应先立好支柱,支稳树木	第5.4.3.1条		
	2	蒲包、蒲包片、草绳等软制包装材料使用前应用水浸泡	第5.4.3.2条		

施工单位检查评定结果	专业工长(施工员)		施工班组长	
	项目专业质量检查员:　　　　　　　　　　　　年　　月　　日			
监理(建设)单位验收结论	专业监理工程师: (建设单位项目专业技术负责人)　　　　　　年　　月　　日			

【规范规定的施工过程控制要点】

5.4.1　一般规定

5.4.1.1　掘苗及包装是指对大规格树木进行挖掘和土球包装的过程。包装形式分为软质包装和箱板包装。

5.4.1.2　当大规格树木干径为 20～25cm 的可用软质包装;干径大于 25cm 的应采用箱板包装。

5.4.1.3　大规格树木挖掘时,应适时采取抗蒸腾、促生根、包裹树干、喷雾、排水等相应措施。

5.4.1.4　挖掘土球、土台应先去除表土,深度以接近表土根为准。

种植穴（槽）检验批质量验收记录（表 C7-01-04-1）

种植的大规格苗木移植的种植穴（槽）检验批质量验收记录按表 C7-01-04-1 执行。

栽植检验批质量验收记录表

单位(子单位)工程名称						
分部(子分部)工程名称					验 收 部 位	
施工单位					项 目 经 理	
分包单位					分包项目经理	
施工执行标准名称及编号						

检控项目	序号	质量验收规范规定		施工单位检查评定记录	监理(建设)单位验收记录
主控项目	1	种植的树木应保持直立,不得倾斜。树木入坑时,应注意调整观赏面	第5.5.2.1条		
	2	行道树或行列种植树木应在一条线上,相邻植株规格应合理搭配,相邻高度不超过50cm	第5.5.2.2条		
	3	一般乔灌木的种植深度应与原种植线持平,个别快长、易生不定根的树种可较原土痕栽深5～10cm,常绿树栽植时,土球上表面应高于地表5cm;竹类可比地表深3～6cm	第5.5.2.3条		
	4	种植裸根树木时,应将种植穴底填土呈半圆土堆,树木种植根系应舒展,置入树木填土至1/2时,应轻提树干,使根部充分接触土壤	第5.5.2.4条		
	5	带土球树木入穴前应踏实穴底松土,土球放稳,拆除并取出不易降解包装物	第5.5.2.5条		
	6	回填土时,应分层踏实	第5.5.2.6条		
一般项目	1	绿篱、植篱的株行距应均匀。树形丰满的一面应向外,按苗木高度、冠幅大小均匀搭配	第5.5.3.1条		
	2	假山或岩缝间种植,应在种植土中掺入苔藓、泥炭等保湿通气材料	第5.5.3.2条		

施工单位检查评定结果	专业工长(施工员)		施工班组长		
		项目专业质量检查员:			年 月 日

监理(建设)单位验收结论	专业监理工程师: (建设单位项目专业技术负责人)			年 月 日

【规范规定的施工过程控制要点】

5.5.1 一般规定

5.5.1.1 在北京地区树木种植应以春季为主,雨季可种植常绿树,耐寒的落叶乔木可于秋季落叶后种植。

5.5.1.2 种植植篱应由中心向外顺序退植;坡式种植时应由上向下种植;大型片植或不同色彩丛植时,宜分区、分块种植。

【坡面绿化子分部工程】 C7-01-06

喷播检验批质量验收记录表

表 C7-01-06-1

单位(子单位)工程名称				
分部(子分部)工程名称			验收部位	
施工单位			项目经理	
分包单位			分包项目经理	
施工执行标准名称及编号				

检控项目	序号	质量验收规范规定		施工单位检查评定记录	监理(建设)单位验收记录
主控项目	1	喷播应覆盖均匀无遗漏	第5.13.2.1条		
	2	喷播厚度应均匀一致	第5.13.2.2条		
	3	喷播基材各要素配比、喷播厚度应符合设计要求	第5.13.2.3条		
一般项目	1	喷播应从上到下依次进行施工	第5.13.3.1条		
施工单位检查评定结果	专业工长(施工员)			施工班组长	
	项目专业质量检查员: 年 月 日				
监理(建设)单位验收结论	专业监理工程师: (建设单位项目专业技术负责人) 年 月 日				

【规范规定的施工过程控制要点】

5.13.1 一般规定

5.13.1.1 喷播宜在植物生长期进行。

5.13.1.2 根据气象情况安排施工,避免因暴雨形成破坏。

5.13.1.3 喷播前应检查锚杆网片固定情况,清理坡面。

栽植检验批质量验收记录（表 C7-01-05-2）

种植的坡面绿化的栽植检验批质量验收记录按表 C7-01-05-2 执行。

分栽检验批质量验收记录（表 C7-01-04-3）

种植的坡面绿化的分栽检验批质量验收记录按表 C7-01-04-3 执行。

养护分部工程 C7-01
【苗木养护子分部工程】   C7-01-07

围堰检验批质量验收记录表   表 C7-01-07-1

单位(子单位)工程名称				
分部(子分部)工程名称			验 收 部 位	
施工单位			项 目 经 理	
分包单位			分包项目经理	
施工执行标准名称及编号				

检控项目	序号	质量验收规范规定		施工单位检查评定记录	监理(建设)单位验收记录
主控项目	1	单株树木的围堰内径不小于种植穴直径，围堰高度不低于 15cm	第 5.6.2.1 条		
	2	围堰应踏实，无水毁	第 5.6.2.2 条		
一般项目	1	围堰用土应无砖、石块等杂物，围堰外形宜相对统一	第 5.6.3.1 条		

施工单位检查评定结果	专业工长(施工员)		施工班组长	
	项目专业质量检查员： 年 月 日			
监理(建设)单位验收结论	专业监理工程师： (建设单位项目专业技术负责人) 年 月 日			

【规范规定的施工过程控制要点】

5.6.1 一般规定

5.6.1.1 围堰应根据地形、地势选择适当方式，既满足浇灌水需要，又满足景观要求。

5.6.1.2 特殊环境内的围堰应做铺卵石、覆盖树皮、栽植地被等特殊处理，保证整体美观的效果。

支撑检验批质量验收记录表 表 C7-01-07-2

单位(子单位)工程名称				
分部(子分部)工程名称			验 收 部 位	
施工单位			项 目 经 理	
分包单位			分包项目经理	
施工执行标准名称及编号				

检控项目	序号	质量验收规范规定		施工单位检查评定记录	监理(建设)单位验收记录
主控项目	1	支撑物、牵拉物与地面连接点的连接应牢固	第5.9.2.1条		
	2	连接树木的支撑点应在树木主干上,其连接处应衬软垫,并绑缚牢固	第5.9.2.2条		
	3	支撑物、牵拉物的强度能够保证支撑有效	第5.9.2.3条		
	4	常绿树支撑高度为树干高的2/3,落叶树支撑高度为树干高的1/2。 检查方法:晃动支撑物。 检查数量:每50株为1个检验批,不足50株全数检查	第5.9.2.4条		
一般项目	1	同规格同树种的支撑物、牵拉物的长度、支撑角度、绑缚形式以及支撑材料宜统一	第5.9.3.1条		

施工单位检查评定结果	专业工长(施工员)		施工班组长	
	项目专业质量检查员: 年 月 日			

监理(建设)单位验收结论	
	专业监理工程师: (建设单位项目专业技术负责人) 年 月 日

【规范规定的施工过程控制要点】

5.9.1 一般规定

5.9.1.1 根据立地条件和树木规格,支撑方式一般分为三角支撑、四柱支撑、联排支撑及软牵拉。按材料类型分,一般有木材、竹材、铅丝等。

5.9.1.2 特殊环境内的树木支撑应采用精致材料,保证整体美观的效果。

浇灌水检验批质量验收记录表 表 C7-01-07-3

单位(子单位)工程名称					
分部(子分部)工程名称			验收部位		
施工单位			项目经理		
分包单位			分包项目经理		
施工执行标准名称及编号					

检控项目	序号	质量验收规范规定		施工单位检查评定记录	监理(建设)单位验收记录
主控项目	1	每次浇灌水量应满足植物成活及生长需要	第5.7.2.1条		
	2	对非正常渗漏应及时封堵,保证正常浇灌水;对浇水后出现的土壤沉降,应及时培土	第5.7.2.2条		
	3	对浇水后出现的树木倾斜,应及时扶正,并加以固定	第5.7.2.3条		
一般项目	1	浇水时应防止水流过急,宜采用缓流浇灌或在穴中放置缓冲垫	第5.7.3.1条		
	2	植树当日浇灌第一次水,三日内浇灌第二次水,十日内浇灌第三次水,浇足、浇透;三水后应及时封堰	第5.7.3.2条		

施工单位检查评定结果	专业工长(施工员)			施工班组长	
	项目专业质量检查员:　　　　　　　　　　年　　月　　日				

监理(建设)单位验收结论	专业监理工程师: (建设单位项目专业技术负责人)　　　　　　年　　月　　日

【规范规定的施工过程控制要点】

5.7.1　一般规定

5.7.1.1　浇灌水不得采用污水。水中有害离子的含量不得超过植物生长要求的临界值,水的理化性状应符合表5.7.1.1的规定。

　　检查方法：查看水质检测报告。

　　检查数量：同一水源为一个检验批,随机取样3次,每次取样100g,经混合后组成一组试样。

园林浇灌用水水质指标（单位 mg/L） 表 5.7.1.1

项目	基本要求	pH 值	总　磷	总　氮	全　盐
数值	无漂浮物和异常味	6～9	≤10	≤15	≤1000

树木修剪检验批质量验收记录表

单位(子单位)工程名称						
分部(子分部)工程名称				验 收 部 位		
施工单位				项 目 经 理		
分包单位				分包项目经理		
施工执行标准名称及编号						

检控项目	序号	质量验收规范规定		施工单位检查评定记录	监理(建设)单位验收记录
主控项目	1	修剪时剪口、锯口均应平滑无劈裂	第5.8.2.1条		
	2	带冠移植的大规格树木、落叶乔木应在保持原有树形的基础上进行合理修剪。凡主干明显的树种,修剪时应保护中央领导枝。 检查方法:观察。 检查数量:每50棵为1个检验批,不足50棵全数检查	第5.8.2.2条		
	3	行道树主干高度应大于2.8m	第5.8.2.3条		
一般项目	1	在不同环境下,通过对不同树木的修剪确定主干高度和冠径	第5.8.3.1条		
	2	藤木类、植篱类、桩景树类修剪应满足观赏效果的要求	第5.8.3.2条		
	3	修剪直径2cm以上的枝条时,剪口须涂防腐剂	第5.8.3.3条		
	4	常绿针叶树一般不进行修剪,但种植前应摘除果实。需要修剪时枝条应保留1~2cm的橛	第5.8.3.4条		
	5	树木修剪应充分考虑架空线、充电设备、交通信号灯等所处的位置	第5.8.3.5条		

施工单位检查评定结果	专业工长(施工员)		施工班组长	
	项目专业质量检查员:		年　　月　　日	

监理(建设)单位验收结论	专业监理工程师: (建设单位项目专业技术负责人) 　　　　　　　年　　月　　日

【规范规定的施工过程控制要点】

5.8.1　一般规定

5.8.1.1　树木修剪可分为种植前修剪、种植后修剪;按修剪程度分为轻剪、中剪、重剪;修剪方法有疏枝和短截;修剪后的树形分为人工式和自然式。

5.8.1.2　不同季节、不同树种,应采用不同的修剪方式。一般应满足植物生长习性和观赏效果的要求。

5.8.1.3　自然式修剪在保证树冠原有完整性的基础上,应剪去病虫枝、伤残枝、重叠枝、内膛过密枝等,保证主侧枝均匀分布。

【古树复壮子分部工程】　C7-01-08

通气透水检验批质量验收记录表

表 C7-01-08-1

单位(子单位)工程名称				
分部(子分部)工程名称			验 收 部 位	
施工单位			项 目 经 理	
分包单位			分包项目经理	
施工执行标准名称及编号				

检控项目	序号	质量验收规范规定		施工单位检查评定记录	监理(建设)单位验收记录
主控项目	1	通气管材质、规格、同期效果应符合设计要求。管口高于地表2～3cm,并加透气盖封口	第5.15.2.1条		
	2	开挖古树复壮沟时应掌握古树根系分布情况,不得损伤直径2cm以上的根系	第5.15.2.2条		
	3	渗水井比复壮沟深30～50cm,井底部应以卵石、陶粒等材料做渗水层,保持渗漏无积水,井口高于地表3cm并加盖封口	第5.15.2.3条		
一般项目	1	复壮沟内埋入的树木枝条应截成50～60cm的枝段并打捆	第5.15.3.1条		
	2	复壮沟填埋后应适量灌水促进沉降,然后恢复地表原状	第5.15.3.2条		

施工单位检查评定结果	专业工长(施工员)		施工班组长	
	项目专业质量检查员：　　　　　　　年　月　日			
监理(建设)单位验收结论	专业监理工程师： (建设单位项目专业技术负责人)　　　年　月　日			

【规范规定的施工过程控制要点】

5.15.1　一般规定

5.15.1.1　种植区域内遇地下结构层、黏重密实土壤等不利于透水、不利于植物生长的情况，设计单位应根据勘察情况做出有组织排水或无组织排水的通气透水施工图设计。

5.15.1.2　施工单位应针对不同树种、不同生长环境、不同的生长势，应制定相应的施工和技术方案。

修补树穴检验批质量验收记录表　　　　　　**表 C7-01-08-2**

单位(子单位)工程名称				
分部(子分部)工程名称			验 收 部 位	
施工单位			项 目 经 理	
分包单位			分包项目经理	
施工执行标准名称及编号				

检控项目	序号	质量验收规范规定		施工单位检查评定记录	监理(建设)单位验收记录
主控项目	1	修补树穴前,应先将树洞内清理干净,并进行消毒和防腐处理	第5.14.2.1条		
	2	内部支撑设置应满足古树稳定牢固的需要	第5.14.2.2条		
	3	树穴洞口应密封严实	第5.14.2.3条		
一般项目	1	填充物应选择对古树生长无危害的物质	第5.14.3.1条		
	2	修补后表层的纹理和颜色处理应与原树皮基本一致	第5.14.3.2条		

施工单位检查评定结果	专业工长(施工员)		施工班组长	
	项目专业质量检查员:　　　　　　年　月　日			
监理(建设)单位验收结论	专业监理工程师: (建设单位项目专业技术负责人)　　　年　月　日			

【规范规定的施工过程控制要点】

5.14.1　一般规定

5.14.1.1　修补树穴应根据树种及其所处环境、树穴大小及所处位置、使用材料等制定相应的施工方案。

5.14.1.2　修补树穴应结合防治病虫而进行。

古树保护检验批质量验收记录表　　　　　　表 C7-01-08-3

单位(子单位)工程名称					
分部(子分部)工程名称				验 收 部 位	
施工单位				项 目 经 理	
分包单位				分包项目经理	
施工执行标准名称及编号					

检控项目	序号	质量验收规范规定		施工单位检查评定记录	监理(建设)单位验收记录
主控项目	1	古树围栏应牢固无松动	第5.16.2.1条		
	2	支撑物应牢固无松动	第5.16.2.2条		
	3	支撑物与树体接触位置应设保护垫层	第5.16.2.3条		
一般项目	1	围栏高度、材料类型、色泽应与环境相协调。 检查方法：观察。 检查数量：全数检查	第5.16.3.1条		

施工单位检查评定结果	专业工长(施工员)		施工班组长	
	项目专业质量检查员：　　　　　　　　　　年　　月　　日			
监理(建设)单位验收结论	专业监理工程师： (建设单位项目专业技术负责人)　　　　年　　月　　日			

【规范规定的施工过程控制要点】

5.16.1　一般规定

5.16.1.1　对古树实施保护的施工单位应具有二级（含）以上园林绿化资质。

5.16.1.2　用于对古树实施保护的围栏、支撑、井盖的材料类型、强度、形式应针对不同树势、不同立地条件进行专项设计。施工单位应作出专项施工和技术方案。

园林景观构筑物及其他造景子单位工程　02
地基基础分部工程　C7-02
【无支护土方子分部工程】　C7-02-01

土方开挖检验批质量验收记录表　　　表 C7-02-01-202-1

单位(子单位)工程名称									
分部(子分部)工程名称							验 收 部 位		
施工单位							项 目 经 理		
分包单位							分包项目经理		
施工执行标准名称及编号									

检控项目	序号	质量验收规范规定	允许偏差或允许值(mm)					施工单位检查评定记录	监理(建设)单位验收记录
			柱基基坑基槽	挖方场地平整		管沟	地(路)面基层	量 测 值(mm)	
				人工	机械				
主控项目	1	标高	−50	±30	±50	−50	−50		
	2	长度、宽度(由设计中心线向两边量)	+200 −50	+300 −100	+500 −150	+100	—		
	3	边坡	设计要求						
一般项目	1	表面平整度	20	20	50	20	20		
	2	基底土性	设计要求						
		专业工长(施工员)					施工班组长		
施工单位检查评定结果		项目专业质量检查员：　　　　　年　月　日							
监理(建设)单位验收结论		专业监理工程师：(建设单位项目专业技术负责人)　　　年　月　日							

注：1. 为了土方验收时更加明了，可在土方开挖的名称前面加上诸如：柱基、基坑、基槽开挖……

2. 地(路)面基层的偏差，只适用于直接在挖、填方上做地(路)面的基层；

3. 按【检查验收时执行的规范条目】和表 C7-02-01-202-1 中的主控项目、一般项目要求验收，质量标准应满足条文规定和表 C7-02-01-202-1 的规定。

【检查验收时执行的规范条目】

6.1.4　平整场地的表面坡度应符合设计要求，如设计无要求时，排水沟方向的坡度不应小于 2‰。平整后的场地表面应逐点检查。检查点为每 $100\sim400m^2$ 取 1 点，但不应少于 10 点。长度、宽度和边坡均为每 20m 取 1 点，每边不应少于 1 点。

6.1.5　土方工程施工，应经常测量和校核其平面位置、水平标高和边坡坡度。平面控制桩和水准控制点应采取可靠的保护措施，定期复测和检查。土方不应堆在基坑边缘。

1. 主控项目

6.2.1　土方开挖前应检查定位放线、排水和降低地下水位系统，合理安排土方运输车的行走路线及弃土场。

6.2.2　施工过程中应检查平面位置、水平标高、边坡坡度、压实度、排水、降低地下水位系统，并随时观测周围的环境变化。

6.2.3　临时性挖方的边坡值见表 6.2.3。

临时性挖方的边坡值　　　　　　　　　　　　　　表 6.2.3

土的类别		边坡值（高：宽）
砂土(不包括细砂，粉砂)		1：1.25～1：1.5
一般性黏土	硬	1：0.75～1：1
	硬、塑	1：1～1：1.25
	软	1：1.5 或更缓
碎石类土	充填坚硬、硬塑黏性土	1：0.5～1：1
	充填砂土	1：1～1：1.5

注：1. 设计有要求时，应符合设计标准；

　　2. 如采用降水或其他加固措施，可不受本表限制，但应计算复核；

　　3. 开挖深度，对软土不应超过 4m，对硬土不应超过 8m。

2. 一般项目

检查内容按表 C7-02-01-202-1 的相关内容与标准要求执行。

【检查方法】

土方开挖工程质量验收的检查方法

项次	检查项目与要求	检查方法
1	标高：符合设计和规范要求	水准仪
2	长度、宽度（由设计中心线向两边量）：符合设计和规范要求	经纬仪，用钢尺量
3	边坡：符合规范要求	观察或用坡度尺检查
4	表面平整度：符合规范要求	用 2m 靠尺和楔形塞尺检查
5	基底土性：符合设计和规范要求	观察或土样分析

注：地（路）面基层的偏差只适用于直接在挖、填方上做地（路）面的基层。

土方回填检验批质量验收记录表　表 C7-02-01-202-2

单位（子单位）工程名称								
分部（子分部）工程名称						验收部位		
施工单位						项目经理		
分包单位						分包项目经理		
施工执行标准名称及编号								

检控项目	序号	质量验收规范规定	允许偏差（mm）					施工单位检查评定记录	监理（建设）单位验收记录
			柱基基坑基槽	挖方场地平整		管沟	地（路）面基层	量　测　值（mm）	
				人工	机械				
主控项目	1	标高	−50	±30	±50	−50	−50		
	2	分层压实系数	设计要求						
一般项目	1	回填土料	设计要求						
	2	分层厚度及含水量	符合设计要求						
	3	项目	允许偏差（mm）					量　测　值（mm）	
		表面平整度	20	20	30	20	20		

	专业工长（施工员）		施工班组长	
施工单位检查评定结果				
	项目专业质量检查员：　　　　　　　　　年　月　日			
监理（建设）单位验收结论				
	专业监理工程师： （建设单位项目专业技术负责人）　　　　年　月　日			

注：按【检查验收时执行的规范条目】和表 C7-02-01-202-2 中的主控项目、一般项目要求验收，质量标准应满足条文规定和表 C7-02-01-202-2 的规定。

【检查验收时执行的规范条目】

1. 主控项目

6.3.1　土方回填前应清除基底的垃圾、树根等杂物，抽除坑穴积水、淤泥，验收基底标高。如在耕植土或松土上填方，应在基底压实后再进行。

6.3.2　对填方土料应按设计要求验收后方可填入（检查试验报告）。

6.3.3　填方施工过程中应检查排水措施，每层填筑厚度、含水量控制、压实程度。填筑厚度及压实遍数应根据土质，压实系数及所用机具确定。如无试验依据，应符合表6.3.3的规定。

6.3.4　填方施工结束后，应检查标高、边坡坡度，压实程度等，检验标准应符合（GB 50202—2002）规范表C7-02-01-202-2的规定。

填土施工时的分层厚度及压实遍数　　　　　　　　　　表6.3.3

压实机层	分层厚度(mm)	每层压实遍数
平碾	250～300	6～8
平碾(8～12t)	200～300	6～8
羊足碾(5～16t)	200～350	6～16
蛙式打夯机(200kg)	200～250	3～4
振动碾(8～15t)	60～130	6～8
振动压路机(2t，振动力98kN)	120～150	10
振动压实机	250～350	3～4
柴油打夯机	200～250	3～4
推土机	200～300	6～8
拖拉机	200～300	8～16
人工打夯	<200	3～4

2. 一般项目

检查内容按表C7-02-01-202-2的相关内容与标准要求执行。

【检查方法】

填土工程质量验收的检查方法

项次	检查项目与要求	检查方法
1	标高：回填表面符合设计和规范要求	水准仪
2	分层压实系数：核查最优含水率和压实系数值，符合设计要求	按规定方法
3	回填土料：符合设计和规范的要求	取样检查或直观鉴别
4	分层厚度及含水量：符合设计要求	水准仪及抽样检查，检查施工记录
5	表面平整度：控制在规范要求之内	用靠尺或水准仪，检查施工记录

【地基及基础处理子分部工程】　C7-02-02

灰土地基检验批质量验收记录表　　　表 C7-02-02-202-1

单位(子单位)工程名称					
分部(子分部)工程名称			验 收 部 位		
施工单位			项 目 经 理		
分包单位			分包项目经理		
施工执行标准名称及编号					

检控项目	序号	质量验收规范规定	允许偏差或允许值		施工单位检查评定记录	监理(建设)单位验收记录
			单位	数值		
主控项目	1	地基承载力	符合设计要求			
	2	配合比	符合设计要求			
	3	压实系数	符合设计要求			

		项　目	允许偏差(mm)	量　测　值(mm)
一般项目	1	石灰粒径	mm　≤5	
	2	土料有机质含量	%　≤5	
	3	土颗粒粒径	mm　≤15	
	4	含水量(与要求的最优含水量比较)	%　±2	
	5	分层厚度偏差(与设计要求比较)	mm　±50	

	专业工长(施工员)		施工班组长	
施工单位检查评定结果				
	项目专业质量检查员：　　　　　年　月　日			
监理(建设)单位验收结论				
	专业监理工程师： (建设单位项目专业技术负责人)　　年　月　日			

注：按【检查验收时执行的规范条目】和表 C7-02-02-202-1 中的主控项目、一般项目要求验收，质量标准应满足
条文规定和表 C7-02-02-202-1 的规定。

【检查验收时执行的规范条目】

4.1.5 对灰土地基，其竣工后的结果（地基强度或承载力）必须达到设计要求的标准，检验数量，每单位工程应不应少于 3 点，1000m² 以上工程，每 100m² 至少应有 1 点，3000m² 以上工程，每 300m² 至少应有 1 点。每一独立基础下至少应有 1 点，基槽每 20 延米应有 1 点。

4.1.7 除 4.1.5 指定的主控项目外，其他主控项目及一般项目可随意抽查。

注：施工过程中应检查清基、回填料铺设厚度及平整度、土工合成材料的铺设方向、接缝搭接长度或缝接状况、土工合成材料与结构的连接状况等。

1. 主控项目

4.2.1 灰土土料、石灰或水泥（当水泥替代灰土中的石灰时）等材料及配合比应符合设计要求，灰土应拌合均匀。

（石灰质量的检验项目、批量和检验方法应符合国家现行标准规定）。

4.2.2 施工过程中应检查分层铺设的厚度、分段施工时上下两层的搭接长度、夯实时加水量、夯压遍数、压实系数。

垫层的施工质量检验必须分层进行，应在每层的压实系数符合设计要求后铺填上层土。

粉质黏土及灰土垫层分段施工时，不得在柱基、墙角及承重窗间墙下接缝。上下两层的缝距不得小于 500mm。接缝处应夯压密实。

4.2.3 施工结束后，应检验灰土地基的承载力。承载力检验可采用标准贯入（轻型动力触探）、静力触探、十字板剪切强度或承载力检验等方法进行。

2. 一般项目

检查内容按表 C7-02-02-202-1 的相关内容及标准要求执行。

【检查方法】
灰土地基质量验收的检查方法

项次	检 查 项 目 与 要 求	检 查 方 法
1	地基承载力:符合设计要求	按规定方法
2	配合比:按设计要求配比	按拌合时的体积比
3	压实系数:检查最优含水率、压实系数值	现场实测
4	石灰粒径:符合设计要求	筛分法 （检查筛子及操作情况）
5	土料有机质含量:符合设计要求	试验室焙烧法 （检查焙烧试验报告）
6	土颗粒粒径:符合设计要求	筛分法 （检查筛子及操作情况）
7	含水量:与要求的最优含水量比较	烘干法 （检查烘干报告）
8	分层厚度偏差:与设计要求比较	水准仪

砂和砂石地基检验批质量验收记录表　　表 C7-02-02-202-2

检控项目	序号	质量验收规范规定	允许偏差或允许值		施工单位检查评定记录	监理(建设)单位验收记录
			单位	数值		

<table>
<tr><td colspan="7">单位(子单位)工程名称</td></tr>
<tr><td colspan="3">分部(子分部)工程名称</td><td colspan="2">验收部位</td><td colspan="2"></td></tr>
<tr><td colspan="3">施工单位</td><td colspan="2">项目经理</td><td colspan="2"></td></tr>
<tr><td colspan="3">分包单位</td><td colspan="2">分包项目经理</td><td colspan="2"></td></tr>
<tr><td colspan="7">施工执行标准名称及编号</td></tr>
</table>

检控项目	序号	质量验收规范规定	单位	数值	施工单位检查评定记录	监理(建设)单位验收记录
主控项目	1	地基承载力	应符合设计要求			
	2	配合比	应符合设计要求			
	3	压实系数	应符合设计要求			
一般项目	1	砂石料有机质含量	%	≤5		
	2	砂石料含泥量	%	≤5		
	3	石料粒径	mm	≤100		
	4	含水量(与最优含水量比较)	%	±2		
	5	分层厚度(与设计要求比较)	mm	±50		

施工单位检查评定结果	专业工长(施工员)		施工班组长	
	项目专业质量检查员：　　　　　　　年　月　日			

监理(建设)单位验收结论	专业监理工程师： (建设单位项目专业技术负责人)：　　　　　年　月　日

注：按【检查验收时执行的规范条目】和表 C7-02-02-202-2 中的主控项目、一般项目要求验收，质量标准应满足条文规定和表 C7-02-02-202-2 的规定。

【检查验收时执行的规范条目】

4.1.5　**对砂和砂石地基，其竣工后的结果（地基强度或承载力）必须达到设计要求的标准，检验数量，每单位工程应不应少于 3 点，1000m² 以上工程，每 100m² 至少应有 1 点，3000m² 以上工程，每 300m² 至少应有 1 点。每一独立基础下至少应有 1 点，基槽每 20 延长米应有 1 点。**

4.1.7　除 4.1.5 指定的主控项目外，其他主控项目及一般项目可随意抽查。

1. 主控项目

4.3.1　砂、石等原材料质量、配合比应符合设计要求，砂、石应搅拌均匀。

原材料宜用中砂、粗砂、砾砂、碎石（卵石）、石屑等，细砂应同时掺入 25%～35% 碎石或卵石。砂、石质量的检验项目、批量和检验方法应符合国家现行标准规定。

4.3.2　施工过程中必须检查分层厚度，分段施工时搭接部分的压实情况。加水量、压实遍数、压实系数。

4.3.3　施工结束后，应检验砂石地基的承载力。

2. 一般项目

检查内容按表 C7-02-02-202-2 的相关内容及标准要求执行。

砂和砂石垫层每层铺筑厚度及最优含水量　　　表 C7-02-02-202-2A

项次	压实方法	每层铺筑厚度(mm)	施工时最优含水量 w(%)	施 工 说 明	备 注
1	平振法	200～250	15～20	用平板式振捣器往复振捣	不宜使用干细砂或含泥量较大的砂所铺筑的砂垫层
2	插振法	振捣器插入深度	饱和	1. 用插入式振捣器。 2. 插入间距可根据机械振幅大小决定。 3. 不应插至下卧黏性土层。 4. 插入振捣器完毕后所留的孔洞,应用砂填实	
3	水撼法	250	饱和	1. 注水高度应超过每次铺筑面。 2. 钢叉摇撼捣实,插入点间距为100mm。 3. 钢叉分四齿,齿的间距80mm,长 300mm,木柄长 90mm,重 40N	湿陷性黄土、膨胀土地区不得使用
4	夯实法	150～200	8～12	1. 用木夯或机械夯。 2. 木夯重 400N 落距400～500mm。 3. 一夯压半夯,全面夯实	
5	碾压法	250～350	8～12	60～100kN 压路机往复碾压	1. 适用于大面积砂垫层。 2. 不宜用于地下水位以下的砂垫层

注：在地下水位以下的垫层其最下层的铺筑厚度可比上表增加 50mm。

【检查方法】

砂和砂石地基质量验收的检查方法

项次	检 查 项 目 与 要 求	检 查 方 法
1	地基承载力:符合设计要求	按规定方法
2	配合比:按设计要求配比	检查拌合时的体积比或重量比
3	压实系数:检查最优含水率、压实系数值	现场实测
4	砂石料有机质含量:符合设计和规范要求	焙烧法（检查焙烧试验报告）
5	砂石料含泥量:符合设计和规范要求	水洗法（检查水洗报告）
6	石料粒径:符合设计和规范要求	筛分法（检查筛子及操作情况）
7	含水量:与最优含水量比较	烘干法（检查烘干报告）
8	分层厚度:与设计要求比较	水准仪

碎砖三合土地基检验批质量验收记录表　　表 C7-02-02-202-3

单位(子单位)工程名称					
分部(子分部)工程名称				验 收 部 位	
施工单位				项 目 经 理	
分包单位				分包项目经理	
施工执行标准名称及编号					

检控项目	序号	质量验收规范规定	施工单位检查评定记录	监理(建设)单位验收记录
保证项目	1	基底的土质必须符合设计要求		
	2	三合土的干质量密度或贯入度,必须符合设计要求和施工规范的规定		
基本项目	1	三合土的配料,分层虚铺厚度及夯压程度 合格:配料正确,拌合均匀,虚铺厚度符合规定,夯压密实 优良:在合格的基础上,三合土表面无松散和起皮		
	2	三合土的留、接槎 合格:分层留槎位置,接槎密实 优良:分层留槎位置、方法正确,接槎密实、平整		

允许偏差项目		项　　目	允许偏差(mm)		量　测　值(mm)
	1	顶面标高	mm	±5	
	2	三合土表面平整度	mm	20	

施工单位检查评定结果	专业工长(施工员)		施工班组长	
	项目专业质量检查员:		年　月　日	

监理(建设)单位验收结论	专业监理工程师: (建设单位项目专业技术负责人)　　　　　年　月　日

注：本表质量标准选自 GBJ 201—83。

三合土地基工程质量检查数量

1. 保证项目：全数检查

2. 基本项目：

(1) 项柱坑按总数抽查 10%，但不少于 5 个；基坑、槽沟每 10m² 抽查 1 处，但不少于 5 处。

(2) 项不少于 5 个接槎处，不足 5 处时，逐个检查。

3. 允许偏差项目：项面标高、表面平整度：柱坑按总数抽查 10%，但不少于 5 个；基坑、槽沟每 10m² 抽查 1 处，但不少于 5 处。每处检查 1 点。

【混凝土基础子分部工程】　C7-02-03

现浇结构模板安装检验批质量验收记录表　　表 C7-02-03-204-1

单位(子单位)工程名称						
分部(子分部)工程名称					验收部位	
施工单位					项目经理	
分包单位					分包项目经理	
施工执行标准名称及编号						

检控项目	序号	质量验收规范规定		施工单位检查评定记录		监理(建设)单位验收记录
主控项目	1	模板、支架、立柱及垫板	第4.2.1条			
	2	涂刷隔离剂	第4.2.2条			
一般项目	1	模板安装	第4.2.3条			
	2	用作模板的地坪与胎膜质量	第4.2.4条			
	3	模板起拱	第4.2.5条			
		项　目	允许偏差(mm)	量　测　值　(mm)		
	4	预埋钢板中心线位置	3			
	5	预埋管、预留孔中心线位置	3			
	6	插筋　中心线位置	5			
		外露长度	+10,0			
	7	预埋螺栓　中心线位置	2			
		外露长度	+10,0			
	8	预留洞　中心线位置	10			
		尺寸	+10,0			
	9	轴线位置纵、横两个方向	5			
	10	底模上表面标高	±5			
	11	截面内部尺寸　基础	±10			
		柱、墙、梁	+4,-5			
	12	层高垂直度　不大于5m	6			
		大于5m	8			
	13	相邻两板表面高低差	2			
	14	表面平整度	5			

施工单位检查评定结果	专业工长(施工员)		施工班组长	
	项目专业质量检查员：　　　　　　　　年　月　日			
监理(建设)单位验收结论	专业监理工程师： (建设单位项目专业技术负责人)　　　　　年　月　日			

注：表中一般项目序号4～8为该规范的第4.2.6条；序号9～14为该规范的第4.2.7条。

【检查验收时执行的规范条目】

1. 主控项目

4.2.1　安装现浇结构的上层模板及其支架时，下层楼板应具有承受上层荷载的承载能力，或加设支架；上层支架的立柱应对准，并铺设垫板。

检查数量：全数检查。

检验方法：对照模板设计文件和施工技术方案观察（合格标准：符合规范要求）。

4.2.2　在涂刷模板隔离剂时，不得沾污钢筋和混凝土接槎处。

检查数量：全数检查。

检验方法：观察（合格标准：符合规范要求）。

2. 一般项目

4.2.3　模板安装应满足下列要求：

1　模板的接缝不应漏浆；在浇筑混凝土前，木模板应浇水湿润，但模板内不应有积水；

2　模板与混凝土的接触面应清理干净并涂刷隔离剂，但不得采用影响结构性能或妨碍装饰工程施工的隔离剂；

3　浇筑混凝土前，模板内的杂物应清理干净；

4　对清水混凝土工程及装饰混凝土工程，应使用能达到设计效果的模板。

检查数量：全数检查。

检验方法：观察（合格标准：符合规范要求）。

4.2.4　用作模板的地坪、胎模等应平整光洁，不得产生影响构件质量的下沉、裂缝、起砂或起鼓。

检查数量：全数检查。

检验方法：观察（合格标准：符合规范要求）。

4.2.5　对跨度不小于4m的现浇钢筋混凝土梁、板，其模板应按设计要求起拱；当设计无具体要求时，起拱高度宜为跨度的1/1000～3/1000。

检查数量：在同一检验批内，对梁，应抽查构件数量的10%，且不少于3件；对板，应按有代表性的自然间抽查10%，且不少于3间；对大空间结构，板可按纵、横轴线划分检查面，抽查10%，且不少于3面。

检验方法：水准仪或拉线、钢尺检查。

4.2.6　固定在模板上的预埋件、预留孔和预留洞均不得遗漏，且应安装牢固，其偏差应符合质量验收记录内的标准要求。

检查数量：在同一检验批内，对梁、柱和独立基础，应抽查构件数量的10%，且不少于3件；对墙和板，应按有代表性的自然间抽查10%，且不少于3间；对大空间结构，墙可按相邻轴线间高度5m左右划分检查面，板可按纵横轴线划分检查面，抽查10%，且均不少于3面。

检验方法：钢尺检查（合格标准：符合规范要求）。

4.2.7　现浇结构模板安装的偏差应符合表C7-02-03-204-1的规定。

检查数量：在同一检验批内，对梁、柱和独立基础，应抽查构件数量的10%，且不少于3件；对墙和板，应按有代表性的自然间抽查10%，且不少于3间；对大空间结构，墙可按相邻轴线间高度5m左右划分检查面，板可按纵、横轴线划分检查面，抽查10%，且均不少于3面。

检验方法：见表4.2.7。

注：强制性条文规定：

4.1.1　模板及其支架应根据工程结构形式、荷载大小、地基土类别、施工设备和材料供应等条件进行设计。模板及其支架应具有足够的承载能力、刚度和稳定性，能可靠地承受浇筑混凝土的重量、侧压力以及施工荷载。

【检查方法】

现浇结构模板安装的检查方法　　　　　　　　　　　　表4.2.7

项次	检查项目与要求	检查方法
1	轴线位置（纵、横两个方向）：符合设计和规范要求	钢尺检查
2	底模上表面标高：符合规范要求	水准仪或拉线、钢尺检查
3	截面内部尺寸　基础、柱、墙、梁：符合规范要求	钢尺检查
	层高垂直度　不大于5m：符合规范要求	经纬仪或吊线、钢尺检查
	大于5m：符合规范要求	经纬仪或吊线、钢尺检查
4	相邻两板表面高低差：符合规范要求	钢尺检查
5	表面平整度：符合规范要求	2m靠尺和塞尺检查

模板拆除检验批质量验收记录表　　　　　　　　表C7-02-03-204-2

单位（子单位）工程名称						
分部（子分部）工程名称				验收部位		
施工单位				项目经理		
分包单位				分包项目经理		
施工执行标准名称及编号						
检控项目	序号	质量验收规范规定		施工单位检查评定记录		监理（建设）单位验收记录
主控项目	1	底模及其支架拆除	第4.3.1条			
	2	后张预应力混凝土构件模板拆除	第4.3.2条			
	3	后浇带模板的拆除和支顶	第4.3.3条			
一般项目	1	侧模拆除对混凝土强度要求	第4.3.4条			
	2	模板拆除的堆放与清运	第4.3.5条			
施工单位检查评定结果		专业工长（施工员）　　　　　　　　　施工班组长 项目专业质量检查员：　　　　　　　　年　月　日				
监理（建设）单位验收结论		 专业监理工程师： （建设单位项目专业技术负责人）　　　年　月　日				

【检查验收时执行的规范条目】

1. 主控项目

4.3.1 底模及其支架拆除时的混凝土强度应符合设计要求；当设计无具体要求时，混凝土强度应符合表 4.3.1 的规定。

检查数量：全数检查。

检验方法：检查同条件养护试件强度试验报告（合格标准：符合设计和规范要求）。

底模拆除时的混凝土强度要求

表 4.3.1

构件类型	构件跨度（m）	达到设计的混凝土立方体抗压强度标准值的百分率（%）
板	≤2	≥50
	>2，≤8	≥75
	>8	≥100
梁、拱、壳	≤8	≥75
	>8	≥100
悬臂构件	—	≥100

4.3.2 对后张法预应力混凝土结构构件，侧模宜在预应力张拉前拆除；底模支架的拆除应按施工技术方案执行，当无具体要求时，不应在结构构件建立预应力前拆除。

检查数量：全数检查。

4.3.3 后浇带模板的拆除和支顶应按施工技术方案执行。

检查数量：全数检查。

检验方法：观察。

2. 一般项目

4.3.4 侧模拆除时的混凝土强度应能保证其表面及棱角不受损伤。

检查数量：全数检查。

检验方法：观察。

4.3.5 模板拆除时，不应在楼层形成冲击荷载。拆除的模板和支架宜分散堆放并及时清运。

检查数量：全数检查。

检验方法：观察。

钢筋原材料检验批质量验收记录表　　　　表 C7-02-03-204-3

单位（子单位）工程名称				
分部（子分部）工程名称			验 收 部 位	
施工单位			项 目 经 理	
分包单位			分包项目经理	
施工执行标准名称及编号				

检控项目	序号	质量验收规范规定		施工单位检查评定记录	监理（建设）单位验收记录
主控项目	1	钢筋进场抽检	第5.2.1条		
	2	抗震框架结构用钢筋	第5.2.2条		
		抗拉强度与屈服强度比值	≥1.25		
		屈服强度与强度标准值	≤1.3		
	3	钢筋脆断、性能不良等检验	第5.2.3条		
一般项目	1	钢筋外观质量	第5.2.4条		

施工单位检查评定结果	专业工长（施工员）		施工班组长	
	项目专业质量检查员：　　　　　　年　月　日			

监理（建设）单位验收结论	
	专业监理工程师： （建设单位项目专业技术负责人）　　　　年　月　日

【检查验收时执行的规范条目】

1. 主控项目

5.2.1　钢筋进场时，应按现行国家标准《钢筋混凝土用热轧带肋钢筋》GB 1499 等的规定抽取试件作力学性能检验，其质量必须符合有关标准的规定。

检查数量：按进场的批次和产品的抽样检验方案确定。

检验方法：检查产品合格证、出厂检验报告和进场复验报告。

5.2.2　对有抗震要求的框架结构，其纵向受力钢筋的强度应满足设计要求；当设计无具体要求时，对一、二级抗震等级，检验所得的强度实测值应符合下列规定：

1　钢筋的抗拉强度实测值与屈服强度实测值的比值不应小于 1.25；

2　钢筋的屈服强度实测值与强度标准值的比值不应大于 1.3。

检查数量：按进场的批次和产品的抽样检验方案确定。

检验方法：检查进场复验报告。

5.2.3　当发现钢筋脆断、焊接性能不良或力学性能显著不正常等现象时，应对该批钢筋进行化学成分检验或其他专项检验。

检验方法：检查化学成分等专项检验报告（合格标准：符合规范要求）。

2. 一般项目

5.2.4　钢筋应平直、无损伤，表面不得有裂纹、油污、颗粒状或片状老锈。

检查数量：进场时和使用前全数检查。

检验方法：观察。

钢筋加工检验批质量验收记录表　　　　表 C7-02-03-204-4

单位（子单位）工程名称						
分部（子分部）工程名称					验 收 部 位	
施工单位					项 目 经 理	
分包单位					分包项目经理	
施工执行标准名称及编号						

检控项目	序号	质量验收规范规定		施工单位检查评定记录			监理（建设）单位验收记录
主控项目	1	钢筋的弯钩和弯折	第5.3.1条				
	2	箍筋弯钩形式	第5.3.2条				
		盘卷钢筋调直后的力学性能和重量偏差检验	第5.3.2A条				
一般项目	1	钢筋的机械调直与冷拉调直	第5.3.3条				
		项　目（第5.3.4条）	允许偏差（mm）	量　测　值　（mm）			
	2	受力钢筋顺长度方向全长的净尺寸	±10				
	3	弯起钢筋的弯折位置	±20				
	4	箍筋内净尺寸	±5				

施工单位检查评定结果	专业工长（施工员）		施工班组长	
	项目专业质量检查员：		年　　月　　日	

监理（建设）单位验收结论	
	专业监理工程师： （建设单位项目专业技术负责人）：　　　　年　　月　　日

【检查验收时执行的规范条目】

1. 主控项目

5.3.1 受力钢筋的弯钩和弯折应符合下列规定：

1 HPB235 级钢筋末端应作 180°弯钩，其弯弧内直径不应小于钢筋直径的 2.5 倍，弯钩的弯后平直部分长度不应小于钢筋直径的 3 倍；

2 当设计要求钢筋末端需作 135°弯钩时，HRB335 级、HRB400 级钢筋的弯弧内直径不应小于钢筋直径的 4 倍，弯钩的弯后平直部分长度应符合设计要求；

3 钢筋作不大于 90°的弯折时，弯折处的弯弧内直径不应小于钢筋直径的 5 倍。

检查数量：按每工作班同一类型钢筋、同一加工设备抽查不应少于 3 件。

检验方法：钢尺检查。

5.3.2 除焊接封闭环式箍筋外，箍筋的末端应作弯钩，弯钩形式应符合设计要求；当设计无具体要求时，应符合下列规定：

1 箍筋弯钩的弯弧内直径除应满足本规范第 5.3.1 条的规定外，尚应不小于受力钢筋直径；

2 箍筋弯钩的弯折角度：对一般结构，不应小于 90°；对有抗震等要求的结构，应为 135°；

3 箍筋弯后平直部分长度：对一般结构，不宜小于箍筋直径的 5 倍；对有抗震等要求的结构，不应小于箍筋直径的 10 倍。

检查数量：按每工作班同一类型钢筋、同一加工设备抽查不应少于 3 件。

检验方法：钢尺检查。

5.3.2A 钢筋调直后应进行力学性能和重量偏差的检验，其强度应符合有关标准的规定。

盘卷钢筋和直条钢筋调直后的断后伸长率、重量负偏差应符合表 5.3.2A 的规定。

盘卷钢筋和直条钢筋调直后的断后伸长率、重量负偏差要求 表 5.3.2A

钢筋牌号	断后伸长率 $A(\%)$	重量负偏差(%)		
		直径 6 ～12mm	直径 14 ～20mm	直径 22 ～50mm
HPB235、HPB300	≥21	≤10	—	—
HRB335、HRBF335	≥16	≤8	≤6	≤5
HRB400、HRBF400	≥15			
RRB400	≥13			
HRB500、HRBF500	≥14			

注：1. 断后伸长率 A 的量测标距为 5 倍钢筋公称直径；

2. 重量负偏差（%）按公式 $(W_0 - W_d)/W_0 \times 100$ 计算，其中 W_0 为钢筋理论重量（kg/m），W_d 为调直后钢筋的实际重量（kg/m）；

3. 对直径为 28～40mm 的带肋钢筋，表中断后伸长率可降低 1%；对直径大于 40mm 的带肋钢筋，表中断后伸长率可降低 2%。

采用无延伸功能的机械设备调直的钢筋，可不进行本条规定的检验。

检查数量：同一厂家、同一牌号、同一规格调直钢筋，重量不大于 30t 为一批；每批见证取 3 件试件。

检验方法：3 个试件先进行重量偏差检验，再取其中 2 个试件经时效处理后进行力学性能检验。检验重量偏差时，试件切口应平滑且与长度方向垂直，且长度不应小于500mm；长度和重量的量测精度分别不应低于 1mm 和 1g。

2．一般项目

5.3.3   钢筋宜采用无延伸功能的机械设备进行调直，也可采用冷拉方法调直。当采用冷拉方法调直时，HPB235、HPB300 光圆钢筋的冷拉率不宜大于 4%；HRB335、HRB400、HRB500、HRBF335、HRBF400、HRBF500 及 RRB400 带肋钢筋的冷拉率不宜大于 1%。

　　检查数量：每工作班按同一类型钢筋、同一加工设备抽查不应少于 3 件。

　　检验方法：观察，钢尺检查。

5.3.4   钢筋加工的形状、尺寸应符合设计要求，其偏差应符合表 5.3.4 的规定。

　　检查数量：按每工作班同一类型钢筋、同一加工设备抽查不应少于 3 件。

　　检验方法：钢尺检查。

钢筋加工的允许偏差 表 5.3.4

项　　目	允许偏差（mm）
受力钢筋顺长度方向全长的净尺寸	±10
弯起钢筋的弯折位置	±20
箍筋内净尺寸	±5

【规范规定的施工过程控制要点】

5.1.1   当钢筋的品种、级别或规格需作变更时，应办理设计变更文件。

钢筋连接检验批质量验收记录表　　　　　　**表 C7-02-03-204-5**

单位(子单位)工程名称					
分部(子分部)工程名称				验收部位	
施工单位				项目经理	
分包单位				分包项目经理	
施工执行标准名称及编号					

检控项目	序号	质量验收规范规定		施工单位检查评定记录	监理(建设)单位验收记录
主控项目	1	纵向受力钢筋连接	第5.4.1条		
	2	钢筋连接的试件检验	第5.4.2条		
一般项目	1	钢筋接头位置的设置	第5.4.3条		
	2	钢筋连接的外观检查	第5.4.4条		
	3	钢筋连接的位置设置	第5.4.5条		
	4	绑扎钢筋接头	第5.4.6条		
	5	梁柱类构件的箍筋配置	第5.4.7条		

施工单位检查评定结果	专业工长(施工员)		施工班组长	
	项目专业质量检查员：　　　　　　　　　年　　月　　日			

监理(建设)单位验收结论	专业监理工程师： (建设单位项目专业技术负责人)：　　　　　　　年　　月　　日

【检查验收时执行的规范条目】

1. 主控项目

5.4.1　纵向受力钢筋的连接方式应符合设计要求。

　　　　检查数量：全数检查。　　检验方法：观察。

5.4.2　在施工现场,应按国家现行标准《钢筋机械连接通用技术规程》JGJ 107、《钢筋焊接及验收规程》JGJ 18 的规定抽取钢筋机械连接接头、焊接接头试件作力学性能检验，其质量应符合有关规程的规定。

检查数量：按有关规程确定。　　　检验方法：检查产品合格证、接头力学性能试验报告。

附1：《钢筋机械连接通用技术规程》JGJ 107—2003

3.0.5　Ⅰ级、Ⅱ级、Ⅲ级接头的抗拉强度应符合表3.0.5的规定。

接头的抗拉强度　　　　　　　　　　　　　　　　　　表3.0.5

接头等级	Ⅰ级	Ⅱ级	Ⅲ级
抗拉强度	$f_{mst}^0 \geqslant f_{st}^0$ 或 $\geqslant 1.10 f_{uk}$	$f_{mst}^0 \geqslant f_{uk}$	$f_{mst}^0 \geqslant 1.35 f_{yk}$

注：f_{mst}^0——接头试件实际抗拉强度；
　　f_{st}^0——接头试件中钢筋抗拉强度实测值；
　　f_{uk}——钢筋抗拉强度标准值；
　　f_{yk}——钢筋屈服强度标准值

6.0.5　对接头的每一验收批，必须在工程结构中随机截取3个接头试件作抗拉强度试验，按设计要求的接头等级进行评定。

当3个接头试件的抗拉强度均符合本规程表3.0.5中相应等级的要求时，该验收批评为合格。

如有1个试件的强度不符合要求，应再取6个试件进行复检。复检中如仍有1个试件的强度不符合要求，则该验收批评为不合格。

附2：《钢筋焊接及验收规程》JGJ 18—2003

1.0.3　从事钢筋焊接施工的焊工必须持有焊工考试合格证，才能上岗操作。

3.0.5　凡施焊的各种钢筋、钢板均应有质量证明书；焊条、焊剂应有产品合格证。

4.1.3　在工程开工正式焊接之前，参与该项施焊的焊工应进行现场条件下的焊接工艺试验，并经试验合格后，方可正式生产。试验结果应符合质量检验与验收时的要求。

5.1.7　钢筋闪光对焊接头、电弧焊接头、电渣压力焊接头、气压焊接头拉伸试验结果均应符合下列要求：

1　3个热轧钢筋接头试件的抗拉强度均不得小于该牌号钢筋规定的抗拉强度；RRB400 钢筋接头试件的抗拉强度均不得小于 $570N/mm^2$；

2　至少应有2个试件断于焊缝之外，并应呈延性断裂。

当达到上述2项要求时，应评定该批接头为抗拉强度合格。

当试验结果有2个试件抗拉强度小于钢筋规定的抗拉强度，或3个试件均在焊缝或热影响区发生脆性断裂时，则一次判定该批接头为不合格品。

当试验结果有1个试件的抗拉强度小于规定值，或2个试件在焊缝或热影响区发生脆性断裂，其抗拉强度均小于钢筋规定抗拉强度的1.10倍时，应进行复验。

复验时，应再切取6个试件。复验结果，当仍有1个试件的抗拉强度小于规定值，或有3个试件断于焊缝或热影响区，呈脆性断裂，其抗拉强度小于钢筋规定抗拉强度的1.10倍时，应判定该批接头为不合格品。

注：当接头试件虽断于焊缝或热影响区，呈脆性断裂，但其抗拉强度大于或等于钢筋规定抗拉强度的 1.10 倍时，可按断于焊缝或热影响区之外，呈延性断裂同等对待。

5.1.8 闪光对焊接头、气压焊接头进行弯曲试验时，应将受压面的金属毛刺和镦粗凸起部分消除，且应与钢筋的外表齐平。

弯曲试验可在万能试验机、手动或电动液压弯曲试验器上进行，焊缝应处于弯曲中心点，弯心直径和弯曲角应符合表 5.1.8 的规定。

接头弯曲试验指标

表 5.1.8

钢筋级别	弯心直径	弯曲角（°）
HPB235	2d	90
HRB335	4d	90
HRB400、RRB400	5d	90
HRB500	7d	90

注：1. d 为钢筋直径（mm）；
　　2. 直径大于 25mm 的钢筋焊接接头，弯心直径应增加 1 倍钢筋直径。

当试验结果，弯至 90°，有 2 个或 3 个试件外侧（含焊缝和热影响区）未发生破裂，应评定该批接头弯曲试验合格。

当 3 个试件均发生破裂，则一次判定该批接头为不合格品。

当有 2 个试件发生破裂，应进行复验。

复验时，应再切取 6 个试件。复验结果，当有 3 个试件发生破裂时，应判定该批接头为不合格品。

注：当试件外侧横向裂纹宽度达到 0.5mm 时，应认定已经破裂。

2. 一般项目

5.4.3 钢筋的接头宜设置在受力较小处。同一纵向受力钢筋不宜设置两个或两个以上的接头。接头末端至钢筋弯起点的距离不应小于钢筋直径的 10 倍。

检查数量：全数检查。　　检验方法：观察，钢尺检查。

5.4.4 在施工现场，应按国家现行标准《钢筋机械连接通用技术规程》JGJ 107、《钢筋焊接及验收规程》JGJ 18 的规定对钢筋机械连接接头、焊接接头的外观进行检查，其质量应符合有关规程的规定。

检查数量：全数检查。　　检验方法：观察。

附 1：《钢筋机械连接通用技术规程》JGJ 107

（1）钢筋机械连接接头施工接现场检验与验收

1）工程中应用钢筋机械连接接头时，应由该技术提供单位提交有效的形式检验报告。

2）钢筋连接工程开始前及施工过程中，应对每批进场钢筋进行接头工艺检验，工艺检验应符合下列要求：

①每种规格钢筋的接头试件不应少于 3 根；

②钢筋母材抗拉强度试件不应少于 3 根，且应取自接头试件的同一根钢筋；

③3 根接头试件的抗拉强度均应符合表 5.4.4—1 的规定；对于Ⅰ级接头，试件抗拉强度尚应大于等于钢筋抗拉强度实测值的 0.95 倍；对于Ⅱ级接头，应大于 0.90 倍。

Ⅰ级、Ⅱ级、Ⅲ级接头的抗拉强度应符合表5.4.4-1规定。

接头的抗拉强度　　　　　　　　　　　　　　表5.4.4-1

接头等级	Ⅰ级	Ⅱ级	Ⅲ级
抗拉强度	$f_{mst}^0 \geqslant f_{st}^0$ 或 $\geqslant 1.10 f_{uk}$	$f_{mst}^0 \geqslant f_{uk}$	$f_{mst}^0 \geqslant 1.35 f_{yk}$

注：f_{mst}^0——接头试件实际抗拉强度；

　　f_{st}^0——接头试件中钢筋抗拉强度实测值；

　　f_{uk}——钢筋抗拉强度标准值；

　　f_{yk}——钢筋屈服强度标准值。

3）现场检验应进行外观质量检查和单向拉伸试验。对接头有特殊要求的结构，应在设计图纸中另行注明相应的检验项目。

4）接头的现场检验按验收批进行。同一施工条件下采用同一批材料的同等级、同形式、同规格接头，以500个为一个验收批进行检验与验收，不足500个也作为一个验收批。

5）对接头的每一验收批，应在工程结构中随机截取3个接头试件作抗拉强度试验，按设计要求的接头等级进行评定。

当3个接头试件的抗拉强度均符合《钢筋机械连接通用技术规程》JGJ 107—2003、J 257—2003表3.0.5中相应等级的要求时，该验收批应评为合格。

如有1个试件的强度不符合要求，应再取6个试件进行复检。复检中如仍有1个试件的强度不符合要求，则该验收批评为不合格。

6）现场检验连续10个验收批抽样试件抗拉强度试验1次合格率为100％时，验收批接头数量可扩大1倍。

7）外观质量检验的质量要求、抽样数量、检验方法、合格标准以及螺纹接头所必需的最小拧紧力矩值由各类型接头的技术规程确定。锥螺纹接头最小拧紧力矩值见表5.4.4-2。

接头拧紧力矩值　　　　　　　　　　　　　　表5.4.4-2

钢筋直径(mm)	16	18	20	22	25～28	32	36～40
拧紧力矩(N/m)	118	145	177	216	275	314	343

8）现场截取抽样试件后，原接头位置的钢筋允许采用同等规格的钢筋进行搭接连接，或采用焊接及机械连接方法补接。

9）对抽检不合格的接头验收批，应由建设方会同设计等有关方面研究后提出处理方案。

附2：《钢筋焊接及验收规程》JGJ 18

焊接接头的外观质量要求见表5.4.4-3。

焊接接头的外观质量要求　　　　　　　　　　表5.4.4-3

接头类型	外观质量要求
闪光对焊	1. 不得有横向裂纹； 2. 不得有明显烧伤； 3. 接头弯折角≤4°； 4. 轴线偏移≤0.1d，且≤2mm

续表

接 头 类 型	外 观 质 量 要 求
电 弧 焊	1. 焊缝表面平整，无凹陷或焊瘤； 2. 接头区域不得有裂纹； 3. 弯折角≤4°； 4. 轴线偏移≤0.1d，且≤3mm； 5. 帮条焊纵向偏移≤0.5d
电渣压力焊	1. 钢筋与电极接触处无烧伤缺陷； 2. 四周焊包凸出钢筋表面高度≥4mm； 3. 弯折角≤4°； 4. 轴线偏移≤0.1d，且≤2mm
气 压 焊	1. 偏心量≤0.15d，且≤4mm。 2. 弯折角≤4°； 3. 镦粗直径≥1.4d； 4. 镦粗长度≥1.2d； 5. 压焊面偏移≤0.2d

5.4.5 当受力钢筋采用机械连接接头或焊接接头时，设置在同一构件内的接头宜相互错开。

纵向受力钢筋机械连接接头及焊接接头连接区段的长度为 35 倍 d（d 为纵向受力钢筋的较大直径）且不大于 500mm，凡接头中点位于该连接区段长度内的接头均属于同一连接区段。同一连接区段内，纵向受力钢筋机械连接及焊接的接头面积百分率为该区段内有接头的纵向受力钢筋截面面积与全部纵向受力钢筋截面面积的比值。

同一连接区段内，纵向受力钢筋的接头面积百分率应符合设计要求；当设计无具体要求时，应符合下列规定：

1　在受拉区不宜大于 50%；

2　接头不宜设置在抗震要求的框架梁端、柱端的箍筋加密区；当无法避开时，对等级度高质量机械连接接头，不应大于 50%；

3　直接承受动力荷载的结构构件中，不宜采用焊接接头；当采用机械连接接头时，不应大于 50%。

检查数量：在同一检验批内，对梁、柱和独立基础，应抽查构件数量的 10%，且不少于 3 件；对墙和板，应按有代表性的自然间抽查 10%，且不少于 3 件；对大空间结构，墙可按相邻轴线间高度 5m 左右划分检查面，板可按纵横轴线划分检查面，抽查 10%，且均不少于 3 面。

检验方法：观察，钢尺检查。

5.4.6 同一构件中相邻纵向受力钢筋的绑扎搭接接头宜相互错开。绑扎搭接接头中钢筋的横向净距不应小于钢筋直径，且不应小于 25mm。

钢筋绑扎搭接接头连接区段的长度为 1.3l（l 为搭接长度），凡搭接接头中点位于该连接区段长度内的搭接接头均属于同一连接区段。同一连接区段内，纵向钢筋搭接接头面积百分率为该区段内有搭接接头的纵向受力钢筋截面面积与全部纵向受力钢筋截面面积的比值（见 GB 50204—2002 图 5.4.6）。

同一连接区段内，纵向受拉钢筋搭接接头面积百分率应符合设计要求；当设计无具体要求时，应符合下列规定：

1　对梁、板类及墙类构件，不宜大于 25%；

2　对柱类构件，不宜大于 50%；

3　当工程中确有必要增大接头面积百分率时，对梁类构件，不应大于 50%；对其他构件，可根据实际情况放宽。

纵向受力钢筋绑扎搭接接头的搭接长度应符合 GB 50204—2002 规范附录 B 的规定。

检查数量：在同一检验批内，对梁、柱和独立基础，应抽查构件数量的 10%，且不少于 3 间；对墙和板，应按有代表性的自然间抽查 10%，且不少于 3 件；对大空间结构，墙可按相邻轴线间高度 5m 左右划分检查面，板可按纵横轴线划分检查面，抽查 10%，且均不少于 3 面。

检验方法：观察，钢尺检查。

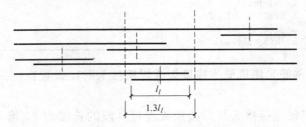

图 5.4.6　钢筋绑扎搭接接头连接区段及接头面积百分率

注：图中所示搭接接头同一连接区段内的搭接钢筋为两根，当各钢筋直径相同时，接头面积百分率为 50%。

5.4.7　在梁、柱类构件的纵向受力钢筋搭接长度范围内，应按设计要求配置箍筋。当设计无要求时，应符合下列规定：

1　箍筋直径不应小于搭接钢筋较大直径的 0.25 倍；

2　受拉搭接区段的箍筋间距不应大于搭接钢筋较小直径的 5 倍，且不应大于 100mm；

3　受压搭接区段的箍筋间距不应大于搭接钢筋较小直径的 10 倍，且不应大于 200mm；

4　当柱中纵向受力钢筋直径大于 25mm 时，应在搭接接头两个端面外 100mm 范围内各设置两个箍筋，其间距宜为 50mm。

检查数量：在同一检验批内，对梁、柱和独立基础，应抽查构件数量的 10%，且不少于 3 间；对墙和板，应按有代表性的自然间抽查 10%，且不少于 3 件；对大空间结构，墙可按相邻轴线间高度 5m 左右划分检查面，板可按纵、横轴线划分检查面，抽查 10%，且均不少于 3 面。

检验方法：钢尺检查。

【规范规定的施工过程控制要点】

5.1.1　当钢筋的品种、级别或规格需作变更时，应办理设计变更文件。

5.1.2　在浇筑混凝土之前，应进行钢筋隐蔽工程验收，其内容包括：

1　纵向受力钢筋的品种、规格、数量、位置等；

2　钢筋的连接方式、接头位置、接头数量、接头面积百分率等；

3　箍筋、横向钢筋的品种、规格、数量、间距等；

4　预埋件的规格、数量、位置等。

钢筋安装检验批质量验收记录表 表 C7-02-03-204-6

单位(子单位)工程名称						
分部(子分部)工程名称				验 收 部 位		
施工单位				项 目 经 理		
分包单位				分包项目经理		
施工执行标准名称及编号						

检控项目	序号	质量验收规范规定			施工单位检查评定记录	监理(建设)单位验收记录
主控项目	1	受力钢筋的品种、级别规格与数量		第5.5.1条		
	2	钢筋保护层厚度允许偏差	项 目	允许偏差(mm)	量测值(mm)	
			梁	±5mm		
			板	±3mm		
一般项目	1	绑扎钢筋网	长、宽	±10		
			网眼尺寸	±20		
	2	绑扎钢筋骨架	长	±10		
			宽、高	±5		
	3	受力钢筋	间距	±10		
			排距	±5		
	4	保护层厚度	基础	±10		
			柱、梁	±5		
			板、墙、壳	±3		
	5	绑扎箍筋、横向钢筋间隙		±20		
	6	钢筋弯起点位置		20		
	7	预埋件	中心线位置	5		
			水平高差	+3,0		

注:1. 检查埋件中心线位置时,应沿纵、横两个方向量测,并取其中的较大值;
　　2. 表中梁类、板类构件上部纵向受力钢筋保护层厚度的合格点率应达到90%及以上,且不得有超过表中数值1.5倍的尺寸偏差

施工单位检查评定结果	专业工长(施工员)		施工班组长	
	项目专业质量检查员:		年　月　日	

监理(建设)单位验收结论	专业监理工程师:			
	(建设单位项目专业技术负责人):		年　月　日	

【检查验收时执行的规范条目】

1. 主控项目

5.5.1 钢筋安装时，受力钢筋的品种、级别、规格和数量必须符合设计要求。

检查数量：全数检查。

检验方法：观察，钢尺检查。

5.5.2 钢筋安装位置的偏差应符合表 C7-02-03-204-6 的规定。

检查数量：在同一检验批内，对梁、柱和独立基础，应抽查构件数量的 10%，且不少于 3 件；对墙和板，应按有代表性的自然间抽查 10%，且不少于 3 间；对大空间结构，墙可按相邻轴线间高度 5m 左右划分检查面，板可按纵、横轴线划分检查面，抽查 10%，且均不少于 3 面。

检验方法：见表 5.5.2。

2. 一般项目

检查内容按表 C7-02-03-204-6 的相关内容与标准要求执行。

【检查方法】

钢筋安装位置允许偏差值的检查方法   表 5.5.2

项次	检查项目与要求		检查方法
1	绑扎钢筋网	长、宽	钢尺检查
		网眼尺寸	钢尺量连接三档，取最大值
2	绑扎钢筋骨架	长、宽、高	钢尺检查
3	受力钢筋	间距、排距	钢尺量两端、中间各一点，取最大值
4	受力钢筋保护层厚度	基础、柱、梁、板、墙、壳	钢尺检查
5	绑扎箍筋、横向钢筋间距		钢尺量连续三档，取最大值
6	钢筋弯起点位置		钢尺检查
7	预埋件	中心线位置	钢尺检查
		水平高差	钢尺和塞尺检查

注：1. 检查预埋件中心线位置时，应沿纵、横两个方向量测，并取其中的较大值；

2. 表中梁类、板类构件上部纵向受力钢筋保护层厚度的合格点率应达到 90% 及以上，且不得有超过表中数值 1.5 倍的尺寸偏差。

【规范规定的施工过程控制要点】

5.1.1 当钢筋的品种、级别或规格需作变更时，应办理设计变更文件。

5.1.2 在浇筑混凝土之前，应进行钢筋隐蔽工程验收，其内容包括：

1 纵向受力钢筋的品种、规格、数量、位置等；

2 钢筋的连接方式、接头位置、接头数量、接头面积百分率等；

3 箍筋、横向钢筋的品种、规格、数量、间距等；

4 预埋件的规格、数量、位置等。

混凝土原材料检验批质量验收记录表 表 C7-02-03-204-7

单位(子单位)工程名称				
分部(子分部)工程名称			验 收 部 位	
施工单位			项 目 经 理	
分包单位			分包项目经理	
施工执行标准名称及编号				

检控项目	序号	质量验收规范规定		施工单位检查评定记录	监理(建设)单位验收记录
主控项目	1	进场水泥的检验	第7.2.1条		
	2	外加剂的质量标准	第7.2.2条		
	3	氯化物和碱总含量	第7.2.3条		
一般项目	1	掺用矿物掺合料质量	第7.2.4条		
	2	粗、细骨料质量	第7.2.5条		
	3	拌制混凝土用水	第7.2.6条		

施工单位检查评定结果	专业工长(施工员)		施工班组长	
	项目专业质量检查员:　　　　　　　年　月　日			
监理(建设)单位验收结论	专业监理工程师: (建设单位项目专业技术负责人):　　　年　月　日			

【检查验收时执行的规范条目】

1. 主控项目

7.2.1　水泥进场时应对其品种、级别、包装或散装仓号、出厂日期等进行检查，并应对其强度、安定性及其他必要的性能指标进行复验，其质量必须符合现行国家标准《通用硅酸盐水泥》**GB 175—2007** 的规定。

当在使用中对水泥质量有怀疑或水泥出厂超过三个月（快硬硅酸盐水泥超过一个月）时，应进行复验，并按复验结果使用。

钢筋混凝土结构、预应力混凝土结构中，严禁使用含氯化物的水泥。

检查数量：按同一生产厂家、同一等级、同一品种、同一批号且连续进场的水泥，袋装不超过 **200t** 为一批，散装不超过 **500t** 为一批，每批抽样不少于一次。

检验方法：检查产品合格证、出厂检验报告和进场复验报告。

7.2.2　混凝土中掺用外加剂的质量及应用技术应符合现行国家标准《混凝土外加剂》**GB 8076**、《混凝土外加剂应用技术规范》**GB 50119** 等和有关环境保护的规定。

预应力混凝土结构中，严禁使用含氯化物的外加剂。钢筋混凝土结构中，当使用含氯化物的外加剂时，混凝土中氯化物的总含量应符合现行国家标准《混凝土质量控制标准》**GB 50164** 的规定。

检查数量：按进场的批次和产品的抽样检验方案确定。

检验方法：检查产品合格证、出厂检验报告和进场复验报告。

7.2.3　混凝土中氯化物和碱的总含量应符合现行国家标准《混凝土结构设计规范》GB 50010 和设计的要求。

检验方法：检查原材料试验报告和氯化物、碱的总含量计算书。

2. 一般项目

7.2.4　混凝土中掺用矿物掺合料的质量应符合现行国家标准《用于水泥和混凝土中的粉煤灰》GB 1596 等的规定。矿物掺合料的掺量应通过试验确定。

检查数量：按进场的批次和产品的抽样检验方案确定。

检验方法：检查出厂合格证和进场复验报告。

7.2.5　普通混凝土所用的粗、细骨料的质量应符合国家现行标准《普通混凝土用砂、石质量及检验方法标准》JGJ 52—2006 的规定。

检查数量：按进场的批次和产品的抽样检验方案确定。

检验方法：检查进场复验报告。

注：1　混凝土用的粗骨料，其最大颗粒粒径不得超过构件截面最小尺寸的 1/4，且不得超过钢筋最小净距的 3/4。

2　对混凝土实心板，骨料的最大粒径不宜超过板厚的 1/3，且不得超过 40mm。

7.2.6　拌制混凝土宜采用饮用水；当采用其他水源时，水质应符合国家现行标准《混凝土用水标准》JGJ 63 的规定。

检查数量：同一水源检查不应少于一次。

检验方法：检查水质试验报告。

混凝土配合比设计检验批质量验收记录表　表 C7-02-03-204-8

单位(子单位)工程名称				
分部(子分部)工程名称			验收部位	
施工单位			项目经理	
分包单位			分包项目经理	
施工执行标准名称及编号				

检控项目	序号	质量验收规范规定	施工单位检查评定记录	监理(建设)单位验收记录
主控项目	1	混凝土应按国家现行标准《普通混凝土配合比设计规程》JGJ 55 的有关规定,根据混凝土强度等级、耐久性和工作性等要求进行配合比设计。 对有特殊要求的混凝土,尚应符合国家现行有关标准的专门规定。 检查方法:检查配合比设计资料 第7.4.5条		
一般项目	1	首次使用的混凝土应进行开盘鉴定,其工作性应满足设计配合比要求。开始生产时应至少留置一组标养试件,作为验证配合比依据。检查方法:检查开盘鉴定资料和试块强度试验报告 第7.4.6条		
	2	拌制前应测定砂、石含水率,据此调整施工配合比。 检查数量:每工作班检查一次; 检验方法:检查含水率测定结果和施工配合比通知单 第7.4.7条		

施工单位检查评定结果	专业工长(施工员)		施工班组长	
	项目专业质量检查员:		年　月　日	

监理(建设)单位验收结论	
	专业监理工程师: (建设单位项目专业技术负责人):　　　　　年　月　日

注:【检查验收时执行的规范条目】列于表 C7-02-03-204-8 内。

混凝土施工检验批质量验收记录表　　表 C7-02-03-204-9

单位(子单位)工程名称					
分部(子分部)工程名称				验 收 部 位	
施工单位				项 目 经 理	
分包单位				分包项目经理	
施工执行标准名称及编号					

检控项目	序号	质量验收规范规定		施工单位检查评定记录	监理(建设)单位验收记录
主控项目	1	混凝土试件的取样与留置	第7.4.1条		
	2	抗渗混凝土的试件留置	第7.4.2条		
	3	混凝土原材料称量偏差	第7.4.3条		
	1)	水泥掺合料(±2%)			
	2)	粗、细骨料(±3%)			
	3)	水、外加剂(±2%)			
	4	混凝土运输、浇筑及间距的全部时间	第7.4.4条		
一般项目	1	施工缝的位置与处理	第7.4.5条		
	2	后浇带的留置位置确定和浇筑	第7.4.6条		
	3	混凝土养护措施规定	第7.4.7条		

施工单位检查评定结果	专业工长(施工员)		施工班组长	
	项目专业质量检查员：　　　　　　　年　月　日			

监理(建设)单位验收结论	
	专业监理工程师：
	(建设单位项目专业技术负责人)：　　　　年　月　日

【检查验收时执行的规范条目】

1. 主控项目

7.4.1 混凝土的强度等级必须符合设计要求。用于检查结构构件混凝土强度的试件，应在混凝土的浇筑地点随机抽取。取样与试件留置应符合下列规定：

1 每拌制 100 盘且不超过 100m³ 的同配合比的混凝土，取样不得少于一次；

2 每工作班拌制的同一配合比的混凝土不足 100 盘时，取样不得少于一次；

3 当一次连续浇筑超过 1000m³ 时，同一配合比的混凝土每 200m³ 取样不得少于一次；

4 每一楼层、同一配合比的混凝土，取样不得少于一次；

5 每次取样应至少留置一组标准养护试件，同条件养护试件的留置组数应根据实际需要确定。

检验方法：检查施工记录及试件强度试验报告。

7.4.2 对有抗渗要求的混凝土结构，其混凝土试件应在浇筑地点随机取样。同一工程、同一配合比的混凝土，取样不应少于一次，留置组数可根据实际需要确定。

检验方法：检查试件抗渗试验报告。

7.4.3 混凝土原材料每盘称量的偏差应符合表 G-02-03-204-9 的规定。

注：1　各种衡器应定期校验，每次使用前应进行零点校核，保持计量准确；

2　当遇雨天或含水率有显著变化时，应增加含水率检测次数，并及时调整水和骨料的用量。

检查数量：每工作班抽查不应少于一次。　　**检验方法：复称。**

7.4.4 混凝土运输、浇筑及间歇的全部时间不应超过混凝土的初凝时间。同一施工段的混凝土应连续浇筑，并应在底层混凝土初凝之前将上一层混凝土浇筑完毕。

当底层混凝土初凝后浇筑上一层混凝土时，应按施工技术方案中对施工缝的要求进行处理。

检查数量：全数检查。　　**检验方法：观察，检查施工记录。**

2. 一般项目

7.4.5 施工缝的位置应在混凝土浇筑前按设计要来和施工技术方案确定。施工缝的处理应按施工技术方案执行。

检查数量：全数检查。　　**检验方法：观察，检查施工记录。**

7.4.6 后浇带的留置位置应按设计要求和施工技术方案确定。后浇带混凝土浇筑应按施工技术方案进行。

检查数量：全数检查。　　**检验方法：观察，检查施工记录。**

7.4.7 混凝土浇筑完毕后，应按施工技术方案及时采取有效的养护措施，并应符合下列规定：

1 应在浇筑完毕后的 12h 以内对混凝土加以覆盖并保湿养护；

2 混凝土浇水养护的时间：对采用硅酸盐水泥、普通硅酸盐水泥或矿渣硅酸盐水泥拌制的混凝土，不得少于 7d；对掺用缓凝型外加剂或有抗掺要求的混凝土，不得少于 14d；

3 浇水次数应能保持混凝土处于湿润状态；混凝土养护用水应与拌制用水相同；

4 采用塑料布覆盖养护的混凝土，其敞露的全部表面应覆盖严密，并应保持塑料布内有凝结水；

　　5　混凝土强度达到 1.2N/mm² 前，不得在其上踩踏或安装模板及支架。

　　注：1　当日平均气温低于 5℃ 时，不得浇水；

　　　　2　当采用其他品种水泥时，混凝土的养护时间应根据所采用水泥的技术性能确定；

　　　　3　混凝土表面不便浇水或使用塑料布时，宜涂刷保护层；

　　　　4　对大体积混凝土的养护，应根据气候条件按施工技术方案采取控温措施。

　　检查数量：全数检查。　　　　检验方法：观察，检查施工记录。

【规范规定的施工过程控制要点】

7.1　一般规定

7.1.1　结构构件的混凝土强度应按现行国家标准《混凝土强度检验评定标准》GBJ 107 的规定分批检验评定。

　　对采用蒸汽法养护的混凝土结构构件，其混凝土试件应先随同结构构件同条件蒸汽养护，再转入标准条件养护共 28d。

　　当混凝土中掺用矿物掺合料时，确定混凝土强度时的龄期可按现行国家标准《粉煤灰混凝土应用技术规范》GBJ 146 等的规定取值。

7.1.2　检验评定混凝土强度用的混凝土试件的尺寸及强度的尺寸换算系数应按表 7.1.2 取用；其标准成型方法、标准养护条件及强度试验方法应符合普通混凝土力学性能试验方法标准的规定。

混凝土试件尺寸及强度的尺寸换算系数　　　　　　　　表 7.1.2

骨料最大粒径(mm)	试件尺寸(mm)	强度的尺寸换算系数
≤31.5	100×100×100	0.95
≤40	150×150×150	1.00
≤63	200×200×200	1.05

　　注：对强度等级为 C50 及以上的混凝土试件，其强度的尺寸换算系数可通过试验确定。

7.1.3　结构构件拆模、出池、出厂、吊装、张拉、放张及施工期间临时负荷时的混凝土强度，应根据同条件养护的标准尺寸试件的混凝土强度确定。

7.1.4　当混凝土试件强度评定不合格时，可采用非破损或局部破损的检测方法，按国家现行有关标准的规定对结构构件中的混凝土强度进行推定，并作为处理的依据。

7.1.5　混凝土的冬期施工应符合国家现行标准《建筑工程冬期施工规程》JGJ 104 和施工技术方案的规定。

【砌体基础子分部工程】　C7-02-04

砖砌体工程检验批质量验收记录表　　表 C7-02-04-203-1

单位(子单位)工程名称					
分部(子分部)工程名称				验 收 部 位	
施工单位				项 目 经 理	
分包单位				分包项目经理	
施工执行标准名称及编号					

检控项目	序号	质量验收规范规定		施工单位检查评定记录	监理(建设)单位验收记录
主控项目	1	砖强度等级(设计要求 MU)	第5.2.1条		
	2	砂浆强度等级(设计要求 M)	第5.2.1条		
	3	砌筑及斜槎留置	第5.2.3条		
	4	直槎拉结钢筋及接槎处理	第5.2.4条		
		项　目	允许偏差(mm)	量测值(mm)	
	5	水平灰缝砂浆饱满度(第5.2.2条)	≥80%		
	6	轴线位移(第5.2.5条)	≤10mm		
	7	垂直度(每层)(第5.2.5条)	≤5mm		
一般项目	1	组砌方法	第5.3.1条		
		项　目	允许偏差(mm)	量测值(mm)	
	2	水平灰缝厚度(第5.3.2条)	灰缝:10mm,不大于12mm,不少于8mm		
	3	顶(楼)面标高(第5.3.3条)	±15mm 以内		
	4	表面平整度(第5.3.3条)	清水墙、柱 5mm 混水墙、柱 8mm		
	5	门窗洞口(第5.3.3条)	±5mm 以内		
	6	窗口偏移(第5.3.3条)	20mm		
	7	水平灰缝平直度(第5.3.3条)	清水 7mm 混水 10mm		
	8	清水墙游丁走缝(第5.3.3条)	20mm		

施工单位检查评定结果	专业工长(施工员)		施工班组长	
	项目专业质量检查员:　　　　　　　　年　　月　　日			

监理(建设)单位验收结论	专业监理工程师: (建设单位项目专业技术负责人):　　　　　年　　月　　日

【检查验收时执行的规范条目】

1. 主控项目

5.2.1 砖和砂浆的强度等级必须符合设计要求。

抽检数量：每一生产厂家的砖到现场后，按烧结砖 15 万块，多孔砖 5 万块，灰砂砖、粉煤灰砖 10 万块各为一验收批，抽检数量为 1 组。砂浆试块的抽检数量执行 GB 50203—2002 规范第 4.0.12 条的有关规定。

附：GB 50203—2002 规范第 4.0.12 条：

4.0.12 砌筑砂浆试块强度验收时其强度合格标准必须符合以下规定：

同一验收批砂浆试块抗压强度平均值必须大于或等于设计强度等级所对应的立方体抗压强度；同一验收批砂浆试块抗压强度的最小一组平均值必须大于或等于设计强度等级所对应的立方体抗压强度的 0.75 倍。

注：①砌筑砂浆的验收批，同一类型、强度等级的砂浆试块不少于 3 组。当同一验收批只有一组试块时，该组试块抗压强度的平均值必须大于或等于设计强度等级所对应的立方体抗压强度。

②砂浆强度应以标准养护，龄期为 28d 的试块抗压试验结果为准。

抽检数量：每一检验批且不超过 250m³ 砌体的各种类型及强度等级的砌筑砂浆，每台搅拌机应至少抽检一次；

检查方法：在砂浆搅拌机出料口随机取样制作砂浆试块（同盘砂浆只应制作一组试块），最后检查试块强度试验报告单。

5.2.2 砌体水平灰缝的砂浆饱满度不得小于 80%。

抽检数量：每检验批抽查不应少于 5 处。

检验方法：用百格网检查砖底面与砂浆的粘结痕迹面积。每处检测 3 块砖，取其平均值（检验结果符合规范要求）。

5.2.3 砖砌体的转角处和交接处应同时砌筑，严禁无可靠措施的内外墙分砌施工。对不能同时砌筑而又必须留置的临时间断处应砌成斜槎，斜槎水平投影长度不应小于高度的 2/3。

抽检数量：每检验批抽 20% 接槎，且不应少于 5 处。

5.2.4 非抗震设防及抗震设防烈度为 6 度、7 度地区的临时间断处，当不能留斜槎时，除转角处外，可留直槎，但直槎必须做成凸槎。留直槎处应加设拉结钢筋，拉结钢筋的数量为每 120mm 墙厚放置 1φ6 拉结钢筋（120mm 厚墙放置 2φ6 拉结钢筋）。间距沿墙高不应超过 500mm；埋入长度从留槎处算起每边均不应小于 500mm，对抗震设防烈度 6 度、7 度的地区，不应小于 1000mm；末端应有 90°弯钩（图 5.2.4）。

抽检数量：每检验批抽 20% 接槎，且不应少于 5 处。

合格标准：留槎正确，拉结钢筋设置数量、直径正确，竖向间距偏差不超过 100mm，留置长度基本符合规定。

5.2.5 砖砌体的位置及垂直度允许偏差应符合表 G-02-04-203-1（主控项目序号 5～7）的规定。

抽检数量：轴线查全部承重墙柱；外墙垂直度全高查阳角，不应少于 4 处，每层每 20m 查一处；内墙按有代表性的自然间抽 10%，但不应少于 3 间，每间不应少于 2 处，

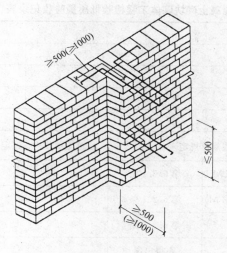

图 5.2.4

柱不少于 5 根。

2. 一般项目

5.3.1 砖砌体应组砌方法正确，上、下错缝，内外搭砌，砖柱不得采用包心砌法。

抽检数量：外墙每 20m 抽查一处，每处 3～5m，且不应少于 3 处；内墙按有代表性的自然间抽 10%，且不应少于 3 间。

检验方法：观察检查。

合格标准：除符合本条要求外，清水墙、窗间墙无通缝；混水墙中长度大于或等于 300mm 的通缝每间不超过 3 处，且不得位于同一面墙体上。

5.3.2 砖砌体的灰缝应横平竖直，厚薄均匀。水平灰缝厚度宜为 10mm，但不应小于 8mm，也不应大于 12mm。

抽检数量：每步脚手架施工的砌体，每 20m 抽查 1 处。

检验方法：用尺量 10 皮砖砌体高度折算（检验结果符合规范要求）。

5.3.3 砖砌体的一般尺寸允许偏差应符合（GB 50203—2002）规范表 5.3.3（表 C7-02-04-203-1）的规定。

【检查方法】

砌体的位置和垂直度质量验收的检查方法

项次	检 查 项 目 与 要 求		检 查 方 法
1	轴线位置偏移：符合规范要求		用经纬仪和尺检查或用其他测量仪器检查
2	垂直度	每层：符合规范要求	用 2m 托线板检查
		全高：符合规范要求	用经纬仪、吊线和尺检查，或用其他测量仪器检查

混凝土砌块砌体工程检验批质量验收记录表   表 C7-02-04-203-2

单位(子单位)工程名称										
分部(子分部)工程名称						验 收 部 位				
施工单位						项 目 经 理				
分包单位						分包项目经理				
施工执行标准名称及编号										

检控项目	序号	质量验收规范规定		施工单位检查评定记录						监理(建设)单位验收记录
主控项目	1	小砌块强度等级(设计要求 MU)	第6.2.1条							
	2	砂浆强度等级(设计要求 M)	第6.2.1条							
	3	砌筑留槎	第6.2.3条							
	4	瞎缝、透明缝	不得出现							
		项 目	允许偏差(mm)	量测值(mm)						
	1)	水平灰缝饱满度(第6.2.2条)	≥90%							
	2)	竖向灰缝饱满度(第6.2.2条)	≥80%							
	3)	轴线位移	≤10mm							
	4)	垂直度(每层)	≤5mm							
		垂直度全高	≤10m:10mm; >10m:20mm							
一般项目	1	灰缝厚度宽度(第6.3.1条)	8～12mm							
	2	顶面标高(第6.3.2条)	±15mm							
	3	表面平整度(第6.3.2条)	清水 5mm 混水 8mm							
	4	门窗洞口(第6.3.2条)	±5mm 以内							
	5	窗口偏移(第6.3.2条)	20mm 以内							
	6	水平灰缝平直度(第6.3.2条)	清水:7mm 混水:10mm							

施工单位检查评定结果	专业工长(施工员)		施工班组长	
	项目专业质量检查员：　　　　　　　年　月　日			

监理(建设)单位验收结论	专业监理工程师： (建设单位项目专业技术负责人)：　　　　　　年　月　日

【检查验收时执行的规范条目】

1. 主控项目

6.2.1 小砌块和砂浆的强度等级必须符合设计要求。

抽检数量：每一生产厂家，每 1 万块小砌块至少应抽检一组。用于多层以上建筑基础和底层的小砌块抽检数量不应少于 2 组。砂浆试块的抽检数量执行 GB 50205—2002 规范第 4.0.12 条的有关规定。

检验方法：查小砌块和砂浆试块试验报告（抽检结果符合设计要求）。

附：GB 50203—2002 规范第 4.0.12 条：

4.0.12　砌筑砂浆试块强度验收时其强度合格标准必须符合以下规定：

同一验收批砂浆试块抗压强度平均值必须大于或等于设计强度等级所对应的立方体抗压强度；同一验收批砂浆试块抗压强度的最小一组平均值必须大于或等于设计强度等级所对应的立方体抗压强度的 0.75 倍。

注：①砌筑砂浆的验收批，同一类型、强度等级的砂浆试块应不少于 3 组。当同一验收批只有一组试块时，该组试块抗压强度的平均值必须大于或等于设计强度等级所对应的立方体抗压强度。

②砂浆强度应以标准养护，龄期为 28d 的试块抗压试验结果为准。

抽检数量：每一检验批且不超过 250m³ 砌体的各种类型及强度等级的砌筑砂浆，每台搅拌机应至少抽检一次；

检查方法：在砂浆搅拌机出料口随机取样制作砂浆试块（同盘砂浆只应制作一组试块），最后检查试块强度试验报告单。

6.2.2 砌体水平灰缝的砂浆饱满度，应按净面积计算不得低于 90％；竖向灰缝饱满度不得小于 80％，竖缝凹槽部位应用砌筑砂浆填实；不得出现瞎缝、透明缝。

抽检数量：每检验批不应少于 3 处。

检验方法：用专用百格网检测小砌块与砂浆粘结痕迹，每处检测 3 块小砌块，取其平均值（检验结果符合规范要求）。

6.2.3 墙体转角处和纵横墙交接处应同时砌筑。临时间断处应砌成斜槎，斜槎水平投影长度不应小于高度的 2/3。

抽检数量：每检验批抽 20％接槎，且不应少于 5 处。

检验方法：观察检查。

6.2.4 砌体的轴线偏移和垂直度偏差按表 C7-02-04-203-2 的规定执行。

2. 一般项目

6.3.1 墙体的水平灰缝厚度和竖向灰缝宽度宜为 10mm，但不应大于 12mm，也不应小于 8mm。

抽检数量：每层楼的检测点不应少于 3 处。

抽检方法：用尺量 5 皮小砌块的高度和 2m 砌体长度折算（检验结果符合规范要求）。

6.3.2 小砌块墙体的一般尺寸允许偏差按表 C7-02-04-203-2 的规定执行。

石砌体工程检验批质量验收记录表　　　　表 C7-02-04-203-3

单位(子单位)工程名称				
分部(子分部)工程名称			验收部位	
施工单位			项目经理	
分包单位			分包项目经理	
施工执行标准名称及编号				

检控项目	序号	质量验收规范规定							施工单位检查评定记录	监理(建设)单位验收记录
主控项目	1	石材强度等级(必须符合设计要求 MU)	第7.2.1条							
	2	砂浆强度等级(必须符合设计要求 M)	第7.2.1条							
	3	砂浆饱满度(不应小于80%)	第7.2.1条							

允许偏差(mm)　　　　　　　量 测 值 (mm)

检控项目	序号	项目		毛石砌体		料石砌体				量测值
				基础	墙	毛料石基础	毛料石墙	粗料石基础	粗料石墙	细料石墙柱
主控项目	4	1) 轴线位置(第7.2.3条)		20	15	20	15	15	10	10
		2) 墙面垂直度(第7.2.3条)	每层		20		20		10	7
			全高		30		30		25	20
一般项目	1	基础和墙砌体顶面标高(第7.3.1条)		±25	±15	±25	±15	±15	±15	±10
	2	砌体厚度(第7.3.1条)		+30	+20 -10	+30	+20 -10	+15	+10 -5	+10 -5
	3	表面平整度(第7.3.1条)	清水墙、柱	—	20	—	20	—	10	5
			混水墙、柱	—	20	—	20	—	10	—
	4	水平灰缝平直度(第7.3.1条)		—	—	—	—	—	10	5
	5	组砌形式	7.3.2条							

施工单位检查评定结果	专业工长(施工员)	施工班组长
	项目专业质量检查员：　　　　　　年　月　日	

监理(建设)单位验收结论	专业监理工程师： (建设单位项目专业技术负责人)：　　　　年　月　日

【检查验收时执行的规范条目】

1. 主控项目

7.2.1 石材及砂浆强度等级必须符合设计要求。

抽检数量：同一产地的石材至少应抽检一组。砂浆试块的抽检数量执行 GB 50203—2002 规范第 4.0.12 的有关规定。

附：GB 50203—2002 规范第 4.0.12 条：

4.0.12 砌筑砂浆试块强度验收时其强度合格标准必须符合以下规定：

同一验收批砂浆试块抗压强度平均值必须大于或等于设计强度等级所对应的立方体抗压强度；同一验收批砂浆试块抗压强度的最小一组平均值必须大于或等于设计强度等级所对应的立方体抗压强度的 0.75 倍。

注：①砌筑砂浆的验收批，同一类型、强度等级的砂浆试块应不少于 3 组。当同一验收批只有一组试块时，该组试块抗压强度的平均值必须大于或等于设计强度等级所对应的立方体抗压强度。

②砂浆强度应以标准养护，龄期为 28d 的试块抗压试验结果为准。

抽检数量：每一检验批且不超过 $250m^3$ 砌体的各种类型及强度等级的砌筑砂浆，每台搅拌机应至少抽检一次；

检查方法：在砂浆搅拌机出料口随机取样制作砂浆试块（同盘砂浆只应制作一组试块），最后检查试块强度试验报告单。

7.2.2 砂浆饱满度不应小于 80%。 抽检数量：每步架抽查不应少于 1 处。

7.2.3 石砌体的轴线位置及垂直度允许偏差按表 C7-02-04-203-3 执行。

抽检数量：外墙，按楼层（或 4m 高以内）每 20m 抽查 1 处，每处 3 延长米，但不应少于 3 处；内墙，按有代表性的自然间抽查 10%，但不应少于 3 间，每间不应少于 2 处，柱子不应少于 5 根。

2. 一般项目

允许偏差项目检查内容按表 C7-02-04-203-3 的相关内容与标准要求执行。

7.3.1 石砌体的一般尺寸允许偏差应符合表 C7-02-04-203-3 的规定。

抽检数量：外墙，按楼层（4m 高以内）每 20m 抽查 1 处，每处 3 延长米，但不应少于 3 处；内墙，按有代表性的自然间抽查 10%，但不应少于 3 间，每间不应少于 2 处，柱子不应少于 5 根。

7.3.2 石砌体的组砌形式应符合下列规定：

1 内外搭砌，上下错缝，拉结石、丁砌石交错设置；

2 毛石墙拉结石每 0.7m² 墙面不应少于 1 块。

检查数量：外墙，按楼层（或 4m 高以内）每 20m 抽查 1 处，每处 3 延长米，但不应少于 3 处；内墙，按有代表性的自然间抽查 10%，但不应少于 3 间。 检查方法：观察检查。

【检查方法】

石砌体的轴线位置及垂直度的检查方法

项次	检 查 项 目 与 要 求		检 查 方 法
1	轴线位置：符合规范要求		用经纬仪和尺检查，或用其他测量仪器检查
2	墙面垂直度	每层：符合规范要求	用经纬仪、吊线和尺检查或用其他测量仪器检查
		全高：符合规范要求	用经纬仪、吊线和尺检查或用其他测量仪器检查

【桩基子分部工程】   C7-02-05

钢筋混凝土预制桩质量验收记录表

表 C7-02-05-202-1

单位(子单位)工程名称				验 收 部 位	
分部(子分部)工程名称					
施工单位				项 目 经 理	
分包单位				分包项目经理	
施工执行标准名称及编号					

检控项目	序号	质量验收规范规定		施工单位检查评定记录	监理(建设)单位验收记录
主控项目	1	桩体质量检验	按桩基检测技术规范		
	2	桩位偏差	允许偏差(mm)	量 测 值 (mm)	
	1)	盖有基础梁的桩:垂直基础梁的中心线	$100+0.01H$		
		沿基础梁的中心线	$150+0.01H$		
	2)	桩数为1~3根桩基中的桩	100		
	3)	桩数为4~16根桩基中的桩	1/2桩径或边长		
	4)	桩数大于16根桩基中的桩:最外边的桩	1/3桩径或边长		
		中间桩	1/2桩径或边长		
	3	承载力	按桩基检测技术规范		
一般项目	1	砂、石、水泥、钢材等原材料(现场预制时)	符合设计要求		
	2	混凝土配合比及强度(现场预制时)	符合设计要求		
	3	成品桩外形	表面平整,颜色均匀,掉角深度<10mm,蜂窝面积小于总面积0.5%		
	4	成品桩裂缝(收缩裂缝或起吊、装运、堆放引起的裂缝)	深度<20mm,宽度<0.25mm,横向裂缝不超过边长的一半		
	5	成品桩尺寸	横截面边长	±5		
			桩顶对角线差	<10		
			桩尖中心线	<10		
			桩身弯曲矢高	$1/1000l$		
			桩顶平整度	<2		
		电焊接桩:焊缝质量	允许偏差(mm)	量 测 值 (mm)	
	6	1)上下节端部错口:(外径>700mm);(外径<700mm)	≤3mm ≤2mm		
		2)焊缝咬边深度	≤0.5mm		
		3)焊缝加强层高度	2mm		
		4)焊缝加强层宽度	2mm		
		5)焊缝电焊质量外观	无气孔,无焊瘤,无裂缝		
		6)焊缝探伤检验	满足设计要求		
		电焊结束后停歇时间;上下节平面偏差;节点弯曲矢高	>1.0mm;<10mm; <1/1000l		
	7	硫磺胶泥接桩:胶泥浇注时间;浇注后停歇时间	<2min >7min		
	8	桩顶标高	±50mm		
	9	停锤标准	符合设计要求		

施工单位检查评定结果	专业工长(施工员)		施工班组长		
	项目专业质量检查员:			年 月 日	
监理(建设)单位验收结论	专业监理工程师: (建设单位项目专业技术负责人):			年 月 日	

注：按【检查验收时执行的规范条目】和表 C7-02-05-202-1 中的主控项目、一般项目要求验收，质量标准应满足条文规定和表 C7-02-05-202-1 的规定。

【检查验收时执行的规范条目】

5.1.5 工程桩应进行竖向承载力检验。对于地基基础设计等级为甲级或地质条件复杂，成桩质量可靠性低的灌注桩，应采用静载荷试验的方法进行检验，检验桩数不应少于总数的 1％，且不少于 3 根，当总桩数少于 50 根时，不应少于 2 根。

5.1.6 桩身质量应进行检验，对设计等级为甲级或地质条件复杂，成桩质量可靠性低的灌注桩，抽检数量不应少于总桩数的 30％，且不应少于 20 根；其他桩基工程的抽检数量不应少于总桩数的 20％，且不应少于 10 根。对混凝土预制桩及地下水位以上且终孔后经过核验的灌注桩，检验数量不应少于总桩数的 10％，且不得少于 10 根，每个柱子承台下不得少于 1 根。

5.1.8 除 5.1.5、5.1.6 规定的主控项目外，其他主控项目应全部检查，对一般项目，除已明确规定外，其他可按 20％抽查。

1. 主控项目

5.1.3 预制桩桩位和电焊接桩焊缝允许偏差按钢筋混凝土预制桩质量验收记录内的标准要求执行。

5.4.1 桩在现场预制时，应对原材料、钢筋骨架验收、混凝土强度作检查；采用工厂生产的成品桩时，桩进场后应作外观及尺寸检查（按表 C7-02-05-202-1 成品桩外形、成品桩裂缝和成品桩尺寸规定检查）。

5.4.2 施工中应对桩体垂直度、沉桩情况，桩顶完整状况。接桩质量等作检查，对电焊接桩，重要工程应作 10％的焊缝探伤检查。

5.4.3 施工结束后应对承载力及桩体质量做检验。

5.4.4 对长桩或总锤击数超过 500 击的锤击桩，应满足桩体强度及 28d 龄期的两项条件才能锤击。

2. 一般项目

检查内容按表 C7-02-05-202-1 的相关内容与标准要求执行。

【检查方法】

钢筋混凝土预制桩质量验收的检查方法

项次	检 查 项 目 与 要 求	检 查 方 法
1	成品桩外形：符合规范要求	直观
2	成品桩裂缝（收缩裂缝或起吊、装运、堆放引起的裂缝）：符合规范要求	裂缝测定仪，该项在地下水有侵蚀地区及锤击数超过 500 击的长桩不适用
3	电焊接桩　焊缝质量：符合规范要求	按钢桩质量验收方法进行
	电焊结束后停歇时间：符合规范要求	秒表测定
	上下节平面偏差：符合规范要求	用钢尺量
	节点弯曲矢高：符合规范要求	用钢尺量（1 为两柱节长）
4	硫磺胶泥　胶泥浇注时间：符合规范要求	秒表测定
	接桩　浇注后停歇时间：符合规范要求	秒表测定
5	桩顶标高：符合规范要求	水准仪
6	停锤标准：符合规范要求	现场实测或查沉桩记录

混凝土灌注桩钢筋笼质量验收记录表   表 C7-02-05-202-2

单位(子单位)工程名称						
分部(子分部)工程名称					验收部位	
施工单位					项目经理	
分包单位					分包项目经理	
施工执行标准名称及编号						

检控项目	序号	质量验收规范规定	允许偏差或允许值		施工单位检查评定记录	监理(建设)单位验收记录
			单位	数值		
		项目	允许偏差(mm)		量测值(mm)	
主控项目	1	主筋间距	mm	±10		
	2	长度	mm	±100		
一般项目	1	钢筋材质检验	设计要求			
	2	箍筋间距	mm	±20		
	3	直径	mm	±10		

施工单位检查评定结果	专业工长(施工员)		施工班组长	
	项目专业质量检查员： 年 月 日			

监理(建设)单位验收结论	专业监理工程师： (建设单位项目专业技术负责人)： 年 月 日

注：按【检查验收时执行的规范条目】和表 C7-02-05-202-2 中的主控项目、一般项目要求验收，质量标准应满足
    条文规定和表 C7-02-05-202-2 的规定。

【检查验收时执行的规范条目】

1. 主控项目

5.6.1 施工前应对水泥、砂、石子（如现场搅拌）、钢材等原材料进行检查，对施工组织设计中制定的施工顺序、监测手段（包括仪器、方法）也应检查。

5.6.2 施工中应对成孔、清渣、放置钢筋笼、灌注混凝土等进行全过程检查，人工挖孔桩尚应复验孔底持力层土（岩）性。嵌岩桩必须有桩端持力层的岩性报告。

5.6.3 施工结束后，应检查混凝土强度，并应做桩体质量及承载力的检验。

5.6.4 混凝土灌注桩的质量应满足混凝土灌注桩钢筋笼质量验收记录内的标准要求。

5.6.5 人工挖孔桩、嵌岩桩的钢筋笼质量检验应按本表执行。

2. 一般项目

检查内容按表 C7-02-05-202-2 的相关内容与标准要求执行。

【检查方法】

混凝土灌注桩钢筋笼质量验收的检查方法

项次	检 查 项 目 与 要 求	检 查 方 法
1	主筋间距:符合规范要求	用钢尺量,现场实测
2	长度:符合规范要求	用钢尺量,现场实测
3	钢筋材质检验:符合设计和规范要求,检查试验报告	抽样送检
4	箍筋间距:符合规范要求	用钢尺量,现场实测
5	钢筋笼直径:符合设计和规范要求	用钢尺量,现场实测

混凝土灌注桩质量验收记录表　　　　表 C7-02-05-202-3

单位(子单位)工程名称						
分部(子分部)工程名称				验 收 部 位		
施工单位				项 目 经 理		
分包单位				分包项目经理		
施工执行标准名称及编号						

检控项目	序号	质量验收规范规定			施工单位检查评定记录	监理(建设)单位验收记录
主控项目	1	桩位检测		允许偏差 (mm)	量 测 值 (mm)	
		1) 泥浆护壁钻孔桩	$D\leqslant1000mm$	甲	$D/6$,且 不大于 100	
				乙	$D/4$,且 不大于 150	
			$D>1000mm$	甲	$100+0.01H$	
				乙	$150+0.01H$	
		2) 套管成孔灌注桩	$D\leqslant500mm$	甲	70	
				乙	150	
			$D>500mm$	甲	100	
				乙	150	
		3) 千成孔灌注桩		甲	70	
				乙	150	
		4) 人工挖孔桩	混凝土护壁	甲	50	
				乙	150	
			钢套管护壁	甲	100	
				乙	200	
		注:甲代表 1～3 根、单排桩基垂直于中心线和群桩基础的边桩; 乙代表条形桩基沿中心线方向和群桩基础的中间桩				
	2	孔深			+300	
	3	桩体质量检验			按桩基检测技术规范。如钻芯取样,大直径嵌岩桩应钻至桩尖下 50cm	
	4	混凝土强度			设计要求	
	5	承载力			按桩基检测技术规范	

施工单位检查评定结果	专业工长(施工员)		施工班组长	
	项目专业质量检查员:		年　月　日	

监理(建设)单位验收结论	专业监理工程师: (建设单位项目专业技术负责人):　　　　　　　　　　　　　　　年　月　日

　　注：按【检查验收时执行的规范条目】和表 C7-02-05-202-3 中的主控项目要求验收，质量标准应满足条文规定和
　　　　表 C7-02-05-202-3 的规定。

混凝土灌注桩质量验收记录表　　表 C7-02-05-202-3A

单位(子单位)工程名称						
分部(子分部)工程名称					验收部位	
施工单位					项目经理	
分包单位					分包项目经理	
施工执行标准名称及编号						

检控项目	序号	质量验收规范规定			施工单位检查评定记录	监理(建设)单位验收记录
一般项目	1	垂直度、桩径检测		允许偏差(mm)	量 测 值 (mm)	
		1) 泥浆护壁钻孔桩	D≤1000mm 丙	<1%		
			丁	±50mm		
		2) 套管成孔灌注桩	D>1000mm 丙	<1%		
			丁	±50mm		
			D≤500mm 丙	<1%		
			丁	−20mm		
			D>500mm 丙	<1%		
			丁	−20mm		
		3) 千成孔灌注桩	丙	<1%		
			丁	−20mm		
		4) 人工挖孔桩	混凝土护壁 丙	<0.5%		
			丁	+50mm		
			钢套管护壁 丙	<1%		
			丁	+50mm		
		注:丙代表灌注桩垂直度;丁代表灌注桩桩径				
	2	泥浆相对密度(黏土或砂性土中)		1.15~1.20		
	3	泥浆面标高(高于地下水位)		0.5~1.0m		
	4	沉渣厚度	端承桩	≤50mm		
			摩擦桩	≤150mm		
	5	混凝土坍落度	水下灌注	160~220mm		
			干施工	70~100mm		
	6	钢筋笼安装深度		±100mm		
	7	混凝土充盈系数		>1		
	8	桩顶标高		+30mm −50mm		

施工单位检查评定结果	专业工长(施工员)		施工班组长	
	项目专业质量检查员:		年 月 日	

监理(建设)单位验收结论	专业监理工程师: (建设单位项目专业技术负责人):	年 月 日

注:按表 C7-02-05-202-3A 中的一般项目要求验收,质量标准应满足表 C7-02-05-202-3A 的规定。

【检查验收时执行的规范条目】

5.1.5　工程桩应进行竖向承载力检验。对于地基基础设计等级为甲级或地质条件复杂，成桩质量可靠性低的灌注桩，应采用静载荷试验的方法进行检验，检验桩数不应少于总数的 1%，且不少于 3 根，当总桩数少于 50 根时，不应少于 2 根。

5.1.6　桩身质量应进行检验，对设计等级为甲级或地质条件复杂，成桩质量可靠性低的灌注桩，抽检数量不应少于总桩数的 30%，且不应少于 20 根；其他桩基工程的抽检数量不应少于总桩数的 20%，且不应少于 10 根。对混凝土预制桩及地下水位以上且终孔后经过核验的灌注桩，检验数量不应少于总桩数的 10%，且不得少于 10 根，每个柱子承台下不得少于 1 根。

5.1.8　除 5.1.5、5.1.6 规定的主控项目外，其他主控项目应全部检查，对一般项目，除已明确规定外，其他可按 20% 抽查，但混凝土灌注桩应全部检查。

1. 主控项目

5.6.1　施工前应对水泥、砂，石子（如现场搅拌）、钢材等原材料进行检查，对施工组织设计中制定的施工顺序、监测手段（包括仪器、方法）也应检查。

（砂、石、水泥质量的检验项目、批量和检验方法应符合现行标准的规定。）

5.6.2　施工中应对成孔、清渣、放置钢筋笼、灌注混凝土等进行全过程检查，人工控孔桩尚应复验孔底持力层土（岩）性。嵌岩桩必须有桩端持力层的岩性报告。（必须做到：桩孔深只能深不能浅。可以测量钻杆、套管长度或重锤测，必须保证嵌岩桩进行设计要求的嵌岩深度）；（清孔不能满足要求时，应禁止下道工序进行，到真正满足要求为止，方可浇筑混凝土。）

5.6.3　施工结束后，应检查混凝土强度，并应作桩体质量及承载力的检验。

（灌注桩的试件强度是检验桩体材料的主要手段之一，必须准备足够检验的混凝土试件。小于 50m³ 的桩，每根桩要做一组试件，是指单柱单桩的每个承台下的桩需确保有一组试件。）

（混凝土强度等级应符合要求，由设计单位作校核。试件不足时应用桩身钻孔取样弥补。）

5.6.4　混凝土灌注桩的质量应满足混凝土灌柱桩质量验收记录内的标准规定。

5.6.5　人工挖孔桩、嵌岩桩的质量检验应按"混凝土灌注桩质量验收记录，表 C7-02-05-202-3A"执行。

混凝土灌注桩质量验收的检查方法见表 5.6.5-1。

混凝土灌注桩质量验收的检查方法　　　　　　　　表 5.6.5-1

项次	检 查 项 目 与 要 求	检 查 方 法
1	桩位：符合设计和规范要求	基坑开挖前量护筒，开挖后量桩中心
2	孔深：符合设计和规范要求	只深不浅，用重锤测，或测钻杆，套管长度，嵌岩桩应确保进入设计要求的嵌岩深度

2. 一般项目

检查内容按表 C7-02-05-202-3A 的相关内容与标准要求执行，检查方法见表 5.6.5-2。

【检查方法】

混凝土灌注桩质量验收的检查方法（一般项目）　　表 5.6.5-2

项次	检 查 项 目 与 要 求	检 查 方 法
1	垂直度：符合规范要求	测套管或钻杆，或用超声波探测。干施工时吊垂球
2	桩径：符合设计和规范要求	井径仪或超声波检测，干施工时用钢尺量，人工挖孔桩不包括内衬厚度
3	泥浆相对密度（黏土或砂性土中）：符合设计要求，检查试验报告	用比重计测，清孔后的距孔底50cm处取样。
4	泥浆面标高（高于地下水位）：符合设计和规范要求	目测
5	沉渣厚度（端承桩）：符合规范要求	用沉渣仪或重锤测量
6	混凝土坍落度（水下灌注）：符合规范要求	坍落度仪
7	钢筋笼安装深度：符合设计和规范要求	用钢尺量
8	混凝土充盈系数：符合规范要求	检查每根桩的实际灌注量
9	桩顶标高：符合设计和规范要求	水准仪，需扣除桩顶浮浆层及劣质桩体1.0～2.0m

主体结构分部工程　　C7-02

【混凝土结构子分部工程】　　C7-02-06

现浇结构模板安装检验批质量验收记录（表 C7-02-03-204-1）

混凝土结构的现浇结构模板安装检验批质量验收记录按表 C7-02-03-204-1 执行。

模板拆除检验批质量验收记录（表 C7-02-03-204-2）

混凝土结构的模板拆除检验批质量验收记录按表 C7-02-03-204-2 执行。

钢筋原材料检验批质量验收记录（表 C7-02-03-204-3）

混凝土结构的钢筋原材料检验批质量验收记录按表 C7-02-03-204-3 执行。

钢筋加工检验批质量验收记录（表 C7-02-03-204-4）

混凝土结构的钢筋加工检验批质量验收记录按表 C7-02-03-204-4 执行。

钢筋连接检验批质量验收记录（表 C7-02-03-204-5）

混凝土结构的钢筋连接检验批质量验收记录按表 C7-02-03-204-5 执行。

钢筋安装检验批质量验收记录（表 C7-02-03-204-6）

混凝土结构的钢筋安装检验批质量验收记录按表 C7-02-03-204-6 执行。

混凝土原材料检验批质量验收记录（表 C7-02-03-204-7）

混凝土结构的混凝土原材料检验批质量验收记录按表 C7-02-03-204-7 执行。

混凝土配合比设计检验批质量验收记录（表 C7-02-03-204-8）

混凝土结构的混凝土配合比设计检验批质量验收记录按表 C7-02-03-204-8 执行。

混凝土施工检验批质量验收记录（表 C7-02-03-204-9）

混凝土结构的混凝土施工检验批质量验收记录按表 C7-02-03-204-9 执行。

【砌体结构子分部工程】　　C7-02-07

砖砌体检验批质量验收记录（表 C7-02-04-203-1）

砌体结构的砖砌体检验批质量验收记录按表 C7-02-04-203-1 执行。

石砌体检验批质量验收记录（表 C7-02-04-203-3）

砌体结构的石砌体检验批质量验收记录按表 C7-02-04-203-3 执行。

叠山检验批质量验收记录表

单位（子单位）工程名称					
分部（子分部）工程名称				验收部位	
施工单位				项目经理	
分包单位				分包项目经理	
施工执行标准名称及编号					

检控项目	序号	质量验收规范规定		施工单位检查评定记录	监理（建设）单位验收记录
主控项目	1	叠山地基基础承载力应大于山石总荷载的1.5倍；灰土基础应低于地平面20cm，其面积应大于叠山底面积，外沿宽出50cm。	第5.37.2.1条		
	2	叠山设在陆地上，应选用C20以上混凝土制作基础；叠山设在水中，应选用C25混凝土或不低于M7.5的水泥砂浆砌石块制作基础。根据不同地势、地质有特殊要求的可做特殊处理。	第5.37.2.2条		
	3	拉底石材应选用厚度大于40cm、面积大于1m² 的石块；拉底石材应统筹向背、曲折连接、错缝叠压。	第5.37.2.3条		
	4	叠山结构和主峰稳定性应符合抗风、抗震强度要求。	第5.37.2.4条		
	5	叠山选用的石材质地要求一致、色泽相近，纹理统一。石料应坚实耐压，无裂缝、损伤、剥落现象。	第5.37.2.5条		
	6	石山主体山石应错缝叠压、纹理统一；每块叠石的刹石不少于4个受力点且不外露；跌水、山洞山石长度不小于1.5m，厚度不小于40mm；整块大体量山石无倾斜；横向悬挑的山石悬挑部分应小于山石长度的1/3；山体最外侧的峰石底部灌1：3水泥砂浆。	第5.37.2.6条		
一般项目	1	勾缝应满足设计要求，做到自然、无遗漏。如设计无说明的，则用1：3水泥砂浆进行勾缝，砂浆色泽应与石料色泽相近。	第5.37.3.1条		
	2	叠山山体轮廓线应自然流畅协调，观赏效果满足设计要求。	第5.37.3.2条		

施工单位检查评定结果	专业工长（施工员）		施工班组长	
	项目专业质量检查员：　　　　　年　月　日			

监理（建设）单位验收结论	专业监理工程师：（建设单位项目专业技术负责人）：　　　　　年　月　日

【规范规定的施工过程控制要点】

5.37.1 一般规定

5.37.1.1 叠山一般是指人为地利用自然纹理、自然风化的天然石材，按照一定比例和结构堆砌而成的高于1.5m并具有一定仿自然真山造型的石山。

5.37.1.2 叠山应在工序中统筹考虑给水排水系统、灯光系统、植物种植的需要，提前做好分项工程技术交底。

【钢结构子分部工程】　C7-02-08

钢构件焊接检验批质量验收记录表

表 C7-02-08-205-01

单位(子单位)工程名称					
分部(子分部)工程名称			验 收 部 位		
施工单位			项 目 经 理		
分包单位			分包项目经理		
施工执行标准名称及编号					

检控项目	序号	质量验收规范规定		施工单位检查评定记录	监理(建设)单位验收记录
主控项目	1	焊接材料进场	第4.3.1条		
	2	焊接材料复验	第4.3.2条		
	3	焊接材料与线材的匹配	第5.2.1条		
	4	焊工证书:(应具有相应的合格证书)	第5.2.2条		
	5	焊接工艺评定:(符合评定报告)	第5.2.3条		
	6	内部缺陷检验	第5.2.4条		
	7	组合焊缝尺寸 T形、十字、角接头焊脚尺寸不小于 $t/4$ 有疲劳验算吊车梁等为 $t/2$,且不大于10mm 允许偏差 0～4mm	第5.2.5条		
	8	焊缝表面缺陷 一、二级不得有表面气孔、夹渣、弧坑裂纹、电弧擦伤且一级焊缝不得有咬边,未焊满,根部收缩等	第5.2.6条		
一般项目	1	预热和后热处理 预热区＞1.5倍焊件厚度且不小于100mm,保温处每25mm板厚1h	第5.2.7条		
	2	凹形角焊缝 平缓过渡,不得留下切痕	第5.2.10条		
	3	焊缝感观 外形均匀,成型较好,焊点与基本金属间过渡较平滑	第5.2.11条		
	4	焊缝外观质量:允许偏差(mm)	第5.2.8条		
	1)	未焊满(指不满足设计要求) 二级:≤0.2+0.02t,且≤1.0;每100.0焊缝内缺陷总长≤25.0 三级:≤0.2+0.04t,且≤2.0;每100.0焊缝内缺陷总长≤25.0			
	2)	根部收缩 二级:≤0.2+0.02t,且≤1.0;长度不限 三级:≤0.2+0.04t,且≤2.0;长度不限			
	3)	咬边 二级:≤0.2t,且≤0.5;连续长度≤100.0,且焊缝两侧咬边总长≤10%焊缝全长。 三级:≤0.1t,且≤1.0;长度不限			

施工单位检查评定结果	专业工长(施工员)		施工班组长		
	项目专业质量检查员:		年　月　日		

监理(建设)单位验收结论	专业监理工程师: (建设单位项目专业技术负责人):	年　月　日

钢构件焊接检验批质量验收记录表   表 C7-02-08-205-01A

单位(子单位)工程名称						
分部(子分部)工程名称				验 收 部 位		
施工单位				项 目 经 理		
分包单位				分包项目经理		
施工执行标准名称及编号						

检控项目	序号	质量验收规范规定	施工单位检查评定记录	监理(建设)单位验收记录
一 般 项 目	4)	弧坑裂纹 二级：— 三级：允许存在个别长度≤5.0的弧坑裂纹		
	5)	电弧擦伤 二级：— 三级：允许存在个别电弧擦伤		
	6)	接头不良 二级：缺口深度0.05t,且≤0.5;每1000.0 焊缝不应超过1处。 三级：缺口深度0.1t,且≤1.0;每1000.0 焊缝不应超过1处		
	7)	表面夹渣 二级：— 三级：深≤0.2t;长≤0.5t 且≤20.0		
	8)	表面气孔 二级：— 三级：每50.0焊缝长度内允许直径≤0.4t, 且≤3.0的气孔2个,孔距≤6倍孔径		
	注：表内 t 为连接处较薄的板厚			
	5	组合焊缝尺寸	第5.2.9条	
	1)	对接焊缝余高 C 一、二级：B<20.0～3.0 B≥20.0～4.0 三级：B<20.0～4.0 B≤20.0～5.0		
	2)	对接焊缝错边 d 一、二级：d<0.15t,且≤2.0 三级：d<0.15t,且≤3.0		

施工单位检查 评定结果	专业工长(施工员)		施工班组长	
	项目专业质量检查员： 年 月 日			

监理(建设)单位 验收结论	
	专业监理工程师： (建设单位项目专业技术负责人)： 年 月 日

【检查验收时执行的规范条目】

1. 主控项目

5.2.1 焊条、焊丝、焊剂、电渣焊熔嘴等焊接材料与母材的匹配应符合设计要求及国家现行行业标准《建筑钢结构焊接技术规程》JGJ 81 的规定。焊条、焊剂、药芯焊丝、熔嘴等在使用前，应按其产品说明书及焊接工艺文件的规定进行烘焙和存放。

　　检查数量：全数检查。　　检验方法：检查质量证明书和烘焙记录。

5.2.2 焊工必须经考试合格并取得合格证书。持证焊工必须在其考试合格项目及其认可范围内施焊。

　　检查数量：全数检查。　　检验方法：检查焊工合格证及其认可范围、有效期。

5.2.3 施工单位对其首次采用的钢材、焊接材料、焊接方法、焊后热处理等，应进行焊接工艺评定，并应根据评定报告确定焊接工艺。

　　检查数量：全数检查。　　检验方法：检查焊接工艺评定报告。

5.2.4 设计要求全焊透的一、二级焊缝应采用超声波探伤进行内部缺陷的检验，超声波探伤不能对缺陷作出判断时，应采用射线探伤，其内部缺陷分级及探伤方法应符合现行国家标准《钢焊缝手工超声波探伤方法和探伤结果分级法》GB 11345 或《钢熔化焊对接接头射线照相和质量分级》GB 3323 的规定。

　　焊接球节点网架焊缝、螺栓球节点网架焊缝及圆管 T、K、Y 形节点相关线焊缝，其内部缺陷分级及探伤方法应分别符合国家现行标准《焊接球节点钢网架焊缝超声波探伤方法及质量分级法》JBJ/T 3034.1、《螺栓球节点钢网架焊缝超声波探伤方法及质量分级法》JBJ/T 3034.2、《建筑钢结构焊接技术规程》JGJ 81 的规定。

　　一级、二级焊缝的质量等级及缺陷分级应符合表 5.2.4 的规定。

　　检查数量：全数检查。　　检验方法：检查超声波或射线探伤记录。

一、二级焊缝质量等级及缺陷分级　　　　　　　　　　　表 5.2.4

焊缝质量等级		一级	二级
内部缺陷超声波探伤	评定等级	Ⅱ	Ⅲ
	检验等级	B 级	B 级
	探伤比例	100%	20%
内部缺陷射线探伤	评定等级	Ⅱ	Ⅲ
	检验等级	AB 级	AB 级
	探伤比例	100%	20%
注：探伤比例的计数方法应按以下原则确定：（1）对工厂制作焊缝，应按每条焊缝计算百分比，且探伤长度不小于 200mm，当焊接长度不足 200mm 时，应对整条焊缝进行探伤；（2）对现场安装焊缝，应按同一类型、同一施焊条件的焊缝条数计算百分比，探伤长度应不小于 200mm，并应不少于 1 条焊缝			

5.2.5 T 形接头、十字接头、角接接头等要求熔透的对接和角对接组合焊缝，其焊脚尺寸不应小于 $t/4$（图 5.2.5a、b、c）；设计有疲劳验算要求的吊车梁或类似构件的腹板与上翼缘连接焊缝的焊脚尺寸为 $t/2$（图 5.2.5d），且不应大于 10mm。焊脚尺寸的允许偏差为 0～4mm。

　　检查数量：资料全数检查；同类焊缝抽查 10%，且不应少于 3 条。

　　检验方法：观察检查，用焊缝量规抽查测量。

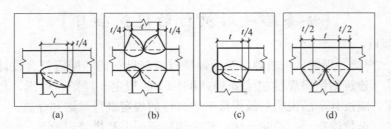

图 5.2.5 焊脚尺寸

5.2.6 焊缝表面不得有裂纹、焊瘤等缺陷。一级、二级焊缝不得有表面气孔、夹渣、弧坑裂纹、电弧擦伤等缺陷。且一级焊缝不得有咬边、未焊满、根部收缩等缺陷。

检查数量：每批同类构件抽查 10%，且不应少于 3 件；被抽查构件中，每一类型焊缝按条数抽查 5%，且不应少于 1 条；每条检查 1 处，总抽查数不应少于 10 处。

检验方法：观察检查或使用放大镜、焊缝量规和钢尺检查，当存在疑义时，采用渗透或磁粉探伤检查。

2. 一般项目

5.2.7 对于需要进行焊前预热或焊后热处理的焊缝，其预热温度或后热温度应符合国家现行有关标准的规定或通过工艺试验确定。预热区在焊道两侧，每侧宽度均应大于焊件厚度的 1.5 倍以上，且不应小于 100mm；后热处理应在焊后立即进行，保温时间应根据板厚按每 25mm 板厚 1h 确定。

检查数量：全数检查。   检验方法：检查预、后热施工记录和工艺试验报告。

5.2.8 二级、三级焊缝外观质量标准应符合 GB 50205—2001 规范附录 A 中表 A.0.1 的规定。三级对接焊缝应按二级焊缝标准进行外观质量检验。

检查数量：每批同类构件抽查 10%，且不应少于 3 件；被抽查构件中，每一类型焊缝按条数抽查 5%，且不应少于 1 条；每条检查 1 处，总抽查数不应少于 10 处。

检验方法：观察检查或使用放大镜、焊缝量规和钢尺检查。

附：表 A.0.1

二级、三级焊缝外观质量标准（mm）   表 A.0.1

项 目	允 许 偏 差	
缺陷类型	二 级	三 级
未焊满（指不足设计要求）	≤0.2+0.02t，且≤1.0	≤0.2+0.04t，且≤2.0
	每 100.0 焊缝内缺陷总长≤25.0	
根部收缩	≤0.2+0.02t，且≤1.0	≤0.2+0.04t，且≤2.0
	长度不限	
咬 边	≤0.05t，且≤0.5；连续长度≤100.0，且≤10%焊缝全长	≤0.1t，且≤1.0，长度不限
弧坑裂纹	—	允许存在个别长度≤5.0 的弧坑裂纹
电弧擦伤	—	允许存在个别电弧擦伤
接头不良	缺口深度≤0.05t，且≤0.5	缺口深度≤0.1t，且≤1.0
	每 1000.0 焊缝不应超过 1 处	
表面夹渣	—	深≤0.2t 长≤0.5t，且≤2.0
表面气孔	—	每 50.0 焊缝长度内允许直径≤0.4t，且≤3.0 的气孔 2 个，孔距≥6 倍孔径
注：表内 t 为连接处较薄的板厚		

5.2.9 焊缝尺寸允许偏差应符合（GB 50205—2001）规范附录 A 中表 A.0.2 的规定。

检查数量：每批同类构件抽查 10%，且不应少于 3 件；被抽查构件中，每种焊缝按全数抽查 5%，但不应少于 1 条；每条检查 1 处，总抽查数不应少于 10 处。

检验方法：用焊缝量规检查。

附：表 A.0.2

焊缝焊脚尺寸允许偏差　　　　　　　　　　　　　　表 A.0.2-1

序号	项　目	示　意　图	允许偏差（mm）
1	一般全焊透的角接与对接组合焊缝		$h_f \geqslant \left(\dfrac{t}{4}\right)^{+4}_{0}$ 且 $\leqslant 10$
2	需经疲劳验算的全焊透角接与对接组合焊缝		$h_f \geqslant \left(\dfrac{t}{2}\right)^{+4}_{0}$ 且 $\leqslant 10$
3	角焊缝及部分焊透的角接与对接组合焊缝		$h_f \leqslant 6$ 时 0～1.5　　$h_f > 6$ 时 0～3.0

注：1. $h_f > 8.0$mm 的角焊缝其局部焊脚尺寸允许低于设计要求值 1.0mm，但总长度不得超过焊缝长度的 10%；

　　2. 焊接 H 形梁腹板与翼缘板的焊缝两端在其两倍翼缘板宽度范围内，焊缝的焊脚尺寸不得低于设计要求值。

注：本表选自《建筑钢结构焊接技术规程》JGJ 81—2002、J 218—2002。

焊缝余高和错边允许偏差　　　　　　　　　　　　表 A.0.2-2

序号	项　目	示　意　图	允许偏差（mm） 一、二级	三 级
1	对接焊缝余高（C）		$B < 20$ 时，C 为 0～3；$B \geqslant 20$ 时，C 为 0～4	$B < 20$ 时，C 为 0～3.5；$B \geqslant 20$ 时，C 为 0～5
2	对接焊缝错边（d）		$d < 0.1t$ 且 $\leqslant 2.0$	$d < 0.15t$ 且 $\leqslant 3.0$
3	角焊缝余高（C）		$h_f \leqslant 6$ 时 C 为 0～1.5；$h_f > 6$ 时 C 为 0～3.0	

注：本表选自《建筑钢结构焊接技术规程》JGJ 81—2002、J 218—2002。

5.2.10 焊成凹形的角焊缝，焊缝金属与母材间应平缓过渡；加工成凹形的角焊缝，不得在其表面留下切痕。

　　　　检查数量：每批同类构件抽查10%，且不应少3件。　　　　检验方法：观察检查。

5.2.11 焊缝感观应达到：外形均匀、成型较好、焊道与焊道、焊道与基本金属间过渡较平滑，焊渣和飞溅物基本清除干净。

　　　　检查数量：每批同类构件抽查10%，且不应少于3件；被抽查构件中，每种焊缝按数量各抽查5%，总抽查数不应少于5处。　　　　检验方法：观察检查。

钢结构紧固件连接检验批质量验收记录表　　　　表 C7-02-08-205-2

单位(子单位)工程名称				验 收 部 位	
分部(子分部)工程名称				项 目 经 理	
施工单位				项 目 经 理	
分包单位				分包项目经理	
施工执行标准名称及编号					
检控项目	序号	质量验收规范规定		施工单位检查评定记录	监理(建设)单位验收记录
主控项目	1	钢结构连接用高强度大六角头螺栓连接副、扭剪型高强度螺栓连接副、钢网架用高强度螺栓、普通螺栓、铆钉、自攻钉、拉铆钉、射钉、锚栓(机械型和化学试剂型)、地脚锚栓等紧固标准件及螺母、垫圈等标准配件,其品种、规格、性能等应符合现行国家产品标准和设计要求。高强度大六角头螺栓连接副和扭剪型高强度螺栓连接副出厂时应分别随箱带有扭矩系数和紧固轴力(预拉力)的检验报告	第4.4.1条		
	2	普通螺栓作为永久性连接螺栓时,当设计有要求或对其质量有疑义时,应进行螺栓实物最小拉力载荷复验,试验方法见 GB 50205—2001规范附录 B,其结果应符合现行国家标准《紧固件机械性能螺栓、螺钉和螺柱》GB 3098 的规定。 检查数量:每一规格螺栓抽查 8 个。检验方法:检查螺栓实物复验报告	第6.2.1条		
	3	连接薄钢板采用的自攻钉、拉铆钉、射钉等其规格尺寸应与被连接钢板相匹配,其间距、边距等应符合设计要求。 检查数量:按连接节点数抽查 1%,且不应少于 3 个。检验方法:观察和尺量检查	第6.2.2条		
一般项目	1	永久性普通螺栓紧固应牢固、可靠,外露丝扣不应少于 2 扣。 检查数量:按连接节点数抽查10%,且不应少于 3 个。检验方法:观察和用小锤敲击检查	第6.2.3条		
	2	自攻螺钉、钢拉铆钉、射钉等与连接钢板应紧固密贴,外观排列整齐。 检查数量:按连接节点数抽查10%,且不应少于 3 个。检验方法:观察或用小锤敲击检查	第6.2.4条		
施工单位检查评定结果	专业工长(施工员)			施工班组长	
	项目专业质量检查员:			年　月　日	
监理(建设)单位验收结论	专业监理工程师:				
	(建设单位项目专业技术负责人):			年　月　日	

　　注:【检查验收时执行的规范条目】按表 C7-02-08-205-2 执行。

单层钢结构安装检验批质量验收记录

　　单层钢结构安装检验批质量验收记录通常包括：单层钢结构安装基础和支承面检验批质量验收记录表；单层钢结构安装与校正钢屋架、桁架、梁、钢柱等检验批质量验收记录；单层钢结构安装与校正墙架、檩条等次要构件检验批质量验收记录；单层钢结构安装与校正钢平台、钢梯和防护栏杆检验批质量验收记录。

单层钢结构安装基础和支承面检验批质量验收记录表 表 C7-02-08-205-3A

单位(子单位)工程名称								
分部(子分部)工程名称						验收部位		
施工单位						项目经理		
分包单位						分包项目经理		
施工执行标准名称及编号								

检控项目	序号	质量验收规范规定			施工单位检查评定记录		监理(建设)单位验收记录	
主控项目	1	建筑物定位、基础轴线和标高		第10.2.1条				
	2	基础顶面支承面(第10.2.2条)		允许偏差(mm)	量 测 值 (mm)			
	1)	支承面	标高	±3.0				
			水平度	$l/1000$				
	2)	地脚螺栓(锚栓)中心偏移		5.0				
	3)	预留孔中心偏移		10.0				
	3	坐浆垫板(第10.2.3条)		允许偏差(mm)	量 测 值 (mm)			
	1)	顶面标高		0.0 −3.0				
	2)	水平度		$l/1000$				
	3)	位置		20.0				
	4	杯口尺寸(第10.2.4条)		允许偏差(mm)	量 测 值 (mm)			
	1)	底面标高		0.0 −5.0				
	2)	杯口深度 H		±5.0				
	3)	杯口垂直度		$H/1000$ 且不应大于10.0				
	4)	位置		10.0				
一般项目	1	地脚螺栓(锚栓)(第10.2.5条)		允许偏差(mm)	量 测 值 (mm)			
	1)	螺栓(锚栓)露出长度		+30.0 0.0				
	2)	螺纹长度		+30.0 0.0				

施工单位检查评定结果	专业工长(施工员)		施工班组长	
	项目专业质量检查员:		年　月　日	

监理(建设)单位验收结论	专业监理工程师:(建设单位项目专业技术负责人):　　　　　　　　　　年　月　日

【检查验收时执行的规范条目】

1. 主控项目

10.2.1　建筑物的定位轴线、基础轴线和标高、地脚螺栓的规格及其紧固应符合设计要求。

检查数量：按柱基数抽查10%，且不应少于3个。

检验方法：用经纬仪、水准仪、全站仪和钢尺现场实测。

10.2.2　基础顶面直接作为柱的支承面和基础顶面预埋钢板或支座作为柱的支承面时，其支承面、地脚螺栓（锚栓）位置的允许偏差应符合表C7-02-08-205-3A的规定。

检查数量：按柱基数抽查10%，且不应少于3个。

检验方法：用经纬仪、水准仪、全站仪、水平尺和钢尺实测。

10.2.3　采用坐浆垫板时，坐浆垫板的允许偏差应符合表C7-02-08-205-3A的规定。

检查数量：资料全数检查。按柱基数抽查10%，且不应少于3个。

检验方法：用水准仪、全站仪、水平尺和钢尺现场实测。

10.2.4　采用杯口基础时，杯口尺寸的允许偏差应符合表C7-02-08-205-3A的规定。

检查数量：按基础数抽查10%，且不应少于4处。

检验方法：观察及尺量检查。

2. 一般项目

10.2.5　地脚螺栓（锚栓）尺寸的检查数量：按柱基数抽查10%，且不应少于3个。

检验方法：用钢尺现场实测。

单层钢结构安装与校正钢屋架、桁架、梁、钢柱等检验批质量验收记录表

表 C7-02-08-205-3B

单位(子单位)工程名称					
分部(子分部)工程名称			验收部位	
施工单位			项目经理	
分包单位			分包项目经理	
施工执行标准名称及编号				

检控项目	序号	质量验收规范规定			施工单位检查评定记录	监理(建设)单位验收记录
主控项目	1	钢构件的矫正与修补		第10.3.1条		
	2	设计要求顶紧节点		第10.3.2条		
	3	钢屋(托)架、桁架、梁等(第10.3.3条)		允许偏差(mm)	量测值(mm)	
	1)	跨中的垂直度		$h/250$ 且不应大于15.0		
	2)	侧向弯曲矢高 f	$l \leqslant 30m$	$l/1000$ 且不应大于10.0		
			$30m < l \leqslant 60m$	$l/1000$ 且不应大于30.0		
			$l > 60m$	$l/1000$ 且不应大于50.0		
	4	主体结构整体垂直度、平面弯曲(第10.3.4条)		允许偏差(mm)	量测值(mm)	
	1)	主体结构整体垂直度		$H/1000$ 且不应大于25.0		
	2)	主体结构整体平面弯曲		$L/1500$ 且不应大于25.0		
一般项目	1	钢柱中心线和标高		第10.3.5条		
	2	定位轴线和间距偏差		第10.3.6条		
	3	钢柱安装(第10.3.7条)		允许偏差(mm)	量测值(mm)	
	1)	柱脚底座中心线对定位轴线的偏移		5.0		
	2)	柱基准点标高	有吊车梁的柱	+3.0 −5.0		
			无吊车梁的柱	+5.0 −8.0		
	3)	弯曲矢高		$H/1200$，且不应大于15.0		
	4)	柱轴线垂直度	单层柱 $H \leqslant 10m$	$H/1000$		
			单层柱 $H > 10m$	$H/1000$，且不应大于25.0		
			多节柱 单节柱	$H/1000$，且不应大于10.0		
			多节柱 柱全高	35.0		
	4	现场焊缝组对(第10.3.11条)		允许偏差(mm)	量测值(mm)	
	1)	无垫板间隙		+3.0 −0.0		
	2)	有垫板间隙		+3.0 −2.0		
	5	钢结构表面		第10.3.12条		

施工单位检查评定结果	专业工长(施工员)		施工班组长	
	项目专业质量检查员：　　　　　　　年　　月　　日			

监理(建设)单位验收结论	专业监理工程师： (建设单位项目专业技术负责人)：　　　　年　　月　　日

【检查验收时执行的规范条目】

1. 主控项目

10.3.1 钢构件应符合设计要求和 GB 50205—2001 规范的规定。运输、堆放和吊装等造成的钢构件变形及涂层脱落，应进行矫正和修补。

　　检查数量：按构件数抽查 10%，且不应少于 3 个。

　　检验方法：用拉线、钢尺现场实测或观察。

10.3.2 设计要求顶紧的节点，接触面不应少于 70% 紧贴，且边缘最大间隙不应大于 0.8mm。

　　检查数量：按节点数抽查 10%，且不应少于 3 个。

　　检验方法：用钢尺及 0.3mm 和 0.8mm 厚的塞尺现场实测。

10.3.3 钢屋（托）架、桁架、梁及受压杆件的垂直度和侧向弯曲矢高的允许偏差应符合（GB 50205—2001）规范表 10.3.3 的规定。

　　检查数量：按同类构件数抽查 10%，且不应少于 3 个。

　　检验方法：用吊线、拉线、经纬仪和钢尺现场实测。

钢屋（托）架、桁架、梁及受压杆件的垂直度和侧向弯曲矢高的允许偏差与图例

表 10.3.3

项　　　目		图　　　例
跨中的垂直度	$h/250$ 且不应大于 15.0	
侧向弯曲矢高 f	$l \leqslant 30m$ ：$l/1000$ 且不应大于 10.0	
	$30m < l \leqslant 60m$ ：$l/1000$ 且不应大于 30.0	
	$l > 60m$ ：$l/1000$ 且不应大于 50.0	

10.3.4 单层钢结构主体结构的整体垂直度和整体平面弯曲的允许偏差应符合（GB 50205—2001）规范表 10.3.4 的规定。

　　检查数量：对主要立面全部检查。对每个所检查的立面，除两列角柱外，尚应至少选取一列中间柱。

　　检验方法：采用经纬仪、全站仪等测量。

整体垂直度和整体平面弯曲的允许偏差的检验方法与图例　　表 10.3.4

项　目	允许偏差	图　例
主体结构整体垂直度	$H/1000$ 且不应大于 25.0	
主体结构整体平面弯曲	$l/1500$ 且不应大于 25.0	

2. 一般项目

10.3.5　钢柱等主要构件的中心线及标高基准点等标记应齐全。

检查数量：按同类构件数抽查 10%，且不应少于 3 件。

检验方法：观察检查。

10.3.6　当钢桁架（或梁）安装在混凝土柱上时，其支座中心对定位轴线的偏差不应大于 10mm；当采用大型混凝土屋面板时，钢桁架（或梁）间距的偏差不应大于 10mm。

检查数量：按同类构件数抽查 10%，且不应少于 3 榀。

检验方法：用拉线和钢尺现场实测。

10.3.7　钢柱安装的允许偏差应符合 GB 50205—2001 规范附录 E 中表 E.0.1 的规定。

单层钢结构中柱子安装允许偏差的检验方法与图例见表 E.0.1。

单层钢结构中柱子安装允许偏差的检验方法与图例　　表 E.0.1

项　目		检验方法	图　例
柱脚底座中心线对定位轴线的偏移		5.0	用吊线和钢尺检查	
柱基准点标高	有吊车梁的柱	+3.0 −5.0	用水准仪检查	
	无吊车梁的柱	+5.0 −8.0		
弯曲矢高		$H/1200$,且不应大于 15.0	用经纬仪或拉线和钢尺检查	

续表

项　目			检验方法	图　　例
柱轴线垂直度	单层柱	$H \leq 10\text{m}$	$H/1000$	用经纬仪或拉线和钢尺检查
		$H > 10\text{m}$	$H/1000$，且不应大于 25.0	
		单节柱	$H/1000$，且不应大于 10.0	
	多节柱	柱全高	35.0	

检查数量：接钢柱数抽查 10％，且不应少于 3 件。

检验方法：见 GB 50205—2001 规范附录 E 中表 E.0.1。

10.3.11　现场焊缝组对间隙的允许偏差应符合表 C7-02-08-205-3B 的规定。

检查数量：按同类节点数抽查 10％，且不应少于 3 个。　　　检验方法：尺量检查。

10.3.12　钢结构表面应干净，结构主要表面不应有疤痕、泥沙等污垢。

检查数量：按同类构件数抽查 10％，且不应少于 3 件。　　　检验方法：观察检查。

单层钢结构安装与校正墙架、檩条等次要构件检验批质量验收记录表

表 C7-02-08-205-3C

单位(子单位)工程名称				
分部(子分部)工程名称			验 收 部 位	
施工单位			项 目 经 理	
分包单位			分包项目经理	
施工执行标准名称及编号				

检控项目	序号	质量验收规范规定		施工单位检查评定记录		监理(建设)单位验收记录
主控项目	1	钢构件的矫正与修补	第10.3.1条			
	2	设计要求顶紧节点	第10.3.2条			
一般项目	1	定位轴线和间距偏差	第10.3.6条			
	2	现场焊接组对间隙(第10.3.11条)	允许偏差(mm)	量 测 值 (mm)		
	1)	无垫板间隙	+3.0　−0.0			
	2)	有垫板间隙	+3.0　−2.0			
	3	墙架、檩条等次要构件(第10.3.9条)	允许偏差(mm)	量 测 值 (mm)		
	1)	墙架立柱　中心线对定位轴线的偏移	10.0			
		垂直度	$H/1000$,且不应大于10.0			
		弯曲矢高	$H/1000$,且不应大于15.0			
	2)	抗风桁架的垂直度	$h/250$,且不应大于15.0			
	3)	檩条、墙梁的间距	±5.0			
	4)	檩条的弯曲矢高	$L/750$,且不应大于12.0			
	5)	墙梁的弯曲矢高	$L/750$,且不应大于10.0			
	4	钢结构表面	第10.3.12条			

施工单位检查评定结果	专业工长(施工员)		施工班组长	
	项目专业质量检查员:		年 月 日	

监理(建设)单位验收结论	专业监理工程师: (建设单位项目专业技术负责人):	年 月 日

【检查验收时执行的规范条目】

1. 主控项目

10.3.1 钢构件应符合设计要求和 GB 50205—2001 规范的规定。运输、堆放和吊装等造成的钢构件变形及涂层脱落，应进行矫正和修补。

检查数量：按构件数抽查 10%，且不应少于 3 个。

检验方法：用拉线、钢尺现场实测或观察。

10.3.2 设计要求顶紧的节点，接触面不应少于 70% 紧贴，且边缘最大间隙不应大于 0.8mm。

检查数量：按节点数抽查 10%，且不应少于 3 个。

检验方法：用钢尺及 0.3mm 和 0.8mm 厚的塞尺现场实测。

2. 一般项目

10.3.6 当钢桁架（或梁）安装在混凝土柱上时，其支座中心对定位轴线的偏差不应大于 10mm；当采用大型混凝土屋面板时，钢桁架（或梁）间距的偏差不应大于 10mm。

检查数量：按同类构件数抽查 10%，且不应少于 3 榀。

检验方法：用拉线和钢尺现场实测。

10.3.9 檩条、墙架等次要构件安装的允许偏差应符合 GB 50205—2001 规范表 10.3.9 的规定。

检查数量：按同类构件数抽查 10%，且不应少于 3 件。

检验方法：见表 E.0.3。

墙架、檩条等次要构件安装允许偏差的检验方法   表 E.0.3

项 目		允许偏差	检验方法
墙架立柱	中心线对定位轴线的偏移	10.0	用钢尺检查
	垂直度	$H/1000$，且不应大于 10.0	用经纬仪或吊线和钢尺检查
	弯曲矢高	$H/1000$，且不应大于 15.0	用经纬仪或吊线和钢尺检查
抗风桁架的垂直度		$h/250$，且不应大于 15.0	用吊线和钢尺检查
檩条、墙梁的间距		±5.0	用钢尺检查
檩条的弯曲矢高		$L/750$，且不应大于 12.0	用拉线和钢尺检查
墙梁的弯曲矢高		$L/750$，且不应大于 10.0	用拉线和钢尺检查

注：1. H 为墙架立柱的高度； 2. h 为抗风桁架的高度； 3. L 为檩条或墙梁的长度。

10.3.11 现场焊缝组对间隙的允许偏差应符合 GB 50205—2001 规范表 10.3.11 的规定。

检查数量：按同类节点数抽查 10%，且不应少于 3 个。

检验方法：尺量检查。

10.3.12 钢结构表面应干净，结构主要表面不应有疤痕、泥沙等污垢。

检查数量：按同类构件数抽查 10%，且不应少于 3 件。

检验方法：观察检查。

单层钢结构安装与校正钢平台、钢梯和防护栏杆检验批质量验收记录表

表 C7-02-08-205-3D

单位(子单位)工程名称					
分部(子分部)工程名称				验收部位	
施工单位				项目经理	
分包单位				分包项目经理	
施工执行标准名称及编号					

检控项目	序号	质量验收规范规定		施工单位检查评定记录	监理(建设)单位验收记录
主控项目	1	钢构件的矫正与修补	第10.3.1条		
	2	设计要求顶紧节点	第10.3.2条		
一般项目	1	现场焊接组对间隙(第10.3.11条)	允许偏差(mm)	量测值(mm)	
	1)	无垫板间隙	+3.0 −0.0		
	2)	有垫板间隙	+3.0 −2.0		
	2	钢结构表面	第10.3.12条		
	3	钢平台、钢梯和防护栏杆(第10.3.10条)	允许偏差(mm)	量测值(mm)	
	1)	平台高度	±15.0		
	2)	平台梁水平度	$l/1000$,且不应大于20.0		
	3)	平台支柱垂直度	$H/1000$,且不应大于15.0		
	4)	承重平台梁侧向弯曲	$l/1000$,且不应大于10.0		
	5)	承重平台梁垂直度	$h/1000$,且不应大于15.0		
	6)	直梯垂直度	$l/1000$,且不应大于15.0		
	7)	栏杆高度	±15.0		
	8)	栏杆立柱间距	±15.0		

施工单位检查评定结果	专业工长(施工员)		施工班组长	
	项目专业质量检查员:		年　月　日	

监理(建设)单位验收结论	
	专业监理工程师: (建设单位项目专业技术负责人):　　　　　年　月　日

【检查验收时执行的规范条目】

1. 主控项目

10.3.1　钢构件应符合设计要求和 GB 50205—2001 规范的规定。运输、堆放和吊装等造成的钢构件变形及涂层脱落，应进行矫正和修补。

检查数量：按构件数抽查 10%，且不应少于 3 个。

检验方法：用拉线、钢尺现场实测或观察。

10.3.2　设计要求顶紧的节点，接触面不应少于 70% 紧贴，且边缘最大间隙不应大于 0.8mm。

检查数量：按节点数抽查 10%，且不应少于 3 个。

检验方法：用钢尺及 0.3mm 和 0.8mm 厚的塞尺现场实测。

2. 一般项目

10.3.10　钢平台、钢梯、栏杆安装应符合现行国家标准《固定式钢直梯》GB 4053.1、《固定式钢斜梯》GB 4053.4 的规定。钢平台、钢梯和防护栏杆安装的检查数量：按钢平台总数抽查 10%，栏杆、钢梯按总长度各抽查 10%，但钢平台不应少于 1 个，栏杆不应少于 5m，钢梯不应少于 1 跑。

检验方法：见 GB 50205—2001 规范附录 E 中表 E.0.4

钢平台、钢梯和防护栏杆安装允许偏差的检验方法　　　　表 E.0.4

项　　目	允许偏差	检验方法
平台高度	± 15.0	用水准仪检查
平台梁水平度	$l/1000$，且不应大于 20.0	用水准仪检查
平台支柱垂直度	$H/1000$，且不应大于 15.0	用经纬仪或吊线和钢尺检查
承重平台梁侧向弯曲	$l/1000$，且不应大于 10.0	用拉线和钢尺检查
承重平台梁垂直度	$h/1000$，且不应大于 15.0	用吊线和钢尺检查
直梯垂直度	$l/1000$，且不应大于 15.0	用吊线和钢尺检查
栏杆高度	± 15.0	用钢尺检查
栏杆立柱间距	± 15.0	用钢尺检查

10.3.11　现场焊缝组对间隙的允许偏差应符合表 C7-02-08-205-3D 的规定。

检查数量：按同类节点数抽查 10%，且不应少于 3 个。

检验方法：尺量检查。

10.3.12　钢结构表面应干净，结构主要表面不应有疤痕、泥沙等污垢。

检查数量：按同类构件数抽查 10%，且不应少于 3 件。

检验方法：观察检查。

钢构件组装检验批质量验收记录表　　　　表 C7-02-08-205-4

单位(子单位)工程名称						
分部(子分部)工程名称					验收部位	
施工单位					项目经理	
分包单位					分包项目经理	
施工执行标准名称及编号						

检控项目	序号	质量验收规范规定		施工单位检查评定记录	监理(建设)单位验收记录
主控项目	1	吊车梁和吊车桁架不应下挠	第8.3.1条		
一般项目	1	顶紧接触面应有75%以上面积紧贴	第8.3.3条		
	2	桁架结构杆件轴线交点错位允许偏差不得大于3.0mm	第8.3.4条		
	3	焊接连接制作组装项目(第8.3.2条)	允许偏差(mm)	量　测　值　(mm)	
	1)	对口错边 Δ	$t/10$,且不应大于3.0		
	2)	间隙 a	±1.0		
	3)	搭接长度 a	±5.0		
	4)	缝隙 Δ	1.5		
	5)	高度 h	±2.0		
	6)	垂直度 Δ	$b/100$,且不应大于3.0		
	7)	中心偏移 e	±2.0		
	8)	型钢错位　连接处	1.0		
		型钢错位　其他处	2.0		
	9)	箱形截面高度 h	±2.0		
	10)	宽度 b	±2.0		
	11)	垂直度 Δ	$b/200$,且不应大于3.0		

施工单位检查评定结果	专业工长(施工员)		施工班组长	
	项目专业质量检查员:　　　　　　　　　　年　　月　　日			

监理(建设)单位验收结论	专业监理工程师: (建设单位项目专业技术负责人):　　　　　　年　　月　　日

【检查验收时执行的规范条目】

1. 主控项目

8.3.1　吊车梁和吊车桁架不应下挠。

　　检查数量:全数检查。　　检查方法:构件直立,在两端支承后,用水准仪和钢尺检查。

2. 一般项目

8.3.2　焊接连接组装的允许偏差见表 C7-02-08-205-4 的规定（检查图例见表 C.0.2）。

　　　检查数量：按钢构件数抽查 10%，且不应少于 3 个。　　检验方法：用钢尺检验。

8.3.3　顶紧接触面应有 75% 以上的面积紧贴。

　　　检查数量：按接触面的数量抽查 10%，且不应少于 10 个。

　　　检验方法：用 0.3mm 塞尺检查，其塞入面积应小于 25%，边缘间隙不应大于 0.8mm。

8.3.4　桁架结构杆件轴线交点错位的允许偏差不得大于 3.0mm，允许偏差不得大于 4.0mm。

　　　检查数量：按构件数抽查 10%，且不应少于 3 个，每个抽查构件按节点数抽查 10%，且不应少于 3 个节点。

　　　检验方法：尺量检查。

焊接连接制作组装允许偏差检查图例　　　　　　　　　　表 C.0.2

项　　目		图　　例
对口错边 △		
间隙 a		
搭接长度 a		
缝隙 △		
高度 h		
垂直度 △		
中心偏移 e		
型钢错位	连接处	
	其他处	
箱形截面高度 h		
宽度 b		
垂直度 △		

【木结构子分部工程】 C7-02-09

方木和原木结构检验批质量验收记录 C7-02-09-206-1

方木和原木结构木桁架、木梁（含檩条）及木柱制作检验批质量验收记录表

表 C7-02-09-206-1A

单位(子单位)工程名称										
分部(子分部)工程名称						验 收 部 位				
施工单位						项 目 经 理				
分包单位						分包项目经理				
施工执行标准名称及编号										

检控项目	序号	质量验收规范规定		施工单位检查评定记录						监理(建设)单位验收记录
主控项目	1	检查方木、板材及原木构件的材料缺陷限值	第4.2.1条							
	2	检查木构件含水率（第4.2.2条）	允许偏差(mm)	量 测 值(mm)						
	1)	原木或方木结构	不大于25%							
	2)	板材结构及受拉构件连接板	不大于18%							
	3)	通风条件较差木构件	不大于20%							
一般项目	1	木桁架、梁、柱制作(第4.3.1条)		允许偏差						
		构件截面尺寸	方木构件高度宽度	−3						
			板材厚度宽度	−2						
			原木构件梢径	−5						
		结构长度	长度不大于15m	±10						
			长度大于15m	±15						
		桁架高度	跨度不大于15m	±10						
			跨度大于15m	±15						
		受压或压弯构件纵向弯曲	方向木构件	$L/500$						
			原木构件	$L/200$						
		弦杆节点间距		±5						
		齿连接刻槽深度		±2						
		支座节点受剪面	长度	−10						
			宽方式 方木	−3						
			原木	−4						
		螺栓中心间距	进孔处	±0.2d						
			出孔处 垂直木纹方向	±0.5d 且不大于 4B/100						
			顺木纹方向	±1d						
		钉进孔处的中心间距		±1d						
		桁架起拱		+20 −10						

施工单位检查评定结果	专业工长(施工员)		施工班组长	
	项目专业质量检查员：		年 月 日	
监理(建设)单位验收结论	专业监理工程师： (建设单位项目专业技术负责人)：		年 月 日	

【检查验收时执行的规范条目】

1. 主控项目

4.2.1 应根据木构件的受力情况，按表4.2.1规定的等级检查方木、板材及原木构件的木材缺陷限值。

承重木结构方木材质标准   表4.2.1-1

项次	缺陷名称	木 材 等 级		
		Ⅰa	Ⅱa	Ⅲa
		受拉构件或拉弯构件	受拉构件或压弯构件	受拉构件
1	腐朽	不允许	不允许	不允许
2	木节： 在构件任一面任何150mm长度上所有木节尺寸的总和，不得大于所在面宽的	1/3 （连接部位为1/4）	2/5	1/2
3	斜纹：斜率不大于（%）	5	8	12
4	裂缝： 1）在连接的受剪面上； 2）在连接部位的受剪面附近，其裂缝深度（有对面裂缝时用两者之和）不得大于材宽的	不允许 1/4	不允许 1/3	不允许 不 限
5	髓心	应避开受剪面	不限	不限

注：1. Ⅰa等材不允许有死节，Ⅱa、Ⅲa等材允许有死节（不包括发展中的腐朽节），对于Ⅱa等材直径不应大于20mm，且每延长米中不得多于1个，对于Ⅲa等材直径不应大于50mm，每延长米中不得多于2个。
2. Ⅰa等材不允许有虫眼，Ⅱa、Ⅲa等材允许有表层虫眼。
3. 木节尺寸按垂直于构件长度方向测量。木节表现为条状时，在条状的一面不量（图4.2.1）；直径小于10mm的木节不计。

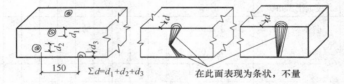

$$\Sigma d = d_1 + d_2 + d_3$$

在此面表现为条状，不量

图4.2.1   木节量法

检查数量：每检验批分别按不同受力的构件全数检查。
检查方法：用钢尺或量角器量测。
注：检查裂缝时，木构件的含水率必须达到第4.2.2条的要求。

承重木结构板材材质标准   表4.2.1-2

项次	缺陷名称	木 材 等 级		
		Ⅰa	Ⅱa	Ⅲa
		受拉构件或拉弯构件	受拉构件或压弯构件	受拉构件
1	腐朽	不允许	不允许	不允许
2	木节： 在构件任一面任何150mm长度上所有木节尺寸的总和，不得大于所在面宽的	1/4 （连接部位为1/5）	1/3	2/5
3	斜纹：斜率不大于（%）	5	8	12
4	裂缝： 连接部位的受剪面及其附近	不允许	不允许	不允许
5	髓心	不允许	不限	不限

注：同表4.2.1-1

承重木结构原木材质标准　　　　　　　　　　表 4.2.1-3

项次	缺陷名称	木 材 等 级		
		Ⅰₐ	Ⅱₐ	Ⅲₐ
		受拉构件或拉弯构件	受拉构件或压弯构件	受拉构件
1	腐朽	不允许	不允许	不允许
2	木节: 在构件任何 150mm 长度上沿圆周所有木节尺寸的总和,不得大于所测部位原来周长的; 2)每个木节的最大尺寸,不得大于所测部位原木周长的	1/4 (连接部位为 1/4)	1/3 1/6	不限 1/6
3	斜纹:斜率不大于(%)	8	12	15
4	裂缝: 1)在连接的受剪面上; 2)在连接部位的受剪面附近,其裂缝深度(有对面裂缝时用两者之和)不得大于原木直径的	不允许 1/4	不允许 1/3	不允许 不限
5	髓心	应避开受剪面	不限	不限

注: 1. Ⅰₐ、Ⅱₐ 等材不允许有死节,Ⅲₐ 等材允许有死节 (不包括发展中的腐朽节),直径不应大于原木直径的 1/5,且每 2m 长度内不得多于 1 个。

　　2. 同表 4.2.1-1 注 2。

　　3. 木节尺寸按垂直于构件长度方向测量。直径小于 10mm 的木节不量。

4.2.2 应按下列规定检查木构件的含水率:

　　1 原木或方木结构应不大于 25%;

　　2 板材结构及受拉构件的连接板应不大于 18%;

　　3 通风条件较差的木构件应不大于 20%。

　　注:本条中规定的含水率为木构件全截面的平均值。

　　检查数量:每检验批检查全部构件。

　　检查方法:按国家标准《木材物理力学试验方法》GB 1927～1943—1991 的规定测定木构件全截面的平均含水率。

　　2. 一般项目

4.3.1 木桁架、木梁(含檩条)及木柱制作的允许偏差应符合表 4.3.1 的规定。

　　检查数量:检验批全数。

【检查方法】

方木和圆木结构检验批验收的检查方法　　　　　　表 4.3.1

项次	检 查 项 目 与 要 求	检 查 方 法
1	构件截面尺寸:符合规范要求	钢尺量
2	结构长度:符合设计和规范要求	钢尺量桁架支座节点中心间距,梁、柱全长(高)
3	桁架高度:符合设计和规范要求	钢尺量检查脊节点中心与下弦中心距离
4	受压或压弯构件纵向弯曲:符合规范要求	拉线钢尺量
5	弦杆节点间距:符合规范要求	钢尺量
6	齿连接刻槽深度:符合规范要求	钢尺量
7	支座节点受剪面:符合规范要求	钢尺量
8	螺栓中心间距:符合规范要求	钢尺量
9	钉进孔处的中心间距:符合规范要求	钢尺量
10	桁架起拱:符合规范要求	以两支座节点不弦中心线为准,拉一水平线,用钢尺量跨中下弦中心线与拉线之间距离

　　注: d 螺栓或钉的直径; L 为构件长度; B 为板束总厚度。

木桁架、木梁（含檩条）及木柱安装检验批质量验收记录表

表 C7-02-09-206-1B

单位(子单位)工程名称				
分部(子分部)工程名称			验 收 部 位	
施工单位			项 目 经 理	
分包单位			分包项目经理	
施工执行标准名称及编号				

检控项目	序号	质量验收规范规定		施工单位检查评定记录	监理(建设)单位验收记录
主控项目	1	检查方木、板材及原木构件的材料缺陷限值	第4.2.1条		
	2	检查木构件含水率（第4.2.2条）	允许偏差	量 测 值	
	1)	原木或方木结构	不大于 25%		
	2)	板材结构及受拉构件连接板	不大于 18%		
	3)	通风条件较差木构件	不大于 20%		
一般项目	1	木桁架、梁、柱安装（第4.3.2条）	允许偏差(mm)	量 测 值(mm)	
	1)	结构中心线的间距	±20		
	2)	垂直度	$H/200$ 且不大于 15		
	3)	受压或压弯构件纵向弯曲	$L/300$		
	4)	支座轴线对支承面中心位移	10		
	5)	支座标高	±5		
	2	木屋盖上弦平面横向支梯设备(按设计文件)	第4.3.4条		

施工单位检查评定结果	专业工长(施工员)		施工班组长	
	项目专业质量检查员：　　　　　　　　　　　　年　　月　　日			

监理(建设)单位验收结论	专业监理工程师： (建设单位项目专业技术负责人)：　　　　　　　年　　月　　日

【检查验收时执行的规范条目】

1. 主控项目

4.2.1 木构件的材质等级标准及缺陷限值相见表 4.2.1 [见木桁架、木梁（含檩条）及木柱制作检验批质量验收记录表 4.2.1-1、表 4.2.1-2、表 4.2.1-3]。

4.2.2 应按下列规定检查木构件的含水率：

1 原木或方木结构应不大于 25%；

2 板材结构及受拉构件的连接板应不大于 18%；

3 通风条件较差的木构件应不大于 20%。

注：本条中规定的含水率为木构件全截面的平均值。

检查数量：每检验批检查全部构件。

检查方法：按国家标准《木材物理力学试验方法》GB 1927～1943－1991 的规定测定木构件全截面的平均含水率。

2. 一般项目

4.3.2 木桁架、梁、柱安装的允许偏差应符合表 C7-02-09-206-1B 的规定。

【检查方法】

木桁架、木梁（含檩条）及木柱安装检验批验收的检查方法   表 4.3.2

项次	检 查 项 目 与 要 求	检 查 方 法
1	结构中心线的间距：符合设计和规范要求	钢尺量
2	垂直度：符合规范要求	吊线钢尺量
3	受压或压弯构件纵向弯曲：符合规范要求	吊(拉)线钢尺量
4	支座轴线对支承面中心位移：符合规范要求	钢尺量
5	支座标高：符合设计和规范要求	用水准仪

注：H 为桁架、柱的高度；L 为构件长度。

4.3.4 木屋盖上弦平面横向支撑设置的完整性应按设计文件检查。

检查数量：整个横向支撑。   检查方法：按施工图检查。

屋面木骨架安装检验批质量验收记录表   表 C7-02-09-206-1C

单位(子单位)工程名称						
分部(子分部)工程名称				验 收 部 位		
施工单位				项 目 经 理		
分包单位				分包项目经理		
施工执行标准名称及编号						

检控项目	序号	质量验收规范规定		施工单位检查评定记录	监理(建设)单位验收记录
主控项目	1	检查方木、板材及原木构件的材料缺陷限值	第4.2.1条		
	2	检查木构件含水率(第4.2.2条)	允许偏差	量　测　值	
		1)原木或方木结构	不大于25%		
		2)板材结构及受拉构件连接板	不大于18%		
		3)通风条件较差木构件	不大于20%		
一般项目	1	屋面木骨架安装(第4.3.3条)	允许偏差(mm)	量　测　值(mm)	
		檩条椽条　方木截面	—2		
		原木梢径	—5		
		间　距	—10		
		方木上表面平直	4		
		原木上表面平直	7		
		油毡搭接宽度	—10		
		挂瓦条间距	±5		
		封山、封檐板平直　下边缘	5		
		表面	8		

施工单位检查评定结果	专业工长(施工员)		施工班组长	
	项目专业质量检查员：　　　　　　　　　　　年　月　日			

监理(建设)单位验收结论	专业监理工程师： (建设单位项目专业技术负责人)：　　　　　　　年　月　日

【检查验收时执行的规范条目】

1. 主控项目

4.2.1 木构件的材质等级标准及缺陷限值见表 4.2.1［木桁架、木梁（含檩条）及木柱制作检验批质量验收记录表 4.2.1-1、表 4.2.1-2、表 4.2.1-3］。

4.2.2 应按下列规定检查木构件的含水率：

1 原木或方木结构应不大于 25％；

2 板材结构及受拉构件的连接板应不大于 18％；

3 通风条件较差的木构件应不大于 20％。

本条中规定的含水率为木构件全截面的平均值。

检查数量：每检验批检查全部构件。

检查方法：按国家标准《木材物理力学试验方法》GB 1927～1943—1991 的规定测定木构件全截面的平均含水率。

2. 一般项目

4.3.3 屋面木骨架的安装允许偏差应符合表 C7-02-09-206-1C 的规定。

检查方法：见表 4.3.3。

【检查方法与应提资料核查】

屋面木骨架安装检验批验收的检查方法　　　　　　　　表 4.3.3

项次	检 查 项 目 与 要 求		检 查 方 法
1	檩条、椽条	方木截面:符合规范要求	钢尺量
		原木梢径	钢尺量,椭圆时取大小径的平均值
		间距	钢尺量
		方木上表面平直	沿坡拉线钢尺量
		原木上表面平直	沿坡拉线钢尺量
2	油毡搭接宽度:符合规范要求		钢尺量
3	挂瓦条间距:符合规范要求		钢尺量
4	封山、封檐板平直	下边缘:符合规范要求	拉 10m 线,不足 10m 拉通线,钢尺量
		表面	拉 10m 线,不足 10m 拉通线,钢尺量

4.3.4 木屋盖上弦平面横向支撑设置的完整性应按设计文件进行检查。

检查数量：整个横向支撑。

检查方法：按施工图检查。

木结构防护检验批质量验收记录表　　表 C7-02-09-206-2

单位(子单位)工程名称				
分部(子分部)工程名称			验 收 部 位	
施工单位			项 目 经 理	
分包单位			分包项目经理	
施工执行标准名称及编号				

检控项目	序号	质量验收规范规定		施工单位检查评定记录	监理(建设)单位验收记录
主 控 项 目	1	**木结构防腐的构造措施应符合设计要求。**　　检查数量:以一幢木结构房屋或一个木屋盖为检验批全面检查。　　检查方法:根据规定和施工图逐项检查。	第7.2.1条		
	2	**木构件防护剂的保持量和透入度应符合下列规定。**　　1)根据设计文件要求,需要防腐加压,处理的木构件,包括锯材、层板胶合木、结构复合木材及结构胶合板制作的构件。　　2)根据《木结构设计规范》GB 505—2002 的规定,需要防腐剂加压处理木麻黄、马尾松、桦木、湿地松、辐射松、杨木等易腐或易虫蛀的木材制作的构件。　　3)设计文件中规定与地面接触或埋入混凝土、砌体中及处于通风不良而经常潮湿的木构件。　　检查数量:以一幢木结构房屋或一个木屋盖为检验批。属于本条第1款和第2款列出的木构件,每检验批油类防护剂处理的20个木心,其他防护剂处理的48个木心构件:属于本条第3款列出的木构件,检验批全数检查。　　检查方法:采用化学试剂显色反应或X光衍射检测。	第7.2.2条		
	3	**木结构防火的构造措施,应符合设计文件的要求。**　　检查数量:以一幢木结构房屋或一个木屋盖为检验批全面检查。　　检查方法:根据规定和施工图逐项检查。	第7.2.3条		

施工单位检查评定结果	专业工长(施工员)		施工班组长		
		项目专业质量检查员:		年　月　日	

监理(建设)单位验收结论	专业监理工程师: (建设单位项目专业技术负责人:)	年　月　日

注:【检查验收时执行的规范条目】按表 C7-02-09-206-2 执行。

【基础防水子分部工程】 C7-02-10

防水混凝土检验批质量验收记录表

表 C7-02-10-208-1

单位(子单位)工程名称					
分部(子分部)工程名称				验 收 部 位	
施工单位				项 目 经 理	
分包单位				分包项目经理	
施工执行标准名称及编号					

检控项目	序号	质量验收规范规定		施工单位检查评定记录	监理(建设)单位验收记录
主控项目	1	防水混凝土原材料、配合比、坍落度	第4.1.14条		
	1)	防水混凝土原材料	第4.1.14条		
	2)	防水混凝土配合比	第4.1.14条		
	3)	防水混凝土坍落度	第4.1.14条		
	2	抗压强度和抗渗性能规定	第4.1.15条		
	3	变形缝、施工缝、后浇带、穿墙管道、埋设件设置和构造要求	第4.1.16条		
一般项目	1	防水混凝土结构表面质量及埋设件位置	第4.1.17条		
	2	防水混凝土结构表面裂缝宽度(≤0.2mm且不得贯通)	第4.1.18条		
	3	防水混凝土结构厚度(第4.1.19条)	允许偏差(mm)	量 测 值(mm)	
	1)	结构厚度不应小于250mm	+8mm −5mm		
	2)	迎水面钢筋保护层不应小于50mm	±5mm		

施工单位检查评定结果	专业工长(施工员)		施工班组长	
	项目专业质量检查员:		年 月 日	

监理(建设)单位验收结论	专业监理工程师: (建设单位项目专业技术负责人): 年 月 日

说明:防水混凝土分项工程检验批的抽样检验数量,应按混凝土外露面积每100m²抽查1处,每处10m²,且不得少于3处。

【检查验收时执行的规范条目】

1. 主控项目

4.1.14 防水混凝土的原材料、配合比及坍落度必须符合设计要求。

检验方法：检查产品合格证、产品性能检测报告、计量措施和材料进场检验报告。

4.1.15 防水混凝土的抗压强度和抗渗性能必须符合设计要求。

检验方法：检查混凝土抗压强度、抗渗性能检验报告。

4.1.16 防水混凝土结构的施工缝、变形缝、后浇带、穿墙管、埋设件等设置和构造必须符合设计要求。

检验方法：观察检查和检查隐蔽工程验收记录。

2. 一般项目

4.1.17 防水混凝土结构表面应坚实、平整，不得有露筋、蜂窝等缺陷；埋设件位置应准确。

检验方法：观察检查。

4.1.18 防水混凝土结构表面的裂缝宽度不应大于 0.2mm，且不得贯通。

检验方法：用刻度放大镜检查。

4.1.19 防水混凝土结构厚度不应小于 250mm，其允许偏差应为 +8mm、-5mm；主体结构迎水面钢筋保护层厚度不应小于 50mm，其允许偏差应为 ±5mm。

检验方法：尺量检查和检查隐蔽工程验收记录。

【规范规定的施工过程控制要点】

4.1.1 防水混凝土适用于抗渗等级不小于 P6 的地下混凝土结构。不适用于环境温度高于 80℃的地下工程。处于侵蚀性介质中，防水混凝土的耐侵蚀性要求应符合现行国家标准《工业建筑防腐蚀设计规范》GB 50046 和《混凝土结构耐久性设计规范》GB 50476 的有关规定。

4.1.2 水泥的选择应符合下列规定：

1 宜采用普通硅酸盐水泥或硅酸盐水泥，采用其他品种水泥时应经试验确定；

2 在受侵蚀性介质作用时，应按介质的性质选用相应的水泥品种；

3 不得使用过期或受潮结块的水泥，并不得将不同品种或强度等级的水泥混合使用。

4.1.3 砂、石的选择应符合下列规定：

1 砂宜选用中粗砂，含泥量不应大于 3.0%，泥块含量不宜大于 1.0%；

2 不宜使用海砂；在没有使用河砂的条件时，应对海砂进行处理后才能使用，且控制氯离子含量不得大于 0.06%；

3 碎石或卵石的粒径宜为 5～40mm，含泥量不应大于 1.0%，泥块含量不应大于 0.5%；

4 对长期处于潮湿环境的重要结构混凝土用砂、石，应进行碱活性检验。

4.1.4 矿物掺合料的选择应符合下列规定：

1 粉煤灰的级别不应低于 Ⅱ 级，烧失量不应大于 5%；

2 硅粉的比表面积不应小于 15000m²/kg，SiO_2 含量不应小于 85%；

3 粒化高炉矿渣粉的品质要求应符合现行国家标准《用于水泥和混凝土中的粒化高炉矿渣粉》GB/T 18046 的有关规定。

4.1.5 混凝土拌合用水，应符合现行行业标准《混凝土用水标准》JGJ 63 的有关规定。

4.1.6 外加剂的选择应符合下列规定：

1 外加剂的品种和用量应经试验确定，所用外加剂应符合现行国家标准《混凝土外加剂应用技术规范》GB 50119 的质量规定；

2 掺加引气剂或引气型减水剂的混凝土，其含气量宜控制在 3%～5%；

3 考虑外加剂对硬化混凝土收缩性能的影响；

4 严禁使用对人体产生危害、对环境产生污染的外加剂。

4.1.7 防水混凝土的配合比应经试验确定，并应符合下列规定：

1 试配要求的抗渗水压值应比设计值提高 0.2MPa；

2 混凝土胶凝材料总量不宜小于 320kg/m³，其中水泥用量不宜小于 260kg/m³，粉煤灰掺量宜为胶凝材料总量的 20%～30%，硅粉的掺宜为胶凝材料总量的 2%～5%；

3 水胶比不得大于 0.50，有侵蚀性介质时水胶比不宜大于 0.45；

4 砂率宜为 35%～40%，泵送时可增至 45%；

5 灰砂比宜为 1∶1.5～1∶2.5；

6 混凝土拌合物的氯离子含量不应超过胶凝材料总量的 0.1%；混凝土中各类材料的总碱量即 Na_2O 当量不得大于 3kg/m³。

4.1.8 防水混凝土采用预拌混凝土时，入泵坍落度宜控制在 120～160mm，坍落度每小时损失不应大于 20mm，坍落度总损失值不应大于 40mm。

4.1.9 混凝土拌制和浇筑过程控制应符合下列规定：

1 拌制混凝土所用材料的品种、规格和用量，每工作班检查不应少于两次。每盘混凝土组成材料计量结果的允许偏差应符合表 4.1.9-1 的规定。

混凝土组成材料计量结果的允许偏差（%）　　　　表 4.1.9-1

混凝土组成材料	每盘计量	累计计量
水泥、掺合料	±2	±1
粗、细骨料	±3	±2
水、外加剂	±2	±1

注：累计计量仅适用于微机控制计量的搅拌站。

2 混凝土在浇筑地点的坍落度，每工作班至少检查两次，坍落度试验应符合现行国家标准《普通混凝土拌合物性能试验方法标准》GB/T 50080 的有关规定。混凝土坍落度允许偏差应符合表 4.1.9-2 的规定。

混凝土坍落度允许偏差（mm）　　　　表 4.1.9-2

规定坍落度	允许偏差
≤40	±10
50～90	±15
＞90	±20

3 泵送混凝土在交货地点的入泵坍落度，每工作班至少检查两次。混凝土入泵时的坍落度允许偏差应符合表 4.1.9-3 的规定。

混凝土入泵时的坍落度允许偏差（mm）

表 4.1.9-3

所需坍落度	允许偏差
≤100	±20
>100	±30

4 当防水混凝土拌合物在运输后出现离析，必须进行二次搅拌。当坍落度损失后不能满足施工要求时，应加入原水胶比的水泥浆或掺加同品种的减水剂进行搅拌，严禁直接加水。

4.1.10 防水混凝土抗压强度试件，应在混凝土浇筑地点随机取样后制作，并应符合下列规定：

1 同一工程、同一配合比的混凝土，取样频率与试件留置组数应符合现行国家标准《混凝土结构工程施工质量验收规范》GB 50204 的有关规定；

2 抗压强度试验应符合现行国家标准《普通混凝土力学性能试验方法标准》GB/T 50081 的有关规定；

3 结构构件的混凝土强度评定应符合现行国家标准《混凝土强度检验评定标准》GB/T 50107 的有关规定。

4.1.11 防水混凝土抗渗性能应采用标准条件下养护混凝土抗渗试件的试验结果评定，试件应在混凝土浇筑地点随机取样后制作，并应符合下列规定：

1 连续浇筑混凝土每 500m³ 应留置一组 6 个抗渗试件，且每项工程不得少于两组；采用预拌混凝土的抗渗试件，留置组数应视结构的规模和要求而定；

2 抗渗性能试验应符合现行国家标准《普通混凝土长期性能和耐久性能试验方法标准》GB/T 50082 的有关规定。

4.1.12 大体积防水混凝土的施工应采取材料选择、温度控制、保温保湿等技术措施。在设计许可的情况下，掺粉煤灰混凝土设计强度等级的龄期宜为 60d 或 90d。

4.1.13 防水混凝土分项工程检验批的抽样检验数量，应按混凝土外露面积每 100m² 抽查 1 处，每处 10m²，且不得少于 3 处。

水泥砂浆防水层检验批质量验收记录表 表 C7-02-10-208-2

单位(子单位)工程名称					
分部(子分部)工程名称				验 收 部 位	
施工单位				项 目 经 理	
分包单位				分包项目经理	
施工执行标准名称及编号					

检控项目	序号	质量验收规范规定		施工单位检查评定记录	监理(建设)单位验收记录
主控项目	1	防水砂浆原材料、配合比	第4.2.7条		
	1)	防水砂浆原材料	第4.2.7条		
	2)	防水砂浆配合比	第4.2.7条		
	2	防水砂浆粘贴强度、抗渗性能	第4.2.8条		
	1)	防水砂浆粘贴强度	第4.2.8条		
	2)	防水砂浆抗渗性能	第4.2.8条		
	3	水泥砂浆防水层与基层结合	第4.2.9条		
一般项目	1	水泥砂浆防水层表面质量	第4.2.10条		
	2	防水层施工缝留槎与接槎	第4.2.11条		
		项 目	允许偏差(mm)	量测值(mm)	
	3	水泥砂浆防水层平均厚度	第4.2.12条		
	1)	平均厚度	符合设计要求		
	2)	最小厚度	不小于设计值85%		
	4	防水层表面平整度	5mm		

施工单位检查评定结果	专业工长(施工员)		施工班组长	
	项目专业质量检查员:		年 月 日	

监理(建设)单位验收结论	专业监理工程师: (建设单位项目专业技术负责人): 年 月 日

说明：水泥砂浆防水层分项工程检验批的抽样检验数量，应按施工面积每 $100m^2$ 抽查1处，每处 $10m^2$，且不得少于3处。

【检查验收时执行的规范条目】

1. 主控项目

4.2.7　防水砂浆的原材料及配合比必须符合设计规定。

　　检验方法：检查产品合格证、产品性能检测报告、计量措施和材料进场检验报告。

4.2.8　防水砂浆的粘结强度和抗渗性能必须符合设计规定。

　　检验方法：检查砂浆粘结强度、抗渗性能检验报告。

4.2.9　水泥砂浆防水层与基层之间应结合牢固，无空鼓现象。

　　检验方法：观察和用小锤轻击检查。

2. 一般项目

4.2.10　水泥砂浆防水层表面应密实、平整，不得有裂纹、起砂、麻面等缺陷。

　　检验方法：观察检查。

4.2.11　水泥砂浆防水层施工缝留槎位置应正确，接槎应按层次顺序操作，层层搭接紧密。

　　检验方法：观察检查和检查隐蔽工程验收记录。

4.2.12　水泥砂浆防水层的平均厚度应符合设计要求，最小厚度不得小于设计厚度的85%。

　　检验方法：用针测法检查。

4.2.13　水泥砂浆防水层表面平整度的允许偏差应为5mm。

　　检验方法：用2m靠尺和楔形塞尺检查。

【规范规定的施工过程控制要点】

4.2.1　水泥砂浆防水层适用于地下工程主体结构的迎水面或背水面。不适用于受持续振动或环境温度高于80℃的地下工程。

4.2.2　水泥砂浆防水层应采用聚合物水泥防水砂浆、掺外加剂或掺合料的防水砂浆。

4.2.3　水泥砂浆防水层所用的材料应符合下列规定：

　　1　水泥应使用普通硅酸盐水泥、硅酸盐水泥或特种水泥，不得使用过期或受潮结块的水泥；

　　2　砂宜采用中砂，含泥量不应大于1.0%，硫化物及硫酸盐含量不应大于1.0%；

　　3　用于拌制水泥砂浆的水，应采用不含有害物质的洁净水；

　　4　聚合物乳液的外观为均匀液体，无杂质、无沉淀、不分层；

　　5　外加剂的技术性能应符合现行国家或行业有关标准的质量要求。

4.2.4　水泥砂浆防水层的基层质量应符合下列规定：

　　1　基层表面应平整、坚实、清洁，并应充分湿润、无明水；

　　2　基层表面的孔洞、缝隙，应采用与防水层相同的水泥砂浆堵塞并抹平；

　　3　施工前应将埋设件、穿墙管预留凹槽内嵌填密封材料后，再进行水泥砂浆防水层施工。

4.2.5　水泥砂浆防水层施工应符合下列规定：

　　1　水泥砂浆的配制，应按所掺材料的技术要求准确计量；

　　2　分层铺抹或喷涂，铺抹时应压实、抹平，最后一层表面应提浆压光；

　　3　防水层各层应紧密粘合，每层宜连续施工；必须留设施工缝时，应采用阶梯坡形槎，但与阴阳角处的距离不得小于 200mm；

　　4　水泥砂浆终凝后应及时进行养护，养护温度不宜低于 5℃，并应保持砂浆表面湿润，养护时间不得少于 14d；聚合物水泥防水砂浆未达到硬化状态时，不得浇水养护或直接受雨水冲刷，硬化后应采用干湿交替的养护方法。潮湿环境中，可在自然条件下养护。

4.2.6　水泥砂浆防水层分项工程检验批的抽样检验数量，应按施工面积每 100m² 抽查 1 处，每处 10m²，且不得少于 3 处。

卷材防水层检验批质量验收记录表　　　　　　　表 C7-02-10-208-3

单位(子单位)工程名称				
分部(子分部)工程名称			验 收 部 位	
施工单位			项 目 经 理	
分包单位			分包项目经理	
施工执行标准名称及编号				

检控项目	序号	质量验收规范规定		施工单位检查评定记录	监理(建设)单位验收记录
主控项目	1	卷材防水层所用卷材及主要配套材料	第4.3.15条		
	1)	卷材防水层用卷材	第4.3.15条		
	2)	卷材防水层用主要配套材料	第4.3.15条		
	2	卷材防水层及其转角处、变形缝、穿墙管道等做法	第4.3.16条		
一般项目	1	卷材防水层的搭接缝粘贴或焊接	第4.3.17条		
	2	侧墙保护层与防水层结合	第4.3.19条		
		项　目	允许偏差(mm)	量测值(mm)	
	3	外防外贴铺贴卷材立面接槎搭接	第4.3.18条		
	1)	高聚物改性沥青类卷材	150mm		
	2)	合成高分子类卷材	100mm		
	4	卷材搭接宽度(第4.3.20条)	—10mm		

施工单位检查评定结果	专业工长(施工员)		施工班组长	
	项目专业质量检查员：		年　月　日	

监理(建设)单位验收结论	
	专业监理工程师： (建设单位项目专业技术负责人)：　　　　　年　月　日

　　说明：卷材防水层分项工程检验批的抽样检验数量，应按铺贴面积每100m² 抽查1处，每处10m²，且不得少于3处。

【检查验收时执行的规范条目】

1. 主控项目

4.3.15　卷材防水层所用卷材及其配套材料必须符合设计要求。

检验方法：检查产品合格证、产品性能检测报告和材料进场检验报告。

4.3.16　卷材防水层在转角处、变形缝、施工缝、穿墙管等部位做法必须符合设计要求。

检验方法：观察检查和检查隐蔽工程验收记录。

2. 一般项目

4.3.17　卷材防水层的搭接缝应粘贴或焊接牢固，密封严密，不得有扭曲、折皱、翘边和起泡等缺陷。

检验方法：观察检查。

4.3.18　采用外防外贴法铺贴卷材防水层时，立面卷材接槎的搭接宽度，高聚物改性沥青类卷材应为150mm，合成高分子类卷材应为100mm，且上层卷材应盖过下层卷材。

检验方法：观察和尺量检查。

4.3.19　侧墙卷材防水层的保护层与防水层应结合紧密，保护层厚度应符合设计要求。

检验方法：观察和尺量检查。

4.3.20　卷材搭接宽度的允许偏差应为-10mm。

检验方法：观察和尺量检查。

【规范规定的施工过程控制要点】

4.3.1　卷材防水层适用于受侵蚀性介质作用或受振动作用的地下工程；卷材防水层应铺设在主体结构的迎水面。

4.3.2　卷材防水层应采用高聚物改性沥青类防水卷材和合成高分子类防水卷材。所选用的基层处理剂、胶粘剂、密封材料等均应与铺贴的卷材相匹配。

4.3.3　在进场材料检验的同时，防水卷材接缝粘结质量检验应按本规范执行。

4.3.4　铺贴防水卷材前，基面应干净、干燥，并应涂刷基层处理剂；当基面潮湿时，应涂刷湿固化型胶粘剂或潮湿界面隔离剂。

4.3.5　基层阴阳角应做成圆弧或45°坡角，其尺寸应根据卷材品种确定；在转角处、变形缝、施工缝、穿墙管等部位应铺贴卷材加强层，加强层宽度不应小于500mm。

4.3.6　防水卷材的搭接宽度应符合表4.3.6的要求。铺贴双层卷材时，上下两层和相邻两幅卷材的接缝应错开1/3～1/2幅宽，且两层卷材不得相互垂直铺贴。

防水卷材的搭接宽度　　　　　　　　　　　　　表4.3.6

卷材品种	搭接宽度（mm）
弹性体改性沥青防水卷材	100
改性沥青聚乙烯胎防水卷材	100
自粘聚合物改性沥青防水卷材	80
三元乙丙橡胶防水卷材	100/60（胶粘剂/胶粘带）
聚氯乙烯防水卷材	60/80（单焊缝/双焊缝）
	100（胶粘剂）
聚乙烯丙纶复合防水卷材	100（粘结料）
高分子白粘胶膜防水卷材	70/80（自粘胶/胶粘带）

4.3.7   冷粘法铺贴卷材应符合下列规定：

1   胶粘剂应涂刷均匀，不得露底、堆积；

2   根据胶粘剂的性能，应控制胶粘剂涂刷与卷材铺贴的间隔时间；

3   铺贴时不得用力拉伸卷材，排除卷材下面的空气，辊压粘贴牢固；

4   铺贴卷材应平整、顺直，搭接尺寸准确，不得扭曲、皱折；

5   卷材接缝部位应采用专用胶粘剂或胶粘带满粘，接缝口应用密封材料封严，其宽度不应小于 10mm。

4.3.8   热熔法铺贴卷材应符合下列规定：

1   火焰加热器加热卷材应均匀，不得加热不足或烧穿卷材；

2   卷材表面热熔后应立即滚铺，排除卷材下面的空气，并粘贴牢固；

3   铺贴卷材应平整、顺直，搭接尺寸准确，不得扭曲、皱折；

4   卷材接缝部位应溢出热熔的改性沥青胶料，并粘贴牢固，封闭严密。

4.3.9   自粘法铺贴卷材应符合下列规定：

1   铺贴卷材时，应将有黏性的一面朝向主体结构；

2   外墙、顶板铺贴时，排除卷材下面的空气，辊压粘贴牢固；

3   铺贴卷材应平整、顺直，搭接尺寸准确，不得扭曲、皱折和起泡；

4   立面卷材铺贴完成后，应将卷材端头固定，并应用密封材料封严；

5   低温施工时，宜对卷材和基面采用热风适当加热，然后铺贴卷材。

4.3.10   卷材接缝采用焊接法施工应符合下列规定：

1   焊接前卷材应铺放平整，搭接尺寸准确，焊接缝的结合面应清扫干净；

2   焊接时应先焊长边搭接缝，后焊短边搭接缝；

3   控制热风加热温度和时间，焊接处不得漏焊、跳焊或焊接不牢；

4   焊接时不得损害非焊接部位的卷材。

4.3.11   铺贴聚乙烯丙纶复合防水卷材应符合下列规定：

1   应采用配套的聚合物水泥防水粘结材料；

2   卷材与基层粘贴应采用满粘法，粘结面积不应小于 90%，刮涂粘结料应均匀，不得露底、堆积、流淌；

3   固化后的粘结料厚度不应小于 1.3mm；

4   卷材接缝部位应挤出粘结料，接缝表面处应涂刮 1.3mm 厚 50mm 宽聚合物水泥粘结料封边；

5   聚合物水泥粘结料固化前，不得在其上行走或进行后续作业。

4.3.12   高分子自粘胶膜防水卷材宜采用预铺反粘法施工，并应符合下列规定：

1   卷材宜单层铺设；

2   在潮湿基面铺设时，基面应平整坚固、无明水；

3   卷材长边应采用自粘边搭接，短边应采用胶粘带搭接，卷材端部搭接区应相互错开；

4   立面施工时，在自粘边位置距离卷材边缘 10～20mm 内，每隔 400～600mm 应进行机械固定，并应保证固定位置被卷材完全覆盖；

5   浇筑结构混凝土时不得损伤防水层。

4.3.13 卷材防水层完工并经验收合格后应及时做保护层。保护层应符合下列规定：

　　1 顶板的细石混凝土保护层与防水层之间宜设置隔离层。细石混凝土保护层厚度：机械回填时不宜小于 70mm，人工回填时不宜小于 50mm；

　　2 底板的细石混凝土保护层厚度不应小于 50mm；

　　3 侧墙宜采用软质保护材料或铺抹 20mm 厚 1∶2.5 水泥砂浆。

4.3.14 卷材防水层分项工程检验批的抽样检验数量，应按铺贴面积每 $100m^2$ 抽查 1 处，每处 $10m^2$，且不得少于 3 处。

涂料防水层检验批质量验收记录表　　　表 C7-02-10-208-4

单位(子单位)工程名称					
分部(子分部)工程名称			验 收 部 位		
施工单位			项 目 经 理		
分包单位			分包项目经理		
施工执行标准名称及编号					

检控项目	序号	质量验收规范规定		施工单位检查评定记录	监理(建设)单位验收记录
主控项目	1	涂料防水层材料、配合比	第4.4.7条		
	1)	涂料防水层材料	第4.4.7条		
	2)	涂料防水层配合比	第4.4.7条		
	2	涂料防水层及其转角处、变形缝、穿墙管道等做法	第4.4.9条		
	3	涂料防水层厚度(第4.4.8条)	允许偏差(mm)	量　测　值(mm)	
	1)	平均厚度	符合设计要求		
	2)	最小厚度	≥90%		
一般项目	1	涂料防水层与基层粘结质量要求	第4.4.10条		
	2	涂层间夹铺胎体增强材料做法与质量	第4.4.11条		
	3	侧墙涂料防水层的保护层与防水层应结合	第4.4.12条		

施工单位检查评定结果	专业工长(施工员)		施工班组长	
	项目专业质量检查员：　　　　　　　　　　年　月　日			

监理(建设)单位验收结论	专业监理工程师： (建设单位项目专业技术负责人)：　　　　　　　　年　月　日

　　说明：涂料防水层分项工程检验批的抽样检验数量，应按涂层面积每100m² 抽查1处，每处10m²，且不得少于3处。

【检查验收时执行的规范条目】

1. 主控项目

4.4.7 涂料防水层所用的材料及配合比必须符合设计要求。

检验方法：检查产品合格证、产品性能检测报告、计量措施和材料进场检验报告。

4.4.8 涂料防水层的平均厚度应符合设计要求，最小厚度不得小于设计厚度的90%。

检验方法：用针测法检查。

4.4.9 涂料防水层在转角处、变形缝、施工缝、穿墙管等部位做法必须符合设计要求。

检验方法：观察检查和检查隐蔽工程验收记录。

2. 一般项目

4.4.10 涂料防水层应与基层粘结牢固，涂刷均匀，不得流淌、鼓泡、露槎。

检验方法：观察检查。

4.4.11 涂层间夹铺胎体增强材料时，应使防水涂料浸透胎体覆盖完全，不得有胎体外露现象。

检验方法：观察检查。

4.4.12 侧墙涂料防水层的保护层与防水层应结合紧密，保护层厚度应符合设计要求。

检验方法：观察检查。

【规范规定的施工过程控制要点】

4.4.1 涂料防水层适用于受侵蚀性介质作用或受振动作用的地下工程；有机防水涂料宜用于主体结构的迎水面，无机防水涂料宜用于主体结构的迎水面或背水面。

4.4.2 有机防水涂料应采用反应型、水乳型、聚合物水泥等涂料；无机防水涂料应采用掺外加剂、掺合料的水泥基防水涂料或水泥基渗透结晶型防水涂料。

4.4.3 有机防水涂料基面应干燥。当基面较潮湿时，应涂刷湿固化型胶结剂或潮湿界面隔离剂；无机防水涂料施工前，基面应充分润湿，但不得有明水。

4.4.4 涂料防水层的施工应符合下列规定：

1 多组分涂料应按配合比准确计量，搅拌均匀，并应根据有效时间确定每次配制的用量；

2 涂料应分层涂刷或喷涂，涂层应均匀，涂刷应待前遍涂层干燥成膜后进行。每遍涂刷时应交替改变涂层的涂刷方向，同层涂膜的先后搭压宽度宜为30～50mm；

3 涂料防水层的甩槎处接槎宽度不应小于100mm，接涂前应将其甩槎表面处理干净；

4 采用有机防水涂料时，基层阴阳角处应做成圆弧；在转角处、变形缝、施工缝、穿墙管等部位应增加胎体增强材料和增涂防水涂料，宽度不应小于500mm；

5 胎体增强材料的搭接宽度不应小于100mm。上下两层和相邻两幅胎体的接缝应错开1/3幅宽，且上下两层胎体不得相互垂直铺贴。

4.4.5 涂料防水层完工并经验收合格后应及时做保护层。保护层应符合本规范第4.3.13条的规定。

4.4.6 涂料防水层分项工程检验批的抽样检验数量，应按涂层面积每100m^{2}抽查1处，每处10m^2，且不得少于3处。

防水毯防水检验批质量验收记录表　　　　　　表 C7-02-10-208-5

检控项目	序号	质量验收规范规定	施工单位检查评定记录	监理(建设)单位验收记录
单位(子单位)工程名称				
分部(子分部)工程名称			验收部位	
施工单位			项目经理	
分包单位			分包项目经理	
施工执行标准名称及编号				

检控项目	序号	质量验收规范规定	施工单位检查评定记录	监理(建设)单位验收记录
主控项目	1	防水毯的搭接宽度不小于 20cm,其接缝应平顺,无曲翘皱折现象,细部构造及锚固应符合设计要求。 检验方法:观察。 检验数量:每 5000m² 检查 1 处;不足 5000m² 的不少于 1 处。	第 5.43.2.1 条	
	2	防水毯保护层材质应符合设计要求。	第 5.43.2.2 条	
一般项目	1	防水毯的甩头处理应符合设计要求,当设计未提出明确要求时,预留长度大于 50cm。	第 5.43.3.1 条	
	2	防水毯保护层厚度符合设计要求。	第 5.43.3.2 条	

施工单位检查评定结果	专业工长(施工员)		施工班组长	
	项目专业质量检查员:		年　月　日	

监理(建设)单位验收结论				
	专业监理工程师: (建设单位项目专业技术负责人):		年　月　日	

【规范规定的施工过程控制要点】

5.43.1　一般规定

5.43.1.1　钠基膨润土防水毯材料的质量指标、技术要求、试验方法应符合 JG/T 193 的要求。

5.43.1.2　防水毯施工前,基底应平整、无杂物。防水毯材料质量应符合设计要求并按规定进行见证取样复验。

装饰分部工程　C7-02

【地面子分部工程】　C7-02-11

水泥混凝土面层检验批质量验收记录表　　**表 C7-02-11-209-1**

单位(子单位)工程名称				
分部(子分部)工程名称			验收部位	
施工单位			项目经理	
分包单位			分包项目经理	
施工执行标准名称及编号				

检控项目	序号	质量验收规范规定		施工单位检查评定记录	监理(建设)单位验收记录
主控项目	1	水泥混凝土粗骨料的粒径要求	第5.2.3条		
	2	防水水泥混凝土中掺入外加剂性能和掺量规定	第5.2.4条		
	3	面层的强度等级应符合设计要求,且强度等级不应小于C20	第5.2.5条		
	4	面层与下一层结合牢固与质量要求及空鼓面积限值	第5.2.6条		
一般项目	1	面层表面应洁净,不应有裂纹、脱皮、麻面、起砂等缺陷	第5.2.7条		
	2	面层表面的坡度应符合设计要求,不应有倒泛水和积水现象	第5.2.8条		
	3	踢脚线与柱、墙面质量要求及空鼓的限值	第5.2.9条		
	4	楼梯台阶踏步的宽度、高度等的做法与要求	第5.2.10条		
	5	水泥混凝土面层允许偏差(第5.2.11条)	允许偏差(mm)	量　测　值(mm)	
	1)	表面平整度	5		
	2)	踢脚线上口平直	4		
	3)	缝格平直	3		

施工单位检查评定结果	专业工长(施工员)		施工班组长	
	项目专业质量检查员:　　　　　　　　　　年　　月　　日			
监理(建设)单位验收结论	专业监理工程师: (建设单位项目专业技术负责人):　　　　　年　　月　　日			

【检查验收时执行的规范条目】

主控项目

5.2.3　水泥混凝土采用的粗骨料,最大粒径不应大于面层厚度的2/3,细石混凝土面层采用的石子粒径不应大于16mm。

检验方法:观察检查和检查质量合格证明文件。

检查数量：同一工程、同一强度等级、同一配合比检查一次。

5.2.4   防水水泥混凝土中掺入的外加剂的技术性能应符合国家现行有关标准的规定，外加剂的品种和掺量应经试验确定。

检验方法：检查外加剂合格证明文件和配合比试验报告。

检查数量：同一工程、同一品种、同一掺量检查一次。

5.2.5   面层的强度等级应符合设计要求，且强度等级不应小于C20。

检验方法：检查配合比试验报告和强度等级检测报告。

检查数量：配合比试验报告按同一工程、同一强度等级、同一配合比检查一次；强度等级检测报告按本规范第3.0.19条的规定检查。

第3.0.19条：

3.0.19   检验同一施工批次、同一配合比水泥混凝土和水泥砂浆强度的试块，应按每一层（或检验批）建筑地面工程不得少于1组。当每一层（或检验批）建筑地面工程面积大于1000m^{2}时，每增加1000m^{2}应增做1组试块；小于1000m^{2}按1000m^{2}计算，取样1组；检验同一施工批次、同一配合比的散水、明沟、踏步、台阶、坡道的水泥混凝土、水泥砂浆强度的试块，应按第150延长米不少于1组。

5.2.6   面层与下一层应结合牢固，且应无空鼓和开裂。当出现空鼓时，空鼓面积不应大于400cm^2，且每自然间或标准间不应多于2处。

检验方法：观察和用小锤轻击检查。

检查数量：按本规范第3.0.21条规定的检验批检查。

第3.0.21条：

3.0.21   建筑地面工程施工质量的检验，应符合下列规定：

1   基层（各构造层）和各类面层的分项工程的施工质量验收应按每一层次或每层施工段（或变形缝）划分检验批，高层建筑的标准层可按每三层（不足三层按三层计）划分检验批；

2   每检验批应以各子分部工程的基层（各构造层）和各类面层所划分的分项工程按自然间（或标准间）检验，抽查数量应随机检验不应少于3间；不足3间，应全数检查；其中走廊（过道）应以10延长米为1间，工业厂房（按单跨计）、礼堂、门厅应以两个轴线为1间计算；

3   有防水要求的建筑地面子分部工程的分项工程施工质量每检验批抽查数量应按其房间总数随机检验不应少于4间，不足4间，应全数检查。

一般项目

5.2.7   面层表面应洁净，不应有裂纹、脱皮、麻面、起砂等缺陷。

检验方法：观察检查。

检查数量：按本规范第3.0.21条规定的检验批检查。

5.2.8   面层表面的坡度应符合设计要求，不应有倒泛水和积水现象。

检验方法：观察和采用泼水或用坡度尺检查。

检查数量：按本规范第3.0.21条规定的检验批检查。

5.2.9   踢脚线与柱、墙面应紧密结合，踢脚线高度和出柱、墙厚度应符合设计要求且均匀一致。当出现空鼓时，局部空鼓长度不应大于300mm，且每自然间或标准间不应多于2处。

检验方法：用小锤轻击、钢尺和观察检查。

检查数量：按本规范第 3.0.21 条规定的检验批检查。

5.2.10　楼梯、台阶踏步的宽度、高度应符合设计要求。楼层梯段相邻踏步高度差不应大于 10mm；每踏步两端宽度差不应大于 10mm，旋转楼梯段的每踏步两端宽度的允许偏差不应大于 5mm。踏步面层应做防滑处理，齿角应整齐，防滑条应顺直、牢固。

检验方法：观察和用钢尺检查。

检查数量：按本规范第 3.0.21 条规定的检验批检查。

5.2.11　水泥混凝土面层的允许偏差应符合本规范表 5.1.7 的规定。

检验方法：按本规范表 5.1.7 中的检验方法检验。

检查数量：按本规范第 3.0.21 条规定的检验批和第 3.0.22 条的规定检查。

第 3.0.22 条：

3.0.22　建筑地面工程的分项工程施工质量检验的主控项目，应达到本规范规定的质量标准，认定为合格；一般项目 80% 以上的检查点（处）符合本规范规定的质量要求，其他检查点（处）不得有明显影响使用，且最大偏差值不超过允许偏差值的 50% 为合格。凡达不到质量标准时，应按现行国家标准《建筑工程施工质量验收统一标准》GB 50300 的规定处理。

水泥混凝土面层的允许偏差和检验方法（mm）　　　　　　表 5.1.7

项次	水泥混凝土面层的项目 （第 5.2.10 条）	允许偏差	检验方法
1	表面平整度	5	用 2m 靠尺和楔形塞尺检查
2	踢脚线上口平直	4	拉 5m 线和用钢尺检查
3	缝格平直	3	拉 5m 线和用钢尺检查

【规范规定的施工过程控制要点】

5.2.1　水泥混凝土面层厚度应符合设计要求。

5.2.2　水泥混凝土面层铺设不得留施工缝。当施工间隙超过允许时间规定时，应对接槎处进行处理。

　　注：1. 按照设计要求面层所处位置情况及面积大小和厚度确定伸、缩缝的设置及施工做法。

　　　　2. 整体面层施工后，24h 内加以覆盖并浇水养护（也可采用分间、分块蓄水养护），在常温下连续养护时间不应少于 7d；抗压强度应达到 5MPa 后，方准上人行走；抗压强度应达到设计要求后，方可正常使用。

砖面层检验批质量验收记录表

表 C7-02-11-209-2

单位(子单位)工程名称									
分部(子分部)工程名称					验 收 部 位				
施工单位					项 目 经 理				
分包单位					分包项目经理				
施工执行标准名称及编号									

检控项目	序号	质量验收规范规定		施工单位检查评定记录					监理(建设)单位验收记录
主控项目	1	砖面层所用板块产品的要求与规定	第6.2.5条						
	2	砖面层用板块产品进场时,应有放射性限量合格的检测报告	第6.2.6条						
	3	面层与下一层结合质量要求	第6.2.7条						
一般项目	1	砖面层表面质量要求	第6.2.8条						
	2	面层邻接处镶边用料及尺寸要求	第6.2.9条						
	3	踢脚线表面和踢脚线高度的质量要求	第6.2.10条						
	4	楼梯台阶踏步的宽度、高度做法与要求	第6.2.11条						
	5	面层表面坡度要求	第6.2.12条						
	6	砖表面允许偏差(第6.2.13条)	允许偏差(mm)			量　测　值(mm)			
		项　目	陶瓷锦砖高级水磨石板陶瓷地砖	缸砖面层	水泥花砖	水磨石板块			
		表面平整度	2	4	3	3			
		缝格平直	3	3	3	3			
		接缝高低差	0.5	1.5	0.5	1			
		踢脚线上口平直	3	4	—	4			
		板块间隙宽度	2	2	2	2			

施工单位检查评定结果	专业工长(施工员)	施工班组长
	项目专业质量检查员:　　　　　　　　　　年　月　日	

监理(建设)单位验收结论	专业监理工程师: (建设单位项目专业技术负责人):　　　　　　年　月　日

【检查验收时执行的规范条目】

主控项目

6.2.5　砖面层所用板块产品应符合设计要求和国家现行有关标准的规定。

检验方法：观察检查和检查型式检验报告、出厂检验报告、出厂合格证。

检查数量：同一工程、同一材料、同一生产厂家、同一型号、同一规格、同一批号检查一次。

6.2.6　砖面层所用板块产品进入施工现场时，应有放射性限量合格的检测报告。

检验方法：检查检测报告。

检查数量：同一工程、同一材料、同一生产厂家、同一型号、同一规格、同一批号检查一次。

6.2.7　面层与下一层的结合（粘结）应牢固，无空鼓（单块砖边角允许有局部空鼓，但每自然间或标准间的空鼓砖不应超过总数的5％）。

检验方法：用小锤轻击检查。

检查数量：按本规范第3.0.21条规定的检验批检查。

第3.0.21条：

3.0.21　建筑地面工程施工质量的检验，应符合下列规定：

1　基层（各构造层）和各类面层的分项工程的施工质量验收应按每一层次或每层施工段（或变形缝）划分检验批，高层建筑的标准层可按每三层（不足三层按三层计）划分检验批；

2　每检验批应以各子分部工程的基层（各构造层）和各类面层所划分的分项工程按自然间（或标准间）检验，抽查数量应随机检验不应少于3间；不足3间，应全数检查；其中走廊（过道）应以10延长米为1间，工业厂房（按单跨计）、礼堂、门厅应以两个轴线为1间计算；

3　有防水要求的建筑地面子分部工程的分项工程施工质量每检验批抽查数量应按其房间总数随机检验不应少于4间，不足4间，应全数检查。

一般项目

6.2.8　砖面层的表面应洁净、图案清晰，色泽应一致，接缝应平整，深浅应一致，周边应顺直。板块应无裂纹、掉角和缺楞等缺陷。

检验方法：观察检查。

检查数量：按本规范第3.0.21条规定的检验批检查。

6.2.9　面层邻接处的镶边用料及尺寸应符合设计要求，边角应整齐、光滑。

检验方法：观察和用钢尺检查。

检查数量：按本规范第3.0.21条规定的检验批检查。

6.2.10　踢脚线表面应洁净，与柱、墙面的结合应牢固。踢脚线高度及出柱、墙厚度应符合设计要求，且均匀一致。

检验方法：观察和用小锤轻击及钢尺检查。

检查数量：按本规范第3.0.21条规定的检验批检查。

6.2.11　楼梯、台阶踏步的宽度、高度应符合设计要求。踏步板块的缝隙宽度应一致；楼层梯段相邻踏步高度差不应大于10mm；每踏步两端宽度差不应大于10mm，旋转楼梯段的每踏步两端宽度的允许偏差不应大于 5mm。踏步面层应做防滑处理，齿角应整齐，防滑条应顺直、牢固。

检验方法：观察和用钢尺检查。

检查数量：按本规范第 3.0.21 条规定的检验批检查。

6.2.12 面层表面的坡度应符合设计要求，不倒泛水、无积水；与地漏、管道结合处应严密牢固，无渗漏。

检验方法：观察、泼水或用坡度尺及蓄水检查。

检查数量：按本规范第 3.0.21 条规定的检验批检查。

6.2.13 砖面层的允许偏差应符合本规范表 6.1.8 的规定。

检验方法：按本规范表 6.1.8 中的检验方法检验。

检查数量：按 GB 50209—2010 第 3.0.21 条规定的检验批和第 3.0.22 条的规定检查。

第 3.0.22 条：

3.0.22 建筑地面工程的分项工程施工质量检验的主控项目，应达到本规范规定的质量标准，认定为合格；一般项目 80% 以上的检查点（处）符合本规范规定的质量要求，其他检查点（处）不得有明显影响使用，且最大偏差值不超过允许偏差值的 50% 为合格。凡达不到质量标准时，应按现行国家标准《建筑工程施工质量验收统一标准》GB 50300 的规定处理。

板、块面层的允许偏差和检验方法（mm）

表 6.1.8

项次	项　目	允许偏差				检验方法
		陶瓷锦砖面层、高级水磨石板、陶瓷地砖面层	缸砖面层	水泥花砖面层	水磨石板块面层	
1	表面平整度	2	4	3	3	用 2m 靠尺和楔形塞尺检查
2	缝格平直	3	3	3	3	拉 5m 线和用钢尺检查
3	接缝高低差	0.5	1.5	0.5	1	用钢尺检查和楔形塞尺检查
4	踢脚线上口平直	3	4	—	4	拉 5m 线和用钢尺检查
5	板块间隙宽度	2	2	2	2	用钢尺检查

砖面层质量控制的几点补充说明

1. 砖面层用材料质量

（1）颜料：颜料用于擦缝，颜色可视饰面板色泽定。同一面层应使用同厂、同批的颜料，以避免造成颜色深浅不一；其掺入量宜为水泥重量的 3%～6% 或由试验确定。

（2）沥青胶结料：宜用石油沥青与纤维、粉状或纤维和粉状混合的填充料配制。

（3）胶粘剂：应防水、防菌，其选用应按基层材料和面层材料使用的相容性要求，通过试验确定，并符合现行国家标准《民用建筑工程室内环境污染控制规范》GB 50325—2001 的规定。产品应有出厂合格证和技术质量指标检验报告。超过生产期三个月的产品，应取样检验，合格后方可使用；超过保质期的产品不得使用。

2. 地漏（清扫口）施工

地漏（清扫口）位置在符合设计要求的前提下，宜结合地面面层排板设计进行适当调整。并用整块（块材规格较小时用四块）块材进行套割，地漏（清扫口）双向中心线应与整块块材的双向中心线重合；用四块块材套割时，地漏（清扫口）中心应与四块块材的交点重合。套割尺寸宜比地漏面板外围每侧大 2～3mm，周边均匀一致。镶贴时，套割的块材内侧与地漏面板平，且比外侧低（找坡）5mm（清扫口不找坡）。待镶贴凝固后，清理地漏（清扫口）周围缝隙，用密封胶封闭，防止地漏（清扫口）周围渗漏。

3. 面层养护

面层铺贴完毕 24h 后，洒水养护 2d，用防水材料临时封闭地漏，放水深 20～30mm进行 24h 蓄水试验，经监理、施工单位共同检查验收签字，确认无渗漏后，地面铺贴工作方可完工。

【规范规定的施工过程控制要点】

6.2.1　砖面层可采用陶瓷锦砖、缸砖、陶瓷地砖和水泥花砖，应在结合层上铺设。

6.2.2　在水泥砂浆结合层上铺贴缸砖、陶瓷地砖和水泥花砖面层时，应符合下列规定：

　　1　在铺贴前，应对砖的规格尺寸、外观质量、色泽等进行预选，需要时，浸水湿润晾干待用；

　　2　勾缝和压缝应采用同品种、同强度等级、同颜色的水泥，并做养护和保护。

6.2.3　在水泥砂浆结合层上铺贴陶瓷锦砖面层时，砖底面应洁净，每联陶瓷锦砖之间、与结合层之间以及在墙角、镶边和靠柱、墙处，应紧密贴合。在靠柱、墙处不得采用砂浆填补。

6.2.4　在胶结料结合层上铺贴缸砖面层时，缸砖应干净，铺贴应在胶结料凝结前完成。

石面层检验批质量验收记录表

表 C7-02-11-209-3

单位(子单位)工程名称				
分部(子分部)工程名称			验 收 部 位	
施工单位			项 目 经 理	
分包单位			分包项目经理	
施工执行标准名称及编号				

检控项目	序号	质量验收规范规定		施工单位检查评定记录	监理(建设)单位验收记录
主控项目	1	大理石、花岗石面层所用板块产品要求与规定	第6.3.4条		
	2	大理石、花岗石面层所用板块产品进场时,应有放射性限量合格的检测报告	第6.3.5条		
	3	面层与下一层结合与空鼓限值	第6.3.6条		
一般项目	1	大理石、花岗石面层铺设前的防碱处理	第6.3.7条		
	2	大理石、花岗石面层的表面质量要求	第6.3.8条		
	3	踢脚线表面和踢脚线高度的质量要求	第6.3.9条		
	4	楼梯台阶踏步的宽度、高度做法与要求	第6.3.10条		
	5	面层表面坡度要求	第6.3.11条		
	6	面层允许偏差 (第6.3.12条)	允许偏差(mm)	量 测 值(mm)	
	1)	表面平整度	1.0(3.0)		
	2)	缝格平直	2.0		
	3)	接缝高低差	0.5		
	4)	踢脚线上口平直	1.0(3.0)		
	5)	板块间隙宽度	1.0		

施工单位检查评定结果	专业工长(施工员)		施工班组长	
	项目专业质量检查员:		年 月 日	

监理(建设)单位验收结论	专业监理工程师: (建设单位项目专业技术负责人):	年 月 日

注：碎拼大理石、碎拼花岗石表面平整度为 3mm，其他详见表。

【检查验收时执行的规范条目】

主控项目

6.3.4 大理石、花岗石面层所用板块产品应符合设计要求和国家现行有关标准的规定。

　　检验方法：观察检查和检查质量合格证明文件。

　　检查数量：同一工程、同一材料、同一生产厂家、同一型号、同一规格、同一批号检查一次。

6.3.5 大理石、花岗石面层所用板块产品进入施工现场时，应有放射性限量合格的检测报告。

　　检验方法：检查检测报告。

　　检查数量：同一工程、同一材料、同一生产厂家、同一型号、同一规格、同一批号检查一次。

6.3.6 面层与下一层应结合牢固，无空鼓（单块板块边角允许有局部空鼓，但每自然间或标准间的空鼓板块不应超过总数的5%）。

　　检验方法：用小锤轻击检查。

　　检查数量：按本规范第3.0.21条规定的检验批检查。

　　第3.0.21条：

3.0.21 建筑地面工程施工质量的检验，应符合下列规定：

　　1 基层（各构造层）和各类面层的分项工程的施工质量验收应按每一层次或每层施工段（或变形缝）划分检验批，高层建筑的标准层可按每三层（不足三层按三层计）划分检验批；

　　2 每检验批应以各子分部工程的基层（各构造层）和各类面层所划分的分项工程按自然间（或标准间）检验，抽查数量应随机检验不应少于3间；不足3间，应全数检查；其中走廊（过道）应以10延长米为1间，工业厂房（按单跨计）、礼堂、门厅应以两个轴线为1间计算；

　　3 有防水要求的建筑地面子分部工程的分项工程施工质量每检验批抽查数量应按其房间总数随机检验不应少于4间，不足4间，应全数检查。

一般项目

6.3.7 大理石、花岗石面层铺设前，板块的背面和侧面应进行防碱处理。

　　检验方法：观察检查和检查施工记录。

　　检查数量：按本规范第3.0.21条规定的检验批检查。

6.3.8 大理石、花岗石面层的表面应洁净、平整、无磨痕，且应图案清晰、色泽一致、接缝均匀、周边顺直、镶嵌正确、板块应无裂纹、掉角、缺楞等缺陷。

　　检验方法：观察检查。

　　检查数量：按本规范第3.0.21条规定的检验批检查。

6.3.9 踢脚线表面应洁净，与柱、墙面的结合应牢固。踢脚线高度及出柱、墙厚度应符合设计要求，且均匀一致。

　　检验方法：观察和用小锤轻击及钢尺检查。

　　检查数量：按本规范第3.0.21条规定的检验批检查。

6.3.10 楼梯、台阶踏步的宽度、高度应符合设计要求。踏步板块的缝隙宽度应一致；楼层梯段相邻踏步高度差不应大于 10mm；每踏步两端宽度差不应大于 10mm，旋转楼梯梯段的每踏步两端宽度的允许偏差不应大于 5mm。踏步面层应做防滑处理，齿角应整齐，防滑条应顺直、牢固。

　　检验方法：观察和用钢尺检查。

　　检查数量：按本规范第 3.0.21 条规定的检验批检查。

6.3.11　面层表面的坡度应符合设计要求，不倒泛水、无积水；与地漏、管道结合处应严密牢固，无渗漏。

　　检验方法：观察、泼水或坡度尺及蓄水检查。

　　检查数量：按本规范第 3.0.21 条规定的检验批检查。

6.3.12　大理石和花岗石面层（或碎拼大理石面层、碎拼花岗石面层）的允许偏差应符合本规范表 6.1.8 的规定。

　　检验方法：按本规范表 6.1.8 中的检验方法检验。

　　检查数量：按 GB 50209—2010 第 3.0.21 条规定的检验批和第 3.0.22 条的规定检查。

　　第 3.0.22 条：

3.0.22　建筑地面工程的分项工程施工质量检验的主控项目，应达到本规范规定的质量标准，认定为合格；一般项目 80% 以上的检查点（处）符合本规范规定的质量要求，其他检查点（处）不得有明显影响使用，且最大偏差值不超过允许偏差值的 50% 为合格。凡达不到质量标准时，应按现行国家标准《建筑工程施工质量验收统一标准》GB 50300 的规定处理。

板、块面层的允许偏差和检验方法（mm）　　　　表 6.1.8

项次	项　　目	允许偏差	检验方法
		大理石面层、花岗石面层、人造石面层、钢板面层	
1	表面平整度	1.0	用 2m 靠尺和楔形塞尺检查
2	缝格平直	2.0	拉 5m 线和用钢尺检查
3	接缝高低差	0.5	用钢尺检查和楔形塞尺检查
4	踢脚线上口平直	1.0	拉 5m 线和用钢尺检查
5	板块间隙宽度	1.0	用钢尺检查

　　注：括号内为碎拼大理石、花岗石石层偏差值。碎拼大理石、花岗石其他项目不检查。

大理石、花岗石面层质量控制的几点补充说明

　　1. 大理石、花岗石面层用材料质量

　　（1）天然大理石、花岗石板块：

　　1）天然大理石、花岗石板块的花色、品种、规格应符合设计要求。其技术等级、光泽度、外观等质量要求应符合相应标准的规定。

　　2）板块有裂缝、掉角、翘曲和表面有缺陷时，应予剔除，品种不同的板材不得混杂

使用。

（2）胶粘剂：胶粘剂应有出厂合格证和使用说明书，有害物质限量见表 C7-02-11-209-3A 和表 C7-02-11-209-3B。

溶剂性胶粘剂中有害物质限量值　　表 C7-02-11-209-3A

项　　目		指　　标		
		橡胶胶粘剂	聚氨酯类胶粘剂	其他胶粘剂
游离甲醛(g/kg)	≤	0.5	—	—
苯①(g/kg)	≤	5		
甲苯＋二甲苯(g/kg)	≤	200		
甲苯二异氰酸酯(g/kg)	≤	—	10	—
总挥发性有机物(g/L)	≤	250		

①苯不能作为溶剂使用，作为杂质其最高含量不得大于表中规定。

水基型胶粘剂中有害物质限量值　　表 C7-02-11-209-3B

项　　目		指　　标				
		缩甲醛类胶粘剂	聚乙酸乙烯酯胶粘剂	橡胶类胶粘剂	聚氨酯类胶粘剂	其　他胶粘剂
游离甲醛(g/kg)	≤	1	1	1	—	1
苯(g/kg)	≤	0.2				
甲苯＋二甲苯(g/kg)	≤	10				
总挥发性有机物(g/L)	≤	50				

2. 大理石、花岗石面层的打蜡

踢脚线打蜡同楼地面打蜡一起进行。应在结合层砂浆达到强度要求、各道工序完工、不再上人时，方可打蜡，打蜡应达到光滑亮洁。

【规范规定的施工过程控制要点】

6.3.1　大理石、花岗石面层采用天然大理石、花岗石（或碎拼大理石、碎拼花岗石）板材，应在结合层上铺设。

6.3.2　板材有裂缝、掉角、翘曲和表面有缺陷时应予剔除，品种不同的板材不得混杂使用；在铺设前，应根据石材的颜色、花纹、图案、纹理等按设计要求，试拼编号。

6.3.3　铺设大理石、花岗石面层前，板材应浸湿、晾干；结合层与板材应分段同时铺设。

料石面层检验批质量验收记录表　　表 C7-02-11-209-4

单位(子单位)工程名称					
分部(子分部)工程名称				验 收 部 位	
施工单位				项 目 经 理	
分包单位				分包项目经理	
施工执行标准名称及编号					

检控项目	序号	质量验收规范规定		施工单位检查评定记录	监理(建设)单位验收记录
主控项目	1	石材质量要求与规定及条石、块石强度等级规定	第6.5.5条		
	2	料石面层所用石材产品进场时,应有放射性限量合格的检测报告	第6.5.6条		
	3	面层与下一层应结合牢固,无松动	第6.5.7条		
一般项目	1	条石面层组砌,铺砌方向和坡度;块石面层石料缝隙及通缝不应超过两块石料	第6.5.8条		

一般项目	2	条石、块石面层允许偏差(第6.5.9条)		允许偏差值(mm)		量 测 值(mm)							
		项 目	条石面层	块石面层									
		表面平整度	10	10									
		缝格平直	8	8									
		接缝高低差	2	—									
		踢脚线上口平直	—	—									
		板块间隙宽度	5	—									

施工单位检查评定结果	专业工长(施工员)		施工班组长	
	项目专业质量检查员:　　　　　　　　　　　　年　月　日			

监理(建设)单位验收结论	专业监理工程师: (建设单位项目专业技术负责人):　　　　　　年　月　日

【检查验收时执行的规范条目】

主控项目

6.5.5 石材应符合设计要求和国家现行有关标准的规定；条石的强度等级应大于 Mu60，块石的强度等级应大于 Mu30。

检验方法：观察检查和检查质量合格证明文件。

检查数量：同一工程、同一材料、同一生产厂家、同一型号、同一规格、同一批号检查一次。

6.5.6 石材进入施工现场时，应有放射性限量合格的检测报告。

检验方法：检查检测报告。

检查数量：同一工程、同一材料、同一生产厂家、同一型号、同一规格、同一批号检查一次。

6.5.7 面层与下一层应结合牢固，无松动。

检验方法：观察和用锤击检查。

检查数量：按本规范第 3.0.21 条规定的检验批检查。

第 3.0.21 条：

3.0.21 建筑地面工程施工质量的检验，应符合下列规定：

1 基层（各构造层）和各类面层的分项工程的施工质量验收应按每一层次或每层施工段（或变形缝）划分检验批，高层建筑的标准层可按每三层（不足三层按三层计）划分检验批；

2 每检验批应以各子分部工程的基层（各构造层）和各类面层所划分的分项工程按自然间（或标准间）检验，抽查数量应随机检验不应少于 3 间；不足 3 间，应全数检查；其中走廊（过道）应以 10 延长米为 1 间，工业厂房（按单跨计）、礼堂、门厅应以两个轴线为 1 间计算；

3 有防水要求的建筑地面子分部工程的分项工程施工质量每检验批抽查数量应按其房间总数随机检验不应少于 4 间，不足 4 间，应全数检查。

一般项目

6.5.8 条石面层应组砌合理，无十字缝，铺砌方向和坡度应符合设计要求；块石面层石料缝隙应相互错开，通缝不应超过两块石料。

检验方法：观察和用坡度尺检查。

检查数量：按本规范第 3.0.21 条规定的检验批检查。

6.5.9 条石面层和块石面层的允许偏差应符合本规范表 6.1.8 的规定。

检验方法：按本规范表 6.1.8 中的检验方法检验。

检查数量：按 GB 50209—2010 第 3.0.21 条规定的检验批和第 3.0.22 条的规定检查。

第 3.0.22 条：

3.0.22 建筑地面工程的分项工程施工质量检验的主控项目，应达到本规范规定的质量标准，认定为合格；一般项目 80% 以上的检查点（处）符合本规范规定的质量要求，其他检查点（处）不得有明显影响使用，且最大偏差值不超过允许偏差值的 50% 为合格。凡达不到质量标准时，应按现行国家标准《建筑工程施工质量验收统一标准》GB 50300 的规定处理。

料石面层的允许偏差和检验方法（mm）   表 6.1.8

项次	项　　目	允许偏差		检验方法
		条石面层	块石面层	
1	表面平整度	10	10	用 2m 靠尺和楔形塞尺检查
2	缝格平直	8	8	拉 5m 线和用钢尺检查
3	接缝高低差	2	—	用钢尺检查和楔形塞尺检查
4	踢脚线上口平直	—	—	拉 5m 线和用钢尺检查
5	板块间隙宽度	5	—	用钢尺检查

料石面层质量控制的几点补充说明

1. 料石面层用材料质量

（1）料石

1）条石和块石面层所用的石材的规格、技术等级和厚度应符合设计要求。

2）条石采用质量均匀，强度等级不应低于 Mu60 的岩石加工而成。其形状接近矩形六面体，厚度为 80～120mm。

3）块石采用强度等级不低于 Mu30 的岩石加工而成。其形状接近直棱柱体或有规则的四边形或多边形，其底面截锥体，顶面粗琢平整，底面积不应小于顶面积的 60%，厚度为 100～150mm。

4）不导电料石应采用辉绿岩石制成。填缝材料亦采用辉绿岩石加工的砂嵌实。耐高温的料石面层的石料，应按设计要求选用。

（2）沥青胶结料：宜用石油沥青与纤维、粉状或纤维和粉状混合的填充料配制。

2. 料石构造做法

料石面层采用天然条石和块石，应在结合层上铺设。采用块石做面层应铺在基土或砂垫层上；采用条石做面层应铺在砂、水泥砂浆或沥青胶结料结合层上。构造做法见图 1。

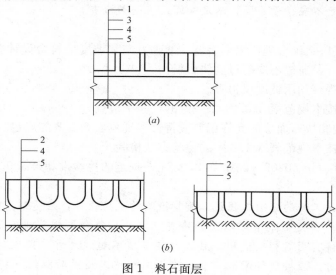

图 1　料石面层

（a）条石面层；（b）块石面层

1—条石；2—块石；3—结合层；4—垫层；5—基土

【规范规定的施工过程控制要点】

6.5.1 料石面层采用天然条石和块石，应在结合层上铺设。

6.5.2 条石和块石面层所用的石材的规格、技术等级和厚度应符合设计要求。条石的质量应均匀，形状为矩形六面体，厚度为 80~120mm；块石形状为直棱柱体，顶面粗琢平整，底面面积不宜小于顶面面积的 60%，厚度为 100~150mm。

6.5.3 不导电的料石面层的石料应采用辉绿岩石加工制成。填缝材料亦采用辉绿岩石加工的砂嵌实。耐高温的料石面层的石料，应按设计要求选用。

6.5.4 条石面层的结合层宜采用水泥砂浆，其厚度应符合设计要求；块石面层的结合层宜采用砂垫层，其厚度不应小于 60mm；基土层应为均匀密实的基土或夯实的基土。

木地板面层检验批质量验收记录表

单位(子单位)工程名称					
分部(子分部)工程名称				验收部位	
施工单位				项目经理	
分包单位				分包项目经理	
施工执行标准名称及编号					

检控项目	序号	质量验收规范规定		施工单位检查评定记录			监理(建设)单位验收记录
主控项目	1	实木复合地板面层采用的地板、胶粘剂等要求和规定	第7.3.6条				
	2	实木复合地板面层采用的材料进场时,应提供有害物质限量合格的检测报告	第7.3.7条				
	3	木搁栅、垫木和垫层地板等应做防腐、防蛀处理	第7.3.8条				
	4	木搁栅安装应牢固、平直	第7.3.9条				
	5	面层铺设应牢固;粘贴应无空鼓、松动	第7.3.10条				
一般项目	1	实木复合地板面层图案和颜色要求,图案应清晰,颜色应一致,板面应无翘曲	第7.3.11条				
	2	面层缝隙应严密;接头位置应错开,表面应平整、洁净	第7.3.12条				
	3	面层采用粘、钉工艺时,接缝应对齐,粘、钉应严密;缝隙宽度应均匀一致;表面应洁净,无溢胶现象	第7.3.13条				
	4	踢脚线应表面光滑,接缝严密,高度一致	第7.3.14条				

检控项目	序号	实木复合地板面层(第7.3.15条)	允许偏差值(mm)						
一般项目	5	项目	实木复合地板、中密度(强化)复合地板面层、竹地板面层	量测值(mm)					
		板面缝隙宽度	0.5						
		表面平整度	2						
		踢脚线上口平齐	3						
		板面拼缝平直	3						
		相邻板材高差	0.5						
		踢脚线与面层接缝	1						

施工单位检查评定结果	专业工长(施工员)		施工班组长	
	项目专业质量检查员:		年　月　日	

监理(建设)单位验收结论	专业监理工程师: (建设单位项目专业技术负责人):　　　　　年　月　日

【检查验收时执行的规范条目】

主控项目

7.3.6 实木复合地板面层采用的地板、胶粘剂等应符合设计要求和国家现行有关标准的规定。

检验方法：观察检查和检查型式检验报告、出厂检验报告、出厂合格证。

检查数量：同一工程、同一材料、同一生产厂家、同一型号、同一规格、同一批号检查一次。

7.3.7 实木复合地板面层采用的材料进入施工现场时，应有以下有害物质限量合格的检测报告：

1 地板中的游离甲醛（释放量或含量）；

2 溶剂型胶粘剂中的挥发性有机化合物（VOC）、苯、甲苯＋二甲苯；

3 水性胶粘剂中的挥发性有机化合物（VOC）和游离甲醛。

检验方法：检查检测报告。

检查数量：同一工程、同一材料、同一生产厂家、同一型号、同一规格、同一批号检查一次。

7.3.8 木搁栅、垫木和垫层地板等应做防腐、防蛀处理。

检验方法：观察检查和检查验收记录。

检查数量：按本规范第3.0.21条规定的检验批检查。

第3.0.21条：

3.0.21 建筑地面工程施工质量的检验，应符合下列规定：

1 基层（各构造层）和各类面层的分项工程的施工质量验收应按每一层次或每层施工段（或变形缝）划分检验批，高层建筑的标准层可按每三层（不足三层按三层计）划分检验批；

2 每检验批应以各子分部工程的基层（各构造层）和各类面层所划分的分项工程按自然间（或标准间）检验，抽查数量应随机检验不应少于3间；不足3间，应全数检查；其中走廊（过道）应以10延长米为1间，工业厂房（按单跨计）、礼堂、门厅应以两个轴线为1间计算；

3 有防水要求的建筑地面子分部工程的分项工程施工质量每检验批抽查数量应按其房间总数随机检验不应少于4间，不足4间，应全数检查。

7.3.9 木搁栅安装应牢固、平直。

检验方法：观察、行走、钢尺测量等检查和检查验收记录。

检查数量：按本规范第3.0.21条规定的检验批检查。

7.3.10 面层铺设应牢固；粘贴应无空鼓、松动。

检验方法：观察、行走或用小锤轻击检查。

检查数量：按本规范第3.0.21条规定的检验批检查。

一般项目

7.3.11 实木复合地板面层图案和颜色应符合设计要求，图案应清晰，颜色应一致，板面应无翘曲。

检验方法：观察、用2m靠尺和楔形塞尺检查。

检查数量：按本规范第 3.0.21 条规定的检验批检查。

7.3.12 面层缝隙应严密；接头位置应错开，表面应平整、洁净。

检验方法：观察检查。

检查数量：按本规范第 3.0.21 条规定的检验批检查。

7.3.13 面层采用粘、钉工艺时，接缝应对齐，粘、钉应严密；缝隙宽度应均匀一致；表面应洁净，无溢胶现象。

检验方法：观察检查。

检查数量：按本规范第 3.0.21 条规定的检验批检查。

7.3.14 踢脚线应表面光滑，接缝严密，高度一致。

检验方法：观察和用钢尺检查。

检查数量：按本规范第 3.0.21 条规定的检验批检查。

7.3.15 实木复合地板面层的允许偏差应符合本规范表 7.1.8 的规定。

检验方法：按本规范表 7.1.8 中的检验方法检验。

检查数量：按本规范第 3.0.21 条规定的检验批和第 3.0.22 条的规定检查。

第 3.0.22 条：

3.0.22 建筑地面工程的分项工程施工质量检验的主控项目，应达到本规范规定的质量标准，认定为合格；一般项目 80% 以上的检查点（处）符合本规范规定的质量要求，其他检查点（处）不得有明显影响使用，且最大偏差值不超过允许偏差值的 50% 为合格。凡达不到质量标准时，应按现行国家标准《建筑工程施工质量验收统一标准》GB 50300 的规定处理。

木、竹面层的允许偏差和检验方法（mm） 表 7.1.8

项次	项　目	允许偏差	检验方法
		实木复合地板面层	
1	板面缝隙宽度	0.5	用钢尺检查
2	表面平整度	2	用 2m 靠尺和楔形塞尺检查
3	踢脚线上口平齐	3	拉 5m 通线，不足 5m 拉通线
4	板面拼缝平直	3	和用钢尺检查
5	相邻板材高差	0.5	用钢尺和楔形塞尺检查
6	踢脚线与面层接缝	1	楔形塞尺检查

实木复合面层质量控制的几点补充说明

1. 条材、块材、拼花实木复合地板：

（1）条材实木复合地板各生产厂家的产品规格不尽相同，一般为免刨免漆类成品，采用企口拼缝；块材实木复合地板常用较短条材实木复合地板，长度多在 200～500mm 之间；拼花实木复合地板常用较短条材实木复合地板组合出多种拼板图案。

（2）实木复合地板面层的条材和块材应采用具有商品检验合格证的产品，其质量要求应符合现行国家标准《实木复合地板》GB/T 18103—2000。

（3）一般为免刨免漆类的成品木地板。要求选用坚硬耐磨，纹理清晰、美观，不易腐朽、变形、开裂的同批树种制作，花纹及颜色力求一致。企口拼缝的企口尺寸应符合设计要求，厚度、长度一致。

2. 踢脚线

有实木或实木复合地板踢脚线、浸渍纸贴面踢脚线、塑料踢脚线等几种。一般采用成品的实木复合地板踢脚板。其含水率不宜超过 12％，背面应抽槽并涂防腐剂，花纹和颜色力求和面层地板一致。

3. 面层下衬垫的材质和厚度应符合设计要求。

【规范规定的施工过程控制要点】

7.3.1　实木复合地板面层采用的材料、铺设方式、铺设方法、厚度以及垫层地板铺设等，均应符合本规范第 7.2.1 条～第 7.2.4 条的规定。

7.3.2　实木复合地板面层应采用空铺法或粘贴法（满粘或点粘）铺设。采用粘贴法铺设时，粘贴材料应按设计要求选用，并应具有耐老化、防水、防菌、无毒等性能。

7.3.3　实木复合地板面层下衬垫的材料和厚度应符合设计要求。

7.3.4　实木复合地板面层铺设时，相邻板材接头位置应错开不小于 300mm 的距离；与柱、墙之间应留不小于 10mm 的空隙。当面层采用无龙骨的空铺法铺设时，应在面层与柱、墙之间的空隙内加设金属弹簧卡或木楔子，其间距宜为 200～300mm。

7.3.5　大面积铺设实木复合地板面层时，应分段铺设，分段缝的处理应符合设计要求。

【墙面子分部工程】　C7-02-12

饰面砖检验批质量验收记录表

表 C7-02-12-210-1

单位(子单位)工程名称						
分部(子分部)工程名称					验 收 部 位	
施工单位					项 目 经 理	
分包单位					分包项目经理	
施工执行标准名称及编号						

检控项目	序号	质量验收规范规定			施工单位检查评定记录	监理(建设)单位验收记录
主控项目	1	饰面砖材料的材质与性能	第8.3.2条			
	2	饰面砖粘贴施工	第8.3.3条			
	3	饰面砖粘贴	第8.3.4条			
	4	粘贴法施工的饰面砖质量	第8.3.5条			
一般项目	1	饰面砖表面	第8.3.6条			
	2	阴阳角处搭接方式、非整砖使用部位	第8.3.7条			
	3	墙面突出物周围饰面砖施工	第8.3.8条			
	4	饰面砖接缝、填嵌、宽深	第8.3.9条			
	5	有排水要求部位的滴水线(槽)	第8.3.10条			
	6	饰面砖粘贴 (第8.3.11条)	允许偏差(mm)		量 测 值(mm)	
			外墙面砖	内墙面砖		
	1)	立面垂直度	3	2		
	2)	表面平整度	4	3		
	3)	阴阳角方正	3	3		
	4)	接缝直线度	3	2		
	5)	接缝高低差	1	0.5		
	6)	接缝宽度	1	1		

施工单位检查评定结果	专业工长(施工员)		施工班组长	
	项目专业质量检查员：		年 月 日	

监理(建设)单位验收结论	专业监理工程师： (建设单位项目专业技术负责人)：	年 月 日

【检查验收时执行的规范条目】

8.1.6　检查数量应符合下列规定：

　　1　室内每个检验批应至少抽查 10%，并不得少于 3 间；不足 3 间时应全数检查。

　　2　室外每个检验批每 100m² 应至少抽查一处，每处不得小于 10m²。

1. 主控项目

8.3.2　饰面砖的品种、规格、图案、颜色和性能应符合设计要求。

　　检验方法：观察；检查产品合格证书、进场验收记录、性能检测报告和复验报告。

8.3.3　饰面砖粘贴工程的找平、防水、粘结和勾缝材料及施工方法应符合设计要求及国家现行产品标准和工程技术标准的规定。

　　检验方法：检查产品合格证书、复验报告和隐蔽工程验收记录。

8.3.4　饰面砖粘贴必须牢固。

　　检验方法：检查样板件粘结强度检测报告和施工记录。

8.3.5　满粘法施工的饰面砖工程应无空鼓、裂缝。检验方法：观察；用小锤轻击检查。

2. 一般项目

8.3.6　饰面砖表面应平整、洁净、色泽一致，无裂痕和缺损。检验方法：观察。

8.3.7　阴阳角处搭接方式、非整砖使用部位应符合设计要求。检验方法：观察。

8.3.8　墙面突出物周围的饰面砖应整砖套割吻合，边缘应整齐。墙裙、贴脸突出墙面的厚度应一致。

　　检验方法：观察；尺量检查。

8.3.9　饰面砖接缝应平直、光滑，填嵌应连续、密实；宽度和深度应符合设计要求。

　　检验方法：观察；尺量检查。

8.3.10　有排水要求的部位应做滴水线（槽）。滴水线（槽）应顺直，流水坡向应正确，坡度应符合设计要求。

　　检验方法：观察；用水平尺检查。

8.3.11　饰面砖粘贴的允许偏差应符合表 C7-02-12-210-1 的规定。允许偏差验收的检验方法见表 8.3.11。

【检查方法】

饰面砖粘贴检验批允许偏差验收的检验方法　　　　表 8.3.11

项次	检 查 项 目 与 要 求	检 查 方 法
1	立面垂直度：合格标准,符合规范要求	用 2m 垂直检测尺检查
2	表面平整度：合格标准,符合规范要求	用 2m 靠尺和塞尺检查
3	阴阳角方正：合格标准,符合规范要求	用直角检测尺检查
4	接缝直线度：合格标准,符合规范要求	拉 5m 线,不足 5m 接通线,用钢直尺检查
5	接缝高低差：合格标准,符合规范要求	用钢直尺和塞尺检查
6	接缝宽度：合格标准,符合规范要求	用钢直尺检查

饰面板检验批质量验收记录表　　　　　　表 C7-02-12-210-2

单位(子单位)工程名称										
分部(子分部)工程名称						验收部位				
施工单位						项目经理				
分包单位						分包项目经理				
施工执行标准名称及编号										

检控项目	序号	质量验收规范规定						施工单位检查评定记录		监理(建设)单位验收记录
主控项目	1	饰面板的材质和性能			第8.2.2条					
	2	饰面板孔、槽的数量、位置和尺寸			第8.2.3条					
	3	饰面板安装预埋件、连接件、防腐处理和现场拉拔强度			第8.2.4条					
一般项目	1	饰面板表面			第8.2.5条					
	2	饰面板嵌缝			第8.2.6条					
	3	湿作业法施工,石材的防碱背涂处理			第8.2.7条					
	4	饰面板上孔洞套割,边缘			第8.2.8条					
	5	饰面板安装			第8.2.9条					

项目	允许偏差(mm)							量测值(mm)							
	石材			瓷板	木材	塑料	金属								
	光面	剁斧石	蘑菇石												
1)立面垂直度	2	3	3	2	1.5	2	2								
2)表面平整度	2	3	—	1.5	1	3	3								
3)阴阳角方正	2	4	4	2	1.5	3	3								
4)接缝直线度	2	4	4	2	1	1	1								
5)墙裙、勒脚上口直线度	2	3	3	2	2	2	2								
6)接缝高低差	0.5	3	—	0.5	0.5	1	1								
7)接缝宽度	1	2	2	1	1	1	1								

施工单位检查评定结果	专业工长(施工员)		施工班组长	
	项目专业质量检查员：　　　　　　　　　　年　月　日			

监理(建设)单位验收结论	专业监理工程师： (建设单位项目专业技术负责人)：　　　　　年　月　日

【检查验收时执行的规范条目】

8.1.6　检查数量应符合下列规定：

1　室内每个检验批应至少抽查10%，并不得少于3间；不足3间时应全数检查。

2　室外每个检验批每100m² 应至少抽查一处，每处不得小于10m²。

1. 主控项目

8.2.2　饰面板的品种、规格、颜色和性能应符合设计要求，木龙骨、木饰面板和塑料饰面板的燃烧性能等级应符合设计要求。

　　检验方法：观察；检查产品合格证书、进场验收记录和性能检测报告。

8.2.3　饰面板孔、槽的数量、位置和尺寸应符合设计要求。

　　检验方法：检查进场验收记录和施工记录。

8.2.4　饰面板安装工程的预埋件（或后置埋件）、连接件的数量、规格、位置、连接方法和防腐处理必须符合设计要求。后置埋件的现场拉拔强度必须符合设计要求。饰面板安装必须牢固。

　　检验方法：手扳检查；检查进场验收记录、现场拉拔检测报告、隐蔽工程验收记录和施工记录。

2. 一般项目

8.2.5　饰面板表面应平整、洁净、色泽一致，无裂痕和缺损。石材表面应无泛碱等污染。

　　检验方法：观察。

8.2.6　饰面板嵌缝应密实、平直，宽度和深度应符合设计要求，嵌填材料色泽应一致。

　　检验方法：观察；尺量检查。

8.2.7　采用湿作业法施工的饰面板工程，石材应进行防碱背涂处理。饰面板与基体之间的灌注材料应饱满、密实。

　　检验方法：用小锤轻击检查；检查施工记录。

8.2.8　饰面板上的孔洞应大套割吻合，边缘应整齐。检验方法：观察。

8.2.9　饰面板安装的允许偏差应符合表C7-02-12-210-2的规定。允许偏差验收的检验方法见表8.2.9。

【检查方法】

饰面板（砖）检验批允许偏差验收的检验方法　　　　表 8.2.9

项次	检 查 项 目 与 要 求	检 查 方 法
1	立面垂直度：合格标准，符合规范要求	用2m垂直检测尺检查
2	表面平整度：合格标准，符合规范要求	用2m靠尺和塞尺检查
3	阴阳角方正：合格标准，符合规范要求	用直角检测尺检查
4	接缝直线度：合格标准，符合规范要求	拉5m线，不足5m接通线，用钢直尺检查
5	墙裙、勒脚上口直线度：合格标准，符合规范要求	拉5m线，不足5m接通线，用钢直尺检查
6	接缝高低差：合格标准，符合规范要求	用钢直尺和塞尺检查
7	接缝宽度：合格标准，符合规范要求	用钢直尺检查

【顶面子分部工程】　C7-02-13

玻璃顶面检验批质量验收记录表

表 C7-02-13-1

单位(子单位)工程名称					
分部(子分部)工程名称				验收部位	
施工单位				项目经理	
分包单位				分包项目经理	
施工执行标准名称及编号					

检控项目	序号	质量验收规范规定		施工单位检查评定记录	监理(建设)单位验收记录
主控项目	1	玻璃的品种、规格、色彩、固定方法等应符合设计要求和国家规范的规定	第5.44.2.1条		
	2	密封胶的耐候性、黏性应符合国家规范、标准的规定	第5.44.2.2条		
	3	玻璃安装应做软连接，连接件强度符合设计要求	第5.44.2.3条		
一般项目	1	玻璃表面应完整，无划痕，无污染，表面洁净光亮	第5.44.3.1条		
	2	玻璃嵌缝缝隙应均匀一致，填充应密实饱满，无外溢污染	第5.44.3.2条		
	3	玻璃吊顶安装应牢固，其允许偏差符合表5.44.3.3的要求	第5.44.3.3条		
		项　目	允许偏差(mm)	量测值(mm)	
	(1)	表面平整度	2		
	(2)	接缝平直度	1		
	(3)	接缝高低差	±1		

施工单位检查评定结果	专业工长(施工员)		施工班组长	
	项目专业质量检查员：　　　　　　　　　　年　月　日			

监理(建设)单位验收结论	
	专业监理工程师： (建设单位项目专业技术负责人)：　　　　　年　月　日

【检查验收时执行的规范条目】

5.44.3.3　玻璃吊顶安装应牢固，其允许偏差符合表5.44.3.3的要求。

玻璃吊顶安装允许偏差项目表（单位：mm）　　　表 5.44.3.3

序号	项　　目	允许偏差	检验方法
1	表面平整度	2	尺量
2	接缝平直度	1	2m靠尺和塞尺
3	接缝高低差	±1	5m小线和尺量

【规范规定的施工过程控制要点】

5.44.1　一般规定

5.44.1.1　本节适用于玻璃顶面工程的质量验收。

5.44.1.2　玻璃的厚度、材质应符合设计要求，且应使用安全玻璃。

阳光板检验批质量验收记录表　　表 C7-02-13-2

单位(子单位)工程名称					
分部(子分部)工程名称				验 收 部 位	
施工单位				项 目 经 理	
分包单位				分包项目经理	
施工执行标准名称及编号					

检控项目	序号	质量验收规范规定		施工单位检查评定记录	监理(建设)单位验收记录
主控项目	1	阳光板材料、构件和组件的质量应符合设计要求及国家相关标准的要求	第5.45.2.1条		
	2	阳光板的造型和分格安装方向应符合设计要求	第5.45.2.2条		
	3	各种连接件、坚固件应安装牢固,其数量、规格、连接方法和防腐处弹应符合设计要求,焊接连接应符合设计和规范的要求	第5.45.2.3条		
	4	阳光板顶应无渗漏,密封胶应饱满、密实、均匀	第5.45.2.4条		
一般项目	1	阳光板顶表面应平整,洁净,色泽均匀一致,不得有污染和破损	第5.45.3.1条		
	2	阳光板外露压条或外露框应横平竖直,颜色、规格应符合设计要求,压条安装应牢固	第5.45.3.2条		

施工单位检查评定结果	专业工长(施工员)		施工班组长	
	项目专业质量检查员:　　　　　　　　　年　月　日			
监理(建设)单位验收结论	专业监理工程师: (建设单位项目专业技术负责人):　　　　　　　年　月　日			

注：本表适用于各种阳光板工程的质量验收。

【涂饰子分部工程】   C7-02-14

水性涂料涂饰工程检验批质量验收记录表   表 C7-02-14-210-1

单位(子单位)工程名称							
分部(子分部)工程名称				验 收 部 位			
施工单位				项 目 经 理			
分包单位				分包项目经理			
施工执行标准名称及编号							

检控项目	序号	质量验收规范规定			施工单位检查评定记录				监理(建设)单位验收记录
主控项目	1	水性涂料涂饰涂料	第10.2.2条						
	2	水性涂料涂饰工程颜色、图案	第10.2.3条						
	3	水性涂料涂饰质量	第10.2.4条						
	4	水性涂料涂饰基层处理	第10.2.5条						
一般项目	1	薄涂料的涂饰质量(第10.2.6条)	普通	高级	量 测 值(mm)				
	1)	颜色	均匀一致	均匀一致					
	2)	泛碱、咬色	允许少量轻微	不允许					
	3)	流坠、疙瘩	允许少量轻微	不允许					
	4)	砂眼、刷纹	允许少量轻微砂眼,刷纹通顺	无砂眼、无刷纹					
	5)	装饰线、分色线直线度允许偏差(mm)	2	1					
	2	厚涂料的涂饰质量(第10.2.7条)	普通	高级	量 测 值(mm)				
	1)	颜色	均匀一致	均匀一致					
	2)	泛碱、咬色	允许少量轻微	不允许					
	3)	点状分布	—	疏密均匀					
	3	复层涂料的涂饰质量(第10.2.8条)	质量要求		量 测 值(mm)				
	1)	颜色	均匀一致						
	2)	泛碱、咬色	不允许						
	3)	喷点疏密程度	均匀,不允许连片						
	4	涂层与其他装修材料和设备衔接处应吻合,界面应清晰(第10.2.9条)							

施工单位检查评定结果	专业工长(施工员)		施工班组长	
	项目专业质量检查员:　　　　　　　　　　　　年　　月　　日			

监理(建设)单位验收结论	专业监理工程师: (建设单位项目专业技术负责人):　　　　　　　　年　　月　　日

【检查验收时执行的规范条目】

10.1.4　检查数量应符合下列规定：

　　1　室外涂饰工程每 $100m^2$ 应至少检查一处，每处不得小于 $10m^2$。

　　2　室内涂饰工程每个检验批应至少抽查 10%，并不得少于 3 间；不足 3 间时应全数检查。

1. 主控项目

10.2.2　水性涂料涂饰工程所用涂料的品种、型号和性能应符合设计要求。

　　检验方法：检查产品合格证书、性能检测报告和进场验收记录。

10.2.3　水性涂料涂饰工程的颜色、图案应符合设计要求。检验方法：观察。

10.2.4　水性涂料涂饰工程应涂饰均匀、粘结牢固，不得漏涂、透底、起皮和掉粉。

　　检验方法：观察；手摸检查。

10.2.5　水性涂料涂饰工程的基层处理应符合本规范第 10.1.5 条的要求。

　　检验方法：观察；手摸检查；检查施工记录。

附：第 10.1.5 条　涂饰工程的基层处理应符合下列要求：

　　1　新建筑物的混凝土或抹灰基层在涂饰涂料前应涂刷抗碱封闭底漆。

　　2　旧墙面在涂饰涂料前应清除疏松的旧装修层，并涂刷界面剂。

　　3　混凝土或抹灰基层涂刷溶剂型涂料时，含水率不得大于 8%；涂刷乳液型涂料时，含水率不得大于 10%。木材基层的含水率不得大于 12%。

　　4　基层腻子应平整、坚实、牢固，无粉化、起皮和裂缝；内墙腻子的粘结强度应符合《建筑室内用腻子》JG/T 3049 的规定。

　　5　厨房、卫生间墙面必须使用耐水腻子。

2. 一般项目

10.2.6　薄涂料的涂饰质量应符合表 C7-02-14-210-1 的规定。允许偏差验收的检验方法见表 10.2.6。

10.2.7　厚涂料的涂饰的涂饰质量应符合表 C7-02-14-210-1 的规定。允许偏差验收的检验方法见表 10.2.6。

10.2.8　复层涂料的涂饰质量应符合表 C7-02-14-210-1 的规定。允许偏差验收的检验方法见表 10.2.6。

表 10.2.6

项次	项目	普通涂饰	高级涂饰	检验方法
1	颜色	均匀一致	均匀一致	
2	泛碱、咬色	允许少量轻微	不允许	
3	流坠、疙瘩	允许少量轻微	不允许	
4	砂眼、刷纹	允许少量轻微砂眼、刷纹通顺	无砂眼，无刷纹	观察
5	装饰线、分色线拉通线，用钢直尺检查	2	1	拉 5m 线，不足 5m 直线度允许偏差(mm)
6	点状分布	—	疏密均匀	观察
7	喷点疏密程度	均匀，不允许连片	观察	

10.2.9　涂层与其他装修材料和设备衔接处应吻合，界面应清晰。检验方法：观察。

溶剂型涂料涂饰工程检验批质量验收记录表　表 C7-02-14-210-2

单位(子单位)工程名称					
分部(子分部)工程名称				验 收 部 位	
施工单位				项 目 经 理	
分包单位				分包项目经理	
施工执行标准名称及编号					

检控项目	序号	质量验收规范规定			施工单位检查评定记录	监理(建设)单位验收记录
主控项目	1	溶剂型涂料涂饰工程所选用涂料品种、型号和性能	第10.3.2条			
	2	溶剂型涂料涂饰颜色、光泽、图案	第10.3.3条			
	3	溶剂型涂料涂饰	第10.3.4条			
	4	溶剂型涂料涂饰工程基层处理	第10.3.5条			
一般项目	1	色漆的涂饰质量(第10.3.6条)	普通	高级	量 测 值(mm)	
	1)	颜色	均匀一致	均匀一致		
	2)	光泽、光滑	光泽基本均匀光滑无挡手感	光泽均匀一致光滑		
	3)	刷纹	刷纹通顺	无刷纹		
	4)	裹棱、流坠、皱皮	明显处不允许	不允许		
	5)	装饰线、分色线直线度允许偏差(mm)	2	1		
		注:无光色漆不检查光泽				
	2	清漆的涂饰质量(第10.3.7条)	普通	高级	量 测 值(mm)	
	1)	颜色	基本一致	均匀一致		
	2)	木纹	棕眼刮平、木纹清楚	棕眼刮平、木纹清楚		
	3)	光泽、光滑	光泽基本均匀光滑无挡手感	光泽均匀一致光滑		
	4)	刷纹	无刷纹	无刷纹		
	5)	裹棱、流坠、皱皮	明显处不允许	不允许		
	3	涂层与其他装修材料和设备衔接处(第10.3.8条)				

施工单位检查评定结果	专业工长(施工员)		施工班组长	
	项目专业质量检查员:		年　月　日	

监理(建设)单位验收结论	专业监理工程师:			
	(建设单位项目专业技术负责人):		年　月　日	

【检查验收时执行的规范条目】

10.1.4　检查数量应符合下列规定：

　　1　室外涂饰工程每 100m^2 应至少检查一处，每处不得小于 10m^2。

　　2　室内涂饰工程每个检验批应至少抽查 10%，并不得少于 3 间；不足 3 间时应全数检查。

1. 主控项目

10.3.2　溶剂型涂料涂饰工程所选用涂料的品种、型号和性能应符合设计要求。

　　检验方法：检查产品合格证书、性能检测报告和进场验收记录。

10.3.3　溶剂型涂料涂饰工程的颜色、光泽、图案应符合设计要求。检验方法：观察。

10.3.4　溶剂型涂料涂饰工程应涂饰均匀、粘结牢固，不得漏涂、透底、起皮和反锈。

　　检验方法：观察；手摸检查。

10.3.5　溶剂型涂料涂饰工程的基层处理应符合 GB 50210—2001 规范第 10.1.5 条的要求。

　　检验方法：观察；手摸检查；检查施工记录。

附：第 10.1.5 条　涂饰工程的基层处理应符合下列要求：

　　1　新建筑物的混凝土或抹灰基层在涂饰涂料前应涂刷抗碱封闭底漆。

　　2　旧墙面在涂饰涂料前应清除疏松的旧装修层，并涂刷界面剂。

　　3　混凝土或抹灰基层涂刷溶剂型涂料时，含水率不得大于 8%；涂刷乳液型涂料时，含水率不得大于 10%。木材基层的含水率不得大于 12%。

　　4　基层腻子应平整、坚实、牢固，无粉化、起皮和裂缝；内墙腻子的粘结强度应符合《建筑室内用腻子》JG/T 3049 的规定。

　　5　厨房、卫生间墙面必须使用耐水腻子。

2. 一般项目

10.3.6　色漆的涂饰质量应符合表 C7-02-14-210-2 的规定。允许偏差验收的检验方法见表 10.3.6。

10.3.7　清漆的涂饰质量应符合表 C7-02-14-210-2 的规定。允许偏差验收的检验方法见表 10.3.6。

10.3.8　涂层与其他装修材料和设备衔接处应吻合，界面应清晰。检验方法：观察。

【检查方法】

色漆、清漆涂饰质量的检验方法　　　　　　　　　　　　　　表 10.3.6

项次	项　目	普通涂饰	高级涂饰	检验方法
1	颜色	均匀一致	均匀一致	观察
2	光泽、光滑	光泽基本均匀，光滑无档手感	光泽均匀一致，光滑	观察，手摸检查
3	刷纹	刷纹通顺	无刷纹	观察
4	裹棱、流坠、皱皮	明显处不允许	不允许	观察
5	装饰线、分色线直线度允许偏差(mm)	2	1	拉 5m 线，不足 5m 拉通线，用钢直尺检查
6	木纹	棕眼刮平、木纹清楚	棕眼刮平、木纹清楚	观察

　　注：无光色漆不检查光泽。

美术涂饰工程检验批质量验收记录表 表 C7-02-14-210-3

单位(子单位)工程名称				
分部(子分部)工程名称			验 收 部 位	
施工单位			项 目 经 理	
分包单位			分包项目经理	
施工执行标准名称及编号				

检控项目	序号	质量验收规范规定		施工单位检查评定记录	监理(建设)单位验收记录
主控项目	1	美术涂饰所用材料的品种、型号和性能	第10.4.2条		
	2	美术涂饰工程的涂饰、粘结	第10.4.3条		
	3	美术涂饰工程的基层处理	第10.4.4条		
	4	美术涂饰套色、花纹和图案	设计要求		
一般项目	1	美术涂饰表面	第10.4.6条		
	2	仿花纹涂饰	第10.4.7条		
	3	套色涂饰的图案	第10.4.8条		

	专业工长(施工员)		施工班组长	
施工单位检查评定结果				
	项目专业质量检查员:		年 月 日	
监理(建设)单位验收结论				
	专业监理工程师: (建设单位项目专业技术负责人):		年 月 日	

【检查验收时执行的规范条目】

10.1.4　检查数量应符合下列规定：

1　室外涂饰工程每 100m² 应至少检查一处，每处不得小于 10m²。

2　室内涂饰工程每个检验批应至少抽查 10%，并不得少于 3 间；不足 3 间时应全数检查。

1. 主控项目

10.4.2　美术涂饰所用材料的品种、型号和性能应符合设计要求。

检验方法：观察；检查产品合格证书、性能检测报告和进场验收记录。

10.4.3　美术涂饰工程应涂饰均匀、粘结牢固，不得漏涂、透底、起皮、掉粉和反锈。

检验方法：观察；手摸检查。

10.4.4　美术涂饰工程的基层处理应符合本规范第 10.1.5 条的要求。

检验方法：观察；手摸检查；检查施工记录。

附：第 10.1.5 条　涂饰工程的基层处理应符合下列要求：

1　新建筑物的混凝土或抹灰基层在涂饰涂料前应涂刷抗碱封闭底漆。

2　旧墙面在涂饰涂料前应清除疏松的旧装修层，并涂刷界面剂。

3　混凝土或抹灰基层涂刷溶剂型涂料时，含水率不得大于 8%；涂刷乳液型涂料时，含水率不得大于 10%。木材基层的含水率不得大于 12%。

4　基层腻子应平整、坚实、牢固，无粉化、起皮和裂缝；内墙腻子的粘结强度应符合《建筑室内用腻子》（JG/T 3049）的规定。

5　厨房、卫生间墙面必须使用耐水腻子。

10.4.5　美术涂饰的套色、花纹和图案应符合设计要求。

检验方法：观察。

2. 一般项目

10.4.6　美术涂饰表面应洁净，不得有流坠现象。

检验方法：观察。

10.4.7　仿花纹涂饰的饰面应具有被模仿材料的纹理。

检验方法：观察。

10.4.8　套色涂饰的图案不得移位，纹理和轮廓应清晰。

检验方法：观察。

【仿古油饰子分部工程】　C7-02-15

使麻、糊布地仗工程检验批质量验收记录表　表 C7-02-15-1

单位(子单位)工程名称				
分部(子分部)工程名称			验收部位	
施工单位			项目经理	
分包单位			分包项目经理	
施工执行标准名称及编号	古建筑修建工程质量检验评定标准(CJJ 39—91)			

检控项目	序号	质量验收规范规定			施工单位检查评定记录	监理(建设)单位验收记录
保证项目	1	各遍灰之间及地仗灰与基层之间必须粘结牢固,无脱层、空鼓、崩秧、翘皮和裂缝等缺陷。生油必须钻透,不得挂甲			第13.2.2条	
基本项目	1	使麻糊布地仗表面应符合以下规定:			第13.2.3条	
			合格	大面平整光滑、小面光滑、楞角基本直顺、细灰接槎平顺、颜色均匀。大面不得有砂眼,小面允许有少量轻微砂眼,无龟裂,表面基本洁净		
			优良	大小面平整光滑,楞角直顺,细灰接槎平整,大小面无砂眼,颜色均匀,表面洁净,清晰美观		
	2	轧线应符合以下规定:			第13.2.4条	
			合格	线口基本直顺,宽窄一致,线角通顺,略有不平,曲线自然流畅,线肚无断裂		
			优良	线口直顺,宽窄一致,线角通顺平整,曲线自然流畅,线肚饱满光滑,无断条,清晰美观		

施工单位检查评定结果	专业工长(施工员)		施工班组长	
	项目专业质量检查员:　　　　　　　　　年　　月　　日			
监理(建设)单位验收结论	专业监理工程师: (建设单位项目专业技术负责人):　　　　　年　　月　　日			

第13.2.1条　使麻、糊布地仗工程包括一布四灰、一布五灰、一麻五灰、两麻六灰、一麻一布六灰和两麻一布七灰等地仗工程。

【规范规定的施工过程控制要点】

第一节   一般规定

第 13.1.1 条   地仗工程所选用材料的品种、规格和颜色必须符合设计要求和现行材料标准的规定。材料进场后应验收，没有合格证的材料应抽样检验，合格后方可使用。

第 13.1.2 条   地仗材料的配合比，原材料、熬制材料和自加工材料的计量、搅拌，必须符合古建筑传统操作规则。

第 13.1.3 条   地仗工程指以下三种做法。

一、上架大木和下架大木的使麻糊布做法；

二、四道灰、三道灰以及二道灰做法；

三、修补地仗做法。

第 13.1.4 条   地仗工程做法宜符合以下操作程序。

一、使麻糊布地仗

砍净挠白、剁斧迹、撕缝、下竹钉或楦缝、除锈、汁浆、捉缝灰、通灰（扫荡灰）、使麻（粘麻）、糊布、压麻灰、压布灰、中灰、细灰、磨细灰和钻生油。

单披灰地仗工程检验批质量验收记录表

表 C7-02-15-2

单位(子单位)工程名称				
分部(子分部)工程名称			验 收 部 位	
施工单位			项 目 经 理	
分包单位			分包项目经理	
施工执行标准名称及编号		古建筑修建工程质量检验评定标准(CJJ 39—91)		

检控项目	序号	质量验收规范规定			施工单位检查评定记录	监理(建设)单位验收记录
保证项目	1	各遍灰之间及地仗灰与基层之间必须粘结牢固,无脱层、空鼓、翘皮和裂缝等缺陷。生油必须钻透,不得挂甲		第13.3.1条		
基本项目	1	四道灰、三道灰表面质量应符合以下规定		第13.3.2条		
		一、连檐瓦口				
		合格	表面基本平整光滑,水缝直顺,接槎平顺,楞角整齐			
		优良	表面平整光滑,水缝直顺,接槎平整,楞角直顺整齐			
		二、椽头				
		合格	方椽头方正,不得缺楞短角,圆椽头边缘整齐成圆形,表面光滑,无砂眼和龟裂			
		优良	方椽头四楞四角方正,不得缺楞短角,圆椽头边缘整齐,大小一致成圆形;表面平整光滑,无砂眼和龟裂			
		三、椽子望板				
		合格	表面光滑,望板错槎接平;椽秧、椽根勾抹密实,光滑整齐,无疙瘩灰,无龟裂			
		优良	表面平整光滑,望板错槎接平;椽秧、椽根勾抹密实整齐,无疙瘩灰,无龟裂,椽楞直顺			

施工单位检查评定结果	专业工长(施工员)		施工班组长	
		项目专业质量检查员:		年　月　日
监理(建设)单位验收结论		专业监理工程师: (建设单位项目专业技术负责人):		年　月　日

单披灰地仗工程检验批质量验收记录表

续表

单位(子单位)工程名称					
分部(子分部)工程名称			验 收 部 位		
施工单位			项 目 经 理		
分包单位			分包项目经理		
施工执行标准名称及编号		古建筑修建工程质量检验评定标准(CJJ 39—91)			

检控项目	序号	质量验收规范规定			施工单位检查评定记录	监理(建设)单位验收记录
基本项目	2	四、斗拱		第13.3.2条		
		合格	表面光滑,楞角整齐,无砂眼,无较大龟裂			
		优良	表面平整光滑,楞角直顺整齐,无砂眼和龟裂			
		五、花活				
		合格	花纹纹理层次清楚,秧角整齐,不得窝灰,纹理不乱,表面光滑,大边、仔边整齐			
		优良	花纹纹理层次清晰,秧角整齐,不得窝灰,纹理不乱,表面光滑平整,大边、仔边直顺整齐			
		六、上下架大木				
		合格	表面基本平整光滑,楞角直顺,细灰接槎基本平顺,无较大砂眼和龟裂,表面基本洁净			
		优良	表面平整光滑,楞角直顺整齐,细灰接槎平整,大小面无砂眼、无龟裂,表面洁净			
	3	二道灰表面质量应符合以下规定:		第13.3.3条		
		合格	表面光滑,楞角整齐,无较大砂眼和龟裂,操油不得遗漏			
		优良	表面光滑,楞角直顺整齐,大面无砂眼和龟裂,操油不得遗漏			

施工单位检查评定结果	专业工长(施工员)		施工班组长	
	项目专业质量检查员:			年　月　日

监理(建设)单位验收结论	
	专业监理工程师: (建设单位项目专业技术负责人):　　　　　　年　月　日

【规范规定的施工过程控制要点】

第一节　一般规定

第13.1.1条　地仗工程所选用材料的品种、规格和颜色必须符合设计要求和现行材料标准的规定。材料进场后应验收，没有合格证的材料应抽样检验，合格后方可使用。

第13.1.2条　地仗材料的配合比，原材料、熬制材料和自加工材料的计量、搅拌，必须符合古建筑传统操作规则。

第13.1.3条　地仗工程指以下三种做法。

一、上架大木和下架大木的使麻糊布做法；

二、四道灰、三道灰以及二道灰做法；

三、修补地仗做法。

第13.1.4条　地仗工程做法宜符合以下操作程序。

二、四道灰和三道灰地仗

砍净挠白、剁斧迹、撕缝、椽缝除锈、汁浆、捉缝灰、通灰（三道灰减此道工序）、中灰、细灰、磨细灰和钻生油。

三、二道灰地仗

除铲、汁浆（操油）、捉中灰、找细灰或满细灰、操油。

修补地仗工程检验批质量验收记录表　　　　　　　　表 C7-02-15-3

单位(子单位)工程名称						
分部(子分部)工程名称				验 收 部 位		
施工单位				项 目 经 理		
分包单位				分包项目经理		
施工执行标准名称及编号			古建筑修建工程质量检验评定标准(CJJ 39—91)			
检控项目	序号		质量验收规范规定	施工单位检查评定记录		监理(建设)单位验收记录
基本项目	1	修补使麻糊布和单皮灰地仗表面质量应符合以下规定：		第13.4.1条		
		合格	新旧灰接槎处必须粘结牢固，各遍灰之间及地仗灰与基层之间粘结牢固；无脱层、空鼓和翘边；表面光滑，无较大砂眼和龟裂			
		优良	新旧灰接槎处必须粘结牢固，各遍灰之间及地仗灰与基层之间粘结牢固；无脱层、空鼓和翘边；表面平整光滑，允许有轻微砂眼			
施工单位检查评定结果	专业工长(施工员)			施工班组长		
	项目专业质量检查员：　　　　　　　　　　年　月　日					
监理(建设)单位验收结论	专业监理工程师： (建设单位项目专业技术负责人)：　　　　　年　月　日					

第13.2.1条　使麻、糊布地仗工程包括一布四灰、一布五灰、一麻五灰、两麻六灰、一麻一布六灰和两麻一布七灰等地仗工程。

【规范规定的施工过程控制要点】

第一节　一般规定

第13.1.1条　地仗工程所选用材料的品种、规格和颜色必须符合设计要求和现行材料标准的规定。材料进场后应验收，没有合格证的材料应抽样检验，合格后方可使用。

第13.1.2条　地仗材料的配合比，原材料、熬制材料和自加工材料的计量、搅拌，必须符合古建筑传统操作规则。

第13.1.4条　地仗工程做法宜符合以下操作程序。

四、修补地仗

局部挖补砍活、找补操底油、找补捉灰和通灰、找补使麻糊布、找补压麻灰或压布灰、找补中、细灰、磨细灰和钻生油。

检查数量：室内外，按有代表性的自然间抽查20%，但不少于3间，独立式建筑物，如亭子、牌楼、木塔和垂花门等按座。检验方法：观察、手摸及拉线检查。

混色油漆（普通）工程检验批质量验收记录表 表 C7-02-15-4-1

单位(子单位)工程名称						验收部位	
分部(子分部)工程名称						验收部位	
施工单位						项目经理	
分包单位						分包项目经理	
施工执行标准名称及编号				古建筑修建工程质量检验评定标准(CJJ 39—91)			

检控项目	序号	质量验收规范规定				施工单位检查评定记录	监理(建设)单位验收记录
保证项目	1	混色油漆工程严禁脱皮、漏刷、反锈、潮亮(倒光、超亮、油漆面无光亮)和顶生(反生、生油不干引起)			第 14.1.2 条		
基本项目		混色油漆工程基本项目应符合表 14.1.6 的规定			第 14.1.6 条		
		序号	项目	等级	质量要求(普通)		
		(1)	透底、流坠、皱皮	合格	大面有轻微流坠，无透底、皱皮		
				优良	大面无轻微流坠、无透底，皱皮，小面明显处轻微透底、流坠和皱皮		
		(2)	光亮和光滑	合格	大面光亮，均匀一致		
				优良	大面光亮，光滑均匀一致		
		(3)	分色裹楞	合格	大面无裹楞，小面允许偏差 3mm		
				优良	大面无裹楞，小面允许偏差 2mm		
		(4)	颜色、刷纹	合格	大面颜色均匀		
				优良	大小面颜色均匀		
		(5)	绿椽肚高不小于椽高(径)2/3，绿椽肚长按檐椽或飞头露明部分4/5	合格	允许偏差(mm) 高 3 / 长 4	量测值	
				优良	允许偏差(mm) 高 3 / 长 3		
		(6)	椽肚后尾拉通线检查直顺	合格	允许偏差 5mm	量测值	
				优良	允许偏差 4mm		
		(7)	五金、玻璃、墙面、石活、地面、屋面	合格	基本洁净		
				优良	洁净		

施工单位检查评定结果	专业工长(施工员)		施工班组长	
	项目专业质量检查员：		年 月 日	

监理(建设)单位验收结论	专业监理工程师： (建设单位项目专业技术负责人)：	年 月 日

说明：

1. 大面指上下架大木表面，橱扇，槛窗，支摘窗、横披、风门、屏门、大门和各种形式木装修里外面。

2. 小面指上下架大木枋上面，桶扇、槛窗等口边。

3. 小面明显处指视线所能见到的地方。

4. 普通做法指调和漆三遍。

5. 刷乳胶漆、无光漆和涂料，不检查光亮。

检查数量   室内外，按有代表性的自然间抽查 20％，但不少于 3 间，独立式建筑物，如亭子、牌楼、木塔和垂花门等按座。

检验方法   观察和手摸检查。

【规范规定的施工过程控制要点】

第 14.0.2 条   油漆、粉刷、贴金、裱糊和大漆工程中所选用材料的品种、规格和颜色，必须符合设计要求和现行材料标准的规定。材料进场后应验收，没有合格证的材料应抽样检验，合格后方可使用。

混色油漆（中级）工程检验批质量验收记录表　　表 C7-02-15-4-2

单位（子单位）工程名称							
分部（子分部）工程名称					验收部位		
施工单位					项目经理		
分包单位					分包项目经理		
施工执行标准名称及编号			古建筑修建工程质量检验评定标准(CJJ 39—91)				

检控项目	序号	质量验收规范规定				施工单位检查评定记录	监理（建设）单位验收记录
保证项目	1	混色油漆工程严禁脱皮、漏刷、反锈、潮亮（倒光、超亮、油漆面无光亮）和顶生（反生、生油不干引起）			第14.1.2条		
基本项目		混色油漆工程基本项目应符合表14.1.6的规定			第14.1.6条		
		序号	项目	等级	质量要求（中级）		
		(1)	透底、流坠、皱皮	合格	大面有轻微流坠，小面有轻微流坠，无透底、皱皮		
				优良	大面无轻微流坠、无透底，皱皮，小面明显处轻微透底、流坠、透底和皱皮		
		(2)	光亮和光滑	合格	大面光亮，光滑，均匀一致小面有轻微不光亮和光滑处		
				优良	大小面光亮，光滑均匀一致		
		(3)	分色裹楞	合格	大面无裹楞，小面允许偏差 2mm		
				优良	大面无裹楞，小面允许偏差 1mm		
		(4)	颜色、刷纹	合格	颜色一致，刷纹通顺		
				优良	颜色一致，无明显刷纹		
		(5)	绿椽肚高不小于椽高(径)2/3，绿椽肚长按檐椽或飞头露明部分4/5	合格	允许偏差(mm) 高 3 / 长 4	量测值	
				优良	允许偏差(mm) 高 2 / 长 3		
		(6)	椽肚后尾拉通线检查直顺	合格	允许偏差 4mm	量测值	
				优良	允许偏差 3mm		
		(7)	五金、玻璃、墙面、石活、地面屋面	合格	基本洁净		
				优良	洁净		

施工单位检查评定结果	专业工长（施工员）		施工班组长	
	项目专业质量检查员：		年　月　日	

监理（建设）单位验收结论	专业监理工程师：（建设单位项目专业技术负责人）：	年　月　日

说明：

1. 大面指上下架大木表面，橱扇，槛窗，支摘窗、横披、风门、屏门，大门和各种形式木装修里外面。

2. 小面指上下架大木枋上面，桶扇、槛窗等口边。

3. 小面明显处指视线所能见到的地方。

4. 中级做法指刷醇酸调和漆二遍，醇酸磁漆罩面，光油三遍。

5. 刷乳胶漆、无光漆和涂料，不检查光亮。

检查数量　室内外，按有代表性的自然间抽查 20％，但不少于 3 间，独立式建筑物，如亭子、牌楼、木塔和垂花门等按座。

检验方法　观察和手摸检查。

【规范规定的施工过程控制要点】

第 14.0.2 条　油漆、粉刷、贴金、裱糊和大漆工程中所选用材料的品种、规格和颜色，必须符合设计要求和现行材料标准的规定。材料进场后应验收，没有合格证的材料应抽样检验，合格后方可使用。

混色油漆（高级）工程检验批质量验收记录表　　表 C7-02-15-4-3

单位(子单位)工程名称								
分部(子分部)工程名称					验 收 部 位			
施工单位					项 目 经 理			
分包单位					分包项目经理			
施工执行标准名称及编号		古建筑修建工程质量检验评定标准(CJJ 39—91)						

检控项目	序号	质量验收规范规定				施工单位检查评定记录	监理(建设)单位验收记录
保证项目	1	混色油漆工程严禁脱皮、漏刷、反锈、潮亮(倒光、超亮、油漆面无光亮)和顶生(反生、生油不干引起)			第14.1.2条		
基本项目		混色油漆工程基本项目应符合表14.1.6的规定			第14.1.6条		
		序号	项目	等级	质量要求(高级)		
		(1)	透底、流坠、皱皮	合格	大面无流坠、透底、皱皮,小面明显处无		
				优良	大小面均无透底、流坠和皱皮		
		(2)	光亮和光滑	合格	光亮均匀一致,光滑无挡手感		
				优良	光亮、光滑、无挡手感		
		(3)	分色裹楞	合格	大面无裹楞,小面允许偏差 1mm		
				优良	大小面均无分色裹楞		
		(4)	颜色、刷纹	合格	颜色一致,无明显刷纹		
				优良	颜色一致,无刷纹		
		(5)	绿橡肚高不小于椽高(径)2/3,绿椽肚长按檐椽或飞头露明部分4/5	合格 允许偏差(mm) 高 1 长 2	量测值		
				优良 允许偏差(mm) 高 1 长 1			
		(6)	椽肚后尾拉通线检查直顺	合格	允许偏差 3mm	量测值	
				优良	允许偏差 2mm		
		(7)	五金、玻璃、墙面、石活、地面、屋面	合格	五金、玻璃洁净,其他基本洁净		
				优良	洁净		

施工单位检查评定结果	专业工长(施工员)		施工班组长	
	项目专业质量检查员:		年 月 日	

监理(建设)单位验收结论		
	专业监理工程师: (建设单位项目专业技术负责人):	年 月 日

说明：

1. 大面指上下架大木表面，橱扇，槛窗，支摘窗、横披、风门、屏门，大门和各种形式木装修里外面。

2. 小面指上下架大木枋上面，桶扇、槛窗等口边。

3. 小面明显处指视线所能见到的地方。

4. 高级做法指刷醇酸磁漆三遍。

5. 剧乳胶漆、无光漆和涂料，不检查光亮。

检查数量　室内外，按有代表性的自然间抽查 20％，但不少于 3 间，独立式建筑物，如亭子、牌楼、木塔和垂花门等按座。

检验方法　观察和手摸检查。

【规范规定的施工过程控制要点】

第 14.0.2 条　油漆、粉刷、贴金、裱糊和大漆工程中所选用材料的品种、规格和颜色，必须符合设计要求和现行材料标准的规定。材料进场后应验收，没有合格证的材料应抽样检验，合格后方可使用。

清漆（中级）工程检验批质量验收记录表　　表 C7-02-15-5-1

单位(子单位)工程名称						
分部(子分部)工程名称					验收部位	
施工单位					项目经理	
分包单位					分包项目经理	
施工执行标准名称及编号			古建筑修建工程质量检验评定标准(CJJ 39—91)			

检控项目	序号	质量验收规范规定				施工单位检查评定记录	监理(建设)单位验收记录
保证项目	1	清漆工程严禁漏刷、脱皮、斑迹和潮亮			第14.1.3条		
基本项目		清漆工程基本项目应符合表14.1.7的规定			第14.1.7条		
		序号	项目	等级	质量要求(中级)		
		1	木纹	合格	大面棕眼平,木纹清楚		
				优良	棕眼刮平,木纹清楚		
		2	光亮和光滑	合格	光亮均匀、光滑		
				优良	光亮足、光滑		
		3	裹楞、流坠和皱皮	合格	大面无,小面明显处有轻微裹楞,流坠,无皱皮		
				优良	大小面明显处无		
		4	颜色、刷纹	合格	大面颜色一致,有轻微刷纹		
				优良	颜色一致,无刷纹		
		5	五金玻璃	合格	基本洁净		
				优良	洁净		

施工单位检查评定结果	专业工长(施工员)		施工班组长	
	项目专业质量检查员：　　　　　　　　　　　　年　月　日			
监理(建设)单位验收结论	专业监理工程师： (建设单位项目专业技术负责人)：　　　　　　年　月　日			

注：中级做法系指刷脂胶清漆，酚醛清漆二种。

　　检查数量　室内外，按有代表性的自然间抽查 20%，但不少于 3 间，独立式建筑物，如亭子、牌楼、木塔和垂花门等按座。检验方法　观察和手摸检查。

【规范规定的施工过程控制要点】

　　第 14.0.2 条　油漆、粉刷、贴金、裱糊和大漆工程中所选用材料的品种、规格和颜色，必须符合设计要求和现行材料标准的规定。材料进场后应验收，没有合格证的材料应抽样检验，合格后方可使用。

清漆（高级）工程检验批质量验收记录表　　表 C7-02-15-5-2

单位(子单位)工程名称						
分部(子分部)工程名称				验 收 部 位		
施工单位				项 目 经 理		
分包单位				分包项目经理		
施工执行标准名称及编号			古建筑修建工程质量检验评定标准(CJJ 39—91)			

检控项目	序号	质量验收规范规定				施工单位检查评定记录	监理(建设)单位验收记录
保证项目	1	清漆工程严禁漏刷、脱皮、斑迹和潮亮			第 14.1.3 条		
基本项目		清漆工程基本项目应符合表 14.1.7 的规定			第 14.1.7 条		
		序号	项目	等级	质量要求(高级)		
		1	木纹	合格	棕眼刮平，木纹清楚		
				优良	棕眼刮平，木纹清晰		
		2	光亮和光滑	合格	光亮柔和光滑		
				优良	光亮柔和，光滑无挡手感		
		3	裹楞、流坠和皱皮	合格	大小面明显处无		
				优良	无		
		4	颜色、刷纹	合格	大面小面颜色一致，无刷纹		
				优良	颜色一致，无刷纹		
		5	五金玻璃	合格	五金洁净，玻璃基本洁净		
				优良	洁净		

施工单位检查评定结果	专业工长(施工员)		施工班组长	
	项目专业质量检查员：　　　　　　　　　年　　月　　日			
监理(建设)单位验收结论	专业监理工程师： (建设单位项目专业技术负责人)：　　　　年　　月　　日			

注：高级做法系指刷醇酸清漆，丙烯酸木器漆、清喷漆三种。

　　检查数量　室内外，按有代表性的自然间抽查 20％，但不少于 3 间，独立式建筑物，如亭子、牌楼、木塔和垂花门等按座。检验方法　观察和手摸检查。

【规范规定的施工过程控制要点】

　　第 14.0.2 条　油漆、粉刷、贴金、裱糊和大漆工程中所选用材料的品种、规格和颜色，必须符合设计要求和现行材料标准的规定。材料进场后应验收，没有合格证的材料应抽样检验，合格后方可使用。

加工光油、木结构、木装修和花活烫蜡、擦软蜡工程检验批质量验收记录表

单位(子单位)工程名称						
分部(子分部)工程名称					验收部位	
施工单位					项目经理	
分包单位					分包项目经理	
施工执行标准名称及编号			古建筑修建工程质量检验评定标准(CJJ 39—91)			

检控项目	序号	质量验收规范规定			施工单位检查评定记录	监理(建设)单位验收记录
保证项目	1	烫蜡、擦软蜡工程严禁在施工过程中烫坏木基层			第14.1.4条	
	2	光油(自制调配的漆)油漆工程严禁脱皮、漏刷、潮亮和顶生			第14.1.5条	
基本项目	1	上下架大木、木装修烫蜡、擦软蜡表面质量应符合以下规定			第14.1.8条	
		一、大木及木基层				
			合格	蜡洒布均匀,无露底,明亮光滑,色泽均匀,木纹清楚,表面基本洁净,楠木保持原色		
			优良	蜡洒布均匀,无露底,光亮柔和光滑,棕眼平整,色泽一致,木纹清晰,厚薄一致,表面洁净,无蜡柳。楠木保持原色,秧角不窝蜡		
		二、装修和花活				
			合格	油色不混,本色无斑迹。无露底,明亮光滑,色泽一致,木纹清楚,楠木保持原色,表面基本洁净,大面无蜡柳		
			优良	油色不混,本色无斑迹。无露底,棕眼刮平,光滑明亮,色泽一致,木纹清晰,楠木保持原色,表面洁净,无蜡柳		

施工单位检查评定结果	专业工长(施工员)		施工班组长	
	项目专业质量检查员:		年 月 日	

监理(建设)单位验收结论	专业监理工程师: (建设单位项目专业技术负责人): 年 月 日

第14.1.1条   油漆工程包括混色油漆、清漆和加工光油以及木结构、木装修和花活的烫蜡、擦软蜡工程。

检查数量   室内外,按有代表性的自然间抽查20%,但不少于3间,独立式建筑物,如亭子、牌楼、木塔和垂花门等按座。

检验方法   观察和手摸检查。

刷浆（喷浆）（普通）工程检验批质量验收记录表   表 C7-02-15-7-1

单位(子单位)工程名称						
分部(子分部)工程名称					验 收 部 位	
施工单位					项 目 经 理	
分包单位					分包项目经理	
施工执行标准名称及编号			古建筑修建工程质量检验评定标准(CJJ 39—91)			

检控项目	序号	质量验收规范规定			施工单位检查评定记录	监理(建设)单位验收记录
保证项目	1	刷浆(喷浆)严禁掉粉、起皮、漏刷和透底		第14.2.2条		
	2	墙面花边、色边、花纹和颜色必须符合设计要求,底层的质量必须符合刷浆相应等级的规定		第14.2.3条		
基本项目	1	刷浆(喷浆)基本项目应符合表14.2.4的规定		第14.2.4条		
		序号	项目	等级	质量要求(普通)	
		(1)	反碱、咬色	合格	有少量,不超过5处	
				优良	有少量,不超过3处	
		(2)	喷点、刷纹	合格	2m正视无明显缺陷	
				优良	2m正视,刷纹通顺,喷点均匀	
		(3)	流坠、疙瘩,溅沫(浆落)	合格	有少量,不超过5处	
				优良	有轻微少量,不超过5处	
		(4)	颜色、砂眼、划痕	合格	颜色基本一致,2m正视不花	
				优良	颜色基本一致,1.5m正视不花,少量砂眼,划痕不超过3处	
		(5)	装修、下架大木、五金、灯具、玻璃	合格	基本洁净	
				优良	洁净	
	2	花墙边、色边质量应符合以下规定:			第14.2.5条	
			合格	线条均匀平直,颜色一致,无明显接头痕迹,接头错位不得大于2mm,纹理清楚不乱		
			优良	线条均匀平直,颜色一致,无接头,接头错位不大于1mm,纹理清晰,图案无移位		

施工单位检查评定结果	专业工长(施工员)		施工班组长	
	项目专业质量检查员:		年 月 日	
监理(建设)单位验收结论	专业监理工程师: (建设单位项目专业技术负责人):		年 月 日	

注：本表第4项划痕,系指披腻子、磨砂纸遗留痕迹。

检查数量　室内外,按有代表性的自然间抽查20%,但不少于3间;独立式建筑物,如亭子,塔等按座检查。　　检验方法　观察、手轻摸检查。

【规范规定的施工过程控制要点】

第14.0.2条　…粉刷…工程中所选用材料的品种、规格和颜色,必须符合设计要求和现行材料标准的规定。材料进场后应验收,没有合格证的材料应抽样检验,合格后方可使用。

刷浆（喷浆）（中级）工程检验批质量验收记录表　　表 C7-02-15-7-2

单位（子单位）工程名称							
分部（子分部）工程名称					验收部位		
施工单位					项目经理		
分包单位					分包项目经理		
施工执行标准名称及编号			古建筑修建工程质量检验评定标准（CJJ 39—91）				

检控项目	序号	质量验收规范规定			施工单位检查评定记录	监理（建设）单位验收记录
保证项目	1	刷浆（喷浆）严禁掉粉、起皮、漏刷和透底		第14.2.2条		
	2	墙面花边、色边、花纹和颜色必须符合设计要求，底层的质量必须符合刷浆相应等级的规定		第14.2.3条		
基本项目	1	刷浆（喷浆）基本项目应符合表14.2.4的规定		第14.2.4条		

基本项目明细：

序号	项目	等级	质量要求（中级）	第14.2.4条		
（1）	反碱、咬色	合格	有轻微，不超过3处			
		优良	有轻微少量，不超过1处			
（2）	喷点、刷纹	合格	1.5m 正视喷点均匀，刷纹通顺			
		优良	1.5m 正视喷点均匀，刷纹通顺			
（3）	流坠、疙瘩，溅沫（浆落）	合格	有轻微少量，不超过5处			
		优良	有轻微少量，不超过2处			
（4）	颜色、砂眼、划痕	合格	颜色基本一致，1.5m 正视不花，少量砂眼，划痕不超过3处			
		优良	颜色一致、不花，有少量砂眼，划痕不超过2处			
（5）	装修、下架大木、五金、灯具、玻璃	合格	基本洁净			
		优良	洁净			

2	花墙边、色边质量应符合以下规定：			第14.2.5条		
	合格	线条均匀平直，颜色一致，无明显接头痕迹，接头错位不得大于2mm，纹理清楚不乱				
	优良	线条均匀平直，颜色一致，无接头，接头错位不大于1mm，纹理清晰，图案无移位				

施工单位检查评定结果	专业工长（施工员）		施工班组长	
	项目专业质量检查员：		年　月　日	
监理（建设）单位验收结论	专业监理工程师： （建设单位项目专业技术负责人）：		年　月　日	

注：本表第4项划痕，系指披腻子、磨砂纸遗留痕迹。

　　检查数量　室内外，按有代表性的自然间抽查20%，但不少于3间；独立式建筑物，如亭子，塔等按座检查。检验方法　观察、手轻摸检查。

【规范规定的施工过程控制要点】

　　第14.0.2条　…粉刷…工程中所选用材料的品种、规格和颜色，必须符合设计要求和现行材料标准的规定。材料进场后应验收，没有合格证的材料应抽样检验，合格后方可使用。

刷浆（喷浆）（高级）工程检验批质量验收记录表   表 C7-02-15-7-3

单位(子单位)工程名称					
分部(子分部)工程名称				验 收 部 位	
施工单位				项 目 经 理	
分包单位				分包项目经理	
施工执行标准名称及编号		古建筑修建工程质量检验评定标准(CJJ 39—91)			

检控项目	序号	质量验收规范规定			施工单位检查评定记录	监理(建设)单位验收记录
保证项目	1	刷浆(喷浆)严禁掉粉、起皮、漏刷和透底		第14.2.2条		
	2	墙面花边、色边、花纹和颜色必须符合设计要求,底层的质量必须符合刷浆相应等级的规定		第14.2.3条		
基本项目	1	刷浆(喷浆)基本项目应符合表14.2.4的规定		第14.2.4条		
		序号	项目	等级	质量要求(高级)	
		(1)	反碱、咬色	合格	明显处无	
				优良	无	
		(2)	喷点、刷纹	合格	1m正视喷点均匀,刷纹通顺	
				优良	1m正视斜视喷点均匀,刷纹通顺	
		(3)	流坠、疙瘩,溅沫(浆落)	合格	明显处无	
				优良	无	
		(4)	颜色、砂眼、划痕	合格	正视颜色基本一致,有少量砂眼,划痕不超过2处	
				优良	正视、斜视、颜色一致、无砂眼,划痕	
		(5)	装修、下架大木、五金、灯具、玻璃	合格	装修洁净、其他基本洁净	
				优良	洁净	
	2	花墙边、色边质量应符合以下规定:				
			合格	线条均匀平直,颜色一致,无明显接头痕迹,接头错位不得大于2mm,纹理清楚不乱	第14.2.5条	
			优良	线条均匀平直,颜色一致,无接头,接头错位不大于1mm,纹理清晰,图案无移位		

施工单位检查评定结果	专业工长(施工员)		施工班组长		
	项目专业质量检查员：		年	月	日

监理(建设)单位验收结论	专业监理工程师： (建设单位项目专业技术负责人)：		年	月	日

注：本表第 4 项划痕,系指披腻子、磨砂纸遗留痕迹。

检查数量   室内外，按有代表性的自然间抽查 20％，但不少于 3 间；独立式建筑物，如亭子，塔等按座检查。检验方法   观察、手轻摸检查。

【规范规定的施工过程控制要点】

第14.0.2条   …粉刷…工程中所选用材料的品种、规格和颜色，必须符合设计要求和现行材料标准的规定。材料进场后应验收，没有合格证的材料应抽样检验，合格后方可使用。

贴金工程检验批质量验收记录表　　表 C7-02-15-8

单位(子单位)工程名称					
分部(子分部)工程名称				验 收 部 位	
施工单位				项 目 经 理	
分包单位				分包项目经理	
施工执行标准名称及编号		古建筑修建工程质量检验评定标准(CJJ 39—91)			

检控项目	序号	质量验收规范规定		施工单位检查评定记录	监理(建设)单位验收记录
保证项目	1	贴金箔、铝箔、铜箔等应与金胶油粘结牢固,无脱层、空鼓、崩秧、裂缝等缺陷		第14.3.3条	
基本项目	1	贴金表面应符合以下规定:		第14.3.4条	
		合格	色泽基本一致,光亮,不花,不得有绽口、漏贴,金胶油不得有流坠、皱皮等缺陷		
		优良	色泽一致,光亮足,不花;不得有绽口、漏贴,金胶油不得有流坠、泅、皱皮等缺陷		
	2	框线和各种线贴金扣油表面应符合以下规定:		第14.3.5条	
		合格	线条直顺整齐,弧线基本流畅,不得脏活,其他项目应符合表14.1.6和第14.3.4条"合格"规定		
		优良	线条直顺整齐,弧线流畅,其他项目应符合第14.3.4条"优良"规定		

施工单位检查评定结果	专业工长(施工员)			施工班组长	
	项目专业质量检查员:　　　　　　　　　　年　　月　　日				

监理(建设)单位验收结论	专业监理工程师: (建设单位项目专业技术负责人):　　　　　　年　　月　　日

注:表 14.1.6 见表 C7-02-15-4-1。

第 14.3.1 条　贴金工程包括施用库金箔、赤金箔、铜箔、铝箔、合金箔等的彩画贴金、牌匾贴金、框线贴金、搁扇与槛窗棂花扣贴金、山花梅花钉贴金、绶带贴金、壁画彩塑贴金和室内外新式彩画贴金工程。

第 14.3.2 条　贴金工程应先打磨砂纸、然后打金胶油两道,贴金。

检查数量　室内外,按有代表性的自然间抽查 20%,但不少于 3 间;独立式建筑物,如亭子、牌楼、木塔和垂花门等按座检查。检验方法　除注明者外,观察、手摸检查。

【规范规定的施工过程控制要点】

第 14.0.2 条　…贴金…工程中所选用材料的品种、规格和颜色,必须符合设计要求和现行材料标准的规定。材料进场后应验收,没有合格证的材料应抽样检验,合格后方可使用。

裱糊工程检验批质量验收记录表   表 C7-02-15-9

单位(子单位)工程名称					
分部(子分部)工程名称				验 收 部 位	
施工单位				项 目 经 理	
分包单位				分包项目经理	
施工执行标准名称及编号			古建筑修建工程质量检验评定标准 CJJ 39—91		

检控项目	序号	质量验收规范规定		施工单位检查评定记录	监理(建设)单位验收记录
保证项目	1	各种纸面、丝绸面与底子纸之间及底子纸与基层之间必须粘结牢固,无脱层、空鼓、翘皮、崩秧和油口等缺陷		第14.4.2条	
基本项目	1	裱糊面层应符合以下规定:		第14.4.3条	
		合格	纸面、丝绸面色泽基本一致,无明显斑痕		
		优良	纸面、丝绸面色泽一致,正斜视无斑痕		
	2	各幅张拼接应符合以下规定		第14.4.4条	
		合格	横平竖直,图案端正,花纹基本吻合,阴角处搭接,阳角处无接缝,2m处正视不显接缝,搭接时,搭接宽度不得大于5mm		
		优良	横平竖直,图案端正,拼缝图案、花纹吻合,1.5m处正视不显接缝,阴角处搭接,阳角处无接缝,搭按时,搭接宽度不得大于3mm		

施工单位检查评定结果	专业工长(施工员)		施工班组长	
		项目专业质量检查员:		年　月　日

监理(建设)单位验收结论	
	专业监理工程师: (建设单位项目专业技术负责人):　　　　年　月　日

第14.4.1条　裱糊工程包括大白纸、高丽纸、银花纸、丝绸面料等裱糊工程。

检查数量　室内按有代表性的自然间抽查20％,但不少于3间。

检验方法　观察,手摸检查。

【规范规定的施工过程控制要点】

第14.0.2条　…裱糊…工程中所选用材料的品种、规格和颜色,必须符合设计要求和现行材料标准的规定。材料进场后应验收,没有合格证的材料应抽样检验,合格后方可使用。

大漆工程（中级）工程检验批质量验收记录表　　表 C7-02-15-10-1

单位(子单位)工程名称							
分部(子分部)工程名称					验 收 部 位		
施工单位					项 目 经 理		
分包单位					分包项目经理		
施工执行标准名称及编号			古建筑修建工程质量检验评定标准(CJJ 39—91)				

检控项目	序号	质量验收规范规定				施工单位检查评定记录	监理(建设)单位验收记录
保证项目	1	大漆工程严禁有漏刷、脱皮、空鼓、裂缝等缺陷				第14.5.2条	
基本项目	1	大漆工程基本项目应符合表14.5.3的规定				第14.5.5条	
		序号	项目	等级	质量要求(中级)		
		(1)	流坠和皱皮	合格	大面无流坠,小面有轻微流坠,无皱皮		
				优良	大面无,小面明显处无		
		(2)	光亮和光滑	合格	大面光亮光滑,小面有轻微缺陷		
				优良	光亮均匀一致,光滑,无挡手感		
		(3)	颜色和刷纹	合格	颜色一致,刷纹通顺		
				优良	颜色一致,无明显刷纹		
		(4)	划痕和针孔	合格	大面无小面不超过3处		
				优良	大面,小面明显处无		
		(5)	五金玻璃	合格	基本洁净		
				优良	洁净		

施工单位检查评定结果	专业工长(施工员)		施工班组长	
	项目专业质量检查员：　　　　　　　　　　年　　月　　日			
监理(建设)单位验收结论	专业监理工程师： (建设单位项目专业技术负责人)：　　　　　　年　　月　　日			

注：1. 大面指上下架大木表面,橱扇,槛窗,支摘窗,横披,风门,屏门,大门和各种形式木装修里外面。
　　2. 小面指上下架大木枋上面,桶扇,槛窗等口边。
　　3. 小面明显处指视线所能见到的地方。
　　4. 中级做法指刷醇酸调和漆二遍,醇酸磁漆罩面,光油三遍。
　　5. 剧乳胶漆、无光漆和涂料,不检查光亮。

第14.5.1条　大漆工程包括生漆、广漆、推光漆等大漆工程。
检查数量　抽查20%,但不少于1件。检验方法　观察、手摸检查。

【规范规定的施工过程控制要点】

第14.0.2条　…大漆…工程中所选用材料的品种、规格和颜色,必须符合设计要求和现行材料标准的规定。材料进场后应验收,没有合格证的材料应抽样检验,合格后方可使用。

大漆工程（高级）工程检验批质量验收记录表　　表 C7-02-15-10-2

单位(子单位)工程名称						
分部(子分部)工程名称				验 收 部 位		
施工单位				项 目 经 理		
分包单位				分包项目经理		
施工执行标准名称及编号			古建筑修建工程质量检验评定标准 CJJ 39—91			

检控项目	序号	质量验收规范规定				施工单位检查评定记录	监理(建设)单位验收记录
保证项目	1	大漆工程严禁有漏刷、脱皮、空鼓、裂缝等缺陷			第14.5.2条		
基本项目	1	大漆工程基本项目应符合表 14.5.3 的规定			第14.5.5条		
		序号	项目	等级	质量要求(高级)		
		(1)	流坠和皱皮	合格	大面无流坠、皱皮小面明显处无流坠皱皮		
				优良	大小面均无		
		(2)	光亮和光滑	合格	光亮均匀一致，光滑，无挡手感		
				优良	光亮柔和、光滑，无挡手感		
		(3)	颜色和刷纹	合格	颜色一致，无明显刷纹		
				优良	颜色一致，无刷纹		
		(4)	划痕和针孔	合格	大面无，小面不超过 2 处		
				优良	大小面无		
		(5)	五金玻璃	合格	洁净		
				优良	洁净		

施工单位检查评定结果	专业工长(施工员)		施工班组长	
	项目专业质量检查员：　　　　　　　　　年　月　日			

监理(建设)单位验收结论	
	专业监理工程师： (建设单位项目专业技术负责人)：　　　　　年　月　日

注：1. 大面指上下架大木表面，槅扇、槛窗，支摘窗、横披、风门、屏门，大门和各种形式木装修里外面。

2. 小面指上下架大木枋上面，桶扇、槛窗等口边。

3. 小面明显处指视线所能见到的地方。

4. 高级做法刷刷醇酸磁漆三遍。

5. 刷乳胶漆、无光漆和涂料，不检查光亮。

第 14.5.1 条　大漆工程包括生漆、广漆、推光漆等大漆工程。

检查数量　抽查 20%，但不少于 1 件。检验方法　观察、手摸检查。

【规范规定的施工过程控制要点】

第 14.0.2 条　…大漆…工程中所选用材料的品种、规格和颜色，必须符合设计要求和现行材料标准的规定。材料进场后应验收，没有合格证的材料应抽样检验，合格后方可使用。

【仿古彩画子分部工程】　C7-02-16

大木彩画工程检验批质量验收记录表

表 C7-02-16-1

单位(子单位)工程名称						
分部(子分部)工程名称					验收部位	
施工单位					项目经理	
分包单位					分包项目经理	
施工执行标准名称及编号			古建筑修建工程质量检验评定标准(CJJ 39—91)			

检控项目	序号	质量验收规范规定				施工单位检查评定记录	监理(建设)单位验收记录
保证项目	1	各种彩画图样及选用材料的晶种、规格必须符合设计要求			第15.2.2条		
	2	各种沥粉线条不得出现黯裂,掉条、卷翘现象			第15.2.3条		
	3	严禁色彩出现翘皮、掉色、漏刷、透底现象			第15.2.4条		
基本项目	1	大木彩画工程基本项目应符合表15.2.5的规定			第15.2.5条		
		序号	项目	等级	质量要求		
		(1)	沥粉线条	合格	光滑、直顺、大面无刀子粉、疙瘩粉及明显瘪粉		
				优良	光滑,饱满,直颜、无刀子粉,疙瘩粉、瘪粉、麻渣粉;主要线条无明显接头		
		(2)	各色线条直额度(梁枋主要线条,如箍头线,枋心线,皮条线、岔口线,盒子线等,包括晕色大粉)	合格	线条准确直属,宽窄一致、无明显搭接错位、离缝现象;大面棱角整齐方正		
				优良	线条准确直顺、宽窄一致,无搭接错位、离缝现象;棱角整齐		
		(3)	色彩均匀度(底色、晕色,大粉、黑)	合格	色彩均匀,不透底影;无混色现象		
				优良	色彩均匀、足实,不透底影、无混色现象		
		(4)	局部图案规整度(枋心、找头、盒子、箍头、卡子等)	合格	图案工整规则,大小一致、风路均匀、色彩鲜明清楚		
				优良	图案工整规则,大小一致、风路均匀、色彩鲜明清楚、运笔准确到位、线条清晰流畅		

施工单位检查评定结果	专业工长(施工员)		施工班组长	
	项目专业质量检查员:		年　　月　　日	
监理(建设)单位验收结论	专业监理工程师: (建设单位项目专业技术负责人):		年　　月　　日	

续表

单位(子单位)工程名称						
分部(子分部)工程名称				验收部位		
施工单位				项目经理		
分包单位				分包项目经理		
施工执行标准名称及编号			古建筑修建工程质量检验评定标准(CJJ 39—91)			

检控项目	序号		质量验收规范规定			施工单位检查评定记录	监理(建设)单位验收记录
基本项目	1	大木彩画工程基本项目应符合表15.2.5的规定				第15.2.5条	
	序号	项目	等级	质量要求			
	(5)	洁净度	合格	大面无脏活及明显修补痕迹,小面无明显脏活			
			优良	洁净、无脏活及明显修补痕迹			
	(6)	艺术印象(主要指各种绘画水平,如包袱画,聚锦画、池子画、流云、博古、找头花等)	合格	各种绘画形象、色彩、构图无明显误差,能体现绘画主题(可多人评议),包袱退晕整齐、层次清楚			
			优良	各种绘画逼真、形象、生动,能很好体现绘画主题(可多人评议),包袱退晕整齐、层次清楚、无靠色跳色现象			
	(7)	裱贴	合格	牢固、平整,无空鼓、翘边等现象,允许有微小折皱			
			优良	牢固、平整、无空鼓、趣边,折皱			

施工单位检查评定结果	专业工长(施工员)			施工班组长		
	项目专业质量检查员:				年 月 日	
监理(建设)单位验收结论	专业监理工程师: (建设单位项目专业技术负责人):				年 月 日	

第15.2.1条 大木彩画指上下架大木各式彩画工程,其适用范围、种类应符合以下规定。

一、大木范围

大额枋、小额枋、平板枋、挑檐枋、由额垫板、各檩（桁）、室内外各架桁、梁、柱、小式檩、板、枋及角梁，霸王拳、宝瓶、角云等露明彩画部位；

二、彩画种类

各种和玺彩画（图 15.2.1-1）、旋子彩画（图 15.2.1-2）、苏式彩画（图 15.2.1-3）、杂式彩画及新式彩画等具有传统构图格式的彩画。

检查数量　按有代表性自然间抽查 20%，但不少于 5 间，不足 5 间全检。

检验方法　观察，手摸。

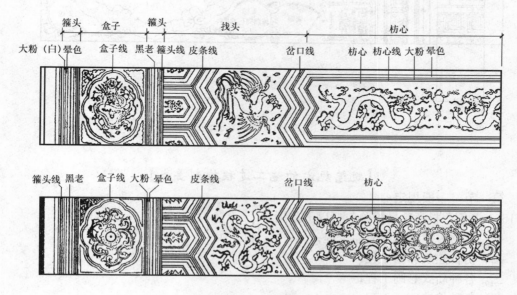

图 15.2.1-1　和玺彩画图示

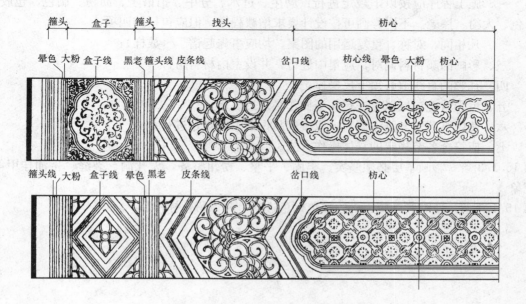

图 15.2.1-2　旋子彩画图示

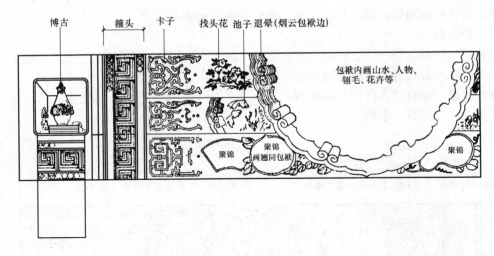

图 15.2.1-3   苏式彩画图示

【规范规定的施工过程控制要点】

第一节   一般规定

第 15.1.1 条   彩画质量检验包括以下范围。

一、文物古建筑彩画复原工程；

二、仿古建筑彩画工程；

三、各种新式彩画工程；

四、各种传统壁画工程。

第 15.1.2 条   彩画工程的施工及质量要求应符合以下规定：

一、施工程序应按以下规定进行：磨生、过水、分中、拍谱子、沥粉、刷色、包胶、晕色、大粉、黑老。不同彩画可按设计要求增减程序，但应包括前四项；

二、凡相同、对称、重复运用的图案，均应事先起谱子（放样）；

三、彩画的颜材料调对，应集中进行，并设室内材料房；

四、凡彩画直线道必须上尺操作；

五、色彩重叠二层以上进行作染操作必须过矾水；

六、使用乳胶及乳胶漆调料，应按产品说明书的规定进行；

七、应符合各节规定的具体操作方法。

第 15.1.3 条   彩画基层必须坚实、牢固、平整、楞角整齐，无孔洞、裂缝、生油挂甲等现象。

第 15.1.4 条   新式彩画施工必须按色标色进行，并保留色标样品。

椽头彩画工程检验批质量验收记录表 　　表 C7-02-16-2

单位(子单位)工程名称				
分部(子分部)工程名称			验 收 部 位	
施工单位			项 目 经 理	
分包单位			分包项目经理	
施工执行标准名称及编号	古建筑修建工程质量检验评定标准 CJJ 39—91			

检控项目	序号	质量验收规范规定					施工单位检查评定记录	监理(建设)单位验收记录
保证项目	1	彩画式样、做法及选用材料的品种、规格必须符合设计要求				第15.3.2条		
	2	严禁沥粉线条起翘、爆裂、掉条				第15.3.3条		
	3	严禁色层起皮或掉粉				第15.3.4条		
基本项目	1	椽头彩画工程质量基本项目应符合表15.3.5的规定				第15.3.5条		
		序号	项目	等级	质量要求			
		(1)	沥粉(沥粉万字类椽头)	合格	线道横平竖直,光滑直因,平行线道距离宽窄一致			
				优良	线道横平竖直,光滑直顺、饱满,横竖线道搭按合条,平行线道距离宽窄一致、风路均匀			
		(2)	色彩均匀度	合格	色彩均匀、层次清楚,罩油面允许有轻微偏差			
				优良	色彩饱满、均匀一致,不透底影,层次清楚			
		(3)	图案及线条工整规则度(主要指阴阳万字椽头、退晕椽头、颜色图样椽头)	合格	线道横平竖直,空当均匀、粗细一致,退晕规则(起止笔处允许轻微偏差)			
				优良	线道横平竖直,空当均匀、粗细一致、退晕规则、拐角方正			
		(4)	对比一致	合格	同样椽头线道粗细及风路大小无明显差别			
				优良	各种椽头线道粗细一致,规格统一			
		(5)	洁净度	合格	无明显脏污、修改及裹面现象			
				优良	洁净,无脏污,修改及裹面现象			
		(6)	艺术印象(重点指百花图)	合格	花样合理、色彩鲜艳、开染均匀,无反复重样现象			
				优良	花样合理、构图巧妙灵活,形象生动、色彩鲜艳、开染均匀,风格一致,无重样			

施工单位检查评定结果	专业工长(施工员)		施工班组长	
	项目专业质量检查员:		年　月　日	
监理(建设)单位验收结论	专业监理工程师: (建设单位项目专业技术负责人):		年　月　日	

注:椽头彩画式样见图 15.3.5。

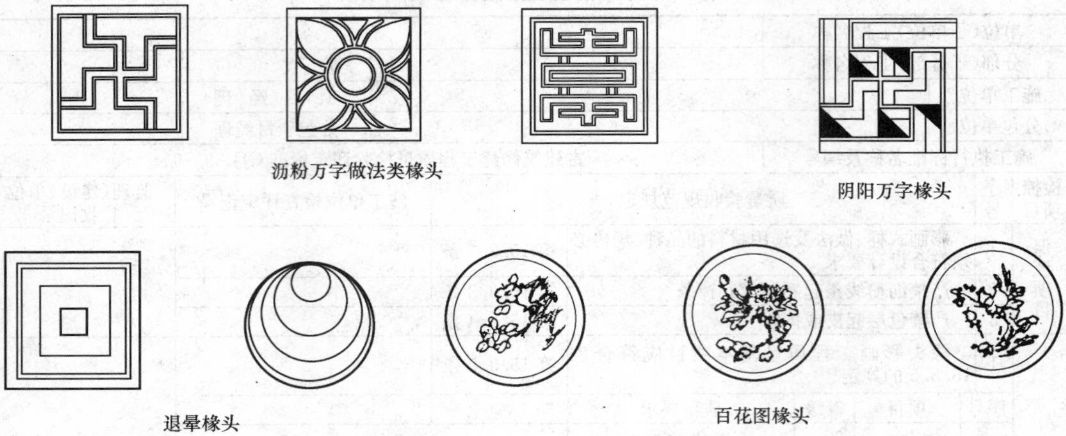

沥粉万字做法类椽头   阴阳万字椽头

退晕椽头   百花图椽头

图 15.3.5 椽头彩画图示

第 15.5.1 条 椽头彩画应包括檐椽、飞头、翼角、翘飞端面与底面的彩画工程。

检查数量 抽查 10% 或连续不少于 10 对（共 20 个）。

检验方法 观察、手摸检查。

【规范规定的施工过程控制要点】

第 15.1.2 条 彩画工程的施工及质量要求应符合以下规定：

一、施工程序应按以下规定进行：磨生、过水、分中、拍谱子、沥粉、刷色、包胶、晕色、大粉、黑老。不同彩画可按设计要求增减程序，但应包括前四项；

二、凡相同、对称、重复运用的图案，均应事先起谱子（放样）；

三、彩画的颜材料调对，应集中进行，并设室内材料房；

四、凡彩画直线道必须上尺操作；

五、色彩重叠二层以上进行作染操作必须过矾水；

六、使用乳胶及乳胶漆调料，应按产品说明书的规定进行；

七、应符合各节规定的具体操作方法。

第 15.1.3 条 彩画基层必须坚实、牢固、平整、楞角整齐，无孔洞、裂缝、生油挂甲等现象。

第 15.1.4 条 新式彩画施工必须按色标色进行，并保留色标样品。

斗栱彩画工程检验批质量验收记录表　　　表 C7-02-16-3

单位(子单位)工程名称							
分部(子分部)工程名称					验收部位		
施工单位					项目经理		
分包单位					分包项目经理		
施工执行标准名称及编号			古建筑修建工程质量检验评定标准(CJJ 39—91)				
检控项目	序号	质量验收规范规定			施工单位检查评定记录		监理(建设)单位验收记录
保证项目	1	斗栱彩画所用材料的品种、规格及做法必须符合设计要求		第15.4.2条			
	2	斗栱沥粉严禁出现翘裂、掉条现象		第15.4.3条			
	3	色彩面层严禁爆裂。翘皮、掉粉		第15.4.4条			
基本项目	1	斗栱彩画工程质量基本项目应符合表15.4.5的规定		第15.4.5条			
	序号	项目	等级	质量要求			
	(1)	沥粉	合格	线道齐直,宽窄一致,侧面,窝角部分允许微量偏差;大面无刀子粉,疙瘩粉			
			优良	线道饱满、齐直、宽窄一致,无刀子粉,疙瘩粉			
	(2)	刷色	合格	均匀一致,窝角深处允许微量遗漏,盖斗板微量裹面			
			优良	刷严刷到、均匀一致,不脏荷包(拱眼)及盖斗板			
	(3)	晕色	合格	宽窄一致、线界直顺、色彩均匀,允许起止笔处略有偏差			
			优良	宽窄一致、线界齐直,拐角方正、色彩均匀、足实盖底色			
	(4)	边线(黄线、墨线、包胶)	合格	线条直顺,宽窄一致,色彩均匀			
			优良	线条齐直,宽窄一致、色彩均匀饱满,拐角方正			
	(5)	大粉	合格	线条直顺,色彩均匀,无明显离缝,留边宽窄一致			
			优良	线条横平竖直,拐角方正、色彩均匀饱满,留边宽窄一致,无离缝现象			
	(6)	黑老	合格	线条直顺、居中,无明显歪斜现象,升斗随形黑老应能随形一致			
			优良	线条工整直顺,居中准确;随形黑老留晕宽窄一致,规格统一			
	(7)	洁净度	合格	洁净、无颜色污痕;昂头无明显手摸污痕			
			优良	洁净、无颜色污痕及明显修补痕迹,昂头色彩鲜艳,无手摸污痕,不脏金活			
施工单位检查评定结果		专业工长(施工员)			施工班组长		
		项目专业质量检查员:　　　　　　　年　月　日					
监理(建设)单位验收结论		专业监理工程师:(建设单位项目专业技术负责人):　　年　月　日					

第 15.4.1 条　斗栱彩画工程包括室内、外各柱头科、角科、平身科，以及溜金斗栱等各式斗栱彩画工程。

检查数量　按有代表性斗栱各选 2 攒（每攒按单面算），总量不少于 6 攒。

检验方法　观察、手摸检查。

【规范规定的施工过程控制要点】

一般规定

第 15.1.1 条　彩画质量检验包括以下范围。

一、文物古建筑彩画复原工程；

二、仿古建筑彩画工程；

三、各种新式彩画工程；

四、各种传统壁画工程。

第 15.1.2 条　彩画工程的施工及质量要求应符合以下规定：

一、施工程序应按以下规定进行：磨生、过水、分中、拍谱子、沥粉、刷色、包胶、晕色、大粉、黑老。不同彩画可按设计要求增减程序，但应包括前四项；

二、凡相同、对称、重复运用的图案，均应事先起谱子（放样）；

三、彩画的颜材料调对，应集中进行，并设室内材料房；

四、凡彩画直线道必须上尺操作；

五、色彩重叠二层以上进行作染操作必须过矾水；

六、使用乳胶及乳胶漆调料，应按产品说明书的规定进行；

七、应符合各节规定的具体操作方法。

第 15.1.3 条　彩画基层必须坚实、牢固、平整、楞角整齐，无孔洞、裂缝、生油挂甲等现象。

第 15.1.4 条　新式彩画施工必须按色标色进行，并保留色标样品。

天花、支条彩画工程检验批质量验收记录表　　表 C7-02-16-4

单位(子单位)工程名称						
分部(子分部)工程名称				验收部位		
施工单位				项目经理		
分包单位				分包项目经理		
施工执行标准名称及编号		古建筑修建工程质量检验评定标准(CJJ 39—91)				

检控项目	序号	质量验收规范规定			施工单位检查评定记录	监理(建设)单位验收记录
保证项目	1	天花彩画图样、做法、材料的品种、规格必须符合设计要求		第15.5.2条		
	2	沥粉线条必须附着牢固,严禁卷翘、掉条		第15.5.3条		
	3	各色层严禁出现翘皮、掉色现象		第15.5.4条		
基本项目	1	天花、支条彩画工程质量基本项目应符合表15.5.5的规定		第15.5.5条		

基本项目	序号	项目	等级	质量要求	施工单位检查评定记录	监理(建设)单位验收记录
	(1)	行线排列直顺度(裱贴天花)	合格	排列通顺,按行穿线无明显偏闪,且每行不大于2井		
			优良	排列通顺整齐,大边宽窄一致		
	(2)	方、圆光线(主要指沥粉)	合格	线道直顺,圆光线接头无错位,色线工整规则		
			优良	线道直顺、饱满、搭角到位,圆光线接头无错位,通顺、起伏一致,色线工整规则		
	(3)	岔角,圆心图案(指龙凤、草等图案天花)	合格	岔角风路均匀一致,各色线条直顺;圆心内图案无明显错位现象		
			优良	岔角工整,风路均匀一致,各色线条直顺流畅,圆心内图案工整规则,风路均匀		
	(4)	艺术印象(指团鹤,四季花天花)	合格	渲染均匀,层次鲜明,勾线不乱		
			优良	渲染均匀,层次鲜明,色调沉稳,勾线有力,画面干净整齐		
	(5)	天花裱贴	合格	裱贴牢固平整,无空鼓、翘边现象,允许有少量折裂沥粉线条,无污痕		
			优良	裱贴牢固平整,无空鼓、翘边、皱痕及折裂沥粉线现象,表面洁净、色彩鲜艳、无污痕		

施工单位检查评定结果	专业工长(施工员)		施工班组长	
	项目专业质量检查员:		年　月　日	
监理(建设)单位验收结论	专业监理工程师: (建设单位项目专业技术负责人):		年　月　日	

注:天花、支条彩画图案式样见图 15.5.5。

续表

单位(子单位)工程名称						
分部(子分部)工程名称					验 收 部 位	
施工单位					项 目 经 理	
分包单位					分包项目经理	
施工执行标准名称及编号				古建筑修建工程质量检验评定标准(CJJ 39—91)		

检控项目	序号	质量验收规范规定				施工单位检查评定记录	监理(建设)单位验收记录
基本项目	1	天花、支条彩画工程质量基本项目应符合表15.5.5的规定				第15.5.5条	
		序号	项目	等级	质量要求		
		(6)	燕尾	合格	色彩鲜明,层次清楚,图案工整、裁贴燕尾与支条宽窄一致,裱贴牢固平整,无拼缝边缝		
				优良	色彩鲜明,层次清楚,图案工整、线条准确流畅,裁贴燕尾与支条宽窄一致,裱贴牢固平整,无拼缝、边缝		
		(7)	支条	合格	色彩均匀一致,与燕尾搭接处无明显色差		
				优良	色彩均匀一致,与燕尾搭接处无色差		
		(8)	洁净度	合格	色彩洁净,无明显手指脏污痕迹		
				优良	色彩洁净,无手指脏污痕迹		
施工单位检查评定结果		专业工长(施工员)				施工班组长	
			项目专业质量检查员:				年　月　日
监理(建设)单位验收结论							
			专业监理工程师: (建设单位项目专业技术负责人):				年　月　日

注：天花、支条彩画图案式样见图15.5.5。

第15.5.1条　天花，支条彩画工程的施工及质量要求应符合以下规定。

一、天花起谱子的尺寸应以井口为基准；

二、摘卸顶棚时，背面应预先编号记载；

三、做软天花，应在生高丽纸、生绢上墙过矾水，绷平后拍谱子；

四、软天花轴谱子后，应在沥粉、刷色、抹小色、垫较大面积底色、包胶全部完成后下墙，再继续画细部；

五、天花沥粉应用铁丝规做圆鼓子线，其搭接粉条不大于两点（处）；

六、软天花及燕尾做完后，垫纸裱糊至顶棚；

七、不同宽度的支条，做燕尾的起谱子应分别配纸；

八、硬天花全部彩画工艺完成后刷大边，干后按号复位。

检查数量　抽查10%，但不少于10井或两行。

检验方法　观察、手摸检查。

燕尾
方光
圆光
岔角
大边　支条　井口线

图 15.5.5-1　天花、支条彩画图示

图 15.5.5-2　升降龙天花彩画图

图 15.5.5-3　西蕃莲草天花彩画图

图 15.5.5-4　团鹤天花彩画图

图 15.5.5-5　四季花（牡丹）天花彩画图

楣子、牙子、雀替、花活彩画工程检验批质量验收记录表　　表 C7-02-16-5

单位(子单位)工程名称				
分部(子分部)工程名称			验 收 部 位	
施工单位			项 目 经 理	
分包单位			分包项目经理	
施工执行标准名称及编号		古建筑修建工程质量检验评定标准(CJJ 39—91)		

检控项目	序号	质量验收规范规定		施工单位检查评定记录	监理(建设)单位验收记录
保证项目	1	各部分选用材料的品种、规格及做法必须符合设计要求	第15.6.2条		
	2	沥粉及色彩应附着牢固,严禁出现掉粉、翘裂现象	第15.6.5条		
基本项目	1	楣子彩画应符合以下规定:			
		合格	掏里必须刷严、刷到,迎面均匀一致,线条直顺,分色线整齐,无明显裹面	第15.8.4条	
		优良	掏里必须刷严、刷到,迎面均匀一致,线条清晰直顺、色彩足实,分色线整齐,无裹面		
	2	牙子彩画应符合以下规定:			
		合格	掏里刷严、刷到,涂色、渲染均匀一致	第15.8.5条	
		优良	掏里刷严、刷到,涂色足实均匀,渲染均匀无斑迹,色调沉稳		
	3	雀替、花活彩画应符合以下规定:			
		合格	色彩鲜明,足实盖地,层次清楚,渲染均匀,线道直顺,不混色,不露缝,表面洁净无脏色	第15.6.6条	
		优良	色彩鲜明,足实盖地,层次清楚,渲染均匀,线道宽窄一致,留晕整齐,不混色、不露缝,洁净无脏色		

施工单位检查评定结果	专业工长(施工员)		施工班组长	
	项目专业质量检查员:　　　　　　　　　年　　月　　日			

监理(建设)单位验收结论	
	专业监理工程师: (建设单位项目专业技术负责人):　　　　　　　年　　月　　日

第 15.6.1 条 各种楣子、牙子、雀替、花活彩画的质量检验和评定。

检查数量 楣子任选一间，牙子，雀替、花活各选一对。

检验方法 观察、手摸检查。

【规范规定的施工过程控制要点】

第 15.1.2 条 彩画工程的施工及质量要求应符合以下规定：

一、施工程序应按以下规定进行：磨生、过水、分中、拍谱子、沥粉、刷色、包胶、晕色、大粉、黑老。不同彩画可按设计要求增减程序，但应包括前四项；

二、凡相同、对称、重复运用的图案，均应事先起谱子（放样）；

三、彩画的颜材料调对，应集中进行，并设室内材料房；

四、凡彩画直线道必须上尺操作；

五、色彩重叠二层以上进行作染操作必须过矾水；

六、使用乳胶及乳胶漆调料，应按产品说明书的规定进行；

七、应符合各节规定的具体操作方法。

第 15.1.3 条 彩画基层必须坚实、牢固、平整、楞角整齐，无孔洞、裂缝、生油挂甲等现象。

第 15.1.4 条 新式彩画施工必须按色标色进行，并保留色标样品。

古建筑修建工程的示意附图

石作工程

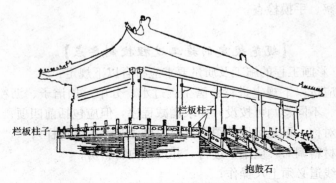

图 4.0.1-1 栏板柱子与抱鼓石部位示意图

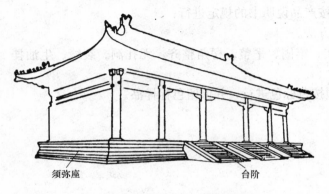

图 4.0.1-2 须弥座与台阶示意图

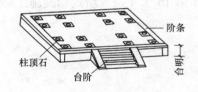

图 4.0.1-3 台明、阶条与柱顶石示意图

大木构架的制作与安装

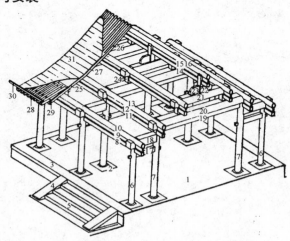

图 5.1.1-1 硬山建筑木构架构件名称图

1—台基；2—柱顶石；3—阶条；4—垂带；5—踏跺；6—檐柱；7—金柱；8—檐枋；9—檐垫板；10—檐檩；
11—金枋；12—金垫板；13—金檩；14—脊枋；15—脊垫板；16—脊檩；17—穿插枋；18—抱头梁；
19—随梁枋；20—五架梁；21—三架梁；22—脊瓜柱；23—脊角背；24—金瓜柱；25—檐椽；26—脑椽；
27—花架椽；28—飞椽；29—小连檐；30—大连檐；31—望板

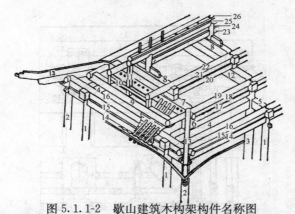

图 5.1.1-2　歇山建筑木构架构件名称图

1—檐柱；2—角檐柱；3—金柱；4—顺梁；5—抱头梁；6—交金墩；7—踩步金；8—三架梁；9—踏脚木；
10—穿；11—草架柱；12—五架梁；13—角梁；14—檐枋；15—檐垫板；16—檐檩；17—下金枋；18—下金垫板；
19—下金檩；20—上金枋；21—上金垫板；22—上金檩；23—脊枋；24—脊垫板；25—脊檩；26—扶脊木

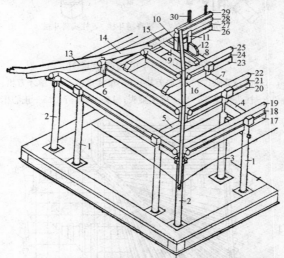

图 5.1.1-3　庑殿建筑木构架构件名称图

1—檐柱；2—角檐柱；3—金柱；4—抱头梁；5—顺梁；6—交金瓜柱；7—五架梁；8—三架梁；9—太平梁；
10—雷公柱；11—脊瓜柱；12—脊角背；13—角梁；14—由戗；15—脊由戗；16—扒梁；17—檐枋；
18—檐垫板；19—檐檩；20—金枋；21—金垫板；22—金檩；23—脊上金枋；24—上金垫板；25—上金檩；
26—脊枋；27—脊垫板；28—脊檩；29—扶脊木；30—脊柱

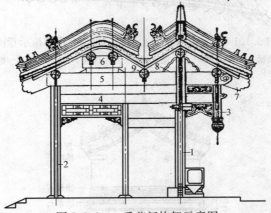

图 5.1.1-4　垂花门构架示意图

1—前檐柱；2—后檐柱；3—垂柱；4—麻叶穿插枋；5—麻叶抱头梁；6—月梁；7—博缝板；8—角背；9—天沟檩

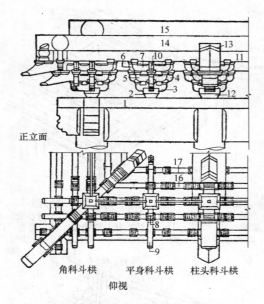

正立面

角科斗栱　　平身科斗栱　　柱头科斗栱

仰视

图 5.1.1-5　斗栱构造示意图

1—平板枋；2—平身科坐斗；3—正心瓜栱；4—正心万栱；5—单才瓜栱；6—单才万栱；7—厢栱；8—翘；9—昂；
10—蚂蚱头；11—挑檐枋；12—柱头科坐斗；13—挑尖梁头；14—挑檐桁；15—正心桁；16—拽枋；17—井口枋

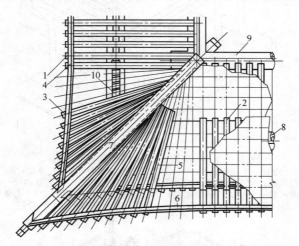

图 5.1.1-6　翼角及屋面木基层、构件名称部位示意图

1—檐椽；2—飞椽；3—翼角椽；4—小连檐；5—翘飞椽；6—大连檐；7—角梁；8—檐檩；9—金檩；10—衬头木

异形砌体工程

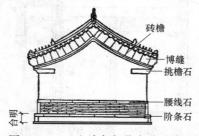

图 8.5.1-1　山墙各部位名称示意图

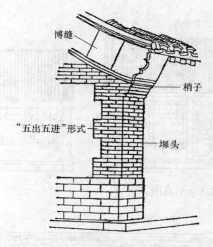

图 8.5.1-2 山墙局部示意图

屋面工程

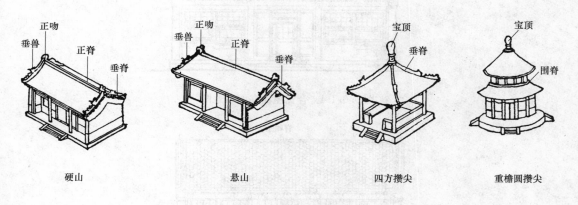

图 9.0.1-1 屋面及屋脊类型 (一)

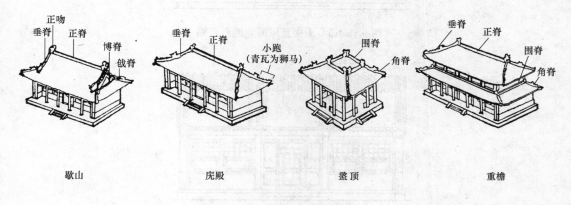

图 9.0.1-1 屋面及屋脊类型 (二)

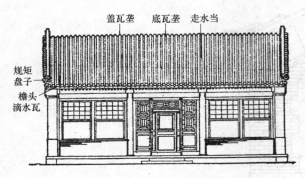

图 9.0.1-2 筒瓦屋面立面示意图

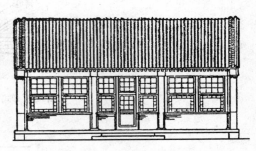

图 9.0.1-3 仰瓦灰梗屋面立面示意图

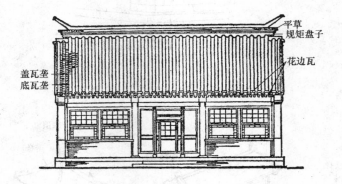

图 9.0.1-4 合瓦屋面立面示意图

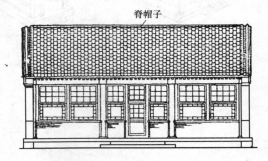

图 9.0.1-5 干槎瓦屋面立面示意图

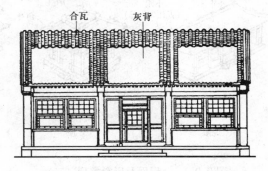

图 9.0.1-6 棋盘心屋面立面示意图

【园林简易设施安装分部/子分部工程】 C7-02-17

果皮箱安装检验批质量验收记录表

表 C7-02-17-1

单位(子单位)工程名称				
分部(子分部)工程名称			验 收 部 位	
施工单位			项 目 经 理	
分包单位			分包项目经理	
施工执行标准名称及编号				

检控项目	序号	质量验收规范规定		施工单位检查评定记录	监理(建设)单位验收记录
主控项目	1	果皮箱安装基础应符合设计要求	第5.35.2.1条		
	2	果皮箱的质量应通过产品检验达到合格	第5.35.2.2条		
	3	果皮箱应安装牢固无松动	第5.35.2.3条		
一般项目	1	金属果皮箱应做防锈蚀处理	第5.35.3.1条		
	2	果皮箱规格、色彩、安装位置及观赏效果与景观相协调	第5.35.3.2条		

施工单位检查评定结果	专业工长(施工员)		施工班组长	
	项目专业质量检查员： 年 月 日			

监理(建设)单位验收结论	
	专业监理工程师： (建设单位项目专业技术负责人): 年 月 日

【规范规定的施工过程控制要点】

5.35.1 一般规定

5.35.1.1 果皮箱的安装方法按照产品安装说明或设计要求进行。

座椅（凳）安装检验批质量验收记录表　　表 C7-02-17-2

单位(子单位)工程名称					
分部(子分部)工程名称				验 收 部 位	
施工单位				项 目 经 理	
分包单位				分包项目经理	
施工执行标准名称及编号					

检控项目	序号	质量验收规范规定		施工单位检查评定记录	监理(建设)单位验收记录
主控项目	1	座椅安装基础应符合设计要求	第5.33.2.1条		
	2	座椅的质量应通过产品检验达到合格	第5.33.2.2条		
	3	座椅应安装牢固无松动。 检查方法:手动,观察。 检查数量:全数检查	第5.33.2.3条		
一般项目	1	座椅的金属部分应做防锈蚀处理	第5.33.3.1条		
	2	座椅的材质、规格、形状、色彩、安装位置应符合设计要求,其观赏效果要与景观相协调	第5.32.3.2条		

施工单位检查评定结果	专业工长(施工员)			施工班组长	
	项目专业质量检查员: 　　　　　　　年　　月　　日				
监理(建设)单位验收结论	专业监理工程师: (建设单位项目专业技术负责人): 　　　　　　　年　　月　　日				

【规范规定的施工过程控制要点】

5.33.1　一般规定

5.33.1.1　座椅是指设置在园林绿地中，与基础连接固定，供游客休息并具有一定观赏效果的园林简易设施。

5.33.1.2　座椅的安装方法按照产品安装说明或设计要求进行。

牌示安装检验批质量验收记录表　　　　　　　表 C7-02-17-3

单位(子单位)工程名称				
分部(子分部)工程名称			验 收 部 位	
施工单位			项 目 经 理	
分包单位			分包项目经理	
施工执行标准名称及编号				

检控项目	序号	质量验收规范规定		施工单位检查评定记录	监理(建设)单位验收记录
主控项目	1	有支柱牌示安装基础应符合设计要求	第5.34.2.1条		
	2	牌示应通过产品检验达到合格	第5.34.2.2条		
	3	支柱安装应直立不倾斜、支柱表面应整洁无毛刺	第5.34.2.3条		
	4	牌示与支柱连接、支柱与基础的连接应牢固无松动。检查方法:手动,观察。检查数量:全数检查	第5.34.2.4条		
	5	金属牌示及其连接件应做防锈蚀处理	第5.34.2.5条		
一般项目	1	牌示规格、色彩、安装位置、安装高度及观赏效果与景观相协调	第5.34.3.1条		
	2	牌示的指示方向应准确无误	第5.34.3.2条		

施工单位检查评定结果	专业工长(施工员)		施工班组长	
	项目专业质量检查员:　　　　　　　　年　月　日			

监理(建设)单位验收结论	
	专业监理工程师:(建设单位项目专业技术负责人):　　　年　月　日

【规范规定的施工过程控制要点】

5.34.1　一般规定

5.34.1.1　牌示是指设置在园林绿地中,具有导游指示功能和观赏效果的园林简易设施。包括单一平面、立体多两、有支柱、无支柱等多种类型。

5.34.1.2　牌示的安装按照产品安装说明或设计要求进行。

雕塑雕刻检验批质量验收记录表

表 C7-02-17-4

单位(子单位)工程名称						
分部(子分部)工程名称					验 收 部 位	
施工单位					项 目 经 理	
分包单位					分包项目经理	
施工执行标准名称及编号						

检控项目	序号	质量验收规范规定		施工单位检查评定记录	监理(建设)单位验收记录
主控项目	1	雕塑、雕刻制品的质量、品种、规格应符合设计要求,表面不得有裂缝、划痕、破损、凹陷等缺陷	第5.46.2.1条		
	2	雕塑、雕刻制品应安装牢固,位置正确,不得有松动现象	第5.46.2.2条		
	3	雕塑、雕刻的图案应清晰完整,曲线自然优美,外观色泽一致	第5.46.2.3条		
一般项目	1	雕塑、雕刻的拼缝间距、缝宽应均匀一致,表面自然光洁,细部处理到位	第5.46.3.1条		
	2	雕塑表面不得有明显的裂痕和凹凸感,焊缝应进行抛光处理,外观效果和顺流畅	第5.46.3.2条		
	3	塑筑类雕塑的材料配合比应符合设计要求,表面不得有脱落、裂缝、空鼓、掉色等缺陷	第5.46.3.3条		

施工单位检查评定结果	专业工长(施工员)		施工班组长	
	项目专业质量检查员： 　　　　　年　　月　　日			

监理(建设)单位验收结论	
	专业监理工程师： (建设单位项目专业技术负责人)： 　　　　　年　　月　　日

【规范规定的施工过程控制要点】

5.46.1　一般规定

5.46.1.1　本节适用于石材、金属材料、混凝土材料、高分子合成材料等制作的雕塑、雕刻的安装工程。

5.46.1.2　雕塑、雕刻应根据效果图制作小样,按比例放大制作。

5.46.1.3　雕塑、雕刻的设置应和周边环境协调统一。

塑山检验批质量验收记录表　　表 C7-02-17-5

单位(子单位)工程名称				
分部(子分部)工程名称			验 收 部 位	
施工单位			项 目 经 理	
分包单位			分包项目经理	
施工执行标准名称及编号				

检控项目	序号	质量验收规范规定		施工单位检查评定记录	监理(建设)单位验收记录
主控项目	1	塑山骨架的原材料质量应符合设计及规范要求	第5.47.2.1条		
	2	钢筋焊接应牢固,间距符合设计要求,钢丝网与钢塑连接牢固	第5.47.2.2条		
	3	塑山骨架的承载力、表面材料强度和抗风化能力应符合设计要求	第5.47.2.3条		
一般项目	1	塑山表面应完整无破损、脱落、起皮和松动现象	第5.47.3.1条		
	2	表面形态自然,外观颜色效果逼真,整体协调	第5.47.3.2条		

施工单位检查评定结果	专业工长(施工员)		施工班组长	
	项目专业质量检查员:　　　　　　　　年　月　日			

监理(建设)单位验收结论	
	专业监理工程师: (建设单位项目专业技术负责人):　　　　年　月　日

【规范规定的施工过程控制要点】

5.47.1　一般规定

5.47.1.1　本节适用钢结构骨架、砌体骨架和有机合成材料塑成的假山。

5.47.1.2　塑山骨架应坚实、牢固,金属构件应做防腐处理。

5.47.1.3　骨架山形态要接近山体模型的体态。

5.47.1.4　骨架制作应符合国家现行规范和验收标准。

园林护栏检验批质量验收记录表　　表 C7-02-17-6

单位(子单位)工程名称					
分部(子分部)工程名称				验收部位	
施工单位				项目经理	
分包单位				分包项目经理	
施工执行标准名称及编号					
检控项目	序号	质量验收规范规定		施工单位检查评定记录	监理(建设)单位验收记录
主控项目	1	金属护栏和钢筋混凝土护栏应设置基础,基础强度和埋深应符合设计要求,设计无明确要求的应遵循下列规定:高度在 1.5m 以下的护栏,其混凝土基础尺寸不小于 300mm×300mm×300mm;高度在 1.5m 以上的护栏,其混凝土基础尺寸不小于 400mm×400mm×400mm。　检查方法:尺量。检查数量:每 100 延长米检查 1 处,不足 100 延长米不少于 1 处	第 5.36.2.1 条		
	2	园林护栏基础采用的混凝土强度应不低于 C20	第 5.36.2.2 条		
	3	现场加工的金属护栏应做防锈处理	第 5.36.2.3 条		
	4	栏杆之间、栏杆与基础之间的连接应紧实牢固。金属栏杆的焊接应符合相关规范的要求	第 5.36.2.4 条		
	5	竹木质护栏的主桩下埋深度应不低于 500mm。主桩的下埋部分应做防腐处理。主桩之间的间距应小于 6m	第 5.36.2.5 条		
一般项目	1	护栏高度、形式、图案、色彩应符合设计要求	第 5.36.3.1 条		
	2	栏杆空隙应符合设计要求,设计未提出明确要求的,宜为 15cm 以下	第 5.36.3.2 条		
	3	护栏整体应垂直、平顺	第 5.36.3.3 条		
施工单位检查评定结果	专业工长(施工员)			施工班组长	
	项目专业质量检查员:　　　　　　　　　　　年　月　日				
监理(建设)单位验收结论					
	专业监理工程师: (建设单位项目专业技术负责人):　　　年　月　日				

【规范规定的施工过程控制要点】

5.36.1　一般规定

5.36.1.1　园林护栏是指用于维护绿地、具有一定观赏效果的隔栏。按使用材料可分为竹木质护栏、金属护栏、钢筋混凝土护栏、麻绳护栏等。

5.36.1.2　用于攀援绿化的园林护栏应符合植物生长要求。

花饰制作与安装检验批质量验收记录表　　表 C7-02-17-210-1

单位(子单位)工程名称												
分部(子分部)工程名称					验 收 部 位							
施工单位					项 目 经 理							
分包单位					分包项目经理							
施工执行标准名称及编号												

检控项目	序号	质量验收规范规定			施工单位检查评定记录							监理(建设)单位验收记录
主控项目	1	花饰制作与安装所使用材料的材质、规格	第12.6.3条									
	2	花饰的造型、尺寸	第12.6.4条									
	3	花饰的安装位置和固定方法与安装	第12.6.5条									
一般项目	1	花饰表面	第12.6.6条									
	2	花饰安装(第12.6.7条)	允许偏差(mm)		量　测　值(mm)							
			室内	室外								
	1)	条型花饰的水平度或垂直度	每米	1	2							
			全长	3	6							
	2)	单独花饰中心位置偏移	10	15								

施工单位检查评定结果	专业工长(施工员)		施工班组长	
	项目专业质量检查员：　　　　　　　　　年　月　日			
监理(建设)单位验收结论	专业监理工程师： (建设单位项目专业技术负责人)：　　　　　年　月　日			

【检查验收时执行的规范条目】

12.6.2 检查数量应符合下列规定：

1 室外每个检验批应全部检查。

2 室内每个检验批应至少抽查3间（处）；不足3间（处）时应全数检查。

1. 主控项目

12.6.3 花饰制作与安装所使用材料的材质、规格应符合设计要求。

检验方法：观察；检查产品合格证书和进场验收记录。

12.6.4 花饰的造型、尺寸应符合设计要求。

检验方法：观察；尺量检查。

12.6.5 花饰的安装位置和固定方法必须符合设计要求，安装必须牢固。

检验方法：观察；尺量检查；手扳检查。

2. 一般项目

12.6.6 花饰表面应洁净，接缝应严密吻合，不得有歪斜、裂缝、翘曲及损坏。

检验方法：观察。

12.6.7 花饰安装的允许偏差应符合表C7-02-17-210-1的规定。允许偏差验收的检验方法见表12.6.7。

【检查方法】

花饰制作与安装检验批允许偏差验收的检验方法 表 12.6.7

项次	检 查 项 目 与 要 求	检 查 方 法
1	条型花饰的水平度或垂直度：合格标准,符合规范要求	拉线和用1m垂直检测尺检查
2	单独花饰中心位置偏移：合格标准,符合规范要求	拉线和用钢直尺检查

【花坛设置分部/子分部工程】　C7-02-18

立体（花坛）骨架检验批质量验收记录表　　表 C7-02-18-1

单位(子单位)工程名称				
分部(子分部)工程名称			验收部位	
施工单位			项目经理	
分包单位			分包项目经理	
施工执行标准名称及编号				

检控项目	序号	质量验收规范规定		施工单位检查评定记录	监理(建设)单位验收记录
主控项目	1	立体(花坛)骨架造型应满足设计要求	第5.38.2.1条		
	2	立体(花坛)骨架构造应安装牢固、稳定,其结构承载力应符合设计要求。大型立体(花坛)的骨架应有结构计算书	第5.37.2.2条		
一般项目	1	立体(花坛)骨架搭建时,应兼顾滴灌、喷灌、灯光、喷泉及其他展示物的安装和敷设的需要	第5.38.3.1条		
	2	剩余的搭建材料应及时清理干净	第5.38.3.2条		

施工单位检查评定结果	专业工长(施工员)		施工班组长	
	项目专业质量检查员:　　　　　　　　　　年　　月　　日			

监理(建设)单位验收结论	
	专业监理工程师: (建设单位项目专业技术负责人):　　　　　　年　　月　　日

【规范规定的施工过程控制要点】

5.38.1　一般规定

5.38.1.1　立体（花坛）骨架定点放线前应对场地和空间进行检查。

5.38.1.2　立体（花坛）骨架搭建前应检查所用材料的材质、规格、数量、形状，不得随意拼接、替代。

花卉摆放检验批质量验收记录表　　　　　　　　表 C7-02-18-2

单位(子单位)工程名称				
分部(子分部)工程名称			验收部位	
施工单位			项目经理	
分包单位			分包项目经理	
施工执行标准名称及编号				

检控项目	序号	质量验收规范规定		施工单位检查评定记录	监理(建设)单位验收记录
主控项目	1	花卉品种、颜色、花期应符合设计要求。植株健壮无病虫，无伤残枝、叶和花蕾	第5.39.2.1条		
	2	五色草类组图效果应色泽鲜艳，图案清晰，植株高矮紧凑，整齐一致，立意明确	第5.39.2.2条		
	3	花盆(钵)在立体骨架上的固定应牢固无松动。在高于3m的空中摆放时应考虑风力的影响	第5.39.2.3条		
一般项目	1	花盆(钵)安放密度以不露骨架为宜	第5.39.3.1条		
	2	花盆(钵)摆放时不得损坏预设管线	第5.39.3.2条		

施工单位检查评定结果	专业工长(施工员)			施工班组长	
	项目专业质量检查员：　　　　　　　年　月　日				

监理(建设)单位验收结论	
	专业监理工程师： (建设单位项目专业技术负责人)：　　　　　年　月　日

【规范规定的施工过程控制要点】

5.39.1　一般规定

5.39.1.1　立体花坛摆放花卉前，应对其骨架的稳定性和荷载能力进行预检。

5.39.1.2　花卉摆放前应对植株高度、冠幅、花色、花期、花盆（钵）质量进行检查和筛选，对伤残枝、叶、花蕾和盆底泥土进行清理。

5.39.1.3　立体花坛自上而下进行布置。

园林铺地子单位工程　03
【地基及基础分部/子分部工程】　C7-03-01

混凝土基层检验批质量验收记录表　　　　　　　　　　表 C7-03-01-1

单位(子单位)工程名称					
分部(子分部)工程名称				验 收 部 位	
施工单位				项 目 经 理	
分包单位				分包项目经理	
施工执行标准名称及编号					

检控项目	序号	质量验收规范规定	施工单位检查评定记录	监理(建设)单位验收记录
主控项目	1	混凝土基层采用的粗骨料,其最大粒径不应大于基层厚度的2/3;含泥量不应大于2%;砂为中粗砂,其含泥量不应大于3%	第5.23.2.1条	
	2	混凝土的强度等级应符合设计要求,且不应小于C15	第5.23.2.2条	
一般项目	1	混凝土基层表面的允许偏差应满足下列要求。 检查数量:每500m² 检查 3 处。不足500m² 的不少于 1 处	第5.23.3.1条	

	项　　目	允许偏差(mm)	量测值(mm)								
(1)	表面平整度	10									
(2)	标高	±10									
(3)	厚度	+10									
(4)	宽度	-20									
(5)	横坡	±10									

施工单位检查评定结果	专业工长(施工员)		施工班组长	
	项目专业质量检查员:		年　月　日	

监理(建设)单位验收结论	
	专业监理工程师: (建设单位项目专业技术负责人):　　　　年　月　日

【检查验收时执行的规范条目】

5.23.3.1　混凝土基层表面的允许偏差应满足表5.23.3.1的要求。

混凝土基层表面的允许偏差和检查方法（单位：mm）　　　　表5.23.3.1

项次	项　目	允许偏差	检查方法
1	表面平整度	10	用2m靠尺和楔形塞尺检查
2	标高	±10	用水准仪检查
3	厚度	+10	用钢尺检查
4	宽度	-20	用尺量
5	横坡	±10	用坡度尺或水准仪测量

【规范规定的施工过程控制要点】

5.23.1　一般规定

5.23.1.1　混凝土基层铺设在基土上。设计无要求时，基层应设置伸缩缝（道路每6延长米，广场铺装每9m²）。

5.23.1.2　混凝土基层的厚度应符合设计要求。设计无明确要求时，应大于60mm。

5.23.1.3　混凝土基层铺设前，其下一层表面应湿润，不得有积水及杂物。

5.23.1.4　混凝土施工质量检验应符合GB 50204的有关规定。

灰土基层检验批质量验收记录表　　　　　　表 C7-03-01-2

单位(子单位)工程名称			
分部(子分部)工程名称		验 收 部 位	
施工单位		项 目 经 理	
分包单位		分包项目经理	
施工执行标准名称及编号			

检控项目	序号	质量验收规范规定		施工单位检查评定记录	监理(建设)单位验收记录
主控项目	1	基底的土质及地基处理方法应符合设计要求	第 5.24.2.1 条		
	2	灰土的配合比应符合设计要求	第 5.24.2.2 条		
	3	灰土的压实系数应符合设计要求。设计无要求时,密实度不小于 0.90	第 5.24.2.3 条		
一般项目	1	灰土配料应拌合均匀,分层虚铺厚度不大于 250mm,夯压密实,表面无松散、翘皮和裂缝现象	第 5.24.3.1 条		
	2	分层接槎密实、平整	第 5.24.3.2 条		
	3	熟化石灰颗粒粒径不得大于 5mm;黏土(或粉质黏土、粉土)内不得含有机物质,颗粒粒径不得大于 15mm	第 5.24.3.3 条		
	4	灰土基层表面允许偏差应满足下列要求。 　　检查数量:每 1000m² 检查 3 处。不足 1000m² 的不少于 1 处	第 5.24.3.4 条		

		项　　目	允许偏差(mm)	量测值(mm)							
	(1)	表面平整度	10								
	(2)	标高	±10								
	(3)	厚度	+10								

施工单位检查评定结果	专业工长(施工员)		施工班组长	
	项目专业质量检查员:		年　月　日	

监理(建设)单位验收结论	
	专业监理工程师: (建设单位项目专业技术负责人):　　　　　　年　月　日

【检查验收时执行的规范条目】

5.24.3.4　灰土基层表面允许偏差应满足表 5.24.3.4 的要求。

灰土基层表面的允许偏差和检查方法（单位：mm）　　　　表 5.24.3.4

项次	项　　目	允许偏差	检查方法
1	表面平整度	10	用 2m 靠尺和楔形塞尺检查
2	标高	±10	用水准仪检查
3	厚度	+10	用钢尺检查

【规范规定的施工过程控制要点】

5.24.1　一般规定

5.24.1.1　灰土基层应采用充分熟化石灰与黏土（或粉质黏土、粉土）的拌合料铺设，其厚度应大于 100mm。

5.24.1.2　灰土基层应铺设在不受地下水浸泡的基土上。施工后应有防止水浸泡的措施。

5.24.1.3　灰土基层应分层夯实，经湿润养护后方可进行下一道工序施工。

碎石基层检验批质量验收记录表 表 C7-03-01-3

单位(子单位)工程名称				
分部(子分部)工程名称			验 收 部 位	
施工单位			项 目 经 理	
分包单位			分包项目经理	
施工执行标准名称及编号				

检控项目	序号	质量验收规范规定		施工单位检查评定记录	监理(建设)单位验收记录
主控项目	1	碎石基层厚度应符合设计要求。设计无明确要求时,不应小于100mm	第5.22.2.1条		
	2	碎石基层应分层压实,达到表翻坚实、平整	第5.22.2.2条		
	3	碎石的最大粒径不大于基层厚度的2/3	第5.22.2.3条		
一般项目	1	碎石基层宜表面平整	第5.22.3.1条		
	2	碎石基层的表面允许偏差应满足下列要求。 检查数量:每1000m² 检查3处。不足1000m² 的不少于1处	第5.22.3.2条		
		项 目	允许偏差(mm)	量测值(mm)	
	(1)	表面平整度	15		
	(2)	标高	±20		
	(3)	厚度	+20		

施工单位检查评定结果	专业工长(施工员)			施工班组长	
	项目专业质量检查员:　　　　　　　　年　月　日				

监理(建设)单位验收结论	
	专业监理工程师: (建设单位项目专业技术负责人):　　　年　月　日

【检查验收时执行的规范条目】

5.22.3.2 碎石基层的表面允许偏差应满足表 5.22.3.2 的要求。

碎石基层表面的允许偏差和检查方法（单位：mm）　　　　表 5.22.3.2

项次	项　　目	允许偏差	检查方法
1	表面平整度	15	用 2m 靠尺和楔形塞尺检查
2	标高	±20	用水准仪检查
3	厚度	+20	用钢尺检查

【规范规定的施工过程控制要点】

5.22.1 一般规定

5.22.1.1 可通过小型车辆的园路、厂场应采用碎石基层。

5.22.1.2 碎石垫层施工前应完成与其有关的电气管线、设备管线及埋件的安装。

砂石基层检验批质量验收记录表

表 C7-03-01-4

单位(子单位)工程名称			
分部(子分部)工程名称		验收部位	
施工单位		项目经理	
分包单位		分包项目经理	
施工执行标准名称及编号			

检控项目	序号	质量验收规范规定		施工单位检查评定记录	监理(建设)单位验收记录
主控项目	1	基底的土质应符合设计要求	第5.21.2.1条		
	2	砂石基层的干密度(或贯入度)应符合设计要求	第5.21.2.2条		
一般项目	1	天然级配砂石的原材料质量符合设计要求。表面不应有砂窝、石堆等质量缺陷	第5.21.3.1条		
	2	级配砂石的分层应铺厚度不大于300mm,碾压密实	第5.21.3.2条		
	3	分段、分层施工时应留槎,接槎密实、平整	第5.21.3.3条		
	4	砂石基层表面允许偏差应满足下列要求。检查数量:每1000m² 检查3处。不足1000m² 的不少于1处	第5.21.3.4条		

	项　目	允许偏差(mm)	量测值(mm)						
(1)	表面平整度	15							
(2)	标高	±20							
(3)	厚度	+20							

施工单位检查评定结果	专业工长(施工员)		施工班组长	
	项目专业质量检查员:		年　月　日	

监理(建设)单位验收结论	
	专业监理工程师: (建设单位项目专业技术负责人):　　　　年　月　日

【检查验收时执行的规范条目】

5.21.3.4　砂石基层表面允许偏差应满足表5.21.3.4的要求。

砂石基层表面的允许偏差和检查方法（单位：mm）　　　表5.21.3.4

项次	项　　目	允许偏差	检查方法
1	表面平整度	15	用2m靠尺和楔形塞尺检查
2	标高	±20	用水准仪检查
3	厚度	+20	用钢尺检查

【规范规定的施工过程控制要点】

5.21.1　一般规定

5.21.1.1　砂石基层厚度应符合设计要求，设计无明确要求时，应大于100mm。

5.21.1.2　砂石应选用级配材料。铺设时不应有粗细颗粒分离现象，压至不松动为止。

5.21.3　一般项目

5.21.3.1　天然级配砂石的原材料质量符合设计要求。表面不应有砂窝、石堆等质量缺陷。

5.21.3.2　级配砂石的分层应铺厚度不大于300mm，碾压密实。

5.21.3.3　分段、分层施工时应留槎，接槎密实、平整。

双灰基层检验批质量验收记录表   表 C7-03-01-5

单位(子单位)工程名称				
分部(子分部)工程名称			验 收 部 位	
施工单位			项 目 经 理	
分包单位			分包项目经理	
施工执行标准名称及编号				

检控项目	序号	质量验收规范规定		施工单位检查评定记录	监理(建设)单位验收记录
主控项目	1	双灰混合料基层的压实度应符合设计要求,设计无要求时不低于 0.90	第5.25.2.1条		
	2	双灰进场后,应测定其含灰量,偏差应大于1%。其7天无侧限抗压强度值应大于 0.6MPa	第5.25.2.2条		
一般项目	1	灰基层摊铺应用机械碾压,分层厚度不大于25cm,其含水量宜大于最佳含水量的2%	第5.25.3.1条		
	2	双灰基层碾压后不得有浮料、松散现象	第5.25.3.2条		
	3	双灰混合料碾压完成后,养护期内断绝交通,养护期不得少于5天	第5.25.3.3条		
	4	双灰混合料基层允许偏差应符合下列要求	第5.25.3.4条		

		项　目	允许偏差(mm)	量测值(mm)					
	(1)	平整度	≤10						
	(2)	厚度	±20						
	(3)	宽度	>设计值						
	(4)	高程	±20						

施工单位检查评定结果	专业工长(施工员)		施工班组长	
	项目专业质量检查员:　　　　　　　　　年　月　日			

监理(建设)单位验收结论	
	专业监理工程师: (建设单位项目专业技术负责人):　　　　年　月　日

【规范规定的施工过程控制要点】

5.25.1　一般规定

5.25.1.1　双灰混合料的最佳配合比,应通过实验确定。

【面层分部/子分部工程】　C7-03-02

混凝土面层检验批质量验收记录表　　表 C7-03-02-1

单位(子单位)工程名称				
分部(子分部)工程名称			验 收 部 位	
施工单位			项 目 经 理	
分包单位			分包项目经理	
施工执行标准名称及编号				

检控项目	序号	质量验收规范规定		施工单位检查评定记录	监理(建设)单位验收记录
主控项目	1	混凝土采用的粗骨料,其最大粒径不应大于面层厚度的 2/3,细石混凝土面层采用的石子粒径不应大于 15mm	第 5.26.2.1 条		
	2	面层的强度等级应符合设计要求,且不小于 C20	第 5.26.2.2 条		
	3	面层与下一层应结合牢固,无空鼓、裂纹	第 5.26.2.3 条		
一般项目	1	面层表面密实光洁,无裂纹、脱皮、麻面和起砂等缺陷	第 5.26.3.1 条		
	2	面层表面的坡度应符合设计要求,不倒泛水,无积水	第 5.26.3.2 条		
	3	使用彩色强化材料的艺术地坪压印纹理清晰、效果逼真	第 5.26.3.3 条		
	4	混凝土面层允许偏差项目应符合下列要求。 检查数量:每 500m² 检查 3 处。不足 500m² 的,检查数量不少于 2 处	第 5.26.3.4 条		

项　目		允许偏差(mm)	量测值(mm)						
(1)	表面平整度	±5							
(2)	分格缝平直	±3							
(3)	标高	±10							
(4)	宽度	−20							
(5)	横坡	±10							
(6)	蜂窝麻面	≤2%							

施工单位检查评定结果	专业工长(施工员)		施工班组长	
	项目专业质量检查员:		年　月　日	
监理(建设)单位验收结论	专业监理工程师: (建设单位项目专业技术负责人):		年　月　日	

【检查验收时执行的规范条目】

5.26.3.4　混凝土面层允许偏差项目应符合表 5.26.3.4 的要求。

混凝土面层允许偏差项目表（单位：mm）　　　表 5.26.3.4

项　　目	允许偏差	检查方法
表面平整度	±5	用 2m 靠尺和楔形塞尺检查
分格缝平直	±3	拉 5m 线尺量检查
标高	±10	用水准仪检查
宽度	−20	用钢尺量
横坡	±10	用坡度尺或水准仪测量
蜂窝麻面	≤2%	用尺量蜂窝总面积

【规范规定的施工过程控制要点】

5.26.1　一般规定

5.26.1.1　混凝土面层厚度应符合设计要求，设计无要求时，厚度不得低于 80mm。

5.26.1.2　铺设时按设计要求设置伸缩缝，伸缩缝应与中线垂直，分布均匀，缝内不得有杂物。

5.26.1.3　混凝土面层铺设应一次性浇筑完毕。当施工间隙超过允许时间规定时，应对接槎处进行处理。

砖面层检验批质量验收记录表　　表 C7-03-02-2

单位(子单位)工程名称					
分部(子分部)工程名称				验收部位	
施工单位				项目经理	
分包单位				分包项目经理	
施工执行标准名称及编号					

检控项目	序号	质量验收规范规定		施工单位检查评定记录	监理(建设)单位验收记录
主控项目	1	砖料品种、规格、质量、结合层、砂浆配合比和厚度应符合设计要求	第5.27.2.1条		
	2	面层与下一层结合(粘结)应牢固,无空鼓	第5.27.2.2条		
	3	嵌草砖铺设应以砂土、沙壤土为结合层,其厚度应满足设计要求,设计无要求时,不得低于50mm。停车场嵌草砖铺设时,结合层下应采用150～200mm级配砂石做基层	第5.27.2.3条		
	4	嵌草砖穴内应填种植土	第5.27.2.4条		
一般项目	1	细铺砂浆应饱满严实,灰缝宽度应小于2mm;干铺应用粗砂扫缝,缝宽应小于3mm	第5.27.3.1条		
	2	砖面层应表面洁净,图案清晰,色泽一致,接缝平整,深浅一致,周边顺直。板块无裂缝纹、掉角和缺棱等现象	第5.27.3.2条		
	3	面层镶边用料尺寸应符合设计要求,边角整齐,光滑	第5.27.3.3条		
	4	勾缝和压缝应采用同品种、同强度等级、同颜色的水泥,并做养护和保护	第5.27.3.4条		
	5	面层表面坡度应符合设计要求,不倒泛水,无积水	第5.27.3.5条		
	6	砖面层的允许偏差应符合下列要求　检查数量:每200m² 检查3处。不足200m² 的,检查数量不少于1处	第5.27.3.6条		

项　目	允许偏差(mm)				量测值(mm)
	水泥砖	混凝土预制块	青砖	嵌草砖	
1　表面平整度	3	4	2	3	
2　缝格平直	3	3	2	3	
3　接槎高低差	1	1	2	2	
4　板块间隙宽度	2	2	2	3	

施工单位检查评定结果	专业工长(施工员)		施工班组长	
	项目专业质量检查员:		年　月　日	

监理(建设)单位验收结论	专业监理工程师:	
	(建设单位项目专业技术负责人):	年　月　日

【检查验收时执行的规范条目】

5.27.3.6　砖面层的允许偏差应符合表 5.27.3.6 的要求。

砖面层的允许偏差项目表（单位：mm）　表 5.27.3.6

项次	项　目	允许偏差				检验方法
		水泥砖	混凝土预制块	青　砖	嵌草砖	
1	表面平整度	3	4	2	3	用 2m 靠尺和楔形塞尺检查
2	缝格平直	3	3	2	3	拉 5m 线和钢尺检查
3	接槎高低差	1	1	2	3	用钢尺和楔形塞尺检查
4	板块间隙宽度	2	2	2	3	用钢尺检查

【规范规定的施工过程控制要点】

5.27.1　一般规定

5.27.1.1　砖面层是由水泥砖、混凝土预制块、青砖、嵌草砖、透水砖等在砂结合层上粗铺或在水泥砂浆和干硬性砂浆上细铺而成。

5.27.1.2　在铺贴前，应对砖的规格尺寸、外观质量、色泽等进行筛选，浸水湿润。

料石面层检验批质量验收记录表   表 C7-03-02-3

单位(子单位)工程名称				
分部(子分部)工程名称			验 收 部 位	
施工单位			项 目 经 理	
分包单位			分包项目经理	
施工执行标准名称及编号				

检控项目	序号	质量验收规范规定		施工单位检查评定记录	监理(建设)单位验收记录
主控项目	1	料石的材质、规格、质量及强度应符合设计要求。用于汀步的铺装料石宽度不得小于300mm	第5.28.2.1条		
	2	面层与下一层结合应牢固,无松动	第5.28.2.2条		
一般项目	1	料石面层应组砌合理,无十字缝,铺砌方向和坡度、板块间隙宽度应符合设计要求	第5.28.3.1条		
	2	料石面层的允许偏差应符合下列要求(特殊情况下应符合设计要求)。 检查数量:每200m² 检查 3 处。不足200m²的不少于1处	第5.28.3.2条		
		项 目	允许偏差(mm)	量测值(mm)	
	1	表面平整度	3		
	2	缝格平直	3		
	3	板块间隙宽度	2		
	4	按缝高低差	2		

施工单位检查评定结果	专业工长(施工员)		施工班组长	
	项目专业质量检查员:		年 月 日	

监理(建设)单位验收结论	
	专业监理工程师: (建设单位项目专业技术负责人): 年 月 日

【检查验收时执行的规范条目】

5.28.3.2　料石面层的允许偏差应符合表 5.28.3.2 的要求（特殊情况下应符合设计要求）。

料石面层的允许偏差（单位：mm）　　　　　　　表 5.28.3.2

项次	项　　目	料石面层	检验方法
1	表面平整度	3	用 2m 靠尺和楔形塞尺检查
2	缝格平直	3	拉 5m 线检查
3	板块间隙宽度	2	用钢尺检查
4	按缝高低差	2	用钢尺和楔形塞检查

【规范规定的施工过程控制要点】

5.28.1　一般规定

5.28.1.1　料石面层锄装前，石材应浸湿晾干。

花岗石面层检验批质量验收记录表　　　　　　　表 C7-03-02-4

单位(子单位)工程名称						
分部(子分部)工程名称				验收部位		
施工单位				项目经理		
分包单位				分包项目经理		
施工执行标准名称及编号						

检控项目	序号	质量验收规范规定		施工单位检查评定记录	监理(建设)单位验收记录
主控项目	1	花岗石面层所用板块的品种、规格、材质应符合设计要求	第5.29.2.1条		
	2	整形后石板对角线允许偏差不大于2mm	第5.29.2.2条		
	3	园路广场花岗石厚度不得低于50mm；供小型车辆通行的园路广场板材厚度不得低于35mm,其强度不得低于30MPa	第5.29.2.3条		
	4	结合层与面层应分段同时铺设,面层与下一层应结合牢固,无空鼓	第5.29.2.4条		
一般项目	1	花岗石面层的外观质量应满足设计要求和使用要求,表面应洁净、平整,无磨痕,且应图案清晰、色泽一致、接缝均匀、周边顺直、镶嵌正确、板块无裂纹、掉角、缺棱等现象	第5.29.3.1条		
	2	花岗石面层表面的坡度应符合设计要求,不倒泛水,无积水	第5.29.3.2条		
	3	花岗石面层的允许偏差应符合下列要求。 检查数量：每200m²检查3处。不足200m²的不少于1处。			

项　目	允许偏差(mm)		量测值(mm)						
	块石	碎拼							
(1) 表面平整度	1	3							
(2) 缝格平直	1	—							
(3) 接缝高低差	1	1							
(4) 板块间隙宽度	1	—							

施工单位检查评定结果	专业工长(施工员)		施工班组长	
	项目专业质量检查员：　　　　　　　　　年　月　日			

监理(建设)单位验收结论	
	专业监理工程师： (建设单位项目专业技术负责人)：　　　　年　月　日

【检查验收时执行的规范条目】

5.29.3.3　花岗石面层的允许偏差应符合表 5.29.3.3 的要求。

花岗石面层的允许偏差项目表（单位：mm）　　　　表 5.29.3.3

项次	项　　目	允许偏差		检验方法
		块石	碎拼	
1	表面平整度	1	3	2m 靠尺和楔形塞尺检查
2	缝格平直	1	—	拉 5m 线和用钢尺检查
3	接缝高低差	1	1	用钢尺和楔形塞尺检查
4	板块间隙宽度	1	—	用钢尺检查

【规范规定的施工过程控制要点】

5.29.1　一般规定

5.29.1.1　花岗石的光泽度、外观质量等质量标准应符合 JC 205 的规定。

5.29.1.2　铺设花岗石面层前，板材应湿润。

卵石面层检验批质量验收记录表　　　　　　　　　　表 C7-03-02-5

单位(子单位)工程名称				
分部(子分部)工程名称			验收部位	
施工单位			项目经理	
分包单位			分包项目经理	
施工执行标准名称及编号				

检控项目	序号	质量验收规范规定		施工单位检查评定记录	监理(建设)单位验收记录
主控项目	1	卵石整体面层坡度、厚度、图案、石子粒径、色泽应符合设计要求	第5.30.2.1条		
	2	水泥砂浆厚度和强度应符合设计要求。设计无明确要求时,水泥砂浆厚度不应低于40mm,强度等级不应低于M10	第5.30.2.2条		
	3	带状卵石铺装大于6延长米时应设伸缩缝	第5.30.2.3条		
	4	石子与基层应结合牢固,镶嵌深度应大于粒径的1/2。石子无松动、脱落现象。 检查方法:目测。 检查数量:每200m² 检查3处。不足200m²的不少于1处	第5.30.2.4条		
	5	卵石厚度小于20mm的扁形石子不得平铺	第5.30.2.5条		
一般项目	1	卵石面层表面应颜色和顺,无残留灰浆,图案清晰,石粒清洁	第5.30.3.1条		
	2	卵石整体面层无明显坑洼,隆起、积水现象。与相邻铺装面、路缘石衔接平顺自然	第5.30.3.2条		
施工单位检查评定结果		专业工长(施工员)		施工班组长	
		项目专业质量检查员:　　　　　　　　　　年　月　日			
监理(建设)单位验收结论		专业监理工程师: (建设单位项目专业技术负责人):　　　　年　月　日			

【规范规定的施工过程控制要点】

5.30.1　一般规定

5.30.1.1　卵石面层一般通过结合层将卵石固定在混凝土基层上。

5.30.1.2　卵石镶嵌可采用平铺和立铺的方式。

5.30.1.3　卵石进行铺装时应进行筛选。

木铺装面层检验批质量验收记录表　　表 C7-03-02-6

单位(子单位)工程名称				
分部(子分部)工程名称			验 收 部 位	
施工单位			项 目 经 理	
分包单位			分包项目经理	
施工执行标准名称及编号				

检控项目	序号	质量验收规范规定		施工单位检查评定记录	监理(建设)单位验收记录
主控项目	1	木铺装面层所采用的材质、规格、色泽应符合设计要求	第5.31.2.1条		
	2	木铺装面层及垫木等应做防腐、防蛀处理。木材含水率应小于15%	第5.31.2.2条		
	3	用于固定木铺装面层的螺钉、螺栓应进行防锈蚀处理,安装紧固、无松动。规格应满足稳定面层的要求	第5.31.2.3条		
	4	螺钉、螺栓顶部不得高出木铺装面层表面	第5.31.2.4条		
	5	木铺装面层单块木料纵向弯曲不得超过1/400	第5.31.2.5条		
	6	面层铺设应牢固无松动	第5.31.2.6条		
一般项目	1	铺装面板的缝隙、间距应符合设计要求。密铺时,缝隙应直顺;疏铺时间距应一致、通顺。 检查方法:目测、观察。 检查数量:按铺装面积每100m² 检查3处,不足100m² 的不少于1处	第5.31.3.1条		
	2	木铺装面层的允许偏差应符合下列要求。 检查数量:每200m² 检查3处。不足200m² 的不少于1处	第5.31.3.2条		

	项　　目	允许偏差(mm)	量测值(mm)					
(1)	表面平整度	3						
(2)	板面拼缝平直	3						
(3)	缝隙宽度	2						
(4)	相邻板材高低差	1						

施工单位检查 评定结果	专业工长(施工员)		施工班组长	
	项目专业质量检查员:　　　　　　年　月　日			

监理(建设)单位 验收结论	
	专业监理工程师: (建设单位项目专业技术负责人):　　　　年　月　日

【检查验收时执行的规范条目】

5.31.3.2　木铺装面层的允许偏差应符合表5.31.3.2的要求。

木铺装面层的允许偏差项目表（单位：mm）　　　　　表 5.31.3.2

项次	项　　目	允许偏差	检验方法
1	表面平整度	3	2m靠尺和楔形塞尺检查
2	板面拼缝平直	3	拉5m线,不足5m拉通线和尺量检查
3	缝隙宽度	2	用塞尺与目测检查
4	相邻板材高低差	1	尺量

【规范规定的施工过程控制要点】

5.31.1　一般规定

5.31.1.1　木铺装面层形式包括原木和木塑，其面层可在基础支架上空铺，也可在基层上实铺。

5.31.1.2　木铺装面层可采用双层和单层铺设，其厚度应符合设计要求。实木铺装面层的条材和块材应采用具有商品检验合格证的产品，其产品类别、型号、检验规则以及技术条件等均应符合 GB/T 1503 的规定。

5.31.1.3　木铺装面层铺设前，基础应验收合格。

路缘石（道牙）检验批质量验收记录表   表 C7-03-02-7

单位(子单位)工程名称			
分部(子分部)工程名称		验 收 部 位	
施工单位		项 目 经 理	
分包单位		分包项目经理	
施工执行标准名称及编号			

检控项目	序号	质量验收规范规定		施工单位检查评定记录	监理(建设)单位验收记录
主控项目	1	路缘石种类、规格、质量及标高控制应符合设计要求	第5.32.2.1条		
	2	路缘石底部应有基层，基层的宽度、厚度、密实度、标高应符合设计要求	第5.32.2.2条		
	3	路缘石安装应采用不低于1：3水泥砂浆做结合层和勾缝浆。安装应稳固、不倾斜	第5.32.2.3条		
一般项目	1	路缘石铺设直线段应线直，自然段应弯顺，衔接应无折角	第5.32.3.1条		
	2	路缘石铺设顶面应平整，无明显错牙，勾缝严密	第5.32.3.2条		
	3	路缘石允许偏差应符合下列要求。检查数量：每100延长米检查1次。不足100延长米不少于1次	第5.32.3.3条		

	项　目	允许偏差(mm)	量测值(mm)						
(1)	直顺度	±3							
(2)	相邻块高差	±2							
(3)	缝宽	2							
(4)	路缘石(道牙)顶面高程	±3							

施工单位检查评定结果	专业工长(施工员)		施工班组长	
	项目专业质量检查员：　　　　　　　年　　月　　日			
监理(建设)单位验收结论	专业监理工程师： (建设单位项目专业技术负责人)：　　　　年　　月　　日			

【检查验收时执行的规范条目】

5.32.3.3　路缘石允许偏差应符合表5.32.3.3的要求。

路缘石允许偏差项目表（单位：mm）　　　　表 5.32.3.3

序号	项　　目	允许偏差	检验方法
1	直顺度	±3	拉10m小线取量最大值
2	相邻块高差	±2	尺量
3	缝宽	2	尺量
4	路缘石(道牙)顶面高程	±3	用水准仪具测量

【规范规定的施工过程控制要点】

5.32.1　一般规定

5.32.1.1　路缘石铺设是指用于道路或广场边缘的、区别或隔离其他区域的石材或砖类铺装。

5.32.1.2　路缘石背部应做灰土夯实或混凝土护肩，宽度、厚度、密实度或强度、标高应符合设计要求。

园林给水排水子单位工程　04

Ⅰ　园林给水

【园林给水分部/子分部工程】　C7-04-01

1. 管沟及井室检验批质量验收记录

管沟检验批质量验收记录按《建筑给水排水及采暖工程施工质量验收规范》GB 50242—2002 中的室外给水管网管沟及井室检验批质量验收记录执行。

室外给水管网管沟及井室检验批质量验收记录表　　　表 C7-04-01-242-1

单位(子单位)工程名称						
分部(子分部)工程名称				验收部位		
施工单位				项目经理		
分包单位				分包项目经理		
施工执行标准名称及编号						

检控项目	序号	质量验收规范规定		施工单位检查评定记录	监理(建设)单位验收记录
主控项目	1	基层处理及地基	第9.4.1条		
	2	各类井室和井盖	第9.4.2条		
	3	通车路面用井圈与井盖	第9.4.3条		
	4	重型铸铁和混凝土井盖	第9.4.4条		
一般项目	1	管沟坐标、位置、沟底标高	第9.4.5条		
	2	管沟的沟底层	第9.4.6条		
	3	管沟为岩石时的做法	第9.4.7条		
	4	管沟回填土	第9.4.8条		
	5	井室砌筑及不同底标高做法	第9.4.9条		
	6	管道穿过井壁	第9.4.10条		

施工单位检查评定结果	专业工长(施工员)		施工班组长	
	项目专业质量检查员：　　　　　　　　　年　月　日			

监理(建设)单位验收结论	
	专业监理工程师： (建设单位项目专业技术负责人)：　　　　年　月　日

【检查验收时执行的规范条目】

1. 主控项目

9.4.1　管沟的基层处理和井室的地基必须符合设计要求。

　　检验方法：现场观察检查。

9.4.2　各类井室的井盖应符合设计要求，应有明显的文字标识，各种井盖不得混用。

　　检验方法：现场观察检查。

9.4.3　设在通车路面下或小区道路下的各种井室，必须使用重型井圈和井盖，井盖上表面应与路面相平，允许偏差为±5mm。绿化带上和不通车的地方可采用轻型井圈和井盖，井盖的上表面应高出地坪 50mm，并在井室周围以 2％的坡度向外做水泥砂浆护坡。

　　检验方法：观察和尺量检查。

9.4.4　重型铸铁或混凝土井圈，不得直接放在井室的砖墙上，砖墙上应做不少于 80mm 厚的细石混凝土垫层。

　　检验方法：观察和尺量检查。

2. 一般项目

9.4.5　管沟的坐标、位置、沟底标高应符合设计要求。

　　检验方法：观察。尺量检查。

9.4.6　管沟的沟底层应是原土层，或是夯实的回填土，沟底应平整，坡度应顺畅，不得有尖硬的物体、块石等。

　　检验方法：观察检查。

9.4.7　如沟基为岩石、不易清除的块石或为砾石层时，沟底应下挖 100～200mm，填铺细砂或粒径不大于 5mm 的细土，夯实到沟底标高后，方可进行管道敷设。

　　检验方法：观察和尺量检查。

9.4.8　管沟回填土，管顶上部 200mm 以内应用砂子或无块石及冻土块的土，并不得用机械回填；管顶上部 500mm 以内不得回填直径大于 100mm 的块石和冻土块；500mm 以上部分回填土中的块石或冻土块不得集中。上部用机械回填时，机械不得在管沟上行走。

　　检验方法：观察和尺量检查。

9.4.9　井室的砌筑应按设计或给定的标准图施工。井室的底标高在地下水位以上时，基层应为素土夯实；在地下水位以下时，基层应打 100mm 厚的混凝土底板。砌筑应采用水泥砂浆，内表面抹灰后应严密不透水。

　　检验方法：观察和尺量检查。

9.4.10　管道穿过井壁处，应用水泥砂浆分两次填塞严密、抹平，不得渗漏。

　　检验方法：观察检查。

2. 井室检验批质量验收记录

井室检验批质量验收记录按《给水排水管道工程施工及验收规范》GB 50268—2008中的管道附属构筑物的井室（现浇混凝土结构、砖砌结构、预制拼装结构）中分项工程（验收批）质量验收记录执行。

管道附属构筑物的井室（现浇混凝土结构、砖砌结构、预制拼装结构）

分项工程（验收批）质量验收记录表　　　　表 C7-04-01-268-1

工程名称					
施工单位					
分项工程名称			施工班组长		
验收部位			专业工长		
施工执行标准名称及编号			项目经理		

检控项目	质量验收规范规定的检查项目及验收标准			施工单位检查评定记录	监理（建设）单位验收记录
主控项目	（GB 50268—2008）第 8.5.1 条　井室应符合下列要求： 1　所用的原材料、预制构件的质量应符合国家有关标准的规定和设计要求； 2　砌筑水泥砂浆强度、结构混凝土强度符合设计要求； 3　砌筑结构应灰浆饱满、灰缝平直，不得有通缝、瞎缝；预制装配式结构应坐浆、灌浆饱满密实，无裂缝；混凝土结构无严重质量缺陷；井室无渗水、水珠现象				
	第 8.5.1 条： 4　井壁抹面应密实平整，不得有空鼓、裂缝等现象；混凝土无明显一般质量缺陷；井室无明显湿渍现象； 5　井内部构造符合设计和水力工艺要求，且部位位置及尺寸正确，无建筑垃圾等杂物；检查井流槽应平顺、圆滑、光洁； 6　井室内踏步位置正确、牢固； 7　井盖、座规格符合设计要求，安装稳固； 8　井室的允许偏差应符合表 8.5.1 的规定				
一般项目	项目（表 8.5.1）		允许偏差(mm)	量测值(mm)	
	1	平面轴线位置（轴向、垂直轴向）	15		合格率
	2	结构断面尺寸	+10,0		合格率
	3 井室尺寸	长、宽	±20		合格率
		直径			
	4 井口高程	农田或绿地	+20		合格率
		路面	与道路规定一致		
	5 井底高程	开槽法管道铺设 $D_i \leq 1000$	±10		合格率
		$D_i > 1000$	±15		
		不开槽法管道铺设 $D_i < 1500$	+10,−20		
		$D_i \geq 1500$	+20,−40		
	6 踏步安装	水平及垂直间距、外露长度	±10		合格率
	7 脚窝	高、宽、深	±10		合格率
	8	流槽宽度	+10		合格率
施工单位检查评定结果	项目专业质量检查员：　　　　　　　　　年　月　日				
监理（建设）单位验收结论	专业监理工程师： （建设单位项目专业技术负责人）：　　　年　月　日				

【检查验收时执行的规范条目】

GB 50268—2008　8.5.1　井室应符合下列要求：

1. 主控项目

1　所用的原材料、预制构件的质量应符合国家有关标准的规定和设计要求；

检查方法：检查产品质量合格证明书、各项性能检验报告、进场验收记录。

2　砌筑水泥砂浆强度、结构混凝土强度符合设计要求；

检查方法：检查水泥砂浆强度、混凝土抗压强度试块试验报告。

检查数量：每 50m³ 砌体或混凝土每浇筑 1 个台班一组试块。

3　砌筑结构应灰浆饱满、灰缝平直，不得有通缝、瞎缝；预制装配式结构应坐浆、灌浆饱满密实，无裂缝；混凝土结构无严重质量缺陷；井室无渗水、水珠现象；

检查方法：逐个观察。

2. 一般项目

4　井壁抹面应密实平整，不得有空鼓，裂缝等现象；混凝土无明显一般质量缺陷；井室无明显湿渍现象；

检查方法：逐个观察。

5　井内部构造符合设计和水力工艺要求，且部位位置及尺寸正确，无建筑垃圾等杂物；检查井流槽应平顺、圆滑、光洁；检查方法：逐个观察。

6　井室内踏步位置正确、牢固；检查方法：逐个观察，用钢尺量测。

7　井盖、座规格符合设计要求，安装稳固；

检查方法：逐个观察。

8　井室的允许偏差应符合表 8.5.1 的规定。

井室的允许偏差　　　　　　　　　　　　　　　　　表 8.5.1

检查项目			允许偏差（mm）	检查数量		检验方法
				范围	点数	
1	平面轴线位置（轴向、垂直轴向）		15		2	用钢尺量测、经纬仪测量
2	结构断面尺寸		+10,0		2	用钢尺量测
3	井室尺寸	长、宽	±20		2	用钢尺量测
		直径				
4	井口高程	农田或绿地	+20		1	用水准仪测量
		路面	与道路规定一致			
5	井底高程	开槽法管道铺设 $D_i \leqslant 1000$	±10	每座	2	
		开槽法管道铺设 $D_i > 1000$	±15			
		不开槽法管道铺设 $D_i < 1500$	+10,−20			
		不开槽法管道铺设 $D_i \geqslant 1500$	+20,−40			
6	踏步安装	水平及垂直间距、外露长度	±10		1	用尺量测偏差较大值
7	脚窝	高、宽、深	±10			
8	流槽宽度		+10			

3. 管道安装检验批质量验收记录

管道安装检验批质量验收记录按《建筑给水排水及采暖工程施工质量验收规范》GB 50242—2002 中的室外给水管网给水管道安装检验批质量验收记录执行。

室外给水管网给水管道安装检验批质量验收记录表　　表 C7-04-01-242-2

单位(子单位)工程名称												
分部(子分部)工程名称					验 收 部 位							
施工单位					项 目 经 理							
分包单位					分包项目经理							
施工执行标准名称及编号												

检控项目	序号	质量验收规范规定			施工单位检查评定记录						监理(建设)单位验收记录	
主控项目	1	给水管道埋地敷设及覆土深度		第9.2.1条								
	2	给水管道不得直接穿越污染源		第9.2.2条								
	3	管道接口法兰、卡扣、卡箍安装(不应埋在土壤中)		第9.2.3条								
	4	给水系统各种室内的管道安装距离规定		第9.2.4条								
	5	管网水压试验		第9.2.5条								
	6	镀锌钢管及钢管的埋地防腐		第9.2.6条								
	7	管道的冲洗与消毒		第9.2.7条								
一般项目	1	管道的坐标、标高和坡度(第9.2.8条)		允许偏差(mm)	量 测 值 (mm)							
	1) 坐标	铸铁管	埋地	100								
			敷设在沟槽内	50								
		钢管、塑料管、复合管	埋地	100								
			敷设在沟槽内或架空	40								
	2) 标高	铸铁管	埋地	±50								
			敷设在沟槽内	±30								
		钢管、塑料管、复合管	埋地	±50								
			敷设在沟槽内或架空	±30								
	3) 水平管纵横向弯曲	铸铁管	直段(25m以上)起点~终点	40								
		钢管、塑料管、复合管	直段(25m以上)起点~终点	30								
施工单位检查评定结果		专业工长(施工员)				施工班组长						
		项目专业质量检查员:　　　　　　　　　年　月　日										
监理(建设)单位验收结论		专业监理工程师:(建设单位项目专业技术负责人):　　　　　　　　　　年　月　日										

续表

单位(子单位)工程名称					
分部(子分部)工程名称				验 收 部 位	
施工单位				项 目 经 理	
分包单位				分包项目经理	
施工执行标准名称及编号					

检控项目	序号	质量验收规范规定			施工单位检查评定记录	监理(建设)单位验收记录
一般项目	2	管道和金属支架涂漆		第9.2.9条		
	3	管道连接阀门、水表安装位置		第9.2.10条		
	4	给水与污水管道平行敷设的最小间距		第9.2.11条		
	5	铸铁管承插捻口连接		第9.2.12条		
	6	铸铁承插捻口连接（第9.2.13条）	环型间隙	允许偏差(mm)	量 测 值 (mm)	
	1)	75～200mm	10mm	+3 −2		
	2)	250～450mm	11mm	+4 −2		
	3)	500mm	12mm	+4 −2		
	7	铸铁管沿曲线敷设,每个接口允许有2°转角		第9.2.13条		
	8	捻口油麻填料与做法		第9.2.14条		
	9	捻口用水泥与操作		第9.2.15条		
	10	水泥捻口的防腐		第9.2.16条		
	11	橡胶圈接口防腐与最大允许偏转角		第9.2.17条		

施工单位检查评定结果	专业工长(施工员)		施工班组长	
	项目专业质量检查员：　　　　　　　年　月　日			

监理(建设)单位验收结论	专业监理工程师： (建设单位项目专业技术负责人)：　　　　年　月　日

【检查验收时执行的规范条目】

1. 主控项目

9.2.1 给水管道在埋地敷设时，应在当地的冰冻线以下，如必须在冰冻线以上铺设时，应做可靠的保温防潮措施。在无冰冻地区，埋地敷设时，管顶的覆土埋深不得小于500mm，穿越道路部位的埋深不得小于700mm。

检验方法：现场观察检查。

9.2.2 给水管道不得直接穿越污水井、化粪池、公共厕所等污染源。

检验方法：观察检查。

9.2.3 管道接口法兰、卡扣、卡箍等应安装在检查井或地沟内，不应埋在土壤中。

检验方法：观察检查。

9.2.4 给水系统各种井室内的管道安装，如设计无要求，井壁距法兰或承口的距离：管径小于或等于450mm时，不得小于250mm；管径大于450mm时，不得小于350mm。

检验方法：尺量检查。

9.2.5 管网必须进行水压试验，试验压力为工作压力的1.5倍，但不得小于0.6MPa。

检验方法：管材为钢管、铸铁管时，试验压力下10min内压力降不应大于0.05MPa，然后降至工作压力进行检查，压力应保持不变，不渗不漏；管材为塑料管时，试验压力下，稳压1h压力降不大于0.05MPa，然后降至工作压力进行检查，压力应保持不变，不渗不漏。

9.2.6 镀锌钢管、钢管的埋地防腐必须符合设计要求，如设计无规定时，可按表9.2.6的规定执行。卷材与管材间应粘贴牢固，无空鼓、滑移、接口不严等。

检验方法：观察和切开防腐层检查。

管道防腐层种类 表 9.2.6

防腐层层次 （从金属表面起）	正常防腐层	加强防腐层	特加强防腐层
1	冷底子油	冷底子油	冷底子油
2	沥青涂层	沥青涂层	沥青涂层
3	外包保护层	加强包扎层 （封闭层）	加强保护层 （封闭层）
4		沥青涂层	沥青涂层
5		外保护层	加强包扎层
6			（封闭层）
7			沥青涂层
			外包保护层
防腐层厚度不小于(mm)	3	6	9

9.2.7 给水管道在竣工后，必须对管道进行冲洗，饮用水管道还要在冲洗后进行消毒，满足饮用水卫生要求。

检验方法：观察冲洗水的浊度，查看有关部门提供的检验报告

2. 一般项目

9.2.8 管道的坐标、标高、坡度应符合设计要求，管道安装的允许偏差应符合表C7-04-01-242-2的规定。

注:室外给水管网给水管道安装检验批允许偏差验收的检验方法见表 9.2.8。

9.2.9 管道和金属支架的涂漆应附着良好,无脱皮、起泡、流淌和漏涂等缺陷。

检验方法:现场观察检查。

9.2.10 管道连接应符合工艺要求,阀门、水表等安装位置应正确。塑料给水管道上的水表、阀门等设施其重量或启闭装置的扭矩不得作用于管道上,当管径≥50mm 时必须设独立的支承装置。

检验方法:现场观察检查。

9.2.11 给水管道与污水管道在不同标高平行敷设,其垂直间距在 500mm 以内时,给水管管径小于或等于 200mm 的,管壁水平间距不得小于 1.5m;管径大于 200mm 的,不得小于 3m。

检验方法:观察和尺量检查。

9.2.12 铸铁管承插捻口连接的对口间隙应不小于 3mm,最大间隙不得大于表 9.2.12 的规定。

检验方法:尺量检查。

铸铁管承插捻口的对口最大间隙　　　　表 9.2.12

管　径(mm)	沿直线敷设(mm)	沿曲线敷设(mm)
75	4	5
100～250	5	7～13
300～500	6	14～22

9.2.13 铸铁管沿直线敷设,承插捻口连接的环型间隙应符合 GB 50242—2002 规范 9.2.13 的规定;沿曲线敷设,每个接口允许有 2°转角。

9.2.14 捻口用的油麻填料必须清洁,填塞后应捻实,其深度应占整个环型间隙深度的 1/3。

检验方法:观察和尺量检查。

9.2.15 捻口用水泥强度应不低于 32.5MPa,接凸水泥应密实饱满,其接口水泥面凹入承口边缘的深度不得大于 2mm。

检验方法:观察和尺量检查。

9.2.16 采用水泥捻口的给水铸铁管,在安装地点有侵蚀性的地下水时,应在接口处涂抹沥青防腐层。

检验方法:观察检查。

9.2.17 采用橡胶圈接口的埋地给水管道,在土壤或地下水对橡胶圈有腐蚀的地段,在回填上前应用沥青胶泥、沥青麻丝或沥青锯末等材料封闭橡胶圈接口。橡胶圈接口的管道,每个接口的最大偏转角不得超过表 9.2.17 的规定。

检验方法:观察和尺量检查。

橡胶圈接口最大允许偏转角　　　　表 9.2.17

公称直径(mm)	100	125	150	200	250	300	350	400
允许偏转角度(°)	5	5	5	5	4	4	4	3

【检查方法】

室外给水管网给水管道安装检验批允许偏差验收的检验方法　　　　表 9.2.8

项次	检 查 项 目 与 要 求	检 查 方 法
1	坐标的铸铁管;钢管、塑料管、复合管:合格标准,符合规范要求	拉线和尺量检查
2	标高的铸铁管;钢管、塑料管、复合管:合格标准,符合规范要求	拉线和尺量检查
3	水平管纵横向弯曲的铸铁管;钢管、塑料管、复合管:合格标准,符合规范要求	拉线和尺量检查

Ⅱ　园林排水

【园林排水分部/子分部工程】　C7-04-02
排水盲沟、管道安装检验批质量验收记录
1. 排水盲沟检验批质量验收记录

排水盲沟检验批质量验收记录按《给水排水管道工程施工及验收规范》GB 50268—2008 中的渗排水、盲沟排水检验批质量验收记录执行。

渗排水、盲沟排水检验批质量验收记录表　　表 C7-04-02-268-1

渗排水、盲沟排水适用于无自流排水条件、防水要求较高且有抗浮要求的地下工程。

单位(子单位)工程名称						
分部(子分部)工程名称					验 收 部 位	
施工单位					项 目 经 理	
分包单位					分包项目经理	
施工执行标准名称及编号						

检控项目	序号	质量验收规范规定		施工单位检查评定记录	监理(建设)单位验收记录
主控项目	1	反滤层的砂、石粒径和含泥量	第 6.1.8 条		
	2	集水管的埋设深度及坡度	第 6.1.9 条		
一般项目	1	渗排水层的构造	第 6.1.10 条		
	2	渗排水层的铺设	第 6.1.11 条		
	3	盲沟的构造	第 6.1.12 条		

施工单位检查评定结果	专业工长(施工员)		施工班组长	
	项目专业质量检查员：　　　　　　年　　月　　日			

监理(建设)单位验收结论	专业监理工程师： (建设单位项目专业技术负责人)：　　　　年　　月　　日

【检查验收时执行的规范条目】

6.1.7 渗排水、盲沟排水的施工质量检验数量应按 10%抽查，其中按两轴线间或 10 延长米为 1 处，且不得少于 3 处。

1. 主控项目

6.1.8 **反滤层的砂、石粒径和含泥量必须符合设计要求。**

检验方法：检查砂、石试验报告。

6.1.9 集水管的埋设深度及坡度必须符合设计要求。

检验方法：观察和尺量检查。

2. 一般项目

6.1.10 渗排水层的构造应符合设计要求。

检验方法：检查隐蔽工程验收记录。

6.1.11 渗排水层的铺设应分层、铺平、拍实。

检验方法：检查隐蔽工程验收记录。

6.1.12 盲沟的构造应符合设计要求。

检验方法：检查隐蔽工程验收记录。

2. 管道安装检验批质量验收记录

排水盲沟、管道安装检验批质量验收记录按《建筑给水排水及采暖工程施工质量验收规范》GB 50242—2002 中的室外排水管网排水管道安装检验批质量验收记录执行。

室外排水管网排水管道安装检验批质量验收记录表 表 C7-04-02-242-1

单位(子单位)工程名称										
分部(子分部)工程名称							验收部位			
施工单位							项目经理			
分包单位							分包项目经理			
施工执行标准名称及编号										

检控项目	序号	质量验收规范规定		施工单位检查评定记录					监理(建设)单位验收记录
主控项目	1	排水管道坡度	第10.2.1条						
	2	灌水和通水试验	第10.2.2条						
一般项目	1	管道坐标、标高(第10.2.3条)	允许偏差(mm)	量 测 值 (mm)					
	1)	坐标 埋地	100						
		敷设在沟槽内	50						
	2)	标高 埋地	±20						
		敷设在沟槽内	±20						
	3)	水平管道纵横向弯曲 每5m长	10						
		全长(两井间)	30						
	2	铸铁管水泥捻口	第10.2.4条						
	3	铸铁管外壁除锈	第10.2.5条						
	4	承插接口的安装方向	第10.2.6条						
	5	混凝土管、钢筋混凝土管抹带接口	第10.2.7条						

施工单位检查评定结果	专业工长(施工员)		施工班组长	
	项目专业质量检查员:		年 月 日	

监理(建设)单位验收结论	专业监理工程师:	
	(建设单位项目专业技术负责人):	年 月 日

【检查验收时执行的规范条目】

1. 主控项目

10.2.1　排水管道的坡度必须符合设计要来，严禁无坡或倒坡。

　　检验方法：用水准仪、拉线和尺量检查。

10.2.2　管道埋设前必须做灌水试验和通水试验，排水应畅通，无堵塞，管接口无渗漏。

　　检验方法：按排水检查井分段试验，试验水头应以试验段上游管顶加 1m，时间不少于 30min，逐段观察。

2. 一般项目

10.2.3　管道的坐标和标高应符合设计要求，安装的允许偏差应符合表 C7-04-02-242-1 的规定。允许偏差项目的检验方法见表 10.2.3。

10.2.4　排水铸铁管采用水泥捻口时，油麻填塞应密实，接口水泥应密实饱满，其接口面凹入承口边缘且深度不得大于 2mm。

　　检验方法：观察和尺量检查。

10.2.5　排水铸铁管外壁在安装前应除锈，涂两遍石油沥青漆。

　　检验方法：观察检查。

10.2.6　承插接口的排水管道安装时，管道和管件的承口应与水流方向相反。

　　检验方法：观察检查。

10.2.7　混凝土管或钢筋混凝土管采用抹带接口时，应符合下列规定：

　　1　抹带前应将管口的外壁凿毛，扫净，当管径小于或等于 500mm 时，抹带可一次完成；当管径大于 500mm 时，应分两次抹成，抹带不得有裂纹。

　　2　钢丝网应在管道就位前放入下方，抹压砂浆时应将钢丝网抹压牢固，钢丝网不得外露。

　　3　抹带厚度不得小于管壁的厚度，宽度直为 80～100mm。

　　检验方法：观察和尺量检查。

【检查方法与应提资料核查】

检验批允许偏差验收的检验方法　　　　　　　　　　表 10.2.3

项次	检查项目与要求	检查方法
1	坐标:合格标准,符合规范要求	拉线尺量
2	标高:合格标准,符合规范要求	用水平仪拉线尺量
3	水平管道纵横向弯曲:合格标准,符合规范要求	拉线尺量

3. 管沟及井池检验批质量验收记录

室外排水管网排水管沟及井池检验批质量验收记录表　　表 C7-04-02-242-2

单位(子单位)工程名称				
分部(子分部)工程名称			验 收 部 位	
施工单位			项 目 经 理	
分包单位			分包项目经理	
施工执行标准名称及编号				

检控项目	序号	质量验收规范规定		施工单位检查评定记录	监理(建设)单位验收记录
主控项目	1	沟基的处理和井池的底板强度必须符合设计要求。 检验方法:现场观察和尺量检查,检查混凝土强度报告	第10.3.1条		
	2	排水检查井、化粪池的底板及进、出水管的标高,必须符合设计,其允许偏差为±15mm。 检验方法:用水准仪及尺量检查。(第10.3.2条)	允许偏差(mm)	量　测　值　(mm)	
	1)	符合设计要求			
	2)	底板和进出口标高	±15		
一般项目	1	井、池的规格、尺寸和位置应正确,砌筑和抹灰符合要求。 检验方法:观察及尺量检查	第10.3.3条		
	2	井盖选用应正确,标志应明显,标高应符合设计要求。 检验方法:观察、尺量检查	第10.3.4条		

施工单位检查评定结果	专业工长(施工员)		施工班组长	
	项目专业质量检查员:　　　　　　　　年　　月　　日			

监理(建设)单位验收结论	专业监理工程师: (建设单位项目专业技术负责人):　　　　　年　　月　　日

注:【检查验收时执行的规范条目】按表 C7-04-02-242-2 中的主控项目和一般项目要求验收,质量标准应满足条文规定和表 C7-04-02-242-2 的规定。

Ⅲ　园林喷灌

【园林喷灌分部/子分部工程】　C7-04-03

喷灌管沟及井室检验批质量验收记录表　　　表 C7-04-03-1

单位(子单位)工程名称				
分部(子分部)工程名称			验 收 部 位	
施工单位			项 目 经 理	
分包单位			分包项目经理	
施工执行标准名称及编号				

检控项目	序号	质量验收规范规定		施工单位检查评定记录	监理(建设)单位验收记录
主控项目	1	管道沟槽开挖深度应符合设计要求,设计无要求时,应不小于80cm	第5.40.2.1条		
	2	沟槽底遇有易损坏管道的地段时,应向下深挖至槽底下20cm,并用砂子回填至设计标高	第5.40.2.2条		
	3	井盖应标识清楚,坚固耐用	第5.40.2.3条		
一般项目	1	管道沟槽底应平整密实,无淤泥、杂物,沟槽底宽应满足施工要求	第5.40.3.1条		
	2	管道安装完毕应上定位,经试压合格后回填,填土应分层夯实,回填土体不得有大于5cm的砖石块	第5.40.3.2条		
	3	阀门井和镇墩施工应符合GB 50203的规定	第5.40.3.3条		
	4	砌筑阀门井应做混凝土垫层,简易阀门井下铺20cm以上碎石层,镇墩混凝土强度等级大于C20,置于管道转弯处或管道线较长的分段处	第5.40.3.4条		

施工单位检查评定结果	专业工长(施工员)		施工班组长	
	项目专业质量检查员:　　　　　　　　　　　　　年　　月　　日			
监理(建设)单位验收结论	专业监理工程师: (建设单位项目专业技术负责人):　　　　　　年　　月　　日			

【规范规定的施工过程控制要点】

5.40.1　一般规定

5.40.1.1　管沟及井室应在地面施工或植物种植前施工。

5.40.1.2　管沟开挖应按设计要求进行测量放线。

5.40.1.3　沟槽开挖前应了解地下已埋管线及设施,并保证其安全。

喷灌管道安装检验批质量验收记录表   表 C7-04-03-2

单位(子单位)工程名称					
分部(子分部)工程名称				验收部位	
施工单位				项目经理	
分包单位				分包项目经理	
施工执行标准名称及编号					

检控项目	序号	质量验收规范规定		施工单位检查评定记录	监理(建设)单位验收记录
主控项目	1	管道安装时,应将管道中心对正,穿越道路的管段,应加套管或砌砖沟保护	第5.41.2.1条		
	2	管道采用法兰连接时,法兰应保持同轴平行,并保证螺栓自由穿入,不得强紧	第5.41.2.2条		
	3	采用粘接法连接时,应选用合适的粘接剂,连接前应对接口段去污、打毛处理,粘接剂涂抹均匀,粘接剂固化前管道不得碰撞移动	第5.41.2.3条		
	4	管道水压试验应分段进行,水压试验的压力表精度不低于1.0级标准,量程为试验压力的1.5倍,环境温度在5℃以上;试验长度不大于1km,金属管道和塑料管道注满水后24小时方可进行水压试验。试验压力为设计工作压力的1.5倍,且不小于0.6MPa,保持10分钟,管道压力下降不大于0.05MPa	第5.41.2.4条		
一般项目	1	安装柔性接口的管道,当纵坡大于18%或安装刚性接口的管道纵坡大于30%时,应采取防止管道下滑的措施	第5.41.3.1条		
	2	管道安装因故中断,应将其敞口先封闭	第5.41.3.2条		
	3	镀锌钢管和铸铁管安装应符合GB 50235的有关规定	第5.41.3.3条		
	4	采用热熔连接,应按产品说明书要求控制热熔对接的时间和温度	第5.41.3.4条		
施工单位检查评定结果	专业工长(施工员)			施工班组长	
	项目专业质量检查员:　　　　　　　年　　月　　日				
监理(建设)单位验收结论	专业监理工程师: (建设单位项目专业技术负责人):　　　　　年　　月　　日				

【规范规定的施工过程控制要点】

5.41.1 一般规定

5.41.1.1 管道的材质、规格应符合设计要求,塑料管应轻拿轻放,不得与槽内管道碰撞。

5.41.1.2 管道根据不同材质采用相应的连接方法。

喷灌设备安装检验批质量验收记录表

表 C7-04-03-3

单位(子单位)工程名称				
分部(子分部)工程名称			验收部位	
施工单位			项目经理	
分包单位			分包项目经理	
施工执行标准名称及编号				

检控项目	序号	质量验收规范规定		施工单位检查评定记录	监理(建设)单位验收记录
主控项目	1	使用泵站的喷灌工程,水泵的安装应牢固,流量、水头等功能性指标符合设计要求,动力系统应符合相关规范的要求	第5.42.2.1条		
	2	支管与竖管、竖管与喷头的连接应密封可靠,喷头伸缩自由	第5.42.2.2条		
	3	设备安装完成后,应进行系统联动试验	第5.42.2.3条		
一般项目	1	喷头安装前,应把管道冲洗干净,与设备安装有关的工程已验收合格	第5.42.3.1条		
	2	喷头安装前应进行检查其转动灵活性,弹簧不得锈蚀,竖管外螺纹无碰伤	第5.42.3.2条		
	3	竖管安装应牢固、稳定,伸缩性喷头应加保护套管	第5.42.3.3条		
	4	管道顶点应装排气阀,最低点及较大的拐点应装泄水阀	第5.42.3.4条		

施工单位检查评定结果	专业工长(施工员)		施工班组长	
	项目专业质量检查员:　　　　　　　　　　　　　年　　月　　日			

监理(建设)单位验收结论	专业监理工程师: (建设单位项目专业技术负责人):　　　　　　　年　　月　　日

【规范规定的施工过程控制要点】

5.42.1　一般规定

5.42.1.1　喷头的选择应符合喷灌系统设计要求,喷头的喷射半径、角度除满足功能要求外,还应根据现场地形适当调整。

5.42.1.2　水泵的选择应满足喷灌系统设计流量和设计水头的要求。

园林用电子单位工程 05

园林用电应参照 GB 50303 等有关规范执行。

建筑电气工程（GB 50303—2002）按附录 B 质量验收分部（子分部）分项名称划分表包括：

1. 电气动力

成套配电柜检验批质量验收记录；

控制柜（屏、台）和动力配电箱（盘）及控制柜安装检验批质量验收记录；

低压电动机检验批质量验收记录；

接线检验批质量验收记录；

低压电气动力设备检测、试验和空载试运行检验批质量验收记录；

电线、电缆穿管和线槽敷设检验批质量验收记录；

电缆头制作、导线连接和线路电气试验检验批质量验收记录；

插座、开关、风扇安装检验批质量验收记录。

2. 电气照明安装

成套配电柜检验批质量验收记录；

控制柜（屏、台）和照明配电箱（盘）及控制柜安装检验批质量验收记录；

低压电动机检验批质量验收记录；

接线检验批质量验收记录；

电线、电缆导管和线槽敷设检验批质量验收记录；

电缆头制作、导线连接和线路电气试验检验批质量验收记录；

灯具安装检验批质量验收记录；

插座、开关、风扇安装检验批质量验收记录；

照明通电试运行检验批质量验收记录。

I 电气动力

【电气动力分部/子分部工程】   C7-05-01

成套配电柜、控制柜（屏、台）和动力、照明配电箱（盘）安装检验批质量验收记录表

表 C7-05-01-303-1

单位(子单位)工程名称								
分部(子分部)工程名称				验收部位				
施工单位				项目经理				
分包单位				分包项目经理				
施工执行标准名称及编号								

检控项目	序号	质量验收规范规定			施工单位检查评定记录				监理(建设)单位验收记录
主控项目	1	框屏、台、箱、盘的接地或接零	第6.1.1条						
	2	低压成套设备的电击保护以及保护导体的最小截面积	第6.1.2条						
	3	手车、抽出式成套配电柜推拉要求	第6.1.3条						
	4	高压成套配电柜的交接试验	第6.1.4条						
	5	低压成套配电柜的交接试验	第6.1.5条						
	6	柜、屏、台、箱、盘:绝缘电阻值	第6.1.6条						
	7	柜、屏、台、箱、盘:耐压试验	第6.1.7条						
	8	直流屏试验	第6.1.8条						
	9	照明配电箱(盘)安装	第6.1.9条						
一般项目	1	基础型钢安装(第6.2.1条)	允许偏差		量 测 值 (mm)				
			(mm/m)	(mm/全长)					
	1)	不直度	1	5					
	2)	水平度	1	5					
	3)	不平行度	—	5					
	2	柜、屏、台、箱、盘的连接	第6.2.2条						
	3	柜、屏、台、箱、盘的安装	第6.2.3条						
	4	柜、屏、台、箱、盘内检查试验	第6.2.4条						
	5	低压电气组合	第6.2.5条						
	6	柜、屏、台、箱、盘间配线	第6.2.6条						
	7	电器及控制台、板等可动部位的电线	第6.2.7条						
	8	照明配电箱(盘)安装	第6.2.8条						
施工单位检查评定结果	专业工长(施工员)					施工班组长		
	项目专业质量检查员： 年 月 日							
监理(建设)单位验收结论	专业监理工程师： (建设单位项目专业技术负责人)： 年 月 日							

【检查验收执行的规范条目】

1. 主控项目

6.1.1 柜、屏、台、箱、盘的金属框架及基础型钢必须接地（PE）或接零（PEN）可靠；装有电器的可开启门，门和框架的接地端子间应用裸编织铜线连接，且有标识。

6.1.2 低压成套配电柜、控制柜（屏、台）和动力、照明配电箱（盘）应有可靠的电击保护，柜（屏、台、箱、盘）内保护导体应有裸露的连接外部保护导体的端子，当设计无要求时，柜（屏、台、箱、盘）内保护导体最小截面积 S_P 不应小于表 6.1.2 的规定。

保护导体的截面积　　　　　　　　　　　　　表 6.1.2

相线的截面积 $S(mm^2)$	相应保护导体的最小截面积 $S_p(mm^2)$
$S \leqslant 16$	2
$16 < S \leqslant 35$	16
$35 < S \leqslant 400$	$S/2$
$400 < S \leqslant 800$	200
$S > 800$	$S/4$

注：S 指柜（屏、台、箱、盘）电源进线相线截面积，且两者（S、S_p）材质相同。

6.1.3 手车、抽出式成套配电柜推拉应灵活，无卡阻碰撞现象。动触头与静触头的中心线应一致，且触头接触紧密，投入时，接地触头先于主触头接触；退出时，接地触头后于主触头脱开。

6.1.4 高压成套配电柜必须按《建筑电气工程施工质量验收规范》GB 50303—2002 规范第 3.1.8 条的规定交接试验合格，且应符合下列规定：

1 继电保护元器件、逻辑元件、变送器和控制用计算机等单体校验合格，整组试验动作正确，整定参数符合设计要求；

2 凡经法定程序批准，进入市场投入使用的新高压电气设备和继电保护装置，按产品技术文件要求交接试验。

附：第 3.1.8 条 **高压的电气设备和布线系统及继电保护系统的交接试验，必须符合现行国家标准《电气装置安装工程电气设备交接试验标准》GB 50150—2006 的规定。**

6.1.5 低压成套配电柜交接试验，必须符合《建筑电气工程施工质量验收规范》GB 50303—2002 规范第 4.1.5 条的规定。

附：第 4.1.5 条 杆上低压配电箱的电气装置和馈电线路交接试验应符合下列规定：

1 每路配电开关及保护装置的规格、型号，应符合设计要求；

2 相间和相对地间的绝缘电阻值大于 0.5MΩ；

3 电气装置的交流工频耐压试验电压 1kV，当绝缘电阻值大于 10MΩ 时，可采用 2500V 兆欧表摇测替代，试验持续时间 1min，无击穿闪络现象。

6.1.6 柜、屏、台、箱、盘间线路的线间和线对地间绝缘电阻值，馈电线路必须大于 0.5MΩ；二次回路必须大于 1MΩ。

6.1.7 柜、屏、台、箱、盘间二次回路交流工频耐压试验，当绝缘电阻值大于 10MΩ 时，用 2500V 兆欧表摇测 1min，应无闪络击穿现象；当绝缘电阻值在 1～10MΩ 时，做 1000V 交流工频耐压试验，时间 1min，应无闪络击穿现象。

6.1.8 直流屏试验，应将屏内电子器件从线路上退出，检测主回路线间和线对地间绝缘电阻值应大于 0.5MΩ，直流屏所附蓄电池组的充、放电应符合产品技术文件要求；整流器的控制调整和输出特性试验应符合产品技术文件要求。

6.1.9　照明配电箱（盘）安装应符合下列规定：

　　1　箱（盘）内配线整齐，无绞接现象。导线连接紧密，不伤芯线，不断股。垫圈下螺栓两侧压的导线截面积相同，同一端子上导线连接不多于 2 根，防松垫圈等零件齐全；

　　2　箱（盘）内开关动作灵活可靠，带有漏电保护的回路，漏电保护装置动作电流不大于 30mA，动作时间不大于 0.1s；

　　3　照明箱（盘）内，分别设置零线（N）和保护地线（PE 线）汇流排，零线和保护地线经汇流排配出。

2.　一般项目

6.2.1　基础型钢安装应符合表 C7-05-01-303-1 的规定。

6.2.2　柜、屏、台、箱、盘相互间或与基础型钢应用镀锌螺栓连接，且防松零件齐全。

6.2.3　柜、屏、台、箱、盘安装垂直度不应大于 1.5‰，相互间接缝不应大于 2mm，成列盘面偏差不应大于 5mm。

6.2.4　柜、屏、台、箱、盘内检查试验应符合下列规定：

　　1　控制开关及保护装置的规格、型号符合设计要求；

　　2　闭锁装置动作准确、可靠；

　　3　主开关的辅助开关切换动作与主开关动作一致；

　　4　柜、屏、台、箱、盘上的标识器件标明被控设备编号及名称，或操作位置，接线端子有编号，且清晰、工整、不易脱色；

　　5　回路中的电子元件不应参加交流工频耐压试验；48V 及以下回路可不做交流工频耐压试验。

6.2.5　低压电器组合应符合下列规定：

　　1　发热元件安装在散热良好的位置；

　　2　熔断器的熔体规格、自动开关的整定值符合设计要求；

　　3　切换压板接触良好，相邻压板间有安全距离，切换时，不触及相邻的压板；

　　4　信号回路的信号灯、按钮、光字牌、电铃、电笛、事故电钟等动作和信号显示准确；

　　5　外壳需接地（PE）或接零（PEN）的，连接可靠；

　　6　端子排安装牢固，端子有序号，强电、弱电端子隔离布置，端子规格与芯线截面积大小适配。

6.2.6　柜、屏、台、箱、盘间配线：电流回路应采用额定电压不低于 750V、芯线截面积不小于 2.5mm^2 的铜芯绝缘电线或电缆；除电子元件回路或类似回路外，其他回路的电线应采用额定电压不低于 750V，芯线截面积不小于 1.5mm^2 的铜芯绝缘电线或电缆。

　　二次回路连线应成束绑扎，不同电压等级、交流、直流线路及计算机控制线路应分别绑扎，且有标识；固定后不应妨碍手车开关或抽出式部件的拉出或推入。

6.2.7　连接柜、屏、台、箱、盘面板上的电器及控制台、板等可动部位的电线应符合下列规定：

　　1　采用多股铜芯软电线，敷设长度留有适当裕量；

　　2　线束有外套塑料管等加强缘保护层；

3 与电器连接时，端部纹紧，且有不开口的终端端子或搪锡，不松散、断股；

4 可转动部位的两端用卡子固定。

6.2.8 照明配电箱（盘）安装应符合下列规定：

1 位置正确，部件齐全，箱体开孔与导管径适配，暗装配电箱箱盖紧贴墙面，箱（盘）涂层完整；

2 箱（盘）内接线整齐，回路编号齐全，标识正确；

3 箱（盘）不采用可燃材料制作；

4 箱（盘）安装牢固，垂直度允许偏差为 1.5‰；底边距地面为 1.5m，照明配电板底边距地面不小于 1.8m。

低压电动机、电加热器及电动执行机构检查接线检验批质量验收记录表

表 C7-05-01-303-2

单位(子单位)工程名称					验收部位	
分部(子分部)工程名称					验收部位	
施工单位					项目经理	
分包单位					分包项目经理	
施工执行标准名称及编号						
检控项目	序号	质量验收规范规定		施工单位检查评定记录	监理(建设)单位验收记录	
主控项目	1	可接近裸露导体	第7.1.1条			
	2	绝缘电阻值	第7.1.2条			
	3	100kW 以上电动机应测各相直流电阻值	第7.1.3条			
一般项目	1	电气设备安装	第7.2.1条			
	2	抽芯检查规定	第7.2.2条			
	3	电动机的抽芯检查	第7.2.3条			
	4	裸露导线间最小间距	第7.2.4条			
施工单位检查评定结果	专业工长(施工员)			施工班组长		
	项目专业质量检查员：　　　　　　　　年　月　日					
监理(建设)单位验收结论	专业监理工程师： (建设单位项目专业技术负责人)：　　　年　月　日					

【检查验收时执行的规范条目】

1. 主控项目

7.1.1 电动机、电加热器及电动执行机构的可接近裸露导体必须接地（PE）或接零（PEN）。

7.1.2 电动机、电加热器及电动执行机构绝缘电阻值应大于 0.5MΩ。

7.1.3 100kW 以上的电动机，应测量各相直流电阻值，相互差不应大于最小值的 2%；无中性点引出的电动机，测量线间直流电阻值，相互差不应大于最小值的 1%。

2. 一般项目

7.2.1 电气设备安装应牢固，螺栓及防松零件齐全，不松动。防水防潮电气设备的接线入口及接线盒盖等应作密封处理。

7.2.2 除电动机随带技术文件说明不允许在施工现场抽芯检查外，有下列情况之一的电动机，应抽芯检查：

　　1 出厂时间已超过制造厂保证期限，无保证期限的已超过出厂时间一年以上；

　　2 外观检查、电气试验、手动盘转和试运转，有异常情况。

7.2.3 电动机抽芯检查，应符合下列规定：

　　1 线圈绝缘层完好，无伤痕，端部绑线不松动，槽楔固定、无断裂、引线焊接饱满、内部清洁、通风孔道无堵塞；

　　2 轴承无锈斑，注油（脂）的型号、规格和数量正确，转子平衡块紧固，平衡螺栓锁紧，风扇叶片无裂纹；

　　3 连接用紧固件的防松零件齐全完整；

　　4 其他指标符合产品技术文件的特有要求。

7.2.4 在设备接线盒内裸露的不同相导线间和导线对地间最小距离应大于 8mm，否则应采取绝缘防护措施。

槽板配线检验批质量验收记录表 表 C7-05-01-303-3

单位(子单位)工程名称				
分部(子分部)工程名称			验 收 部 位	
施工单位			项 目 经 理	
分包单位			分包项目经理	
施工执行标准名称及编号				

检控项目	序号	质量验收规范规定		施工单位检查评定记录	监理(建设)单位验收记录
主控项目	1	槽板内电线无接头,电线连接设在器具处;槽板与各种器具连接时,电线应留有余量,器具底座应压住槽板端部	第16.1.1条		
	2	槽板敷设应紧贴建筑物表面,横平竖直,固定可靠,严禁用木楔固定,木槽板应经阻燃处理,塑料槽板表面应有阻燃标识	第16.1.2条		
一般项目	1	木槽板无劈裂,塑料槽板无扭曲变形。槽板底板固定点间距应小于 500mm;槽板盖板固定点间距应小于 300mm;底板距终端 50mm 和盖板距终端 30mm 处应固定	第16.2.1条		
	2	槽板的底板接口与盖板接口应错开 20mm,盖板在直线段和 90°转角处应成 45°斜口对接,T 形分支处应成三角叉接,盖板应无翘角,接口应严密整齐	第16.2.2条		
	3	槽板穿过梁、墙和楼板处应有保护套管,跨越建筑物变形缝处槽板应设补偿装置,且与槽板结合严密	第16.2.3条		

施工单位检查评定结果	专业工长(施工员)		施工班组长	
	项目专业质量检查员:		年 月 日	

监理(建设)单位验收结论	
	专业监理工程师: (建设单位项目专业技术负责人): 年 月 日

注:【检查验收时执行的规范条目】按表 C7-05-01-303-3 执行。

钢索配线检验批质量验收记录表 表 C7-05-01-303-4

单位(子单位)工程名称						
分部(子分部)工程名称				验 收 部 位		
施工单位				项 目 经 理		
分包单位				分包项目经理		
施工执行标准名称及编号						

检控项目	序号	质量验收规范规定			施工单位检查评定记录	监理(建设)单位验收记录
主控项目	1	应采用镀锌钢索,不应采用含油芯的钢索。钢索的钢丝直径应小于 0.5mm,钢索不应有扭曲和断股等缺陷		第 17.1.1 条		
	2	钢索的终端拉环埋件应牢固可靠,钢索与终端拉环套接处应采用心形环,固定钢索的线卡不应少于 2 个,钢索端头应用镀锌绑扎紧密,且应接地(PE)或接零(PEN)		第 17.1.2 条		
	3	当钢索长度 50m 及以下时,可在其一端装设花篮螺栓紧固;当钢索长度大于 50m 时,应在钢索两端装设花篮螺栓紧固		第 17.1.3 条		
一般项目	1	钢索中间吊架间距不应大于 12m,吊架与钢索连接处的吊钩深度不应小于 20mm,并应有防止钢索跳出的锁定零件		第 17.2.1 条		
	2	电线和灯具在钢索上安装后,钢索应承受全部负载,且钢索表面整洁,无锈蚀		第 17.2.2 条		
	3	钢索配线的零件间和线间距离如下:		第 17.2.3 条		
		配线类别	支持件之间最大距离(mm)	支持件与灯头盒之间最大距离(mm)		
	1)	钢 管	1500	200		
	2)	刚性绝缘导管	1000	150		
	3)	塑料护套线	200	100		

施工单位检查评定结果	专业工长(施工员)		施工班组长	
	项目专业质量检查员:		年 月 日	
监理(建设)单位验收结论	专业监理工程师:			
	(建设单位项目专业技术负责人):		年 月 日	

注:【检查验收时执行的规范条目】按表 C7-05-01-303-4 执行。

低压电气动力设备试验和试运行检验批质量验收记录表 表 C7-05-01-303-5

单位(子单位)工程名称					
分部(子分部)工程名称				验收部位	
施工单位				项目经理	
分包单位				分包项目经理	
施工执行标准名称及编号					

检控项目	序号	质量验收规范规定		施工单位检查评定记录	监理(建设)单位验收记录
主控项目	1	试运行相关电气设备和线路试验	第10.1.1条		
	2	现场单独安装低压电器交接试验	第10.1.2条		
一般项目	1	柜、台、箱运行电压、电流、仪表检查	第10.2.1条		
	2	电动机通电、转向、转动试运行	第10.2.2条		
	3	交流电动机的空载试运行记录	第10.2.3条		
	4	大容量导线或母线连接处的温升抽测检查	第10.2.4条		
	5	电动执行机构动作方向及指示检查	第10.2.5条		

	专业工长(施工员)		施工班组长	
施工单位检查评定结果				
	项目专业质量检查员: 　　年　月　日			
监理(建设)单位验收结论				
	专业监理工程师: (建设单位项目专业技术负责人): 　　年　月　日			

【检查验收时执行的规范条目】

1. 主控项目

10.1.1 试运行前，相关电气设备和线路应按 GB 50303—2002 规范的规定试验合格。

10.1.2 现场单独安装的低压电器交接试验项目应符合 GB 50303—2002 规范附录 B 的规定。

附：附录 B：低压电器交接试验

低压电器交接试验

附录 B

序号	试验内容	试验标准或条件
1	绝缘电阻	用 500V 兆欧表摇测，绝缘电阻值≥1MΩ；潮湿场所，绝缘电阻值≥0.5MΩ
2	低压电器动作情况	除产品另有规定外，电压、液压或气压在额定值的 85%～110%范围内能可靠动作
3	脱扣器的整定值	整定值误差不得超过产品技术条件的规定
4	电阻器和变阻器的直流电阻差值	符合产品技术条件规定

2. 一般项目

10.2.1 成套配电（控制）柜、台、箱、盘的运行电压、电流应正常，各种仪表指示正常。

10.2.2 电动机应试通电，检查转向和机械转动有无异常情况；可空载试运行的电动机，时间一般为 2h，记录空载电流，且检查机身和轴承的温升。

10.2.3 交流电动机在空载状态（不投料）可启动次数及间隔时间应符合产品技术条件的要求；无要求时，连续启动 2 次的时间间隔不应小于 5min，再次启动应在电动机冷却至常温下。空载状态（不投料）运行，应记录电流、电压、温度、运行时间等有关数据，符合建筑设备或工艺装置的空载状态运行（不投料）要求。

10.2.4 大容量（630A 及以上）导线或母线连接处，在设计计算负荷运行情况下应作温度抽测记录，温升值稳定不大于设计值。

10.2.5 电动执行机构的动作方向及指示，应与工艺装置的设计要求保持一致。

电线、电缆导管和线槽敷线检验批质量验收记录表　表 C7-05-01-303-6

单位(子单位)工程名称				
分部(子分部)工程名称			验收部位	
施工单位			项目经理	
分包单位			分包项目经理	
施工执行标准名称及编号				

检控项目	序号	质量验收规范规定		施工单位检查评定记录	监理(建设)单位验收记录
主控项目	1	三相或单相的交流单芯电缆,不得单独穿于钢导管内	第15.1.1条		
	2	不同回路、不同电压等级和交流与直流的电线,不应穿于同一导管内;同一交流回路的电线应穿于同一金属导管内,管内电线不得有接头	第15.1.2条		
	3	爆炸危险环境照明线路的电线和电缆额定电压不得低于750V,电线必须穿于钢导管内	第15.1.3条		
一般项目	1	电线、电缆穿管前,应清除管内杂物和积水。管口应有保护措施,不进入接线盒(箱)的垂直管口穿入电线、电缆后,管口应密封	第15.2.1条		
	2	当采用多相供电时,同一建筑物、构筑物的电线绝缘层颜色选择应一致,即保护地线(PE线)应是黄绿相间色,零线用淡蓝色,相线用:A相——黄色、B相——绿色、C相——红色	第15.2.2条		
	3	线槽敷线应符合下列规定: ①电线在线槽内有一定余量,不得有接头。电线按回路编号分段绑扎,绑扎点间距不大于2m; ②同一回路的相线和零线,敷设于同一金属线槽内; ③同一电源的不同回路无抗干扰要求的线路可敷设于同一线槽内;敷设于同一线槽内有抗干扰要求的线路用隔板隔离,或采用屏蔽电线且屏蔽护套一端接地	第15.2.3条		

施工单位检查评定结果	专业工长(施工员)		施工班组长	
	项目专业质量检查员:　　　　　　　年　月　日			

监理(建设)单位验收结论	专业监理工程师: (建设单位项目专业技术负责人):　　　　年　月　日

注:【检查验收时执行的规范条目】按表 C7-05-01-303-6 执行。

电缆头制作、接地和线路绝缘测试检验批质量验收记录表　　表 C7-05-01-303-7

单位(子单位)工程名称					
分部(子分部)工程名称				验 收 部 位	
施工单位				项 目 经 理	
分包单位				分包项目经理	
施工执行标准名称及编号					

检控项目	序号	质量验收规范规定		施工单位检查评定记录	监理(建设)单位验收记录
主控项目	1	高压电力电缆直流耐压试验	第3.1.8条		
	2	低压电线、电缆绝缘电阻值测定	第18.1.2条		
	3	铠装电力电缆头接地线规定	第18.1.3条		
	4	电线、电缆接线必须准确，并联运行电线或电缆的型号、规格、长度、相位应一致	第18.1.4条		
一般项目	1	芯线与电器设备的连接规定	第18.2.1条		
	2	电线、电缆的芯线连接金具(连接管和端子)，规格应与芯线规格适配，且不得采用开口端子	第18.2.2条		
	3	电线、电缆的回路标记应清晰，编号准确	第18.2.3条		

施工单位检查评定结果	专业工长(施工员)		施工班组长	
	项目专业质量检查员：　　　　　　　年　月　日			

监理(建设)单位验收结论	专业监理工程师： (建设单位项目专业技术负责人)：　　　年　月　日

【检查验收时执行的规范条目】

1. 主控项目

3.1.8 高压的电气设备和布线系统及继电保护系统的交接试验，必须符合现行国家标准《电气装置安装工程电气设备交接试验标准》**GB 50150** 的规定。

注：第 18.1.1 条 高压电力电缆直流耐压试验必须按 GB 50303—2002 规范 3.1.8 的规定交接试验合格。

18.1.2 低压的电线和电缆，线间和线对地间的绝缘电阻值必须大于 0.5MΩ。

18.1.3 铠装电力电缆头的接地线应采用铜绞线或镀锡铜编织线，截面积不应小于表 18.1.3 的规定。

电缆芯线和接地线截面积（mm²） 表 18.1.3

电缆芯线截面积(mm²)	接地线截面积(mm²)
120 及以下	16
150 及以上	25

18.1.4 电线、电缆接线必须准确，并联运行电线或电缆的型号、规格、长度、相位应一致。

2. 一般项目

18.2.1 芯线与电器设备的连接应符合下列规定：

1 截面积 10mm² 及以下的单股铜芯线和单股铝芯线可直接与设备、器具的端子连接；

2 截面积 2.5mm² 及以下的多股铜芯线拧紧搪锡或接续端子后与设备、器具的端子连接；

3 截面积大于 2.5mm² 的多股铜芯线，除设备自带插接式端子外，接续端子后与设备或器具的端子连接；多股铜芯线与插接式端子连接前，端部拧紧搪锡；

4 多股铝芯线接续端子后与设备、器具的端子连接；

5 每个设备和器具的端子接线不多于两根电线。

18.2.2 电线、电缆的芯线连接金具（连接管和端子），规格应与芯线的规格适配，且不得采用开口端子。

18.2.3 电线、电缆的回路标记应清晰，编号准确。

开关、插座、风扇安装检验批质量验收记录表　　表 C7-05-01-303-8

单位（子单位）工程名称						
分部（子分部）工程名称					验 收 部 位	
施工单位					项 目 经 理	
分包单位					分包项目经理	
施工执行标准名称及编号						
检控项目	序号	质量验收规范规定		施工单位检查评定记录		监理（建设）单位验收记录
主控项目	1	插座安装	第 22.1.1 条			
	2	插座接线	第 22.1.2 条			
	3	特殊情况下插座安装	第 22.1.3 条			
	4	照明开关安装	第 22.1.4 条			
	5	吊扇安装及试运转	第 22.1.5 条			
	6	壁扇安装及试运转	第 22.1.6 条			
一般项目	1	插座安装	第 22.2.1 条			
	2	照明开关安装	第 22.2.2 条			
	3	吊扇安装	第 22.2.3 条			
	4	壁扇安装	第 22.2.4 条			
施工单位检查评定结果	专业工长（施工员）				施工班组长	
	项目专业质量检查员：　　　　　　　　　年　　月　　日					
监理（建设）单位验收结论	专业监理工程师： （建设单位项目专业技术负责人）：　　　　　　　年　　月　　日					

【检查验收时执行的规范条目】

1. 主控项目

22.1.1　当交流、直流或不同电压等级的插座安装在同一场所时，应有明显的区别，且必须选择不同结构、不同规格和不能互换的插座；配套的插头、应按交流、直流或不同电压等级区别使用。

22.1.2　插座接线应符合下列规定：

　　1　单相两孔插座，面对插座的右孔或上孔与相线连接，左孔或下孔与零线连接；单相三孔插座，面对插座的右孔与相线连接，左孔与零线连接；

　　2　单相三孔、三相四孔及三相五孔插座的接地（PE）或接零（PEN）线接在上孔。插座的接地端子不与零线端子连接。同一场所的三相插座，接线的相序一致。

　　3　接地（PE）或接零（PEN）线在插座间不串联连接。

22.1.3　特殊情况下插座安装应符合下列规定：

　　1　当接插有触电危险家用电器的电源时，采用能断开电源的带开关插座，开关断开相线；

　　2　潮湿场所采用密封型并带保护地线触头的保护型插座，安装高度不低于 1.5m。

22.1.4　照明开关安装应符合下列规定：

　　1　同一建筑物，构筑物的开关采用同一系列的产品，开关的通断位置一致，操作灵活、接触时靠；

　　2　相线经开关控制，民用住宅无软线引至床边的床头开关。

22.1.5　吊扇安装应符合下列规定：

　　1　吊扇挂钩安装牢固，吊扇挂钩的直径不小于吊扇挂销直径，且不小于 8mm；有防振橡胶垫；挂销的防松零件齐全、可靠；

　　2　吊扇扇叶距地高度不小于 2.5m；

　　3　吊扇组装不改变扇叶角度，扇叶固定螺栓防松零件齐全；

　　4　吊杆间、吊杆与电机间螺纹连接，啮合长度每端不小于 20mm，且防松零件齐全紧固；

　　5　吊扇接线正确、当运转时扇叶无明显颤动和异常声响。

22.1.6　壁扇安装应符合下列规定：

　　1　壁扇底座采用尼龙塞或膨胀螺栓固定；尼龙塞或膨胀螺栓的数量不少于 2 个，且直径不小于 8mm。固定牢固可靠；

　　2　壁扇防护罩扣紧，固定可靠，当运转时扇叶和防护罩无明显颤动和异常声响。

2.　一般项目

22.2.1　插座安装应符合下列规定：

　　1　当不采用安全型插座时，托儿所、幼儿园及小学等儿童活动场所安装高度不小于 1.8m；

　　2　暗装的插座面板紧贴墙面，四周无缝隙，安装牢固，表面光滑整洁，无碎裂、划伤，装饰帽齐全；

　　3　车间及试（实）验室的插座安装高度距地面不小于 0.3m；特殊场所暗装的插座不小于 0.15m；同一室内插座安装高度一致。

　　4　地插座面板与地面齐平或紧贴地面，盖板固定牢固，密封良好。

22.2.2　照明开关安装应符合下列规定：

　　1　开关安装位置便于操作，开关边缘距门框边缘的距离 0.15～0.2m，开关距地面高度 1.3m；拉线开关距地面高度 2～3m，层高小于 3m 时，拉线开关距顶板不小于 100mm，拉线出口垂直向下；

　　2　相同型号并列安装及同一室内开关安装高度一致，且控制有序不错位。并列安装的拉线开关的相邻间距不小于 20mm；

　　3　暗装的开关面板应紧贴墙面，四周无缝隙，安装牢固，表面光滑整洁、无碎裂、划伤，装饰帽齐全。

22.2.3　吊扇安装应符合下列规定：

　　1　涂层完整，表面无划痕，无污染，吊杆，上、下扣碗安装牢固到位

　　2　同一室内并列安装的吊扇开关高度一致，且控制有序不错位。

22.2.4　壁扇安装应符合下列规定：

　　1　壁扇下侧边缘距地面高度不小于 1.8m；

　　2　涂层完整，表面无划痕，无污染，防护罩无变形。

Ⅱ　电气照明安装

【电气照明安装分部/子分部工程】　C7-05-02

成套配电柜、控制柜（屏、台）和动力、照明配电箱（盘）安装检验批质量验收记录（表 C7-05-01-303-1）

成套配电柜、控制柜（屏、台）和动力、照明配电箱（盘）安装检验批质量验收记录按电气动力的成套配电柜、控制柜（屏、台）和动力、照明配电箱（盘）安装检验批质量验收记录表 C7-05-01-303-1 执行。

低压电动机、电加热器及电动执行机构检查接线检验批质量验收记录（表 C7-05-01-303-2）

低压电动机、电加热器及电动执行机构检查接线检验批质量验收记录按电气动力的低压电动机、电加热器及电动执行机构检查接线检验批质量验收记录表 C7-05-01-303-2 执行。

槽板配线检验批质量验收记录（表 C7-05-01-303-3）

槽板配线检验批质量验收记录按电气动力的槽板配线检验批质量验收记录表 C7-05-01-303-3 执行。

钢索配线检验批质量验收记录（表 C7-05-01-303-4）

钢索配线检验批质量验收记录按电气动力的钢索配线检验批质量验收记录表 C7-05-01-303-4 执行。

电线、电缆导管和线槽敷线检验批质量验收记录（表 C7-05-01-303-6）

电线、电缆导管和线槽敷线检验批质量验收记录按电气动力的电线、电缆导管和线槽敷线检验批质量验收记录表 C7-05-01-303-6 执行。

电缆头制作、接地和线路绝缘测试检验批质量验收记录（表 C7-05-01-303-7）

电缆头制作、接地和线路绝缘测试检验批质量验收记录按电气动力的电缆头制作、接地和线路绝缘测试检验批质量验收记录表 C7-05-01-303-7 执行。

开关、插座、风扇安装检验批质量验收记录（表 C7-05-01-303-8）

开关、插座、风扇安装检验批质量验收记录按电气动力的开关、插座、风扇安装检验批质量验收记录表 C7-05-01-303-8 执行。

普通灯具安装检验批质量验收记录表　　表 C7-05-02-303-1

单位(子单位)工程名称				
分部(子分部)工程名称			验收部位	
施工单位			项目经理	
分包单位			分包项目经理	
施工执行标准名称及编号				

检控项目	序号	质量验收规范规定		施工单位检查评定记录	监理(建设)单位验收记录
主控项目	1	灯具的固定	第19.1.1条		
	2	花灯吊钩圆钢直径、大型花灯过载试验规定	第19.1.2条		
	3	对钢管作灯杆的要求	第19.1.3条		
	4	对固定灯具带电部件的绝缘材料要求	第19.1.4条		
	5	灯具安装高度和使用电压等级规定	第19.1.5条		
	6	灯具距地面高度小于2.4m时,可接近裸露导体的接地或接零	第19.1.6条		
一般项目	1	导线线芯的最小截面	第19.2.1条		
	2	灯具外形,灯头及其接线规定	第19.2.2条		
	3	变电所内安装灯具要求	第19.2.3条		
	4	白炽灯泡、吸顶灯具的装设	第19.2.4条		
	5	大型灯具防溅落措施	第19.2.5条		
	6	投光灯的装设要求	第19.2.6条		
	7	室外壁灯的防水措施	第19.2.7条		

施工单位检查评定结果	专业工长(施工员)		施工班组长	
	项目专业质量检查员:　　　　　　年　月　日			

监理(建设)单位验收结论	专业监理工程师: (建设单位项目专业技术负责人):　　　　年　月　日

【检查验收时执行的规范条目】

1. 主控项目

19.1.1 灯具的固定应符合下列规定：

1 灯具重量大于 3kg 时，固定在螺栓或预埋吊钩上；

2 软线吊灯，灯具重量在 0.5kg 及以下，采用软电线自身吊装，大于 0.5kg 的灯具采用吊链，且软电线编叉在吊链内，使电线不受力；

3 灯具固定牢固可靠，不使用木楔，每个灯具固定用螺钉或螺栓不少于 2 个；当绝缘台直径在 75mm 及以下时，采用 1 个螺钉或螺栓固定。

19.1.2 **花灯吊钩圆钢直径不应小于灯具挂销直径、且不应小于 6mm。大型花灯的固定及悬吊装置，应按灯具重量的 2 倍做过载试验。**

19.1.3 当钢管作灯杆时，钢管内径不应小于 10mm，钢管厚度不应小于 1.5mm。

19.1.4 固定灯具带电部件的绝缘材料以及提供防触电保护的绝缘材料，应耐燃烧和防明火。

19.1.5 当设计无要求时，灯具的安装高度和使用电压等级应符合下列规定：

1 一般敞开式灯具，灯头对地面距离不小于下列数值（采用安全电压时除外）：

1）室外：2.5m（室外墙上安装）；2）厂房：2.5m；3）室内：2m；4）软吊线带升降器的灯具在吊线展开后：0.8m。

2 危险性较大及特殊危险场所，当灯具距地面高度小于 2.4m 时，使用额定电压为 36V 及以下的照明灯具，或有专用保护措施。

19.1.6 **当灯具距地面高度小于 2.4m 时，灯具的可接近裸露导体必须接地（PE）或接零（PEN）可靠，并应有专用接地螺栓，且有标识。**

2. 一般项目

19.2.1 引向每个灯具的导线线芯最小截面应符合表 19.2.1 的规定：

导线线芯最上截面积   表 19.2.1

灯具安装的场所及用途		线芯最小面积（mm²）		
		铜芯软线	铜　线	铝　线
灯头线	民用建筑室内	0.5	0.5	2.5
	工业建筑室内	0.5	1.0	2.5
	室　　外	1.0	1.0	2.5

19.2.2 灯具的外形，灯头及其接线应符合下列规定：

1 灯具及其配件齐全，无机械损伤、变形、涂层剥落和灯罩破裂等缺陷；

2 软线吊灯的软线两端作保护扣，两端芯线搪锡，当装升降器时，套塑料软管，采用安全灯头；

3 除敞开式灯具外，其他各类灯具灯泡容量在 100W 及以上者采用瓷质灯头；

4 连接灯具的软线盘扣、搪锡压线，当采用螺口灯头时，相线接于螺口灯头中间的端子上；

5 灯头的绝缘外壳不破损和漏电，带有开关的灯头，开关手柄无裸露的金属部分。

19.2.3 变电所内，高、低压配电设备及裸母线的正上方不应安装灯具。

19.2.4 装有白炽灯泡的吸顶灯具，灯泡不应紧贴灯罩；当灯泡与绝缘台间距离小于 5mm

时,灯泡与绝缘台间应采取隔热措施。

19.2.5　安装在重要场所大型灯具的玻璃罩,应采取防止玻璃罩碎裂后向下溅落的措施。

19.2.6　投光灯的底座及支架应固定牢固,枢轴应沿需要的光轴方向拧紧固定。

19.2.7　安装在室外的壁灯应有泄水孔,绝缘台与墙面之间应有防水措施。

专用灯具安装检验批质量验收记录表　　　　表 C7-05-02-303-2

单位(子单位)工程名称						
分部(子分部)工程名称				验 收 部 位		
施工单位				项 目 经 理		
分包单位				分包项目经理		
施工执行标准名称及编号						
检控项目	序号	质量验收规范规定		施工单位检查评定记录		监理(建设)单位验收记录
主控项目	1	36V 及以下行灯变压器和行灯安装	第20.1.1条			
	2	游泳池和类似场所灯具安装	第20.1.2条			
	3	手术台无影灯安装规定	第20.1.3条			
	4	应急照明灯具安装规定	第20.1.4条			
	5	防爆灯具安装及规定	第20.1.5条			
一般项目	1	36V 及以下行灯变压器和行灯安装	第20.2.1条			
	2	手术台无影灯安装规定	第20.2.2条			
	3	应急照明灯具安装规定	第20.2.3条			
	4	防爆灯具的安装规定	第20.2.4条			
施工单位检查评定结果	专业工长(施工员)			施工班组长		
	项目专业质量检查员:　　　　　年　　月　　日					
监理(建设)单位验收结论	专业监理工程师: (建设单位项目专业技术负责人):　　　　　年　　月　　日					

注:专用灯具是指行灯、无影灯、应急照明灯、防爆灯、游泳池和类似场所灯具。

【检查验收时执行的规范条目】

1. 主控项目

20.1.1　36V 及以下行灯变压器和行灯安装必须符合下列规定：

1　行灯电压不大于 36V，在特殊潮湿场所或导电良好的地面上以及工作地点狭窄、行动不便的场所行灯电压不大于 12V；

2　变压器外壳、铁芯和低压侧的任意一端或中性点，接地（PE）或接零（PEN）可靠；

3　行灯变压器为双圈变压器，其电源侧和负荷有熔断器保护，熔丝额定电流分别不应大于变压器一次、二次的额定电流；

4　行灯灯体及手柄绝缘良好，坚固耐热潮湿；灯头与灯体结合坚固，灯头无开关，灯泡外部有金属保护网、反光罩及悬吊挂钩，挂钩固定在灯具的绝缘手柄上。

20.1.2　游泳池和类似场所灯具（水下灯及防水灯具）的等电位联结应可靠，有明显标识，其电源的专用漏电保护装置应全部检测合格。自电源引入灯具的导管必须采用绝缘导管，严禁采用金属或有金属护层的导管。

20.1.3　手术台无影灯安装应符合下列规定：

1　固定灯座的螺栓数量不少于灯具法兰底座上的固定孔数，且螺栓直径与底座孔径相适配；螺栓采用双螺母锁固；

2　在混凝土结构上螺栓与主筋相焊接或将螺栓末端弯曲与主筋绑扎锚固；

3　配电箱内装有专用的总开关及分路开关，电源分别接在两条专用的回路上，开关至灯具的电线采用额定电压不低于 750V 的铜芯多股绝缘电线。

20.1.4　应急照明灯具安装应符合下列规定：

1　应急照明灯的电源除正常电源外，另有一路电源供电；或者是独立于正常电源的柴油发电机组供电；或由蓄电池柜供电或选用自带电源型应急灯具；

2　应急照明在正常电源断电后，电源转换时间为：疏散照明≤15s；备用照明≤15s（金融商店交易所≤1.5s）；安全照明≤0.5s；

3　疏散照明由安全出口标志灯和疏散标志灯组成，且安全出口标志灯距地高度不低于 2m，安装在疏散出口和楼梯口里侧上方；

4　疏散标志灯安装在安全出口的顶部，楼梯间、疏散走道及其转角处应安装在 1m 以下的墙面上。不易安装的部位可安装在上部。疏散通道上的标志灯间距不大于 20m（人防工程不大于 10m）；

5　疏散标志灯的设置，不影响正常通行，且不在其周围设置容易混同疏散标志灯的其他标志牌等；

6　应急照明灯具、运行中温度大于 60℃的灯具，当靠近可燃物时，采取隔热、散热等防火措施。当采用白炽灯、卤钨灯等光源时，不直接安装在可燃装修材料或可燃物件上；

7　应急照明线路在每个防火分区有独立的应急照明回路，穿越不同防火分区的线路有防火隔堵措施；

8　疏散照明线路采用耐火电线、电缆，穿管明敷或在非燃烧体内穿刚性导管暗敷，暗敷保护层厚度不小于 30mm。电线采用额定电压不低于 750V 的铜芯绝缘电线。

20.1.5 防爆灯具安装应符合下列规定：

1 灯具的防爆标志、外壳防护等级和温度组别与爆炸危险环境相适配。当设计无要求时，灯具种类和防爆结构的选型应符合表 20.1.5 的规定；

2 灯具配套齐全，不用非防爆零件替代灯具配件（金属护网、灯罩、接线盒等）；

3 灯具的安装位置离开释放源，且不在各种管道的泄压口及排放口上下方安装灯具；

4 灯具及开关安装牢固可靠，灯具吊管及开关与接线盒螺纹啮合扣数不少于 5 扣，螺纹加工光滑、完整、无锈蚀，并在螺纹上涂以电力复合酯或导电性防锈酯；

5 开关安装位置便于操作，安装高度 1.3m。

灯具种类和防爆结构的类型　　　　　　　　　　　表 20.1.5

爆炸危险区域防爆结构　　照明设备种类	Ⅰ区		Ⅱ区	
	隔爆型 d	增安型 e	隔爆型 d	增安型 e
固定式灯	○	×	○	○
移动式灯	△	—	○	—
携带式电池灯	○	—	○	—
镇流器	○	△	○	○

注：表中符号：○为适用；△为慎用；×为不适用。

2. 一般项目

20.2.1 36V 及以下行灯变压器和行灯安装应符合下列规定：

1 行灯变压器的固定支架牢固，油漆完整；

2 携带式局部照明灯电线采用橡套软线。

20.2.2 手术台无影灯安装应符合下列规定：

1 底座紧贴顶板，四周无缝隙；

2 表面保持整洁，无污染，灯具镀、涂层完整无划伤。

20.2.3 应急照明灯具安装应符合下列规定：

1 疏散照明采用荧光灯或白炽灯；安全照明采用卤钨灯，或采用瞬时可靠点燃的荧光灯；

2 安全出口标志灯和疏散标志灯装有玻璃或非燃材料的保护罩，面板亮度均匀度为 1：10（最低：最高），保护罩应完整、无裂纹。

20.2.4 防爆灯具安装应符合下列规定：

1 灯具及开关的外壳完整，无损伤、无凹陷或沟槽，灯罩无裂纹，金属护网无扭曲变形，防爆标志清晰；

2 灯具及开关的紧固螺栓无松动、锈蚀、密封垫圈完好。

建筑物照明通电试运行检验批质量验收记录表　　**表 C7-05-02-303-3**

单位(子单位)工程名称				
分部(子分部)工程名称			验 收 部 位	
施工单位			项 目 经 理	
分包单位			分包项目经理	
施工执行标准名称及编号				

检控项目	序号	质量验收规范规定		施工单位检查评定记录	监理(建设)单位验收记录
主控项目	1	照明系统通电,灯具回路控制应与照明箱及回路的标识一致;开关与灯具控制顺序相对应,风扇的转向及调速开关应正常	第23.1.1条		
	2	公安建筑照明系统通电连续试运行时间应24h,民用住宅照明系统通电连续试运行时间应8h。所有照明灯具均应开启,且每2h启示运行状态一次,连续试运行时间内无故障	第23.1.2条		

施工单位检查评定结果	专业工长(施工员)		施工班组长	
	项目专业质量检查员:　　　　　　　　　　年　　月　　日			

监理(建设)单位验收结论	专业监理工程师: (建设单位项目专业技术负责人):　　　　年　　月　　日

4.2 工程施工技术文件

　　园林绿化工程施工文件（资料）是园林绿化工程当施工单位在工程施工过程中形成并收集汇编的施工管理、施工技术、工程验收等的信息记录。

4.2.1 工程管理资料

1. 工程管理的职责要求

　　（1）通用职责

　　1）工程各参建单位填写的工程资料应符合国家及北京市相关的法律、法规、规章、标准；同时还应符合工程合同与设计文件等规定。

　　2）工程各参建单位应将工程资料的形成和积累纳入工程管理的各个环节和有关人员的职责范围。

　　3）工程资料应随工程进度同步形成、收集、整理并按规定要求及时移交。

　　4）工程资料应按管理职责要求，分别由建设、监理、施工单位主管（技术）负责人组织本单位工程资料的全过程管理工作。工程资料的收集、整理和审核工作应有专人负责并应经过有关机构培训合格后上岗。

　　5）工程各参建单位应确保各自文件、资料的真实、准确、齐全。对工程资料进行涂改、伪造、随意抽撤或损毁、丢失等，应按有关规定予以处理。

　　（2）建设单位职责

　　1）负责建设工程项目工程档案和资料的管理工作，并设专人进行收集整理和归档。

　　2）在工程招标及与参建各方签订协议或合同时，应对工程资料和工程档案的编制责任、套数、费用、质量和移交时间等提出明确要求。

　　3）向参与工程建设的勘察、设计、监理、施工等单位提供与工程有关的资料，原始资料应真实、准确、齐全。

　　4）自行或委托监理单位督促和检查各参建单位的立卷归档工作；并对本标准规定应签认的工程资料签署意见。

　　5）收集和汇总勘察、设计、监理、施工等单位立卷归档的工程档案。

　　6）建设单位在组织竣工验收前，应先对工程档案进行预验收，工程档案预验收不合格的，不得组织竣工验收。

　　（3）勘察、设计单位职责

　　1）按合同和规范要求提供勘察、设计文件。

　　2）对本标准规定应签认的工程资料签署意见并出具工程质量检查报告。

　　（4）监理单位职责

　　1）负责监理资料的管理工作，并设专人负责监理资料的收集、整理和归档。

　　2）按照合同约定，在勘察、设计阶段，对勘察、设计文件的形成、积累、组卷和归档进行监督检查；在施工阶段，应对施工资料的形成、积累、组卷和归档进行监督、检查，使施工资料的完整性、准确性符合有关要求。

　　（5）施工单位职责

1）负责施工资料的管理工作，明确主管负责人，逐级建立健全施工资料管理岗位责任制。

2）总承包单位负责汇总、审核各分包单位编制的施工资料。分包单位应负责其分包范围内施工资料的收集和整理，并对其施工资料的真实性、完整性和准确性负责。

3）按本标准要求在工程竣工交验前将施工资料整理汇总完毕。

4）负责编制两套施工资料，其中移交建设单位一套，自行保存一套。

2. 施工文件的管理

（1）施工资料应实行报审、报验。分包单位报送的施工资料应先通过总包单位审核后，方可报监理（建设）单位。

（2）施工资料的报审、报验应有时限要求。工程相关各方宜在合同中约定报审资料的提交时间及审批时间，并约定有关责任方应承担的责任。当无约定时，施工资料的报审、报验不得影响正常施工。

（3）园林绿化上程实行总承包的，应在与分包单位签订合同时明确资料的移交套数、移交时间、质量要求及验收标准等。分包工程完工后，应将有关施工资料移交总承包单位。

（4）工程完工后施工单位应对工程质量进行检查，在确认工程质量符合有关法律、法规及相关规定，符合设计文件及合同要求的条件下，编制《工程质量竣工报告》，经项目负责人和施工单位负责人审核签字加盖公章后，向监理单位提请工程预验收。经预验收合格后，向建设单位申请竣工验收。

4.2.1.1　工程概况表（表 C0-1）

1. 资料表式

工程概况表 （表 C0-1）		编　号		
工程名称				
建设地点		工程造价		
开工日期		计划竣工日期		
建设单位		勘察单位		
设计单位		监理单位		
监督单位		监督编号		
施工单位	名　称		单位负责人	
	项目负责人		项目技术 负责人	
	工程内容			
	备　注			

本表由施工单位填写保存。

2. 应用指导

（1）DB11/T 712—2010 规范规定：

工程概况表是对工程基本情况的简要描述，各工程在施工前应填写《工程概况表》（表 C0-1）。

（2）《工程概况表》实施说明：

1）所谓概况是指和工程有关的基本情况，诸如：工程名称、建设地点、工程造价、开工日期、计划竣工日期、建设单位、勘察单位、设计单位、监理单位、监督单位等。

2）工程概况表应包括内容：可填记其某项目的主要工程内容名目。所填名目应和设计文件的名目相一致。

3）工程名称及单位名称按全称填记，工程造价按工程概算价的总价填记。单位为万元或元。

4.2.1.2　项目大事记（表C0-2）

1. 资料表式

项目大事记 （表 C0-2）		编　号			
工程名称					
施工单位					
序号	年	月	日	内　　容	
项目负责人			整理人		

本表由施工单位填写保存。

2. 应用指导

（1）DB11/T 712—2010 规范规定：

《项目大事记》（表 C0-2）内容主要包括：开、竣工日期；停、复工日期；中间验收及关键部位的验收日期；质量、安全事故；获得的荣誉；重要会议；分承包工程招投标、合同签署；上级及专业部门检查、指示等情况的简述。

（2）《项目大事记》实施说明：

1）开竣工日期：应填写实际开竣工日期　　年　　月　　日，当开竣工与计划开竣工日期不符合时，应简要说明原因；停复工日期：应记录停工原因及日期　　年　　月　　日、复工时间及批准日期　　年　　月　　日。

2）中间验收及关键部位验收日期：应全称填写中间验收和关键部位验收的名称及日期，验收的质量等级等。

3）安全质量事故：应填记名称、时间、质量事故还是安全事故据实填记、地点、责任人姓名、职务等。

4）获得的荣誉：应填记荣誉项目及名称、荣誉类别（国家级、省、市级或企业级）、集体还是个人。

5）重要会议：应填记会议名称、参加主要人员、时间、地点、主要研讨内容。

6）分承包工程招投标：招投标名称、要点等。

7）合同签署：合同名称、签定时间、单位名称等。

8）上级及专业部门检查、指示：检查单位、检查人员及数量、职别、时间、地点、指示要目。

9）项目负责人、整理人本人签字。

4.2.1.3 工程质量事故资料

4.2.1.3-1 工程质量事故记录（表 C0-3）

1. 资料表式

工程质量事故记录 （表 C0-3）		编　号		
工程名称		建设地点		
建设单位		设计单位		
监理单位		施工单位		
主要工程量		事故发生时间		年　月　日　时
预计经济损失		报告时间		年　月　日　时
质量事故概况：				
质量事故原因初步分析：				
质量事故发生后拟采取的处理措施：				
项目负责人			记录人	

本表由施工单位填写，施工、监理、建设单位保存。

2. 应用指导

(1) DB11 /T 712—2010 规范规定：

凡工程发生重大质量事故，施工单位应在规定时限内向监理、建设及上级主管部门报告，填写《工程质量事故记录》（表 C0-3），并呈报调查组核查。

(2)《工程质量事故记录》实施说明：

凡因工程质量不符合规定的质量标准、影响使用功能或设计要求的质量事故在初步调查的基础上所填写的事故报告。

凡因工程质量不符合规定的质量标准、影响使用功能或设计要求的，都叫质量事故。造成质量事故的原因主要包括：设计错误、施工错误、材料设备不合格、指挥不当等。

1）工程质量事故的内容及处理建议应填写具体、清楚。注明日期（质量事故日期、处理日期）。有当事人及有关领导的签字及附件资料。

2）事故经过及原因分析应实事求是、尊重科学。

3）事故产生的原因可分为指导责任事故和操作责任事故。事故按其情节性质分为一般事故、重大事故。不论一般事故还是重大事故均应填报《工程质量事故记录》。

4）关于《工程建设重大事故报告和调查程序规定》有关问题说明：

① 该"规定"系指工程建设过程中发生的重大质量事故；

② 由于勘察设计、施工等过失造成工程质量低劣，而在交付使用后发生的重大质量事故；

③ 因工程质量达不到合格标准，而需加固补强、返工或报废、且经济损失额达到重大质量事故级别的。

5）事故发生后，事故发生单位应当在 24h 内写出书面的事故报告，逐级上报，书面报告应包括以下内容：

① 事故发生的时间、地点、工程项目、企业名称；

② 事故发生的简要经过、伤亡人数和直接经济损失的初步估计；

③ 事故发生原因的初步判断；

④ 事故发生后采取的措施及事故控制的情况；

⑤ 事故报告单位。

6）工程质量事故报告和事故处理方案及记录，要妥善保存，任何人不得随意抽撤或毁损。

7）一般事故每月集中汇总上报一次。

8）项目负责人、记录人本人签字。

4.2.1.3-2　工程质量事故调（勘）查记录（表 C0-4）

1. 资料表式

工程质量事故调(勘)查记录 （表 C0-4）		编　号			
工程名称			日　期		
调(勘)查时间		年　月　日　时分至　年　月　日　时			
调(勘)查地点					
参加人员	单位名称		姓名(签字)	职务	电　话
调(勘)查人员					
调(勘)查笔记					
现场证物照片	□有　　□无		共　　　张	共　　　页	
事故证据资料	□有　　□无		共　　　张	共　　　页	
调(勘)查负责人 （签字）			调(勘)查单位负责人 （签字）		

本表由调查单位填写，建设单位、监理单位、施工单位保存（笔录可另附页）。

2. 应用指导

(1)（DB11/T 712—2010）规范规定：

凡工程发生重大质量事故，建设、监理单位应及时组织质量事故的调（勘）察，事故调查组应由三人以上组成，调查情况应进行笔录，并填写《工程质量事故调（勘）查记录》（表 C0-4），并呈报调查组核查。

(2)《工程质量事故调（勘）记录》实施说明：

建设工程质量事故调（勘）查处理记录是指因工程质量不符合规定的质量标准、影响使用功能或设计要求的质量事故发生后，对其事故范围、缺陷程度、性质、影响和产生原因进行的联合调查时的记录。

1）工程质量事故调（勘）查处理记录内容及处理方法应填写具体、清楚。注明日期（质量事故日期、处理日期）。参加调查人员、陪同调（勘）查人员必须逐一填写清楚。

2）调（勘）查记录应真实、科学、详细，实事求是，包括物证、照片、事故证据资料。

3）参加的调（勘）查负责人、调（勘）查单位负责人均必须本人签字。

4）调（勘）查实施原则

① 调查记录应详细、实事求是。记录内容包括事故调查的：事故的发生时间、地点、部位、性质、人证、物证、照片及有关的数据资料。

② 调查方式可视事故的轻重由施工单位自行进行调查或组织有关部门联合调查做出处理方案。

③ 工程质量事故调查、事故处理资料应在事故处理完毕后随同工程质量事故报告一并存档。

④ 设计单位应当参与建设工程质量事故的分析，并对因设计造成的质量事故提出技术处理方案。

注：质量事故处理一般有以下几种：事故已经排除，可以继续施工；隐患已经消除，结构安全可靠；经修补处理后，安全满足使用要求；基本满足使用要求，但附有限制条件；虽经修补但对耐久性有一定影响，并提出影响程度的结论；虽经修补但对外观质量有一定影响，并提出外观质量影响程度的结论。

4.2.1.3-3　工程质量事故处理记录（表 C0-5）

1. 资料表式

工程质量事故处理记录 （表 C0-5）		编　号	
工程名称			
施工单位			
事故处理编号		经济损失(万无)	
事故 处理 情况			
事故 造成 永久 缺陷 情况			
事故 责任 分析			
对事故 责任者 的处理			
调查负责人	填表人		填表日期

本表由施工单位填写，建设单位、监理单位、施工单位保存。

2. 应用指导

(1) DB11 /T 712—2010 规范规定：

凡工程发生重大质量事故，施工单位应严肃对待发生的质量事故并及时进行处理，处理后填写《工程质量事故处理记录》（表 C0-5），并呈报调查组核查。

(2)《工程质量事故记录》实施说明：

1）技术处理原则：应做到认真负责、实事求是、尊重科学、公正无私。

① 工程（产品）质量事故的部位，原因必须查清，必要时应委托法定工程质量检测单位进行质量鉴定或请专家论证。

② 技术处理方案，必须依据充分、可靠、可行，确保结构安全和使用功能；技术处理方案应委托原设计单位提出，由其他单位提供技术方案的，需经原设计单位同意并签认。设计单位在提供处理方案时应征求建设单位意见。

③ 施工单位必须依据技术处理方案的要求，制定可行的技术处理施工措施，并做好原始记录。

④ 技术处理过程中关键部位的工序，应会同建设单位（设计单位）进行检查认可，技术处理完工，应组织验收，并将有关单位的签证、处理过程中的各项施工记录、试验报告、原材料试验单等相关资料应完整配套归档。

2) 技术处理依据：国家相关政策、法律、法规、规范标准条例规定等。

3) 技术处理结果：应达到公平、符合政策、当事人心悦诚服。

4) 工程质量事故技术处理方案按设计或施工单位根据事故特点提供并经监理单位同意的工程质量事故技术处理方案作为施工技术文件依序提供汇整。

5) 属于特别重大事故者，其报告、调查程序、执行国务院发布的《特别重大事故调查程序暂行规定》及有关规定。

6) 工程质量事故处理方案应由原设计单位出具或签认，并经建设、监理单位审查同意后方可实施。

注：事故造成永久缺陷情况是指事故的类别，事故造成的永久性缺陷程度对原设计的影响程度（包括：质量和安全两个方面的情况与分析）。

4.2.1.4　单位（子单位）工程质量竣工验收资料

（1）单位工程完工，施工单位组织自检合格后，应报请监理单位进行工程预验收，通过后向建设单位提交竣工报告并填报《单位（子单位）工程质量竣工验收记录》。建设单位应组织设计单位、监理单位、施工单位等进行工程质量竣工验收并记录，验收记录上各单位应签字并加盖公章。

（2）《单位（子单位）工程质量竣工验收记录》应由施工单位填写，综合验收结论应由参加验收符方共同商定，并由建设单位填写，主要对工程质量是否符合设计和规范要求及总体质量水平做出评价。

（3）进行单位（子单位）工程质量竣工验收时，施工单位应同时填报《单位（子单位）工程质量控制资料核查记录》、《单位（子单位）工程安全、功能和植物成活要素检查资料核查及主要功能抽查记录》、《单位（子单位）上程观感质量检查记录》、《单位（子单位）工程植物成活率统计记录》作为《单位（子单位）工程质量竣工验收记录》，其表式见表 4.1.1.2～表 4.1.1.5。

注：单位（子单位）工程质量竣工验收见第 1 章工程质量验收文件的相关表式与说明。

4.2.1.5　施工总结与竣工报告

4.2.1.5-1　施工总结（施工单位编制）

施工总结是工程的阶段性、综合性或专题性文字材料。应由项目负责人负责，可包括以下方面：

——管理力面：根据工程特点和难点，进行项目质量、现场、合同、成本和综合控制等方面的管理总结；

——技术方面：工程采用的新技术、新产品、新工艺、新材料总结；

——经验方面：施工过程中各种经验与教训总结。

4.2.1.5-2　工程质量竣工报告（表 C0-6）

1. 资料表式

施工单位质量竣工报告　　　　　　　　　　　　　　表 C0-6

工程名称					
种植面积		铺地面积		构筑物面积	
单位名称					
单位地址					
单位邮编		联系电话			
质量验收意见：					
单位负责人：　　　　　　　年　　月　　日				施工企业公章	
企业质量负责人：　　　　　年　　月　　日					
企业技术负责人： （总工程师）　　　　　　年　　月　　日					
企业法人代表：　　　　　　年　　月　　日					

2. 应用指导

(1) DB11 /T 712—2010 规范规定：

单位工程完工后，有施工单位编写《工程质量竣工报告》（表 C0-6），内容包括：

——工程概况及实际完成情况；

——企业自评的工程实体质量情况；

——企业自评施工资料完成情况；

——主要没备、系统调试情况；

——安全、功能和植物成活要素检测、主要功能抽查情况。

(2)《施工单位质量竣工报告》实施说明：

1) 本表系施工单位在建设单位未组织勘察单位、设计单位、施工单位、监理单位验收之前，向建设单位呈报、提请对其已完工程进行工程竣工验收的报告书。

2) 工程竣工报告的内容包括三个部分：

一是工程概况部分。诸如单位（子单位）工程名称、工程地址、建筑面积（m²）、建设单位、结构类型/层数、设计单位、开、竣工日期、勘察单位、合同工期、施工单位、造价、监理单位、合同编号等。单位名称、工程名称应填写全称，日期应填写　　年　　月　　日。

二是竣工条件自查情况，应检项目内容和施工单位自查意见。诸如工程设计和合同约定各项内容的完成情况；工程技术档案和施工管理资料；工程所用建筑材料、建筑构配件、商品混凝土和设备的进场试验报告；涉及工程结构安全的试块、试件及有关材料的试（检）验报告；地基与基础、主体结构等重要分部（分项）工程质量验收报告签证情况；建设行政主管部门、质量监督机构或其他有关部门责令整改问题的执行情况；单位工程质量自评情况；工程质量保修书；工程款支付情况等。试（检）验报告应是具有相应资质的试验单位出具的加盖试验单位章和责任人本人签字的试验报告单。

三是施工单位意见及其责任制部分。如施工单位加盖公章、施工项目负责人签字盖章、单位技术负责人签字、法定代表人签字盖章等，均应本人签字。

3）工程竣工报告，施工单位应加盖公章、施工项目负责人本人签字、单位技术负责人本人签字、法定代表人本人签字，分别填写　　年　　月　　日。

4）几点说明

① 单独签订施工合同的单位工程，竣工后可单独进行竣工验收。在一个单位工程中满足规定交工要求的专业工程，可征得发包人同意，分阶段进行竣工验收。

② 单项工程竣工验收应符合设计文件和施工图纸要求，满足生产需要或具备使用条件，并符合其他竣工验收条件要求。

③ 整个建设项目已按设计要求全部建设完成，符合规定的建设项目竣工验收标准，可由发包人组织设计、施工、监理等单位进行建设项目竣工验收，中间竣工并已办理移交手续的单项工程，不再重复进行竣工验收。

④ 竣工验收应依据下列文件：

A. 批准的设计文件、施工图纸及说明书。

B. 双方签订的施工合同。

C. 设备技术说明书。

D. 设计变更通知书。

E. 施工验收规范及质量验收标准。

F. 外资工程应依据我国有关规定提交竣工验收文件。

⑤ 竣工验收应符合下列要求：

A. 设计文件和合同约定的各项施工内容已经施工完毕。

B. 有完整并经核定的工程竣工资料，符合验收规定。

C. 有勘察、设计、施工、监理等单位签署确认的工程质量合格文件。

D. 有工程使用的主要建筑材料、构配件和设备进场的证明及试验报告。

⑥ 竣工验收的工程必须符合下列规定：

A. 合同约定的工程质量标准。

B. 单位工程质量竣工验收的合格标准。

C. 单项工程达到使用条件或满足生产要求。

D. 建设项目能满足建成投入使用或生产的各项要求。

4.2.2　工程施工技术文件

工程施工技术文件除上述工程管理资料外，应提送资料主要由"单位（子单位）工程质量控制资料核查记录表"和"单位（子单位）工程安全功能和植物成活要素检验资料核查及主要功能抽查记录"构成。见表1和表2。

单位（子单位）工程质量控制资料核查记录目录表　　表1

工程名称				施工单位	
序号	项目	资　料　名　称		说　　明	
1	绿化种植	图纸会审、设计变更、洽商记录、定点放线记录			
2		园林植物进场检验记录以及材料、配件出厂合格证书和进场检验记录			
3		隐蔽工程验收记录及相关材料检测试验记录			
4		施工记录			
5		分项、分部工程质量验收记录			
1	园林景观构筑物及其他造景	图纸会审、设计变更、洽商记录			
2		工程定位测量、放线记录			
3		原材料出厂合格证书及进场检（试）验报告			
4		施工试验报告及见证检测报告			
5		隐蔽工程验收记录			
6		施工记录			
7		预制构件、预拌混凝土合格证			
8		地基、基础主体结构检验及抽样检测资料			
9		分项、分部工程质量验收记录			
10		工程质量事故及事故调查处理资料			
11		新材料、新工艺施工记录			
1	园林铺地	图纸会审、设计变更、洽商记录			
2		工程定位测量、放线记录			
3		原材料出厂合格证书及进场检（试）验报告			
4		施工试验报告及见证检测报告			
5		隐蔽工程验收记录			
6		施工记录			
7		预制构件、预拌混凝土合格证			
8		地基、基础主体结构检验及抽样检测资料			
9		分项、分部工程质量验收记录			
10		工程质量事故及事故调查处理资料			
11		新材料、新工艺施工记录			
1	园林给排水	图纸会审、设计变更、洽商记录			
2		材料、配件出厂合格证书及进场检（试）验报告			
3		管道、设备强度试验、严密性试验记录			
4		隐蔽工程验收记录			
5		系统清洗、灌水、通水试验记录			
6		施工记录			
7		分项、分部工程质量验收记录			

续表

工程名称			施工单位	
序号	项目	资 料 名 称		说　明
1	园林用电	图纸会审、设计变更、洽商记录		
2		材料、配件出厂合格证书及进场检(试)验报告		
3		设备调试记录		
4		接地、绝缘电阻测试记录		
5		隐蔽工程验收记录		
6		施工记录		
7		分项、分部工程质量验收记录		

单位（子单位）工程安全功能和植物成活要素检验资料核查及主要功能抽查记录　表2

工程名称		施工单位	
序号	安全和功能检查项目		说　明
1	有防水要求的淋(蓄)水试验记录		
2	园林景观构筑物沉降观测测量记录		
3	园林景观桥荷载通行试验记录		
4	山石牢固性检查记录		
5	喷泉水景效果检查记录		
6	给水管道通水试验记录		
7	排水管道通球试验记录		
8	照明全负荷试验记录		
9	夜景灯光效果检查记录		
10	大型灯具牢固性试验记录		
11	避雷接地阻值测试记录		
12	线路、插座、开关接地检验记录		
13	系统试运行记录		
14	系统电源及接地检测报告		
15	土壤理化性质检测报告		
16	水理化性质检测报告		
17	种子发芽试验记录		

园林绿化工程施工文件（资料）的编制，鉴于"园林绿化工程施工技术文件组卷目录参考表 DB11/T 712—2010"对施工资料、竣工图组卷进行了表格编号，为编制汇整方便，本书也按该标准表格编号的序次进行编写。

4.2.2.1 施工管理资料（C1）

4.2.2.1-1 施工现场质量管理检查记录（表 C1-1）

1. 资料表式

施工现场质量管理检查记录表 （表 C1-1）		编 号		
工程名称		施工许可证(开工证)		
建设单位		建设单位项目负责人		
设计单位		设计单位项目负责人		
监理单位		总监理工程师		
施工单位		项目负责人	项目技术负责人	
序号	项 目	内 容		
1	现场质量管理制度			
2	质量责任制			
3	主要专业工种操作上岗证书			
4	分包方资质与对分包单位的管理制度			
5	施工图审查情况			
6	地质勘察资料			
7	施工组织设计、施工方案及审批			
8	施工技术标准			
9	工程质量检验制度			
10	搅拌站及计量设置			
11	现场材料、设备存放与管理			
12				
检查结论：				
总监理工程师 （建设单位项目负责人） 年 月 日				

本表由施工单位填写，施工、监理单位保存。

2. 应用指导

(1) DB11/T 712—2010 规范规定：

园林绿化工程项目经理部应建立质量责任制度及现场管理制度；健全质量管理体系；具备施工技术标准；审查资质证书、施工图、地质勘察资料和施工技术文件等。施工单位应按规定填写《施工现场质量管理检查记录》（表 C1-1），报项目总监理工程师（或建设单位项目负责人）检查，并做出检查结论。

(2)《施工现场质量管理检查记录表》实施说明：

施工现场质量管理检查记录是施工单位工程开工后提请项目监理机构对其有关制度、技术组织与管理等进行的检查与确认。

1）工程开工施工单位应填报施工现场质量管理检查记录，经项目监理机构总监理工程师或建设单位项目负责人核查属实签字后填写检查结论。

2）表列项目、内容必须填写完整；建设、设计、监理单位的有关负责人必须签字；提请施工现场质量管理检查记录时，施工许可证必须办理完毕，填写施工许可证号；总监理工程师（建设单位项目负责人）填写检查结论并签字。

3）项目总监理工程师进行检查并做出检查结论。检查不合格不准开工，检查不合格应改正后重审直至合格。检查资料审完后签字退回施工单位。

4）应附有表列有关附件资料。表列内容栏应填写附件资料名称及数量。

5）为了控制和保证不断提高施工过程中记录整理资料的完整性，施工单位必须建立必要的质量管理体系和质量责任制度，推行生产控制和合格控制的全过程。质量控制有健全的生产控制和合格控制的质量管理体系，包括材料控制、工艺流程控制、施工操作控制、每道工序质量检查、各道相关工序和它的交接检验、专业工种之间等中间交接环节的质量管理和控制、施工图设计和功能要求的抽检制度，工程实施中的质量通病或在实施中难以保证工程质量符合设计和有关规范要求时提出的措施、方法等。

6）表列检查项目共 11 项。

应填写各项检查项目文件的名称或编号，并将文件（复印件或原件）附在表的后面供检查，检查后应将文件归还。

① 现场质量管理制度。主要是图纸会审、设计交底、技术交底、施工组织设计编制审批程序、工序交接、质量检查评定制度，质量好的奖励及达不到质量要求处罚办法，以及质量例会制度及质量问题处理制度等。

② 质量责任制栏，质量负责人的分工，各项质量责任的落实规定，定期检查及有关人员奖罚制度等。

③ 主要专业工种操作上岗证书栏。测量工、运输司机，钢筋、混凝土、机械、焊接、瓦工、防水工等园林绿化工程国家规定需发放专业工种操作上岗证书的工种。

电工、管道等安装工种的上岗证，以当地建设行政主管部门的规定为准。

④ 分包方资质与对分包单位的管理制度栏。专业承包单位的资质应在其承包业务的范围内承建工程，超出范围的应办理特许证书，否则不能承包工程。在有分包的情况下，总承包单位应有管理分包单位的制度，主要是质量、技术的管理制度等。

⑤ 施工图审查情况栏，重点是看建设行政主管部门出具的施工图审查批准书及审查机构出具的审查报告。如果图纸是分批交出的话，施工图审查可分段进行。

⑥ 地质勘察资料栏：有勘察资质的单位出具的正式地质勘察报告，地下部分施工方案制定和施工组织总平面图编制时参考等。

⑦ 施工组织设计、施工方案及审批栏。施工单位编写施工组织设计、施工方案，经项目行政机构审批，应检查编写内容、有针对性的具体措施，编制程序、内容，有编制单位、审核单位、批准单位，并有贯彻执行的措施。

⑧ 施工技术标准栏。是操作的依据和保证工程质量的基础，承建企业应编制不低于国家质量验收规范的操作规程等企业标准。要有批准程序，由企业的总工程师、技术委员会负责人审查批准，有批准日期、执行日期、企业标准编号及标准名称。企业应建立技术标准档案。施工现场应有的施工技术标准都有。可做培训工人、技术交底和施工操作的主要依据，也是质量检查评定的标准。

⑨ 工程质量检验制度栏。包括三个方面的检验，一是原材料、设备进场检验制度；二是施工过程的试验报告；三是竣工后的抽查检测，应专门制订抽测项目、抽测时间、抽测单位等计划，使监理、建设单位等都做到心中有数。可以单独搞一个计划，也可在施工组织设计中作为一项内容。

⑩ 搅拌站及计量设置栏。主要是说明设置在工地搅拌站的计量设施的精确度、管理制度等内容。预拌混凝土或安装专业就没有这项内容。

⑪ 现场材料、设备存放与管理栏。这是为保持材料、设备质量必须有的措施。要根据材料、设备性能制定管理制度，建立相应的库房等。

4.2.2.1-2 企业资质证书相关专业人员岗位证书（施工单位提供）

应用指导

（1）企业资质证书

我国实行"施工企业资质等级标准"制度，所有施工企业均必须按其所具备条件按标准要求进行资质审查，确定资质等级，颁发资质证书。

承接园林绿化工程的施工企业，经招投标确认承接园林绿化工程施工任务的企业，均应提供企业资质证书，供发包单位审查确认。

（2）相关专业人员岗位证书

相关专业人员岗位证书包括：企业经理、总工程师（职称、证书）、总会计师（职称、证书）、总经济师（职称、证书），施工员、预算人、材料员、安全员、质量检查员（职称、证书）。

由于企业资质实行动态管理。故提供审核的资质证书应是最新经审查批准的资质证书。

注：企业资质动态管理是指企业资质标准就位后，由于情况变化，当构成及影响企业资质的条件已经高于或低于原定资质标准时，由资质管理部门对其资质等级或承包工程范围进行相应调整的管理。

4.2.2.1-3　施工日志（表C1-2）

1. 资料表式

施工日志 （表 C1-2）		编　号		
工程名称				
施工单位				
	天气状况	风力（级）	最高温度（℃）	最低温度（℃）
白天				
夜间				
生产情况记录：				
技术质量工作记录：				
项目负责人		填写人		日期

本表由施工单位填写并保存。

2. 应用指导

（1）DB11/T 712—2010 规范规定：

从工程开始施工起至工程竣工验收合格止，由项目负责人或指派专人逐日记载《施工日志》（表 C1-2），记载内容应保持连续和完整，记载内容一般为：

——生产情况记录，包括施工生产的调度、存在问题及处理情况；

——安全生产和文明施工活动及存在问题等；

——技术质量工作记录，技术质量活动、存在问题、处理情况等。

(2)《施工日志》实施说明：

1) 生产情况记录应包括：

① 工程准备工作的记录。包括现场准备、施工组织设计学习、各级技术交底要求、熟悉图纸中的重要问题、关键部位和应抓好的措施，向班、组长的交底日期、人员及其主要内容及有关计划安排。

② 进入施工以后对班组抽检活动的开展情况及其效果，组织互检和交接检的情况及效果，施工组织设计及技术交底的执行情况及效果的记录和分析。

工程的开、竣工日期以及主要分部、分项工程的施工起止日期，技术资料供应情况。

③ 分项（检验批）工程质量验收、质量检查、隐蔽工程验收、预检及上级组织的检查等技术活动的日期、结果、存在问题及处理情况记录。

生产情况检查应包括：施工部位、作业状况（人工、机械）、施工班组、材料供应及质量。

④ 原材料检验结果、施工检验结果的记录包括日期、内容、达到的效果及未达到要求等问题和处理情况及结论。

2) 安全生产和文明施工

① 安全生产包括：安全教育及培训、重大危险源项目应对与管理、安全生产检查、安全技术交底、分项工程的安全生产、危险点的防护、特殊作业的安全措施等。

② 文明施工应包括：现场环境与卫生、危险物品及消防管理、安全标识等、安全生产及文明施工中存在问题的解决要求等。

3) 质量技术工作记录

① 不同项目的质量状况、施工质量特点与控制重点、质量目标与验收结果，工序设置与质量控制点，材料供应及其质量、施工段的质量保证措施，施工过程的质量控制、竣工验收段的质量控制、质量持续改进措施等。

② 质量、安全、机械事故的记录包括原因、调查分析、责任者、研究情况、处理结论等，对人事、经济损失等的记录应清楚。

4) 其他事项

① 有关洽商、变更情况，交代的方法、对象、结果的记录。

② 有关归档资料的转交时间、对象及主要内容的记录。

③ 有关新工艺、新材料的推广使用情况，以及小改、小革、小窍门的活动记录，包括项目、数量、效果及有关人员。桩基应单独记录并上报核查。

④ 重要工程的特殊质量要求和施工方法。

⑤ 有关领导或部门对工程所做的书面或检查生产、技术方面的决定或建议。

⑥ 气候、气温、地质以及其他特殊情况（如停电、停水、停工待料）的记录等。

⑦ 在紧急情况下采取特殊措施的施工方法，施工记录由单位工程负责人填写。

⑧ 混凝土试块、砂浆试块的留置组数、时间，以及28天的强度试验报告结果，有无问题及分析。

4.2.2.2 施工技术文件（C2）

4.2.2.2-1 施工组织设计及施工方案（施工单位提供）

1. 资料表式

施工组织设计及施工方案表式按当地建设行政主管部门批准的地方标准中的通用施工

组织设计及施工方案的表式。

2. 应用指导

园林绿化工程施工组织设计多以一个单位（项）工程为对象进行编制。用以指导其施工全过程各项施工活动的技术、经济、组织、协调和控制的综合性文件。

施工组织设计及施工方案应经单位技术负责人（总工程师）审查批准后执行。

（1）编制原则

1）贯彻国家工程建设的法律、法规、方针、政策、技术规范和规程。

2）贯彻执行工程建设程序，采用合理的施工程序和施工工艺。

3）运用现代建筑管理原理，积极采用信息化管理技术、流水施工方法和网络计划技术等，做到有节奏、均衡和连续地施工。

4）优先采用先进施工技术和管理方法，推广行之有效的科技成果，科学确定施工方案，提高管理水平，提高劳动生产率，保证工程质量，缩短工期，降低成本，注意环境保护。

5）充分利用施工机械和设备，提高施工机械化、自动化程度，改善劳动条件，提高劳动生产率。

6）提高建筑工业化程度，科学安排冬、雨期等季节性施工，确保全年均衡性、连续性施工。

7）坚持"追求质量卓越，信守合同承诺，保持过程受控，交付满意工程"的质量方针；坚持"安全第一，预防为主"方针，确保安全生产和文明施工；坚持"建筑与绿色共生，发展和生态谐调"的环境方针，做好生态环境和历史文物保护，防止建筑振动、噪声、粉尘和垃圾污染。

8）尽可能利用永久性设施和组装式施工设施，减少施工设施建造量；科学规划施工平面，减少施工用地。

9）优化现场物资储存量，合理确定物资储存方式，尽量减少库存量和物资损耗。

10）编制内容力求：重点突出，表述准确，取值有据，图文并茂。

11）施工组织设计或施工方案在贯彻执行过程中应实施动态管理，具体过程见图1。

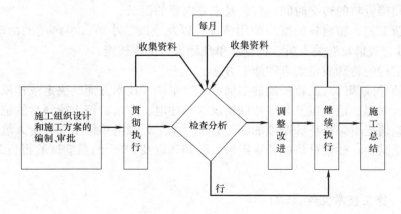

图1　施工组织设计实施框图

12）施工组织设计应由企业管理层技术部门组织编制，企业管理层总工程师审批，并应在工程开工之前完成。项目经理部是施工组织设计的实施主体，应严格按照施工组织设计要求的内容组织进行施工，不得随意更改。具体的编制、审查、审批、发放、更改等应按企业相关管理标准的要求进行。

（2）编制步骤

施工组织设计编制步骤如图2所示。

（3）施工组织设计内容的基本结构

1）编制依据

建设项目基础文件；工程建设政策、法规和规范资料；建设地区原始调查资料；类似施工项目经验资料。

2）工程概况

工程构成情况；建设项目的建设、设计和承包单位；建设地区自然条件状况；工程特点及项目实施条件分析。

3）施工部署和施工方案

项目管理组织；项目管理目标；总承包管理；工程施工程序；各项资源供应方式；项目总体施工方案。

4）施工准备工作计划

施工准备工作计划具体内容；施工准备工作计划。

5）施工总平面规划

施工总平面布置的原则；施工总平面布置的依据；施工总平面布置的内容；施工总平面图设计步骤；施工总平面管理。

6）施工总资源计划

劳动力需用量计划；施工工具需要量计划；原材料需要量计划；成品、半成品需要量计划；施工机械、设备需要量计划；生产工艺设备需要量计划；大型临时设施需要量计划。

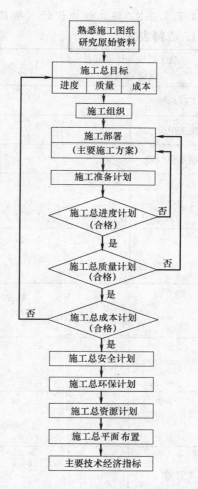

图2　施工组织设计编制步骤

7）施工总进度计划

施工总进度计划编制；总进度计划保证措施。

8）降低施工总成本计划及保证措施

9）施工总质量计划及保证措施

10）职业安全健康管理方案

11）环境管理方案

12）项目风险总防范

13）项目信息管理规划

14）主要技术经济指标

施工工期；项目施工质量；项目施工成本；项目施工消耗；项目施工安全；项目施工其他指标。

15）施工组织设计或施工方案编制计划

4.2.2.2-2 施工组织设计（项目管理规划）审批表（表 C2-1）

1. 资料表式

施工组织设计审批表 （表 C2-1）		编　号				
工程名称						
施工单位						
编制单位(章)			编制人			
项目部有关部门会签意见		签字：　　年　月　日				
		签字：　　年　月　日				
		签字：　　年　月　日				
		签字：　　年　月　日				
		签字：　　年　月　日				
主管部门审核意见		负责人签字：　　年　月　日				
审批结论	审批人签字 　　年　　月　　日			审批单位(章)		

本表共施工单位内部审批使用，并作为向监理单位报审的依据，由施工单位保存。

2. 应用指导

(1) DB11/T 712—2010 规范规定：

施工组织设计（项目管理规划）及审批表：

① 施工组织设计（项目管理规划）为统筹计划施工、科学组织管理、采用先进技术保证工程质量，安全文明生产，环保、节能、降耗，实现设计意图，是指导施工生产的技术性文件。单位工程施工组织设计应在施工前编制，并应依据施工组织设计编制部位、阶段和专项施工方案。

② 施工组织设计编制的内容主要包括：工程概况、工程规模、工程特点、工期要求、

参建单位等；施工平面布置图；施工部署及计划：施工总体部署及区段划分；进度计划安排及施工计划网络图；各种工、料、机、运计划表；质量目标设计及质量保证体系；施工方法及主要技术措施（包括非正常种植季节施工措施和冬、雨季施工措施及采用的新技术、新工艺、新材料、新产品等）；各分部分项工程的主要施工方案；施工放线的施工方案；地形调整的施工方案；苗木种植工程施工方案；大树移植施工方案；时令花卉栽植施工方案；草坪建植施工方案；管道工程的施工方案；电缆敷设施工方案；土建铺装的施工方案；园林景观构筑物及其他造景工程的施工方案；养护管理期的施工；苗木病虫害防治方案等。

③ 施工组织设计还应编写安全、文明施工、环保以及节能，降耗措施。

④ 施工方案是施工组织设计的核心内容，是工程施工技术指导文件。

⑤ 施工组织设计填写《施工组织设计审批表》（表 C2-1），并经施工单位有关部门会签、主管部门归纳汇总后，提出审核意见，报审批人进行审批，施工单位盖章方为有效，审批内容一般应包括：内容完整性、施工指导性、技术先进性、经济合理性、实施可行性等方面，各相关部门根据职责把关；审批人应签署审查结论、盖章。在施工过程中如有较大的施工措施或方案变动时，还应有变动审批手续。

(2)《施工组织设计审批表》实施说明：

施工组织设计（施工方案）是施工单位根据承接工程特点编制的实施施工的方法和措施，提请项目监理机构报审的文件资料。

① 本表由施工单位填报，项目监理机构的专业监理工程师审核，总监理工程师签发。需经建设单位同意时应经建设单位同意后签发。

② 承包单位提送报审的施工组织设计（施工方案），文件内容必须具有全面性、针对性和可操作性，编制人、单位技术负责人必须签字，报送单位必须加盖公章；

报审表承包单位必须加盖公章，项目经理必须签字。

③ 施工组织设计或施工方案专业监理工程师先行审查后必须填写审查意见，填写审查日期并签字；

④ 施工组织设计或施工方案经总监理工程师审查同意后，加盖项目监理机构章、总监理工程师签字后返回承包单位；

⑤ 施工组织设计或施工方案报审时间必须在工程项目开工前完成；

⑥ 对施工过程中执行施工组织设计的要求

A. 项目监理机构应要求承包单位必须严格按照批准的（或经过修改后重新批准的）施工组织设计（方案）组织施工。

B. 施工过程中，当承包单位对已批准的施工组织设计进行调整、补充或变动时，应先经专业监理工程师审查，并应由总监理工程师签认。

⑦ 对施工中采用新材料、新工艺、新技术、新设备时的工艺措施要求

A. 当采用新材料、新工艺、新技术、新设备时承包单位应报送相应的施工工艺措施和证明材料，应经专题论证，经审定后确认。

B. 专题论证可以根据工作需要邀请专家进行研讨论证。应用"四新"的总原则应是谨慎从事，确保施工中万无一失。

⑧ 对监理单位审查施工组织设计的有关要求

A. 总监理工程师应组织专业监理工程师对承包单位报审的施工组织设计（方案）进行审核。

B. 施工组织设计审查应在工程项目开工前完成。

C. 经总监理工程师审查签认后的施工组织设计应报建设单位。

4.2.2.2-3　图纸会审记录（表 C2-2）

1. 资料表式

图纸会审记录 （表 C2-2）		编　号	
工程名称		日　期	
地　点		专业名称	
序号	图　号	图纸问题	图纸问题交底
建设单位	监理单位	设计单位	施工单位

1. 由施工单位整理、汇总，建设单位、监理单位、施工单位各保存一份。

2. 图纸会审记录应根据专业（建筑、结构、给排水、电气、智能系统等）汇总、整理。

3. 设计单位应由专业设计负责人签字，其他相关单位应由项目技术负责人或相关专业负责人签认。

2. 应用指导

（1）DB11/T 712—2010 规范规定：

1）图纸会审应由建设单位组织设计、监理和施工单位技术负责人及有关人员参加。设计单位对各专业问题进行交底，施工单位负责将设计交底内容按专业汇总、整理，形成

《图纸会审记录》（表 C2-2）。

2）监理、施工单位应将各自提出的图纸问题及意见，按专业整理、汇总后报建设单位，由建设单位提交设计单位做交底准备。

3）《图纸会审记录》应由建设、设计、监理和施工单位的项目相关负责人签认，形成正式《图纸会审记录》。不得擅自在会审记录上涂改或变更其内容。

(2)《图纸会审记录》实施说明：

图纸会审记录是对已正式批准的设计文件进行技术交底、审查和会审，对提出的问题予以记录的技术文件。

1）图纸会审是设计和施工双方的技术文件交接的一种方式，是明确、完善设计质量的一个过程，也是保证工程顺利施工的措施。

2）图纸会审时，会审记录资料应认真整理。当图纸会审分次进行时，其经整理完成的记录依序组排。

3）设计图纸和有关设计技术文件资料，是施工单位赖以施工的、带根本性的技术文件，必须认真地组织学习和会审。会审的目的：

① 通过事先认真的熟悉图纸和说明书，以达到了解设计意图、工程质量标准及新技术、新材料、新工艺的技术要求，了解图纸间的尺寸关系、相互要求与配合等内存的联系，更能采取正确的施工方法去实现设计能力；

② 在熟悉图纸、说明书的基础上，通过有设计、建设、监理、施工等单位的专业技术人员参加的会审，将有关问题解决在施工之前，给施工创造良好的条件。

凡参加该工程的建设、施工、监理各单位均应参加图纸会审，在施工前均应对施工图设计进行学习（熟悉），解决好专业间有关联的事宜；有总分包单位时，总分包单位之间按施工图要求进行专业间的协作、配合事项的会商性综合会审。

4）图纸会审要求参加人员签字齐全，日期、地点填写清楚。有关专业均应有专人参加会审，会审记录整理完整成文，签字盖章齐全。

5）会审方法

① 图纸会审应由建设单位组织，设计单位交底，施工、监理单位参加。

② 会审通常分两个阶段进行，一是内部预审，由施工单位的有关人员负责在一定期限内完成。提出施工图纸中的问题，并进行整理归类，会审时候一并提出；监理单位同时也应进行类似的工作，为正确开展监理工作奠定基础。二是会审，由建设单位组织、设计单位交底、施工、监理单位参加，对预审及会审中提出的问题要逐一解决。

③ 图纸会审是对已正式签署的设计文件进行交底和审查，对提出问题提出的实施办法应会签图纸、记录会审纪要。加盖各参加单位的公章，存档备查。

④ 对提出问题的处理，一般问题设计单位同意的，可在图纸会审记录中注释进行修改，并办理手续；较大的问题必须由建设（或监理）、设计和施工单位洽商，由设计单位修改，经监理单位同意后向施工单位签发设计变更图或设计变更通知单方为有效；如果设计变更影响了建设规模和投资方向，要报请原批准初步设计的单位同意方准修改。

6）图纸的会审内容按施工图设计进行，设计单位必须进行设计交底。

7）建设单位、施工单位、监理单位、设计单位：以上单位参加图纸会审，单位盖章有效。

4.2.2.2-4　设计交底记录（表C2-3）

1. 资料表式

设计交底记录 （表 C2-3）		编　号	
工程名称			
交底日期	年　　月　　日		共　页　第　页
交底要点及纪要：			
	单位名称	签　字	
建设单位			
设计单位			（建设单位章）
监理单位			
施工单位			

　　由建设单位整理、汇总，与会单位会签，建设单位、监理单位、施工单位保存。

2. 应用指导

(1) DB11/T 712—2010 规范规定：

　　设计交底由建设单位组织并整理、汇总设计交底要点及研讨问题的纪要，填写《设计交底记录》（表 C2-3），各单位主管负责人会签，并由建设单位盖章，形成正式设计文件。

(2)《设计交底记录》实施说明：

　　设计交底是保证完成好设计意图的重要方法之一，也是让工程实施者做好工程管理准备的更加完善的措施之一。

　　1) 施工图设计的设计单位必须进行设计交底。

　　2) 设计交底要求施工、监理单位各专业的相关人员均必须参加。交底日期、地点填写清楚，交底中提出的问题应完整整理成文，签字盖章齐全有效。

　　3) 设计交底内容应包括：施工图设计和图纸会审时提出问题的答疑。

　　4) 设计交底的目的是使接受交底人全面了解设计意图。施工管理人员更好的实施完成施工图设计要求。设计交底应认真做好。

5）本表由整理单位填记，参加单位及人员姓名、不必本人签名，但建设单位需加盖公章确认。

4.2.2.2-5　技术交底记录（表 C2-4）

1. 资料表式

技术交底记录 （表 C2-4）	编　号	
工程名称		
分部名称	分项名称	
施工单位	交底日期	
交底内容： 		
审核人	交底人	接受交底人

由施工单位填写并保存。

2. 应用指导

(1) DB11/T 712—2010 规范规定

1）《技术交底记录》（表 C2-4）应包括施工组织设计交底、专项施工方案技术交底、分项工程施工技术交底、设计变更技术交底。各项交底应有文字记录，交底双方签认应齐全。

2）重点和大型工程施工组织设计交底应由施工企业的技术负责人把主要设计要求、施工措施以及重要事项对项目主要监理人员进行交底。其他工程施工组织设计交底应由项目技术负责人进行交底。

3）专项施工方案技术交底应由项目专业技术负责人负责，根据专项施工方案对专业工长进行交底。

4）分项工程施工技术交底应由专业工长对专业施工班组（或专业分包）进行交底。

5）设计变更技术交底应由项目技术部门根据变更要求，并结合具体施工步骤、措施及注意事项等对专业工长进行交底。

(2)《技术交底记录》实施说明

1）技术交底是施工企业技术管理的一项重要环节和制度，是把设计要求、施工措施贯彻到基层以至工人的有效方法。施工技术交底又是保证工程施工符合设计要求和规范、质量标准和操作工艺标准规定，用以具体指导施工活动的操作性技术文件。

有关技术人员应认真审阅、熟悉施工图纸，全面明确设计意图后进行技术交底。由项目技术负责人审批签发、专业工长（施工员）或专业技术人员在分项工程施工前向施工班组进行的交底。

园林绿化工程的分项/检验批工程，项目实施全过程活动，包括工程项目的关键过程和特殊过程以及容易发生质量通病的部位，均应进行施工技术交底。按设计图纸要求，严格执行施工质量验收规范要求。

2）施工技术交底应针对工程的特点，运用现代园林绿化工程施工管理原理，积极推广行之有效的科技成果，提高劳动生产率，保证工程质量、安全生产，保护环境、文明施工。

交底时应注意关键项目、重点部位、新技术、新材料项目，要结合操作要求、技术规定及注意事项细致、反复交待清楚，以真正了解设计、施工意图为原则。交底的方法宜采用书面交底，也可采用会议交底，样板交底和岗位交底，要交任务、交操作规程、交施工方法、交质量安全、交定额；定人、定时、定质、定量、定责任，做到任务明确、质量到人。

施工单位从进场开始交底，包括临建现场布置，水电临时线路敷设及各分项、分部工程。

3）施工技术交底应严格执行工程建设程序，坚持合理的施工程序、施工顺序和施工工艺，满足材料、机具、人员等资源和施工条件要求，并贯彻执行施工组织设计、施工方案和企业技术部门的有关规定和要求，严格按照企业技术标准、施工组织设计和施工方案确定的原则和方法编写，并针对班组施工操作进行细化，且应具有很强有可操作性。

4）技术交底应力求做到：主要项目齐全，内容具体明确、符合规范，重点突出，表述准确，取值有据，必要时辅以图示。对工程施工能起到指导作用，具有针对性、指导性和可操作性。技术交底中不应有"未尽事宜参照×××××（规范）执行"等类似内容。

5）施工技术交底由项目技术负责人组织，专业工长和/或专业技术负责人具体编写，经项目技术负责人审批后，由专业工长和（或）专业技术负责人向施工班组长和全体施工作业人员交底。

6）技术交底应根据实际需要分阶段进行。当发生施工人员、环境、季节、工期的变化或技术方案的改变时应重新交底。

7）施工技术交底应在项目施工前进行。

8）施工技术交底的依据

① 应依据国家、行业、地方标准、规范、规程、当地主管部门的有关规定以及企业按照国标、行标制定的企业技术标准及质量管理体系文件。

② 工程施工图设计、标准图集、图纸会审记录、设计变更及工作联系单等技术文件。

③ 施工组织设计、施工方案对本分项工程、特殊工程等的技术、质量和其他要求。

9）施工技术交底的内容

施工技术交底的内容主要包括：施工准备、施工进度要求、施工工艺、控制要点、成品保护、质量保证措施、安全注意事项、环境保护措施、质量标准。

① 施工准备

A. 作业人员：说明劳动力配置、培训、特殊工种持证上岗要求等。

B. 主要材料：说明施工所需材料名称、规格、型号，材料质量标准，材料品种规格等直观要求，感官判定合格的方法，强调从有"检验合格"标识牌的材料堆放处领料，每次领料批量要求等。

C. 主要机具：

机械设备：说明所使用机械的名称、型号、性能、使用要求等。

主要工具：说明施工应配备的小型工具，包括测量用设备等，必要时应对小型工具的规格、合法性（对一些测量用工具，如经纬仪、水准仪、钢卷尺、靠尺等，应强调要求使用经检定合格的设备）等进行规定。

D. 作业条件：说明与本道工序相关的上道工序应具备的条件，是否已经过验收并合格。本工序施工现场工前准备应具备的条件等。

② 施工进度要求

对本分项工程具体施工时间，完成时间等提出详细要求。

③ 施工工艺

工艺流程：详细列出该项目的操作工序和顺序。

施工要点：根据工艺流程所列的工序和顺序，分别对施工要点进行叙述，并提出相应要求。部分项目技术交底具体编写内容见建筑分项工程施工技术交底的重点。

④ 控制要点

重点部位和关键环节：结合施工图提出设计的特殊要求和处理方法，细部处理要求，容易发生质量事故和安环施工的工艺过程，尽量用图表达。

质量通病的预防及措施：根据企业提出的预防和治理质量通病和施工问题的技术措施等，针对本工程特点具体提出质量通病及其预防措施。

⑤ 成品保护

对上道工序成品的保护提出要求；对本道工序成品提出具体保护措施。

⑥ 质量保证措施

重点从人、材料、设备、方法等方面制定具有针对性的保证措施。

⑦ 安全注意事项

内容包括作业相关安全防护设施要求，个人防护用品要求，作业人员安全素质要求，接受安全教育要求，项目安全管理规定，特种作业人员执证上岗规定，应急响应要求，隐患报告要求，相关机具安全使用要求，相关用电安全技术要求，相关危害因素的防范措施，文明施工要求，相关防火要求，季节性安全施工注意事项。

⑧ 环境保护措施

国家、行业、地方法规环保要求，企业对社会承诺，项目管理措施，环保隐患报告要求。

⑨ 质量标准

A. 主控项目：国家质量检验规范要求，包括抽检数量、检验方法。

B. 一般项目：国家质量检验规范要求，包括抽检数量、检验方法和合格标准。

C. 质量验收：对班组提出自检、互检、班组长检的要求。

10）施工技术交底实施要求

① 施工技术交底应以书面和讲解的形式交底到施工班组长，以讲解、示范或者样板引路的方式交底到全体施工作业工人。施工班组长和全体作业工人接受交底后均签署姓名及日期，其中全体作业工人签名记录，应根据当地主管部门、本局和项目经理部的规定等，存放于项目经理部或施工队。

② 班组长在接受技术交底后，应组织全班组成员进行认真学习，根据其交底内容，明确各自责任和互相协作配合关系，制定保证全面完成任务的计划，并自行妥善保存。在无技术交底或技术交底不清晰、不明确时，班组长或操作人员可拒绝上岗作业。

技术交底应根据施工过程的变化，及时补充新内容。施工方案、方法改变时也要及时进行重新交底。

分包单位应负责其分包范围内技术交底资料的收集整理，并应在规定时间内向总包单位移交。总包单位负责对各分包单位技术交底工作进行监督检查。

③ 施工技术交底书面资料至少一式四份，分别由项目技术负责人、项目专业工长（交底人）、施工班组保存，另一份由项目资料员作为竣工资料归档（资料员可根据归档数量复制）。

④ 当设计图纸、施工条件等变更时，应由原交底人对技术交底进行修改或补充，经项目技术负责人审批后重新交底。必要时回收原技术交底记录并按本局质量管理体系文件"文件控制程序"中相关要求做好回收记录。

11）审核人、交底人、接受交底人均需本人签字。

4.2.2.2-6　设计变更通知单（表C2-5）

1. 资料表式

设计变更通知单 （表 C2-5）		编　号	
工程名称		专业名称	
地　点		日　期	
序号	图　号	变更内容	
建设单位	监理单位	设计单位	施工单位

1. 本表由建设单位、监理单位、施工单位各保存一份。

2. 涉及图纸修改的，应注明应修改图纸的图号。

3. 不可将不同专业的设计变更办理在同一份变更上。

2. 应用指导

(1) DB11/T 712—2010 规范规定：

设计单位应及时下达《设计变更通知单》（表 C2-5），内容翔实，必要时应附图，并逐条注明应修改图纸的图号。《设计变更通单》应由设计专业负责人以及建设、监理和施工单位的相关负责人签认。

(2)《设计变更通知单》实施说明：

设计变更通知单的表式以设计单位签发的设计变更文件为准汇整。

设计变更通知单是施工过程中由于设计图纸本身差错，设计图纸与实际情况不符，施工条件变化，原材料的规格、品种、质量不符合设计要求，及职工提出合理化建议等原因，需要对设计，图纸部分内容进行修改而办理的变更设计的文件。

1) 设计变更通知是施工图的补充和修改的记载，应及时办理，内容要求明确具体，必要时附图，不得任意涂改和后补。应先有变更然后施工。特殊情况需先施工后变更者，必须先征得设计单位同意，设计变更通知应在一周内补上。

2) 施工过程中设计变更应手续齐全。

3) 工程设计变更通知由施工单位提出时，对其相关技术问题，必须取得设计单位和建设、监理单位的同意。并加盖同意单位章。

4) 遇有下列情况之一时，必须由设计单位签发设计变更通知单（或施工变更图纸）；

①当决定对施工图设计进行较大修改时；

②施工前及施工过程中发现施工图设计有差错、做法、尺寸矛盾、结构变更或与实际情况不符时；

5) 建设单位、监理单位、设计单位、施工单位的相关负责人本人签字确认。

4.2.2.2-7 工程洽商记录（表 C2-6）

1. 资料表式

工程洽商记录 （表 C2-6）	编　号	
工程名称		
施工单位		日　期	

洽商内容：

建设单位	监理单位	设计单位	施工单位

由洽商提出方填写并注明原图纸号，建设单位、监理单位、施工单位保存。

2. 应用指导

(1) DB11/T 712—2010 规范规定：

工程中如有洽商，应及时办理《工程洽商记录》（表 C2-6），内容应明确具体，注明原图号，必要时应附图。《工程洽商记录》应由设计专业负责人以及建设、监理和施工单位的相关负责人签认。

(2)《工程洽商记录》实施说明：

洽商记录是施工过程中，由于设计图纸本身差错，设计图纸与实际情况不符，施工条件变化，原材料的规格、品种、质量不符合设计要求，及职工提出合理化建议等原因，需要对设计图纸部分内容进行修改，上述问题由实施单位发现并提出需要办理的工程洽商记录文件。

1）洽商记录是施工图的补充和修改的记载，应及时办理，应详细叙述洽商内容及达成的协议或结果，内容要求明确具体，必要时附图，不得任意涂改和后补。

2）洽商记录按签订日期先后顺序编号，要求责任制明确签字齐全。应先有洽商变更然后施工。特殊情况需先施工后变更者，必须先征得设计单位同意，洽商记录必须在一周内补上。

3）洽商记录由施工单位提出时，必须取得设计单位和建设、监理单位的同意。洽商记录施工单位盖章，核查同意单位也应签章方为有效。

4）当洽商与分包单位工作有关时，应及时通知分包单位参加洽商讨论，必要时（合同允许）参加会签。

5）建设单位、监理单位、设计单位、施工单位的相关负责人本人签字确认。

4.2.2.2-8　安全交底记录（表 C2-7）

1. 资料表式

安全交底记录 （表 C2-7）		编　号		
工程名称			施工单位	
交底时间			交底部位	
交底内容：				
交底人		接受交底班组长		接受交底人数

本表由施工单位填写并保存（一式三份，班组一份，安全员一份，交底人一份）。

2. 应用指导

（1）DB11/T 712—2010 规范规定：

《安全交底记录》（表 C2-7）应包括：工程概况及施工部位；工程特点及安全点的设置；安全注意事项，这是交底的重点内容，要求列出本分项工程安全施工的重点，施工注意事项等；安全用品的使用。

（2）《安全交底记录》实施说明：

1）安全技术交底是施工企业安全生产管理实施中，在施工现场进行的安全技术交底的记录。该表的内容包括：工程名称、施工部位或层次、施工内容、交底项目、交底日期、交底内容、交底人、项目负责人、被交底人、执行情况、安全员等。

2）现场分项工程安全生产均应进行技术交底，主要包括：施工现场临时用电；"三宝"、"四口"防护；深基坑开挖与支护；脚手架工程、模板工程、起重机械、施工机具及压路施工机械、物料提升机等均应进行安全生产技术交底。

3）安全技术交底主要内容

① 施工项目的作业特点和危险点；

② 针对危险点的具体预防措施；

③ 应注意的安全事项；

④ 相应的安全操作规程和标准；

⑤ 发生事故后应及时采取的避难和急救措施。

4）安全交底的基本要求

① 项目经理部必须实行逐级安全技术交底制度，纵向延伸到班组全体作业人员；

② 技术交底必须具体、明确、针对性强；

③ 技术交底的内容应针对分部分项工程施工小结作业人员带来的潜在隐含危险因素和存在问题；

④ 应优先采用新的安全技术措施；

⑤ 应将工程概况、施工方法、施工程序、安全技术措施等向工长、班组长进行详细交底；

⑥ 保持书面安全技术交底签字记录。

5）交底人、接受交底班组长的相关负责人本人签字确认，应参加安全交底人数应保证全员参加。

4.2.2.3 施工物资资料（C3）

4.2.2.3-1 工程物资选样送审表（表C3-1）

1. 资料表式

工程物资选样送审表 （表 C3-1）		编　号	
工程名称			
施工单位			

致：_____（监理/建设单位）：
　　现报上本工程下列物资选样文件，为满足工程进度要求，请在_____年___月___日之前予以审批。

物资名称	规格型号	生产厂家	拟使用部位

附件：
　　□生产厂家资质文件　_____页　　□报价单　　　　_____页
　　□产品性能说明书　　_____页　　□_____　_____页
　　□质量检验报告　　　_____页　　□_____　_____页
　　□质量保证书　　　　_____页　　□_____　_____页

技术负责人：　　　　　申报人：　　　　　申报日期：　　年　月　日

施工单位审核意见： 　□有/□无附页 审核人：　　　　　　　　　　　　　　　申报日期：　　年　月　日	
监理单位审核人意见： 监理工程师：　　　年　月　日	设计单位审核人意见： 设计负责人：　　　年　月　日
建设单位审定意见： 　　　　　　　□同意使用　□规格修改后再报　□重新选样 技术负责人：　　　　　　　　　　　　　　　　　　年　月　日	

本表由施工单位填写，经建设单位、监理单位、施工单位保存。

2. 应用指导

(1) DB11/T 712—2010 规范规定：

1) 施工物资资料是反映施工所用的物资质量是否满足设计和规范要求的各种质量证明文件和相关配套文件（如使用说明书、安装维修文件等）的统称。

2) 施工物资（包括植物材料、主要原材料、成品、半成品、构配件、设备等）质量应合格，并有出圃（厂）质量证明文件（包括质量合格证明文件或检验/试验报告、出圃单、检疫证、产品生产许可证、产品合格证、产品监督检验报告等），进口物资还应有进口商检证明文件。

3) 质量证明文件的复印件（抄件）应保留原件所有内容，并注明原件存放单位。

4) 不合格物资不得使用。涉及结构安全的材料需代换时，应征得原设计单位的书面同意，并符合有关规定，经监理批准后方可使用。

5) 凡使用无国家、行业、地方标准的新材料、新产品、新工艺、新技术，应由具有鉴定资格单位由出具的鉴定证书和北京市有关行政主管部门的批准文件，同时应有其产品质量标准、使用说明、施工技术要求和工艺要求，使用前应按其质量标准进行检验和试验。

6) 有见证取样检验要求的应按规定送检，作好见证记录。

7) 对国家和北京市所规定的特种设备和材料应附有关文件和法定检测单位的检测证明。

8) 如合同或其他文件约定，在工程物资订货或进场之前应履行工程物资选样审批手续时，施工单位应填写《工程物资选样送审表》（表 C3-1），报请审定。

(2)《工程物资选样送审表》实施说明：

1) 该表共两个部分。一是呈送函的物资名称及附件；二是施工单位、监理单位、建设单位的审核意见。

2) 呈送函物资名称项下应提供的附件（生产厂家资质文件、产品性能说明书、质量检验报告、质量保证书等）应齐全；施工单位、监理单位、建设单位的审核意见应具体、可行。

3) 呈送函的物资名称及附件内容应逐项填写，工程名称、施工单位应填写全称。

4) 送审物资应为设计文件规定的物资，送审物资应符合标准要求。

5) 送审及审核单位的责任制，本表中凡注有责任人签认要求的，均由本人签字，不得盖章或代签。

6) 因选样送审物资较多，当需有附页时，必须在施工单位审核意见栏内"□"处打"√"确认。

7) 施工单位、监理单位、设计单位的审核人填写审核意见，建设单位的审核人填写审定意见，审定意见必须明确，可在"□"处打"√"。

4.2.2.3-2 材料、构配件进场检验记录（表 C3-2）

1. 资料表式

材料、构配件进场检验记录 （表 C3-2）				编　号				
工程名称					检验日期			
序号	名　　称	规格 型号	进场 数量	生产厂家 合格证号	检验项目		检验结果	备注
检验结论：								
监理（建设）单位			施工单位					
			技术负责人			质检员		

本表由施工单位填写并保存。

2. 应用指导

(1) DB11/T 712—2010 规范规定：

1) 材料、构配件进场后，由施工单位进行检验，需进行抽检的材料、构配件按规定比例进行抽检，填写《材料、构配件进场检验记录》（表 C3-2）。

2) 按规定由进场复试的工程物资，应在进场检查验收合格后取样复试。主要物资的取样和试验项目参考附录 B。

(2)《材料、构配件进场检验记录》实施说明：

1) 材料、构配件进场检验

材料、构配件进场检验是指对进入施工现场的材料、构配件、设备等进场后，应对其品种、规格、数量，协同出厂质量证明文件，检验其是否符合设计要求，由施工单位会同建设（监理）单位共同对进场物资进行核查验收。

2) 园林绿化工程使用的材料、构配件等，必须符合设计要求及国家有关标准的规定。严禁使用国家明令禁止使用与淘汰的材料、构配件。

3) 材料、构配件进场验收应遵守下列规定：

① 对材料、构配件的品种、规格、包装、外观和尺寸等进行检查验收，并应经监理工程师（建设单位代表）确认，形成相应的验收记录。

② 对材料、构配件的质量证明文件进行核查，并应经监理工程师（建设单位代表）确认，纳入工程技术档案。定型产品和成套技术应有型式检验报告，进口材料、构配件应按规定进行出入境商品检验。

③ 对材料、构配件应按照规定在施工现场抽样复验。复验应为见证取样送检。

4) 监理（建设）单位的进场检验人员、施工单位的技术负责人、质检员均必须本人签字。

4.2.2.3-3 材料试验报告（通用）（表C3-3）

1. 资料表式

		编　号	
材料试验报告(通用) （表C3-3）		试验编号	
		委托编号	
		见证记录编号	
工程名称		试样编号	
施工单位		委托人	
材料名称		产地、厂别	
试验项目及说明：			
试验结果：			
结论：			
批准人	审核人		试验人
报告日期			年　月　日(章)

本表由试验单位提供，建设单位保存。

2. 应用指导

(1) DB11/T 712—2010 规范规定：

凡按规范要求应做进场复试的物资，且本标准未规定专用复试表格的，应使用《材料试验报告（通用）》（表 C3-3）。

(2)《材料试验报告（通用）》实施说明：

材料复（试）验报告表是指为保证园林绿化工程质量而对用于工程的除已明确有对象的试验表式以外的材料，根据标准要求应用本表进行有关指标的测试，由试验单位出具试验证明文件。

1）材料质量检验是按照标准和设计要求，通过一系列的检测手段，将所取的材料试验数据与材料质量标准相比较，借以判断材料质量的可靠性，能否使用于工程。

材料质量标准是用于衡量材料质量的尺度，也是作为验收、检验材料的依据。不同材料应用不同的质量标准，应据此分别对照执行。

2）材料试（检）验的抽样数量和检验方法应按被试材料、构配件标准规定进行，藉以真实反映该批材料质量的性能。对于重要材料或非匀质材料标准要求应酌情增加取样数量。

3）材料质量试（检）验控制的内容主要应包括：材料的质量标准、材料的性能、材料的取样、试验方法、材料的适用范围和施工要求。

4）进口材料、构配件应会同商检局检验，如核对凭证中发现问题，应取得供方商检人员签署的商务记录。据此进行处理。

5）材料、构配件进场复验的表式按本表或当地建设行政主管部门批准的试验单位提供的试验报告直接归存。并列入施工文件中。

6）材料、构配件等试验报告的主要物资物理、化学性能试验项目与取样规定见附录 B。

附　录　B

主要物资物理、化学性能试验项目与取样规定参考表

序号	物资名称	验收批划分及取样方法和数量	必试项目
1	非饮用水	同一水源为一个检验批，随机取样三次，每次取样100g，经混合后组成一组试样	pH值；含盐量
2	原状土	同一区域、同一原状条件的原状土每2000m² 随机取样5处，取样时，先去除表面浮土，每处采样100g，混合后组成一组试样	pH值；含盐量；有机质含量；非毛管孔隙度；密度。
	客土	每500m³ 或2000m² 为一检验批，随机取样5处，每处100g，经混合组成一组试样	pH值；含盐量；有机质含量；机械组成。
	种植基质	每200m³ 为一检验批，随机拆开5袋取样，每袋取100g，经混合组成一组试样	湿密度；pH值；碱解氮；速效磷、速效钾含量；有机质含量。
3	种子	每100kg为一检验批，每袋等量取样，共取50g组成一组试样	发芽率
4	热轧钢筋（光圆、带肋）	同一厂别、规格、炉罐号、交货状态，每60t为一批，不足60t也按一批计。每批取拉伸试件3个，弯曲试件3个。（在任选的3根钢筋切取）	拉伸试验（屈服点、抗拉强度、伸长率）；弯曲试验。
	余热处理钢筋	同一厂别、规格、炉罐号、交货状态，每60t为一批，不足60t也按一批计。每批取拉伸试件3个，弯曲试件3个。（在任选的3根钢筋切取）	拉伸试验（屈服点、抗拉强度、伸长率）；弯曲试验。
	冷轧带肋钢筋	同一厂别、规格、炉罐号、交货状态，每60t为一批，不足60t也按一批计。每批取拉伸试件1个（逐盘），弯曲试件3个，松弛试件1个（定期）。每（任）盘中任意1端截去500mm后切取	拉伸试验（屈服点、抗拉强度、伸长率）；弯曲试验。
5	水泥	同厂家、同品种、同强度等级、同期出厂、同一出厂编号散装500t，袋装200t为一个验收批。散装水泥：随机从不少于三个车罐中各取等量水泥，经搅拌均匀后，再从中取不少于12kg的水泥作为试样。袋装水泥：随机从不少于20袋中各取等量水泥，经搅拌均匀后，再从中取不少于12kg的水泥作为试样	安定性；凝结时间；强度。
6	砂	同产地、同规格的砂，每200m³ 或300t为一验收批。取样部位应均匀分布，在料堆上从8个不同部位抽取等量试样（每份11kg），然后用四分法缩至20kg，取样前先将取样部位表面铲除	筛分析；含泥量；泥块含量。
7	卵石或碎石	同产地、同规格的卵石或碎石，每200m³ 或300t为一验收批。取样部位应均匀分布，在料堆上从5个不同部位抽取大致相等的试样15份（料堆的顶部、中部、底部），每份5 kg～40kg，然后缩至60kg送试	筛分析；含泥量；泥块含量。
8	木材	锯材50m³、原木100m³ 为一验收批。每批随即抽取3根，每根取5个试样	含水率
9	防水卷材	柔性防水（隔根）材料；刚性防水（隔根）材料	不透水性

4.2.2.3-4　设备、配（备）件开箱检验记录（表 C3-4）

1. 资料表式

设备、配(备)件开箱检验记录 （表 C3-4）		编　号	
工程名称			
施工单位			
设备(配件)名称		检查日期	
规格型号		总数量	
装箱单号		检查数量	

检查记录	包装情况	
	随机文件	
	质量证明文件	
	备件与配件	
	外观情况	
	检查、测试情况	

缺、损配(备)件明细表

序号	名　　称	规格型号	单　位	数　量	备　注

结论：
□合格
□不合格

监理(建设)单位	供应单位	施工单位	
		质检员	材料员

本表由施工单位填写并保存。

2. 应用指导

(1) DB11／T 712—2010 规范规定：

设备进场后，由施工单位、监理单位、建设单位、供货单位共同开箱检查，进口设备，需有商检部门参加并进行记录，填写《设备开箱检验记录》（表 C3-4）。

(2)《设备、配（备）件开箱检验记录》实施说明：

设备、配（备）件的开箱检验记录是工程设备、配（备）件进场后，按设计和施工质量验收规范要求进行检验的记录。藉以保证设备、配（备）件质量符合设计和规范的要求。

1）工程用设备、配（备）件进场时应进行开箱检验并有检验记录。

2）设备、配（备）件必须具有中文质量合格证明文件，规格、型号及性能检测报告应符合国家技术标准或设计要求。进场时应做检查验收，并经监理工程师核查确认。

设备、配（备）件进场必须有完整的安装使用说明书。在运输、保管和施工过程中，应采取有效措施防止损坏或腐蚀。

3）主要设备、配（备）件的开箱检验

① 设备、配（备）件开箱检查应由安装单位、供货单位、监理单位和建设单位共同组成，并做好检验记录；应按照设备清单、施工图纸及设备技术资料，核对设备本体及附件、备件的规格、型号是否符合设计图纸要求；附件、备件、产品合格证件、技术文件资料、说明书是否齐全；设备本体外观检查应无损伤及变形，油漆完整无损；设备内部检查：电器装置及元件、绝缘瓷件应齐全，无损伤、裂纹等缺陷；对检查出现的问题应由参加方共同研究解决。

② 根据设备、配（备）件装箱清单，核对设备的主要安装尺寸是否与设计相符。

4）参与开箱检验的监理（建设）单位、供应单位的相关人员及施工单位的质检员、材料员均需本人签字。

4.2.2.3-5 设备及管道附件试验记录（表 C3-5）

1. 资料表式

设备及管道附件试验记录 （表 C3-5）							编 号		
工程名称							使用部位		
设备/管道 附件名称	型号	规格	编号	介质	强度试验		严密性试验 （MPa）	试验结果	
					压力 （MPa）	停压 时间			
施工单位					试验		试验日期		

本表由施工单位填写，建设单位、施工单位各存一份。

2. 应用指导

(1) DB11／T 712—2010 规范规定：

设备、阀门、密闭水箱（罐）、风机盘管、成组散热器及其他散热设备等安装前，均应按规定进行强度试验并做记录，填写《设备及管道附件试验记录》（表 C3-5）。

(2)《设备及管道附件试验记录》实施说明：

1）设备及管道附件的试验应根据其设备及管道附件的相关要求按要求进行相关试验。

2）风机盘管机组的试验

风机盘管机组安装前应进行单机试运转和水压试验，试验压力为系统工作压力的 1.5 倍，不漏为合格。

3）阀门强度和严密性试验

阀门强度和严密性试验记录是安装前必须进行的测试项目。

① 阀门安装前，应作强度和严密性试验。试验应在每批（同牌号、同型号、同规格）数量中抽查 10%，且不少于一个。对于安装在主干管上起切断作用的闭路阀门，应逐个作强度和严密性试验。

② 阀门的强度和严密性试验，应符合以下规定：阀门的强度试验压力为公称压力的 1.5 倍；严密性试验压力为公称压力的 1.1 倍；试验压力在试验持续时间内应保持不变，且壳体填料及阀瓣密封面无渗漏。阀门试压的试验持续时间应不少于表 1 的规定。

阀门试验持续时间　　　　　　　　　　　　　　　　　　　表 1

公称直径 DN (mm)	最短试验持续时间(s)		
	严 密 性 试 验		强度试验
	金属密封	非金属密封	
≤50	15	15	15
65～200	30	15	60
250～450	60	30	180

③ 阀门的外观检查

A. 阀体及法兰表面应光滑、无裂纹、气泡及毛刺等缺陷。

B. 打开阀门法兰或压盖，检查填料材质及密实情况，压紧填料拧紧法兰或压盖。手扳检查阀门开启和关闭是否灵活，开启、关闭是否到位。

④ 把阀门卡回在试验台或卡具上，以手压泵进行水压试验。

⑤ 强度试验合格后，将阀门关闭，介质从通路一端引入，在另一端检查其严密性，将试验压力降至工作压力的 1.25 倍，使压力稳定后，持续观察 2h 以上，以不渗漏为气密性试验合格。

⑥ 试压后阀体内要冲洗干净，阀门要关严密，防止阀底部积存污物而导致阀门关闭不到位，不能完全关断管路。

试验记录，每项试验记录内容，包括试验管路、设备及阀门的类别、规格、材质、项目部位、压力表设置层数、试验压力、试压日期及起止时间、试验介质，检查渗漏情况、位置及返修情况等。

4）散热器水压试验

散热器水压试验试验记录是园林绿化工程管道、设备安装完成后，必须进行的测试项目。

①《建筑给水排水及采暖工程施工质量验收规范》GB 50242—2002 第 8 章第 8.3.1 条规定：**散热器组对后，以及整组出厂的散热器在安装之前应作水压试验。试验压力如设计无要来时应为工作压力的 1.5 倍，但不小于 0.6MPa。试验时间为 2～3min，压力不降且不渗不漏为合格。**

②《建筑给水排水及采暖工程施工质量验收规范》GB 50242—2002 第 8 章第 8.4.1 条规定：辐射板在安装前应作水压试验，如设计无要求时试验压力应为工作压力 1.5 倍，但不得小于 0.6MPa。试验压力下 2～3min 压力不降且不渗不漏为合格。

③ 水平安装的辐射板应有不小于 5‰的坡度坡向回水管。

④ 散热器水压试验

A. 将散热器抬到试压台上，用管钳子上好临时炉堵和临时补心，上好放气嘴，连接试压泵；各种成组散热器可直接连接试压泵。

B. 试压时打开进水截门，往散热器内充水，同时打开放气嘴，排净空气，待水满后关闭放气嘴。

C. 加压到规定的压力值时，关闭进水截门，持续 5min，观察每个接口是否有渗漏，不渗漏为合格。

D. 如有渗漏用铅笔做出记号，将水放尽，卸下炉堵或炉补心，用长杆钥匙从散热器外部比试，量到漏水接口的长度，在钥匙杆上做标记，将钥匙从散热器对丝孔中伸入至标记处，按丝扣旋紧的方向拧动钥匙，使接口继续上紧或卸下换垫，如有坏片需换片。钢制散热器如有砂眼渗漏可补焊，返修好后再进行水压试验，直到合格。不能用的坏片要作明显标记（或用手锤将坏片砸一个明显的孔洞单独存放），防止再次混入好片中误组对。

E. 打开泄水阀门，拆掉临时丝堵和临时补心，泄净水后将散热器运到集中地点，补焊处要补刷二道防锈漆。

5）密闭水箱（罐）试验

第 13.3.4 条：……；密闭箱、罐应以工作压力的 1.5 倍做水压试验，但不得小于 0.4MPa。

检验方法：水压试验在试验压力下 10min 内无压降，不渗不漏。

6）参加设备及管道附件试验的试验人员的责任制，均必须本人签字。

4.2.2.3-6　产品合格证粘贴衬纸（表 C3-6）

1. 资料表式

产品合格证粘贴衬纸 （表 C3-6）		编　号	
工程名称			
施工单位			
合　格　证			代表数量
	（粘贴处）		
粘贴人		日期	

本表由施工单位提供，建设单位、施工单位保存。

2. 应用指导

(1) DB11/T 712—2010 规范规定：

施工单位在整理产品质量证明文件时，应将非 A4 幅面大小的产品质量证明文件粘贴在《产品合格证料贴衬纸》（表 C3-6）上。同产品、同规格、同型号、同厂家、同出厂批次的可以用一个合格证代表（合格证应正反粘贴），但应注明所代表的数量。

(2) 《产品合格证粘贴衬纸》实施说明：

1) _____合格证粘贴表是为整理不同厂家提供的出厂合格证，因规格、形式不一，为统一规格而规定的表式。

2) 合格证的整理粘贴应按工程进度为序，应按品种分别整理粘贴。

3) 某种材料合格证的整理粘贴，其品种、规格、数量，应与设计文件匹配。性能质量应满足相应标准质量要求。

4.2.2.3-7 苗木选样送审表（表 C3-7）

1. 资料表式

苗木选样送审表 （表 C3-7）		编　号	
工程名称			
施工单位			

致：_____（监理/建设单位）：

　　现报上本工程下列苗木选样文件，为满足工程进度要求，请在_____年____月____日之前予以审批。

苗木名称	规　格	苗木所在地	拟使用区域

附件：
　　□种苗经营许可文件 _____页
　　□苗木检验检疫证明文件_____页
　　□报价单 _____页
　　□苗木实物照片 _____页

技术负责人：	申报人：	申报日期：	年　月　日

施工单位审核意见：
　　□有/□无附页

审核人：		申报日期：	年　月　日

监理单位审核人意见：	设计单位审核人意见：
监理工程师：　　　　年　月　日	设计负责人：　　　　年　月　日

建设单位审定意见：
　　□同意使用　　　□规格修改后再报　　　□重新选样

技术负责人：　　　　　　　　　　　　　　　　年　月　日

本表由施工单位填写，施工单位、建设单位各保存一份。

2. 应用指导

(1) DB11/T 712—2010 规范规定：

用于重要景区的大规格珍贵树种，应在移植前进行选样，填写《苗木选样送审表》（表 C3－7），报请审定。

(2)《苗木选样送审表》实施说明：

1）本表为施工单位为保证苗木种植正常进行，按设计文件要求对其苗木进行选样，并形成文件。该文件由施工单位向项目监理机构提请送审，批准后即可进场种植。

2）被选样的苗木应是使用、美观且比较经济的苗木，应是根系健壮、苗木规格一致、高矮一致、造型自然、适应性强的苗木。

3）表列子项说明：

① 该表共两个部分。一是呈送函的苗木名称及附件；二是施工单位、监理单位、建设单位的审核意见。

② 呈送函苗木名称项下应提供的附件（种苗经营许可文件、苗木检验检疫证明文件、报价单、苗木实物照片）应齐全；施工单位、监理单位、建设单位的审核意见应具体、可行，明确提出审核或审定意见。

③ 呈送函的苗木名称及附件内容应逐项填写，工程名称、施工单位应填写全称。

④ 送审苗木应为设计文件规定的苗木，送审苗木应符合标准要求。

⑤ 送审及审核单位的责任制，本表中凡注有责任人签认要求的，均由本人签字，不得盖章或代签。

4）有见证取样检验要求的应按规定送检，做好见证记录。

5）对国家和北京市所规定的需提供检测证明的选样送审苗木，应按规定附有关文件和法定检测单位的检测证明。

4.2.2.3-8　非圃地苗木质量证明文件（表 C3-8）

1. 资料表式

非圃地苗木质量证明文件 （表 C3-8）		编　号	
工程名称			
施工单位			

序号	苗木名称	来源	单位	数量
1				
2				
3				
4				
5				

树木移（伐）许可证编号	

设计单位意见：

□　该施工单位以上移植苗木，符合设计要求，建议采用。

□　该施工单位以上移植苗木，符合设计要求，不建议采用。

□　＿＿＿＿＿＿＿＿＿＿＿＿＿＿＿＿＿＿＿＿＿。

项目设计负责人（签字）：

设计单位	施工单位	
项目负责人	技术负责人	质检员

本表由建设单位、施工单位各保存一份。

2. 应用指导

(1) DB11/T 712—2010 规范规定：

施工单位应按规定选择苗木，非苗圃地种植的苗木进场时要出具《非圃地苗木质量证明文件》（表 C3-8）。《非圃地苗木质量证明文件》包括：编号、工程名称、施工单位、苗木名称、来源、数最及单位、树木移（伐）许可证编号、产权证明文件等。设计单位应在文件中填写设计意见。

(2)《非圃地苗木质量证明文件》实施说明：

1）非圃地苗木进场，应按其种类、品种提供质量证明文件，并应齐全不得缺漏。

2）非圃地苗木进场的规格不得小于设计要求，小于设计要求的苗木不应进场验收。

3）非圃地苗木进场应经设计单位提出意见，项目设计负责人本人签字。应按设计单位意见执行。

4）送审及审核单位的责任制，本表中凡注有责任人签认要求的，均由本人签字，不得盖章或代签。

4.2.2.3-9   苗木进场检验记录（表C3-9）

1. 资料表式

苗木进场检验记录 （表C3-9）		编　号	
工程名称			
施工单位			
供应单位		起苗日期	
		种子采集年份	

标准要求：

品种	检 查 内 容														
	高度	胸径	土球	苗龄	冠径	分枝点	主枝数	主枝长	根系	竹鞭长	幼芽	携土厚	病虫	损伤度	纯净度	逢径

检查数量		检查方法	

检查结论：
　　□合格
　　□不合格

监理(建设)单位	施工单位	
	技术负责人	质检员

本表由施工单位填写并保存。

2. 应用指导

(1) DB11／T 712—2010 规范规定：

施工单位应根据规定对进场的苗木、种植基质等进行检验，并填写《苗木进场检验记录》（表 C3-9）。

(2)《苗木进场检验记录》实施说明：

1）进场苗木品种、数量应全数检验，检验内容及方法应符合标准规定。进场检验不合格的苗木，应按规定调换。

2）不同品种的苗木进场均应按表 C3-9 检查内容中被检内容进行检查，检查结果应符合国家和北京市标准或规范的要求。

3）检查结论栏可根据检查结果在合格或不合格前面的"□"上打"√"，确认苗木应否进场。

4）进场苗木应符合设计要求。

5）进场苗木干茎不得有损伤，不应有病虫枝、枯死枝、生长衰弱枝、过密的轮生枝、下垂枝等。嫁接苗木，应将接口以下砧木萌生枝条剪除。

6）进场竹类卸车时不准拖、压、摔、砸；运坨时应抱住土坨搬运，不得用手提竹杆。

7）严禁进场植物材料带有国家及北京市植物检疫名录规定的检疫对象，进场植物材料应有检疫证。本市和外省其他地区调入的植物材料进场后，应对病虫害情况进行复检。带有植物检疫对象以外病虫害的苗木及草坪地被的受害情况应符合"园林植物病虫害控制标准"的规定。

8）送审及审核单位的责任制，本表中凡注有责任人签认要求的，均由本人签字，不得盖章或代签。

附：园林植物病虫害控制标准，共参阅。

（1）园林植物严禁带有国家及各省、市植物检疫名录规定的植物检疫对象。

（2）带有植物检疫对象以外病虫害的苗木，其病虫害情况不得超出以下规定：

1）苗木病害：

① 叶部病害：叶片受害面积不得超过叶片面积的 1/4；

② 干部病害：乔木干部病斑不得超过抽检面积的 2%；

③ 根部病害：进场苗木根部腐烂不得超过 5%，且带菌丝的根数量不得超过 5%。

2）苗木虫害：

① 刺吸害虫：树木蚧壳虫最严重处主干、主枝上平均每 $100cm^2$ 蚧壳虫的活虫数不得超过 2 头，较细枝条上平均每 $30cm^2$ 不得超过 3 头；

② 食叶害虫：进场苗木叶片上无虫粪、虫网，叶片受害率每株不得超过 2%；

③ 钻蛀害虫：每 1m 长树干的虫孔数量不得超过 2 个，每 1m 长枝条的虫孔数量不得超过 1 个；

④ 地下害虫：每株苗木根部土壤中的含虫量不得超过 2 头。

（3）带有植物检疫对象以外病虫害的草坪地被，其病虫害情况不得超出以下规定：

1）病害：草坪地被无斑秃病和锈病等病害；

2）虫害：草坪地被土层中最严重处黏虫、蜗牛、淡剑夜蛾、地老虎、蛴螬等害虫的活虫数每 $1m^2$ 不超过 2 头。

4.2.2.3-10　种子进场检验记录（表 C3-10）

1. 资料表式

种子进场检验记录 （表 C3-10）		编　号		
工程名称				
供应单位				
检验数量				
使用部位				
检验内容				
出厂合格证				
生产厂家资质文件				
产品性能说明书				
发芽率试验报告				
外　观				

检查结论：

　　　　　　　□合格　　　　　　□不合格

监理（建设）单位	施工单位	
	技术负责人	质检员

本表由施工单位填写并保存。

2. 应用指导

（1）DB11／T 712—2010 规范规定：

施工单位应根据规定对进场的种子、种植基质等进行检验，并填写《种子进场检验记录》（表 C3-10）。

（2）《种子进场检验记录》实施说明：

1）进场种子的品种、数量应全数检验，检验内容及方法应符合标准规定。进场检验不合格的种子，应按规定进行调换。

2）种子进场应提供如下检验报告：出厂合格证、生产厂家资质文件、产品性能说明书、发芽率试验报告。

3）进场种子的种类良好率应符合设计要求。

4）种子进场应按表列检验内容，逐一进行检验。

5）进场草坪、草花、地被植物种子均应注明品种、品系、产地、生产单位、采收年份、纯净度及发芽率，不得有病虫害，自外地引进的种子应有检疫合格证。

6）进场种子应饱满、合格、符合设计要求，常用草坪种子千粒重及发芽温度宜符合表1的规定。

种子千粒重及发芽温度
表 1

草　种	千粒重（g）	发芽温度（℃）
匍匐剪股颖	0.06～0.10	15～25
草地早熟禾	0.30～0.50	15～25
高羊茅	2.5～3.0	15～25
黑麦草	2.3～2.7	15～25
紫羊茅	1.0～1.2	15～25
结缕草	0.5～0.7	20～35
野牛草	1.6～2.0	20～35

7）草种纯净度必须大于 97％，植生带发芽率必须达到 90％。

8）检查结论必须明确判定合格与否，可在检查结论栏内的"□合格"或"□不合格"上打"√"。结论文字应简练，技术用语规范，且必须符合设计和相关规范要求。

9）送审及审核单位的责任制，本表中凡注有责任人签认要求的，均由本人签字，不得盖章或代签。

4.2.2.3-11　客土进场检验记录（表 C3-11）

1. 资料表式

客土进场检验记录 （表 C3-11）		编　号	
工程名称			
供应单位			
检验数量			
使用部位			
外观检查			
序号	检验内容		检查结果
1	直径大于 2cm 的渣砾		
2	沥青		
3	混凝土		
4	对植物生长有害的污染物		
结论： □合格　　　　□不合格			
监理（建设）单位	施工单位		
	技术负责人		质检员

本表由施工单位填写保存。

2. 应用指导

(1) DB11／T 712—2010 规范规定：

施工单位应根据规定对进场的客土、种植基质等进行检验，并填写《客土进场检验记录》（表 C3-11）。

(2)《客土进场检验记录》实施说明：

1）用于绿化种植工程的客土均应通过检验，检验内容为：直径大于 2cm 的渣砾、沥青、混凝土、对植物生长有害的污染物，检查结果应符合设计要求。

2）检验数量按每 500m³ 或 2000m² 或为一检验批，随机取样 5 处，每处 100g，经混合组成试样，必试项目为 pH 值、含盐量、有机质含量、机械组成。

3）监理工程师应参加客土进场的检验，不合格客土应由施工单位的技术负责人签发退场。

4）客土进场检验其供应单位、进场数量和使用部位应认真填写，保证客土的正确使用，也保证园林绿化工程的正常生长。

5）送审及审核单位的责任制，本表中凡注有责任人签认要求的，均由本人签字，不得盖章或代签。

4.2.2.3-12　非饮用水试验报告（表 C3-12）

1. 资料表式

非饮用水试验报告 （表 C3-12）		编　号	
		试验编号	
		委托编号	
		见证记录编号	
工程名称		试样编号	
委托单位		试验委托人	
品　　种		产地	
代表数量		来样日期	年 月 日	试验日期	年 月 日

	试验项目	试验结果
试 验 结 果	悬浮物	
	异味	
	pH 值	
	总磷	
	总氮	
	全盐	

结论:按＿＿＿＿＿＿＿＿＿＿＿＿＿＿标准评定:

□合格

□不合格

批准人	核准人	试验人

报告日期	年　　月　　日(章)

本表由试验单位提供，建设单位、施工单位保存。

2. 应用指导

（1）DB11/T 712—2010 规范规定：

对非饮用水按相关规定和有关检测项目进行复试，并填写《非饮用水试验报告》（表C3-12）。

（2）《非饮用水试验报告》实施说明：

1）非饮用水，同一水源为一个检验批，随机取样三次，每次取样 100g，经混合后组成一组试样。pH 值；含盐量。

2）混凝土拌合用水水质，当采用其他水源时，水质应符合国家现行标准《混凝土拌合用水标准》JGJ 63 的规定。

3）非饮用水试验项目为：悬浮物、异味、pH 值、总磷、总氮、全盐。

4）园林用水的再生水水质指标

园林用水的再生水水质指标（单位：mg/L）　　　　　　表1

序号	项　目	观赏性景观和灌溉用水			娱乐性景观环境用水		
		河道类	湖泊类	水景类	河道类	湖泊类	水景类
1	基本要求	无漂浮物,无令人不愉快的嗅和味					
2	pH 值	6～9					
3	五日生化需氧量(BOD$_5$)	≤10	≤6	≤6	≤6	≤6	≤6
4	悬浮物(SS)	≤20	≤10	≤10	—	—	—
5	总磷(以 P 计)	≤1.0	≤0.5	≤0.5	≤1.0	≤0.5	≤0.5
6	粪大肠菌群(个/L)	≤10000	≤10000	≤2000	≤500	≤500	不得检出
7	浊度(NTU)	—			5.0		
8	溶解氧	≥1.5			≥2.0		
9	总氮	≤15					
10	氨氮(以 N 计)≤5						
11	余氯	≥0.05					
12	色度(度)≤30						
13	石油类≤1.0						
14	阴离子表面活性剂	≤0.5					

注：1. 对于需要通过管道输送再生水的非现场回用情况采用加氯消毒方式；而对于现场回用情况不限制消毒方式。

2. 若使用未经过除磷脱氮的再生水作为景观环境用水，鼓励使用本标准的各方在回用地点积极探索通过人工培养具有观赏价值水生植物的方法，使景观水体的氮磷满足本表的要求，使再生水中的水生植物有经济合理的出路。

3. 氯接触时间不应低于 30min 的余氯。对于非加氯消毒方式无此项要求。

5）检查结论必须明确判定合格与否，可在结论栏内的"□合格"或"□不合格"上打"√"。结论文字应简练，技术用语规范，且必须符合设计和相关规范要求。

6）非饮用水试验的责任制，本表中凡注有责任人签认要求的，均由本人签字，不得盖章或代签。

4.2.2.3-13 客土试验报告（表 C3-13）

1. 资料表式

		编　　号	
客土试验报告 （表 C3-13）		试验编号	
		委托编号	
		见证记录编号	
工程名称		试样编号	
委托单位		试验委托人	
品　　种		产地	
代表数量		来样日期　年 月 日	试验日期　年 月 日

试验结果	试验项目	试验结果
试 验 结 果	pH 值	
	异味	
	含盐量	
	非毛管孔隙度	
	有机质	
	全氮含量	
	速效磷含量	
	速效钾含量	
	密度	
	湿密度	
	机械组成	

结论:按_____标准评定：

□合格
□不合格

批准人	核准人	试验人

报告日期	年　月　日(章)

本表由试验单位提供，建设单位、施工单位保存。

2. 应用指导

(1) DB11/T 712—2010 规范规定：

对客土按相关规定和有关检测项目进行复试，并填写《客土试验报告》（表 C3-13）。

(2)《客土试验报告》实施说明：

1）用于绿化种植工程的客土均应通过试验，试验项目为：pH 值、异味、含盐量、非毛管孔隙度、有机质、全氮含量、速效磷含量、速效钾含量、密度、湿密度、机械组成。

2）用于绿化种植的客土，经试验符合设计要求，且应经设计单位同意。

3）客土试验的评定应注明执行标准。

4）检验数量按每 500m³ 或 2000m² 或为一检验批，随机取样 5 处，每处 100g，经混合组成试样，必试项目为 pH 值、含盐量、有机质含量、机械组成。

5）客土试验应由经当地建设行政主管部门批准的具有相应资质的试验单位进行试验，并出具检验报告。

6）客土试验报告责任制均应本人签字。

7）检查结论必须明确判定合格与否，可在结论栏内的"□合格"或"□不合格"上打"√"。结论文字应简练，技术用语规范，且必须符合设计和相关规范要求。

4.2.2.3-14 种子发芽率试验报告（表 C3-14）

1. 资料表式

		编　　号	
种子发芽率试验报告 （表 C3-14）		试验编号	
		委托编号	
		见证记录编号	
工程名称		试样编号	
委托单位		试验委托人	
种　　类		产　　地	
代表数量		来样日期	年　月　日	试验日期	年　月　日

试验结果	试验项目	试验结果
试 验 结 果	水温	
	室温	
	湿度	
	出芽天数	
	出芽数量	

结论:按＿＿＿＿＿＿＿＿＿＿＿＿＿＿＿＿＿＿＿标准评定:

□合格

□不合格

批准人	核准人	试验人
报告日期		年　　月　　日(章)

本表由试验单位提供，建设单位、施工单位保存。

2. 应用指导

（1）DB11／T 712—2010 规范规定：

对种子按相关规定和有关检测项目进行复试，并填写《种子发芽率试验报告》（表C3-14）。

（2）《种子发芽率试验报告》实施说明：

1）种子试验应由经当地建设行政主管部门批准的具有相应资质的试验单位进行试验，并出具检验报告。

2）用于绿化种植工程的种子发芽率均应通过试验，试验项目为：水温、室温、湿度、出芽天数、出芽数量。种子，每 100kg 为一检验批，每袋等量取样，共取 50g 组成一组试样。

3）种子试验的评定应注明执行标准。

4）进场草坪、草花、地被植物种子均应注明品种、品系、产地、生产单位、采收年份、纯净度及发芽率，不得有病虫害，自外地引进的种子应有检疫合格证。

5）选择合格种子，播种前应做纯净度试验、发芽试验和催芽处理；播种材料发芽率应达 90％以上，单纯性建植时纯净度应大于 97％；混合草坪纯净度应达到其他植物不影响景观要求方可使用。

6）植生带厚度不宜超过 1mm，种子分布均匀，种子饱满，发芽率不应低于 95％。

7）常用草坪种子千粒重及发芽温度宜符合表 1 的规定。

种子千粒重及发芽温度　　　　　　　　　　　　　　　　　　　　　　　　表 1

草　　种	千粒重（g）	发芽温度（℃）
匍匐剪股颖	0.06～0.10	15～25
草地早熟禾	0.30～0.50	15～25
高羊茅	2.5～3.0	15～25
黑麦草	2.3～2.7	15～25
紫羊茅	1.0～1.2	15～25
结缕草	0.5～0.7	20～35
野牛草	1.6～2.0	20～35

8）非植生带种子发芽率应达到 90％。

9）检查结论必须明确判定合格与否，可在结论栏内的"□合格"或"□不合格"上打"√"。结论文字应简练，技术用语规范，且必须符合设计和相关规范要求。

10）种子发芽率试验报告中的责任制，凡注有责任人签认要求的，均由本人签字，不得盖章或代签。

4.2.2.3-15　预制钢筋混凝土构件出厂合格证（表 C3-15）

1. 资料表式

预制钢筋混凝土构件出厂合格证 （表 C3-15）		编　号	
工程名称及使用部位		合格证编号	
构件名称		型号规格		供应数量	
制造厂家		企业登记证	
标准图号或 设计图纸号		混凝土设计 强度等级	
混凝土浇筑日期		构件出厂日期	

混凝土抗压强度			主筋	
达到设计强度	试验编号	力学性能		工艺性能

外观			
质量状况		规格尺寸	

结构性能			
承载力	挠度	抗裂检验	裂缝宽度

备注：		结论：	
供应单位技术负责人	填表人	供应单位名称 （盖章）	
填表日期：			

本表由预制混凝土构件单位提供，建设单位、施工单位各保存一份。

2. 应用指导

(1) DB11／T 712—2010 规范规定：

《预制钢筋混凝土构件出厂合格证》（表 C3-15）由供货单位提供并填写。

(2)《预制混凝土构件出厂合格证》实施说明：

1）预制混凝土构件的品种、质量、规格必须符合设计和本规程要求；构件的外观质量符合设计要求和本规程要求，无边角破损等缺陷。

2）预制混凝土构件必须具有出厂合格证。要求表列内容填写齐全，不应缺漏或填错。预制构件合格证是技术鉴定质量合格原件的依据。"构件"必须是合格产品且必须有合格标志。应按预制混凝土构件的质量验收规范对模板、钢筋、构件外观、几何尺寸、结构性能进行检验，并做好实测记录。检验结果必须符合预制混凝土构件质量验收规范和设计文件的要求。

用于承重结构的预制钢筋混凝土构件，必须进行结构性能试验，并应符合设计和规范要求。

3）构件出厂合格证必须填写近期结构性能试验结果（不超过三个月）。施工现场制作的混凝土预制构件，按预制混凝土构件质量验收规范检验的有关要求进行，结构性能检验应进行承载力、挠度、抗裂检验和裂缝宽度检验。安装前应进行外观、几何尺寸复查，并做好实测记录。

4）构件生产不论是预制构件厂或自产自销施工企业都必须取得生产资质证书（资质证书必须是省级及其以上建设行政主管部门颁发），并应提供出厂合格证。

5）任何预制混凝土构件，只有在取得生产厂家提供的合格证，并经核对有关指标符合设计和规范规定后，方可在工程上使用。

6）不合格的材料及构件，没有取得资质证书厂家生产的构件不得用于工程，应由施工单位主管技术负责人会同有关单位对其材料及构件及时进行处理，并在合格证备注栏内注明处理意见（应注意：不符合标准要求并不一定是废品，可据实际情况有些可以降级，有的作为非承重构件，有的经过返修后再用等或作退场处理）。

7）预制构件应在明显部位标志生产单位、构件型号、生产日期和质量验收标志。构件上的预埋件、插筋和预留孔洞的规格、位置和数量应符合标准图或设计的要求。

8）预制钢筋混凝土构件出厂合格证应加盖供应单位章，相关责任人应本人签字。

4.2.2.3-16 钢构件出厂合格证（表 C3-16）

1. 资料表式

钢构件出厂合格证 （表 C3-16）			编　号		
工程名称			合格证编号		
委托单位			焊药型号		
钢材材质		防腐状况		焊条与焊丝型号	
供应总量		加工日期		出厂日期	
序号	构件名称及编号	构件数量	构件单重	原材报告编号	复试报告编号	使用部位
备注：						
供应单位技术负责人		填表人		供应单位名称 （盖章）	
填表日期：					

本表由钢构件供应单位提供，建设单位、施工单位各保存一份。

2. 应用指导

（1）DB11/T 712－2010 规范规定：

《钢构件出厂合格证》（表 C3-16）由供货单位提供并填写。

（2）《钢构件出厂合格证》实施说明：

1）钢构件合格证是指钢构件生产厂家提供的质量合格证明文件。

2）钢构件合格证应包括生产厂家、工程名称、合格证编号、合同编号、设计图纸种类、构件类别和名称、型号、代表数量、生产日期、结构试验评定、承载力、拱度。试验结果必须符合设计和规范要求。

3）构件合格证必须物、证相符，表列各项内容填写齐全。

4）重要构件应填写实际测试的探伤报告单编号。

5）构件出厂合格证的数量，应与该工程的使用数量相符。

6）构件合格证，需有产品生产许可证编号及许可证批准日期。

7）钢构件出厂合格证应加盖供应单位章，相关责任人应本人签字。

4.2.2.3-17 水泥试验报告（表C3-17）

1. 资料表式

		编号			
水泥试验报告 （表C3-17）		试验编号			
		委托编号			
		见证记录编号			
工程名称			试样编号		
委托单位			试验委托人		
厂　别		品种及 强度等级		出厂编号 及日期	
代表数量		来样日期		试验日期	

试验结果	一、细度	80μm 方孔筛筛余量		
		比表面积		
	二、标准稠度用水量			
	三、凝结时间	初凝		终凝
	四、安定性	沸煮法		雷氏法
	五、其他			
	六、强度			

	抗折强度				抗压强度			
	3d		28d		3d		28d	
	单块值	平均值	单块值	平均值	单块值	平均值	单块值	平均值

结论：

批准人	核准人	试验人

报告日期	年　　月　　日（章）

本表由试验单位提供，建设单位、施工单位保存。

2. 应用指导

(1) DB11/T 712—2010 规范规定：

1) 供货单位应提供《水泥性能检测报告》。

2) 水泥应有质量证明文件。水泥生产单位应在水泥出厂 7d 内提供 28d 强度以外的各项试验结果，28d 强度结果应在水泥发出日起 32d 内补报。用于承重结构的水泥；使用部位有强度等级要求的水泥；水泥出厂超过 3 个月（快硬硅酸盐水泥为 1 个月）和进口水泥使用前应进行复试，有《水泥试验报告》（表 C3-17）。

(2)《水泥试验报告》实施说明：

水泥试验报告是为保证园林绿化工程质量，对用于工程中的水泥的强度、安定性和凝结时间等指标进行测试后由试验单位出具的质量证明文件。

1) 园林绿化工程用水泥的品种多为通用硅酸盐水泥、白色硅酸盐水泥、彩色硅酸盐水泥。

通用硅酸盐水泥包括：硅酸盐水泥、普通硅酸盐水泥、矿渣硅酸盐水泥、火山灰质硅酸盐水泥、粉煤灰硅酸盐水泥、复合硅酸盐水泥。

2) 水泥试验单的子目应填写齐全，要有品种、强度等级、结论等。水泥质量有问题时，在可使用条件下，由施工技术部门或其技术负责人签注使用意见，并在报告单上注明使用工程项目的部位。安定性不合格时，不准在工程上使用。

3) 水泥的品质标准包括物理性质和化学成分。物理性质包括细度、标准稠度用水量、凝结时间、体积安定性（与游离 CaO、MgO、SO_2 和含碱量 Na_{20}、K_{20} 等有关）和强度等；化学成分主要是限制其中的有害物质。如氧化镁、三氧化硫等。水泥的品质必须符合国家有关标准的规定。

4) 水泥含碱量及骨料活性成分

水泥中的碱含量，标准规定按 $Na_2O + 0.658K_2O$ 计算值来表示，若使用活性骨料（目前已被确定的有蛋白石、玉髓、鳞石英和方石英等，一般规定含量不超过 1%）。

① 当水泥中碱含量大于 0.6% 时，需对骨料进行碱—骨料反应试验；当骨料中活性成分含量高，可能引起碱—骨料反应时，应根据混凝土结构或构件的使用条件，进行专门试验，以确定是否可用。

② 如必须采用的骨料是碱活性的，就必须选用低碱水泥（当量 $Na_2O < 0.06\%$），并限制混凝土总碱量不超过 $2.0 \sim 3.0 kg/m^3$。

③ 如无低碱水泥，则应掺入足够的活性混合材料，如粉煤灰不小于 30%、矿渣不小于 30% 或硅灰不小于 7%，以缓解破坏作用。

④ 碱—骨料反应的必要条件是水分。混凝土构件长期处在潮湿环境中（即在有水的条件下）会助长发生碱—骨料反应；而干燥状态下则不会发生反应，所以混凝土的渗透性对碱—骨料反应有很大影响，应保证混凝土密实性和重视建筑物排水，避免混凝土表面积水和接缝存水。

5) 对于安定性不合格的水泥，不得用于工程。

6) 水泥进场检查及使用要求

① 水泥供料单位应按国家规定，及时、完整地交付有关水泥出厂资料。所有进场水泥均必须有出厂合格证。水泥出厂合格证应具有标准规定天数的抗压、抗折强度和安定性试验结果。抗折、抗压强度、安定性试验均必须满足该强度等级之标准要求。

② 水泥进场时应对其品种、级别、包装或散装仓号、出厂日期等进行检查，并应对其强度、安定性及其他必要的质量性能指标进行复验，其质量必须符合现行国家标准《通用硅酸盐水泥》（GB 175—2006）的规定。

③ 水泥的品种、数量、强度等级、立窑还是回转窑生产应核查清楚（由于立窑水泥的生产工艺上的某种缺陷，水泥安定性容易出现问题），水泥进场日期不应超期，超期应复试，出厂合格证上的试验项目必须齐全，并符合标准要求等。

④ 无出厂合格证的水泥、有合格证但已超期水泥、进口水泥、立窑生产的水泥或对水泥材质有怀疑的，应按规定取样做二次试验，其试验结果必须符合标准规定。

注：水泥需要复试的原则为：用于承重结构、使用部位有强度等级要求的混凝土用水泥，或水泥出厂超过 3 个月（快硬硅酸盐水泥为 1 个月）和进口水泥，使用前均必须进行复试，并提供复试报告。

⑤ 核查是否有主要结构部位所使用水泥无出厂合格证明（或试验报告），或品种、强度等级不符，或超期而未进行复试，或试验内容缺少"必试"项目之一或进口或立窑水泥未做试验等。

⑥ 重点工程或设计有要求必须使用某品种、强度等级水泥时，应核查实际使用是否保证设计要求。

7）水泥应入库堆放，水泥库底部应架空，保证通风防潮，并应分品种、按进厂批量设置标牌分垛堆放。贮存时间一般不应超过 3 个月（按出厂日期算起，在正常干燥环境中，存放 3 个月，强度约降低 $10\%\sim20\%$，存放 6 个月，强度约降低 $15\%\sim30\%$，存放一年强度约降低 $20\%\sim40\%$）。为此，水泥出厂时间在超过 3 个月以上时，必须进行检验，重新确定强度等级，按实际强度使用。对于非通用水泥品种的贮存期规定如表 1 所示。

水泥的贮存期规定

表 1

水泥品种	贮存期规定	过期水泥处理
快硬硅酸盐水泥	1 个月	必须复试，按复试强度等级使用
高铝水泥	2 个月	必须复试，按复试强度等级使用
硫铝酸盐早强水泥	2 个月	必须复试，按复试强度等级使用

(3) 常用水泥执行标准

园林绿化工程常用水泥有：《通用硅酸盐水泥》GB 175—2007、《白色硅酸盐水泥》GB/T 2015—2005、《彩色硅酸盐水泥》JC/T 870—2000。

Ⅰ　《通用硅酸盐水泥》GB 175—2007

通用硅酸盐水泥以硅酸盐水泥熟料和适量的石膏，及规定的混合材料制成的水硬性胶凝材料。

(1) 强度等级

① 硅酸盐水泥的强度等级分为 42.5、42.5R、52.5、52.5R、62.5、62.5R 六个等级。

② 普通硅酸盐水泥的强度等级分为 42.5、42.5R、52.5、52.5R 四个等级。

③ 矿渣硅酸盐水泥、火山灰质硅酸盐水泥、粉煤灰硅酸盐水泥、复合硅酸盐水泥的强度等级分为 32.5、32.5R、42.5、42.5R、52.5、52.5R 六个等级。

(2) 技术要求

① 通用硅酸盐水泥化学指标应符合表 1 的规定。

② 碱含量（选择性指标）：水泥中碱含量按 $Na_2O+0.658K_2O$ 计算值表示。若使用活性骨料，用户要求提供低碱水泥时，水泥中的碱含量应不大于 0.60% 或由买卖双方协商确定。

（%）   表1

品　种	代号	不溶物（质量分数）	烧失量（质量分数）	三氧化硫（质量分数）	氧化镁（质量分数）	氯离子（质量分数）
硅酸盐水泥	P·Ⅰ	≤0.75	≤3.0	≤3.5	≤5.0ᵃ	
	P·Ⅱ	≤1.50	≤3.5			
普通硅酸盐水泥	P·O	—	≤5.0ᵃ			
矿渣硅酸盐水泥	P·S·A	—	—	≤4.0	≤6.0ᵇ	≤6.0ᶜ
	P·S·B	—	—	≤3.5	—	
火山灰质硅酸盐水泥	P·P	—	—			
粉煤灰硅酸盐水泥	P·F				≤6.0ᵇ	
复合硅酸盐水泥	P·C					

a　如果水泥压蒸试验合格，则水泥中氧化镁的含量（质量分数）允许放宽至6.0%。
b　如果水泥中氧化镁的含量（质量分数）大于6.0%时，需进行水泥压蒸安定性试验并合格。
c　当有更低要求时，该指标由买卖双方确定。

③ 物理指标

A. 凝结时间：硅酸盐水泥初凝时间不小于45min，终凝时间不大于390min；普通硅酸盐水泥、矿渣硅酸盐水泥、火山灰质硅酸盐水泥、粉煤灰硅酸盐水泥和复合硅酸盐水泥初凝不小于45min，终凝不大于600min。

B. 安定性：沸煮法合格。

C. 强度：不同品种不同强度等级的通用硅酸盐水泥，其不同龄期的强度应符合表2的规定。

（单位：MPa）   表2

品　种	强度等级	抗压强度		抗折强度	
		3d	28d	3d	28d
硅酸盐水泥	42.5	≥17.0	≥42.5	≥3.5	≥6.5
	42.5R	≥22.0		≥4.0	
	52.5	≥23.0	≥52.5	≥4.0	≥7.0
	52.5R	≥27.0		≥5.0	
	62.5	≥28.0	≥62.5	≥5.0	≥8.0
	62.5R	≥32.0		≥5.5	
普通硅酸盐水泥	42.5	≥17.0	≥42.5	≥3.5	≥6.5
	42.5R	≥22.0		≥4.0	
	52.5	≥23.0	≥52.5	≥4.0	≥7.0
	52.5R	≥27.0		≥4.0	
矿渣硅酸盐水泥 火山灰硅酸盐水泥 粉煤灰硅酸盐水泥 复合硅酸盐水泥	32.5	≥10.0	≥32.5	≥2.5	≥5.5
	32.5R	≥15.0		≥3.5	
	42.5	≥15.0	≥42.5	≥3.5	≥6.5
	42.5R	≥19.0		≥4.0	
	52.5	≥21.0	≥52.5	≥4.0	≥7.0
	52.5R	≥23.0		≥4.5	

D. 细度（选择性指标）：硅酸盐水泥和普通硅酸盐水泥的细度以比表面积表示，其比表面积不小于 300m²/kg；矿渣硅酸盐水泥、火山灰质硅酸盐水泥、粉煤灰硅酸盐水泥和复合硅酸盐水泥的细度以筛余表示，其 80μm 方孔筛筛余不大于 10％或 45μm 方孔筛筛余水大于 30％。

（3）检验规则

1）出厂检验：出厂检验项目为化学指标、凝结时间、安定性和强度。

2）判定规则

① 检验结果符合化学指标、凝结时间、安定性和强度的规定为合格品。

② 检验结果不符合化学指标、凝结时间、安定性和强度中的任何一项技术要求为不合格品。

3）检验报告：检验报告内容应包括出厂检验项目、细度、混合材料品种和掺加量、石膏和助磨剂的品种及掺加量、属旋窑或立窑生产及合同约定的其他技术要求。当用户需要时，生产者应在水泥发出之日起 7d 内寄发除 28d 强度以外的各项检验结果，32d 内补报 28d 强度的检验结果。

4）参与水泥试验的相关责任人员均必须本人签字。

Ⅱ 《白色硅酸盐水泥》GB/T 2015—2005

白色硅酸盐水泥是由氧化铁含量少的硅酸盐水泥熟料、适量石膏及石灰石或窑灰等混合材料磨细制成的水硬性胶凝材料，简称为"白水泥"。代号 P·W。白色硅酸盐水泥的技术指标见表 3。

白色硅酸盐水泥的技术指标　　　　　表 3

项　目		指　标				
三氧化硫　　≤		3.5％				
细度		80μm 方孔筛筛余应不超过 10％				
凝结时间		初凝应不早于 45min，终凝应不迟于 10h				
安定性		用沸煮法检验必须合格				
白度　　　　≥		87				
强度（MPa）　≥	强度等级	抗压强度		抗折强度		
		3d	28d	3d	28d	
	32.5	12.0	32.5	2.5	5.5	
	42.5	17.0	42.5	3.5	6.5	
	52.5	22.0	52.5	4.0	7.0	

Ⅲ 《彩色硅酸盐水泥》JC/T 870—2000

彩色硅酸盐水泥是由硅酸盐水泥熟料及适量石膏（或白色硅酸盐水泥）、混合材及着色剂磨细或混合制成的带有色彩的水硬性胶凝材料。彩色硅酸盐水泥基本色有红色、黄色、蓝色、绿色、棕色和黑色等。其他颜色的彩色硅酸盐水泥的生产，可由供需双方协商。彩色硅酸盐水泥强度等级分为 27.5，32.5，42.5。彩色硅酸盐水泥的技术指标见表 4。

彩色硅酸盐水泥的技术指标　　　　　　　表 4

项　　目		指　　标			
三氧化硫 ≤		4.0%			
细度		80μm 方孔筛筛余不得超过 6.0%			
凝结时间		初凝不得早于 1h，终凝不得迟于 10h			
安定性		用沸煮法检验必须合格			
强度（MPa）≥	强度等级	抗压强度		抗折强度	
		3d	28d	3d	28d
	27.5	7.5	27.5	2.0	5.0
	32.5	10.0	32.5	2.5	5.5
	42.5	15.0	42.5	3.5	6.5
色差	①颜色对比样:生产者应自行制备并妥善保存代表各种彩色硅酸盐水泥颜色的颜色对比样,以控制彩色硅酸盐水泥颜色均匀性。同一种颜色,可根据其色调、彩度或明度的不同,制备多个颜色对比样。压制样板或目视比对使用后的颜色对比样不得回用。 ②同一颜色不同编号彩色硅酸盐水泥的色差:同一颜色每一编号彩色硅酸盐水泥每一份割样或每磨取样与该水泥颜色对比样的色差 ΔE_{ab}^* 不得超过3.0CIELAB 色差单位。用目视比对方法作为参考时,颜色不得有明显差异。 ③不同编号彩色硅酸盐水泥的色差:同一种颜色的各编号彩色硅酸盐水泥的混合样与该水泥颜色对比样之间的色差 ΔE_{ab}^* 不得超过 4.0CIELAB 色差单位				
颜色耐久性	500h 人工加速老化试验,老化前后的色差 ΔE_{ab}^* 不得超过 6.0CIELAB 色差单位				

4.2.2.3-18 砂试验报告（表 C3-18）

1. 资料表式

		编　　号	
砂试验报告 （表 C3-18）		试验编号	
		委托编号	
		见证记录编号	
工程名称		试样编号	
委托单位		试验委托人	
种　　类		产　　地	
代表数量		来样日期		试验日期	

试 验 结 果	一、筛分析	1. 细度模数			
		2. 级配区域			
	二、含泥量		六、碱活性指标		
	三、泥块含量		七、坚固性（重量损失）		
	四、表观密度		八、吸水率		
	五、堆积密度		九、		

结论：

批准人		核准人		试验人	
报告日期				年　月　日(章)	

本表由试验单位提供，建设单位、施工单位保存。

2. 应用指导

（1）DB11／T 712—2010 规范规定：

对砂石，按相关规定和有关检测项目进行复试，并填写《砂试验报告》（表 C3-18）。

（2）《砂试验报告》实施说明：

1）砂子试验报告是对用于工程中的砂子，经筛分以及含泥量、泥块含量等指标进行复试后由试验单位出具的质量证明文件。

2）细骨料应有工地取样的试验报告单，应试项目齐全，试验编号必须填写，并应符合有关规范要求。

3）砂的检验项目：细度模数、颗粒级配、含泥量、泥块含量、人工砂或混合砂的石粉含量、坚固性指标、有害物质含量、碱活性、氯离子含量、海砂中的贝壳含量。

4）参与砂、石试验的批准人、核准人、试验人等的责任制，均需本人签字。非本人签字为无效试验报告单。

5）普通混凝土用砂、石执行标准

普通混凝土用砂执行标准：《普通混凝土用砂、石质量及检验方法标准》JGJ 52—2006。

普通混凝土用砂部分

（1）砂的颗粒级配

除特细砂外，砂的颗粒级配可按公称直径 $630\mu m$ 筛孔的累计筛余量（以质量百分率计，下同），分成三个级配区（表1），且砂的颗粒级配应处于表1中的某一区内。

当天然砂的实际颗粒级配不符合要求时，宜采取相应的技术措施，并经试验证明能确保混凝土质量后，方允许使用。

砂的颗粒级配区　　　　　　　　　　　　　　　　　　　　表1

级配区 累计筛余（%） 公称粒径	Ⅰ区	Ⅱ区	Ⅲ区
5.00mm	10～0	10～0	10～0
2.50mm	35～5	25～0	15～0
1.25mm	65～35	50～10	25～0
630μm	85～71	70～41	40～16
315μm	95～80	92～70	85～55
160μm	100～90	100～90	100～90

配制混凝土时宜优先选用Ⅱ区砂。当采用Ⅰ区砂时，应提高砂率，并保持足够的水泥用量，满足混凝土的和易性；当采用Ⅲ区砂时，宜适当降低砂率；当采用特细砂时，应符合相应的规定。

配制泵送混凝土，宜选用中砂。

（2）天然砂中含泥量应符合表2的规定。

天然砂中含泥量　　　　　　　　　　　　　　　　　　　　表2

混凝土强度等级	≥C60	C35～C30	≤C25
含泥量（按质量计，%）	≤2.0	≤3.0	≤5.0

对于有抗冻、抗渗或其他特殊要求的小于或等于C25混凝土用砂，其含泥量不应大于3.0%。

（3）砂中泥块含量应符合表3的规定。

砂中的泥块含量   表 3

混凝土强度等级	≥C60	C35～C30	≤C25
含泥量（按质量计，%）	≤0.5	≤1.0	≤2.0

对于有抗冻、抗渗或其他特殊要求的小于或等于 C25 混凝土用砂，其泥块含量不应大于 1.0%。

（4）人工砂或混合砂中石粉含量应符合表 4 的规定。

人工砂或混合砂中石粉含量   表 4

混凝土强度等级		≥C60	C35～C30	≤C25
石粉含量（%）	MB<1.4（合格）	≤5.0	≤7.0	≤10.0
	MB≥1.4（不合格）	≤2.0	≤3.0	≤5.0

（5）砂的坚固性应采用硫酸钠溶液检验，试样经 5 次循环后，其质量损失应符合表 5 的规定。

砂的坚固性指标   表 5

混凝土所处的环境条件及其性能要求	5 次循环后的质量损失（%）
在严寒及寒冷地区室外使用并经常处于潮湿或干湿交替状态下的混凝土 对于有抗疲劳、耐磨、抗冲击要求的混凝土 有腐蚀介质作用或经常处于水位变化区的地下结构混凝土	≤8
其他条件下使用的混凝土	≤10

（6）人工砂的总压碎值指标应小于 30%。

（7）当砂中含有云母、轻物质、有机物。硫化物及硫酸盐等有害物质时，其含量应符合表 6 的规定。

砂中的有害物质含量   表 6

项　　目	质　量　指　标
云母含量（按质量计，%）	≤2.0
轻物质含量（按质量计，%）	≤1.0
硫化物及硫酸盐含量（折算成 SO_3 按质量计，%）	≤1.0
有机物含量（用比色法试验）	颜色不应深于标准色，当颜色深于标准色时，应按水泥胶砂强度试验方法进行强度对比试验，抗压强度比不应低于 0.95

对于有抗冻、抗渗要求的混凝土用砂，其云母含量不应大于 1.0%。

（8）砂中氯离子含量应符合下列规定：

1）对于钢筋混凝土用砂，其氯离子含量不得大于 0.06%（以干砂的质量百分率计）；

2）对于预应力混凝土用砂，其氯离子含量不得大于 0.02%（以干砂的质量百分率计）。

（9）海砂中贝壳含量应符合表 7 的规定。

海砂中贝壳含量 表7

混凝土强度等级	≥C40	C35～C30	C25～C15
贝壳含量(按质量计,%)	≤3	≤5	≤8

对于有抗冻、抗渗或其他特殊要求的小于或等于 C25 混凝土用砂,其贝壳含量不应大于 5%。

(10) 砂的取样规定

1) 每验收批取样方法应按下列规定执行:

① 从料堆上取样时,取样部位应均匀分布。取样前应先将取样部位表层铲除,然后由各部位抽取大致相等的砂 8 份,石子为 16 份,组成各自一组样品。

② 从皮带运输机上取样时,应在皮带运输机机尾的出料处用接料器定时抽取砂 4 份、石 8 份组成各自一组样品。

③ 从火车、汽车、货船上取样时,应从不同部位和深度抽取大致相等的砂 8 份,石 16 份组成备自一组样品。

2) 除筛分析外,当其余检验项目存在不合格项时,应加倍取样进行复验。当复验仍有一项不满足标准要求时,应按不合格品处理。

注:如经观察,认为各节车皮间(汽车、货船间)所载的砂、石质量相差甚为悬殊时,应对质量有怀疑的每节列车(汽车、货船)分别取样和验收。

3) 对于每一单项检验项目,砂、石的每组样品取样数量应分别满足表 8 的规定。当需要做多项检验时,可在确保样品经一项试验后不致影响其他试验结果的前提下,用同组样品进行多项不同的试验。

每一单项检验项目所需砂最少取样质量 表8

试 验 项 目	最少取样质量(g)
筛分析	4400
表观密度	2600
吸水率	4000
紧密密度和堆积密度	5000
含 水 率	1000
含 泥 量	4400
泥块含量	20000
石粉含量	1600
人工砂压碎值指标	分成公称粒级 5.00～2.50mm;2.50～1.25mm;1.25mm～630μm;630～315μm;315～160μm 每个粒级各需 1000g
有机物含量	2000
云母含量	600
轻物质含量	3200
坚固性	分成公称粒级 5.00～2.50mm;2.50～1.25mm;1.25mm～630μm;630～315μm;315～160μm 每个粒级各需 100g
硫化物及硫酸盐含量	50
氯离子含量	2000
贝壳含量	10000
碱活性	20000

4.2.2.3-19　钢材试验报告（表 C3-19）

1. 资料表式

	编　　号	
钢材试验报告 （表 C3-19）	试验编号	
	委托编号	
	见证记录编号	

工程名称		委托单位	
工程部位			
厂　　家		试验委托人	
品　　种		质量证明书号	
规　　格		代表数量	试验日期	

力学性能					冷弯性能		
屈服点	抗拉强度	伸长率	σ_b实 $/\sigma_s$实	σ_s实 $/\sigma_b$实	弯心直径	弯曲角度	结果

化学成分分析							
分析编号	C	Mn	Si	S	P	C_{cq}	其他：

结论：

批准人	核准人	试验人

报告日期		年　　月　　日（章）

本表由试验单位提供，建设单位、施工单位保存。

2. 应用指导

(1) DB11/T 712—2010 规范规定：

1) 供货单位应提供《钢材性能检测报告》。

2) 对钢材，按相关规定和有关检测项目进行复试，并填写《钢材试验报告》(表C3-19)。

3) 热轧钢筋（光圆、带肋），同一厂别、规格、炉罐号、交货状态，每60t为一批，不足60t也按一批计。每批取拉伸试件3个，弯曲试件3个（在任选的3根钢筋切取）。拉伸试验（屈服点、抗拉强度、伸长率）；弯曲试验。

4) 余热处理钢筋，同一厂别、规格、炉罐号、交货状态，每60t为一批，不足60t也按一批计。每批取拉伸试件3个，弯曲试件3个（在任选的3根钢筋切取）。拉伸试验（屈服点、抗拉强度、伸长率）；弯曲试验。

5) 冷轧带肋钢筋，同一厂别、规格、炉罐号、交货状态，每60t为一批，不足60t也按一批计。每批取拉伸试件1个（逐盘），弯曲试件3个，松弛试件1个（定期）。每（任）盘中任意1端截去500mm后切取。拉伸试验（屈服点、抗拉强度、伸长率）；弯曲试验。

(2)《钢材试验报告》实施说明：

1) 钢筋机械性能试验报告是指为保证用于园林绿化工程的钢筋机械性能（屈服强度、抗拉强度、伸长率、弯曲条件）满足设计或标准要求而进行的试验项目。

2) 参与钢材试验的批准人、核准人、试验人等的责任制，均需本人签字。非本人签字为无效试验报告单。

3) 园林绿化工程常用钢（材）筋执行标准

钢筋混凝土用钢　第1部分　热轧光园钢筋（GB 1499.1—2008）；

钢筋混凝土用钢　第2部分　热轧带肋钢筋（GB 1499.2—2007）；

《冷轧带肋钢筋》（GB 13788—2000）；

《钢筋混凝土用余热处理钢筋》（GB 13014—91）。

Ⅰ　钢筋混凝土用钢　第1部分　热轧光园钢筋
GB 1499.1—2008

(1) 热轧光圆钢筋的屈服强度特征值分为235、300级。牌号为HPB235、HPB300。

(2) 热轧光圆钢筋的公称横截面面积与理论重量见表1。

表1

公称直径(mm)	公称横截面面积(mm²)	理论重量(kg/m)
6(6.5)	28.27(33.18)	0.222(0.260)
8	50.27	0.395
10	78.54	0.617
12	113.1	0.888
14	153.9	1.21
16	201.1	1.58
18	254.5	2.00
20	314.2	2.47
22	380.1	2.98

注：表中理论重量按密度为7.85g/cm³计算。公称直径6.5mm的产品为过渡性产品。

（3）光圆钢筋的尺寸及理论重量允许偏差：光圆钢筋的长度允许偏差范围为 0～+50mm；理论重量允许偏差：公称直径为 6～12mm，实际重量与理论重量的偏差为±7%；公称直径为 14～22mm，实际重量与理论重量的偏差为±5%。

（4）技术要求

1）钢筋牌号及化学成分（熔炼分析）应符合表 2 的规定。

表 2

牌　号	化学成分（质量分数）（%）　不大于				
	C	Si	Mn	P	S
HPB235	0.22	0.30	0.65	0.045	0.050
HPB300	0.25	0.55	1.50		

注：1. 钢中残余元素铬、镍、铜含量应各不大于 0.30%，供方如能保证可不作分析。

2. 钢筋的成品化学成分允许偏差应符合 GB/T 222 的规定。

2）力学性能、工艺性能

①钢筋的屈服强度 R_{eL}、抗拉强度 R_m、断后伸长率 A、最大力总伸长率 A_{gt} 等力学性能特征值应符合表 3 的规定。

表 3

牌　号	R_{eL}（MPa）	R_m（MPa）	A（%）	A_{gt}（%）	冷弯试验 180° d—弯芯直径 a—钢筋公称直径
	不小于				
HPB235	235	370	25.0	10.0	$d=a$
HPB300	300	420			

② 根据供需双方协议，伸长率类型可从 A 或 A_{gt} 中选定。如伸长率类型未经协议确定，则伸长率采用 A，仲裁检验时采用 A_{gt}。

③ 弯曲性能：按表 3 规定的弯芯直径弯曲 180° 后，钢筋受弯曲部位表面不得产生裂纹。

3）表面质量

① 钢筋应无有害的表面缺陷，按盘卷交货的钢筋应将头尾有害缺陷部分切除。

② 试样可使用钢丝刷清理，清理后的重量、尺寸、横截面积和拉伸性能满足本部分的要求，锈皮、表面不平整或氧化铁皮不作为拒收的理由。

③ 当带有 B. 规定的缺陷以外的表面缺陷的试样不符合拉伸性能或弯曲性能要求时，则认为这些缺陷是有害的。

4）每批钢筋的检验项目，取样方法和试验方法应符合表 4 的规定。

表 4

序　号	检验项目	取样数量	取样方法	试验方法
1	化学成分 （熔炼分析）	1	GB/T 20066	GB/T 223 GB/T 4336
2	拉伸	2	任选两根钢筋切取	GB/T 228、本部分 8.2
3	弯曲	2	任选两根钢筋切取	GB/T 232、本部分 8.2
4	尺寸	逐支（盘）	本部分 8.3	
5	表面	逐支（盘）	目视	
6	重量偏差	本部分 8.4		本部分 8.4

注：对化学分析和拉伸试验结果有争议时，仲裁试验分别按 GB/T 223、GB/T 228 进行。

① 力学性能、工艺性能试验

A. 拉伸、弯曲试验试样不允许进行车削加工。

B. 计算钢筋强度用截面面积采用表 1 所列公称横截面面积。

C. 最大力总伸长率 A_{gt} 的检验，除按表 4 规定采用 GB/T 228 的有关试验方法外，也可采用《钢筋混凝土用钢第 1 部分：热轧光圆钢筋》GB 1499.1—2008 附录 A 的方法。

② 尺寸测量：钢筋直径的测量应精确到 0.1mm。

③ 重量偏差的测量

A. 测量钢筋重量偏差时，试样应从不同根钢筋上截取，数量不少于 5 支，每支试样长度不小于 500mm。长度应逐支测量，应精确到 1mm。测量试样总重量时，应精确到不大于总重量的 1%。

B. 钢筋实际重量与理论重量的偏差（%）按下式计算：

$$重量偏差 = \frac{试样实际总重量 - （试样总长度 \times 理论重量）}{试样总长度 \times 理论重量} \times 100$$

（5）检验规则

1）组批规则

① 钢筋应按批进行检查和验收，每批由同一牌号、同一炉罐号、同一尺寸的钢筋组成。每批重量通常不大于 60t。超过 60t 的部分，每增加 40t（或不足 40t 的余数），增加一个拉伸试验试样和一个弯曲试验试样。

② 允许由同一牌号、同一冶炼方法、同一浇注方法的不同炉罐号组成混合批。各炉罐号含碳量之差不大于 0.02%，含锰量之差不大于 0.15%。混合批的重量不大于 60t。

2）钢筋检验项目和取样数量：应符合表 4 及组批规则 A. 的规定。

3）各检验项目的检验结果应符合 GB 1499.1—2008 标准的有关规定。

Ⅱ   钢筋混凝土用钢
第 2 部分   热轧带肋钢筋 GB 1499.2—2007

（1）钢筋的公称横截面面积与理论重量列于表 1。

表1

公称直径(mm)	公称横截面面积(mm²)	理论重量(kg/m)
6	28.27	0.222
8	50.27	0.395
10	78.54	0.617
12	113.1	0.888
14	153.9	1.21
16	201.1	1.58
18	254.5	2.00
20	314.2	2.47
22	380.1	2.98
25	490.9	3.85
28	615.8	4.83
32	804.2	6.31
36	1018	7.99
40	1257	9.87
50	1964	15.42

注：表中理论重量按密度为 7.85g/cm³ 计算。

（2）技术要求

1）牌号和化学成分

① 钢筋牌号及化学成分和碳当量（熔炼分析）应符合表 2 的规定。根据需要，钢中还可加入 V、Nb、Ti 等元素。

钢筋牌号及化学成分和碳当量（熔炼分析）   表2

牌号	化学成分(质量分数)(%)，不大于					
	C	Si	Mn	P	S	C_{eq}
HRB335 HRBF335	0.25	0.80	1.60	0.045	0.045	0.52
HRB400 HRBF400	0.25	0.80	1.60	0.045	0.045	0.54
HRB500 HRBF500	0.25	0.80	1.60	0.045	0.045	0.55

② 碳当量 C_{eq}（百分比）值可按下式计算

$$C_{eq}=C+Mn/6+(Cr-V+Mo)/5+(Cu+Ni)/15$$

③ 钢的氮含量应不大于 0.012%。供方如能保证可不作分析。钢中如有足够数量的氮结合元素，含氮量的限制可适当放宽。

④ 钢筋的成品化学成分允许偏差应符合 GB/T 222 的规定，碳当量 C_{eq} 的允许偏差为 +0.03%。

2）力学性能

① 钢筋的屈服强度 R_{eL}、抗拉强度 R_m、断后伸长率 A、最大力总伸长率 A_{gt} 等力学性能特征值应符合表 3 的规定。表 3 所列各力学性能特征值，可作为交货检验的最小保证值。

热轧带肋钢筋的力学性能　　　　表 3

编　号	A_{gt}（%）	R_{eL}（MPa）	R_m（MPa）	A（%）
		不　小　于		
HRB335 HRBF335	7.5	335	455	17
HRB400 HRBF400	7.5	400	540	16
HRB500 HRBF500	7.5	500	630	15

② 直径 28～40mm 各牌号钢筋的断后伸长率 A 可降低 1%；直径大于 40mm 各牌号钢筋的断后伸长率 A 可降低 2%。

③ 有较高要求的抗震结构适用牌号为：在《钢筋混凝土用钢 第 2 部分：热轧带肋钢筋》GB 1499.2—2007 表 1 中已有牌号后加 E（例如：HRB400E、HRBF400E）的钢筋。该类钢筋除应满足以下 a)、b)、c) 的要求外，其他要求与相对应的已有牌号钢筋相同。

A. 钢筋实测抗拉强度与实测屈服强度之比 R_m^0/R_{eL}^0 不小于 1.25。

B. 钢筋实测屈服强度与表 3 规定的屈服强度特征值之比 R_{eL}^0/R_{eL} 不大于 1.30。

C. 钢筋的最大力总伸长率 A_{gt} 不小于 9%。

注：R_m^0 为钢筋实测抗拉强度；R_{eL}^0 为钢筋实测屈服强度。

④ 对于没有明显屈服强度的钢，屈服强度特征值 R_{eL} 应采用规定非比例延伸强度 $R_{p0.2}$。

⑤ 根据供需双方协议，伸长率类型可从 A 或 A_{gt} 中选定。如伸长率类型未经协议确定，则伸长率采用 A，仲裁检验时采用 A_{gt}。

3）工艺性能

① 弯曲性能：按表 4 规定的弯芯直径弯曲 180° 后，钢筋受弯曲部位表面不得产生裂纹。

热轧带肋钢筋的弯曲性能　　　　表 4

牌　号	公称直径 a （mm）	弯曲试验 弯心直径
HRB335 HRBF335	6～25	$3a$
	28～50	$4a$
	＞40～50	$5d$

续表

牌　　号	公称直径 a （mm）	弯曲试验 弯心直径
HRB400 HRBF400	6～25	$4a$
	28～50	$5a$
	>40～50	$6d$
HRB500 HRBF500	6～25	$6a$
	28～50	$7a$
	>40～50	$8d$

② 反向弯曲性能：

A. 根据需方要求，钢筋可进行反向弯曲性能试验。

B. 反向弯曲试验的弯芯直径比弯曲试验相应增加一个钢筋公称直径。

C. 反向弯曲试验：先正向弯曲 90°后再反向弯曲 20°。两个弯曲角度均应在去载之前测量。经反向弯曲试验后。钢筋受弯曲部位表面不得产生裂纹。

4）疲劳性能：如需方要求，经供需双方协议，可进行疲劳性能试验。疲劳试验的技术要求和试验方法由供需双方协商确定。

5）焊接性能

① 钢筋的焊接工艺及接头的质量检验与验收应符合相关行业标准的规定。

② 普通热轧钢筋在生产工艺、设备有重大变化及新产品生产时进行型式检验。

③ 细晶粒热轧钢筋的焊接工艺应经试验确定。

6）晶粒度：细晶粒热轧钢筋应做晶粒度检验，其晶粒度不粗于 9 级，如供方能保证可不做晶粒度检验。

7）表面质量

① 钢筋应无有害的表面缺陷。

② 只要经钢丝刷刷过的试样的重量、尺寸、横截面积和拉伸性能不低于本部分的要求，锈皮、表面不平整或氧化铁皮不作为拒收的理由。

③ 当带有"表面质量中 B. 款"规定的缺陷以外的表面缺陷的试样不符合拉伸性能或弯曲性能要求时，则认为这些缺陷是有害的。

8）每批钢筋的检验项目，取样方法和试验方法应符合表 5 的规定。

表5

序号	检验项目	取样数量	取样方法	试验方法
1	化学成分（熔炼分析）	1	GB/T 20066	GB/T 223、GB/T 4336
2	拉伸	2	任选两根钢筋切取	GB/T 228、本部分8.2
3	弯曲	2	任选两根钢筋切取	GB/T 232、本部分8.2
4	反向弯曲	1		YB/T 5126、本部分8.2
5	疲劳试验	供需双方协议		
6	尺寸	逐支		本部分8.3
7	表面	逐支		目视
8	重量偏差	本部分8.4		本部分8.4
9	晶粒度	2	任选两根钢筋切取	GB/T 6394

注：对化学分析和拉伸试验结果有争议时，仲裁试验分别按 GB/T 223、GB/T 228 进行。

9）拉伸、弯曲、反向弯曲试验

① 拉伸、弯曲、反向弯曲试验试样不允许进行车削加工。

② 计算钢筋强度用截面面积采用表1所列公称横截面面积。

③ 最大力总伸长率 A_{gt} 的检验，除按表5规定采用 GB/T 228 的有关试验方法外，也可采用《钢筋混凝土用钢第2部分：热轧带钢筋》GB 1499.2—2007 附录 A 的方法。

④ 反向弯曲试验时，经正向弯曲后的试样，应在 100℃ 温度下保温不少于 30min，经自然冷却后再反向弯曲。当供方能保证钢筋经人工时效后的反向弯曲性能时，正向弯曲后的试样亦可在室温下直接进行反向弯曲。

10）交货检验

① 组批规则

A. 钢筋应按批进行检查和验收，每批由同一牌号、同一炉罐号、同一规格的钢筋组成。每批重量通常不大于 60t。超过 60t 的部分，每增加 40t（或不足 40t 的余数），增加一个拉伸试验试样和一个弯曲试验试样。

B. 允许由同一牌号、同一冶炼方法、同一浇注方法的不同炉罐号组成混合批，但各炉罐号含碳量之差不大于 0.02%，含锰量之差不大于 0.15%。混合批的重量不大于 60t。

② 检验结果：各检验项目的检验结果应符合 GB 1499.2—2007 标准中尺寸、外形、重量及允许偏差和技术要求的规定。见表2、表3、表4、表5。

Ⅲ 《冷轧带肋钢筋》
GB 13788—2008

冷轧带肋钢筋的试验项目、取样方法及试验方法　　　　表1

序号	试验项目	试验数量	取 样 方 法	试验方法
1	拉伸试验	每盘1个		GB/T 228
2	弯曲试验	每批2个	在每(任)盘中随机切取	GB/T 232
3	反复弯曲试验	每批2个		GB/T 238
4	应力松弛试验	定期1个		GB/T 10120、GB 13788—2008 第7.3
5	尺寸	逐盘	—	GB 13788—2008 第7.4
6	表面	逐盘	—	目视
7	重量偏差	每盘1个	—	GB 13788—2008 第7.5

注：1. 供方在保证 $\sigma_{P0.2}$ 合格的条件下，可逐盘进行 $\sigma_{P0.2}$ 的试验。

　　2. 表中试验数量栏中的"盘"指生产钢筋"原料盘"。

冷轧带肋钢筋力学性能和工艺性能　　　　表2

牌号	$R_{p0.2}$(MPa) 不小于	R_m(MPa) 不小于	伸长率(%) 不小于		弯曲试验 180°	反复弯曲次数	应力松弛 初始应力应相当于公称抗拉强度的70% 1000h 松弛率 (%) 不大于
			$A_{11.3}$	A_{100}			
CRB550	500	550	8.0	—	$D=3d$	—	—
CRB650	585	650	—	4.0	—	3	8
CRB800	720	800	—	4.0	—	3	8
CRB970	875	970	—	4.0	—	3	8

注：1. 表中 D 为弯心直径，d 为钢筋公称直径；钢筋受弯曲部位表面不得产生裂纹；

　　2. 当钢筋的公称直径为4mm、5mm、6mm时，反复弯曲试验的弯曲半径分别为10mm、15mm、15mm；

　　3. 抗拉强度按公称直径 d 计算；

　　4. 对成盘供应的各级别钢筋，经调直后的抗拉强度仍应符合表中的规定。

冷轧带肋钢筋用盘条的参考牌号和化学成分　　表3

钢筋牌号	盘条牌号	化学成分（质量分数）（%）					
		C	Si	Mn	V、Ti	S	P
CRB550 CRB650	Q215	0.09～0.15	≤0.30	0.25～0.55	—	≤0.050	≤0.045
	Q235	0.14～0.22	≤0.30	0.30～0.65	—	≤0.050	≤0.045
CRB800	24MnTi	0.19～0.27	0.17～0.37	1.20～1.60	Ti：0.01～0.05	≤0.045	≤0.045
	20MnSi	0.17～0.25	0.40～0.80	1.20～1.60	—	≤0.045	≤0.045
CRB970	41MnSiV	0.37～0.45	0.60～1.10	1.00～1.40	V：0.05～0.12	≤0.045	≤0.045
	60	0.57～0.65	0.17～0.37	0.50～0.80	—	≤0.035	≤0.035

Ⅳ　《钢筋混凝土用余热处理钢筋》GB 13014—91

钢筋的力学性能工艺性能表　　表1

表面形状	钢筋级别	强度等级代号	公称直径	屈服点 σ_s（MPa）	抗拉强度 σ_s（MPa）	伸长率 δ（%）	冷弯 d—弯芯直径 a—钢筋公称直径
				不小于			
月牙肋	Ⅲ	RL400	8～25	440	600	14	90° $d=3a$
			28～40				90° $d=4a$

钢筋的化学成分要求　　表2

表面形状	钢筋级别	强度代号	牌号	化　学　成　分（%）			P	S
				C	Si	Mn	不　大　于	
月牙肋	Ⅲ	KL400	20MnSi	0.17～0.25	0.40～0.80	1.20～1.60	0.045	0.045

注：本表选自《钢筋混凝土用余热处理钢筋》GB 13014—91。

4.2.2.3-20　碎（卵）石试验报告（表 C3-20）

1. 资料表式

碎（卵）石试验报告 （表 C3-20）		编　号	
		试验编号	
		委托编号	
工程名称		试样编号	
委托单位		试验委托人	
种类、产地		公称粒径	
代表数量		来样日期		试验日期	
试 验 结 果	一、筛分析	级配情况	□连续粒径　　□单粒径	
		级配结果		
		最大粒径		
	二、表观密度		九、碎压指标值	
	三、堆积密度		十、坚固度	
	四、紧密密度		十一、含水率	
	五、含泥量		十二、吸水率	
	六、泥块含量		十三、碱活性指标	
	七、有机物含量		十四、硬度	
	八、针片状颗粒含量		十五、	
结论：				
批准人		核准人		试验人	
报告日期			年　　月　　日（章）	

本表由试验单位提供，建设单位、施工单位保存。

2. 应用指导

(1) DB11／T 712—2010 规范规定：

1）对碎（卵）石，按相关规定和有关检测项目进行复试，并填写《碎（卵）石试验报告》（表 C3-20）。

2）卵石或碎石，同产地、同规格的卵石或碎石，200m³ 或 300t 为一验收批。取样部位应均匀分布，在料堆上从 5 个不同部位抽取大致相等的试样 15 份（料堆的顶部、中部、底部），每份 5～40kg，然后缩至 60kg 送试。筛分析；含泥量；泥块含量。

(2)《碎（卵）石试验报告》实施说明：

1）石子试验报告是对用于工程中的石子的表观密度、堆积密度、紧密密度、筛分、含泥量、泥块含量、针片状含量、压碎指标以及石子有机物含量等进行复试后由试验单位出具的质量证明文件。

2）石及其他粗骨料应有工地取样的试验报告单，应试项目齐全，试验编号必须填写，并应符合有关规范要求。

3）粗骨试验报告必须是经省及其以上建设行政主管部门或其委托单位批准的试验室出具的试验报告方为有效报告。

4）混凝土工程所使用的石按产地不同和批量要求进行试验，一般混凝土工程的石必须试验项目为颗粒级配、含水率、相对密度、密度、含泥量、泥块含量，对超过规定但仍可在某些部位使用的应由技术负责人签注，注明使用部位及处理方法。

5）对有抗渗或其他特殊要求的混凝土，其所用碎石或卵石的含泥量不应大于1%。泥块含量不应大于0.5%；等于及小于C10的混凝土用碎石或卵石含泥量可放宽到2.5%，泥块含量可放宽到1%。

6）参与石试验的批准人、核准人、试验人等的责任制，均需本人签字。非本人签字为无效试验报告单。

7）碎（卵）石质量执行标准：《普通混凝土用砂、石质量及检验方法标准》JGJ 52—2006。

普通混凝土用石部分

（1）碎石或卵石的颗粒级配

碎石或卵石的颗粒级配，应符合表1的要求。混凝土用石应采用连续粒级。

当卵石的颗粒级配不符合本标准表1要求时，应采取措施并经试验证实能确保工程质量后，方允许使用。

碎石或卵石的颗粒级配范围　　　　表1

级配情况	公称粒级（mm）	累计筛余，按质量（%）											
		方孔筛筛孔边长尺寸（mm）											
		2.36	4.75	9.5	16.0	19.0	26.5	31.5	37.5	53	63	75	90
连续粒级	5～10	95～100	80～100	0～15	0	—	—	—	—	—	—	—	—
	5～16	95～100	85～100	30～60	0～10	0	—	—	—	—	—	—	—
	5～20	95～100	90～100	40～80	—	0～10	0	—	—	—	—	—	—
	5～25	95～100	90～100	—	30～70	—	0～5	0	—	—	—	—	—
	5～31.5	95～100	90～100	70～90	—	15～45	—	0～5	0	—	—	—	—
	5～40	—	95～100	70～90	—	30～65	—	—	0～5	0	—	—	—
单粒级	10～20	—	95～100	85～100	—	0～15	0	—	—	—	—	—	—
	16～31.5	—	95～100	—	85～100	—	—	0～10	0	—	—	—	—
	20～40	—	—	95～100	—	80～100	—	—	0～10	0	—	—	—
	31.5～63	—	—	—	95～100	—	—	75～100	45～75	—	0～10	0	—
	40～80	—	—	—	—	95～100	—	—	70～100	—	30～60	0～10	0

注：公称粒级的上限为该粒级的最大粒径。

（2）碎石或卵石中针、片状颗粒含量应符合表2的规定。

针、片状颗粒含量   表2

混凝土强度等级	≥C60	C55~C30	≤C25
针、片状颗粒含量(按质量计,%)	≤8	≤15	≤25

（3）碎石或卵石中含泥量应符合表3的规定。

碎石或卵石中的含泥量   表3

混凝土强度等级	≥C60	C55~C30	≤C25
含泥量(按质量计,%)	≤0.5	≤1.0	≤2.0

对于有抗冻、抗渗或其他特殊要求的混凝土，其所用碎石或卵石中含泥量不应大于1.0%。当碎石或卵石的含泥是非黏土质的石粉时，其含泥量可由表3的0.5%、1.0%、2.0%，分别提高到1.0%、1.5%、3.0%。

（4）碎石或卵石中泥块含量应符合表4的规定。

碎石或卵石中的泥块含量   表4

混凝土强度等级	≥C60	C55~C30	≤C25
泥块含量(按质量计,%)	≤0.2	≤0.5	≤0.7

对于有抗冻、抗渗或其他特殊要求的强度等级小于C30的混凝土，其所用碎石或卵石中泥块含量不应大于0.5%。

（5）碎石的强度可用岩石的抗压强度和压碎值指标表示。岩石的抗压强度应比所配制的混凝土强度至少高20%。当混凝土强度等级大于或等于C60时，应进行岩石抗压强度检验。岩石强度首先应由生产单位提供，工程中可采用压碎值指标进行质量控制。碎石的压碎值指标宜符合表5的规定。

碎石的压碎值指标   表5

岩石品种	混凝土强度等级	碎石压碎指标值(%)
沉积岩	C60~C40	≤10
	≤C35	≤16
变质岩或深成的火成岩	C60~C40	≤12
	≤C35	≤20
喷出的火成岩	C60~C40	≤13
	≤C35	≤30

注：沉积岩包括石灰岩、砂岩等。变质岩包括片麻岩、石英岩等。深成的火成岩包括花岗岩、正长岩、闪长岩和橄榄岩等。喷出的火成岩包括玄武岩和辉绿岩等。

卵石的强度可用压碎值指标表示。其压碎值指标宜符合表6的规定。

卵石的压碎值指标   表6

混凝土强度等级	C60~C40	≤C35
压碎指标值(%)	≤12	≤16

（6）碎石或卵石的坚固性应用硫酸钠溶液法检验，试样经 5 次循环后，其质量损失应符合表 7 的规定。

碎石或卵石的坚固性指标　　　　　表7

混凝土所处的环境条件及其性能要求	5 次循环后的质量损失（%）
在严寒及寒冷地区室外使用并经常处于潮湿或干湿交替状态下的混凝土；有腐蚀介质作用或经常处于水位变化区的地下结构或有抗疲劳、耐磨、抗冲击要求的混凝土	≤8
其他条件下使用的混凝土	≤12

（7）碎石或卵石中的硫化物和硫酸盐含量以及卵石中有机物等有害物质含量，应符合表 8 的规定。

碎石或卵石中的有害物质含量　　　　　表8

项　　　目	质　量　要　求
硫化物及硫酸盐含量（折算成 SO_3 按质量计）　（%）	≤1.0
卵石中有机质含量（用比色法试验）	颜色应不深于标准色。当颜色深于标准色时，应配制成混凝土进行强度对比试验，抗压强度比应不低于 0.95。

（8）石的取样规定

1）每验收批取样方法应按下列规定执行：

① 从料堆上取样时，取样部位应均匀分布。取样前应先将取样部位表层铲除，然后由各部位抽取大致相等的砂 8 份，石子为 16 份，组成各自一组样品。

② 从皮带运输机上取样时，应在皮带运输机机尾的出料处用接料器定时抽取砂 4 份、石 8 份组成各自一组样品。

③ 从火车、汽车、货船上取样时，应从不同部位和深度抽取大致相等的砂 8 份，石 16 份组成备自一组样品。

2）每一单项检验项目所需碎石或卵石的最小取样质量见表 9。

每一单项检验项目所需碎石或卵石的最小取样质量（kg）　　　　　表9

试验项目	最大粒径（mm）							
	10	16	20	25	31.5	40	63	80
筛分析	10	15	16	20	25	32	50	64
表观密度	8	8	8	8	12	16	24	24
含水率	2	2	2	2	3	3	4	6
吸水率	8	8	16	16	16	24	24	32
堆积密度、紧密密度	40	40	40	40	80	80	120	120
含泥量	8	8	24	24	40	40	80	80
泥块含量	8	8	24	24	40	40	80	80
针、片状含量	1.2	4	8	12	20	40	—	—
硫化物、硫酸盐	1.0							

注：有机物含量、坚固性、压碎值指标及碱-骨料反应检验，应按试验要求的粒级及质量取样。

4.2.2.3-21 木材试验报告

应用指导

(1) DB11／T 712—2010 规范规定：

木材试验报告应有相应资质的试验单位提供。

(2)《木材试验报告》实施说明：

1）木材试验报告表式按当地建设行政主管部门批准的地方标准中的通用木材试验报告的表式。

2）园林绿化工程用木材品种、等级应符合设计要求，并按设计要求进行试验

4.2.2.3-22 防水卷材试验报告（表 C3-22）

1. 资料表式

防水卷材试验报告 （表 C3-22）			编　　号			
			试验编号			
			委托编号			
工程名称及部位			试样编号/见证 试验编号			
委托单位			委托人			
生产厂家			种类			
代表数量			等级、牌号			
取样日期			试验日期			
试 验 结 果	一、拉力试验		1. 拉力	纵		横
			2. 拉伸强度	纵		横
	二、断裂伸长率（延伸率）					
	三、剥离强度					
	四、粘合性					MPa
	五、耐热度		温度		评定	
	六、不透水性（抗渗透性）					
	七、柔韧性（低温柔性、低温弯折性）		温度		评定	
	八、其他					
结论：						
批准人		核准人		试验人		
报告日期				年　　月　　日(章)		

本表由试验单位提供，建设单位、施工单位保存。

2. 应用指导

(1) DB11/T 712—2010 规范规定：

1) 防水材料应有出厂质量合格证、有相应资质等级检测部门出具的检测报告、产品性能和使用说明书。防水材料进场后应进行外观检查，合格后按规定取样复试，并实行有见证取样和送检，填写《防水卷材试验报告》（表 C3-21）。

2) 防水卷材，柔性防水（隔根）材料；刚性防水（隔根）材料。不透水性。

(2)《防水卷材试验报告》实施说明：

防水卷材试验报告是对用于工程中的防水卷材的耐热度、不透水性、拉力、柔度等指标进行复试后由试验单位出具的质量证明文件。

1) 新型防水材料性能必须符合设计要求并应有合格证和有效鉴定材料，进场后必须复试。

2) 防水材料的进场检查

① 防水材料品种繁多，性能各异，应按各自标准要求进行外观检查，并应符合相应标准的规定。

② 检查出厂合格证，与进场材料分别对照检查商标品种、强度等级、各项技术指标。

③ 检查不合格的防水材料应由专业技术负责人签发不合格防水材料处理使用意见书，提出降级使用或作他用退货等技术措施，确认必须退换的材料不得用于工程。

④ 按规定在现场进行抽样复检，对试件进行编号后按见证取样规定送试验室复试。

3) 卷材防水层应采用高聚物改性沥青防水卷材、合成高分子防水卷材或沥青防水卷材。所选用的基层处理剂、接缝胶粘剂、密封材料等配套材料应与铺贴的卷材材性相容，便于粘结。

4) 取样要求

各类防水材料的取样方法、数量、代表批量　　　　　　　　　表 1

序号	名　称	方　法　及　数　量	代　表　批　量
1	石油沥青纸胎油毡、油纸	在重量检查合格的 10 卷中取重量最轻的，外观、面积合格的无接头的一卷作为物理性能试样，若最轻的一卷不符合抽样条件时，可取次轻的一卷，切除距外层卷头 2.5m 后顺纵向截取 0.5m 长的全幅卷材两块	同品种、标号、等级 1500 卷
2	弹性体改沥青防水卷材	在卷重检查合格的样品中取重量最轻的，外观、面积、厚度合格的，无接头的一卷作为物理性能试验样品，若最轻的一卷不符合抽样条件时，可取次轻的一卷，切除距外层卷头 2.5m 后，顺纵向截取长度 0.5m 的全幅卷材两块	同品种、标号、等级 1000 卷
3	塑性体改沥青防水卷材		
4	改性沥青聚乙烯胎防水卷材	从卷重、外观、尺寸偏差均合格的产品中任取一卷，在距端部 2m 处顺纵向取长度 1m 的全幅卷材两块	
5	聚氯乙烯防水卷材	外观、表面质量检验合格的卷材，任取一卷，在距端部 0.3m 处截取长度 3m 的全幅卷材两块	同类型、同规格 5000m²
6	氯化聚乙烯防水卷材		
7	三元丁橡胶防水卷材	从规格尺寸、外观合格的卷材中任取一卷，在距端部 3m 处，顺纵向截取长度 0.5m 的全幅卷材两块	同规格、等级 300 卷
8	三元乙丙片材	从规格尺寸、外观合格的卷材中任取一卷，在距端部 0.3m 处，顺纵向截取长度 1.5m 的全幅卷材两块	同规格、等级 3000m²

续表

序号	名　称	方　法　及　数　量	代　表　批　量
9	水性沥青基防水涂料	任取一桶，使之均匀，按上、中、下三个位置，用取样器取出 4kg，等分两等份，分别置于洁净的瓶内，并密封置于 5～35℃的室内	5t
10	水性聚氯乙烯焦油防水涂料		5t
11	聚氨酯防水涂料	取样方法同上，取样数量为甲、乙组分总量 2kg 两份	甲组分 5t，乙组分按与甲组分重量比。
12	沥　青	取样时从每个取样单位的不同部位分五处取数量大致相等的洁净试样，共 2kg，混合均匀等分成两等份	20t

5）常用防水卷材执行标准（防水材料标准应分别符合其相关质量要求）：

Ⅰ　《石油沥青纸胎油毡物理性能》GB 326—89

石油沥青纸胎油纸的物理性能　　　　　表 1

指标名称　＼　标号	200 号	350 号
浸渍材料占干原纸重量，不小于（%）	100	
吸水率(真空法)，不大于（%）	25	
拉力 25±2℃时纵向，不小于（N）	100	240
弯度在 18±2℃时	围绕 φ10mm 圆棒或弯板无裂纹	

石油沥青纸胎油毡的物理性能　　　　　表 2

指标名称　＼　等级　标号		200 号			350 号			500 号		
		合格	一等	优等	合格	一等	优等	合格	一等	优等
单位面积浸涂材料总量（g/m²）不小于		600	700	800	1000	1050	1110	1400	1450	1500
不透水性	压力不小于(MPa)	0.05			0.10			0.15		
	保持时间不小于(min)	15	20	30	30		45	30		
吸水率(真空法)不大于(%)	粉毡	1.0			1.0			1.5		
	片毡	3.0			3.0			3.0		
耐热度(℃)		85±2	90±2		85±2	90±2		85±2		90±2
		受热 2h 涂盖层应无滑动和集中性气泡								
拉力 25±2℃时纵向不小于(N)		240	270		340	370		440		470
柔　度		18±2℃	18±2℃	16±2℃	14±2℃		18±2℃			14±2℃
		绕 φ20mm 圆棒或弯板无裂纹						绕 φ25mm 圆棒或弯板无裂纹		

6)《弹性体改性沥青防水卷材》GB 18242—2000

弹性体改性沥青防水卷材物理性能　　　　　　　　　表 1

序号	胎基		PY		G	
	型号		I	II	I	II
1	可溶物含量 (g/m²)，≥	2mm	—		1300	
		3mm	2100			
		4mm	2900			
2	不透水性	压力(MPa)，≥	0.3		0.2	0.3
		保持时间(min)，≥	30			
3	耐热度(℃)		90	105	90	105
			无滑动、流淌、滴落			
4	拉力(N/50mm)，≥	纵向	450	800	350	500
		横向			250	300
5	最大拉力时延伸率(%)，≥	纵向	30	40	—	
		横向				
6	低温柔度(℃)		—18	—25	—18	—25
			无裂纹			
7	撕裂强度(N)，≥	纵向	250	350	250	350
		横向			170	200
8	人工气候 加速老化	外观	1级			
			无滑动、流淌、滴落			
		拉力保持率 (%)，≥	纵向	80			
		低温柔度(℃)	—10	—20	—10	—20
			无裂纹			

注：表中 1～6 项为强制性项目。

Ⅱ 《塑性改体沥青防水卷材》GB 18243—2000

塑性改体沥青防水卷材物理性能　　　　　　　　　　　表1

序号	胎基			PY		G	
	型号			Ⅰ	Ⅱ	Ⅰ	Ⅱ
1	可溶物含量 (g/m²)，≥		2mm	—		1300	
			3mm	2100			
			4mm	2900			
2	不透水性	压力(MPa)，≥		0.3		0.2	0.3
		保持时间(min)，≥		30			
3	耐热度(℃)			110	130	110	130
				无滑动、流淌、滴落			
4	拉力(N/50mm)，≥		纵向	400	800	350	500
			横向			250	300
5	最大拉力时延伸率(%)，≥		纵向	25	40	—	
			横向				
6	低温柔度(℃)			−5	−15	−5	−15
				无 裂 纹			
7	撕裂强度(N)，≥		纵向	250	350	250	350
			横向			170	200
8	人工气候加速老化	外 观		1 级			
				无滑动、流淌、滴落			
		拉力保持率 (%)，≥	纵向	80			
		低温柔度(℃)		3	−10	3	−10
				无裂纹			

注：表中1～6项为强制性项目。当需要耐热度超过130℃卷材时，该指标可由供需双方协商确定。

Ⅲ 《改性沥青聚乙烯胎防水卷材》GB 18967—2003

改性沥青聚乙烯胎防水卷材性能表　　　　表1

序号	上表面覆盖材料			E					AL			
	基　　料		O		M		P		M		P	
	型　　号		Ⅰ	Ⅱ	Ⅰ	Ⅱ	Ⅰ	Ⅱ	Ⅰ	Ⅱ	Ⅰ	Ⅱ
1	不透水性(MPa),≥		0.3									
			不透水									
2	耐热度(℃)		85	85	90	90	95		85	90	90	95
			无流淌,无起泡									
3	拉力(N/50mm),≥	纵向	100	140	100	140	100	140	200	220	200	220
		横向		120		120		120				
4	断裂延伸率(%),≥	纵向	200	250	200	250	200	250	—			
		横向										
5	低温柔度(℃)		0		−5		−10	−15	−5		−10	−15
			无裂纹									
6	尺寸稳定性	(℃)	85	85	90	90	95		85	90	90	85
		(%),≤	2.5									
7	热空气老化	外观	无流淌,无起泡						—			
		拉力保持率(%),≥,纵向	80									
		低温柔度(℃)	8		3		−2	−7				
8	人工气候加速老化	外观	无裂纹						无流淌,无起泡			
		拉力保持率(%),≥,纵向							80			
			—						3		−2	−7
		低温柔度(℃)							无裂纹			

注：表中1~5项为强制性的。

Ⅳ　《聚氯乙烯防水卷材》GB 12952—2003

N 类卷材理化性能　　　　　　　　　　　　　　　　　表 1

序号	项　　目			Ⅰ型	Ⅱ型
1	拉伸强度（MPa），≥			8.0	12.0
2	断裂伸长率（%），≥			200	250
3	热处理尺寸变化率（%），≤			3.0	2.0
4	低温弯折性			−20℃无裂纹	−25℃无裂纹
5	抗穿孔性			不渗水	
6	不透水性			不透水	
7	剪切状态下的粘合性，（N/mm），≥			3.0 或卷材破坏	
8	热老化处理	外观		无起泡、裂纹、粘结和孔洞	
		拉伸强度变化率（%）		±25	±20
		断裂伸长率变化率（%）			
		低温弯折性		−15℃无裂纹	−20℃无裂纹
9	耐化学侵蚀	拉伸强度变化率（%）		±25	±20
		断裂伸长率变化率（%）			
		低温弯折性		−15℃无裂纹	−20℃无裂纹
10	人工气候加速老化	拉伸强度变化率（%）		±25	±20
		断裂伸长率变化率（%）			
		低温弯折性		−15℃无裂纹	−20℃无裂纹

注：非外露使用可以不考核人工气候加速老化性能。

L 类及 W 类卷材理化性能　　　　　　　　　　　　　表 2

序号	项　　目			Ⅰ型	Ⅱ型
1	拉力(N/cm),≥			100	160
2	断裂伸长率(%),≥			150	200
3	热处理尺寸变化率(%),≤			1.5	1.0
4	低温弯折性			−20℃无裂纹	−25℃无裂纹
5	抗穿孔性			不渗水	
6	不透水性			不透水	
7	剪切状态下的粘合性(N/mm),≥	L 类		3.0 或卷材破坏	
		W 类		6.0 或卷材破坏	
8	热老化处理	外观		无起泡、裂纹、粘结和孔洞	
		拉力变化率(%)		±25	±20
		断裂伸长率变化率(%)			
		低温弯折性		−15℃无裂纹	−20℃无裂纹
9	耐化学侵蚀	拉力变化率(%)		±25	±20
		断裂伸长率变化率(%)			
		低温弯折性		−15℃无裂纹	−20℃无裂纹
10	人工气候加速老化	拉力变化率(%)		±25	±20
		断裂伸长率变化率(%)			
		低温弯折性		−15℃无裂纹	−20℃无裂纹

注：非外露使用可以不考核人工气候加速老化性能。

V 《三元丁橡胶防水卷材》JC/T 645—96

三元丁橡胶防水卷材性能表

表 1

产　品　等　级		一等品	合格品
不透水性	压力(MPa)，不小于	0.3	
	保持时间(min)，不小于	90，不透水	
纵向拉伸强度(MPa)，不小于		2.2	2.0
纵向断裂伸长率(%)，不小于		200	150
低温弯折性(-30℃)		无裂纹	
耐碱性	纵向拉伸强度的保持率(%)，不小于	80	
	纵向断裂伸长的保持率(%)，不小于	80	
热老化处理	纵向拉伸强度保持率(80±2℃，168h)(%)，不小于	80	
	纵向断裂伸长保持率(80±2℃，168h)(%)，不小于	70	
热老化处理尺寸变化率(80±2℃，168h)(%)，不小于		+4，+2	
人工加速气候老化27周期	外观	无裂纹，无气泡，不粘结	
	纵向拉伸强度的保持率(%)，不小于	80	
	纵向断裂伸长的保持率(%)，不小于	70	
	低温弯折性	-20℃，无裂缝	

Ⅵ 《高分子防水卷材》GB 181731—2000

均质片的物理性能

表 1

项　　目		指　　标										适用试验条目
		硫化橡胶类				非硫化橡胶类			树脂类			
		JL1	JL2	JL3	JL4	JF1	JF2	JF3	JS1	JS2	JS3	
断裂拉伸强度（MPa）	常温，≥	7.5	6.0	6.0	2.2	4.0	3.0	5.0	10	16	14	5.3.2
	60℃，≥	2.3	2.1	1.8	0.7	0.8	0.4	1.0	4	6	5	
扯断伸长率（%）	常温，≥	450	400	300	200	450	200	200	200	550	500	
	−20℃，≥	200	200	170	100	200	100	100	15	350	300	
撕裂强度（kN/m），≥		25	24	23	15	18	10	10	40	60	60	5.3.3
不透水性[①]，30min 无渗漏		0.3MPa	0.3MPa	0.2MPa	0.2MPa	0.3MPa	0.2MPa	0.2MPa	0.3MPa	0.3MPa	0.3MPa	5.3.4
低温弯折[②]（℃），≤		−40	−30	−30	−20	−30	−20	−20	−20	−35	−35	5.3.5
加热伸缩量（mm）	延伸，<	2	2	2	2	2	4	4	2	2	2	5.3.6
	收缩，<	4	4	4	4	4	6	10	6	6	6	
热空气老化（80℃×168h）	断裂拉伸强度保持率（%），≥	80	80	80	80	90	60	80	80	80	80	5.3.7
	扯断伸长率保持率（%），≥	70	70	70	70	70	70	70	70	70	70	
	100%伸长率外观	无裂纹	无裂纹	无裂纹	无裂纹	无裂纹	无裂纹	无裂纹	无裂纹	无裂纹	无裂纹	5.3.8
耐碱性 [10%Ca(OH)₂ 常温×168h]	断裂拉伸强度保持率（%），≥	80	80	80	80	80	70	70	80	80	80	5.3.9
	扯断伸长率保持率（%），≥	80	80	80	80	90	80	70	80	90	90	
臭氧老化[③]（40℃×168h）	伸长率 40%，500pphm	无裂纹	—	—	—	无裂纹						5.3.10
	伸长率 20%，500pphm	—	无裂纹									
	伸长率 20%，200pphm			无裂纹					无裂纹	无裂纹	无裂纹	
	伸长率 20%，100pphm				无裂纹		无裂纹	无裂纹	—	—	—	
人工候化	断裂拉伸强度保持率（%），≥	80	80	80	80	80	80	80	80	80	80	5.3.11
	扯断伸长率保持率（%），≥	70	70	70	70	70	70	70	70	70	70	
	100%伸长率外观	无裂纹	无裂纹	无裂纹	无裂纹	无裂纹	无裂纹	无裂纹	无裂纹	无裂纹	无裂纹	
粘合性能	无处理	自基准线的偏移及剥离长度在 5mm 以下，且无有害偏移及异状点										5.3.12
	热处理											
	碱处理											

注：人工候化和粘合性能项目为推荐项目

采用说明：

① 日本标准无此项。

② 日本标准无此项。

③ 日本标准中规定臭氧浓度为 75pphm。

复合片的物理性能　　　　　　表 2

项　　目		种　类				适用试验条目
		硫化橡胶类	非硫化橡胶类	树脂类		
				FS1	FS2	
断裂拉伸强度 (N/cm)	常温　　≥	80	60	100	60	5.3.2
	60℃　　≥	30	20	40	30	
胶断伸长率(%)	常温　　≥	300	250	150	400	
	−20℃　≥	150	50	10	10	
撕裂强度(N)　　　　　　≥		40	20	20	20	5.3.3
不透水性[1],30min 无渗漏		0.3MPa	0.3MPa	0.3MPa	0.3MPa	5.3.4
低温弯折[2](℃),≤		−35	−20	−30	−20	5.3.5
加热伸缩量(mm)	延伸　　<	2	2	2	2	5.3.6
	收缩　　<	4	4	2	4	
热空气老化 (80℃×168h)	断裂拉伸强度保持率(%),≥	80	80	80	80	5.3.7
	胶断伸长率保持率(%),≥	70	70	70	70	
耐碱性[10%Ca(OH)₂ 常温×168h]	断裂拉伸强度保持率(%),≥	80	60	80	80	5.3.9
	胶断伸长率保持率(%),≥	80	60	80	80	
臭氧老化[3](40℃×168h),200pphm		无裂纹	无裂纹	无裂纹	无裂纹	5.3.10
人工候化	断裂拉伸强度保持率(%),≥	80	70	80	80	5.3.11
	胶断伸长率保持率(%),≥	70	70	70	70	
粘合性能	无处理	自基准线的偏移及剥离长度在 5mm 以下,且无有害偏移及异状点				5.3.12
	热处理					
	碱处理					

注：人工候化和粘合性能项目为推荐项目，带织物加强层的复合片不考核粘合性能。

采用说明：

① 日本标准无此项。

② 日本标准无此项。

③ 日本标准中规定臭氧浓度为 75pphm。

4.2.2.4 施工测量记录（C4）

4.2.2.4-1 工程定位测量记录（表C4-1）

1. 资料表式

工程定位测量记录 （表 C4-1）		编　号	
工程名称		委托单位	
图纸编号		施测日期	
平面坐标依据		复测日期	
高程依据		使用仪器	
允许偏差		仪器校验日期	

定位抄测示意图：

复测结果：

建设（监理）单位	施工（测量）单位		测量人员	
	技术负责人	测量负责人	复测人	施测人

本表由建设单位、监理单位、施工单位各保存一份。

2. 应用指导

(1) DB11／T 712—2010 规范规定:

工程定位测量记录

《工程定位测量纪录》(表 C4-1)的内容包括建筑物位置线、现场标准水准点、坐标点(包括场地控制网或建筑物控制网、标准轴线桩等)。测绘部门根据《建设工程规划许可证》(含附件、附图)批准的建筑工程位置及标高依据,测定出建筑物红线桩。

(2)《工程定位测量记录》实施说明:

1) 工程定位测量记录是指建设工程根据当地建设行政主管部门给定总图范围内的建设项目内容的位置、标高进行的测量或复测,以保证工程的标高、位置正确。

2) 园林绿化工程应提供由城建部门提供的永久水准点的位置与高度,以此测设远控桩、引桩。

水准点是用水准测量方法,测定其高程达到一定精度的高程控制点。经测定高程的固定标点,作为水准测量的依据点。水准点测量是测量各点高程的作业。高程(标高)是某点沿铅垂线方向到绝对基面的距离,称为绝对高程,简称高程。某点沿铅垂线方向到某假定水准基面的距离,称假定高程。水准点复测是对以完成的水准测量进行校核的测量作业。

3) 工程的标高概念:

① 绝对标高与相对标高,绝对标高是国家测绘部门在全国统一测定的海拔标高(青岛黄海平均海平面定为绝对标高零点),并在适当地点设置标准水准点,城建部门提供的即此标高;

② 相对标高一般以首层地面上皮为±0.00,施工单位定位放线应根据城建部门提供的绝对标高引出远控桩(即保险桩),以此为基准测设引桩。中心桩宜与引桩一起测设。远控桩、引桩、中心桩必须妥善保护。

4) 工程施工测量(在工程施工阶段进行的测量工作)贯穿于施工各个阶段,场地平整、土方开挖、基础及墙体砌筑、构件安装、道路铺设、管道敷设、沉降观测等,鉴于工程测量的重要性,规定凡工程测量均必须进行复测,以确保工程测量正确无误。

5) 管线工程施工测量的复核要点:场区管网与输配电线路定位测量、地下管线施工检测、架空管线施工检测、多种管线交汇点高程抽测。

6) 平面位置定位的影响因素应注意:仪器不均匀下沉对测角的影响;对中不准对测角的影响;水平度盘不水平对测角的影响;照准误差对测角的影响;视准轴不垂直横轴和横轴不垂直竖轴对测角的影响;刻度盘刻画不均匀和游标盘偏心差对测角的影响。

7) 标高定位的影响因素应注意:水准仪本身的视准轴和水准管不平行;支架安设在非坚实土上;行人和震动影响;水准仪的位置应尽量安置在水准点与建筑物龙门桩的中间,减少或抵消前后视产生的误差;读数前定平水准管,读数后检查水准管气泡是否居中;读数前对光消除视差影响;扶尺者应保证测尺垂直。

8) 参与工程定位测量的测试相关责任者,均需本人签字。

4.2.2.4-2　测量复核记录（表C4-2）

1. 资料表式

测量复核记录 （表C4-2）		编　号	
工程名称			
施工单位			
复核部位		仪器型号	
复核日期		仪器检定日期	
复核内容（文字及草图）：			
复核结果：			
技术负责人	测量负责人	复核人	施测人

本表由施工单位填写保存。

2. 应用指导

（1）DB11／T 712—2010 规范规定：

测量复核记录

测量复核记录指施工前对施工测量放线的复测。应填写《测量复核记录》（表 C4-2）：

1）构筑物（桥梁、道路、各种管道、水池等）位置线；

2）基础尺寸线，包括基础轴线、断面尺寸、标高（槽底标高、垫层标高等）；

3）主要结构的模板，包括几何尺寸、轴线、标高、预埋件位置等；

4）桥梁下部结构的轴线及高程，上部结构安装前的支座位置及高程等。

（2）《测量复核记录》实施说明：

1）测量复核记录是指园林绿化工程根据当地建设行政主管部门给定总图范围内的建设项目内容的位置、标高进行的测量复核，以保证园林绿化工程的标高、位置。

2）测量复验和确认应做好如下工作：

① 对交桩进行检查，一定要确保承包单位复测无误后才可认桩。如有问题须请建设单位处理。确认无误后由承包单位建立施工控制网，并妥善保管。特别需要做好水准点与坐标控制点的交验。

② 测量复验必须报送项目监理机构审批认可。项目监理机构应核查附上的相应放线依据资料及测量放线成果表供项目监理机构审核查验。

③ 当施工单位对交验的桩位通过复测提出质疑时，应通过建设单位邀请当地建设行政主管部门认定的规划勘察部门或勘察设计单位复核红线桩及水准点引测的成果；最终完成交桩过程，并通过会议纪要的方式予以确认。

④ 专业监理工程师应实地查验放线精度是否符合规范及标准要求，施工轴线控制桩的位置、轴线和高程的控制标志是否牢靠、明显等。经审核、查验合格。

3）参与测量复核测试的相关责任者，均需本人签字。

4.2.2.4-3　基槽验线记录（表 C4-3）

1. 资料表式

基槽验线记录 （表 C4-3）		编　　号	
工程名称			
验线依据及内容：			
基槽平面、剖面简图：			
检查意见：			
建设（监理）单位	施工测量单位		
	技术负责人	质检员	施测人

本表由建设单位、施工单位各保存一份。

2. 应用指导

(1) DB11／T 712—2010 规范规定：

基槽验线记录

施工测量单位应根据主控轴线和基底平面图，检验构筑物基底外轮廓线、垫层标高（高程）、基槽断面尺寸和坡度等，填写《基槽验线记录》（表 C4-3）报监理单位审核。

(2)《基槽验线记录》实施说明：

基槽验线记录是指建筑工程根据施工图设计给定的位置、轴线、标高进行的测量与复测，以保证建筑物的位置、轴线、标高正确。

1) 基槽验线记录应符合设计要求。轴线、坐标、标高等精度应符合测量规范的要求。

2) 基槽验线主要包括：轴线、四廓线、断面尺寸、基底高程、坡度等的检测与检查。

3) 参与基槽验线测量的相关责任者，均需本人签字。

4.2.2.5 施工记录（C5）

4.2.2.5-1 施工通用记录（表 C5-1）

1. 资料表式

施工通用记录 （表 C5-1）		编　号	
工程名称			
施工单位		日　期	
施工内容：			
施工依据与材质：			
检查结果：			
质量问题及处理意见：			
负责人	质检员		记录人

本表由施工单位填写并保存。

2. 应用指导

(1) DB11／T 712—2010 规范规定：

施工通用记录

在专用施工记录中不适用表格的情况下，应填写《施工通用记录》（表 C5-1）。

(2)《施工通用记录》实施说明：

施工通用记录表式是为未定专项施工记录表式而又需在施工过程中进行必要记录的施工项目时采用。

1) 施工通用记录表式由项目经理部的专职质量检查员或工长实施记录由项目技术负责人审定。

2) 施工记录是施工过程的记录，记录施工过程中执行设计文件、操作工艺，质量标准和技术管理等的各自执行手段的实际完成情况记录。

施工记录是验收的原始记录。必须强调施工记录的真实性和准确性，且不得任意涂改。

担任施工记录的人员应具有一定的业务素质，藉以确保做好施工的记录工作。

3) 凡相关专业技术施工质量验收规范中主控项目或一般项目的检查方法中要求进行检查施工记录的项目均应按该项施工过程的施工图设计的执行规范与标准或成品质量要求进行检查分析并据此填写施工记录。存在问题时应有处理建议及改正情况。

4) 参与施工通用记录的相关记录人、质量检查员、负责人，均需本人签字。

4.2.2.5-2　隐蔽工程检查记录（表 C5-2）

1. 资料表式

隐蔽工程检查记录 （表 C5-2）		编　　号	
工程名称			
施工单位			
隐检部位		隐检项目	
隐检内容	填表人：		
检查及处理意见	检查日期：　　年　　月　　日		
复查结果	复查日期：　　年　　月　　日		
	监理(建设)单位	设计单位	施工单位

本表由施工单位填报，建设单位、施工单位保存。

2. 应用指导

(1) DB11／T 712—2010 规范规定：

隐蔽工程检查记录

隐蔽工程检查记录为通用施工记录适用于各专业。按规定应进行隐检的项目，施工单位应填写《隐蔽工程检查记录》（表 C5-2）。

(2)《隐蔽工程验收记录》实施说明：

隐蔽验收项目是指为下道工序所隐蔽的工程项目。关系到结构性能和使用功能的重要部位或项目的隐蔽检查；凡本工序操作完毕，将被下道工序所掩盖、包裹而再无从检查的工程项目均称为隐蔽工程项目。在隐蔽前必须进行隐蔽工程验收。

1）隐蔽工程验收需按相应专业规范规定执行，隐蔽内容应符合设计图纸及规范要求。重要部位的隐蔽工程应附图片或录像资料。管线工程覆土前建设单位应委托具有测量资质的单位进行竣工图测量，形成准确的竣工测量数据文件和工程测量图。

隐蔽验收单内容填写齐全，问题记录清楚、具体，结论准确。

2）在隐蔽前必须进行隐蔽工程验收。隐蔽工程验收由项目经理部的技术负责人提出，向项目监理机构提请报验，报验手续应及时办理，不得后补。需要进行处理的隐蔽工程项目必须进行复验，提出复验日期，复验后应做出结论。隐蔽验收的部位要复查材质化验单编号、设计变更、材料代用的文件编号等。

隐蔽工程检查验收的报验应在隐验前两天，向项目监理机构提出隐蔽工程的名称、部位和数量。

凡专业规范某检验批项下的检验方法中规定应提供隐蔽工程验收记录时，均应进行隐蔽工程验收并填写隐蔽工程验收记录。

3）对隐蔽工程验收除规范规定确需设计部门参加外如还有请设计部门参加检验时应由建设单位向设计部门提出邀请。

注：1. 设计变更必须经过设计单位同意，在施工图上签字，加盖公章并有正式手续。不履行手续无效。

　　2. 材料代用应有单位工程技术负责人签字方为有效，否则设计单位必须出具证明。

4）参与隐蔽工程验收的监理（建设）单位、设计单位、施工单位的相关责任者，均需本人签字。

4.2.2.5-3 预检记录（表 C5-3）

1. 资料表式

预检记录 （表 C5-3）		编　号	
工程名称		预检项目	
预检部位		预检日期	
预 检 内 容			
检 查 意 见			
复 查 意 见	复查人：　　　　　　　　　　复查日期：		
施工单位			
	技术负责人		质　检　员

本表由施工单位填写并保存。

2. 应用指导

（1）DB11／T 712—2010 规范规定：

预检记录

预检查是对施工工程某重要工序进行的预先质量控制，应填写《预检记录》（表 C5-3）。预检合格后方可进入下一道工序。

（2）《预检记录》实施说明：

1）预检是该工程项目或分项（检验批）工程在未施工前进行的预先检查。预检是在自检的基础上进行把关性检查，把工作中的偏差检查记录下来，并做以认真解决，预检合格后方可进行下道工序。及时办理预检是保证工程质量，防止重大质量事故的重要环节，预检工作由单位工程负责人组织，专职质检员核定，必要时邀请设计、建设单位的代表参加。未经预检的项目或预检不合格的项目不得进行下道工序施工。

2）预检项目包括的内容：

① 构（建）筑物位置线：红线、坐标、构（建）筑物控制桩、轴线桩、标高、标准水准控制桩，并附有平面示意图。

② 构（建）筑物的基础尺寸线：包括基础轴线，断面尺寸、标高（槽底标高、垫层标高）等。

③ 模板工程的几何尺寸、轴线、标高、预埋件、预留孔位置、模板牢固性和模板清理等。

④ 构（建）筑物墙体：包括各层墙身轴线，门、窗洞口位置线，皮数杆及 50 水平线。

⑤ 需要进行放样的尺寸检查。

⑥ 设备基础的位置、轴线、标高、尺寸、预留孔、预埋件等。

⑦ 桩基定位应根据龙门板的轴线或控制网的控制点，对桩位点进行复核。

⑧ 构（建）筑物楼层 50cm 水平线检查。

⑨ 预制构件吊装的轴线位置、构件型号、构件支点的搭接长度、标高、垂直偏差以及构件裂缝、操作处理等。

⑩ 主要管道、沟的标高和坡度。

⑪其他工程实施中应进行的预检项目。

3）预检后必须及时办理预检签证手续，列入工程管理技术档案，对预检中提出的不符合质量要求的问题要认真进行处理，处理后进行复检并说明处理情况。

4）参与预检的技术负责人、质检员均需本人签字。

4.2.2.5-4　交接检查记录（表 C5-4）

1. 资料表式

交接检查记录 （表 C5-4）		编　号	
交接工程名称		接收单位名称	
交接部位		检查日期	
交接内容			
检查结果			
复查意见			
见证单位意见			
移交单位	接受单位		见证单位

注：1. 本表由移交、接收和见证单位各保存一份。

　　2. 见证单位应根据实际情况，并汇总移交和接收单位意见形成见证单位意见。

2. 应用指导

(1) DB11／T 712—2010 规范规定：

交接检查记录

某一工序完成后，移交给另一单位进行下道工序施工前，移交单位和接受单位应进行交接检查，并约请监理（建设）单位参加见证。对工序实体、外观质量、遗留问题、成品保护、注意事项等情况进行记录，填写《交接检查记录》（表 C5-4）。

(2)《交接检查记录》实施说明：

1）交接检查是指前后工序之间进行的交接检查。应由单位工程技术负责人或项目负责人组织相关责任者按施工图设计和规范要求进行。其基本原则是"既保证本工序质量，又为下道工序创造顺利施工条件"。交接检查工作是促进上道工序自我严格把关的重要手段。

2）交接检完成后应填写交接检记录并经责任人本人签字。

4.2.2.5-5 绿化用地处理记录（表 C5-5）

1. 资料表式

绿化用地处理记录 （表 C5-5）		编　号	
工程名称		施工单位	
处理时间			
处理范围			
出现问题：			
解决方法：			
结论：			
建设（监理）单位	施工单位		
	技术负责人	质检员	施工员

本表由施工单位填写保存。

2. 应用指导

(1) DB11／T 712—2010 规范规定：

绿化用地处理记录

施工前或施工中遇不能按计划进行种植的特殊情况，如：不适宜种植的土层、坟墓、垃圾堆、井、坑、巨石、结构层等，应当进行处理，并填写《绿化用地处理记录》（表 C5-5）。

(2)《绿化用地处理记录》实施说明：

1）绿化用地经处理后应保证满足设计和规范要求的用地条件。通常应满足下列要求：

① 种植土（原状土、客土、种植基质）的酸碱性、排水性、疏松度等应满足植物生态习性的要求。

② 种植穴内的回填土应无直径大于 2 cm 的渣砾；无沥青、混凝土及其他对植物生长有害的污染物，并应符合下列要求：

——酸碱性 pH 值应为 7.0～8.5；土壤含盐量应小于 0.12%。

——土壤排水良好，非毛管孔隙度不得低于 10%。

——土壤营养平衡，其中有机质含量不得低于 10g/kg，全氮含量不得低于 1.0g/kg；速效磷含量不得低于 0.6g/kg；速效钾含量不得低于 17g/kg。

——土壤疏松，密度不得高于 $1.3g/cm^3$。

③ 园林植物生长所必需的种植土层厚度，其最小值应大于植物主要根系分部深度，设计、施工单位应当参照表 1 的要求进行设计和施工。

表 1

种植土层厚度要求（单位：cm）

植被类型	草本花卉	地被植物	小灌木	大灌木	浅根乔木	深根乔木
分部深度	30	35	45	60	90	200
允许偏差	<5%			<10%		

④ 常用的改良土与超轻量基质的理化性状应符合表 2 要求。

表 2

常用改良土与超轻量基质物理性状

理化指标		改良土	超轻量基质
密度 (kg/m³)	干密度	550～900	120～150
	湿密度	780～1300	450～650
非毛管孔隙度		≥10%	≥10%

⑤ 有机肥应经过充分腐熟方可施用。复合肥、无机肥施用量应按产品说明合理施用。

2）绿化用地需进行处理的"坟墓、垃圾堆、井、坑、巨石、结构层"等地概时，应按设计文件的规定进行处理。处理后应经测试，且必须满足设计要求。

3）绿化用地在处理过程中应详细记录其处理措施、遇到的问题和结果，对处理后未达到设计要求的应和设计部门协商处理。

4）参与绿化用地处理的建设（监理）单位、施工单位的技术负责人、质检员、施工员的责任制，均需本人签字。

4.2.2.5-6　土壤改良检查记录（表 C5-6）

1. 资料表式

土壤改良检查记录 （表 C5-6）		编　　号	
工程名称		施工单位	
检测单位		检测报告编号	
改良时间		改良区域	
原土理化性状（依据检测报告填写）：			
改良方法：			
改良后土壤情况：			
结论：			
签字栏	监理单位	施工单位		
		项目技术负责人	专业质检员	施工员

本表由施工单位填写保存。

2. 应用指导

（1）DB11／T 712—2010 规范规定：

土壤改良检查记录

对不适宜所栽植植物生长的土壤进行更换或原土物理改良和化学改良，并填写《土壤改良检查记录》（表 C5-6）。

（2）《土壤改良检查记录》实施说明：

1）凡园林绿化工程土壤质量指标（理化性状）达不到规范规定时，应对其土壤进行改良，改良后应符合设计要求，且应达到规范规定的理化性状指标。

种植土不符合要求时应进行土壤改良，改良措施应符合设计和技术措施的要求。

2）园林绿化各类种植土严禁使用含有有害成分的土壤。

3）土壤经改良后应进行理化性能指标检测。

4）参与土壤改良检查的监理单位、施工单位的项目技术负责人、专业质检员、施工员的责任制，均需本人签字。

4.2.2.5-7　病虫害防治检查记录（表 C5-7）

1. 资料表式

病虫害防治检查记录 （表 C5-7）		编　号	
工程名称			
施工单位		检查日期	
检查方式			
检查内容：			
检查结果：			
处理意见：			
结论：			
监理单位	施工单位		
	专业技术负责人		质检员

本表由施工单位填写并保存。

2. 应用指导

(1) DB11／T 712—2010 规范规定：

病虫害防治检查记录

在苗木栽植后进行的物理防治、化学防治、生物防治，应对防治方法、药物浓度、防治区域等进行记录，并填写《病虫害防治检查记录》（表 C5-7）。

(2)《病虫害防治检查记录》实施说明：

1) 进场苗木干茎不得有损伤，不应有病虫枝、枯死枝、生长衰弱枝、过密的轮生枝、下垂枝等。嫁接苗木，应将接口以下砧木萌生枝条剪除。

2) 严禁进场植物材料带有国家及北京市植物检疫名录规定的检疫对象，进场植物材料应有检疫证。外省和本省其他地区调入的植物材料进场后，应对病虫害情况进行复检。带有植物检疫对象以外病虫害的苗木及草坪地被的受害情况应符合"园林植物病虫害控制标准"的规定（表 C3-9）。

3) 病虫害防治原则

① 防治园林植物病虫害应贯彻"预防为主，综合治理"的方针，病虫害防治应措施得当，控制及时，防治到位。定期进行检查，后期养护期内定期检查，发现主要病虫害应根据虫情预报及时采取防治措施。对于危险性病虫害，一旦发现疫情应及时上报主管部门，并迅速采取防治措施。

② 科学养护管理，使植株生长健壮，增强植株的抗病虫害能力。病虫害防控方法得当。防治过程中，应针对具体情况采取具体的防治方法。

③ 及时清理带病虫的落叶、杂草、竹林病株等，消灭病源、虫源，防止病虫扩散和蔓延。

④ 严禁出现大面积病虫害和由病虫害造成的严重脱（落）叶现象，不得检出植物检疫对象。

⑤ 对暂时原因不清，造成苗木、草坪等的死亡，应作为重点抓紧处理。并应进行调研，及早查明原因，妥善处理。

4) 参与病虫害防治检查的监理单位、施工单位的专业技术负责人、质检员的责任制，均需本人签字。

4.2.2.5-8 苗木保护记录（表 C5-8）

1. 资料表式

苗木保护记录 （表 C5-8）		编　号	
工程名称			
施工单位		施工日期	
保护方式			
1			
2			
3			
4			
5			
施工内容：			
检查结果：			
质量问题及处理意见：			
监理单位	施工单位		
	质检员		记录人

本表由施工单位填写并保存。

2. 应用指导

(1) DB11／T 712—2010 规范规定：

苗木保护记录

应填写《苗木保护纪录》（表 C5-8），记录苗木栽植前进行的吊装、运输、假植等保护措施。

(2)《苗木保护记录》实施说明：

1）在装卸车时不得造成苗木损伤和土球松散。

2）土球地木装车时，将土球朝向车头方向，并固定牢靠。树冠朝向车尾方向码放整齐。

3）裸根乔木长途运输时，应保持根系湿润，装车时应顺序码放整齐，装车后应将树干捆牢，并应加垫层防止磨损树干及进行根系保护。

4）装运竹类时，不得损伤竹竿与竹鞭之间的着生点和鞭芽。

5）苗木运到现场后，裸根苗木应当天种植，不能种植的苗木应及时进行假植。

6）带土球苗木运至施工现场后，不能立即种植的，应当采取措施，保持土球湿润。

7）与建筑、市政交叉施工时，对种植完成的苗木应及时保护。

8）珍贵树种植、反季节种植苗木应采取以下合理的技术处理措施：必须提前环状断根或在适宜季节起苗用容器假植；落叶树种应进行重剪，剪除部分侧枝，保留的侧枝也应疏剪或短截，并应保持原树冠形态，可摘叶的应摘去部分叶片，但不得损伤幼腋芽。必须采取带土球移植的应适当加大土球体积，掘苗时根部可喷施促进生根的激素。

9）进场苗木干茎不得有损伤，不应有病虫枝、枯死枝、生长衰弱枝、过密的轮生枝、下垂枝等。嫁接苗木，应将接口以下砧木萌生枝条剪除。

10）带冠种植的乔木应有完整的冠型，定干时间少于三年的苗木不宜采用。树冠应适当疏枝，保留的主、侧枝应分布均匀并适当修剪，修剪应符合以下规定：

① 三年生以上一级枝 3～5 根，每个一级枝上的二级枝不少于 3 根，且长度大于 60cm，整个树冠冠幅以大于 2.5m 为宜；

② 具有明显主干的落叶乔木对保留的主、侧枝可在健壮芽上方短截，主干有主尖的应保留主尖，不得抹头修剪；

③ 无明显主干、枝条茂密的落叶乔木，对胸径 10cm 以上树木，可疏枝保持原树形；对胸径为 5～10cm 的苗木，可选留主干上的几个侧枝，保持原有树形进行短截。

11）带土球苗木土球必须完好、不散球，裸根苗木根系必须完整且带护心土，大树选备必须符合本规程规定。反季节种植时根系处理应符合第 8）条的规定。

12）裸根根系规格及土球规格应符合表 1 的规定。

13）土球必须完好，不散球；应有主尖的苗木主尖必须保留；大树选备必须符合本规程规定。反季节种植时根系处理应符合第 8）条的规定。

14）进场苗木分为带土球（坨）苗木和裸根苗木。进场苗木根系应无过长根，主根无劈裂，切口平整。带土球（坨）苗木的土球或土坨应完整，无露出土球（坨）的根系，包扎恰当牢固，不得散球（坨），土球高度一般为土球直径的 4/5 左右，土球规格应符合表 1 的规定；裸根根系应有喷施保湿剂、蘸泥浆、湿草包裹等保湿措施，保持根部湿润，根系应完整，直径为胸径的 6～8 倍，底部应带护心土。

15）灌溉用水不能采用有害污水，水质中的有害离子含量不得超过苗木生长要求的临界值。

16）参与苗木保护的监理单位、施工单位的质检员、记录人的责任制，均需本人签字。

各类苗木种植穴规格（单位：cm） 表1

类别		树木规格		土球直径	种植穴深度	种植穴直径
带土球落叶乔木	胸径	4～6		40～50	50～60	80～90
		6～8		70～80	80～90	110～120
		8～10		80～90	90～110	120～140
		10～12		90～100	110～130	140～160
		12～14		100～120	130～150	160～180
		14～20		120～150	150～170	180～210
		20～25		150～180（木箱土台）	170～200	210～260
		25～40		180～300（钢板土台）	200～260	260～380
		＞40		＞300（钢板土台）	＞200	＞380
裸根落叶乔木	胸径	2～3		—	30～40	40～60
		3～4		—	40～50	60～70
		4～5		—	50～60	70～80
		5～6		—	60～70	80～90
		6～8		—	70～80	90～100
		8～10		—	80～90	100～110
		10～12		—	90～110	120～140
		12～14		—	110～130	140～160
		14～20		—	130～150	160～180
常绿乔灌木	高度	150		40～50	50～60	80～90
		150～250		70～80	80～90	100～110
		250～400		80～100	90～110	120～130
		400～600		＞140	＞120	＞180
		＞600		地径的6～8倍（木箱、钢板包装）	比土球高20～30	比土球直径大60～80
花灌木	高度	＜100	冠径	40～60	25～40	40～50	30～50
		100～150		60～80	40～55	50～55	50～70
		150～200		80～100	55～70	55～60	70～90
		200～250		100～130	70～80	60	900～100
		250～300		130～170	80～100	65	100～120
		＞300		170～200	＞100	70～90	＞120
竹类植物	胸径	＜3		30～35	40	60～70
		3～4		35～40	40	70～80
		4～5		40～50	40	80～90
		＞5		50～60	40	90～100
		多株散生竹		土球边沿距外围竹10～40	比盘根或土球高20～40	比盘根或土球直径大40～60

4.2.2.5-9　地基处理记录（表 C5-9）

1. 资料表式

地基处理记录 （表 C5-9）		编　号	
工程名称			
施工单位			
处理依据			
处理部位（或简图）：			
处理过程简述：			
检查意见：			
监理（建设）单位	勘察单位	设计单位	施工单位

本表由施工单位填报，建设单位、施工单位保存。

2. 应用指导

（1）DB11／T 712—2010 规范规定：

地基处理记录

当地基处理采用沉入桩、钻孔桩时，填写《地基处理记录》（表 C5-9）。包括地基处理部位、处理过程及处理结果简述、审核意见等。并应进行干土质量密度或贯入度试验。处理内容还应包括原地面排降水、清除树根、淤泥、杂物及地面下坟坑、水井及较大坑穴的处理记录。

当地基处理采用碎石桩、灰土桩等桩基处理时，由专业施工单位提供地基处理的施工记录。

（2）《地基处理记录》实施说明：

地基处理采用沉入桩、钻孔桩；碎石桩、灰土桩等桩基处理时，由专业施工单位根据施工过程及测试结果提供地基处理的施工记录。

1）干土质量密度：可采用环刀法试验、蜡封法试验、灌水法试验、灌砂法试验等。

测试方法选择应根据地基土的特征选取。

2）环刀法试验按 4.2.2.6-2 土壤压实度试验记录（环刀法）表 C6-2 办理。

3）蜡封法试验、灌水法试验可参用Ⅰ 蜡封法试验、Ⅱ 灌水法试验的相关要求。降低地下水可参用Ⅲ 降低地下水的相关要求。

4）参与地基处理的监理（建设）单位、勘察单位、设计单位、施工单位的相关责任者，均需本人签字。

Ⅰ 蜡封法试验

1. 资料表式

蜡封法密度试验记录　　　　　　　　　　　　表 1

工程名称_____   试验日期_____

试样编号	试样质量（g）	蜡封试样质量（g）	蜡封试样水中质量（g）	温度（℃）	纯水在 T℃时的密度（g/cm³）	蜡封试样体积（cm³）	蜡体积（cm³）	试样体积（cm³）	湿密度（g/cm³）	含水率%	干密度（g/cm³）	平均干密度（g/cm³）
1	(1)	(2)	(3)		(4)	$(5)=\dfrac{(2)-(3)}{(4)}$	$(6)=\dfrac{(2)-(1)}{\rho_n}$	$(7)=(5)-(6)$	$(8)=\dfrac{(1)}{(7)}$	(9)	$(10)=\dfrac{(8)}{1+0.01(9)}$	

试验单位：   技术负责人：   审核：   检验：

2. 应用指导

蜡封法

1）本试验方法适用于易破裂土和形状不规则的坚硬土。

2）蜡封法试验，应按下列步骤进行：

① 从原状土样中，切取体积不小于 30cm³ 的代表性试样，清除表面浮土及尖锐棱角，系上细线，称试样质量，准确至 0.01g。

② 持线将试样缓缓浸入刚过熔点的蜡液中，浸没后立即提出，检查试样周围的蜡膜，当有气泡时应用针刺破，再用蜡液补平，冷却后称蜡封试样质量。

③ 将蜡封试样挂在天平的一端，浸没于盛有纯水的烧杯中，称蜡封试样在纯水中的质量，并测定纯水的温度。

④ 取出试样，擦干蜡面上的水分，再称蜡封试样质量。当浸水后试样质量增加时，应另取试样重做试验。

3）试样的密度，应按下式计算：

$$\rho_0 = \cfrac{m_0}{\cfrac{m_n - m_{nw}}{\rho_{w_T}} - \cfrac{m_n - m_0}{\rho_n}}$$

式中　m_0——蜡封试样质量（g）；

　　　m_{nw}——蜡封试样在纯水中的质量（g）；

　　　ρ_{w_T}——纯水在 $T℃$ 时的密度（g/cm³）；

　　　ρ_n——蜡的密度（g/cm³）。

4）本试验应进行两次平行测定，两次测定的差值不得大于 0.03g/cm³，取两次测值的平均值。

Ⅱ　灌水法试验

1. 资料表式

灌水法密度试验记录　　　　　　　　　　　　　　　　　　　表1

工程名称_____　　　　　　　　　　　　　　　　　　　试验日期_____

试样编号	储水筒水位（cm）		储水筒断面积（cm²）	试坑体积（cm²）	试样质量（g）	湿密度（g/cm³）	含水率（%）	干密度（g/cm³）	试样重度（kN/cm³）
	初始	终了							
	(1)	(2)	(3)	(4)=[(2)-(1)]×(3)	(5)	$(6)=\dfrac{(5)}{(6)}$	(7)	$(8)=\dfrac{(6)}{1+0.01(7)}$	(9)=9.81×(8)

试验单位：　　　技术负责人：　　　　　审核：　　　　　　检验：

2. 应用指导

灌水法

1）本试验方法适用于现场测定粗粒土的密度。

2）灌水法试验，应按下列步骤进行：

① 根据试样最大粒径，确定试坑尺寸见表2。

试坑尺寸（mm）　　　　　　　　　　　　　　　　　　　表2

试样最大粒径	试坑尺寸		试样最大粒径	试坑尺寸	
	直　径	深　度		直　径	深　度
5(20)	150	200	60	250	300
40	200	250			

② 将选定试验处的试坑地面整平，除去表面松散的土层。

③ 按确定的试坑直径划出坑口轮廓线，在轮廓线内下挖至要求深度，边挖边将坑内

的试样装入盛土容器内，称试样质量，准确到 10g，并应测定试样的含水率。

④ 试坑挖好后，放上相应尺寸的套环，用水准尺找平，将大于试坑容积的塑料薄膜袋平铺于坑内，翻过套环压住薄膜四周。

⑤ 记录储水筒内初始水位高度，拧开储水筒出水管开关，将水缓慢注入塑料薄膜袋中。当袋内水面接近套环边缘时，将水流调小，直至袋内水面与套环边缘齐平时关闭出水管，持续 3～5min，记录储水筒内水位高度。当袋内出现水面下降时，应另取塑料薄膜袋重做试验。

3）试坑的体积，应按下式计算：

$$V_p = (H_1 - H_2) \times A_w - V_0$$

式中　V_p——试坑体积（cm³）；

　　　H_1——储水筒内初始水位高度（cm）；

　　　H_2——储水筒内注水终了时水位高度（cm）；

　　　A_w——储水筒断面积（cm²）；

　　　V_0——套环体积（cm³）。

4）试样的密度，应按下式计算：

$$\rho_0 = \frac{m_p}{V_p}$$

式中　m_p——取自试坑内的试样质量（g）。

Ⅲ　降低地下水

降低地下水可采用：轻型井点降水、喷射井点降水、电渗井点降水（略）、管井井点降水（略）、深井井点降水（略）。

一、井点施工记录（通用）

1. 资料表式

井 点 施 工 记 录（通用）　　　　　　　　表1

工程名称：　　　　　　　　　　　　　　　　　　　　施工单位：

井点类别					井点孔施工机具规格				
施工日期					天气情况				
井点编号	冲孔起讫时间	井点孔		井点管		灌砂量（kg）	滤管长度（m）	滤管底端标高	沉淀管长度（m）	备注
		直径(mm)	深度(m)	直径(mm)	全长(m)					
参加人员	监理（建设）单位			施　工　单　位						
			专业技术负责人		质检员		记录人			

2. 应用指导

（1）为了保证施工的正常进行，防止边坡坍方和地基承载能力下降，必须做好基坑的降水工作，使坑底保持干燥。降水的方法有集水井降水和井点降水两类。

集水井降水，是在开挖基坑时沿坑底周围开挖排水沟，再于坑底设集水井，使基坑内的水经排水沟流向集水井，然后用水泵抽出坑外。

井点降水法有轻型井点、喷射井点和电渗井点几种。它属于人工降低地下水位的方法，除上述三种属于井点降水法之外，还有管井井点和深井泵降水法。

（2）管井井点是沿开挖的基坑，每隔一定距离（20～50m）设置一个管井，每个管井单独用一台水泵（潜水泵、离心泵）进行抽水，以降低地下水位。用此法可降低地下水位5～10m。

（3）深井泵是在当降水深度超过10m以上时，在管井内用一般的水泵降水满足不了要求时，改用特制的深井泵，即称深井泵降水法。

（4）各类井点的适用范围见表2。

各类井点的适用范围　　　　　　　　　　　　　　表2

项　次	井点类别	土层渗透系数 （m/昼夜）	降低水位深度 （m）
1	单层轻型井点	0.1～50	3～6
2	多层轻型井点	0.1～50	6～12 （由井点层数而定）
3	喷射井点	0.1～2	8～20
4	电渗井点	<0.1	根据选用的井点确定
5	管井井点	20～200	3～5
6	深井井点	10～250	>15

二、轻型井点降水记录

1. 资料表式

轻型井点降水记录　　　　　　　　　　　　　　表3

工程名称：　　　　　　　　　　　　　　　　　　　　　　施工单位

观测时间		降　水　机　组		地下水流量 （m³/h）	观测孔水位读数 （m）				记事	观测记录者
时	分	真空表读数 （毫米汞柱）	压力表读数 （N/mm²）		1	2	3	…		
备注	降水泵房编号：　　　　　　　机组类别：　　　　　气象： 实际使用机组数量：　　　　　井点数量：开　　根，停　　根 观测日期：									
参加人员	监理（建设）单位	施　工　单　位								
		专业技术负责人		质检员			记录人			

2. 应用指导

轻型井点降低地下水，是沿基础周围以一定的间距埋入井管（下端为滤管），在地面上用水平铺设的集水总管将各井管连接起来，再于一定位置设置真空泵或离心水泵，开动真空泵和离心水泵后，地下水在真空吸力作用下，经滤管进入井管、集水总管排出，达到降水目的。

① 轻型井点布置可根据一个地区、单位的实践规律，或经计算确定间距。

② 一层井点降水时降低地下水的深度，约 3～6m，地下水位较高需两层或多层井点降水时，一般不用轻型井点，因设备数量多，挖土量大，不经济。

③ 轻型井点施工记录包括井点施工记录和轻型井点降水记录。

井点为小直径的井，井点施工记录是轻型井点、喷射井点、管井井点、深井井点的"井孔"施工全过程中的有关记录。不同井点采用的不同的施工机械设备、施工方法与措施，应符合施工组织设计的要求，井孔的深度、直径应满足降水设计的要求。垂直孔径宜上下一致，滤管位置应按要求的位置埋设并应居中，应设在透水性较好的含水土层中，井孔淤塞严禁将滤管插入土中，灌砂滤料前应将孔内泥浆适当稀释，灌填高度应符合要求，灌填数量不少于计算值的 95%，井孔口应有保护措施。

三、喷射井点降水记录

1. 资料表式

喷射井点降水记录 表 4

工程名称：　　　　　　　　　　　　　　　　　　　　　　　施工单位：

观测时间		工作水压力 （N/mm²）	地下水流量 （m³/h）	观测孔水位读数 （m）				实际抽水的井点编号	记事	观测记录者
时	分			1	2	3	…			
备注	降水泵房编号：　　　　　　　　　　　　　气候： 机组编号：在运转　　　在停止　　　在修理　　　井点数量：开　　根，停　　根。 观测日期：									
参加人员	监理（建设）单位	施 工 单 位								
		专业技术负责人		质检员			工　长			

2. 应用指导

（1）喷射井点有喷水井点和喷气井点之分，其工作原理相同，只是工作流体不同，喷水井点以压力水作为工作流体，喷气井点以压缩空气工作为工作流体。

（2）喷射井点用于深层降水，一般降水深度大于 6m 时采用，降水深度可达 8～20m 及其以下，在渗透参数为 3～50m/天的砂土中应用最为有效。渗透系数为 0.1～3m/天的粉砂的淤泥质土中效果显著。

（3）喷射井点的主要工作部件是喷射井点内管底端的抽水装置—喷嘴和混合室，当喷射井点工作时，由地面高压离心泵供应的高压工作水（压力0.7～0.8MPa），经过内外管之间的环形空间直达底端，高压工作水由特制内管的两侧进入到喷嘴喷出，喷嘴处由于过水断面突然收缩变小，使工作水具有极高的流速（30～60m/s），在喷口附近造成负压（形成真空），而将地下水经滤管吸入，吸入的地下水在混合室与工作水混合，进入扩散室，水流流速相对变小，水流压力相对增大，将地下水与工作水一起扬升出地面，经排水管道系统排至某水池或水箱，其中一部分水全部用高压水泵压入井点管作为高压工作水，余下部分水利用低压水泵排走。

（4）喷射井管的间距一般为2～3m。冲孔直径为400～600mm，深度比滤管底深1m以上。喷射井点用的高压工作水应经常保持清洁，不得含泥砂或杂物。试抽两天后应更换清水。

成孔与填砂：应用套管冲扩成孔，然后用压缩空气排泥，再插入井点管，最后仔细填砂。

4.2.2.5-10　地基钎探记录（表 C5-10）

1. 资料表式

<table>
<tr><td colspan="5" align="center">地基钎探记录
（表 C5-10）</td><td align="center">编　号</td><td></td></tr>
<tr><td>工程名称</td><td colspan="6"></td></tr>
<tr><td>施工单位</td><td colspan="6"></td></tr>
<tr><td>套锤重</td><td></td><td colspan="2">自由落距</td><td>钎径</td><td>钎探日期</td><td></td></tr>
<tr><td rowspan="2">顺序号</td><td colspan="6" align="center">各步锤数</td></tr>
<tr><td>0～30cm</td><td>31～60cm</td><td>61～90cm</td><td>91～120cm</td><td>121～150cm</td><td>151～180cm</td></tr>
<tr><td>1</td><td></td><td></td><td></td><td></td><td></td><td></td></tr>
<tr><td>2</td><td></td><td></td><td></td><td></td><td></td><td></td></tr>
<tr><td>3</td><td></td><td></td><td></td><td></td><td></td><td></td></tr>
<tr><td>4</td><td></td><td></td><td></td><td></td><td></td><td></td></tr>
<tr><td>5</td><td></td><td></td><td></td><td></td><td></td><td></td></tr>
<tr><td>6</td><td></td><td></td><td></td><td></td><td></td><td></td></tr>
<tr><td>7</td><td></td><td></td><td></td><td></td><td></td><td></td></tr>
<tr><td>8</td><td></td><td></td><td></td><td></td><td></td><td></td></tr>
<tr><td>9</td><td></td><td></td><td></td><td></td><td></td><td></td></tr>
<tr><td>10</td><td></td><td></td><td></td><td></td><td></td><td></td></tr>
<tr><td>11</td><td></td><td></td><td></td><td></td><td></td><td></td></tr>
<tr><td>12</td><td></td><td></td><td></td><td></td><td></td><td></td></tr>
<tr><td>13</td><td></td><td></td><td></td><td></td><td></td><td></td></tr>
<tr><td>14</td><td></td><td></td><td></td><td></td><td></td><td></td></tr>
<tr><td>15</td><td></td><td></td><td></td><td></td><td></td><td></td></tr>
<tr><td>16</td><td></td><td></td><td></td><td></td><td></td><td></td></tr>
<tr><td>17</td><td></td><td></td><td></td><td></td><td></td><td></td></tr>
<tr><td>18</td><td></td><td></td><td></td><td></td><td></td><td></td></tr>
<tr><td align="center">技术负责人</td><td colspan="2" align="center">施工员</td><td colspan="2" align="center">质检员</td><td colspan="2" align="center">记录人</td></tr>
<tr><td></td><td colspan="2"></td><td colspan="2"></td><td colspan="2"></td></tr>
</table>

本表由施工单位填报，并附钎探点布置图，施工单位保存。

2. 应用指导

(1) DB11／T 712—2010 规范规定：

地基钎探记录

钎探记录用于检验浅土层的均匀性，确定地基的容许承载力及检验填土质量。钎探前应绘制钎探点布置图，确定钉探点布置及顺序编号。按照钎探图及有关规定进行钎探并填写《地基钎探记录》（表 C5-10）。

（2）《地基钎探记录》实施说明：

地基钎探是为了探明基底下对沉降影响最大的一定深度内的土层情况而进行的记录，因此，基槽完成后，一般均应按照设计和规范要求进行钎探。

如发现软弱层、土质不均、墓穴、古井或其他异常情况等，应有设计提出处理意见并在钎探图中标明位置。

1）钎探布点，钎探深度、方法等应按有关要求执行；钎探应有结论分析。

2）对园林绿化工程的构（建）筑物的地基而言，除设计有规定可不进行钎探外，所有地基土均应进行地基钎探。

3）需经处理的地基，处理方案必须经设计同意并经监理单位认可。

4）钎探的锤重、落距和钎探杆直径。

① 锤重：10kg。

② 落距：50cm。

③ 钎探杆直径：钢钎直径为：$\phi25$，钎头 $\phi40$，成 $60°$ 锥体。

5）钎探点布置

① 基槽完成后，一般均应按照设计要求进行钎探，设计无要求时可按下列规则布置。

② 槽宽小于 800mm 时，在槽中心布置探点一排，间距一般为：1～1.5m，应视地层复杂情况而定。

③ 槽宽 800～2000mm 时，在距基槽两边 200～500mm 处，各布置探点一排，间距一般为 1～1.5m，应视地层复杂情况而定。

④ 槽宽 2000mm 以上者，应在槽中心及两槽边 200～500mm 处，各布置探点一排，每排探点间距一般为 1～1.5m，应视地层复杂情况而定。

⑤ 矩形基础：按梅花形布置，纵向和横向探点间距均为 1～2m，一般为 1.5m，较小基础至少应在四角及中心各布置一个探点。

注：基槽转角处应再补加一个点。

⑥ 钎孔布置详表 1。

钎孔布置　　　　　　　　　　　　　　　　　　　　表 1

槽宽（cm）	排列方式及图示		间距（m）	钎探深度（m）
小于 80	中心一排	· · · · ·	1～2	1.2
80～200	两排错开	· · · · / · · · ·	1～2	1.5
大于 200	梅花形	· · · · / · · · · ·	1～2	≥2.0
柱基	梅花形	· · / · ·	1～2	≥1.5m,并不浅于短边宽度

注：1. 对于较软弱的新近沉积黏性土和人工杂填土的地基，钎孔间距应不大于 1.5m。

　　2. 钎距和钎探深度不能随意改动，过大的钎距会遗漏地基土中的隐患。

⑦ 探孔布置详表 2。

探孔布置   表 2

基槽宽 （cm）	排列方式及图标	间距 L （m）	探孔深度 （m）
小于 200		1.5～2.0	3.0
大于 200		1.5～2.0	3.0
桩基		1.5～2.0	3.0 （荷重较大时为 4.0～5.0）
加孔		＜2.0 （如基础过宽时中间再加孔）	3.0

⑧ 国内常用的几种动力触探详见表 3。

国内常用的几种动力触探   表 3

触探名称	标准贯入试验 （SPT） （重型(1)动力触探）	轻型触探	中型触探	重型(2)触探	轻型标准贯入 试验
探头或贯入器的规格	对开管式贯入器，外径 51mm，内径 35mm，长 700mm，刃口角度 19°47′	圆锥探头，锥角 60°，锥底面积 12.6cm²	圆锥探头，锥角 60°，锥底面积 30cm²	圆锥探头，锥角 60°，锥底面积 43cm²	同 SPT
落锤重量	63.5kg	10kg	28kg	63.5kg	22.5kg
落 距	76cm	50cm	80cm	76cm	同 SPT
触探杆直径	42mm	25mm	33.5mm	42mm，厚壁钻杆，接手外径 46mm	同 SPT
最大贯入深度	15～20m	4m		约 16m	
触探指标	N63.5 为贯入土中 30cm 的锤击数	N10 为贯入土中 30cm 的锤击数	N28 为贯入土中 10cm 的锤击数	N(63.5) 为贯入土中 10cm 的锤击数	N22.5 为贯入土中 30cm 的锤击数
适用土层	砂土、老黏性土、一般黏性土等	一般黏性土，黏性素填土，新近沉积黏性土	一般黏土	砂土和松散及中密的圆砾、卵石	同 SPT
使用单位	已列入国家地基基础设计规范、工程地质勘察规范和抗震设计规范	已列入国家地基基础设计规范和工程地质勘察规范	已列入国家工程地质勘察规范	已列入国家工程地质勘察规范	冶金系统的有关单位

6）钎探记录分析

① 钎探应绘图编号，并按编号顺序进行击打，应固定打钎人员，锤击高度离钎顶500～700mm 为宜，用力均匀，垂直打入土中，记录每贯入 300mm 钎段的锤击次数，钎探完成后应对记录进行分析比较，锤击数过多、过少的探点应标明与检查，发现地质条件不符合设计要求时应会同设计、勘察人员确定处理方案。

② 钎探结果，往往出现开挖后持力层的基土 60cm 范围内钎探击数偏低，可能与土的卸载、含水量或灵敏度有关，应做全面分析。

注：土的灵敏度是指原状土在无侧限条件下的抗压强度与该土结构完全破坏后的重塑土在无侧限条件下的抗压强度的比值。灵敏度高低反映了土的结构性的强弱，灵敏度越高的土，其结构性愈弱，即土在受扰动后强度降低得愈多。根据灵敏度的高低，土可分为三类，当土的灵敏度大于 4 时为高灵敏度土；当土的灵敏度小于或等于 4 但大于 2 时为中灵敏度土；当土的灵敏度小于或等于 2 时为低灵敏度土。对于高灵敏度的土在施工中应特别注意保护，以免使其结构受到扰动而使强度大大降低。

③ 基础验槽时，持力层基土钎探击数偏低，与地质勘察报告给定的地基容许承载力有差异。综合其原因大概为：基土卸荷、含水量高、搅动或是土的灵敏度偏高。

④ 钎探孔应用砂土罐实，钎探记录应存档。同一工程使用的钎锤规格、型号必须一致。

7）地基钎探的几点说明

① 地基钎探记录表原则上应用原始记录表，手损严重的可以重新抄写，但原始记录仍要原样保存，重新抄写好的记录数据、文字应与原件一致，要注明原件的保存处及有抄写人签字。

地基钎探记录表作为一项重要技术资料，必须保存完整，不得遗失。

② 钎探记录结果，应在平面上进行锤击数比较，将垂直、水平方向锤击数的比较结果予以记录。如无问题可以填写"地基土未发现异常，可以继续施工"，如果发现问题，应将分析结果报建设、勘察、设计等单位研究处理。如周围环境可能存在古墓、洞穴时，可用洛阳铲探检查并报告铲探结果，为地基处理提供较完整的资料。

③ 遇下列情况之一时，可不进行轻型动力触探：

基坑不深处有承压水层，触探可造成冒水涌砂时，

持力层为砾石或卵石层且其厚度满足设计要求时。

④ 参与地基钎探记录相关的技术负责人、施工员、质检员、记录人等的责任制，均需本人签字。

4.2.2.5-11　桩基础施工记录（表 C5-11）

1. 资料表式

桩基础施工记录 （表 C5-11）				编　号		
工程名称				施工单位		
桩基类型		孔位编号		轴线位置		
设计桩径		设计桩长		桩顶标高		
钻机类型		护壁方式		泥浆比重		
开钻时间				终孔时间		
钢筋笼	笼　长		主　筋			
	下笼时间		箍　筋			
孔深计算	钻台标高		浇注前孔深		实际 桩长	
	终孔深度		沉渣厚度			
混凝土设计强度等级			坍落度			
混凝土理论浇注量			实际浇注量			

施工问题记录：

监理(建设)单位	施工单位		
	技术负责人	施工员	质检员
记录日期		年　月　日	

本表由施工单位填写，施工单位保存。

2. 应用指导

(1) DB11／T 712—2010 规范规定：

桩基础施工记录

桩基包括预制桩、现制桩等，应按规定填写《桩基础施工记录》（表 C5-11），附布桩、补桩平面示意图，并注明桩编号。桩基检测应按国家有关规定进行成桩质量检查（含混凝土强度和桩身完整性）。

由分承包单位承担桩基施工的，完工后应将记录移交总包单位。

(2)《桩基础施工记录》实施说明：

1）参与桩基施工的监理（建设）单位、施工单位的技术负责人、施工员、质检员等的责任制，均需本人签字。

2）桩基施工实施可参用Ⅰ 钢筋混凝土预制桩、Ⅱ 混凝土灌注桩的相关要求。

Ⅰ 钢筋混凝土预制桩

1. 资料表式

钢筋混凝土预制桩打桩记录 表 1

施工单位———————————— 工程名称————————

施工班组———————————— 桩的规格————————

桩锤类型及冲击部分重量————————— 自然地面标高————————

桩帽重量—————— 气候————— 桩顶设计标高————————

编号	打桩日期	桩入土每米锤击次数																									落距 (mm)	桩顶高出或低于设计标高 (m)	最后贯入度 (mm/10 击)
		1	2	3	4	5	6	7	8	9	10	11	12	13	14	15	16	17	18	19	20	21	22	23	24			
备注																													
参加人员	监理（建设）单位			施 工 单 位																									
				专业技术负责人						质检员										记录人								

注：打桩记录可根据地方习惯，当按桩入土每米锤击次数记录时选择表 1；当按每阵锤击次数记录时，可选择表 2。

钢筋混凝土预制桩打桩记录　　　　　　　　表 2

工程名称：　　　　　　　桩号：　　　　　　　桩机型号：

施工单位：　　　设计桩尖标高（m）：　　　设计最后 50cm 贯入度（cm/次数）：

接桩型式：　桩锤重量（t）：　停打桩尖标高（m）：　桩断面尺寸及长度（cm）：

桩号	桩位	每阵锤击次数	每阵打入深度（m）	每阵平均贯入度（cm/次）	累计贯入度（cm/次）	累计次数	最后50cm锤击次数	最后50cm贯入度（cm/次）	备注
参加人员	监理（建设）单位			施　工　单　位					
		专业技术负责人			质检员			记录人	

注：打桩记录可根据地方习惯，当按桩入土每米锤击次数记录时选择表 1；当按每阵锤击次数记录时，可选择表 2。

2. 应用指导

（1）预制桩的制作：

1）预制桩制桩所用的材料：钢材、水泥、砂、石、外加剂等出厂合格证和复试报告应齐全。模板材料适用前应进行检查。

2）混凝土预制桩的截面边长不应小于 200mm；预应力混凝土预制桩的截面边长不宜小于 350mm；预应力混凝土离心管桩的外径不宜小于 300mm。

3）预制桩的桩身配筋主筋直径不宜小于 $\phi14$，打入桩桩顶 $2\sim3d$ 长度范围内箍筋应加密并设置钢筋网片；预应力混凝土预制桩宜优先采用后张法施加预应力。预应力钢筋宜选用冷拉 RB335（Ⅱ级）、HRB400（Ⅲ级）、HRB500（Ⅳ级）钢筋。

4）预制桩的混凝土强度等级不宜低于 C30，采用静压法沉桩时，可适当降低，但不宜低于 C20，预应力混凝土桩的混凝土强度等级不宜低于 C40，预制桩纵向钢筋的混凝土保护层厚度不宜小于 30mm。

5）预制桩的接头不宜超过两个，预应力管桩接头数量不宜超过四个。

6）混凝土预制桩可以在工厂或施工现场预制，但预制场地必须平整、坚实。

7）制桩模板可用木模板或钢模，必须保证平整牢靠，尺寸准确。

8）钢筋骨架的主筋连接宜采用对焊或电弧焊，主筋接头配置在同一截面内的数量，应符合下列规定：

① 当采用闪光对焊和电弧焊时，对于受拉钢筋，不得超过 50%；

② 相邻两根主筋接头截面的距离应大于 $35d_R$（主筋直径），并不小于 500mm。

③ 必须符合钢筋焊接及验收规程的要求。

9) 确定桩的单节长度时应符合下列规定：

① 满足桩架的有效高度、制作场地条件、运输与装卸能力；

② 应避免桩尖接近硬持力层或桩尖处于硬持力层中接桩。

10) 为防止桩顶击碎，浇注预制桩的混凝土时，宜从桩顶开始浇筑，并应防止另一端的砂浆积聚过多。

11) 锤击预制桩，其粗骨料粒径宜为 5～40mm。

12) 锤击预制桩，应在强度与龄期均达到要求后，方可锤击。

13) 重叠法制作预制桩时，应符合下列规定：

① 桩与邻桩及底模之间的接触面不得粘连；

② 上层桩或邻桩的浇注，必须在下层桩或邻桩的混凝土达到设计强度的 30％以后，方可进行；

③ 桩的重叠层数，视具体情况而定，不宜超过 4 层。

(2) 混凝土预制桩的起吊、运输和堆存。

1) 混凝土预制桩达到设计强度的 70％方可起吊，达到 100％才能运输。

2) 桩起吊时应采取相应措施，保持平稳，保护桩身质量。

3) 水平运输时，应做到桩身平稳放置，无大的振动，严禁在场地上以直接拖拉桩体方式代替装车运输。

4) 桩的堆存应符合下列规定：

① 地面状况应满足平整、坚实的要求；

② 垫木与吊点应保持在同一横断平面上，且各层垫木应上下对齐；

③ 堆放层数不宜超过四层。

(3) 混凝土预制桩的沉桩。

1) 沉桩前必须处理架空（高压线）和地下障碍物，场地应平整，排水应畅通，并满足打桩所需的地面承载力。

2) 桩锤的选用应根据地质条件、桩型、桩的密集程度、单桩竖向承载力及现有施工条件等决定，也可按表 3 执行。

3) 桩打入时应符合下列规定：

① 桩帽或送桩帽与桩周围的间隙应为 5～10mm；

② 锤与桩帽，桩帽与桩之间应加设弹性衬垫，如硬木、麻袋、草垫等；

③ 桩锤、桩帽或送桩应和桩身在同一中心线上；

④ 桩插入时的垂直度偏差不得超过 0.5％。

4) 打桩顺序应按下列规定执行：

① 对于密集桩群，自中间向两个方向或向四周对称施打；

② 当一侧毗邻建筑物时，由毗邻建（构）筑物处向另一方面施打；

③ 根据基础的设计标高，宜先深后浅；

④ 根据桩的规格，宜先大后小，先长后短。

锤重选择表　　　　　　　　　　　　　　　　　　表 3

锤　型			柴 油 锤 （t）					
			20	25	35	45	60	72
锤的动力性能		冲击部分重(t)	2.0	2.5	3.5	4.5	6.0	7.2
		总重(t)	4.5	6.5	7.2	9.6	15.0	18.0
		冲击力(kN)	2000	2000 ～2500	2500 ～4000	4000 ～5000	5000 ～7000	7000 ～10000
		常用冲程(m)	1.8～2.3					
桩的截面尺寸		预制方桩、预应力管桩的边长或直径(cm)	25～35	35～40	40～45	45～50	50～55	55～60
		钢管桩直径(cm)	$\phi40$			$\phi60$	$\phi90$	$\phi90～100$
持力层	黏性土粉　土	一般进入深度(m)	1～2	1.5～2.5	2～3	2.5～3.5	3～4	3～5
		静力触探比贯入阻力 P 平均值(MPa)	3	4	5	>5	>5	>5
持力层	砂　土	一般进入深度(m)	0.5～1	0.5～1.5	1～2	1.5～2.5	2～3	2.5～3.5
		标准贯入击数 N（未修正）	15～25	20～30	30～40	40～45	40～50	50
锤的常用控制贯入度 (cm/10 击)				2～3		3～5	4～8	
设计单桩极限承载力(kN)			400 ～1200	800 ～1600	2500 ～4000	3000 ～5000	5000 ～7000	7000 ～10000

注：1. 本表仅供选锤用；

　　2. 本表适用于 20～60m 长预制钢筋混凝土桩及 40～60m 长钢管桩，且桩尖进入硬土层有一定深度。

　　5）桩停止锤击的控制原则如下：

　　① 桩端（指桩的全断面）位于一般土层时，以控制桩端设计标高为主，贯入度可作参考；

　　② 桩端达到坚硬、硬塑的黏性土、中密以上粉土、砂土、碎石类土、风化岩时，以贯入度控制为主，桩端标高可作参考；

　　③ 贯入度已达到而桩端标高未达到时，应继续锤击 3 阵，按每阵 10 击的贯入度不大于设计规定的数值加以确认，必要时施工控制贯入度应通过试验与有关单位会商确定。

　　6）当遇到贯入度剧变，桩身突然发生倾斜、移位或有严重回弹，桩顶或桩身出现严重裂缝、破碎等情况时，应暂停打桩，并分析原因，采取相应措施。

　　7）当采用内（外）射水法沉桩时，应符合下列规定：

　　① 水冲法打桩适用于砂土和碎石土；

　　② 水冲至最后 1～2m 时，应停止射水，并用锤击至规定标高，停锤控制标准可按有关规定执行。

　　8）为避免或减小沉桩挤土效应和对邻近建筑物、地下管线等的影响，施打大面积密集桩群时，可采取下列辅助措施：

　　① 预钻孔沉桩，孔径约比桩径（或方桩对角线）小 50～100mm，深度视桩距和土的密实度、渗透性而定，深度宜为桩长的 1/3～1/2，施工时应随钻随打；桩架宜具备钻孔

锤击双重性能；

② 设置袋装砂井或塑料排水板，以消除部分超孔隙水压力，减少挤土现象。袋装砂井直径一般为 70～80mm，间距 1～1.5m，深度 10～12m；塑料排水板，深度、间距与袋装砂井相同；

③ 设置隔离板桩或地下连续墙；

④ 开挖地面防震沟可消除部分地面震动，可与其他措施结合使用，沟宽 0.5～0.8m，深度按土质情况以边坡能自立为准；

⑤ 限制打桩速率；

⑥ 沉桩过程应加强邻近建筑物，地下管线等的观测、监护。

预制桩（钢桩）位置的允许偏差　　　　表 4

序　号	项　　　　　目	允许偏差(mm)
1	单排或双排桩条形桩基	
	(1)垂直于条形桩基纵轴方向	100
	(2)平行于条形桩基纵轴方向	150
2	桩数为 1～3 根桩基中的桩	100
3	桩数为 4～16 根桩基中的桩	1/3 桩径或 1/3 边长
4	桩数大于 16 根桩基中的桩	
	(1)最外边的桩	1/3 桩径或 1/3 边长
	(2)中间桩	1/2 桩径或 1/2 边长

注：由于降水、基坑开挖和送桩深度超过 2m 等原因产生的位移偏差不在此表内。

（4）桩的开始试验时间

1）预制桩在砂土中入土后 7 天开始试验，如为黏性土，应视土的恢复而定，一般不得少于入土后 15 天；对于饱和软黏土不得少于入土后 25 天。

2）灌注桩应在桩身混凝土达到设计强度后，才能进行试桩。

（5）预制桩施工必须严格按操作工艺执行。诸如桩机就位、预制桩体起吊、稳桩、桩侧或桩架标尺设置、执行打桩原则（如落距、锤重选择、打桩顺序、标高、贯入度控制等）、接桩原则（如焊接接桩、预埋件表面清理、上下节之间缝隙用铁片垫实焊牢；接桩距地面的位置、外露铁件防腐；硫磺胶泥接桩等）、送桩、中间检验、移动桩机等，应认真做好记录。具此完成施工资料的编制。

钢筋混凝土预制桩接桩试验记录
一、钢筋混凝土预制桩焊接、法兰接桩试验记录

应用指导

接桩材料应符合下列规定：

1）焊接接桩：钢板宜用低碳钢，焊条宜用 E43；

2）法兰接桩：钢板和螺栓宜用低碳钢；

接桩材料其物理力学性能应符合设计和规范的规定。

二、钢筋混凝土预制桩补桩资料

应用指导

打桩不符合要求时，应进行补桩并应有补桩记录。

补桩要有补桩平面图，图中应标注清楚原桩和补桩的平面位置，补桩要有编号，要说明补桩的规格、打入深度、沉入记录、贯入度记录、质量情况，并有制图人及补打桩负责人签字。

Ⅱ　混凝土灌注桩

混凝土灌注桩施工记录

下列子项均按 GB 50300—2001 标准规定的单位（子单位）工程质量控制资料核查中建筑与结构项下的对应名称的表式、资料要求、应用指导执行。计有：

混凝土浇灌申请书；混凝土开盘鉴定；混凝土工程施工记录；混凝土坍落度检查记录。

灌注桩施工应具备下列资料：

1) 建筑物场地工程地质资料和必要的水文地质资料；
2) 桩基工程施工图（包括同一单位工程中所有的桩基础）及图纸会审纪要；
3) 建筑场地和邻近区域内的地下管线（管道、电缆）、地下构筑物、危房、精密仪器车间等的调查资料；
4) 主要施工机械及其配套设备的技术性能资料；
5) 桩基工程的施工组织设计或施工方案；
6) 水泥、砂、石、钢筋等原材料及其制品的质检报告；
7) 有关荷载、施工工艺的试验参考资料。

一、泥浆护壁成孔的灌注桩施工记录

1. 资料表式

泥浆护壁成孔的灌注桩施工记录　　　　　　　　　　　　　表 1

施工单位＿＿＿＿＿＿＿＿＿＿＿＿＿＿＿＿　工程名称＿＿＿＿＿＿＿＿＿＿＿＿＿＿＿＿＿＿

施工班组＿＿＿＿＿＿＿＿＿＿＿＿＿＿＿＿　气　　候＿＿＿＿＿＿＿＿＿＿＿＿＿＿＿＿＿＿

钻机类型＿＿＿＿＿＿＿＿＿＿＿＿＿＿＿＿　设计桩顶标高＿＿＿＿＿＿＿＿＿＿＿＿＿＿＿＿

设计桩径＿＿＿＿＿＿＿＿＿＿＿＿＿＿＿＿　自然地面标高＿＿＿＿＿＿＿＿＿＿＿＿＿＿＿＿

日期	班次	桩位	钻孔时间(min)	钻孔直径(cm)		钻孔深度(m)		护筒埋深(m)	孔底沉渣厚度(cm)	孔底标高(m)	泥浆种类	泥浆指标			备注
				设计	实测	设计	实测					相对密度	胶体率(%)	含砂量(%)	

参加人员	监理（建设）单位	施　工　单　位		
		专业技术负责人	质检员	记录人

2. 应用指导

（1）灌注桩施工

1）施工组织设计的质量管理措施与内容：

① 施工平面图：标明桩位、编号、施工顺序、水电线路和临时设施的位置；采用泥浆护壁成孔时，应标明泥浆制备设施及其循环系统；

② 确定成孔机械、配套设备以及合理施工工艺的有关资料，泥浆护壁灌注桩必须有泥浆处理措施；

③ 施工作业计划和劳动力组织计划；

④ 机械设备、备（配）件、工具（包括质量检查工具）、材料供应计划；

⑤ 桩基施工时，对安全、劳动保护、防火、防雨、防台风、爆破作业、文物和环境保护等方面应按有关规定执行；

⑥ 保证工程质量、安全生产和季节性（冬、雨季）施工的技术措施。

2）施工前应组织图纸会审，会审纪要连同施工图等作为施工依据并列入工程档案。

3）成桩机械必须经鉴定合格，不合格机械不得使用。

4）桩基施工用的临时设施，如供水、供电、道路、排水、临设房屋等，必须在开工前准备就绪，施工场地应进行平整处理，以保证施工机械正常作业。

5）基桩轴线的控制点和水准基点，开工前，经复核后应妥善保护，施工中应经常复测。

6）成孔设备就位后，必须平正、稳固，确保在施工中不发生倾斜、移动。为准确控制成孔深度，在桩架或桩管上应设置控制深度的标尺，以便在施工中进行观测记录。

7）成孔的控制深度应符合下列要求：

① 摩擦型桩：摩擦桩以设计桩长控制成孔深度；端承摩擦桩必须保证设计桩长及桩端进入持力层深度；当采用锤击沉管法成孔时，桩管入土深度控制以标高为主，以贯入度控制为辅；

② 端承型桩：当采用钻（冲）、挖掘成孔时，必须保证桩孔进入设计持力层的深度；当采用锤击沉管法成孔时，沉管深度控制以贯入度为主，设计持力层标高对照为辅。

8）灌注桩成孔施工的允许偏差应满足表 2 的要求。

灌注桩施工允许偏差   表2

序号	成孔方法		桩径偏差（mm）	垂直度允许偏差（%）	桩位允许偏差（mm）	
					1～3根、单排桩基垂直于中心线方向和群桩基础中的边桩	条形桩基沿中心线方向和群桩基础中间桩
1	泥浆护壁钻孔桩	$d \leqslant 1000mm$	± 50	1	$d/6$ 且不大于 100	$d/4$ 且不大于 150
		$d > 1000mm$	± 50		$100 + 0.01H$	$150 + 0.01H$
2	套管成孔灌注桩	$d \leqslant 500mm$	-20	1	70	150
		$d > 500mm$			100	150
3	干成孔灌注桩		-20	1	70	150
4	人工挖孔桩	混凝土护壁	± 50	0.5	50	150
		钢套管护壁	± 20	1	100	200

注：1. 桩径允许偏差的负值是指个别断面；

2. 采用复打、反插法施工的桩，其桩径允许偏差不受本表限制；

3. H 为施工现场地面标高与桩顶设计标高的距离；D 为设计桩径。

9) 钢筋笼除符合设计要求外，尚应符合下列规定：

① 混凝土灌注桩钢筋笼质量检验标准见表3。

混凝土灌注桩钢筋笼质量检验标准   表3

项次	项目	允许偏差（mm）
1	主筋间距	± 10
2	箍筋间距	± 20
3	钢筋直径	± 10
4	钢筋笼长度	± 100

② 分段制作的钢筋笼，其接头宜采用焊接并应遵守《混凝土结构工程施工及验收规范》GB 50204—2002；

③ 主筋净距必须大于混凝土粗骨料粒径3倍以上；

④ 加劲箍宜设在主筋外侧，主筋一般不设弯钩，根据施工工艺要求所设弯钩不得向内圆伸露，以免妨碍导管工作；

⑤ 钢筋笼的内径应比导管接头处外径大100mm以上；

⑥ 搬运和吊装时，应防止变形，安放要对准孔位，避免碰撞孔壁，就位后应立即固定；

10) 粗骨料可选用卵石或碎石，其最大粒径对于沉管灌注桩不宜大于50mm，并不得大于钢筋间最小净距的1/3；对于素混凝土桩，不得大于桩径的1/4，并不宜大于70mm。

11) 检查成孔质量合格后应尽快浇注混凝土。桩身混凝土必须留有试件，直径大于1m的桩，每根桩应有1组试块，且每个浇注台班不得少于1组，每组3件。

12) 桩在施工前，宜进行"试成孔"。

13) 人工挖孔桩的孔径（不含护壁）不得小于0.8m，当桩净距小于2倍桩径且小于

2.5m 时，应采用间隔开挖。排桩跳挖的最小施工净距不得小于 4.5m，孔深不宜大于 40m。

14）人工挖孔桩混凝土护壁的厚度不宜小于 100mm，混凝土强度等级不得低于桩身混凝土强度等级，采用多节护壁时，上下节护壁间宜用钢筋拉结。

（2）泥浆护壁成孔灌注桩施工

1）泥浆的制备和处理

① 除能自行造浆的土层外，均应制备泥浆。泥浆制备应选用高塑性黏土或膨润土。拌制泥浆应根据施工机械、工艺及穿越土层进行配合比设计。膨润土泥浆可按表 4 的性能指标制备。

制备泥浆的性能指标　　　　　　　　　　　表 4

项　次	项　　目	性　能　指　标	检　验　方　法
1	相对密度（黏土或砂性土中）	1.15～1.20	泥浆比重计
2	黏度	10～25s	50000/70000 漏斗法
3	含砂率	＜6%	
4	胶体率	＞95%	量杯法
5	失水量	＜30mL/30min	失水量仪
6	泥皮厚度	1～3mm/30min	失水量仪
7	静切力	1min20～30mg/cm² 10min50～100mg/cm²	静切力计
8	稳定性	＜0.03g/cm²	
9	pH 值	7～9	pH 试纸

② 泥浆护壁应符合下列规定：施工期间护筒内的泥浆面应高出地下水位 1.0m 以上，在受水位涨落影响时，泥浆面应高出最高水位 1.5m 以上；在清孔过程中，应不断置换泥浆，直至浇注水下混凝土；浇注混凝土前，孔底 500mm 以内的泥浆相对密度应小于 1.25；含砂率≤8%；黏度≤28s；在容易产生泥浆渗漏的土层中应采取维持孔壁稳定的措施。

注：泥浆护壁成孔对环境有一定污染，应制定其施工措施，该措施需经当地环保部门批准后实施。

2）正反循环回转钻机钻孔灌注桩的施工

① 钻孔机具及工艺的选择，应根据桩型、钻孔深度、土层情况、泥浆排放及处理等条件综合确定。对孔深大于 30m 的端承型桩，宜采用反循环工艺成孔或清孔。

② 泥浆护壁成孔时，宜采用孔口护筒，护筒应按下列规定设置：

A. 护筒有定位、保护孔口和维持液（水）位高差等重要作用，可以采用打埋或抗埋等设置方法。护筒埋设应准确、稳定，护筒中心与桩位中心的偏差不得大于 50mm；

B. 护筒一般用 4～8mm 钢板制作，其内径应大于钻头直径 100mm，其上部宜开设 1～2 溢浆孔；

C. 护筒的埋设深度：在黏性土中不宜小于 1.0m；砂土中不宜小于 1.5m；其高度尚应满足孔内泥浆面高度的要求；

D. 受水位涨落影响或水下施工的钻孔灌注桩，护筒应加高加深，必要时应打入不透水层。

③ 在松软土层中钻进，应根据泥浆补给情况控制钻进速度；在硬层或岩层中的钻进速度以钻机不发生跳动为准。

④ 为了保证钻孔的垂直度，钻机设置的导向装置应符合下列规定：

A. 潜水钻的钻头上应有不小于 3 倍直径长度的导向装置；

B. 利用钻杆加压的正循环回转钻机，在钻具中应加设扶正器。

⑤ 钻进过程中如发生斜孔、塌孔和护筒周围冒浆时，应停钻。待采取相应措施后再行钻进。

⑥ 钻孔达到设计深度，清孔应符合下列规定：

A. 泥浆指标参照表 3 执行；

B. 灌注混凝土之前，孔底沉渣厚度指标应等于小于：端承桩≤50mm；摩擦端承、端承摩擦桩≤100mm；摩擦桩≤300mm。

⑦ 钻孔灌注桩施工注意事项：

A. 钻孔灌注桩的桩孔钻成并清孔后，应尽快吊放钢筋骨架并灌注混凝土。在无水或少水的浅桩孔中灌注混凝土时，应分层浇注振实，每层高度一般为 0.5～0.6m，不得大于 1.5m。混凝土坍落度在一般黏性土中宜用 50～70mm；砂类土中用 70～90mm；黄土中用 60～90mm。灌注混凝土至桩顶时，应适当超过桩顶设计标高，以保证在凿除浮浆层后，桩顶标高和混凝土质量能符合设计要求。水下灌注混凝土时，常用垂直导管灌筑法水下施工。

B. 钻孔灌注桩施工时常会遇到孔壁坍陷和钻孔偏斜等问题。

C. 钻进过程中，如发现排出的泥浆中不断出气泡，或泥浆突然漏失，这表示有孔壁坍陷迹象。孔壁坍陷的主要原因是土质松散、泥浆护壁不好、护筒周围未用黏土紧密填封以及护筒内水位不高。钻进中出现缩颈、孔壁坍陷时，首先应保持孔内水位并加大泥浆比重稳孔护壁。如孔壁坍陷严重，应立即回填黏土，待孔壁稳定后再钻。

D. 钻杆不垂直，土层软硬不匀或碰到孤石时，都会引起钻孔偏斜。钻孔偏斜时，可提起钻头，上下反复扫钻几次，以便削去硬土，如纠正无效，应于孔中局部回填黏土至偏孔处 0.5m 以上，重新钻进。

3) 冲击成孔灌注桩的施工

① 在钻头锥顶和提升钢丝绳之间应设置保证钻头自转向的装置，以防产生梅花孔。

② 冲孔桩的孔口应设置护筒，其内径应大于钻头直径 200mm，护筒应按泥浆护壁灌注桩有关规定设置。

③ 泥浆应按表 3 的有关规定执行。

④ 冲击成孔应符合下列规定：

A. 开孔时，应低锤密击，如表土为淤泥、细砂等软弱土层，可加黏土块夹小片石反复冲击造壁，孔内泥浆面应保持稳定；

B. 在各种不同的土层、岩层中钻进时，可按照表 5 进行；

C. 进入基岩后，应低锤冲击或间断冲击，如发现偏孔应回填片石至偏孔上方 300～500mm 处，然后重新冲孔；

D. 遇到孤石时，可预爆或用高低冲程交替冲击，将大孤石击碎或挤入孔壁；

E. 必须采取有效的技术措施，以防扰动孔壁造成塌孔、扩孔、卡钻和掉钻；

F. 每钻进 4～5m 深度验孔一次，在更换钻头前或容易缩孔处，均应验孔；

G. 进入基岩后，每钻进 100～500mm 应清孔取样一次（非桩端持力层为 300～500mm；桩端持力层为 100～300mm）以备终孔验收。

冲击成孔操作要点　　　　　　　　　　　　　　　　　表 5

项　　目	操　作　要　点	备　　注
在护筒刃脚以下 2m 以内	小冲程 1m 左右,泥浆相对密度 1.2～1.5,软弱层投入黏土块夹小片石	土层不好时提高泥浆相对密度或加黏土块
黏性土层	中、小冲程 1～2m,泵入清水或稀泥浆,经常清除钻头上的泥块	防粘钻可投入碎砖石
粉砂或中粗砂层	中冲程 2～3m,泥浆相对密度 1.2～1.5,投入黏土块,勤冲勤掏碴	
砂卵石层	中、高冲程 2～4m,泥浆相对密度 1.3 左右,勤掏碴	
软弱土层或塌孔回填重钻	小冲程反复冲击,加黏土块夹小片石,泥浆相对密度 1.3～1.5	

⑤ 排碴可采用泥浆循环或抽碴筒等方法，如用抽碴筒排碴应及时补给泥浆。

⑥ 冲孔中遇到斜孔、弯孔、梅花孔、塌孔，护筒周围冒浆等情况时，应停止施工，采取措施后再行施工。

⑦ 大直径桩孔可分级成孔，第一级成孔直径为设计桩径的 0.6～0.8 倍。

⑧ 清孔应按下列规定进行：

A. 不易坍孔的桩孔，可用空气吸泥清孔；

B. 稳定性差的孔壁应用泥浆循环或抽碴筒排碴，清孔后浇注混凝土之前的泥浆指标按第（2）泥浆护壁成孔灌注桩 1）泥浆的制备和处理中的②款执行（表 4）；

C. 清孔时，孔内泥浆面应符合规定；

D. 浇注混凝土前，孔底沉碴允许厚度应按规定执行。

4）潜水钻成孔灌注桩施工潜水钻成孔的灌注桩宜用于一般黏性土、淤泥和淤泥质土及砂土地基，尤其适宜在地下水位较高的土层中成孔，然后于桩孔内放入钢筋骨架，再进行水下灌注混凝土。钻孔过程中，为了防止坍孔，应在孔中注入泥浆护壁。在杂填土或松软土层中钻孔时，应在桩位处设护筒，以起定位、保护孔口、维持水头作用。在钻孔过程中，应保持护筒内泥浆水位高于地下水位。

在黏土中钻孔，可采用清水钻进，自造泥浆护壁，以防止坍孔；

在砂土中钻孔，则应注入制备泥浆钻进，注入的泥浆相对密度控制在 1.1 左右，排出泥浆的相对密度宜为 1.2～1.4。

钻孔达到要求的深度后，必须清孔。以原土造浆的钻孔，清孔可用射水法，同时钻具只转不进，待泥浆相对密度降到 1.1 左右即认为清孔合格；注入制备泥浆的钻孔，可采用换浆法清孔，至换出泥浆的相对密度小于 1.15～1.25 时方为合格。

（3）沉管灌注桩施工

沉管灌注桩是利用锤击打桩法或振动打桩法，将带有钢筋混凝土桩靴（又叫桩尖）或带有活瓣式桩靴的钢桩管沉入土中，然后灌注混凝土并拔管而成。若配有钢筋时，则在规定标高处应吊放钢筋骨架。利用锤击沉桩设备沉管、拔管时，称为锤击灌注桩；利用激振动器的振动沉管、拔管时，称为振动灌注桩。

1）锤击沉管灌注桩的施工

① 锤击沉管灌注桩的施工应该根据土质情况和荷载要求，分别选用单打法、复打法、反插法。

② 锤击沉管灌注桩的施工应遵守下列规定：

A. 群桩基础和桩中心距小于 4 倍桩径的桩基，应提出保证相邻桩桩身质量的技术措施；

B. 混凝土预制桩尖或钢桩尖的加工质量和埋设位置应与设计相符，桩管与桩尖的接触应有良好的密封性；

C. 沉管全过程必须有专职记录员做好施工记录；每根桩的施工记录均应包括每米的锤击数和最后一米的锤击数；必须准确测量最后三阵，每阵十锤的贯入度及落锤高度。

③ 拔管和灌注混凝土应遵守下列规定：

A. 沉管至设计标高后，应立即灌注混凝土，尽量减少间隔时间；灌注混凝土之前，必须检查桩管内有无吞桩尖或进泥、进水；

B. 当桩身配钢筋笼时，第一次混凝土应先灌至笼底标高，然后放置钢筋笼，再灌混凝土至桩顶标高。第一次拔管高度应控制在能容纳第二次所需灌入的混凝土量为限，不宜拔得过高。在拔管过程中应有专用测锤或浮标检查混凝土面的下降情况；

C. 拔管速度要均匀，对一般土层以 1m/min 为宜，在软弱土层和软硬土层交界处宜控制在 0.3～0.8m/min；

D. 采用倒打拔管的打击次数，单动汽锤不得少于 50 次/min，自由落锤轻击（小落距锤击）不得少于 40 次/min；在管底未拔至桩顶设计标高之前，倒打和轻击不得中断。

④ 混凝土的充盈系数不得小于 1.0；对于混凝土充盈系数小于 1.0 的桩，宜全长复打，对可能有断桩和缩颈桩，应采用局部复打。成桩后的桩身混凝土顶面标高应不低于设计标高 500mm。全长复打桩的入土深度宜接近原桩长，局部复打应超过断桩或缩颈区 1m 以上。

⑤ 全长复打桩施工时应遵守下列规定：

A. 第一次灌注混凝土应达到自然地面；

B. 应随拔管随清除粘在管壁上和散落在地面上的泥土；

C. 前后两次沉管的轴线应重合；

D. 复打施工必须在第一次灌注的混凝土初凝之前完成。

⑥ 当桩身配有钢筋时，混凝土的坍落度宜采用 80～100mm；素混凝土桩宜采用 60～80m。

2）振动、振动冲击沉管灌注桩的施工

① 应根据土质情况和荷载要求，分别选用单打法、反插法、复打法等。单打法适用于含水量较小的土层，且宜采用预制桩尖；反插法及复打法适用于饱和土层。

② 单打法施工应遵守下列规定：

A. 必须严格控制最后 30s 的电流、电压值，其值按设计要求或根据试桩和当地经验确定；

B. 桩管内灌满混凝土后，先振动 5～10s，再开始拔管，应边振边拔，每拔 0.5～1.0 停拔振动 5～10s；如此反复，直至桩管全部拔出；

C. 在一般土层内，拔管速度宜为 1.2～1.5m/min，用活瓣桩尖时宜慢，用预制桩尖时可适当加快；在软弱土层中，宜控制在 0.6～0.8m/min。

③ 反插法施工应符合下列规定：

A. 桩管灌满混凝土之后，先振动再拔管，每次拔管高度 0.5～1.0m，反插深度 0.3～0.5m；在拔管过程中，应分段添加混凝土，保持管内混凝土面始终不低于地表面或高于地下水位 1.0～1.5m 以上，拔管速度应小于 0.5m/min；

B. 在桩尖处的 1.5m 范围内，宜多次反插以扩大桩的端部断面；

C. 穿过淤泥夹层时，应当放慢拔管速度，并减少拔管的高度和反插深度，在流动性淤泥中不宜使用反插法。

（4）灌注桩施工注意事项

① 灌注桩施工中，应采取有效措施，防止断桩、缩颈、离析、桩斜、偏位、桩不到位或出现混凝土强度等级不足等情况发生。布桩密集时应采取措施，预防挤土效应的不利影响。

② 灌注桩各工序应连续施工。钢筋笼放入泥浆后 4h 内必须灌注混凝土。

③ 灌注桩的实际浇注混凝土量不得小于计算体积。

④ 人工挖孔灌注桩必须做好开挖支护、排水和施工安全工作。扩底桩应实地检查底土情况，验证土质和开挖尺寸。当需要进行爆破时，应严格遵守安全爆破作业规定。

⑤ 沉管灌注桩的预制桩尖的轴线应与桩管中心重合。在测得混凝土确已流出桩管后，方能继续拔管；管内应保持不少于 2m 高的混凝土。

⑥ 灌注桩凿去浮浆后的桩顶混凝土强度等级必须符合设计要求。

⑦ 灌注桩成桩后，应按混凝土及钢筋混凝土灌注桩分项工程质量检验评定表要求进行验评，并应符合有关标准要求。

（5）桩基工程质量检查及验收

1）灌注桩的成桩质量检查主要包括成孔及清孔、钢筋笼制作及安放、混凝土搅制及灌注等三个工序过程的质量检查。

① 混凝土搅制应对原材料质量与计量、混凝土配合比、坍落度、混凝土强度等级等进行检查；

② 钢筋笼制作应对钢筋规格、焊条规格、品种、焊口规格、焊缝长度、焊缝外观和质量、主筋和箍筋的制作偏差等进行检查；

③ 在灌注混凝土前，应严格按照灌注桩施工的有关质量要求对已成孔的中心位置、孔深、孔径、垂直度、孔底沉渣厚度、钢筋笼安放的实际位置等进行认真检查，并填写相应质量检查记录。

2）预制桩和钢桩成桩质量检查主要包括制桩、打入（静压）深度、停锤标准、桩位及垂直度检查：

① 预制桩应按选定的标准图或设计图制作，其偏差应符合桩基施工规范的有关要求；

② 沉桩过程中的检查项目应包括每米进尺锤击数、最后 1m 锤击数、最后三阵贯入度及桩尖标高、桩身（架）垂直度等。

3）对于一级建筑桩基和地质条件复杂或成桩质量可靠性较低的桩基工程，应进行成桩质量检测。检测方法可采用可靠的动测法，对于大直径桩还可采取钻取岩芯、预埋管超声检测法；检测数量根据具体情况由设计确定。

（6）单桩承载力检测

1）为确保实际单桩竖向极限承载力标准值达到设计要求，应根据工程重要性、地质条件、设计要求及工程施工情况进行单桩静载荷试验或可靠的动力试验。

2）下列情况之一的桩基工程，应采用静载试验对工程桩单桩竖向承载力进行检测，检测桩数"采用现场载荷载试验测桩数量"的规定执行。

① 工程桩施工前未进行单桩静载试验的一级建筑桩基；

② 工程桩施工前未进行单桩静载试验，且有下列情况之一者：地质条件复杂、桩的施工质量可靠性低、确定单桩竖向承载力的可靠性低、桩数多的二级建筑桩基。

3）下列情况之一的桩基工程，可采用可靠的动测法对工程桩单桩竖向承载力进行检测。

① 工程桩施工前已进行单桩静载试验的一级建筑桩基；

② 属于（7）单桩承载力检测2）中的②规定范围外的二级建筑桩基；

③ 三级建筑桩基；

④ 一、二级建筑桩基静载试验检测的辅助检测。

（7）基桩及承台工程验收资料

1）当桩顶设计标高与施工场地标高相近时，桩基工程的验收应待成桩完毕后验收；当桩顶设计标高低于施工场地标高时，应待开挖到设计标高后进行验收。

2）基桩验收应包括下列资料：

① 工程地质勘察报告、桩基施工图、图纸会审纪要、设计变更单及材料代用通知单等；

② 经审定的施工组织设计、施工方案及执行中的变更情况；

③ 桩位测量放线图，包括工程桩位线复核签证单；

④ 成桩质量检查报告；

⑤ 单桩承载力检测报告；

⑥ 基坑挖至设计标高的基桩竣工平面图及桩顶标高图。

3）承台工程验收时应包括下列资料：

① 承台钢筋、混凝土的施工与检查记录；

② 桩头与承台的锚筋、边桩离承台边缘距离、承台钢筋保护层记录；

③ 承台厚度、长宽记录及外观情况描述等。

二、干作业成孔灌注桩施工记录

1. 资料表式

干作业成孔的灌注桩施工记录表　　　　　表 1

施工单位＿＿＿＿＿＿＿＿＿＿＿＿＿＿＿＿　工程名称＿＿＿＿＿＿＿＿＿＿＿＿＿＿＿＿

施工班组＿＿＿＿＿＿＿＿＿＿＿＿＿＿＿＿　气　　候＿＿＿＿＿＿＿＿＿＿＿＿＿＿＿＿

钻机类型＿＿＿＿＿＿＿＿＿＿＿＿＿＿＿＿　设计桩顶标高＿＿＿＿＿＿＿＿＿＿＿＿＿＿

设计桩径＿＿＿＿＿＿＿＿＿＿＿＿＿＿＿＿　自然地面标高＿＿＿＿＿＿＿＿＿＿＿＿＿＿

日期	桩位	持力层标高(m)	钻孔深度(m)	进入持力层深(cm)	第一次测孔			第二次测孔			混凝土灌注		钻孔总用时间(分秒)	出现情况			备注
					孔深(m)	虚土(cm)	进水(cm)	孔深(m)	虚土(cm)	进水(cm)	实际(m³)	计算(m³)		坍孔	缩径	进水	

参加人员	监理(建设)单位	施　工　单　位		
		专业技术负责人	质检员	记录人

2. 应用指导

干作业成孔灌注桩施工

干作业成孔钻孔灌注桩的钻孔设备主要有螺旋钻机。螺旋钻成孔灌注桩是利用动力旋转钻杆，使钻头的螺旋叶片旋转削土。土块沿螺旋叶片上升排出孔外。在软塑土层，含水量大时，可用疏纹叶片钻杆，以便较快地钻进。在可塑或硬塑黏土中，或含水量较小的砂土中应用密纹叶片钻杆，缓慢地均匀钻进。一节钻杆钻入后，应停机接上第二节，继续钻到要求深度，操作时要求钻杆垂直，钻孔过程中如发现钻杆摇晃或难钻进时，可能遇到石块等异物，应立即停车检查。全叶片螺旋钻机成孔直径一般为 300mm 左右，钻孔深度 8～12m。宜用于地下水位以上的一般黏性土、砂土及人工填土地基，不宜用于地下水位以下的上述各类土及淤泥质土地基。

1) 钻孔（扩底）灌注桩的施工

① 钻孔时应符合下列规定：

—钻杆应保持垂直稳固，位置正确，防止因钻杆晃动引起扩大孔径；

—钻进速度应根据电流值变化，及时调整；

—钻进过程中，应随时清理孔口积土，遇到地下水塌孔、缩孔等异常情况时，应及时处理。

② 钻孔扩底桩的施工直孔部分应按相关标准规定执行，扩底部位尚应符合下列规定：

—根据电流值或油压值，调节扩孔刀片切削土量，防止出现超负荷现象；

扩底直径应符合设计要求，经清底扫膛，孔底的虚土厚度应符合规定。

③ 成孔达到设计深度后，孔口应予保护，按灌注桩成孔施工允许偏差规定验收，并做好记录。

④ 浇注混凝土前，应先放置孔口护孔漏斗，随后放置钢筋笼并再次测量孔内虚土厚度，扩底桩灌注混凝土时，第一次应灌到扩底部位的顶面，随即振捣密实；浇注桩顶以下 5m 范围内混凝土时，应随浇随振动，每次浇注高度不得大于 1.5m。

2）人工挖孔灌注桩的施工

① 开孔前，桩位应定位放样准确，在桩位外设置定位龙门桩，安装护壁模板必须用桩心点校正模板位置，并由专人负责。

② 第一节井圈护壁应符合下列规定：

A. 井圈中心线与设计轴线的偏差不得大于 20mm；

B. 井圈顶面应比场地高出 150～200mm，壁厚比下面井壁厚度增加 100～150mm。

③修筑井圈护壁应遵守下列规定：

A. 护壁的厚度、拉结钢筋、配筋、混凝土强度均应符合设计要求；

B. 上下节护壁的搭接长度不得小于 50mm；

C. 每节护壁均应在当日连续施工完毕；

D. 护壁混凝土必须保证密实，根据土层渗水情况使用速凝剂；

E. 护壁模板的拆除宜在 24h 之后进行；

F. 发现护壁有蜂窝、漏水现象时，应及时补强以防造成事故；

G. 同一水平面上的井圈任意直径的极差不得大于 50mm。

④ 遇有局部或厚度不大于 1.5m 的流动性淤泥和可能出现涌土涌砂时，护壁施工宜按下列方法处理：

A. 每节护壁的高度可减小到 300～500mm，并随挖、随验、随浇注混凝土；

B. 采用钢护筒或有效的降水措施。

⑤ 挖至设计标高时，孔底不应积水，终孔后应清理好护壁上的淤泥和孔底残碴、积水，然后进行隐蔽工程验收。验收合格后，应立即封底和浇注桩身混凝土。

⑥ 浇注桩身混凝土时，混凝土必须通过溜槽，当高度超过 3m 时，应用串筒，串筒末端离孔底高度不宜大于 2m，混凝土宜采用插入式振捣器振实。

⑦ 当渗水量过大（影响混凝土浇注质量时），应采取有效措施保证混凝土的浇注质量。

4.2.2.5-12　砂浆配合比申请单（表 C5-12）

1. 资料表式

砂浆配合比申请单 （表 C5-12）		编　　号	
		委托编号	
工程名称		施工单位	
委托单位		试验委托人	
砂浆种类		强度等级	
水泥品种及强度等级		生产厂家	
水泥进厂日期		试验编号	
砂产地		试验编号	
掺合料名称		外加剂名称	
申请日期		要求使用日期	

砂浆配合比申请单 （表 C5-12）		配合比编号	
		试配编号	
强度等级		试验日期	
配　合　比					

材料名称 项目	水泥	砂	白灰膏	掺合料	外加剂
每 m³ 用量/(kg)					
重量比					

注：砂浆稠度为 70～100(mm)，白灰膏稠度为 120±5(mm)。

批准人	审核人	试验人
报告日期		年　　月　　日(章)

本表由施工单位填写并保存。

2. 应用指导

(1) DB11/T 712—2010 规范规定：

砌筑砂浆

应有配合比申请单和实验室签发的配合比通知单（表 C5-12）；

(2)《砂浆配合比申请单》实施说明：

砂浆配合比申请单是指施工单位根据设计要求的砂浆强度等级提请实验单位进行试配，并根据试配结果出具的报告单。

申请试配时，施工单位应提供砂浆的相关技术要求，原材料的有关性能，砂浆的拌制，施工方法和养护方法等，设计有特殊要求的砂浆应特别予以详细说明。

1）砂浆试配的材料要求

① 砌筑砂浆用水泥的强度等级应根据设计要求进行选择。水泥砂浆采用的水泥，其强度等级不宜大于 32.5 级；水泥混合砂浆采用的水泥，其强度等级不宜大于 42.5 级。

② 砌筑砂浆用砂宜选用中砂，其中毛石砌体宜选用粗砂。砂的含泥量不应超过 5%。强度等级为 2.5 的水泥混合砂浆，砂的含泥量不应超过 10%。

③ 掺加料应符合下列规定：

A. 生石灰熟化成石灰膏时，应用孔径不大于 3mm×3mm 网过滤，熟化时间不得少于 7d；磨细生石灰粉的熟化时间不得小于 2d。沉淀池中贮存的石灰膏，应采取防止干燥、冻结和污染的措施。严禁使用脱水硬化的石灰膏。

B. 采用黏土或亚黏土制备黏土膏时，宜用搅拌机加水搅拌，通过孔径不大于 3mm×3mm 的网过滤。用比色法鉴定黏土中的有机物含量时应浅于标准色。

C. 制作电石膏的电石渣应用孔径不大于 3mm×3mm 的网过滤，检验时应加热至 70℃并保持 20min，没有乙炔气味后，方可使用。

D. 消石灰粉不得直接用于砌筑砂浆中。

④ 石灰膏、黏土膏和电石膏试配时的稠度，应为 120±5mm。

⑤ 粉煤灰的品质指标和磨细生石灰的品质指标应符合国家标准《用于水泥和混凝土中的粉煤灰》GB 1596—91 及行业标准《建筑生石灰粉》JC/T 480—92 的要求。

⑥ 拌制砂浆用水应符合现行行业标准《混凝土拌合用水标准》JGJ 63 的规定。

⑦ 砌筑砂浆中掺入的砂浆外加剂，应具有法定检测机构出具的该产品砌体强度型式检验报告，并经砂浆性能试验合格后，方可使用。

2）砂浆的技术条件要求

① 水泥砂浆拌合物的密度不宜小于 1900kg/m³；水泥混合砂浆拌合物的密度不宜小于 1800kg/m³。

② 砌筑砂浆的稠度和每立方米水泥砂浆材料用量应按表 1 的规定选用。

砌筑砂浆的稠度　　　　　　　　　　　　　　　　表1

砌体种类	砂浆稠度(mm)
烧结普通砖砌体	70～90
轻骨料混凝土小型空心砌块砌体	60～90
烧结多孔砖，空心砖砌体	60～80
烧结普通砖平拱式过梁 空斗墙，筒拱 普通混凝土小型空心砌块砌体 加气混凝土砌块砌体	50～70
石砌体	30～50

③ 砌筑砂浆的分层度不得大于30mm。

④ 水泥砂浆中水泥用量不应小于200kg/m³；水泥混合砂浆中水泥和掺加料总量宜为300～350kg/m³。

⑤ 具有冻融循环次数要求的砌筑砂浆，经冻融试验后，质量损失率不得大于5%，抗压强度损失率不得大于25%。

⑥ 砂浆试配时应采用机械搅拌。搅拌时间，应自投料结束算起，并应符合下列规定：

A. 对水泥砂浆和水泥混合砂浆，不得小于120s；

B. 对掺用粉煤灰和外加剂的砂浆，不得小于180s。

⑦ 现场拌制砂浆的质量验收应按《砌体工程施工质量验收规范》(GB 50203—2002)。

A. 稠度：是直接影响砂浆流动性和可操作性的测试指标。稠度小流动性大，稠度过小反而会降低砂浆强度。

B. 分层度：是影响砂浆保水性的测试指标。分层度在10～30mm时，砂浆保水性好。分层度大于30mm砂浆的保水性差，分层度接近于零砂浆易产生裂缝，不宜作抹面用。

现场施工过程中为确保砌筑砂浆质量应适当进行稠度和分层度检查。

⑧砂浆试配报告单，配合比、依据标准和检验结论必须按试验结果填写齐全。

3) 参与砂浆配合比申请的批准人、审核人、试验人等的责任者，均需本人签字。非本人签字为无效试验报告单。

4.2.2.5-13 混凝土配合比申请单（表 C5-13）

1. 资料表式

混凝土配合比申请单 （表 C5-13）		编　号	
		委托编号	
工程名称			
委托单位		试验委托人	
设计强度等级		要求坍落度	
其他技术要求			
搅拌方法	浇捣方法	养护方法	
水泥品种及 强度等级	厂别牌号	试验编号	
砂产地及种类		试验编号	
石子产地及种类	最大粒径	试验编号	
外加剂名称		试验编号	
掺合料名称		试验编号	
申请日期	使用日期	联系电话	

混凝土配合比申请单 （表 C5-13）				配合比编号			
				试配编号			
强度等级		水胶比		水灰比		砂率	
材料名称 项目	水泥	水	砂	石	外加剂	掺合料	其他
每 m³ 用量/kg							
比例							
混凝土碱含量(kg/m³)							
说明：							
批准人		审核人			试验人		
报告日期					年　月　日(章)		

本表由施工单位填写并保存。

2. 应用指导

《混凝土配合比申请单》实施说明：

1）混凝土强度试配报告单是指施工单位根据设计要求的混凝土强度等级提请试验单位进行混凝土试配，根据试配结果出具的报告单。承接试配的试验室应由省级以上建设行政主管部门或其委托单位批准的具有相应资质的试验室。

2）园林绿化工程的不同品种、不同强度等级、不同级配的混凝土均应事先送样申请试配，以保证混凝土强度满足设计要求。

3）申请混凝土配合比施工单位应提供混凝土的技术要求，原材料的有关性能，混凝土的搅拌，施工方法和养护方法，设计有特殊要求的混凝土应特别予以详细说明。

4）混凝土试配中一般混凝土工程基本参数的选取应按（JGJ 55—2000）执行。

5）混凝土试配应注意的几个问题：

① 申请试配应提供混凝土的技术要求和原材料的有关性能。试配应采用工程中实际使用的材料。

② 应提供混凝土施工的搅拌、生产使用方法，如搅拌方式、振捣、养护等。

③ 设计有特殊要求的混凝土应特别予以详尽说明。

6）参与混凝土配合比申请的批准人、审核人、试验人等的责任者，均需本人签字。非本人签字为无效试验报告单。

4.2.2.5-14　混凝土浇筑申请书（表 C5-14）

1. 资料表式

混凝土浇筑申请书 （表 C5-14）		编　号	
工程名称		申请浇筑日期	
申请浇筑部位		申请方量	
技术要求		强度等级	
搅拌方法		申请人	
依据：施工图纸(施工图纸号＿＿＿＿＿＿)、设计变更/洽商(编号＿＿＿＿＿＿)和有关规定、规程。			
施工准备检查	专业工长（质检员）签字备注		
1. 隐检情况			
2. 预检情况			
3. 水电预埋情况			
4. 施工组织情况			
5. 机械设备准备情况			
6. 保温及有关准备			
审批意见：			
审批结论：□同意浇筑　　□整改后自行浇筑　　□不同意,整改后重新申请			
审批人：　　　　　　　　　　　　　审批日期：			
施工单位名称：			

注：1. 本表由施工单位填写并保存，并交监理单位一份备案。

　　2. 技术要求栏依据混凝土合同的具体要求填写。

2. 应用指导

(1) DB11/T 712—2010 规范规定：

混凝土浇筑申请书

为保证混凝土施工质量、保证后续工序正常进行，施工单位应填写《混凝土浇筑申请书》（表 C5-14），根据工程及单位管理实际情况履行混凝土浇筑申请手续。

(2)《混凝土浇筑申请书》实施说明：

混凝土浇筑申请书是指为保证混凝土工程质量，对混凝土施工前进行的检查与批准的申请。

1）凡结构混凝土、防水混凝土和特殊要求的混凝土进行施工，均必须填报混凝土浇筑申请。

2）混凝土浇筑申请由施工班组填写申报。应按表列内容准备完毕并经批准后，方可浇筑混凝土。

3）混凝土浇筑申请填报之前，混凝土施工的各项准备工作均应齐备，特别是混凝土用材料已满足施工要求。并已经施工单位的技术负责人签章批准，方可提出申请。

4）提请混凝土浇筑申请书，专业监理工程师和施工技术负责人应核查混凝土施工用材料的出厂合格质量证明文件和试验报告。同时提供混凝土开盘鉴定资料。

附：混凝土开盘鉴定

1. 资料表式

混凝土开盘鉴定　　　　　　　　　　　　　　　　　表 1

工程名称：　　　　　　　　　　　　　　　　　施工单位：

混凝土施工部位						混凝土配合比编号			
混凝土设计强度						鉴　定　日　期			
混凝土 配合比	水灰比	砂率	水泥 (kg)	水 (kg)	砂 (kg)	石 (kg)			坍落度 (工作度)
试配配合比									
实际使用 施工配合比	砂子含水率：　　　%				石子含水率：　　　%				

鉴定结果：

鉴定项目	混凝土拌合物			原材料检验				
	坍落度	保水性		水泥	砂	石	掺合料	外加剂
设计								
实际								

鉴定意见：

参加开盘鉴定各单位代表签字或盖章

监理（建设）单位代表	施工单位项目负责人	混凝土试配单位代表	施工单位技术负责人

2. 资料要求

（1）混凝土开盘鉴定资料应按不同混凝土配比分别进行鉴定。必须在施工现场进行，并详细记录混凝土开盘鉴定的有关内容。

（2）开盘鉴定应进行核查的工作：认真进行开盘鉴定并填写鉴定结果；实际施工配合比不得小于试配配合比；进行拌合物和易性试拌，检查坍落度，并制作试块，按龄期试压，并应对试拌检查过程予以记录。

3. 应用指导

混凝土开盘鉴定是确保混凝土质量的重要措施之一。混凝土开盘鉴定是指对于首次使用的混凝土配合比，不论混凝土灌筑工程量大小，浇筑前均必须对混凝土配合比、拌合物和易性及原材料准确度等进行的鉴定。

（1）混凝土开盘鉴定的基本要求。

1）混凝土施工应做开盘鉴定，不同配合比的混凝土都要有开盘鉴定。

混凝土开盘鉴定要有施工单位、监理单位、搅拌单位的主管技术部门和质量检验部门参加，做试配的试验室也应派人参加鉴定，混凝土开盘鉴定一般在施工现场浇筑点进行。

2）混凝土开盘鉴定内容：

① 混凝土所用原材料检验，包括水泥、砂、石、外加剂等，应与试配所用的原材料相符合。

② 试配配合比换算为施工配合比。根据现场砂、石材料的实际含水率，换算出实际单方混凝土加水量，计算每罐和实际用料的称重。

实际加水量＝配合比中用水量－砂用量×砂含水率－石子用量×石子含水率

砂、石实际用量＝配合比中砂、石用量×（1＋砂、石含水率）

每罐混凝土用料量＝单方混凝土用料量×每罐混凝土的方量值

实际用料的称重值＝每罐混凝土用料量＋配料容器或车辆自重＋磅秤盖重。

③ 混凝土拌合物的检验，即鉴定拌合物的和易性。应用坍落度法或维勃稠度试验。

④ 混凝土计量、搅拌和运输的检验。水泥、砂、石、水、外加剂等的用量必须进行严格控制，每盘均必须严格计量，否则混凝土的强度波动是很大的。

3）不设置混凝土搅拌站，在施工现场拌制混凝土时，搅拌设备应按一机二磅设置计量器具，计量器具应标注计量材料的品种，运料车辆应做好配备，并注明用量、品种，必须盘盘过磅。

（2）原材料计量允许偏差的规定

《混凝土结构工程施工质量验收规范》（GBJ 50204—2002）第 7.4.3 条规定：混凝土原材料每盘称量偏差不得超过：水泥、掺合材料±2％；粗、细骨料±3％；水、外加剂溶液±2％。

注：1. 各种衡器应定期校验，保持准确。

2. 骨料含水率应经常测定，雨天施工应增加测定次数。

3. 原材料、施工管理过程中的失误都会对混凝土强度造成不良影响。例如：

（1）用水量增大即水灰比变大，会带来混凝土强度的降低，如表 C2-6-5-1 所示。

（2）施工中砂石集料称量误差也会影响混凝土强度，例如砂石总用量为 1910kg，砂骨料称量出现负误差 5％，将少称砂石 1910×5％＝95.5kg，以砂石表面密度均为 2.65g/cm³ 计，折合绝对体积 $V＝95.5/2650＝0.036\text{m}^3$，从而多用水泥 0.036（按第一例的水泥用量）×300＝10.8kg。砂石重量如出现正偏差 5％，则多称 95.5kg，由于砂吸水率将降低混凝土和易性，不易操作，工人也会增加用水量，从而降低混凝土强度。

保证混凝土质量，严格计量，对混凝土搅拌、运输严加控制，做好混凝土开盘鉴定，是保证混凝土质量的一项有效措施，对分析混凝土标准差好差会有一定的作用。

用水量增加 5%时混凝土强度降低值　　　　　表 2

配合比	水泥强度等级	水泥用量 (kg)	用水量 (kg)	水灰比	实测强度 (MPa)	混凝土强度 (MPa)	强度降低值 (%)
原配合比	525	300	190	1.58	55	26.82	
变更后的配合比	525	300	199.5	1.46	66	23.78	11.3%

注：1. 表内混凝土强度值为碎石集料的计算值。

2. 强度计算公式：$R_{28}=0.46Rc$（$C/W-0.52$）……（碎石集料）$R_{28}=0.48R_c$（$C/W-0.6$）……（卵石集料）

（3）混凝土中掺用外加剂的质量及应用技术应符合现行国家标准《混凝土外加剂》GB 8076、《混凝土外加剂应用技术规范》GB 50119 等和有关环境保护的规定。

（4）混凝土中氯化物和碱的总含量应符合现行国家标准《混凝土结构设计规范》GB 50010 和设计的要求。

（5）混凝土中掺用矿物掺合料的质量应符合现行国家标准《用于水泥和混凝土中的粉煤灰》GB 1596 等的规定。矿物掺合料的掺量应通过试验确定。

（6）混凝土搅拌的最短时间

混凝土搅拌的最短时间可按表 3 采用。

混凝土搅拌的最短时间（s）　　　　　表 3

混凝土坍落度(mm)	搅拌机机型	搅拌机出料量(1)		
		<250	250~500	>500
≤30	强 制 式	60	90	120
	自 落 式	90	120	150
>30	强 制 式	60	60	90
	自 落 式	90	90	120

注：1. 混凝土搅拌的最短时间系指自全部材料装入搅拌筒中起，到开始卸料止的时间；

2. 当掺有外加剂时，搅拌时间应适当延长；

3. 全轻混凝土宜采用强制式搅拌机搅拌，砂轻混凝土可采用自落式搅拌机搅拌，但搅拌时间应延长 60~90s；

4. 采用强制式搅拌机搅拌轻骨料混凝土的加料顺序是：当轻骨料在搅拌前预湿时，先加粗、细骨料和水泥搅拌 30s，再加水继续搅拌；当轻骨料在搅拌前未预湿时，先加 1/2 的总用水量和粗、细骨料搅拌 60s，再加水泥和剩余用水量继续搅拌；

5. 当采用其他形式的搅拌设备时，搅拌的最短时间应按设备说明书的规定或经试验确定。

（7）参与混凝土开盘鉴定的监理（建设）单位代表、施工单位项目负责人、混凝土试配单位代表、施工单位技术负责人等的责任者，均需本人签字。

4.2.2.5-15　混凝土浇筑记录（表 C5-15）

1. 资料表式

混凝土浇筑记录 （表 C5-15）		编　号	
工程名称			
施工单位			
浇筑部位		设计强度等级	
浇筑开始时间		浇筑完成时间	
天气情况		室外气温		混凝土完成数量	
混凝土来源	预拌混凝土	生产厂家		供应等级强度	
		运输单编号			
	自拌混凝土开盘鉴定编号				
实测坍落度		出盘温度		入模温度	
试件留置种类、数量、编号					
混凝土浇筑中出现的问题及处理情况					
施工负责人		填表人			

本表由施工单位填写并保存。

2. 应用指导

(1) DB11/T 712—2010 规范规定：

混凝土浇筑记录

现场浇筑 C20（含 C20）强度等级以上混凝土，应填写《混凝土浇筑记录》（表 C5-15）。

(2)《混凝土浇筑记录》实施说明：

1）混凝土浇筑施工应做好以下工作：检查混凝土配合比，如有调整应填报调整配合比；按标准规定留置好试块，分别做好同条件养护和标准养护工作，并予以记录。

是为保证混凝土质量而对混凝土施工状况进行记录，籍以权衡混凝土施工过程正确性的措施之一。C20 及其以上等级的混凝土工程，不论混凝土浇筑工程量大小，对环境条件、混凝土配合比、浇筑部位、坍落度、试块留置结果等对混凝土施工进行的全面的真实记录。

2）混凝土浇筑实施按Ⅰ　现场拌制混凝土、Ⅱ　预拌（商品）混凝土相关要求办理。

3）参与混凝土浇筑记录的施工负责人、填表人等的责任者，均需本人签字。

Ⅰ　现场拌制混凝土

（1）混凝土浇注前的检查

1）检查混凝土用材料的品种、规格、数量等核实无误，并经试拌检查认可后发出了混凝土开工令。

2）现场安装的搅拌机、计量设备及堆放材料的场地满足混凝土阶段性浇筑量的要求；设备符合性能要求。混凝土搅拌机应有可靠的加水计时装置及降尘和沉淀排水系统。对水泥和骨材料应经过校准的衡器计量；检查各种衡器的灵活性及可用程度，不得使用失灵的衡器。

各种衡器应定期校验，应定期测定骨料的含水率，当遇雨天施工或其他原因致使含水率发生显著变化时，应增加测定次数，以便及时调整用水量和骨料用量。

3）基本检查要求

① 机具准备是否齐全，搅拌运输机具以及料斗、串筒、振捣器等设备应按需要准备充足，并考虑发生故障时的应急修理或采用备用机具。

② 检查模板支架、钢筋、预埋件，已办理完成隐检及预检手续。

③ 浇筑混凝土的架子及通道已支搭完毕并检查合格。

④ 应了解天气状况并考虑防雨、防寒或抽水等措施。

⑤ 浇筑期间水电供应及照明必须保证不应中断。

⑥ 已向操作者进行了技术交底。

⑦ 自动计量时应检查其自动计量设备的灵敏度、使用程度。

⑧ 检查参加混凝土施工人员：班组、人员数量，并记录班组长姓名。

（2）做好混凝土生产配比、计量与投料顺序检查：

1）混凝土配合比和技术要求，应向操作人员交底；悬挂配合比标示牌，牌上应标明配合比和各种材料的每盘用量。

2）各种投料的计量应准确（水泥、水、外加剂±2%、骨料±3%）。

3）投料顺序和搅拌时间应符合规定。投料顺序：石子→水泥→砂子→水。如有外加剂与水泥同时加入，如有添加剂应与水同时加入。400L 自落式搅拌机拌合时间通常应≥1.5min。

（3）混凝土的运输和浇筑

1）混凝土运至浇筑地点，应符合浇筑时规定的坍落度，当有离析现象时，必须在浇筑前进行二次搅拌。

2）混凝土应以最少的转载次数和最短的时间，从搅拌地点运至浇筑地点。

混凝土从搅拌机中卸出到浇筑完毕的延续时间不宜超过表 1 的规定。

混凝土从搅拌机中卸出到浇筑完毕的延续时间（min）　　　表 1

混凝土强度等级	气　温	
	不高于 25℃	高于 25℃
不高于 C30	120	90
高　于 C30	90	60

注：1. 对掺用外加剂或采用快硬水泥拌制的混凝土，其延续时间应按试验确定；

　　2. 对轻骨料混凝土，其延续时间应适当缩短。

（4）采用泵送混凝土应符合下列规定：

1）混凝土的供应，必须保证输送混凝土的泵能连续工作；

2）输送管线宜直，转弯宜缓，接头应严密，如管道向下倾斜，应防止混入空气产生阻塞；

3）泵送前应先用适量的与混凝土内成分相同的水泥浆或水泥砂浆润滑输送管内壁；预计泵送间歇时间超过 45min 或当混凝土出现离析现象时，应立即用压力水或其他方法冲洗管内残留的混凝土；

4）在泵送过程中，受料斗内应具有足够的混凝土，以防止吸入空气产生阻塞。

5）混凝土泵宜与混凝土搅拌运输车配套使用，应使混凝土搅拌站的供应和混凝土搅拌运输车的运输能力大于混凝土泵的泵送能力，以保证混凝土泵能连续工作，保证不堵塞。

混凝土泵排量大，在进行浇筑建筑物时，最好用布料机进行布料。

6）泵送结束要及时进行清洗泵体和管道，用水清洗时将管道拆开，放入海绵球及清洗活塞，再通过法兰使高压水软管与管道连接，高压水推动活塞和海绵球，将残存的混凝土压出并清洗管道。

7）用混凝土泵浇筑的结构物，要加强养护，防止因水泥用量较大而引起龟裂。如混凝土浇筑速度快，对模板的侧压力大，模板和支撑应保证稳定和有足够的强度。

（5）在地基或基土上浇筑混凝土时，应清除淤泥和杂物，并应有排水和防水措施。

对于干燥的非黏性土，应用水湿润；对未风化的岩石，应用水清洗，但其表面不得留有积水。

（6）对模板及其支架、钢筋和预埋件必须进行检查，并做好记录，符合设计要求后方能浇筑混凝土。

（7）在浇筑混凝土前，对模板内的杂物和钢筋上的油污等应清理干净；对模板的缝隙和孔洞应予堵严；对木模板应浇水湿润，但不得有积水。

（8）混凝土自高处倾落的自由高度，不应超过 2m。

（9）在浇筑竖向结构混凝土前，应先在底部填以 50～100mm 厚与混凝土内砂浆成分相同的水泥砂浆；浇筑中不得发生离析现象；当浇筑高度超过 3m 时，应采用串筒、溜管或振动溜管使混凝土下落。

（10）混凝土浇筑层的厚度，应符合表 2 的规定。

（11）浇筑混凝土应连续进行。当必须间歇时，其间歇时间宜缩短，并应在前层混凝土凝结之前，将次层混凝土浇筑完毕。

混凝土运输、浇筑及间歇的全部时间不得超过表 3 的规定，当超过时应留置施工缝。

（12）采用振捣器捣实混凝土应符合下列规定：

1）每一振点的振捣延续时间，应使混凝土表面呈现浮浆和不再沉落；

2）当采用插入式振捣器时，捣实普通混凝土的移动间距，不宜大于振捣器作用半径的 1.5 倍；捣实轻骨料混凝土的移动间距，不宜大于其作用半径；振捣器与模板的距离，不应大于其作用半径的 0.5 倍，并应避免碰撞钢筋、模板、芯管、吊环、预埋件或空心胶囊等；振捣器插入下层混凝土内的深度应不小于 50mm；

混凝土浇筑层厚度（mm）　　　　　　　　表 2

捣实混凝土的方法		浇筑层的厚度
插入式振捣		振捣器作用部分长度的 1.35 倍
表面振动		200
人工捣固	在基础、无筋混凝土或配筋稀疏的结构中	250
	在梁、墙板、柱结构中	200
	在配筋密列的结构中	150
轻骨料混凝土	插入式振捣	300
	表面振动（振动时需加荷）	200

混凝土运输、浇筑和间歇的允许时间（min）　　　　　　表 3

混凝土强度等级	气　温	
	不高于 25℃	高于 25℃
不高于 C30	210	180
高　于 C30	180	150

注：当混凝土中掺有促凝或缓凝型外加剂时，其允许时间应根据试验结果确定。

3）当采用表面振动器时，其移动间距应保证振动器的平板能覆盖已振实部分的边缘；

4）当采用附着式振动器时，其设置间距应通过试验确定，并应与模板紧密连接；

5）当采用振动台振实干硬性混凝土和轻骨料混凝土时，宜采用加压振动的方法，压力为 1～3kN/m²。

（13）在混凝土浇筑过程中，应经常观察模板、支架、钢筋、预埋件和预留孔洞的情况，当发现有变形、移位时，应及时采取措施进行处理。

（14）混凝土自然养护：

1）应在浇筑完毕后的 12h 以内对混凝土加以覆盖和浇水养护；

2）混凝土的浇水养护时间，对采用硅酸盐水泥、普通硅酸盐水泥或矿渣硅酸盐水泥拌制的混凝土，不得少于 7d，对掺用缓凝型外加剂或有抗渗性要求的混凝土，不得少于 14d；

3）浇水次数应能保持混凝土处于润湿状态；

4）混凝土的养护用水应与拌制用水相同。

注：1. 当日平均气温低于 5℃ 时，不得浇水；

　　2. 当采用其他品种水泥时，混凝土的养护应根据所采用水泥的技术性能确定。

5）采用塑料布覆盖养护的混凝土，其敞露的全部表面应用塑料布覆盖严密，并应保持塑料布内有凝结水。

注：混凝土的表面不便浇水或使用塑料布养护时，宜涂刷保护层（如薄膜养生液等），防止混凝土内部水分蒸发。

对大体积混凝土的养护，应根据气候条件采取控温措施，并按需要测定浇筑后的混凝土表面和内部温度，将温差控制在设计要求的范围以内；当设计无具体要求时，温差不宜超过 25℃。

6）现浇板养护期间，当混凝土强度小于 12MPa 时，不得进行后续施工。当混凝土强度小于 10MPa 时，不得在现浇板上吊运、堆放重物。吊运重物时，应减轻对现浇板的冲击影响。

> 注：1. 混凝土施工记录每台班记录一张，注明开始及终止浇注时间。
> 2. 拆模日期及试块试压结果应记录在施工日志中。

Ⅱ 预拌（商品）混凝土

预拌（商品）混凝土是施工单位根据设计文件要求，向商品混凝土生产厂购置成品混凝土，由生产厂用专用混凝土运输车，送至施工现场，按混凝土工艺要求进行混凝土浇筑施工。购置混凝土需完成以下工作。

一、预拌（商品）混凝土出厂质量证书

1. 资料表式

预拌混凝土出厂质量证书 表1

订货单位：　　　　　　　　　　　　　　合同编号：

工程名称：　　　　　　　　　　　　　　混凝土配合比编号：

浇筑部位：　　　　　　　　　　　　　　供应数量：

强度等级：　　　　　　　　供应日期：　年　月　日至　年　月　日

原材料名称							
品种与规格							
试 验 编 号							
强度统计结果			合格评定结果				
均值 (N/mm²)	标准差 (N/mm²)	标准值的保证率 $P(f_{cu,i}f_{cu,k})(\%)$	采用的评定方法	批数	合格率 (%)		其他 指标

技术负责人：　　　　　填表人：　　　　搅拌站（供方）

盖　章
年　月　日

2. 实施要点

（1）基本说明

1）预拌（商品）混凝土出厂质量证书是指预拌（商品）混凝土生产厂家提供的质量合格证明文件。

2）预拌混凝土系指由水泥、集料、水以及根据需要掺入的外加剂和掺合料等组分按一定比例，在搅拌站（厂）经计量、拌制后出售的、并采用运输车，在规定时间内运至使用地点的混凝土拌合物。

3）预拌混凝土可分为通用品和特制品。通用品系指强度等级不超过C50、坍落度不大于180mm（25mm，50mm，80mm，100mm，120mm，150，180mm）、粗集料最大粒径不大于40mm（20mm，25mm，31.5mm，40mm），无其他特殊要求的预拌混凝土。通用品应在合同中指定混凝土强度等级、坍落度及粗集料最大粒径，主要参数选取为：强度等级不大于C50、坍落度（25～180mm）、粗集料最大粒径（mm）不大于40mm的连续粒级或单粒级。

通用品根据需要应在合同中指定：水泥品种、强度等级；外加剂品种；掺合料品种、规格；混凝土拌合物的密度；交货时混凝土拌合物的最高温度或最低温度。

特制品系指任何一项指标超出通用品规定范围或有特殊要求的预拌混凝土。特制品根

据需要应在合同中指定：水泥品种、强度等级；外加剂品种；掺合料品种、规格；混凝土拌合物的密度；交货时混凝土拌合物的最高温度或最低温度；混凝土强度的特定龄期；氯化物总含量限值；含气量；其他事项（指对预拌混凝土有耐久性、长期性能或其他物理力学性能等特殊要求的事项）。

（2）预拌混凝土的原材料和配合比

水泥应符合 GB 50204—2002 的规定；集料应符合 JGJ 52 或 JGJ 53 及其他国家现行标准的规定；拌合用水应符合 JGJ 63 规定；外加剂应符合 GB 8076 等国家现行标准的规定；矿物掺合料（粉煤灰、粒化高炉矿渣粉、天然沸石粉）应分别符合 GB 1596、GB/T 18046、JGJ 112 的规定；配合比应根据合同要求由供方按 JGJ 55 等国家现行有关标准的规定进行。

（3）预拌混凝土的取样与组批

1）用于交货检验的混凝土试样应在交货地点采取。用于出厂检验的混凝土试样应在搅拌地点采取。

2）交货检验的混凝土试样的采取应在混凝土运送到交货地点后按 GB/T 500—2002 规定在 20min 内完成；强度试件的制作应在 40min 内完成。

3）每个试样应随机地从一运输车中抽取；混凝土试样应在卸料过程中卸料量的 1/4～3/4 之间采取。

4）每个试样量应满足混凝土质量检验项目所需用的 1.5 倍，且不宜少于 0.02m³。

5）预拌混凝土（商品混凝土），除应在预拌混凝土厂内按规定留置试块外，（商品）混凝土运至施工现场后，还应根据《预拌混凝土》GB/T 14902—2003 的规定满足如下条件：

① 用于交货检验的混凝土试样应按 GB 50204 的规定进行。

② 用于出厂检验的混凝土试样应在搅拌地点采样，按每 100 盘相同配合比的混凝土取样检验不得少于一次；每一工作班相同的配合比的混凝土不足 100 盘时，取样亦不得少于一次。

6）对于预拌混凝土拌合物的质量，每车应目测检查。

（4）预拌混凝土质量要求

1）预拌混凝土强度试验结果必须满足《混凝土强度检验评定标准》GB 50107 的规定。

2）坍落度、含气量和氯离子总含量

① 坍落度在交货地点测得的混凝土坍落度与合同规定的坍落度之差，不应超过表 C2-7-3-1A 的允许偏差。

混凝土坍落度的允许偏差（mm）　　　　　　　　　　　表 C2-7-3-1A

要　求　坍　落　度	允　许　偏　差
<50	±10
50～90	±20
>90	±30

② 含气量与合同规定值之差不应超过 ±1.5%。

③ 混凝土拌合物中氯离子总含量不应超过表 C2-7-3-1B 的规定。

氯离子总含量的最高限值 表 C2-7-3-1B

混凝土类型及其所处环境类型	最大氯离子含量
素混凝土	2.0
室内正常环境下的钢筋混凝土	
室内潮湿环境;非严寒和非寒冷地区的露天环境、与无侵蚀性的水或土壤直接接触的环境下的钢筋混凝土	0.3
严寒和寒冷地区的露天环境、与侵蚀性的水或土壤直接接触的环境下的钢筋混凝土	0.2
使除冰盐的环境;严寒和寒冷地区冬季水位变动的环境;滨海室外环境下的钢筋混凝土	0.1
预应力混凝土构件及设计使用年限为 100 年的室内正常环境下的钢筋混凝土	0.06
注:氯离子含量系指其占所用水泥(含替代水泥量的矿物掺合料)重量的百分率	

3)混凝土放射性核素放射性比活度应满足 GB 6566 标准的规定。

4)当需方对混凝土其他性能有要求时,应按国家现行有关标准规定进行试验,无相应标准时应按合同规定进行试验,其结果应符合标准及合同要求。

5)混凝土拌合物的坍落度取样检验频率应与混凝土强度检验的取样频率一致。

6)对有抗渗要求的混凝土进行抗渗检验的试样,用于出厂及交货检验的取样频率均应为同一工程、同一配合比的混凝土不得少于 1 次。留置组数可根据实际需要确定。

7)对有抗冻要求的混凝土进行抗冻检验的试样,用于出厂及交货检验的取样频率均应为同一工程、同一配合比的混凝土不得少于 1 次。留置组数可根据实际需要确定。

8)预拌混凝土的含气量及其他特殊要求项目的取样检验频率应按合同规定进行。

9)对强度不合格的混凝土,应按《混凝土强度检验评定标准》GBJ 107—87 的规定进行处理。对坍落度,含气量及氯离子总含量不符合《预拌混凝土》GB1 4902—94 标准要求的混凝土应按合同规定进行处理。

10)供方应按工程名称分混凝土等级向需方提供预拌混凝土出厂质量证明书,出厂合格证书。

(5)预拌混凝土用运输车及运送

1)运输车在运送时应能保持混凝土拌合物的均匀性,不应产生分层离析现象。

2)混凝土搅拌运输车应符合 JG/T 5094 标准的规定。翻斗车仅限用于运送坍落度小于 80mm 的混凝土拌合物,并应保证运送容器不漏浆,内壁光滑平整,具有覆盖设施。

3)严禁向运输车内的混凝土任意加水。

4)混凝土的运送时间系指从混凝土由搅拌机卸入运输车开始至该运输车开始卸料为止。运送时间应满足合同规定,当合同未作规定时,采用搅拌运输车运送的混凝土,宜在 1.5h 内卸料;采用翻斗车运送的混凝土,宜在 1.0h 内卸料;当最高气温低于 25℃时,运送时间可延长 0.5h。如需延长运送时间,则应采取相应的技术措施,并应通过试验验证。

5)混凝土的运送频率,应能保证混凝土的连续性。

(6)预拌混凝土应在商定的交货地点进行坍落度检查,并应填写检查记录。

(7)预拌混凝土交货时应提供的资料:

1)水泥品种、强度等级及每 m³ 混凝土中的水泥用量;

2)骨料的种类及最大粒径;

3)外加剂、掺合料品种及掺量;

4)混凝土强度等级及坍落度;

5）混凝土配合比和标准试件强度；

6）轻骨料混凝土应提供密度等级。

（8）施工单位应做好：

1）检查坍落度最大偏差不大于 30mm；

2）按规定留置混凝土试件（施工中及送达时应分别留置）；

3）记录混凝土的运输时间。

二、预拌混凝土订货与交货

签订合同

（1）购买预拌混凝土供需双方应签订合同，按合同形式明确各自的权利和义务，并应认真执行。合同中应明确使用的材料（水泥、集料、拌合用水、外加剂、掺合料）等的品种、规格和质量要求；拌合物质量诸如：强度、坍落度、含气量、氯化物含量、其他等应符合相应规范及合同的规定。

（2）需方在与供方签订合同之前，应对供方的材料贮存设施、计量设备、搅拌机、运输车、计量、搅拌、运送、质量管理、供货量等进行考查，考查结果经需方考查人员综合权衡后认为符合需方要求时，则可以签订合同。籍以保证合同的顺利执行。

（3）合同应包括预拌混凝土订货单。

预 拌 混 凝 土 订 货 单　　　　　　　　　　　　表 2

合同编号：　　　　　　　　　　　　　　供货起止时间：　　年 月 日～　　年 月 日
订货单位及联系人：　　　　　　　　　　工程名称：
施工单位及联系人：　　　　　　　　　　混凝土供货量：
交货地点：　　　　运 距：　　　公里　　泵 车：用　；不用
订货单位对混凝土的技术要求：　　　　　混凝土标记：

浇筑部位			
浇筑方式			
浇筑时间			
浇筑数量			
强度等级			
坍落度（mm）			
水泥品种			
集 料			
外 加 剂			
其他要求			

混凝土强度评定方法：

混凝土单价（元/m³）：
运　　费（元/m³）：　　　　　　泵车费（元/m³）　　　　　泵车管加长费：
外加剂费（元/m³）：　　　　　　总合价：

订　货　单　位		混凝土生产单位：　　　站（厂）	
代 表 人：　　电话：		代 表 人：　　电话：	
现场联系人：　　电话：		技术负责人：　　电话：	

（4）交货时，供方必须向需方提供每一运输车预拌混凝土的发货单。发货单的格式见表3。

预 拌 混 凝 土 发 货 单　　　　　　　　　　表3

工程名称：		合同编号：	
交货地点：		供货日期：　年　月　日	
运输车号：	发车：　　时　　分	到达：　　时　　分	
本次供应量（m³）	累计供应量（m³）：		
标记：			
浇筑部位：	强度等级：		
坍落度（mm）：　　　水泥：		集料：	
收货人：　　　发货人：		司机：	

（5）预拌混凝土交货应提供的资料

1）水泥品种、强度等级及每 m³ 混凝土中的水泥用量；

2）骨料的种类及最大粒径；

3）外加剂掺合料的品种及掺量；

4）混凝土强度等级及坍落度要求；

5）混凝土配合比和标准试件强度；

6）轻骨料混凝土应提供密度等级；

（6）施工单位应做好：检查坍落度最大偏差不大于 30mm；按规定留置混凝土试件（施工中及送达时应分别留置）；记录混凝土的运输时间。

4.2.2.5-16 电缆敷设检查记录（表 C5-16）

1. 资料表式

电缆敷设检查记录 （表 C5-16）		编　号	
工程名称			
部位工程			
施工单位			
检查日期		天气情况	气温
敷设方式			

电缆编号	起点	终点	规格型号	用途

序号	检查项目及要求	检查结果
1	电缆规格符合设计规定，排列整齐，无机械损伤；标志牌齐全、正确、清晰	
2	电缆的固定、弯曲半径、有关距离和单芯电力电缆的相序排列符合要求	
3	电缆终端、电缆接头、安装牢固，相色正确	
4	电缆金属保护层、铠装、金属屏蔽层接地良好	
5	电缆沟内无杂物，盖板齐全，隧道内无杂物，照明、通风排水等符合设计要求	
6	直埋电缆路径标志应与实际路径相符，标志应清晰牢固、间距适当	
7	电缆桥架接地符合标准要求	

监理(建设)单位	施工单位		
	技术负责人	施工员	质检员

本表由施工单位填写并保存。

2. 应用指导

(1) DB11/T 712—2010 规范规定:

电缆敷设检查记录

对电缆的敷设方式、编号、起/止位置、规格、型号进行检查,并按 GB 50168 规范要求,对安装工艺质量进行检查,填写《电缆敷设检查记录》(表 C5-16)。

(2)《电缆敷设检查记录》实施说明:

1) 应分别按不同规格、型号用途的电缆,按施工的电缆编号,按其起点终点,分别进行检查,并逐项予以记录。

2) 按表列检查项目及要求逐一进行检查并应符合表列质量要求,并填写检查结果。检查项目和内容:

① 电缆规格、型号应符合设计要求,敷设质量应符合相关规范或标准要求。排列整齐,无机械损伤;标志牌齐全、正确、清晰。

② 电缆的固定、弯曲半径、有关距离和单芯电力电缆的相序排列符合要求。

③ 电缆终端、电缆接头、安装牢固,相色正确。

④电缆金属保护层、铠装、金属屏蔽层接地良好。

⑤电缆沟内无杂物,盖板齐全,隧道内无杂物,照明、通风排水等符合设计要求。

⑥直埋电缆路径标志应与实际路径相符,标志应清晰牢固、间距适当。

⑦电缆桥架接地符合标准要求。

3) 对检查中发现的问题应逐项一一解决,对经问题处理的子项应重新进行检查,检查结果应符合要求。

4) 电缆敷设检查监理(建设)单位、施工单位的技术负责人、施工员、质检员等的相关责任者,均需本人签字。

4.2.2.5-17 电气照明装置安装检查记录（表 C5-17）

1. 资料表式

电气照明装置安装检查记录 （表 C5-17）		编　号	
工程名称			
部位工程			
施工单位		检查日期	
序号	检查项目及要求		检查结果
1	照明配电箱(盘)安装		
2	电线、电缆导管和线槽敷设		
3	电线、电缆导管穿线和线槽敷设		
4	普通灯具安装		
5	专用灯具安装		
6	建筑物景观照明灯,航空障碍标志灯和庭院灯安装		
7	开关、插座、风扇安装		
8	……		
9			
10			
11			
12			
13			

监理(建设)单位	施工单位		
	技术负责人	施工员	质检员

本表由施工单位填写并保存。

2. 应用指导

（1）DB11/T 712—2010 规范规定：

电气照明装置安装检查记录

对电气照明装置的配电箱（盘）、配线、各种灯具、开关、插座等安装工艺及质量按 GB 50303 要求进行检查，填写《电气照明装置安装检查记录》（表 C5-17）。

（2）《电气照明装置安装检查记录》实施说明：

1）应分别对配电箱（盘）、配线、各种灯具、开关、插座等安装工艺及质量进行检查，检查其出厂质量证明和试验报告，不得使用国家或省明令禁止使用的产品，必须符合设计和规范要求。

2）按表列检查项目及要求逐一进行检查，并填写检查结果。检查项目和内容：

① 照明配电箱（盘）安装；

② 电线、电缆导管和线槽敷设；

③ 电线、电缆导管穿线和线槽敷设；

④普通灯具安装；

⑤专用灯具安装；

⑥建筑物景观照明灯，航空障碍标志灯和庭院灯安装；

⑦开关、插座、风扇安装。

3）电气照明装置安装检查项目应按工程实际列项，表内的检查项目为暂列项，不足时应予补充。

4）参与电气照明装置安装检查监理（建设）单位、施工单位的技术负责人、施工员、质检员等的相关责任者，均需本人签字。

4.2.2.6 施工试验记录（C6）

4.2.2.6-1 施工试验记录（通用）（表 C6-1）

1. 资料表式

施工试验记录(通用) （表 C6-1）		编 号	
工程名称			
施工单位		试验日期	
试验部位		规格、材料	
试验要求：			
试验情况记录：			
试验结论：			
监理(建设)单位	施工单位		
	技术负责人	施工员	质检员

本表由施工单位填写，建设单位、施工单位保存。

2. 应用指导

(1) DB11/T 712—2010 规范规定：

施工试验记录（通用）

施工通用试验记录是在无专用施工试验记录的情况下，对施工试验方法和试验数据进行记录的表格，《施工试验通用记录》（表 C6-1）。

(2)《施工试验记录（通用）》实施说明：

1）应用施工试验记录（通用）表式填写施工试验方法和试验数据时，应填记应用规范或标准的标准编号。

2）试验要求：应按其执行标准中的要求为准，应详细填记。

3）试验情况记录：应真实记录试验过程及其实施过程中存在问题与处理措施或方法，应真实、正确记录。

4）试验结论：按试验结果与标准规定比较后，按其对比结果填写。

5）参与施工试验的监理（建设）单位、施工单位的技术负责人、施工员、质检员等的相关责任者，均需本人签字。

4.2.2.6-2　土壤压实度试验记录（环刀法）（表 C6-2）

1. 资料表式

土壤压实度试验记录（环刀法） （表 C6-2）		编　号						
工程名称								
施工单位								
代表部位				试验日期				
取样位置编号								
取样部位								
取样深度								
土样种类								
湿密度	环刀＋土质量	g						
	环刀质量	g						
	土质量	g						
	环刀容积	cm³						
	湿密度	g/cm³						
土密度	盒　号							
	盒＋湿土质量	g						
	盒＋干水质量	g						
	水质量	g						
	盒质量	g						
	干水质量	g						
	含水量	％						
	平均含水量	％						
	干密度	g/cm³						
最大干密度		g/cm³						
压实度		g/cm³						
备注								
审核			试验					

本表由施工单位填写，建设单位、施工单位保存。

2. 应用指导

(1) DB11/T 712—2010 规范规定:

土壤压实度试验记录

土壤压实度的检测试验可采用环刀法（表 C6-2）。

(2)《土壤压实度试验记录（环刀法）》实施说明:

土壤击实试验报告是为保证工程质量，确定回填土的控制最小干密度，由试验单位对工程中的回填土（或其他夯实类土）的干密度指标进行击实试验后出具的质量证明文件。

1）土壤压实度试验，应有取样位置图，取点分布应符合设计和标准的规定。如干质量密度低于质量标准时，必须有补夯措施和重新进行测定的报告。

2）试验报告单的子目应齐全，计算数据准确，签证手续完备，鉴定结论明确。

3）土体试验报告单的压实度试验结果单体试件必须达到标准规定压实度的 100% 为合格。

4）有见证取样试验要求的必须进行见证取样、送样试验。见证取样在备注中说明。

5）参与土壤压实度试验的审核、试验等的相关责任者，均需本人签字。

6）土壤压实度采用环刀法试验按　环刀法试验相关要求办理。

环刀法试验

土样密度试验报告（环刀法）

1. 资料表式

土样密度试验报告（环刀法）　　　　　　　　　　　　表 1

委托单位:　　　　　　　　　　　　　　　　　　　　　　　　　试验编号:

工程名称				委托日期	
取样部位		试样种类		报告日期	
试样数量		最小干密度		检验类别	
取样编号	取样步次	湿密度（g/cm³）	含水率（%）	干密度（g/cm³）	单个结论

取样位置示意图:

依据标准:

检验结论:

试验单位:　　　　　技术负责人:　　　　　　审核:　　　　　　　检验:

注：土样密度试验（俗称土样密度试验）报告表式，可根据当地的使用惯例制定的表式应用，但工程名称、委托日期、取样部位、试样种类、报告日期、试样数量、最小干密度、检验类别、取样编号、取样步次、湿密度（g/cm³）、含水率（%）、干密度（g/cm³）、单个结论、取样位置示意图、依据标准、检验结果等项试验内容必须齐全。实际试验项目根据工程实际择用。

2. 应用指导

土样密度试验报告是为保证工程质量，由试验单位对工程中进行的回填夯实类土的干质量密度指标进行测试后出具的质量证明文件。

（1）回填常用材料

1）石灰

石灰是一种无机的胶结材料，可分为气硬性和水硬性。它不但能在空气中硬化，而且还能在水中硬化。

灰土垫层中石灰 $CaO+MgO$ 总量达 8％左右，和土的体积比一般以 2：8 或 3：7 为最佳。垫层强度随灰量的增加而提高，但当含灰量超过一定值后，灰土强度增加很慢。灰土垫层中所用的石灰宜达到国家三等石灰标准，生石灰标准见表 2。在施工现场用作灰土的熟石灰应过筛，其粒径不得大于 5mm。熟石灰中不得夹有未熟化的生石灰块，也不得含有过多的水分。石灰的贮存时间不宜超过 3 个月，灰土用石灰应以生石灰消解 3～4 天后过筛使用为宜。

生石灰的技术指标　　表 2

指标　　类别　等级　项目	钙质生石灰			镁质生石灰		
	一等	二等	三等	一等	二等	三等
有效钙加氧化镁含量不小于（％）	85	80	70	80	75	65
未消化残渣含量（5mm 圆孔筛的筛孔）不大于（％）	7	11	17	10	14	20

2）粉煤灰

粉煤灰技术指标　　表 3

序号	指　　标		级　　别		
			Ⅰ	Ⅱ	Ⅲ
1	细度（0.045mm 方孔筛的筛余）（％）	不大于	12	20	45
2	需水量比（％）	不大于	95	105	115
3	烧失量（％）	不大于	5	8	15
4	含水量（％）	不大于	1	1	不规定
5	三氧化硫（％）	不大于	3	3	3

符合表 3 技术指标的为等级品，若其中任何一项不符合要求的应重新加倍取样，进行复检。复检不合格的需降级处理。

凡低于表 3 指标中最低级别技术指标的粉煤灰为不合格品。

3）土料

灰土中的土不仅作为填料，而且参与化学反应，尤其是土中的黏粒（<0.005mm）或胶粒（<0.002mm），具有一定活性和胶结性，含量越多（即土的塑性指数越高），则灰土的强度也越高。

在施工现场宜采用就地基坑（槽）中挖出的黏性土（塑性指数宜大于 5）拌制灰土。

淤泥、耕土、冻土、膨胀土以及有机物含量超过 8％的土料都不得使用。土料应过筛，其粒径不得大于 15mm。

注：简易土工试验用石灰、粉煤灰掺合料不实行见证取样。

（2）取样数量规定应按相关标准或规范的规定执行。

（3）环刀法应用说明

1）环刀法取土用容积不小于 200cm³ 的环刀，必须每段每层进行检验。

2）环刀取土方法：取土点处先用平口铲挖一个约 20cm×20cm 的小坑，挖至每（步）压实部，再用环刀，（图1，图2），使环刀口向下，加环盖，用落锤打环盖，使环盖深入土中 1～2cm，用平口铲把环刀及环盖取出，轻取环盖，用削土刀修平环刀余土，擦净环刀外壁土。把环刀内土直接取出称其重量（g/cm³）。

3）环刀容积：$V＝\pi \cdot r^2 \cdot h＝3.14×3.5^2×5.2＝200cm^3$

取土环刀包括环刀（200cm³）、环盖及落锤（重 1kg）；天平（称量 1kg，感量 1g）；平口铲；削土刀等。

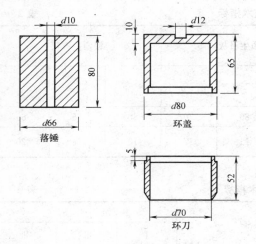

图 1　取土环刀

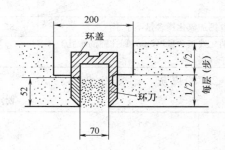

图 2　素土环刀取点处示意图

（4）取样要求及其注意事项

1）采取的土样应具有一定的代表性，取样数量应满足试验的需要。

2）回填材料应按设计要求每层应按要求夯实，采用环刀取样时应注意以下事项：

① 现场取样必须是在见证人监督下，由取样人员按要求在测点处取样，而取样、见证人员，必须是通过资格考核。

② 取样时应使环刀在测点处垂直而下，并应在夯实层 2/3 处取样。

③ 取样时应注意免使土样受到外力作用，环刀内应充满土样，如果环刀内土样不足，应将同类土样补足。

④ 尽量使土样受最低程度的扰动，并使土样保持天然含水量。

⑤ 如果遇到原状土测试情况，除土样尽可能免受扰动外，还应注意保持土样的原状结构及其天然湿度。

3）土样存放及运送

在现场取样后，原则上应及时将土样运送到试验室。土样存放及运送中，还须注意以下事项：

① 土样存放：a. 将现场采取的土样，立即放入密封的土样盒或密封的土样筒内，同时贴上相应的标签；b. 如无密封的土样盒和密封的土样筒时，可将取得的土样，用砂布包裹，并用蜡融封密实；c. 密封土样宜放在室内常温处，使其避免日晒、雨淋及冻融等有害因素的影响。

② 土样运送

关键问题是使土样在运送过程中少受振动。

（5）送样要求

为确保基础回填的公正性、可靠性和科学性，有关人员应认真、准确地填写好土样试验的送样单，现场取样记录及土样标签等有关内容。

1）土工试验送样单

① 在见证人员陪同下，送样人应准确填写下述内容：

委托单位、工程名称、试验项目、设计要求、现场土样的鉴别名称、夯实方法、测点标高、测点编号、取样日期、取样地点、填单日期、取样人、送样人、见证人以及联系电话等。同时还应附土测点平面图。

② 送样单一式二份，施工单位一份，试验室一份。

2）现场取样记录

① 测点标高、部位及相对应的取样日期。

② 取样人、见证人。

3）土样标签

① 标签纸应该选用韧质纸为佳。

② 土样标签编号应与送样单编号一致。

（6）核查注意事项

1）填方工程包括大型土方、室内填方及柱基、基坑、基槽和管沟的回填土等。填方工程应按设计要求和施工规范规定，对土壤分层取样试验，提供分层取点平面示意图，编号及试验报告单。试验记录编号应与平面图对应。

2）各层填土压实后，应及时测定干土质量密度，应符合设计要求，试样制取点应分散，不得集中。

3）重要的、大型的或设计有要求的填方工程，在施工前应对填料作击实试验，求出填料的干土质量密度—含水量关系曲线，并确定其最大干土质量密度 γ_{dmax} 和最优含水量，并根据设计压实系数，分别计算出各种填料的施工控制干土质量密度。对于一般的小型工程又无击实试验条件的单位，最大干土质量密度可按施工规范计算。

4）砂、砂石、灰土、三合土地基用环刀取样实测，其干土质量密度不应低于设计要求的最小干土质量密度。

4.2.2.6-3 土壤压实度试验记录（灌砂法）（表 C6-3）

1. 资料表式

土壤压实度试验记录(灌砂法) （表 C6-3）			编　号				
工程名称							
施工单位			试验日期		年　月　日		
回填材料	桩号及层次						
灌砂前　砂＋容器质量(g)	(1)						
灌砂后　砂＋容器质量(g)	(2)						
灌砂筒下部锥体内砂质量(g)	(3)						
试坑灌入砂的质量(g)	(4)	(1)-(2)-(3)					
砂堆积密度(g/cm³)	(5)						
试坑体积(cm³)	(6)	(4)/(5)					
试坑中挖出的湿料质量(g)	(7)						
试样湿密度(g/cm³)	(8)	(7)/(6)					
含水量 W (%)	盒　号	(9)					
	盒质量(g)	(10)					
	盒＋湿料质量(g)	(11)					
	盒＋干料质量(g)	(12)					
	水质量(g)	(13)	(11)-(12)				
	干料质量(g)	(14)	(12)-(10)				
	平均水含量(%)	(15)	〔(13/14)〕×100				
干质量密度(g/cm³)	(16)	(8)/〔1＋(15)/100〕					
最大干密度(g/cm³)	(17)						
压实度(%)	(18)	〔(16/17)〕×100					
校核人		计算人			试验人		

本表由施工单位填写，建设单位、施工单位保存。

2. 应用指导

(1) DB11/T 712—2010 规范规定：

土壤压实度试验记录

土壤压实度的检测试验可采用灌砂法（表 C6-3）。

(2)《土壤压实度试验记录（灌沙法）》实施说明：

土壤击实试验报告是为保证工程质量，确定回填土的控制最小干密度，由试验单位对工程中的回填土（或其他夯实类土）的干密度指标进行击实试验后出具的质量证明文件。

1）土壤压实度试验，应有取样位置图，取点分布应符合设计和标准的规定。如干质量密度低于质量标准时，必须有补夯措施和重新进行测定的报告。

2）试验报告单的子目应齐全，计算数据准确，签证手续完备，鉴定结论明确。

3）土体试验报告单的压实度试验结果单体试件必须达到标准规定压实度的 100％ 为合格。

4）有见证取样试验要求的必须进行见证取样、送样试验。见证取样在备注中说明。

5）参与灌砂法土壤压实度试验的校核人、计算人、试验人等的相关责任者，均需本人签字。

6）土壤压实度采用灌砂法试验按　灌砂法试验相关要求办理。

注：1. 压实是指对土或其他筑路材料施加动的或静的外力，以提高其密实度的作业。

　　2. 密实度是指土或其他筑路材料压实后的干密度与标准最大干密度之比，以百分率表示。

　　3. 压实可达到被压实材料强度大大增加、形变减少、渗透系数减少、稳定性增加的目的。

灌砂法试验

1. 资料表式

灌砂法密度试验记录　　　　　　　　　　　　　　　　　　　表 1

工程名称_____　　　　　　　　　　　　　　　　　　　试验日期_____

试样编号	量砂容器质量加原有量砂质量（g）	量砂容器质量加剩余量砂质量（g）	试坑用砂质量（g）	量砂密度（g/cm³）	试坑体积（cm³）	试样加容器质量（g）	容器质量（g）	试样质量（g）	试样密度（cm³）	试样含水率 ％	试样干密度（g/cm³）	试样重度（kN/cm³）
	(1)	(2)	(3) ＝ (1) - (2)	(4)	(5) ＝$\frac{(3)}{(4)}$	(6)	(7)	(8) ＝ (6) - (7)	(9) ＝$\frac{(8)}{(5)}$	(10)	(11) ＝$\frac{(9)}{1+0.01\,(10)}$	(12) ＝ 9.81× (9)

试验单位：　　　　技术负责人：　　　　　　审核：　　　　　　检验：

2. 应用指导

（1）灌砂法

　　1）本试验方法适用于现场测定粗粒土的密度。

　　2）标准砂密度的测定，应按下列步骤进行：

　　① 标准砂应清洗洁净，粒径宜选用 $0.25\sim0.50$mm，密度宜选用 $1.47\sim1.61$g/cm^3。

　　② 组装容砂瓶与灌砂漏斗，螺纹连接处应旋紧，称其质量。

　　③ 将密度测定器竖立，灌砂漏斗口向上，关阀门，向灌砂漏斗中注标准砂，打开阀门使灌砂漏斗内的标准砂漏入容砂瓶内，继续向漏斗内注砂漏入瓶内，当砂停止流动时迅速关闭阀门，倒掉漏斗内多余的砂，称容砂瓶、灌砂漏斗和标准砂的总质量，准确至5g。试验中应避免震动。

　　④ 倒出容砂瓶内的标准砂，通过漏斗向容砂瓶内注水至水面高出阀门，关阀门，倒掉漏斗中多余的水，称容砂瓶、漏斗和水的总质量，准确到5g，并测定水温，准确到 0.5℃。重复测定3次，3次测值之间的差值不得大于3mL，取3次测值的平均值。

　　3）容砂瓶的容积，应按下式计算：

$$V_r = (m_{r2} - m_{r1})/\rho_{wt}$$

式中　V_r——容砂瓶容积（mL）；

　　　　m_{r2}——容砂瓶、漏斗和水的总质量（g）；

　　　　m_{r1}——容砂瓶和漏斗的质量（g）；

　　　　ρ_{wt}——不同水温时水的密度（g/cm^3），查表2。

水 的 密 度 表 2

温度（℃）	水的密度（g/cm³）	温度（℃）	水的密度（g/cm³）	温度（℃）	水的密度（g/cm³）
4.0	1.0000	15.0	0.9991	26.0	0.9968
5.0	1.0000	16.0	0.9989	27.0	0.9965
6.0	0.9999	17.0	0.9988	28.0	0.9962
7.0	0.9999	18.0	0.9986	29.0	0.9959
8.0	0.9999	19.0	0.9984	30.0	0.9957
9.0	0.9998	20.0	0.9982	31.0	0.9953
10.0	0.9997	21.0	0.9980	32.0	0.9950
11.0	0.9996	22.0	0.9978	33.0	0.9947
12.0	0.9995	23.0	0.9975	34.0	0.9944
13.0	0.9994	24.0	0.9973	35.0	0.9940
14.0	0.9992	25.0	0.9970	36.0	0.9937

　　4）标准砂的密度，应按下式计算：

$$\rho_s = \frac{m_{rs} - m_{r1}}{V_r}$$

式中　ρ_s——标准砂的密度（g/cm^3）；

　　　　m_{rs}——容砂瓶、漏斗和标准砂的总质量（g）。

　　5）灌砂法试验，应按下列步骤进行：

　　① 按灌水法试验步骤第3）条①～③款的步骤挖好规定的试坑尺寸，并称试样质量。

　　② 向容砂瓶内注满砂，关阀门，称容砂瓶，漏斗和砂的总质量，准确至10g。

　　③ 将密度测定器倒置（容砂瓶向上）于挖好的坑口上，打开阀门，使砂注入试坑。在注砂

过程中不应振动。当砂注满试坑时关闭阀门，称容砂瓶、漏斗和余砂的总质量，准确至 10g，并计算注满试坑所用的标准砂质量。

6）试样的密度，应按下式计算：

$$\rho_0 = \frac{m_{\mathrm{p}}}{\dfrac{m_{\mathrm{s}}}{\rho_{\mathrm{s}}}}$$

式中　　m_{s}——注满试坑所用标准砂的质量（g）。

7）试样的干密度，应按下式计算，准确至 $0.01\mathrm{g/cm^3}$。

$$\rho_{\mathrm{d}} = \frac{\dfrac{m_{\mathrm{p}}}{1 + 0.01\omega_1}}{\dfrac{m_{\mathrm{s}}}{\rho_{\mathrm{s}}}}$$

（2）罐砂法试验取样说明

用于级配砂石回填或不宜用环刀法取样的土质。采用罐砂（或灌水）法取样时，取样数量可较环刀法适当减少，取样部位应为每层压实后的全步深度。取样应由施工单位按规定在现场取样，将样品包好、编号（编号要与取样平面图上各点的标示一一对应），送试验室试验。如取样器具或标准砂不具备，应请试验室在现场取样进行试验。施工单位取样时，宜请建设单位参加，并签认。

4.2.2.6-4　混凝土抗压强度试验报告（表 C6-4）

1. 资料表式

混凝土抗压强度试验报告 （表 C6-4）							编　　号	
							试验编号	
							委托编号	
							见证记录编号	
工程名称			工程部位					
委托单位						试验委托人		
设计强度等级						试件编号		
要求坍落度						实测坍落度		
水泥品种强度等级			厂家			试验编号		
砂规格种类						试验编号		
石种类、公称粒径						试验编号		
外加剂名称						试验编号		
掺合料名称						试验编号		
配合比编号				配合比比例				
用　　量		材料名称						
		水泥	水	砂	石	外加剂		掺合料
每 m³ 用量(kg)								
每盘用量(kg)								
成型日期		要求龄期(d)				要求试验日期		
养护方法		收到日期				试块制作人		

<table>
<thead>
<tr><th rowspan="5">试验结果</th><th>试验日期</th><th>实际龄期</th><th>试件规格</th><th>受压面积</th><th colspan="2">荷载</th><th>平均抗压强度</th><th>折合150m立方体强度</th><th>达到设计强度</th></tr>
<tr><th></th><th></th><th></th><th></th><th>单块</th><th>平均</th><th></th><th></th><th></th></tr>
<tr><td></td><td></td><td></td><td></td><td></td><td></td><td></td><td></td><td></td></tr>
<tr><td colspan="9">结论：</td></tr>
</thead>
</table>

批准人		审核人		试验人	
报告日期					

本表由试验单位填写，建设单位、施工单位保存。

2. 应用指导

（1）DB11/T 712—2010 规范规定：

1）混凝土应有配合比申请单和由试验室签发的配合比通知单（表 C5-13），施工中如材料有变化时，应有修改配合比的试验资料；

2）混凝土应有按规定组数留置的 28d 龄期标养试块和足够数量的同条件养护试块，并按《混凝土抗压强度试验报告》（表 C6-4）的要求进行试验；

3）由不合格批混凝土制成的结构、或未按规定留置试块的，应有结构处理的有关资料，需要检测的，应有法定检测单位的检测报告，并征得原设计单位的书面认可；

4）抗渗混凝土、抗压混凝土、特种混凝土除应具有上述资料外还应有其他专项试验报告；

5）用于承重结构的混凝土抗压强度试块，按规定实行有见证取样和送检的规定；

6）潮湿环境、直接与水接触的混凝土工程和外部有碱环境并处于潮湿环境的混凝土工程，应预防碱骨料反应，并按有关规定执行，有相关检测报告。

(2)《混凝土抗压强度试验报告》实施说明：

混凝土试块试验报告是为保证工程质量，由试验单位对工程中留置的混凝土试块的强度指标进行测试后出具的质量证明文件。

1）混凝土试块必须在施工现场浇灌地点随机抽取留置试块，并由施工单位提供。

2）混凝土强度以标准养护龄期 28d 的试块抗压试验结果为准，在冬施条件下养护时应增加同条件养护的试块，并有测温记录。

3）非标养试块应有测温记录，超龄期试块按有关规定换算为 28d 强度进行评定。

4）混凝土强度以单位工程进行质量验收。

5）混凝土试块的制作

混凝土抗压试块以同一龄期者为一组，每组至少有 3 个属于同盘混凝土、在浇筑地点同时制作的混凝土试块。

① 在混凝土拌合前，应将试模擦拭干净，并在模内涂一薄层机油；

② 用振动法捣实混凝土时，将混凝土拌合物一次装满试模，并用捣棒初步捣实，使混凝土拌合物略高出试模，放在振动台上，一手扶住试模，一手用铁抹子在混凝土表面施压，并不断来回擦抹。按混凝土稠度（工作度或坍落度）的大小确定振动时间，所确定的振动时间必须保证混凝土能振捣密实，待振捣时间即将结束时，用铁抹子刮去表面多余的混凝土，并将表面抹平。同一组的试块，每块振动时间必须完全相同，以免密度不均匀影响强度的均匀性；

注：在施工现场制作试块时，也可用平板式振捣器，振动至混凝土表面水泥浆呈现光亮状态时止。

③ 用插捣法人工捣实试块时，按下述方法进行：

A. 对于 100mm×100mm×100mm、150mm×150mm×150mm 或 200mm×200mm×200mm 的立方体试块，混凝土拌合物分两层装入，其厚度约相等，每层插捣次数如表 1 所示。

混凝土抗压强度试件制作插捣次数表   表 1

试块尺寸（mm）	每层插捣次数
100×100×100	12
150×150×150	25
200×200×200	50

B. 插捣时应在混凝土全面积上均匀地进行，由边缘逐渐向中心。

C. 插捣底层时，捣棒应达到试模底面，捣上层时捣棒应插入该层底面以下 2～3cm 处。

D. 面层插捣完毕后，再用抹刀沿四边模壁插捣数下，以消除混凝土与试模接触面的气泡，并可避免蜂窝、麻面现象，然后用抹刀刮去表面多余的混凝土，将表面抹光，使混凝土稍高于试模。

　　E. 静置半小时后，对试块进行第二次抹面，将试块仔细抹光抹平，以使试块与标准尺寸的误差不超过±1mm。

　　6）试块的养护：

　　① 试块成型后，用湿布覆盖表面，在室温为 16～20℃下至少静放两昼夜，但不得超过两昼夜，然后进行编号及拆模工作；混凝土拆模后，要在试块上写清混凝土强度等级代表的工程部位和制作日期；

　　② 拆去试模后，随即将试块放在标准养护室（温度 20±3℃，相对湿度大于 90%，应避免直接浇水）养护至试压龄期为止。

　　注：1. 现场施工作为检验拆模强度或吊装强度的试块，其养护条件应与构件的养护条件相同。

　　　　2. 现场作为检验依据的标准强度试块，允许埋在湿砂内进行养护，但养护温度应控制在 16～20℃ 范围内。

　　　　3. 在标准养护室内，试块宜放在铁架或木架上养护，彼此之间的距离至少为 3～5cm。

　　　　4. 试块从标准养护室内取出，经擦干后即进行抗压试验。

　　　　5. 无标准养护室时可以养护池代替，池中水温 20±3℃，水的 pH 值不小于 7，养护时间自成型时算起 28 天。

　　7）混凝土用拌合水要求：拌制混凝土宜用饮用水。污水、pH 值小于 4 的酸性水和含硫酸盐量按 SO_4 计超过 1% 的水，不得用于生产混凝土构件。水中含有碳酸盐时会引起水泥的异常凝结；含有硝酸盐、磷酸盐时能引起缓凝作用；含有腐殖质、糖类等有机物时有的会引起缓凝、有的发生快硬或不硬化；含有洗涤剂等污水时，由于产生过剩的拌生空气，会使混凝土的各种性能恶化；含有超过 0.2% 浓度的氯化物时，会产生促凝性，使早期水化热增大，同时收缩增加，易导致混凝土中钢材的腐蚀；应予高度重视。

　　8）参与混凝土抗压强度试验的批准人、审核人、试验人等的责任者，均需本人签字。非本人签字为无效试验报告单。

附：混凝土强度检验与评定（按 GB 50107－2010）

1　基本规定

　　(1) 混凝土的强度等级应按立方体抗压强度标准值划分。混凝土强度等级应采用符号 C 与立方体抗压强度标准值（以 N/mm^2 计）表示。

　　(2) 立方体抗压强度标准值应为按标准方法制作和养护的边长为 150mm 的立方体试件，用标准试验方法在 28d 龄期测得的混凝土抗压强度总体分布中的一个值，强度低于该值的概率应为 5%。

　　(3) 混凝土强度应分批进行检验评定。一个检验批的混凝土应由强度等级相同、试验龄期相同、生产工艺条件和配合比基本相同的混凝土组成。

　　(4) 对大批量、连续生产混凝土的强度应按本标准第 5.1 节中规定的统计方法评定。对小批量或零星生产混凝土的强度应按本标准第 5.2 节中规定的非统计方法评定。

2　混凝土的取样与试验

　　(1) 混凝土的取样

1）混凝土的取样，宜根据本标准规定的检验评定方法要求制定检验批的划分方案和相应的取样计划。

2）混凝土强度试样应在混凝土的浇筑地点随机抽取。

3）试件的取样频率和数量应符合下列规定：

① 每 100 盘，但不超过 100m³ 的同配合比混凝土，取样次数不应少于一次；

② 每一工作班拌制的同配合比混凝土，不足 100 盘和 100m³ 时其取样次数不应少于一次；

③ 当一次连续浇筑的同配合比混凝土超过 1000m³ 时，每 200m³ 取样不应少于一次；

④ 对房屋建筑，每一楼层、同一配合比的混凝土，取样不应少于一次。

4）每批混凝土试样应制作的试件总组数，除满足本标准第 5 章规定的混凝土强度评定所必需的组数外，还应留置为检验结构或构件施工阶段混凝土强度所必需的试件。

（2）混凝土试件的制作与养护

1）每次取样应至少制作一组标准养护试件。

2）每组 3 个试件应由同一盘或同一车的混凝土中取样制作。

3）检验评定混凝土强度用的混凝土试件，其成型方法及标准养护条件应符合现行国家标准《普通混凝土力学性能试验方法标准》GB/T 50081 的规定。

4）采用蒸汽养护的构件，其试件应先随构件同条件养护，然后应置入标准养护条件下继续养护，两段养护时间的总和应为设计规定龄期。

（3）混凝土试件的试验

1）混凝土试件的立方体抗压强度试验应根据现行国家标准《普通混凝土力学性能试验方法标准》GB/T 50081 的规定执行。每组混凝土试件强度代表值的确定，应符合下列规定：

① 取 3 个试件强度的算术平均值作为每组试件的强度代表值；

② 当一组试件中强度的最大值或最小值与中间值之差超过中间值的 15％ 时，取中间值作为该组试件的强度代表值；

③ 当一组试件中强度的最大值和最小值与中间值之差均超过中间值的 15％ 时，该组试件的强度不应作为评定的依据。

注：对掺矿物掺合料的混凝土进行强度评定时，可根据设计规定，可采用大于 28d 龄期的混凝土强度。

2）当采用非标准尺寸试件时，应将其抗压强度乘以尺寸折算系数，折算成边长为 150mm 的标准尺寸试件抗压强度。尺寸折算系数按下列规定采用：

① 当混凝土强度等级低于 C60 时，对边长为 100mm 的立方体试件取 0.95，对边长为 200mm 的立方体试件取 1.05；

② 当混凝土强度等级不低于 C60 时，宜采用标准尺寸试件；使用非标准尺寸试件时，尺寸折算系数应由试验确定，其试件数量不应少于 30 对组。

3 混凝土强度的检验评定

（1）统计方法评定

1）采用统计方法评定时，应按下列规定进行：

① 当连续生产的混凝土，生产条件在较长时间内保持一致，且同一品种、同一强度

等级混凝土的强度变异性保持稳定时，应按本标准第 5.1.2 条的规定进行评定。

②　其他情况应按本标准第 5.1.3 条的规定进行评定。

2）一个检验批的样本容量应为连续的 3 组试件，其强度应同时符合下列规定：

$$m_{f_{cu}} \geqslant f_{cu.k} + 0.7\sigma_0$$

$$f_{cu.min} \geqslant f_{cu.k} - 0.7\sigma_0$$

检验批混凝土立方体抗压强度的标准差应按下式计算：

$$\sigma_0 = \sqrt{\dfrac{\sum\limits_{i=1}^{n} f_{cu.i}^2 - nm^2 f_{cu}}{n-1}}$$

当混凝土强度等级不高于 C20 时，其强度的最小值尚应满足下式要求：

$$f_{cu.min} \geqslant 0.85 f_{cu.k}$$

当混凝土强度等级高于 C20 时，其强度的最小值尚应满足下列要求：

$$f_{cu.min} \geqslant 0.9 f_{cu.k}$$

式中　$m_{f_{cu}}$——同一检验批混凝土立方体抗压强度的平均值（N/mm²），精确到 0.1（N/mm²）；

$f_{cu.k}$——混凝土立方体抗压强度标准值（N/mm²），精确到 0.1（N/mm²）；

σ_0——检验批混凝土立方体抗压强度的标准差（N/mm²），精确到 0.01（N/mm²）；当检验批混凝土强度标准差计算值小于 2.5N/mm² 时。应取 2.5N/mm²；

$f_{cu.i}$——前一个检验期内同一品种、同一强度等级的第 i 组混凝土试件的立方体抗压强度代表值（N/mm²），精确到 0.1（N/mm²）；该检验期不应少于 60d，也不得大于 90d；

n——前一检验期内的样本容量，在该期间内样本容量不应少于 45；

$f_{cu.min}$——同一检验批混凝土立方体抗压强度的最小值（N/mm²），精确到 0.1（N/mm²）。

3）当样本容量不少于 10 组时，其强度应同时满足下列要求：

$$m_{f_{cu}} \geqslant f_{cu.k} + \lambda_1 \cdot S_{f_{cu}}$$

$$f_{cu.min} \geqslant \lambda_2 \cdot f_{cu.k}$$

同一检验批混凝土立方体抗压强度的标准差应按下式计算：

$$S_{f_{cu}} = \sqrt{\dfrac{\sum\limits_{i=1}^{n} f_{cu.i}^2 - nm^2 f_{cu}}{n-1}} \tag{5.1.3-3}$$

式中　$S_{f_{cu}}$——同一检验批混凝土立方体抗压强度的标准差（N/mm²），精确到 0.01（N/mm²）；当检验批混凝土强度标准差 $S_{f_{cu}}$ 计算值小于 2.5N/mm² 时，应取 2.5N/mm²；

λ_1、λ_2——合格评定系数，按表 1 取用；

n——本检验期内的样本容量。

混凝土强度的合格评定系数   表1

试件组数	10~14	15~19	≥20
λ_1	1.15	1.05	0.95
λ_2	0.90		0.85

（2）非统计方法评定

1）当用于评定的样本容量小于10组时，应采用非统计方法评定混凝土强度。

2）按非统计方法评定混凝土强度时，其强度应同时符合下列规定：

$$m_{f_{cu}} \geqslant \lambda_3 \cdot f_{cu.k}$$

$$f_{cu.min} \geqslant \lambda_4 \cdot f_{cu.k}$$

式中 λ_3、λ_4——合格评定系数，应按表2取用。

混凝土强度的非统计法合格评定系数   表2

混凝土强度等级	<C60	≥C60
λ_3	1.15	1.10
λ_4	0.95	

（3）混凝土强度的合格性评定

1）当检验结果满足（1）统计方法评定中的2）条或3）条或（2）非统计方法评定中的2）条的规定时，则该批混凝土强度应评定为合格；当不能满足上述规定时，该批混凝土强度应评定为不合格。

2）对评定为不合格批的混凝土，可按国家现行的有关标准进行处理。

4.2.2.6-5　砌筑砂浆抗压强度试验报告（表 C6-5）

1. 资料表式

砌筑砂浆抗压强度试验报告 （表 C6-5）				编　号		
				试验编号		
				委托编号		
				见证记录编号		
工程名称		工程部位				
委托单位				试验委托人		
砂浆品种		强度等级		稠度	试件编号	
水泥品种、强度等级		厂家			试验编号	
砂产地及种类					试验编号	
外加剂名称					试验编号	
掺合料名称					试验编号	
配合比编号			配合比比例			

用　　量	材料名称					
	水泥	水	砂	石灰膏	掺合料	外加剂
每 m³ 用量（kg）						
每盘用量（kg）						

成型日期		要求龄期		要求试验日期	
养护方法		收到日期		试块制作人	

试件编号	试验 日期	实际 龄期	试件 规格	受压 面积	压力		抗压 强度	达到设计 强度
					单块	平均		

结论：

批准人		审核人		试验人	
报告日期				年　　月　　日（章）	

本表由试验单位填写，建设单位、施工单位保存。

2. 应用指导

（1）DB11/T 712—2010 规范规定：

砌筑砂浆

1）应有配合比申请单和实验室签发的配合比通知单（表 C5-12）；

2）应有按规定留置的龄期为 28d 标养试块的抗压强度试验报告。《砌筑砂浆抗压强度报告》（表 C6-5）；

3）用于承重结构的砌筑砂浆试块应实行有见证取样和送检的管理。

(2)《砌筑砂浆抗压强度试验报告》实施说明：

砂浆试块试验报告单是指施工单位根据设计要求的砂浆强度等级，由施工单位在施工现场按标准要求留置的砂浆试块，由试验单位进行的强度测试后出具的报告单。

1）砂浆强度以标准养护龄期 28d 的试块抗压试验结果为准，在冬施条件下养护时应增加同条件养护的试块，并有测温记录。

2）非标养试块应有测温记录，超龄期试块按有关规定换算为 28d 强度进行评定。

3）砌筑砂浆试块强度验收时其强度合格标准必须符合以下规定：

同一验收批砂浆试块抗压强度平均值必须大于或等于设计强度等级所对应的立方体抗压强度；同一验收批砂浆试块抗压强度的最小一组平均值必须大于或等于设计强度等级所对应的立方体抗压强度的 0.75 倍。

注：① 砌筑砂浆的验收批，同一类型、强度等级的砂浆试块应不少于 3 组。当同一验收批只有一组试块时，该组试块抗压强度的平均值必须大于或等于设计强度等级所对应的立方体抗压强度。

② 砂浆强度应以标准养护，龄期为 28d 的试块抗压试验结果为准。

4）砂浆的配合比

① 砂浆的配合比应采用经试验室确定的重量比，配合比应事先通过试配确定。

水泥、有机塑化剂和冬期施工中掺用的氯盐等的配料准确度应控制在 ±2% 以内；砂、水及石灰膏、电石膏、黏土膏、粉煤灰、磨细生石灰粉等组分的配料精确度应控制在 ±5% 范围内。砂应计入其含水量对配料的影响。

② 为使砂浆具有良好的保水性，应掺入无机或有机塑化剂，不应采取增加水泥用量的方法。

③ 水泥砂浆的最少水泥用量不宜小于 200kg/m³。

④ 砌浆砂浆的分层度不应大于 30mm。

⑤ 石灰膏、黏土膏和电石膏的用量，宜按稠度 120±5mm 计量。现场施工时当石灰膏稠度与试配时不一致时，可参考表 1 换算。

石灰膏不同稠度时的换算系数 表 1

石灰膏稠度 (mm)	120	110	100	90	80	70	60	50	40	30
换算系数	1.00	0.99	0.97	0.95	0.93	0.92	0.90	0.88	0.87	0.86

5）当砂浆的组成材料有变更时，其配合比应重新确定。

6）砌筑砂浆采用重量配合比，如砂浆组成材料有变更，应重新选定砂浆配合比。砂浆所有材料需符合质量检验标准，不同品种的水泥不得混合使用。砂浆的种类、标号、稠度、分层度均应符合设计要求和施工规范规定。

7）与建筑砂浆基本性能有关的试验包括：稠度试验、密度试验、分层度试验、凝结时间的测定、抗压强度试验、静力受压弹性模量试验、抗冻性能试验、收缩试验等。在施工过程中经常需要测试的有稠度试验、分层度试验和抗压强度试验。必要时进行抗冻性试验。施工完成后，必须报审有关砂浆强度试验为抗压强度试验，试验报告应齐全、真实。

8）代表批量与取样数量规定

① 代表批量

每一检验批且不超过 250m³ 砌体的各种类型及强度等级的砌筑砂浆，每台搅拌机应至少抽检一次，在砂浆搅拌机出料口随机取样制作砂浆试块（同盘砂浆只应制作 1 组试块）。每次至少应制作一组试件，如砂浆等级配合比变更时，还应制作试块。

水泥砂浆地面每 500m² 留置一组试块。

② 取样数量

根据代表批量，所取强度试样（砂浆拌合物）的数量应多于试验用（成型试块用）的 1~2 倍，进行砂浆试配时，各种材料送样数量为：水泥 35kg、砂子 60kg、掺合料 10kg、塑化剂 1kg，有特殊要求的（防水、防冻等）应适当增加送样材料。

③ 取样方法

建筑砂浆试验用料（砂浆拌合物）应根据不同要求，可从同一盘搅拌机或同一车运送的砂浆中取出；出试验室取样时，可从机械拌合的砂浆中取出。

施工中取样进行砂浆试验时，其取样方法和原则按相应的施工验收规范执行。一般应在使用地点的砂浆槽、砂浆运送车或搅拌机出料口中的至少三个不同部位集取。

砂浆拌合物取样后，应尽快进行试验。现场取来的试样，在试验前应经人工再翻拌，以保证质量均匀。

④注意事项

A. 水泥石灰砂浆中掺入有机塑化剂时，石灰用量最多减少一半。微沫剂宜用不低于 70℃ 的水稀释至 5%~10% 的浓度，稀释后的微沫剂溶液，存放时间不宜超过 7d。

B. 砂浆稠度的选用

砂浆流动性用"稠度"表示，采用"砂浆稠度仪"按标准方法测定出"稠度值"，用毫米（mm）表示。

砂浆流动性的大小与砌筑材料和种类，施工条件及气候条件等因素有关，当施工资料无规定时可按表 2 选用：

砌筑砂浆的稠度　　　　　　　　　　　　　　　　　　　表 2

烧结普通砖砌体	70~90mm
轻骨料混凝土小型空心砌块砌体	60~90mm
烧结多孔砖、空心砖砌体	60~80mm
烧结普通砖平拱式过梁空斗墙、筒拱 普通混凝土小型空心砌块砌体、加气混凝土砌块砌体	50~70mm
石 砌 体	30~50mm

9）试块制作。

① 将内壁事先涂刷薄层机油（或脱模剂）的 7.07cm×7.07cm×7.07cm 的无底金属或塑料试模（试模内表面应机械加工，其不平度应为每 100mm 不超过 0.05mm）组装后各相邻面的不垂直度不超过 ±0.5°，放在预先铺有吸水性较好的湿纸（应为湿的新闻纸或其他未粘过胶凝材料的纸，纸的大小要以能盖过砖的四边为准）的普通砖上（砖 4 个垂直面粘过水泥或其他胶结材料后，不允许再使用），砖的吸水率不应小于 10%。砖的含水率不大于 20%。

② 砂浆拌合后一次注满试模内，用直径 10mm、长 350mm 的钢筋捣棒（其中一端呈半球形）均匀由外向里螺旋方向插捣 25 次，为了防止低稠度砂浆插捣后可能留下孔洞，

允许用油灰刀沿模壁插数次。然后在四侧用油漆刮刀沿试模壁插捣数次，砂浆应高出试模顶面 6~8mm。

③ 当砂浆表面开始出现麻斑状态时（约 15~30min），将高出部分的砂浆沿试模顶面削平。

10）试块养护

① 试块制作后，一般应在正温度环境中养护一昼夜（24±2h），当气温较低时，可适当延长时间，但不应超过两昼夜，然后对试块进行编号并拆模。

② 试块拆模后，应在标准养护条件或自然养护条件下继续养护至 28d，然后进行试压。

③ 标准养护。

A. 水泥混合砂浆应在温度为 20±3℃，相对湿度为 60%~80% 的条件下养护。

B. 水泥砂浆和微沫砂浆应在温度为 20±3℃，相对湿度为 90% 以上的潮湿条件下养护。

C. 养护期间试件彼此间隔不少于 10mm。

④自然养护。

A. 水泥混合砂浆应在正温度，相对湿度为 60%~80% 的条件下（如养护箱中或不通风的室内）养护。

B. 水泥砂浆和微沫砂浆应在正温度并保持试块表面湿润的状态下（如湿砂堆中）养护。

C. 养护期间必须做好温度记录。

11）砂浆强度检验评定

按《砌体工程施工质量验收规范》GB 50203—2002 规定评定。

① 同品种、同强度等级砂浆各组试件的平均强度不小于 $f_{m,k}$。

② 任意一组试件的强度不小于 $0.75f_{m,k}$。

③ 单位工程中同品种、同强度等级仅有一组试件时，其强度不应低于 $f_{m,k}$。

注：砂浆强度按单位工程内同品种、同强度等级为同一验收批评定。

④按上述检验评定不合格或留置组数不足时，可经法定检测单位鉴定，采用非破损或截取墙体检验等方法检验评定后，作出相应处理。

12）砌筑砂浆测试结果为低强度值时，《规范》已划定界限，单组值小于设计强度 0.75 倍时为不合格试块，需采用非破损或微破损方法对现形砂浆进行原位法检测，依据检测结果作出判定和处理。

13）砂浆强度评定说明

① 标准要求

A. 砂浆度块，其结果评定是以六个试块（70.7mm×70.7mm×70.7mm）测值的算术平均值作为该组试块的抗压强度代表值，平均值计算精确到 0.1MPa。当六个试块的最大值或最小值与平均值之差超过 20% 时，去掉最大和最小值，以剩余四个试块的平均值为该组试块的抗压强度代表值。

B. 单组砂浆试块，一般只给出达到设计强度百分率，砂浆强试的评定根据《建筑工程施工质量验收统一标准》GB 50300—2001 规定，同品种、同强度等级砂浆各组平均值不小于设计强度，任意一组试块的强度代表值不小于设计强度的 0.75，砂浆强度按单位分项工程为同一验收批。当单位分项工程中仅有一组试块时，其强度不应低于设计强度值。

C. 砂浆配合比报告，稠度应符合设计要求，强度应达到设计强度加 0.645 倍标准差，抗冻砂浆、冻融后质量损失率不大于 5%，抗压强度损失不大于 25%。防水砂浆必须达到设计的抗渗等级要求。

② 检验结论

A. 试验室对砂浆试块测定抗压强度后，如是标养试块，其结果只计算出达设计强度百分率。

B. 砂浆抗压强度试验报告，一组试块时不对合格与否作评定。

C. 砂浆配比报告，要为使用单位提供质量配比、每立方米材料用量、拌合物密度、稠度、分层度、凝结时间及 7d 及 28d 试配强度值。

D. 有特殊要求的砂浆还应满足相应的要求。

14）核查要点

① 按照施工图设计要求，核查砂浆配合比及试块强度报告单中砂浆品种、强度等级、试块制作日期、试压龄期、养护方法、试块组数、试块强度是否符合设计要求及施工规范的规定；

② 核验每张砂浆试块抗压强度试验报告中的试验子目是否齐全，试验编号是否填写，试验数据计算是否正确；

③ 核查砂浆试块抗压强度试验报告单是否和水泥出厂质量合格证或水泥试验报告单的水泥品种、强度等级、厂牌相一致。

④ 所用材料应与配合比通知单相符，单位工程全部砂浆试块强度应按工程部位的施工顺序列表，内容包括各组试块强度及达到设计强度等级的百分比，应注明试验的编号。凡强度达不到设计要求的，应有鉴定处理方案和实施记录，并经设计部门签认。否则应为不符合要求项目。

15）参与砌筑砂浆抗压强度试验的批准人、审核人、试验人等的责任者，均需本人签字。非本人签字为无效试验报告单。

4.2.2.6-6 混凝土抗渗试验报告（表C6-6）

1. 资料表式

混凝土抗渗试验报告 （表 C6-6）		编　号	
		试验编号	
		委托编号	
工程名称及部位		试样编号	
委托单位		试验委托人	
抗渗等级		配合比编号	
强度等级	养护条件	收样日期	
成型日期	龄期	试验日期	
试验情况：			
结论：			
批准人		审核人	试验人
试验单位			
报告日期			年　月　日(章)

本表由试验单位填写，建设单位、施工单位保存。

2. 应用指导

(1) DB11/T 712—2010 规范规定：

混凝土

1) 应有配合比申请单和由试验室签发的配合比通知单（表 C5-13），施工中如材料有变化时，应有修改配合比的试验资料；

2) 应有按规定组数留置的 28d 龄期标养试块和足够数量的同条件养护试块，并按《混凝土抗渗试验报告》（表 C6-6）的要求进行试验；

3) 由不合格批混凝土制成的结构、或未按规定留置试块的，应有结构处理的有关资料，需要检测的，应有法定检测单位的检测报告，并征得原设计单位的书面认可；

4）抗渗混凝土、抗压混凝土、特种混凝土除应具有上述资料外还应有其他专项试验报告；

5）用于承重结构的混凝土抗压强度试块，按规定实行有见证取样和送检的管理；

6）潮湿环境、直接与水接触的混凝土工程和外部有碱环境并处于潮湿环境的混凝土工程，应预防碱骨料反应，并按有关规定执行，有相关检测报告。

(2)《混凝土抗渗试验报告》实施说明：

混凝土抗渗性能试验报告是为保证工程质量，由试验单位对工程中留置的抗渗混凝土试块的强度指标进行测试后出具的质量证明文件。

1）不同品种、不同强度等级、不同级配的抗掺混凝土均应在混凝土浇筑地点随机留置试块，且至少有一组在标准条件下养护，试件的留置数量应符合相应标准的规定。

2）抗掺混凝土强度以标准养护龄期 28d 的试块抗压试验结果为准，在冬施条件下养护时应增加同条件养护的试块，并有测温记录。

3）防水混凝土的防渗等级

防水混凝土的防渗等级分为：P6、P8、P12、P16、P20 五个等级。

防水混凝土的防渗等级　　　　　　　　表1

工程埋置深度（m）	最大水头 H 与防水混凝土壁厚 h 的比值（H/h）	抗渗等级（MPa）
<10	$H/h<10$	P6（0.6）
10～15	$10 \leqslant H/h < 15$	P8（0.8）
15～25	$15 \leqslant H/h < 25$	P12（1.2）
25～35	$25 \leqslant H/h < 35$	P16（1.6）
>35	$H/h>35$	P20（2.0）

注：1. 本表适用于Ⅳ、Ⅴ级围岩（土层及软弱围岩）。

2. 抗渗等级 P8 表示其设计抗渗压力为 0.8MPa。

3. 高层建筑基础的混凝土强度不宜低于 C30。

4）抗渗混凝土试块由施工单位提供。抗渗混凝土不仅需要满足强度要求，而且需要符合抗渗要求，均应根据需要留置试块。

5）防水混凝土的抗压强度和抗渗压力必须符合设计要求。

6）抗渗性能试块基本要求：

① 抗渗试块的尺寸顶面直径为 175mm，底面直径为 185mm，高为 150mm 的圆台体，或直径与高度均为 150mm 的圆柱体试件。

② 混凝土抗渗性能试件应采用标准条件下养护混凝土抗渗试件的试验结果评定，试件应在浇筑地点制作。

连续浇筑混凝土每 500m³ 应留置一组抗渗试件。采用预拌混凝土的抗渗试件，留置组数应视结构的规模和要求而定。同一混凝土强度等级、同一抗渗等级、同一配合比、同一原材料每单位工程不少于两组，每 6 块为一组。

③ 试块应在浇筑地点制作，其中至少一组试块应在标准条件下养护，其余试块应在与构件相同条件下养护。每项工程不得少于两组。

④ 试样要有代表性，应在搅拌后第三盘至搅拌结束前 30min 之间取样。

⑤ 每组试样包括同条件试块、抗渗试块、强度试块的试样，必须取同一次拌制的混

凝土拌合物。

⑥ 试件成型后 24h 拆模。用钢丝刷刷去两端面水泥浆膜，然后送入标养室。

⑦ 试件一般养护至 28d 龄期进行试验，如有特殊要求，可在其他龄期进行。

7）防水混凝土用材料应符合下列规定：

① 水泥品种应按设计要求选用，其强度等级不应低于 32.5 级，不得使用过期或受潮结块水泥；

② 碎石或卵石的粒径宜为 5～40mm，含泥量不得大于 1.0%，泥块含量不得大于 0.5%；

③ 砂宜用中砂，含泥量不得大于 3.0%，泥块含量不得大于 1.0%；

④ 拌制混凝土所用的水，应采用不含有害物质的洁净水；

⑤ 外加剂的技术性能，应符合国家或行业标准一等品及以上的质量要求；

⑥ 粉煤灰的级别不应低于二级，掺量不宜大于 20%；硅粉掺量不应大于 3%，其他掺合料的掺量应通过试验确定。

8）防水混凝土的配合比应符合下列规定：

① 试配要求的抗渗水压值应比设计值提高 0.2MPa；

② 水泥用量不得少于 300kg/m³；掺有活性掺合料时，水泥用量不得少于 280kg/m³；

③ 砂率宜为 35～45%，灰砂比宜为 1:2～1:2.5；

④ 水灰比不得大于 0.55；

⑤ 普通防水混凝土坍落度不宜大于 50mm，泵送时入泵坍落度宜为 100～140mm。

9）混凝土抗渗性能试验应按下列步骤进行

① 试件养护至试验前一天取出，将表面晾干，然后在其侧面涂一层熔化的密封材料，随即在螺旋或其他加压装置上，将试件压入经烘箱预热过的试件套中，稍冷却后，即可解除压力，连同试件套装在抗渗仪上进行试验。

② 试验从水压为 0.1MPa（1kgf/cm²）开始。以后每隔 8h 增加水压 0.1MPa（1kgf/cm²），并且要随时注意观察试件端面的渗水情况。

③ 当 6 个试件中有 3 个试件端面呈有渗水现象时，即可停止试验，记下当时的水压。

④ 在试验过程中，如发现水从试件周边渗出，则应停止试验，重新密封。

10）混凝土抗渗性能试验结果评定：

① 混凝土的抗渗等级以每组 6 个试件中 4 个未出现渗水时的最大水压力表示。

其计算式为：
$$S = 10H - 1$$

式中　S——抗渗等级；

　　　H——6 个试件中三个渗水时的水压力（MPa）。

② 若按委托抗渗等级（S）评定：（6 个试件均无渗水现象）应试压至 $S+1$ 时的水压，方可评为 $>S$。

③ 如压力到 1.2MPa，经过 8h，渗水仍不超过 2 个 h，混凝土的抗渗等级应等于或大于 S_{12}。

11）参与混凝土抗渗试验的批准人、审核人、试验人等的责任者，均需本人签字。非本人签字为无效试验报告单。

4.2.2.6-7 钢筋连接试验报告（表C6-7）

1. 资料表式

编　号		
试验编号		
委托编号		

钢筋连接试验报告
（表C6-7）

工程名称及部位		试样编号	
委托单位		试验委托人	
接头类型		检验形式	
设计要求接头性能等级		代表数量	
连接钢筋种类及牌号	公称直径	原材试验编号	
操作人	收样日期	试验日期	

接头试件			母材试件		弯曲试件			备注
公称面积	抗拉强度	断裂特征及位置	实测面积	抗拉强度	弯心直径	角度	结果	

试验依据及结果：

批准人		审核人		试验人	
试验单位					
报告日期				年　月　日（章）	

本表由试验单位填写，建设单位、施工单位保存。

2. 应用指导

(1) DB11/T 712—2010 规范规定：

1）钢筋连接用于焊接、机械连接钢筋的力学性能和工艺性能应符合现行国家标准；

2）钢筋连接在正式焊（连）接工程开始前及施工过程中，应对每批进场的钢筋，在现场条件下进行工艺检验。工艺检验合格后方可进行焊接或机械连接的施工；

3）钢筋焊接接头或焊接制品、机械连接接头应按焊（连）接类型和验收批的划分进行质量验收并现场取样复试，并填写《钢筋连接试验报告》（表 C6-7）；

4）采用机械连接接头形式施工时，技术提供单位应提交相应资质等级的检测机构出具的形式检测报告；

5）承重结构工程中的钢筋连接接头按规定实行有见证取样和送检的管理。

(2)《钢筋连接试验报告》实施说明：

1）参与钢筋连接试验的批准人、审核人、试验人等的责任者，均需本人签字。非本人签字为无效试验报告单。

2）钢筋连接主要有：钢筋焊接接头、钢筋机械连接接头。钢筋连接试验的相关要求分别按Ⅰ　钢筋焊接接头、Ⅱ　钢筋机械连接接头办理。

Ⅰ　钢筋焊接接头

钢筋焊接接头拉伸、弯曲试验报告是指为保证建筑工程焊接质量对用于工程的不同形式的焊接构件、弯曲构件的连接进行的有关指标的测试，该表是具有相应资质试验单位出具的试验证明文件。

1）钢筋焊接接头、按规定每批各取 3 件分别进行抗剪（点焊）、拉伸及弯曲试验，试验报告单的子项应填写齐全。对不合格焊接件应重新抽样复试，并对焊件进行补焊。

2）钢结构构件按设计要求应分别按要求进行Ⅰ、Ⅱ、Ⅲ级焊接质量检验。一、二级焊缝，即承受拉力或压力要求与母材有同等强度的焊缝，必须有超声波检验报告，一级焊缝还应有 X 射线伤检验报告。

注：超声波探伤是一种利用超声波不能穿透任何固体、气体界面而被全部反射的特性来进行探伤的。超声波探伤器发出波长很短的超声波，射入被检锻件，并接受从锻件底面或缺陷处反射回来的超声波，将其信号显示在示波屏上。当探头放在无缺陷部位的表面上时，示波屏上只呈现始脉冲和底脉冲。当探测到内部的小缺陷时，示波屏上就呈现始脉冲，底脉冲，当探测到大缺陷时，示波屏显示始脉冲和缺陷脉冲而无底脉冲。

3）受力预埋件钢筋 T 形接头必须做拉伸试验，且必须符合设计或规范规定。

4）电焊条、焊丝和焊剂的品种、牌号及规格和使用应符合设计要求和规范规定，应有出厂合格证（如包装商标上有技术指示时，也可将商标揭下存档，无技术指标时应进行复试）并应注明使用部位及设计要求的型号。质量指标包括机械性能和化学分析，低氢型碱性焊条以及在运输中受潮的酸性焊条，应烘后再用并填写烘焙记录。

5）钢筋焊接连接试验

钢筋焊接接头的基本性能试验：包括拉伸、抗剪和弯曲试验三种；特殊性能试验方法包括冲击、疲劳、硬度和金相试验四种。

钢筋焊接接头，各种试验一般应在常温（10～36℃）下进行，如有特殊要求，亦可根据有关规定在其他温度下进行。

6）一般焊接的试验项目：

① 焊接钢筋骨架和焊接钢筋网片　　　　　抗剪、拉伸试验。

② 钢筋闪光对焊接头　　　　　　　　　　拉伸、弯曲试验。

③ 钢筋电弧焊接头　　　　　　　　　　　拉伸试验。

④钢筋电渣压力焊接头　　　　　　　　　拉伸试验。

⑤预埋件钢筋 T 形接头　　　　　　　　　拉伸试验。

⑥钢材焊接接头　　　　　　　　　　　　拉伸试验等。

⑦钢筋气压焊　　　　　　　　　　　　　拉伸试验。

注：常见钢筋接头的检验项目包括接头的抗拉强度和外观质量（外观质量由工地自检），对于闪光对焊以及在梁板水平连接中的气压焊接头还须进行冷弯性能试验。

7）取样要求

① 常用钢筋接头机械性能试验的代表批量及取样数量见表 1。

钢筋接头机械性能试验的代表批量及取样数量　　　　　　　　　表 1

连接方法	验收批组成	每批数量	取样数量
闪光对焊	每批由同台班、同焊工、同焊接参数的组成。数量较少时可一周内累计计算	≤300 个	从每批成品中随机切取拉伸、冷弯试样各 3 个
电弧焊	工厂焊接时，每批由同级别、同接头型式的组成。现场焊接时，每批由一至二楼层、同级别、同接头型式的组成		从每批成品中随机切取 3 个拉伸试样
电渣压力焊	现浇多层结构中，每批由同楼层或施工区段、同级别的组成		从每批成品中随机切取 3 个拉伸试样
气压焊	每批由同一楼层的组成		随机切取 3 个拉伸试样，在梁板的水平连接中须另切取 3 个冷弯试样
钢筋焊接骨架	凡钢筋级别、直径及尺寸相同的焊接骨架应视为同一类型制品，应按一批计算	≤200 件	热轧钢筋焊点抗剪试件为 3 件，冷拔丝焊件增加 3 件拉伸试件
机械连接	每批由同施工条件、同材料、同形式的组成	≤500 个	在工程结构中随机切取 3 个拉伸试样

② 外观质量的取样数量

闪光对焊接头每批抽检 10%，且不少于 10 个，电弧焊、电渣压力焊以及气压焊接头间应逐个进行外观检查。

③ 弯曲试验试样长度

弯曲试验试样长度宜为两支辊内侧距离另加 150mm，具体尺寸可按表 2。

8）钢筋各种焊接接头机械性能试验

① 钢筋闪光对焊接头的质量检验，应分批进行外观检查和力学性能试验。

A. 闪光对焊接头拉伸试验结果应符合要求：

a. 3 个热轧钢筋接头试件的抗拉强度均不得小于该级别钢筋规定的抗拉强度；

b. 余热处理Ⅲ级钢筋接头试件的抗拉强度均不得小于热轧Ⅲ级钢筋抗拉强度 570MPa；

c. 应至少有 2 个试件断于焊缝之外，并呈延性断裂。

当试验结果有 1 个试件的抗拉强度小于上述规定值，或有 2 个试件在焊缝或热影响区发生脆性断裂时，应再取 6 个试件进行复验。复验结果，当仍有 1 个试件的抗拉强度小于规定值时，或有 3 个试件断于焊缝或热影响区，呈脆性断裂，应确认该批接头为不合格品。

钢筋焊接接头弯曲试验参数表　　　　　　　　　　　　　　表 2

钢筋公称直径（mm）	钢筋级别	弯心直径（mm）	支辊内侧距（D+2.5d）(mm)	试样长度（mm）
12	I	24	54	200
	II	48	78	230
	III	60	90	240
	IV	84	114	260
14	I	28	63	210
	II	56	91	240
	III	70	105	250
	IV	98	133	280
16	I	32	72	220
	II	64	104	250
	III	80	120	270
	IV	112	152	300
18	I	36	81	230
	II	72	117	270
	III	90	135	280
	IV	126	171	320
20	I	40	90	240
	II	80	130	280
	III	100	150	300
	IV	140	190	340
22	I	44	99	250
	II	88	143	290
	III	110	165	310
	IV	154	209	360
25	I	50	113	260
	II	100	163	310
	III	125	188	340
	IV	175	237	390
28	I	80	154	300
	II	140	210	360
	III	168	238	390
	IV	224	294	440
32	I	96	176	330
	II	160	240	390
	III	192	259	410
36	I	108	198	350
	II	180	270	420
	III	216	306	460
40	I	120	220	370
	II	200	300	450
	III	240	340	490

注：试样长度根据（D+2.5d）+150mm 修约而得。

B. 预应力钢筋与螺栓端杆闪光对焊接头拉伸试验结果，3 个试件应全部断于焊缝之外，呈延性断裂。

当试验结果，有 1 个试件在焊缝或影响区发生脆性断裂时，应从成品中再切取 3 个试件进行复验。复验结果，当仍有 1 个试件在焊缝或热影响区发生脆性断裂时，应确认该批接头为不合格品。

C. 模拟试件的试验结果不符合要求时，应从成品中再切取试件进行复验，其数量和要求应与初始试验时相同。

D. 闪光对焊接头弯曲试验时，应将受压面金属毛刺和镦粗变形部分消除，且与母材外表齐平。

弯曲试验可在万能试验机、手动或电动液弯曲试验器上进行，焊缝应处于弯曲中心点，弯心直径和弯曲角应符合表 3 的规定，当弯至 90°，至少有 2 个试件不得发生破断。

闪光对焊接头弯曲试验指标　　　　　　　　　　表 3

钢　筋　级　别	弯　心　直　径	弯曲角（°）
Ⅰ　　级	2d	90
Ⅱ　　级	4d	90
Ⅲ　　级	5d	90
Ⅳ　　级	7d	90

注：1. d 为钢筋直径（mm）；
　　2. 直径大于 25mm 的钢筋对焊接头，弯曲试验弯心直径应增加 1 倍钢筋直径。

当试验结果，有 2 个试件发生破断时，应再取 6 个试件进行复验。复验结果，当仍有 3 个试件发生破断，应确认该批接头为不合格品。

② 钢筋电弧焊接头外观检查时，应在清渣后逐个进行目测或量测。当进行力学性能试验时，钢筋电弧焊接头拉伸试验结果应符合要求：3 个热轧钢筋接间试件的抗拉强度均不得小于该级别钢筋规定的抗拉强度；余热处理Ⅲ级钢筋接头试件的抗拉强度均不得小于热轧Ⅲ级钢筋规定的抗拉强度 570MPa；3 个接头试件均应断于焊缝之外，并应至少有 2 个试件呈延性断裂；当试验结果，有 1 个试件的抗拉强度小于规定值，或有 1 个试件断于焊缝，或有 2 个试件发生脆性断裂时，应再取 6 个试件进行复验。复验结果当有 1 个试件抗拉强度小于规定值，或有 1 个试件断于焊缝，或有 3 个试件呈脆性断裂时，应确认该批接头为不合格品。

模拟试件的数量和要求应与从成品中切取时相同。当模拟试件试验结果不符合要求时，复验应再从成品中切取，其数量和要求应与初始试验时相同。

③ 钢筋电渣压力焊应逐个进行外观检查。当进行力学性能试验时，电渣压力焊接头拉伸试验结果，3 个试件的抗拉强度均不得小于该级别钢筋规定的抗拉强度。

当试验结果有 1 个试件的抗拉强度低于规定值，应再取 6 个试件进行复验。复验结果，当仍有 1 个试件的抗拉强度小于规定值，应确认该批接头为不合格品。

④ 钢筋气压焊应逐个进行外观检查。当进行力学性能试验时，气压焊接头拉伸试验结果，3 个试件的抗拉强度均不得小于该级别钢筋规定的抗拉强度，并应断于压焊面之外，呈延性断裂。当有 1 个试件不符合要求时，应切取 6 个试件进行复验；复验结果，当仍有 1 个试件不符合要求，应确认该批接头为不合格品。

气压焊接头进行弯曲试验时，应将试件受压面的凸起部分消除，并应与钢筋外表面齐平。弯心直径应符合表 4 的规定。

气压焊接头弯曲试验弯心直径　　　　　**表 4**

钢 筋 等 级	弯 心 直 径	
	$d \leqslant 25mm$	$d > 25mm$
Ⅰ	$2d$	$3d$
Ⅱ	$4d$	$5d$
Ⅲ	$5d$	$6d$

注：d 为钢筋直径（mm）。

弯曲试验可在万能试验机、手动或电动液压弯曲试验器上进行；压焊面应处在弯曲中心点，弯至 90°，3 个试件均不得在压焊面发生破断。

当试验结果有 1 个试件不符合要求，应再切取 6 个试件进行复验。复验结果，当仍有 1 个试件不符合要求，应确认该批接头为不合格品。

⑤ 预埋件钢筋 T 形接头应进行外观检查，当进行力学性能试验时，预埋件钢筋 T 形接头 3 个试件拉伸试验结果，其抗拉强度应符合要求：Ⅰ 级钢筋接头均不得小于 350MPa；Ⅱ 级钢筋接头均不得小于 490MPa；当试验结果有 1 个试件的抗拉强度小于规定值时，应再取 6 个试件进行复验。复验结果，当仍有 1 个试件的抗拉强度小于规定值时，应确认该批接头为不合格品。对于不合格品采取补强焊接后，可提交二次验收。

9）焊接接头的外观质量要求

焊接接头的外观质量要求　　　　　**表 5**

接 头 类 型	外 观 质 量 要 求
闪光对焊	1. 不得有横向裂纹； 2. 不得有明显烧伤； 3. 接头弯折角 ≤4°； 4. 轴线偏移 ≤0.1d，且 ≤2mm
电 弧 焊	1. 焊缝表面平整，无凹陷或焊瘤； 2. 接头区域不得有裂纹； 3. 弯折角 ≤4°； 4. 轴线偏移 ≤0.1d，且 ≤3mm； 5. 帮条焊纵向偏移 ≤0.5d
电渣压力焊	1. 钢筋与电极接触处无烧伤缺陷； 2. 四周焊包凸出钢筋表面高度 ≥4mm； 3. 弯折角 ≤4°； 4. 轴线偏移 ≤0.1d，且 ≤2mm
气 压 焊	1. 偏心量 ≤0.15d，且 ≤4mm； 2. 弯折角 ≤4°； 3. 镦粗直径 ≥1.4d； 4. 镦粗长度 ≥1.2d； 5. 压焊面偏移 ≤0.2d

10）进口钢筋的焊接：

① 进口钢筋焊接前，应分批进行化学分析试验，当钢筋化学成分符合下列规定时，可采用电弧焊或闪光接触对焊。

含碳量 ≤0.3%；

碳当量 $C_H \leqslant 0.55\%$，碳当量可近似按 $C_H = \left(C + \dfrac{M_n}{6} \right)\%$ 计算；

含硫量≤0.05％；含磷量≤0.05％；

② 进口钢筋严禁采用电弧点焊和在非焊接部位上打火。

③ 进口钢筋的闪光接触对焊的焊接工艺方法应参照我国的有关规程和规范执行；焊接工艺参数可通过试验确定。

Ⅱ　钢筋机械连接接头

1. 钢筋机械连接试验报告

钢筋机械连接是指通过钢筋与连接件的机械咬合作用或钢筋端面的承压作用，将一根钢筋中的力传递至另一根钢筋的连接方法。

（1）常用钢筋机械连接接头类型有：

套筒挤压接头：通过挤压力使连接件钢套筒塑性变形与带肋钢筋紧密咬合形成的接头；

锥螺纹接头：通过钢筋端头特制的锥形螺纹和连接件锥螺纹咬合形成的接头；

镦粗直螺纹接头：通过钢筋端头镦粗后制作的直螺纹和连接件螺纹咬合形成的接头；

滚轧直螺纹接头：通过钢筋端头直接滚轧或剥肋后滚轧制作的直螺纹和连接件螺纹咬合形成的接头；

熔融金属充填接头：由高热剂反应产生熔融金属充填在钢筋与连接件套筒间形成的接头；

水泥灌浆充填接头：用特制的水泥浆充填在钢筋与连接件套筒间硬化后形成的接头。

（2）钢筋机械连接接头参与用表可采用"钢筋锥螺纹接头拉伸试验报告"表式。

钢筋锥螺纹接头拉伸试验报告　　　　　　　　　　　　　　　　　　表 1

工程名称				结构层数		构件名称			接头等级	
试件编号	钢筋规格 d (mm)	横截面积 A (mm²)	屈服强度标准值 f_{yk} (N/mm²)		抗拉强度标准值 f_{tk} (N/mm²)	极限拉力实测值 P (kN)		抗拉强度实测值 $f^0_{mst}=P/A$ (N/mm²)	评定结果	
评定结论										
备　注	1. $f^0_{mst} \leqslant f_{tk}$ 且 $f^0_{mst} \geqslant 0.9f^0_{st}$ 为 A 级接头； 2. $f^0_{mst} \geqslant 1.35f_{yk}$ 为 B 级接头； 3. f^0_{st}——钢筋母材抗拉强度实测值									

试验单位（盖章）：　　　　　　负责人：　　　　　试验员：　　　　　试验日期：

注：1. 本表选自《钢筋锥螺纹接头技术规程》JGJ 109—96。

　　2. 其他机械连接接头拉伸试验报告表式可参照本表使用。

2. 实施要点

（1）钢筋锥螺纹接头拉伸试验报告是指为保证建筑工程质量对用于工程的不同形式的

钢筋锥螺纹接头拉伸试验进行的有关指标的测试，由试验单位出具的试验证明文件。

（2）机械连接接头形式的锥螺纹连接和套筒挤压连接

1）钢筋锥螺纹接头是一种能承受拉、压两种作用的机械接头。锥螺纹接头可用来连接Ⅰ、Ⅱ、Ⅲ级钢筋，进口钢筋也可参考应用。

2）带肋钢筋套筒挤压连接技术与传统的搭接和焊接相比具有接头性能可靠，质量稳定，不受气候及焊工技术水平影响，连接速度快，安全、无明火、不需大功率电源、可焊与不可焊钢筋均能可靠连接等优点。

套筒挤压接头适用于各种规格和各种强度等级的带肋钢筋连接。套筒挤压接头暂应用在直径为16～40mm的Ⅱ、Ⅲ级带肋钢筋和余热处理钢筋。对于进口带肋钢筋可参考应用，但需进行补充试验，符合接头性能要求后方可采用。

3）钢筋机械连接接头根据受力条件，共分为Ⅰ级、Ⅱ级、Ⅲ级三个性能等级。

注：1. 混凝土结构中要求充分发挥钢筋强度或对接头延性要求较高的部位，应采用Ⅰ级或Ⅱ级接头；

2. 混凝土结构中钢筋应力较高但对接头延性要求不同的部位，可采用Ⅲ级接头。

4）钢筋锥螺纹接头拉伸试验。

钢筋锥螺纹加工检验记录

钢筋锥螺纹加工检验记录　　　　　　　　　　　　　　　表 2

工程名称					结构所在层数	
接头数量			抽检数量		构件种类	
序号	钢筋规格		螺纹牙形检验	小端直径检验	检验结论	备　注

注：1. 按每批加工钢筋锥螺纹丝头数的10％检验；

2. 牙形合格、小端直径合格的打"√"；否则打"×"

检查单位：　　　　　负责人：　　　　　检查人员：　　　　　日　期：

钢筋锥螺纹接头质量检查记录

钢筋锥螺纹接头质量检查记录　　　　　　　　　　　　　　　表 3

工程名称				检验日期		
结构所在层数				构件种类		
钢筋规格	接头位置	无完整丝扣外露	规定力矩值（N·m）	施工力矩值（N·m）	检验力矩值（N·m）	检验结论

注：检验结论：合格"√"；不合格"×"

检查单位：　　　　　负责人：　　　　　检查人员：　　　　　日　期：

（3）钢筋机械连接现场检验与验收

1）工程中应用钢筋机械连接接头时，应由该技术提供单位提交有效的型式检验报告。

2）钢筋连接工程开始前及施工过程中，应对每批进场钢筋进行接头工艺检验，工艺检验应符合下列要求：

① 每种规格钢筋的接头试件不应少于 3 根；

② 钢筋母材抗拉强度试件不应少于 3 根，且应取自接头试件的同一根钢筋；

③ 3 根接头试件的抗拉强度均应符合表 C2-4-3-2B1 的规定；对于Ⅰ级接头，试件抗拉强度尚应大于等于钢筋抗拉强度实测值的 0.95 倍；对于Ⅱ级接头，应大于 0.90 倍。

Ⅰ级、Ⅱ级、Ⅲ级接头的抗拉强度应符合表 4 规定。

接头的抗拉强度 表 4

接头等级	Ⅰ级	Ⅱ级	Ⅲ级
抗拉强度	$f_{mst}^0 \geqslant f_{st}^0$ 或 $\geqslant 1.10 f_{uk}$	$f_{mst}^0 \geqslant f_{uk}$	$f_{mst}^0 \geqslant 1.35 f_{yk}$

注：f_{mst}^0——接头试件实际抗拉强度；

　　f_{st}^0——接头试件中钢筋抗拉强度实测值；

　　f_{uk}——钢筋抗拉强度标准值；

　　f_{yk}——钢筋屈服强度标准值

3）现场检验应进行外观质量检查和单向拉伸试验。对接头有特殊要求的结构，应在设计图纸中另行注明相应的检验项目。

4）接头的现场检验按验收批进行。同一施工条件下采用同一批材料的同等级、同型式、同规格接头，以 500 个为一个验收批进行检验与验收，不足 500 个也作为一个验收批。

5）对接头的每一验收批，应在工程结构中随机截取 3 个接头试件作抗拉强度试验，按设计要求的接头等级进行评定。

当 3 个接头试件的抗拉强度均符合《钢筋机械连接通用技术规程》JGJ 107—2003、J 257—2003 表 3.0.5 中相应等级的要求时，该验收批应评为合格。

如有 1 个试件的强度不符合要求，应再取 6 个试件进行复检。复检中如仍有 1 个试件的强度不符合要求，则该验收批评为不合格。

6）现场检验连续 10 个验收批抽样试件抗拉强度试验 1 次合格率为 100％时，验收批接头数量可扩大 1 倍。

7）外观质量检验的质量要求、抽样数量、检验方法、合格标准以及螺纹接头所必需的最小拧紧力矩值由各类型接头的技术规程确定。锥螺纹接头最小拧紧力矩值见表 5。

接头拧紧力矩值 表 5

钢筋直径(mm)	16	18	20	22	25～28	32	36～40
拧紧力矩(N/m)	118	145	177	216	275	314	343

8）现场截取抽样试件后，原接头位置的钢筋允许采用同等规格的钢筋进行搭接连接，或采用焊接及机械连接方法补接。

9）对抽检不合格的接头验收批，应由建设方会同设计等有关方面研究后提出处理方案。

4.2.2.6-8　防水工程试水记录（表C6-8）

1. 资料表式

防水工程试水记录 （表C6-8）		编　号	
工程名称			
施工单位			
专业施工单位			
检查部位		检查日期	
检查方式		蓄水时间	
检查结果：			
复查结果：			
复查人：		复查日期：　　　年　月　日	
其他说明：			

监理（建设）单位	施工单位	专业施工单位		
		技术负责人	质检员	施工员

本表由施工单位填写，建设单位、施工单位保存。

2. 应用指导

(1) DB11／T 712—2010 规范规定：

防水工程试水记录

防水工程完成后，应进行试水试验，并填写《防水工程试水记录》（表 C6-8）。

(2)《防水工程试水记录》实施说明：

防水工程必须严格选择、认真认证检测，使用性能、质量可靠的防水材料，特别是新型防水材料并应采取相应的施工技术。凡有防水要求的工程，工程完成后均应有蓄水、淋水或浇水试验。

1) 蓄水试验

蓄水检验在同一房间应做两次蓄水试验，分别在室内防水完成后及单位工程竣工后100％做蓄水试验。蓄水时最浅水位不得低于 20mm，应为 20～30mm。浸泡 24h 后撤水，检查无渗漏为合格。检查数量应为全部此类房间。检查时，应邀请建设（监理）单位参加并签章认可。

2) 浇水试验

浇水试验应全面地同时浇水，可在被试处设干管向两边喷淋至少 2h，浇水试验后检验被试处有否渗漏。浇水试验的方法和试验后的检验都必须做详细的记录，并应邀请建设（监理）单位检查、签字。最好坚持二次浇水试验。浇水试验记录要存入施工技术资料施工记录中。

3) 淋水试验

淋水试验是用花管在被试处喷淋，淋水时间不得小于 2h，淋水后检查被试处有无渗漏现象，应请建设（监理）单位参加并签认。

4) 防水工程试水前应检查的施工技术资料

① 原材料、半成品和成品的质量证明文件、分项工程质量验评资料，以及试验报告和现场检验记录；

② 应用沥青、卷材等防水材料、保温材料的防水工程的现场检查记录；

③ 混凝土自防水工程应检查混凝土试配、实际配合比、防水等级、试验结果等；

④施工过程中重大技术问题的处理记录和工程变更记录。

在检查以上资料的基础上，对防水工程进行蓄水或浇水试验，以检验防水工程的实际防水效果，并按上表填写防水工程验收记录，作为防水工程质量检查验收的依据。

5) 参与防水工程试水记录的监理（建设）单位、施工单位、专业施工单位的技术负责人、质检员、施工员等的相关责任者，均需本人签字。

4.2.2.6-9　水池满水试验记录（表 C6-9）

1. 资料表式

水池满水试验记录 （表 C6-9）		编　号	
工程名称			
施工单位			
水池名称		注水日期	
水池结构		允许渗水量	
水池平面尺寸		水面面积 A_1	
水深		湿润面积 A_2	
测读记录	初读数	末读数	两次读数差
测读时间 （年 月 日 时 分）			
水池水位 E(mm)			
蒸发水箱水位 e(mm)			
大气温度（℃）			
水温（℃）			
实际渗水量	m^3/d	$L/(m^2 \cdot d)$	占允许量的百分率
试验结论：			

监理(建设)单位	施工单位		
	技术负责人	质检员	施工员

本表由施工单位填写，建设单位、施工单位保存。

2. 应用指导

(1) DB11/T 712—2010 规范规定：

水池满水试验记录

测定水池的渗水量及蒸发量应填写《水池满水试验记录》（表 C6-9）。

(2)《水池满水试验记录》实施说明：

水池满水试验记录内容应齐全，试验结果符合规范规定的为符合要求。没有试验为不符合要求；虽经试验但试验内容不全且试验结果不符合规范规定应为不符合要求，当试验结果符合要求时，可视具体情况定为基本符合要求或不符合要求。

水池满水试验记录是水池施工完毕后，按规范规定必须进行的测试项目和内容。

1）水池施工完毕必须进行满水试验，在满水试验中并应进行外观检查，不得有漏水现象。水池渗水量按池壁和池底的浸湿总面积计算，钢筋混凝土水池不得超过 $2L/(m^2 \cdot d)$；砖石砌体水池不得超过 $3L/(m^2 \cdot d)$；试验方法应符合"水池满水试验"的规定。

2）水池满水试验应在下列条件下进行：

① 池体的混凝土或砖石砌体的砂浆已达到设计强度；

② 现浇钢筋混凝土水池的防水层，防腐层施工以及回填土以前；

③ 装配式预应力混凝土水池施工加预应力以后，保护层喷涂以前；

④ 砖砌水池防水层施工以后，石砌水池勾缝以后；

⑤ 砖石水池满水试验与填土工序的先后安排符合设计规定；

3）水池满水试验前，应做好下列准备工作：

① 将池内清理干净，修补池内外的缺陷，临时封堵预留孔洞、预埋管口及进出水口等。并检查充水及排水闸门，不得渗漏；

② 设置水位观测标尺；

③ 标定水位测针；

④ 准备现场测定蒸发量的设备；

⑤ 充水的水源应采用清水并做好充水和放水系统的设施。

4）水池满水试验应填写试验记录

5）满水试验合格后，应及时进行池壁外的各项工序及回填土方，池预亦应及时均匀对称地回填。

6）水池在满水试验过程中，需要了解水池沉降量时，应编制测定沉降量的施工设计，并应根据施工设计测定水池的沉降量。

7）参与水池满水试验的监理（建设）单位、施工单位的技术负责人、质检员、施工员等的相关责任者，均需本人签字。

水池满水试验

1. 充水

（1）向水池内充水宜分三次进行：第一次充水为设计水深的 1/3；第二次充水为设计水深的 2/3；第三次充水至设计水深。

对大、中型水池，可先充水至池壁底部的施工缝以上，检查底板的抗渗质量，当无明显渗漏时，再继续充水至第一次充水深度。

（2）充水时的水位上升速度不宜超过 2m/d。相邻两次充水的间隔时间，不应小于 24h。

（3）每次充水宜测读 24h 的水位下降值，计算渗水量，在充水过程中和充水以后，应对水池作外观检查。当发现渗水量过大时，应停止充水。待作出处理后方可继续充水。

（4）当设计单位有特殊要求时，应按设计要求执行。

2. 水位观测

（1）充水时的水位可用水位标尺测定。

（2）充水至设计水深进行渗水量测定时，应采用水位测针测定水位。水位测针的读数精度应达 1/10mm。

（3）充水至设计水深后至开始进行渗水量测定的间隔时间，应不少于 24h。

（4）测读水位的初读数与末读数之间的间隔时间，应为 24h。

（5）连续测定的时间可依实际情况而定，如第一天测定的渗水量符合标准，应再测定一天；如第一天测定的渗水量超过允许标准，而以后的渗水量逐渐减少，可继续延长观测。

3. 蒸发量测定

（1）现场测定蒸发量的设备，可采用直径约为 50cm，同约 30cm 的敞口钢板水箱，并设有测定水位的测针。水箱应检验，不得渗漏。

（2）水箱应固定在水池中，水箱中充水深度可在 20cm 左右。

（3）测定水池中水位的同时，测定水箱中的水位。

4. 水池的渗水量按下式计算：

$$q=\frac{A_1}{A_2}[(E_1-E_2)-(e_1-e_2)]$$

式中　q——渗水量 $[L/(m^2 \cdot d)]$；

　A_1——水池的水面面积（m^2）；

　A_2——水池的浸湿总面积（m^2）；

　E_1——水池中水位测针的初读数，即初读数（mm）；

　E_2——测读 E_1 后 24h 水池中水位测针末的读数，即末读数（mm）；

　e_1——测读 E_1 时水箱中水位测针的读数（mm）；

　e_2——测读 E_2 时水箱中水位测针的读数（mm）。

注：① 当连续观测时，前次的 E_2、e_2，即为下次的 E_1 及 e_1。

② 雨天时，不做满水试验渗水量的测定。

③ 按上式计算结果，渗水量如超过规定标准，应经检查，处理后重新进行测定。

4.2.2.6-10　景观桥荷载通行试验记录（表 C6-10）

1. 资料表式

景观桥荷载通行试验记录 （表 C6-10）		编　号	
工程名称			
施工单位			
试验内容	□动荷载	□静荷载	
试验结果：			
处理意见：			
结论：			

建设（监理）单位	设计单位	施工单位		
		专业技术负责人	专业质检员	专业工长

本表由施工单位填写，建设单位、施工单位保存。

2. 应用指导

（1）DB11／T 712—2010 规范规定：

景观桥荷载通行试验记录

采用重物平推的方法进行景观桥通行荷载的试验并填写《景观桥荷载通行试验记录》（表 C6-10）。

（2）《景观桥荷载通行试验记录》实施说明：

1）景观桥荷载通行试验应根据施工图设计和相关专业规范要求进行动、静载试验。

2）承担动、静载试验的试验单位必须具有相应资质。不具有相应资质的试验单位不得承接景观桥荷载通行试验任务。对不具有相应资质的试验单位提供的动、静载试验报告为无效试验报告。

3）动、静载试验报告单必须满足设计和规范对动、静载试验的要求。

4）景观桥荷载通行试验，其试验方法动载试验获得资料的相关参数，必须符合规范要求，规范对此未作规定时，应经专家技术专题论证后方可采用。

5）参与景观桥荷载通行试验的建设（监理）单位、设计单位、施工单位的专业技术负责人、专业质检员、专业工长等的相关责任者均需本人签字。

4.2.2.6-11 土壤最大干密度试验记录（表C6-11）

1. 资料表式

	编　号	
土壤最大干密度试验记录 （表C6-11）	试验编号	
	委托编号	

工程名称			
施工单位			
取土地点		取样日期	
样品种类		试验日期	

（图）

最大干密度＿＿＿＿＿＿＿ g/cm³

试验依据：

负责人	试验人	审核人
报告日期		

本表由试验单位填写，建设单位、施工单位保存。

2. 应用指导

(1) DB11/T 712—2010 规范规定：

土壤干密度试验记录

测量土壤的最大含水率和干密度应填写《土壤干密度试验记录》（表C6-11）。

(2)《土壤最大干密度试验记录》实施说明：

土壤的最大干密度和最佳含水量试验是击实试验必须进行的试验项目之一。击实试验是在一定夯击功能条件下，测定材料的含水量与干密度关系的试验。

1）压实度试验的土壤最大干密度与最佳含水量试验，应有取样位置图，取点分布应符合设计和标准的规定。最大干土质量密度、最佳含水量等技术参数必须通过击实试验确定。

2）土壤最大干密度试验必须进行见证取样、送样试验。

3）参与土壤最大干密度试验的负责人、试验人、核准人等的责任者，均需本人签字。非本人签字为无效试验报告单。

4）土壤最大干密度试验可采用轻型击实法、重型击实法、小型击实仪击实法。可参用Ⅰ　轻型击实法、Ⅱ　重型击实法、Ⅲ　小型击实仪击实法相关要求。

Ⅰ　轻型击实法

（1）仪器设备

① 轻型击实仪：（规格与技术性能见表1）

② 天平：称量200g，感量0.01g；称量2000g、感量1g。

③ 台称：称量10kg，感量5g。

④ 筛：孔径5mm。

⑤ 其他：铝盒、喷水设备、碾土器、盛土器、推土器、修土刀及保湿设备等。

（2）试样准备

① 将代表性的风干土或在低于60℃温度下烘烤干的土样放在橡皮板上，用木碾碾散，过5mm筛拌匀备用，土量为15～20kg。

② 测定土样风干含水量，按土的塑限估计其最优含水量（一般较塑限约小3%，对黏性土约小6%）依次相差约2%，即其中有两个大于和两个小于最优含水量。准备五个不同含水量的土样，所需加水量可按下式计算：

$$M_w = \frac{M_0}{(1+\omega_1)} \times (\omega_1 - \omega_0)$$

式中　　M_w——土样所需的加水量（g）；

　　　　M_0——含水量W_0时土样的质量（g）；

　　　　ω_0——土样已有的含水量（%）；

　　　　ω_1——要求达到的含水量（%）。

③ 按预定含水量制备试样称取土样。每个约2.5kg，分别平铺于一不吸水的平板上，用喷水设备往土样上均匀喷洒预定的水量，拌和均匀后，密封的盛器内（或塑料袋内）浸润备用。浸润时间对高塑性黏土（CH）不得少于一昼夜，对低塑性土（CL）可酌情缩短，也不应少于12h。

（3）操作步骤

① 将击实仪放在坚实地面上，取制备好的试样600～800g倒入筒内，整平其表面，并用圆木板稍加压紧，然后按附表4.1规定的击实次数进行击实。击实时击锤应自由铅直落下，落高也按附表2.4.2.2-2A调试正确，锤迹必须均匀分布于土面。然后安装套环，把土面刨成毛面，重复上述步骤进行第二层及第三层的击实，击实后超出击实筒的余土高度不得大于6mm。

② 用修土刀沿套环内壁削挖后，扭动并取下套环，齐筒顶细心削平试样，拆除底板，如试样底面超出筒外亦应削平。擦净筒外壁，称质量，准确至1g。

③ 用推土器推出击实筒内试样，从试样中心处取2个各约15～20g土测定其含水量。计算至0.1%，其平行误差不得超过1%。

④ 按①～③步骤进行其他不同含水量试样的击实试验。

（4）计算及制图

① 按下式计算击实后各点的干质量密度：

$$\rho_d = \frac{\rho_T}{1 + \omega_1} \qquad (计算至 0.01g/cm^3)$$

式中　ρ_d——干质量密度（g/cm³）；

　　　ρ_T——湿质量密度（g/cm³）；

　　　ω_1——含水量（%）。

② 以干质量密度为纵坐标，含水量为横坐标，绘制干质量密度与含水量的关系曲线，曲线上峰值点的纵、横坐标分别表示土的最大质量干密度和最优含水量。

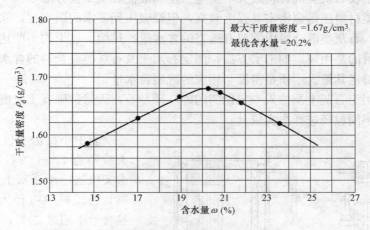

图 1　含水量与干密度关系曲线（ρ_d—ω_1）

Ⅱ　重型击实法

(1) 仪器设备

① 重型击实仪：（规格与技术性能见表 1，图 1）

② 天平：称量 200g、感量 0.01g；称量 2000g、感量 1g。

③ 台称：称量 10kg，感量 5g。

④ 筛：孔径 5mm。

⑤ 其他：铝盒、喷水设备、碾土器、盛土器、推土器、修土刀及保湿设备。

击实仪的规格及主要技术性能　　　　　　　　　　　表 1

击实仪 名　称	锤底 直径 (cm)	锤质量 (kg)	落高 (cm)	试筒尺寸			击实 分层	每层 击实 次数	击实 方法	试样 用料 (kg)	最大 粒径 (mm)	击实功 (kJ/m³)
				直径 (cm)	高 (cm)	容积 (cm³)						
小型 击实 仪	7.0	2.5	30	5.0	5.0	100 (98.1)	1	砂性土 30 次	定点 击实	1	2	2205
								粉性土 35 次				2512.5
								黏性土 40 次				2940
重击 锤实 型仪	5.0	4.5	45	10	12.7	997	5	27	转圈	3	25	2685.2
	5.1	4.5	45.7	15.2	11.6	2104	5	56	转圈	5	38	2682.2

（2）试样准备

与轻型击实法相同。

（3）操作步骤

击实仪的锤质量为 4.5kg，落高 45cm。分五层、每层 27 锤击次数（表 1）。其他操作程序均与轻型击实法相同。

（4）计算与制图

与轻型击实法相同。

（5）石灰土及石灰类混合料最大干质量密度和最优成型试验方法

石灰稳定类材料压得愈密实其强度愈高，但要碾压到要求的压实度，除应具一定的碾压机械效能外，石灰类混合料中需要有适当的含水量。过湿、过干均不能达到要求的压实度。本试验的目的是用规定的击实方法，测定石灰土及石灰类混合料的含水量与质量密度的关系，从而确定其最大干质量密度与相应的成型含水量。

本试验适用于石灰土及掺入一定比例的碎（砾）石，天然砂砾或工业废渣等石灰类混合料。并按其不同粒径选择击实仪具。

表中小型击实仪适用于试料最大粒径为 2mm 的石灰土。重锤型击实仪适用于石灰土及石灰类混合料。当试料中粒径大于 5mm 的颗粒含量不超过 30%；且最大允许粒径为 25mm 时采用小击实筒（容积 997cm³）。当试料中粒径大于 5mm 的颗粒含量超过 30%，且最大允许粒径为 38mm 时采用大击实筒（容积为 2104cm³）。

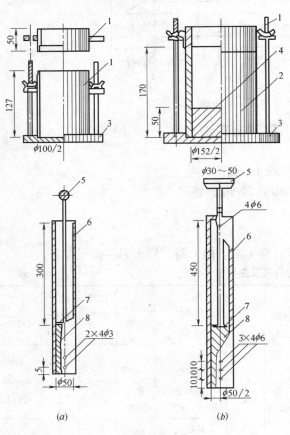

图 1　重型击实仪（尺寸单位：mm）

（a）小击实筒、击锤和导杆；（b）大击实筒、击锤和导杆

1—套筒；2—击实筒；3—底板；4—垫块；5—提手；6—导筒；

7—硬橡皮垫；8—击锤

Ⅲ　小型击实仪击实法

（1）仪器设备（图 1）

① 容积 100cm³ 击实仪一套；（规格与技术性能见表 1）；

② 天平：称量 200g，感量 0.01g；称量 500g，感量 0.1g。

③ 筛：筛孔 2mm；

④ 其他：铝盒，喷水设备，碾土器，盛土器，推土器，修土刀及保湿设备。

（2）试样准备

将土捣碎，通过 2mm 筛孔，选取 1.5～2.0kg 的土样，测其含水量，换算成干质量，按照设计的石灰剂量准确掺入熟石灰，并仔细拌匀。加入稍低于按经验估计的最优含水量（略比素土大 1%～3%），再充分拌匀备用。

（3）试验步骤

将两半圆试筒 3（图 1）用少许煤油涂抹后，合拢起来放入底座 1 内，继将垫板 9 放入，拧紧螺栓 2，然后套上套筒 4，将折合干质量约 200g 的混合料装入套筒内，盖上活塞 5，插入：导杆 7 和夯锤 6，将锤提高到手柄下，自 30cm 高度处落下，将试件夯实。夯实次数：（表 1），夯实试验应在坚实的地面（水泥混凝土或块石）上进行，松软地面会影响测定结果。

试件按规定次数击实后，小心地将导杆、活塞及套筒取下，用修土刀仔细地沿圆筒边缘将试件多余部分削去，表面与圆筒齐平。拆开两半圆筒或用锤自下向上将试件轻轻顶出，称其湿质量准确至 0.1g。同时取样少许，测定其含水量。求该试件的干质量密度。如此重复数次，每次增加含水量 2%～3%（一般为 5 次）一直做到水分增加而试件质量密度开始降低为止，此时得到的峰值换算为干质量密度。即为求得该灰土的最大干质量密度与其相应的最优成型含水量。

（4）计算及制图

同路基土方最大干质量密度和最优含水量测定方法中轻型击实法。

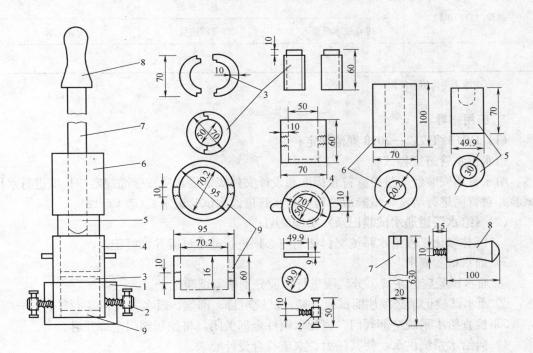

图 1　100cm³ 击实仪

1—仪器底座；2—楔紧螺栓；3—半圆试筒；4—套筒；5—活塞；
6—25kg 夯锤；7—导杆；8—导杆柄；9—垫板

4.2.2.6-12　给水管道通水试验记录（表 C6-12）

1. 资料表式

给水管道通水试验记录 （表 C6-12）		编　号	
工程名称		试验日期	
试验项目		试验部位	
通水压力（MPa）		通水流量（m³/h）	
试验系统简述：			
试验记录：			
试验结论：			
建设（监理）单位	施工单位		
	专业技术负责人	专业质检员	专业工长

本表由施工单位填写并保存。

2. 应用指导

（1）DB11/T 712—2010 规范规定：

给水排水管道工程试验

给水管道安装经质量检查符合标准和设计文件规定后，应按标准规定的长度进行水压试验并对管网进行清洗，试验后填写《给水管道通水试验记录》（表 C6-12）。

（2）《给水管道通水试验记录》实施说明：

1）园林绿化工程给水系统交付使用前必须进行通水试验并做好记录。

2）通水试验要求

① 通水试验应分系统、分区段进行，应分别填写试验记录。

② 通水试验记录必须注明试验日期，试验项目、部位、通水方式并签字齐全。

3）检查给水系统全部阀门，将配水阀件全部关闭，将控制阀门全部开启。

4）向给水系统供水，使其压力、水质符合设计要求。

5）试验系统简述：应按其执行标准中的要求简述系统试验，应详细填记。

6）试验记录：应真实记录试验过程及其实施过程中存在问题与处理措施或方法，应真实、正确记录。

7）试验结论：按试验结果与标准规定比较后，按其对比结果填写。

8）参与给水管道通水试验的建设（监理）单位、施工单位的专业技术负责人、专业质检员、专业工长等的相关责任者，均需本人签字。

4.2.2.6-13　给水管道水压试验记录（表 C6-13）

1. 资料表式

给水管道水压试验记录 （表 C6-13）		编　号	
工程名称			
施工单位			
地　段		试验日期	
管道内径	管道材质	接口种类	试验段长度
设计最大工作压力		试验压力	10min 降压值
试验结论：			

建设（监理）单位	设计单位	施工单位	
		技术负责人	质检员

本表由施工单位填写，建设单位、施工单位保存。

2. 应用指导

(1) DB11／T 712—2010 规范规定：

给水排水管道工程试验

给水管道安装经质量检查符合标准和设计文件规定后，应按标准规定的长度进行水压试验并对管网进行清洗，试验后填写《给水管道水压试验记录》（表 C6-13）。

(2)《给水管道水压试验记录》实施说明：

1）园林绿化工程给水系统交付使用前，必须进行水压试验并做好记录。

2）水压试验要求

①水压试验应分系统、分区段进行，应分别填写试验记录。

②水压试验记录必须注明试验日期、试验项目、部位、水压试验的方式并签字齐全。

3）检查给水系统全部阀门，将配水阀件全部关闭，将控制阀门全部开启。

4）向给水系统供水，使其压力、水质符合设计要求。

5）参与给水管道水压试验的建设（监理）单位、设计单位、施工单位的技术负责人、质检员等的相关责任者，均需本人签字。

6）压力管道水压试验可采用 GB 50268—2008 Ⅰ　压力管道水压试验相关要求。

Ⅰ　压力管道水压试验

压力管道水压试验

（1）水压试验前，施工单位应编制的试验方案，其内容应包括：

1）后背及堵板的设计；

2）进水管路、排气孔及排水孔的设计；

3）加压设备、压力计的选择及安装的设计；

4）排水疏导措施；

5）升压分级的划分及观测制度的规定；

6）试验管段的稳定措施和安全措施。

（2）试验管段的后背应符合下列规定：

1）后背应设在原状土或人工后背上，土质松软时应采取加固措施；

2）后背墙面应平整并与管道轴线垂直。

（3）采用钢管、化学建材管的压力管道，管道中最后一个焊接接口完毕 1h 以上方可进行水压试验。

（4）水压试验管道内径大于或等于 600mm 时，试验管段端部的第一个接口应采用柔性接口，或采用特制的柔性接口堵板。

（5）水压试验采用的设备、仪表规格及其安装，应符合下列规定：

1）采用弹簧压力计时，精度不低于 1.5 级，最大量程宜为试验压力的 1.3～1.5 倍，表壳的公称直径不宜小于 150mm，使用前经校正并具有符合规定的检定证书；

2）水泵、压力计应安装在试验段的两端部与管道轴线相垂直的支管上。

（6）开槽施工管道试验前，附属设备安装应符合下列规定：

1）非隐蔽管道的固定设施已按设计要求安装合格；

2）管道附属设备已按要求紧固、锚固合格；

3）管件的支墩、锚固设施混凝土强度已达到设计强度；

4）未设置支墩、锚固设施的管件，应采取加固措施并检查合格。

（7）水压试验前，管道回填土应符合下列规定：

1）管道安装检查合格后，应按 GB 50268—2008 规范第 4.5.1 条第 1 款的规定回填土；

2）管道顶部回填土宜留出接口位置以便检查渗漏处。

（8）水压试验前准备工作应符合下列规定：

1）试验管段所有敞口应封闭，不得有渗漏水现象；

2）试验管段不得用闸阀做堵板，不得含有消火栓、水锤消除器、安全阀等附件；

3）水压试验前应清除管道内的杂物。

（9）试验管段注满水后，宜在不大于工作压力条件下充分浸泡后再进行水压试验，浸泡时间应符合表 1 的规定：

压力管道水压试验前浸泡时间　　　　　　表1

管材种类	管道内径 D_i(mm)	浸泡时间(h)
球墨铸铁管(有水泥砂浆衬里)	D_i	≥24
钢管(有水泥砂浆衬里)	D_i	≥24
化学建材管	D_i	≥24
现浇钢筋混凝土管渠	D_i≤1000	≥48
	D_i>1000	≥72
预(自)应力混凝土管、预应力钢筒混凝土管	D_i≤1000	≥48
	D_i>1000	≥72

（10）水压试验应符合下列规定：

1）试验压力应按表2选择确定。

压力管道水压试验的试验压力（MPa）　　　　表2

管材种类	工作压力 P	试验压力
钢管	P	$P+0.5$，且不小于0.9
球墨铸铁管	≤0.5	$2P$
	>0.5	$P+0.5$
预(自)应力混凝土管、预应力钢筒混凝土管	≤0.6	$1.5P$
	>0.6	$P+0.3$
现浇钢筋混凝土管渠	≥0.1	$1.5P$
化学建材管	≥0.1	$1.5P$，且不小于0.8

2）预试验阶段：将管道内水压缓缓地升至试验压力并稳压30min，期间如有压力下降可注水补压，但不得高于试验压力；检查管道接口、配件等处有无漏水、损坏现象；有漏水、损坏现象时应及时停止试压，查明原因并采取相应措施后重新试压。

3）主试验阶段：停止注水补压，稳定15min；当15min后压力下降不超过表3中所列允许压力降数值时，将试验压力降至工作压力并保持恒压30min，进行外观检查若无漏水现象，则水压试验合格。

压力管道水压试验的允许压力降（MPa）　　　　表3

管材种类	试验压力	允许压力降
钢管	$P+0.5$，且不小于0.9	0
球墨铸铁管	$2P$	
	$P+0.5$	
预(自)应力钢筋混凝土管、预应力钢筒混凝土管	$1.5P$	0.03
	$P+0.3$	
现浇钢筋混凝土管渠	$1.5P$	
化学建材管	$1.5P$，且不小于0.8	0.02

4）管道升压时，管道的气体应排除；升压过程中，发现弹簧压力计表针摆动、不稳，且升压较慢时，应重新排气后再升压。

5）应分级升压，每升一级应检查后背、支墩、管身及接口，无异常现象时再继续升压。

6）水压试验过程中，后背顶撑、管道两端严禁站人。

7）水压试验时，严禁修补缺陷；遇有缺陷时，应做出标记，卸压后修补。

（11）压力管道采用允许渗水量进行最终合格判定依据时，实测渗水量应小于或等于表 4 的规定及下列公式规定的允许渗水量。

压力管道水压试验的允许渗水量　　　　　　　　　表 4

管道内径 D_i (mm)	允许渗水量[L/(min·km)]		
	焊接接口钢管	球墨铸铁管、玻璃钢管	预（自）应力混凝土管、预应力钢筒混凝土管
100	0.28	0.70	1.40
150	0.42	1.05	1.72
200	0.56	1.40	1.98
300	0.85	1.70	2.42
400	1.00	1.95	2.80
600	1.20	2.40	3.14
800	1.35	2.70	3.96
900	1.45	2.90	4.20
1000	1.50	3.00	4.42
1200	1.65	3.30	4.70
1400	1.75	—	5.00

1）当管道内径大于表 4 规定时，实测渗水量应小于或等于按下列公式计算的允许渗水量：

钢管：
$$q = 0.05 \sqrt{D_i}$$

球墨铸铁管（玻璃钢管）：
$$q = 0.1 \sqrt{D_i}$$

预（自）应力混凝土管、预应力钢筒混凝土管：
$$q = 0.14 \sqrt{D_i}$$

2）现浇钢筋混凝土管渠实测渗水量应小于或等于按下式计算的允许渗水量：
$$q = 0.014 D_i$$

3）硬聚氯乙烯管实测渗水量应小于或等于按下式计算的允许渗水量：
$$q = 3 \cdot \frac{D_i}{25} \cdot \frac{P}{0.3\alpha} \cdot \frac{1}{1440}$$

式中　q——允许渗水量 [L/(min·km)]；

D_i——管道内径（mm）；

P——压力管道的工作压力（MPa）；

α——温度—压力折减系数；当试验水温 0°～25°时，α 取 1；25°～35°时，α 取 0.8；35°～45°时，α 取 0.63。

（12）聚乙烯管、聚丙烯管及其复合管的水压试验除应符合本规范第 9.2.10 条的规定外，其预试验、主试验阶段应按下列规定执行：

1）预试验阶段：按本规范第 9.2.10 条第 2 款的规定完成后，应停止注水补压并稳定

30min；当 30min 后压力下降不超过试验压力的 70％，则预试验结束；否则，重新注水补压并稳定 30min 再进行观测，直至 30min 后压力下降不超过试验压力的 70％。

2）主试验阶段应符合下列规定：

①在预试验阶段结束后，迅速将管道泄水降压，降压量为试验压力的 10％～15％；期间应准确计量降压所泄出的水量（ΔV），并按下式计算允许泄出的最大水量 ΔV_{max}：

$$\Delta V_{max} = 1.2V\Delta P\left(\frac{1}{E_w} + \frac{D_i}{e_n E_p}\right)$$

式中　V——试压管段总容积（L）；

ΔP——降压量（MPa）；

E_w——水的体积模量，不同水温时 E_w 值可按表 5 采用；

E_p——管材弹性模量（MPa），与水温及试压时间有关；

D_i——管材内径（m）；

e_n——管材公称壁厚（m）。

ΔV 小于或等于 ΔV_{max} 时，则按本款的第（2）、（3）、（4）项进行作业；ΔV 大于出厂 ΔV_{max} 时应停止试压，排除管内过量空气，再从预试验阶段开始重新试验。

温度与体积模量关系　　　　　　　　　　　表 5

温度（℃）	体积模量（MPa）	温度（℃）	体积模量（MPa）
5	2080	20	2170
10	2110	25	2210
15	2140	30	2230

②每隔 3min 记录一次管道剩余压力，应记录 30min；30min 内管道剩余压力有上升趋势时，则水压试验结果合格。

③30min 内管道剩余压力无上升趋势时，则应持续观察 60min；整个 90min 内压力下降不超过 0.02MPa，则水压试验结果合格。

④主试验阶段上述两条均不能满足时，则水压试验结果不合格，应查明原因并采取相应措施后，再重新组织试压。

（13）大口径球墨铸铁管、玻璃钢管及预应力钢筒混凝土管道的接口单口水压试验，应符合下列规定：

1）安装时应注意将单口水压试验用的进水口（管材出厂时已加工）置于管道顶部；

2）管道接口连接完毕后进行单口水压试验，试验压力为管道设计压力的 2 倍，且不得小于 0.2MPa；

3）试压采用手提式打压泵，管道连接后将试压嘴固定在管道承口的试压孔上，连接试压泵，将压力升至试验压力，恒压 2min，无压力降为合格；

4）试压合格后，取下试压嘴，在试压孔上拧上 M10×20mm 不锈钢螺栓并拧紧；

5）水压试验时应先排净水压腔内的空气；

6）单口试压不合格且确认是接口漏水时，应立即拔出管节，找出原因，重新安装，直至符合要求为止。

4.2.2.6-14　污水管道闭水试验记录（表 C6-14）

1. 资料表式

污水管道闭水试验记录 （表 C6-14）			编　　号	
工程名称				
施工单位				
起止井号				
管道内径		接口形式	管材种类	
试验日期			试验次数	
试验水头				
试允许漏水量				
试验结果				
目测渗漏情况				
鉴定意见				
建设（监理）单位		施工单位		
		技术负责人		质检员

本表由施工单位填写，建设单位、施工单位保存。

2. 应用指导

(1) DB11／T 712—2010 规范规定：

给水排水管道工程试验

给水管道安装经质量检查符合标准和设计文件规定后，应按标准规定的长度进行水压试验并对管网进行清洗，试验后填写《给水管道通水试验记录》（表 C6-12）、《给水管道水压试验记录》（表 C6-13）、《污水管道闭水试验记录》（表 C6-14）、《管道通球试验记录》（表 C6-15）。

(2)《污水管道闭水试验记录》实施说明：

1) 无压管道的闭水试验

① 闭水试验法应按设计要求和试验方案进行。

② 试验管段应按井距分隔，抽样选取，带井试验。

③ 无压管道闭水试验时，试验管段应符合下列规定：

A. 管道及检查井外观质量已验收合格；

B. 管道未回填土且沟槽内无积水；

C. 全部预留孔应封堵，不得渗水；

D. 管道两端堵板承载力经核算应大于水压力的合力；除预留进出水管外，应封堵坚固，不得渗水；

E. 顶管施工，其注浆孔封堵且管口按设计要求处理完毕，地下水位于管底以下。

④ 管道闭水试验应符合下列规定：

A. 试验段上游设计水头不超过管顶内壁时，试验水头应以试验段上游管顶内壁加 2m 计；

B. 试验段上游设计水头超过管顶内壁时，试验水头应以试验段上游设计水头加 2m 计；

C. 计算出的试验水头小于 10m，但已超过上游检查井井口时，试验水头应以上游检查井井口高度为准；

D. 管道闭水试验应按 GB 50268—2008 规范附录 D（闭水法试验）进行。

⑤ 管道闭水试验时，应进行外观检查，不得有漏水现象，且符合下列规定时，管道闭水试验为合格：

A. 实测渗水量小于或等于表 1 规定的允许渗水量；

B. 管道内径大于表 1 规定时，实测渗水量应小于或等于按下式计算的允许渗水量；

$$q = 1.25 \sqrt{D_i}$$

C. 异型截面管道的允许渗水量可按周长折算为圆形管道计；

D. 化学建材管道的实测渗水量应小于或等于按下式计算的允许渗水量。

$$q = 0.0046 D_i$$

式中　q——允许渗水量 $[m^3/(24h \cdot km)]$；

　　D_i——管道内径（mm）。

⑥ 管道内径大于 700mm 时，可按管道井段数量抽样选取 1/3 进行试验；试验不合格时，抽样井段数量应在原抽样基础上加倍进行试验。

⑦ 不开槽施工的内径大于或等于 1500mm 钢筋混凝土管道，设计无要求且地下水位高于管道顶部时，可采用内渗法测渗水量；渗漏水量测方法按附录 F 的规定进行，符合下列规定时，则管道抗渗性能满足要求，不必再进行闭水试验：

无压管道闭水试验允许渗水量   表 1

管　　材	管道内径 D_i(mm)	允许渗水量[m³/(24h·km)]
钢筋混凝土管	200	17.60
	300	21.62
	400	25.00
	500	27.95
	600	30.60
	700	33.00
	800	35.35
	900	37.50
	1000	39.52
	1100	41.45
	1200	43.30
	1300	45.00
	1400	46.70
	1500	48.40
	1600	50.00
	1700	51.50
	1800	53.00
	1900	54.48
	2000	55.90

　A. 管壁不得有线流、滴漏现象；

　B. 对有水珠、渗水部位应进行抗渗处理；

　C. 管道内渗水量允许值 $q \leqslant 2[L/(m^2 \cdot d)]$。

　2) 污水管道闭水试验可参用 I　闭水法试验相关要求。

　3) 参与污水管道闭水试验的建设（监理）单位、施工单位的技术负责人、质检员等的相关责任者，均需本人签字。

I　闭水法试验

（1）闭水法试验应符合下列程序：

1）试验管段灌满水后浸泡时间不应少于 24h；

2）试验水头应按 GB 50268—2008 规范第 9.3.4 条的规定确定；

3）试验水头达规定水头时开始计时，观测管道的渗水量，直至观测结束时，应不断地向试验管段内补水，保持试验水头恒定。渗水量的观测时间不得小于 30min；

4）实测渗水量应按下式计算：

$$q = \frac{W}{T \cdot L} \times 1000$$

式中　q——实测渗水量 $[L/(min \cdot m)]$；

　　　W——补水量（L）；

　　　T——实测渗水观测时间（min）；

　　L——试验管段的长度（m）。

（2）闭水试验应作记录，记录表格应符合表 1 的规定。

管道闭水试验记录表　　　　　　　　　　　　　　　表 1

工程名称				试验日期		年　月　日
桩号及地段						
管道内径 （mm）		管材种类		接口种类		试验段长度 （m）
试验段上游 设计水头(m)		试验水头 （m）		允许渗水量[m³/(24h·km)]		

渗水量测定记录	次数	观测起始 时间 t_1	观测结束 时间 t_2	恒压时间 T(min)	恒压时间内补入的 水量 W(L)	实测渗水量 q[L/(min·m)]
	1					
	2					
	3					
	折合平均实测渗水量[m³/(24h·km)]					

外观记录	
评语	

施工单位：　　　　　　　　试验负责人：

监理单位：　　　　　　　　设计单位：

建设单位：　　　　　　　　记录员：

4.2.2.6-15 管道通球试验记录（表 C6-15）

1. 资料表式

管道通球试验记录 （表 C6-15）		编　号	
工程名称			
施工单位			
试验单位		试验日期	
管道公称直径		起止桩号	
发球时间		收球时间	
试验情况：			
试验结论：			
建设(监理)单位	施工单位		试验单位

本表由施工单位填写，建设单位、施工单位保存。

2. 应用指导

(1) DB11／T 712—2010 规范规定：

给水排水管道工程试验

给水管道安装经质量检查符合标准和设计文件规定后，应按标准规定的长度进行水压试验并对管网进行清洗，试验后填写《给水管道通水试验记录》（表 C6-12）、《给水管道水压试验记录》（表 C6-13）、《污水管道闭水试验记录》（表 C6-14）、《管道通球试验记录》（表 C6-15）。

(2)《管道通球试验记录》实施说明：

为了防止排水管道和雨水管道堵塞，确保使用功能，对排水管道和雨水管道必须做通球试验。排水干、立管，应根据有关规定进行 100％通球试验。

1）通球试验记录内容应齐全，试验结果符合规范规定的为符合要求。

2）通球试验基本要求

① 通球前必须做通水试验，试验程序由上至下进行，以不漏、不堵为合格；

② 通球用的皮球（也可以用木球）直径为排水管道管径的 3/4；

③ 通球试验时，皮球（木球）应从排水管道顶端投下，并注入一定水量于管内，使球顺利流入与该排水管道相应的检查井内为合格；

④ 通球试验时，如遇堵塞，应查明位置进行疏通，无效时应返工重做；

⑤ 通球试验完毕应做好试验记录，并归入工程技术资料内以备查；

⑥ 通球直径按表 1 选用。

<table>
<tr><td colspan="4" align="center">通球直径表</td><td align="right">表 1</td></tr>
<tr><td>管子弯曲半径</td><td>$R \leqslant 3.6D_外$</td><td>$3.5D_外 > R \geqslant 1.8D_外$</td><td colspan="2">$R < 1.8D_外$</td></tr>
<tr><td>通球直径</td><td>$0.75D_内$</td><td>$0.7D_内$</td><td colspan="2">$0.55D_内$</td></tr>
</table>

⑦ 单位工程竣工检验时，对排水管道进行通球试验抽查，若有一处堵塞，则该分项工程质量为不合格，并应改正至疏通为止。

3）参与管道通球试验的建设（监理）单位、施工单位、试验单位等的相关责任者，均需本人签字。

4.2.2.6-16　调试记录（通用）（表 C6-16）

1. 资料表式

调试记录（通用） （表 C6-16）		编　号	
工程名称			
施工单位			
部位工程		调试项目	
设备和设施名称		规格型号	
系统编号		调试日期	
调试内容及要求			
调试结论			
监理（建设）单位	施工单位		
	技术负责人		质检员

本表由施工单位填写，建设单位、施工单位保存。

2. 应用指导

(1) DB11／T 712—2010 规范规定：

调试记录（通用）

《调试记录（通用）》（表 C6-16）适用于一般设备、设施在调试时无专用记录表格的情况。

(2)《调试记录（通用）》实施说明：

1）应调试的设备、系统必须按其规范要求的调试方法进行调试。

2）设备系统调试结果应符合设计和相应规范的规定。

3）对调试中出现的问题应在记录中提出建议或予以说明并详细记录。

4）主要调试项目不得缺项，标准规定的调试内容应齐全。

5）参与调试记录的监理（建设）单位、施工单位的技术负责人、质检员等的相关责任者，均需本人签字。

4.2.2.6-17 喷泉水景效果试验记录（表 C6-17）

1. 资料表式

喷泉水景效果试验记录 （表 C6-17）		编　号	
工程名称			
施工单位			
试验日期			
试验运行时间	由　　时　　分开始,至　　时　　分结束		
试验效果：			
处理意见：			
结论：			
建设（监理）单位	设计单位	施工单位	
		技术负责人	质检员

本表由施工单位填写，建设单位、施工单位各保存一份。

2. 应用指导

(1) DB11／T 712—2010 规范规定：

喷泉水景效果实验记录

喷泉水景效果实验的检查内容包括：水柱、水漫、水雾、灯光、音乐及其相互间的智能组合等效果能够满足设计要求，应填写《喷泉水景效果实验记录》（表 C6-17）。

(2)《喷泉水景效果试验记录》实施说明：

1) 参与喷泉水景效果试验的建设（监理）单位、设计单位、施工单位的技术负责人、质检员等的相关责任者，均需本人签字。

2) 喷泉水景效果实验的水柱、水漫、水雾的水景效果试验主要是对喷头质量和功能的试验。喷头质量和功能试验主要是喷水量、额定工作压力、喷射水形、喷射范围（半径）、喷射高度、连接管螺纹等的质量检查与试验。喷泉水景效果用喷泉喷头按《喷泉喷头》CJ/T 3050—1995 进行试验。

Ⅰ　《喷泉喷头》CJ/T 3050—1995

(1) 喷泉喷头形式

喷泉喷头按结构形式分为：直射、散射、水膜、水雾、加气（水）球状、半球状、旋转、复合和特种等十种形式。按喷射水形分为：定向直射（D）、万向可调（W）、集流直射（J）、层花（C）、银缨（Y）、开屏（K）、喇叭花（L）、蘑菇（M）、扇形（S）、半球（B）、锥形（Z）、玉柱（U）、冰塔（T）、涌泉（Q）、蒲公英（P）、半球蒲公英（B）、旋转、复合等。喷射水形见图1。

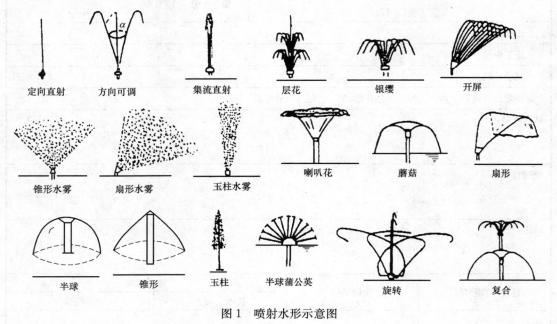

图 1 喷射水形示意图

（2）喷泉喷头的技术要求

① 喷泉喷头技术的一般要求

A. 环境条件：环境温度－40～80℃；风速不大于三级；在盐碱度不大于3‰饱和浓度的水中。

B. 制造厂生产的同一型号喷头的零件应具有互换性。

C. 喷头零件的安装应正确、完整、连接牢固可靠。

② 喷泉喷头技术的性能要求

A. 喷头装配后不应有明显泄漏，连接管螺纹应具有良好的密封性能。

B. 喷头应承受1.5倍额定工作压力的压力试验，零件不得出现机械损伤和残余变形。

C. 喷头应具有承受液压冲击的能力，当水压从0.5倍额定工作压力急速增长至10倍额定工作压力时，不允许出现残余变形或机械损伤。

D. 在额定工作压力下，喷头喷水量、喷射高度、喷射范围均应大于规定值，其差值不得超过±5%。

E. 喷头的旋转、摆动和升降必须活动自如。球形接头必须能相对出水轴作不低于15°的万向调节。

③ 喷头可靠性要求

A. 喷头可靠性考核指标规定为可靠度 R、首次故障前工作时间 t，平均无故障工作时间 $MTBF$。

a. 可靠度 R

$$R = t_c / (t_c + t_i) 100\% \tag{1}$$

式中　t_c——喷头累积工作时间（h）；

　　　t_i——产品修复故障的时间总和（h）。

　　b. 平均无故障工作时间 $MTBF$

$$MTBF = \frac{t_c}{r_b} \tag{2}$$

式中　r_b——在规定的可靠性试验时间内出现的当量故障数。

　　c.

$$r_b = \sum n \cdot \varepsilon \tag{2}$$

式中　n——出现故障的次数；

　　　ε——故障的危害度系数。

　　B. 故障危害度系数见表1。

表 1

故障类别	故障名称	故障原因	故障危害度系数
1	严重故障	喷射性能明显下降,不能在现场修复的故障	2.0
2	一般故障	喷射性能下降,可在现场修复的故障	1.0
3	轻度故障	在现场可立即排除的故障	0.2

　　C. 喷头可靠性试验时间为 600h。

　　D. 可靠度不应低于 90%，平均无故障工作时间不应低于 300h，首次故障前工作时间不应低于 250h。

　　④ 喷泉喷头的试验方法应符合（CJT 3050—1995）的规定。

　　（3）喷泉喷头的检验规则

　　① 出厂检验

　　出厂检验由制造厂检验部门按出厂检验要求逐个进行，检验合格并签发产品出厂合格证后方可出厂。出厂检验项目见表4。

　　② 型式检验

　　正常生产时，一年应周期性进行一次检验，一批中不少于 2 个。型式检验项目见表2。

表 2

序号	检验项目	试验方法	判定依据	出厂检验	型式检验
1	外观质量检查	6.2	5.1.6、5.1.7	√	√
2	装配质量检查	6.2	5.1.4、5.1.5、5.2.5	√	√
3	零件表面粗糙度检查	6.4	5.1.9	√	√
4	连接螺纹检查	6.4	5.1.9、5.1.10	√	√
5	覆盖层质量检查	6.3	5.1.11	√	√
6	耐压强度测定	6.8	5.2.2		√
7	耐温性能试验	6.5	5.1.8		√
8	液压冲击试验	6.9	5.2.3		√
9	喷水量测定	6.6	5.2.4		√
10	喷射高度测定	6.7	5.2.4		√
11	喷射范围(半径)测定	6.7	5.2.4		√

　　（4）抽样、判定方法

　　① 抽样方法

抽样方法应符合 GB 2828 的规定，在抽样中规定产品的检查水平为一般检查水平 Ⅱ 级，按质量等级给出合格质量水平 AQL 值见表 3。抽样方案规定类型为正常检查一次抽样方案。合格判定数 A_c，不合格判定数 R_e 见表 3。

表 3

不合格分类	批量范围	样本大小	AQL	A_c	R_e
A 类不合格	26～50	8	6.5	1	2
	51～90	13	6.5	2	3
	91～150	20	6.5	3	4
	151～280	32	6.5	5	6
	28～1500	50	6.5	7	8
	501～1200	80	6.5	10	11
	1201～3200	125	6.5	14	15
	3201～10000	200	6.5	21	22
B 类不合格	26～50	8	25	5	6
	51～90	13	25	7	8
	91～150	20	25	10	11
	151～280	32	25	14	15
	281～500	50	25	21	22
	501～1200	80	25	21	22
	1201～3200	125	25	21	22
	3201～10000	200	25	21	22

② 不合格分类

按质量特性不符合规定的严重程度分为 A 类不合格和 B 类不合格，不合格的分类项目见表 4。

③ 质量判断

A. 根据样本检查结果，若在样本中各类发现的不合格数小于或等于相应的合格判定数 A_c 时，则判该批为合格。若在样本中各类发现的不合格数大于或等于不合格判定数 R_e 时，则判该批为不合格。任一类或多类判定为不合格时，则判定该批为不合格。

B. 当可靠性试验未达到本标准要求时，尽管按表 4 抽样检查各类均达到合格，但最终判定为不合格。

表 4

不合格分类	项　　目	备　　注
A 类不合格	耐压强度	按 5.2.2
	抗温性能	按 5.1.7
	抗液压冲击	按 5.2.3
	喷水量	按 5.2.4
	喷射高度	按 5.2.4
	喷射范围(半径)	按 5.2.4
B 类不合格	外观质量	按 5.1.6，5.1.7
	装配质量	按 5.1.4，5.1.5，5.2.5
	零件表面粗糙度	按 5.1.4
	连接螺纹	按 5.1.9，5.1.10
	覆盖层质量	按 5.1.11

附 录 A
喷泉喷头试验记录表
（补充件）

A1 喷头耐温试验记录表（表 A1）

表 A1

喷头编号＿＿＿＿＿＿＿＿＿＿＿＿＿＿＿　　　　　喷头名称型号＿＿＿＿＿＿＿＿＿＿＿

气　　温＿＿＿＿＿＿＿＿＿＿℃　　　　　测试人＿＿＿＿＿＿＿＿＿＿＿

试验时间＿＿＿＿＿＿＿＿＿＿＿＿＿＿

保温(冷冻)室室温 （℃）	持续时间 （min）	水温 （℃）	损伤和变形	备注

A2 喷水量、喷射高度、喷射范围（半径）测定记录表（表 A2）

表 A2

喷头编号＿＿＿＿＿＿＿＿＿＿＿＿＿　　　　　喷头名称型号＿＿＿＿＿＿＿＿＿＿

试验日期＿＿＿＿＿＿＿＿＿＿＿＿＿　　　　　气　　温＿＿＿＿＿＿＿＿＿＿＿℃

试验地点＿＿＿＿＿＿＿＿＿＿＿＿＿　　　　　风　　速＿＿＿＿＿＿＿＿＿＿＿m/s

测试人＿＿＿＿＿＿＿＿＿＿＿＿＿

测次 项目	第一次	第二次	第三次	平均	备注
工作压力(MPa)					
喷水量(L/min)					
喷射高度(m)					
喷射范围(m^2)					
喷射半径(m)					

A3 水压试验记录表（表 A3）

表 A3

喷头编号＿＿＿＿＿＿＿＿＿＿＿＿＿＿＿　　　　　喷头名称型号＿＿＿＿＿＿＿＿＿＿

试验日期＿＿＿＿＿＿＿＿＿＿＿＿＿＿　　　　　气　　温＿＿＿＿＿＿＿＿＿＿℃

试验地点＿＿＿＿＿＿＿＿＿＿＿＿＿＿　　　　　测试人＿＿＿＿＿＿＿＿＿＿＿

测次 项目	第一次	第二次	第三次	平均	备注
水压(MPa)					
持续时间(min)					
漏水或残余变形					

A4　液压冲击试验记录表（表 A4）

表 A4

喷头编号＿＿＿＿＿＿＿＿＿＿＿＿　　　　喷头名称型号＿＿＿＿＿＿＿＿＿

试验日期＿＿＿＿＿＿＿＿＿＿＿＿　　　　气　温＿＿＿＿＿＿＿＿＿＿℃

试验地点＿＿＿＿＿＿＿＿＿＿＿＿　　　　测试人＿＿＿＿＿＿＿＿＿＿

项目＼测次	第一次	第二次	第三次	平均	备注
最高水压(MPa)					
加压速度(MPa/s)					
机械损伤					
残余变形					

A5　可靠性试验记录表（表 A5）

表 A5

喷头编号＿＿＿＿＿＿＿＿＿＿＿＿　　　　喷头名称型号＿＿＿＿＿＿＿＿＿

试验B期＿＿＿＿＿＿＿＿＿＿＿＿　　　　气　温＿＿＿＿＿＿＿＿＿＿℃

试验地点＿＿＿＿＿＿＿＿＿＿＿＿　　　　风　速＿＿＿＿＿＿＿＿＿＿

试验起止日期＿＿＿＿＿＿＿＿＿＿　　　　测试人＿＿＿＿＿＿＿＿＿＿

序号	项　目	试验记录	备　注
1	工作时间(h)		
2	保养时间(h)		
3	故障情况		
4	故障原因		
5	故障停机时间(h)		
6	故障排除方法		
7	其他停机时间(h)		

A6　可靠性试验统计数据（表 A6）

表 A6

喷头编号＿＿＿＿＿＿＿＿＿＿＿＿　　　　喷头名称型号＿＿＿＿＿＿＿＿＿

试验起止日期＿＿＿＿＿＿＿＿＿＿　　　　测试人＿＿＿＿＿＿＿＿＿＿

序号	项　目	统计数值	备　注
1	累计工作时间(h)		
2	累计故障时间(h)		
3	累计维修保养时间(h)		
4	故障次数(次)		
5	可靠度(%)		
6	首次故障前工作时间(h)		
7	平均无故障工作时间(h)		

4.2.2.6-18　夜景灯光效果试验（表 C6-18）

1. 资料表式

夜景灯光效果试验 （表 C6-18）		编　号	
工程名称			
施工单位			
试验范围			
试验时间			
试验运行时间	由　　时　　分开始,至　　时　　分结束		
试验效果：			
处理意见：			
结论：			
建设(监理)单位	设计单位	施工单位	
		技术负责人	质检员

本表由施工单位填写，建设单位、施工单位各保存一份。

2. 应用指导

(1) DB11／T 712—2010 规范规定：

夜景灯光效果试验记录

夜景灯光效果试验的检查内容包括：灯光强度、色彩、智能组合能够满足设计要求，应填写《夜景灯光效果试验记录》（表 C6-18）。

(2)《夜景灯光效果试验》实施说明：

1）为保证夜景灯光效果，凡进场电缆材料、敷设方式（地埋、非地埋）质量均应符合《电气装置安装工程电缆线路施工及验收规范》要求。

2）凡进场各式灯具、色彩应按设计要求进行采购，其质量应符合设计和规范要求。

3）保证灯具基座、安装质量符合现行国家、地方标准和规范要求。

①园林灯具基座尺寸、位置应符合设计要求。设计无要求时，基座埋深应不小于600mm，基座平面尺寸应大于灯座尺寸 100mm。

②基座顶面平整，在保证安全情况下基座不宜高出地面，以避免破坏景观效果。

③基座预留螺栓应与灯杆底孔位置一致，螺栓应采用双螺母和弹簧垫。

④ 灯具必须有合格证、检验报告，合格证上有安全认证标志，新型灯具有随带技术文件；每套灯具的绝缘电阻值必须大于 $2M\Omega$。

⑤ 灯具内部接线应为铜芯绝缘电线芯线，截面积不得小于 $1mm^2$，橡胶或聚氯乙烯（PVC）绝缘电线绝缘层厚度不得小于 0.6mm。

⑥ 灯头线应使用额定电压不低于 500V 的铜芯绝缘线。功率小于 400W 的最小允许线芯截面应为 $1.5mm^2$，功率在 $400\sim1000W$ 的最小允许线芯截面应为 $2.5mm^2$。

⑦ 每盏灯的相线应装设熔断器，熔断器应固定牢靠，接线端子上线头弯曲方向应为顺时针方向并用垫圈压紧，熔断器上端应接电源进线，下端应接电源出线；灯具的自动通、断电源控制装置动作准确，每套灯具熔断器盒内熔管齐全，规格与灯具适配。灯具安装三相负荷应均匀分配，每一回路必须装设保护装置。

⑧ 园路、广场的灯具安装高度、仰角、装灯方向宜保持一致，灯具应垂直；灯具安装时接线手孔应朝向背离园路一侧。

⑨ 园林灯具的样式风格与排列、安装方式应当与景观成为一体，相映成趣，与周围环境协调一致。

⑩ 灯具及其配件的型号、规格、数量、功能性质量、内部芯线截面积必须符合设计要求和本规程规定，灯具的防护等级、密封性能必须符合设计要求和本规程规定，绝缘电阻值必须大于 $12M\Omega$。

⑪ 灯具的灯罩、灯杆外观质量及高度应符合现行国家相关标准和本规程规定。灯具高度的允许偏差应符合表的规定。

⑫ 灯具组装应正确，露明铁件应防腐，灯罩与尾座的连接、灯头的固定、装灯方向、灯头的仰角应符合设计要求和本规程规定。

⑬ 成套灯具安装位置应正确，成行灯具应直顺，灯杆应与地面垂直，灯具及手孔的朝向应一致，灯间距应符合设计要求。灯具垂直度、灯间距的允许偏差应符合表 1 的规定。

灯具高度、灯具安装垂直度及灯间距允许偏差　　　　　　表 1

项　　目	允许偏差	检验方法
高　　度	±0.5%	尺量检查
垂直度	3°	吊线、尺量检查
灯间距	<2%	尺量检查

4）通电试验

①照明系统通电，灯具回路控制与照明配电箱及回路的标识一致；开关与灯具控制顺序相对应。

②公园广场照明系统通电连续试运行时间为 24h，游园、单位及居住区绿地照明系统通电连续试运行时间为 8h。所有照明灯具均开启，且每 2h 记录运行状态 1 次，连续试运行时间内无故障。

5）夜景灯光效果试验应达到设计要求。

6）参与夜景灯光效果试验的建设（监理）单位、设计单位、施工单位的技术负责人、质检员等的相关责任者，均需本人签字。

4.2.2.6-19 设备单机试运行记录（通用）（表 C6-19）

1. 资料表式

设备单机试运行记录(通用) （表 C6-19）		编　号	
工程名称		设备名称	
施工单位		规格型号	
设备所在系统		台　数	
试运行时间		测定数据	
试运行性质	空负荷试运行：	负荷试运行	

序号	重点检查项目	主要技术要求	试验结论
1			
2			
3			
4			
5			
6			
7			
8			

综合结论：

□合格　　　　　□不合格

监理(建设)单位	施工单位	
	技术负责人	质检员

本表由施工单位填写，建设单位、施工单位保存。

2. 应用指导

(1) DB11／T 712—2010 规范规定：

设备单机试运行记录（通用）

各种运转设备试运行记录在无专用表格的情况下一般均应采用《设备单机试运行记录》（表 C6-19）进行记录。

(2)《设备单机试运行记录（通用)》实施说明：

设备单机试运行记录是指园林绿化工程用某设备安装完成后，按规范要求必须进行的测试项目。

1) 设备单机试运行前，设备应符合其设备技术文件的要求，试运行应保证试运行时间，试运行应按标准规定进行，并按标准要求做好记录。设备的试运转前按设计或"规范"要求进行设备试运行准备，且满足设计和规范要求。

2）设备单机试运行应在其规范规定的介质状态下进行。

3）设备机组运行应按规定程序、方法进行测试，设备运行应平稳正常。

4）试运行应有专人负责，试运行人员应是通过培训合格的专职人员，应明确试运行责任，保证安全顺利进行。

5）参与设备单机试运行记录的监理（建设）单位、施工单位的技术负责人、质检员等的相关责任者，均需本人签字。

4.2.2.6-20　电气绝缘电阻测试记录（表 C6-20）

1. 资料表式

电气绝缘电阻测试记录 （表 C6-20）		编　号						
工程名称			部位名称					
施工单位								
仪表型号		仪表电压		计量单位				
测试日期		天气情况		气温				
电线（电缆）编号 （电气设备名称）	规格 型号	相间			相对零		相对地	零对地
测测结论	□合格 □不合格							
监理（建设）单位	施工单位							
	技术负责人		质检员		测量人			

本表由施工单位填写，建设单位、施工单位保存。

2. 应用指导

(1) DB11／T 712—2010 规范规定：

电气绝缘电阻测试记录

电气安装上程安装的所有高、低压电气设备、线路、电缆等在送电试运行前应全部按规范要求进行绝缘电阻测试，填写《电气绝缘电阻测试记录》（表 C6-20）。

园林用电可参照 GB 50303—2002 有关规范规定执行。

(2)《电气绝缘电阻测试记录》实施说明：

绝缘电阻测试记录是指园林绿化电气工程安装完成后，按规范要求必须进行的测试项目。

1）绝缘电阻值规定

《建筑电气工程施工质量验收规范》GB 50303—2002 对绝缘电阻的测试规定：

① 柜、屏、台、箱、盘间线路的线间和线对地间绝缘电阻值，馈电线路必须大于 $0.5M\Omega$；二次回路必须大于 $1M\Omega$。低压电器和电缆，线间和线对地间的绝缘电阻值必须大于 $0.5M\Omega$。

② 配线工程，应在灯具试亮前，在各回路和进户线间测试绝缘电阻，合格后方可送电。绝缘电阻必须大于 $0.5M\Omega$。

③ 测量电力线路绝缘电阻时，应将断路器、用电设备、电器仪表等断开。

④ 三相四线制应测总进户的线间绝缘电阻，即 A-B、B-C、C-A；相零间绝缘电阻，即 A-0、B-0、C-0。有专用保护接地线时，还应测 A-地、B-地、C-地、0-地。

⑤ 绝缘电阻测试应注意：应在接、焊、包全部完成后，进行了自检和互检，检查导线接、焊、包符合了设计要求及施工质量验收规范的规定，经检查无误后再进行绝缘摇测。

2）绝缘线路的绝缘摇测

① 电气器具未安装前进行线路绝缘摇测时，首先将灯头盒内导线分开，开关盒内导线连通。摇测应将干线和支线分开，一人摇测，一人应及时读数并记录。摇动速度应保持在 120r/min 左右，读数应采用一分钟后的读数为宜。

② 电气器具全部安装完，在送电前进行摇测时，应先将线路上的开关、刀闸、仪表、设备等用电开关全部置于断开位置，摇测方法同上所述，确认绝缘摇测无误后再进行送电试运行。

注：瓷夹或塑料夹配线、瓷柱瓷瓶配线、塑料护套、钢索配线、金属槽配线、塑料线槽配线等摇测方法相同。

3）柜（盘）试验绝缘摇测：用 500V 摇表在端子板处测试每条回路的电阻，电阻必须大于 $0.5M\Omega$。

4）配电箱（盘）绝缘摇测：配电箱（盘）全部电器安装完毕后，用 500V 兆欧表对线路进行绝缘摇测。摇测项目包括相线与相线之间，相线与零线之间，相线与地线之间，零线与地线之间。应有两人进行摇测，同时应做好记录，作为技术文件（资料）存档。

5）参与电气绝缘电阻测试记录的监理（建设）单位、施工单位的技术负责人、质检员、测量人等的相关责任者，均需本人签字。

4.2.2.6-21　电气照明全负荷试运行记录（通用）（表 C6-21）

1. 资料表式

电气照明全负荷试运行记录(通用) （表 C6-21）			编　号			
工程名称						
部位名称						
施工单位						
试运行时间						
填写日期						

序号	回路名称	设计容量 (kW)	试运行 时间	试运行电压(V)		试运行电流(A)	
1							
2							
3							

试运行情况记录及运行结论：

监理(建设)单位	施工单位		
	技术负责人	质检员	测量人

本表由施工单位填写，建设单位、施工单位保存。

2. 应用指导

(1) DB11／T 712—2010 规范规定：

电气照明全负荷试运行记录

照明系统通电连续全负荷试运行时间为 24h，所有灯具均应开启，且每 2h 对照明电路各回路的电压、电流等运行数据进行记录，并填写《电气照明全负荷试运行记录》(表 C6-21)。

电气照明全负荷试运行可参照 GB 50303—2002 有关规范规定执行。

(2)《电气照明全负荷试运行记录（通用）》实施说明：

1) 电气照明器具通电安全试运行应完成：

① 电线绝缘电阻测试前电线的接续完成；

② 照明箱（盘）、灯具、开关、插座的绝缘电阻测试在就位前或接线前完成；

③ 备用电源或事故照明电源作空载自动投切试验前拆除负荷，空载自动投切试验合格，才能做有载自动投切试验；

④ 电气器具及线路绝缘电阻测试合格，才能通电试验；

⑤ 照明全负荷试验必须在本条的 1)、2)、4) 款完成后进行。

2) 园林灯具配件应齐全，无机械损伤、变形、面层剥落等现象，灯罩无破裂、划痕和裂纹现象；灯具的防护等级、密封性能必须在 IP55 以上；封闭灯具的灯头引线应采用耐热绝缘管保护，灯罩与尾座的连接配合应无间隙 1 在水体和类似场所内的照明灯具应为防水密闭型，如设计无要求，防护等级不得低于 IP×8。

3) 灯具内部接线应为铜芯绝缘电线芯线，截面积不得小于 $1mm^2$，橡胶或聚氯乙烯 (PVC) 绝缘电线绝缘层厚度不得小于 0.6mm。

4) 灯头线应使用额定电压不低于 500V 的铜芯绝缘线。功率小于 400W 的最小允许线芯截面应为 $1.5mm^2$，功率在 400～1000W 的最小允许线芯截面应为 $2.5mm^2$。

5) 庭院灯在灯臂、灯盘、灯杆内穿线不得有接头，穿线孔口或管口应光滑、无毛刺，并应采用绝缘套管或包带包扎，包扎长度不得小于 200mm。

6) 每盏灯的相线应装设熔断器，熔断器应固定牢靠，接线端子上线头弯曲方向应为顺时针方向并用垫圈压紧，熔断器上端应接电源进线，下端应接电源出线；灯具的自动通、断电源控制装置动作准确，每套灯具熔断器盒内熔管齐全，规格与灯具适配。灯具安装三相负荷应均匀分配，每一回路必须装设保护装置。

7) 灯具及其配件的型号、规格、数量、功能性质量、内部芯线截面积必须符合设计要求和本规程规定，灯具的防护等级、密封性能必须符合设计要求和本规程规定，绝缘电阻值必须大于 $12M\Omega$。

8) 灯具安装必须绝缘可靠，灯具内部接线、灯具与电缆接头、灯具接地必须符合设计要求和本规程规定。

9) 照明系统通电，灯具回路控制与照明配电箱及回路的标识一致；开关与灯具控制顺序相对应。

10) 公园广场照明系统通电连续试运行时间为 24h，游园、单位及居住区绿地照明系统通电连续试运行时间为 8h。所有照明灯具均开启，且每 2h 记录运行状态 1 次，连续试运行时间内无故障。

11) 参与电气照明全负荷试运行的监理（建设）单位、施工单位的技术负责人、质检员、测量人等的相关责任者，均需本人签字。

4.2.2.6-22 电气接地电阻测试记录（表C6-22）

1. 资料表式

电气接地电阻测试记录 （表C6-22）		编　号	
工程名称		测试日期	
仪表型号		天气	气温
接地 类型	□防雷接地　　□工作接地　　□保护接地　　□重复接地　　□综合接地		
设 计 要 求	□≤10Ω　　□4Ω　　□≤1Ω　　□≤0.1Ω　　□≤　　Ω		
测试结论：			
监理(建设)单位	施工单位		
	技术负责人	质检员	测量人

本表由施工单位填写，建设单位、施工单位保存。

2. 应用指导

(1) DB11／T 712—2010 规范规定：

电气接地电阻测试记录

　　电气接地电阻测试包括设备、系统的防雷接地、保护接地、工作接地以及设计有要求的接地电阻测试，测试应填写《电气接地电阻测试记录》（表 C6-22）。电气接地电阻的检测仪器应在检定有效期内。

　　电气接地电阻测试可参照 GB 50303—2002 有关规范规定执行。

（2）《电气接地电阻测试记录》实施说明：

　　接地电阻测试记录是指园林绿化电气工程安装完成后，按规范要求必须进行的测试项目。

　　1）接地种类有防雷接地、保护接地、工作接地、重复接地及保护接零等种类。

　　2）接地（PE）或接零（PEN）支线必须单独与接地（PE）或接零（PEN）干线相连接，不得串联连接。

　　3）接地装置的接地电阻值必须符合设计要求。

　　接地电阻值测试主要内容包括设备、系统的保护接地装置（分类、分系统进行）的测试记录，变压器工作接地装置的接地电阻，以及其他专用设备接地装置的接地电阻测试记录，避雷系统及其他装置的接地电阻的测试记录。接地装置应逐条进行测试，并认真记录。

　　4）接地电阻测试的仪表选用：常用仪表一般选用 ZC-8 型接地电阻测量仪。

　　5）测量结果处理

　　①测量后接地极达不到设计及规范要求数值时，应增加接地极限数，施工后重测，直到合格；

　　②不同季节的测试要乘以季节系数。由于各地土壤条件的差异，各地应制定当地的季节条件系数，下表系数仅供参考。季节系数调整测试值见表1，测验结果＝实测阻值×季节性系数。

表1

月　　份	1	2	3	4	5	6	7	8	9	10	11	12
系节性系数	1.05	1.05	1	1.6	1.9	2.0	2.2	2.55	1.6	1.55	1.55	1.35

　　6）接地电阻测试，测试的接地电阻一般不大于 4Ω，并要符合设计要求；电气照明各回路绝缘电阻值，一般不小于 $0.5M\Omega$。

　　7）参与电气接地电阻测试的监理（建设）单位、施工单位的技术负责人、质检员、测量人等的相关责任者，均需本人签字。

4.2.2.6-23　电气接地装置隐检/测试记录（表 C6-23）

1. 资料表式

电气接地装置隐检/测试记录 （表 C6-23）		编　号	
工程名称		部位名称	
施工单位			
接地类别		组数		设计要求	

接地装置平面示意图：

接地装置敷设检查测试记录：

接地装置规格	接地体	水平		打进深度	
		垂直		埋设深度	
	垂直			埋设深度	
接地电阻	隐蔽前			土质情况	
	隐蔽后			焊接部位及接地体 引出线防腐处理	
隐蔽日期				测试日期	

测试结论				

监理(建设)单位	施工单位			
	技术负责人	质检员		测试人

本表由施工单位填写，建设单位、施工单位保存。

2. 应用指导

(1) DB11／T 712—2010 规范规定：

电气接地装置隐检/测试记录

电气接地装置安装时应对防雷接地、保护接地、重复接地、综合接地、工作接地等各类接地形式接地系统的接地极、接地干线的规格、形式、埋深、焊接极防腐情况进行隐蔽检查验收，测量接地电阻值，附接地装置平面示意图，并填写《电气接地装置隐检/测试记录》（表 C6-23）。

电气接地装置隐检/测试可参照 GB 50303—2002 有关规范规定执行。

(2)《电气接地装置隐检/测试记录》实施说明：

1）电气接地装置隐检/测试应按表列子项逐一试验，并填写试验数据及结论。

2）电气接地装置隐检/测试结果其接地阻抗值应符合设计和规范要求。对各类接地形式接地系统的接地极、接地干线的规格、形式、埋深、焊接极防腐情况进行隐蔽检查验收，并应符合设计和规范要求。

3）电气接地装置隐检/测试应对保护接地、工作接地、重复接地、防雷接地、综合接地进行检查。检查其接地电阻值是否符合要求，如果超出规范值应采取必要的降阻措施。

4）表列子项应根据工作实际认真填写，应测项目应逐一填记，不应缺漏。

5）电气接地装置隐检/测试应附接地装置平面示意图，并填写《电气接地装置隐检/测试记录》。

6）参与电气接地装置隐检/测试的监理（建设）单位、施工单位的技术负责人、质检员、测试人等的相关责任者，均需本人签字。

附：大型灯具承载牢固性试验记录、园林景观构筑物沉降观测测量记录、山石牢固性检查记录。

附1：大型灯具承载牢固性试验记录

1. 资料表式

大型灯具承载牢固性试验记录表　　　　　表 1

工程名称：

施工单位				
楼　　层			试验日期	
灯具名称	安装部位	数　量	灯具自重（kg）	试验载重（kg）
试验结果：				
参加人员	监理（建设）单位	施　工　单　位		
		专业技术负责人	质检员	试验员

2. 实施要点

（1）大型灯具系指单独建筑物或其中设有大型厅、堂、会议等用房需设有专用灯具；为装饰或专门用途而设置的重量或体量较大的大型花、吊灯具，其安装的牢固程度直接影响到使用功能及人身安全，安装前需对固定件、灯具连接部位按图纸要求进行复核，安装后对其牢固性进行试验，以保证满足使用功能及安全。

（2）一般讲灯具需加设专用吊杆或灯具重量在 30kg 以上的花灯、吊灯、手术无影灯等的大型灯具即需进行牢固性试验。凡符合下列之一的灯具应作牢固性试验：

1）体积较大的多头花灯（吊灯），大型的花灯。

2）产品技术文件有要求的即灯具本身指明的。

3）设计文件有规定的或单独出图的。

4）监理（建设）单位或监督机构要求的。

大型灯具的牢固性试验由施工单位负责进行并填写"大型灯具牢固性试验记录"。

（3）《常用灯具安装》（965 D 469）国标图集编制说明第五条第 6～7 款规定：

1）灯具重量超过 3kg 时，应预埋铁件，吊钩或螺栓进行固定。

2）软线吊灯限 1kg 以下，超过者应加吊链，固定灯具用的螺栓或螺钉应不少于 2 个。特殊重量的灯具应考虑起吊或安装的预埋铁件以固定灯具。

在砖或混凝土结构上安装灯具时，应预埋吊钩或螺栓，也可采用膨胀螺栓，其承装负载由设计确定允许承受拉（重）力。

（4）大型灯具承载试验方法

1）大型灯具的固定及悬挂装置，应按灯具重量的 2 倍做承载试验。

2）大型灯具的固定及悬挂装置，应全数做承载试验。

3）试验重物宜距地面 300mm 左右，试验时间为 15min。

（5）大型灯具的固定（悬吊）装置应全数逐个做牢固性试验并记录。照明灯具承载试验应由建设（监理）单位、施工单位共同进行检查。

（6）填表说明

1）试验过程与要求：指大型灯具类型及牢固性试验过程，应说明是否有违规范规定。

2）检验结果：指大型灯具牢固性试验的检测结果，应说明是否满足设计要求。

附 2：园林景观构筑物沉降观测测量记录

1. 资料表式

园林景观构筑物沉降观测测量记录表　　　　　**表 2**

工程编号：＿＿＿＿＿＿＿＿＿　工程名称：＿＿＿＿＿　施工单位：＿＿＿＿＿＿＿

控制水准点编号：＿＿＿＿＿　控制水准点所在位置：＿＿＿＿＿＿　控制水准点高程：＿＿＿＿

观测日期：自　　年　　月　　日至　　年　　月　　日止

观测点	观测阶段	实测标高 (m)	本期沉降量 (cm)	总沉降量 (cm)	说　　明

观测单位：　　　　　　计算：　　　　　　测量：　　　　　年　　月　　日

2. 资料要求

（1）设计图纸有要求的按设计要求，无要求的按有关规定办。子项填写齐全。

（2）沉降观测点按设计要求或有关规定执行。

（3）要求填写齐全、正确为符合要求，不按要求填写、子项不全、涂改原始测量记录以及后补者均为不符合要求。

（4）设计或规范规定应进行沉降观测的，没有进行沉降观测资料，为不符合要求。

（5）沉降观测的各项记录，必须注明观测时的气象情况和荷载变化情况。

（6）沉降观测资料应绘制：沉降量、地基荷载与连续时间三者关系曲线图及沉降量分布曲线图；计算出建筑物、构筑物的平均沉降量、相对弯曲和相对倾斜；水准点平面布置图和构造图。

3. 实施要点

为保证建筑物质量满足设计对建筑使用年限的要求而对该建筑物进行的沉降观测，以保证建筑物的正常使用。

（1）水准基点的设置

1）水准基点应引自城市固定水准点。基点的设置以保证其稳定、可靠、方便观测为原则。对于安全等级为一级的建筑物，宜设置在基岩上。安全等级为二级的建筑物，可设在压缩性较低的土层上。

2）水准基点的位置应靠近观测对象，但必须在建筑物的地基变形影响范围以外，并避免交通车辆等因素对水准基点的影响。在一个观测区内，水准基点一般不少于三个。水准标石的构造可参照图 1～2。

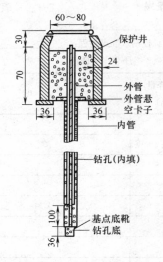

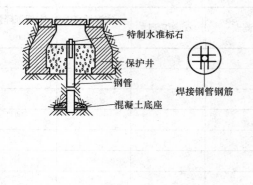

图 1　深埋钢管水准基点标石　　　　图 2　浅埋钢管水准标石

3）确定水准点离观测建筑物的最近距离，可按下列经验公式估算

$$L = 10\sqrt{s_\infty}$$

式中　L——水准点离观测建筑物的最近距离（m）；

　　　s_∞——观测建筑物最终沉降量的理论计算值（cm）。

4）观测水准点是沉降观测的基本依据，应设置在沉降或振动影响范围之外，并符合工程测量规范的规定。

5）沉降点的布设应根据建筑物的体型、结构、工程地质条件、沉降规律等因素综合考虑，要求便于观测和不易遭到损坏，标志应稳固、明显、结构合理，不影响建筑物和构筑物的美观和使用。沉降点一般可设在下列各处：

① 建筑物的角点、中点及沿周边每隔 6～12m 设一点；建筑物宽度大于 15m 的内部承重墙（柱）上；圆形、多边形的构筑物宜沿纵横轴线对称布点；

② 基础类型、埋深和荷载有明显不同处及沉降缝、新老建筑物连接处的两侧，伸缩缝的任一侧；

③ 工业厂房各轴线的独立柱基上；

④ 箱形基础底板，除四角外还宜在中部设点；

⑤ 基础下有暗浜或地基局部加固处；

⑥ 重型设备基础和动力基础的四角。

注：单座建筑的端部及建筑平面变化处，观测点宜适当加密。

⑦ 观测点的位置应避开障碍物，便于观测和长期保存。

6）观测点可设置在地面以上或地面以下。对于要求长期观测的建筑物，观测点宜设在室外地面以下，以便于长期观测和保护。观测点的埋设高度应方便观测，也应考虑沉降对观测点的影响。观测点应采取保护措施，避免在施工和使用期间受到破坏。

（2）观测的时间和次数，应按设计规定并符合下列要求：

1）施工期观测：基槽开挖时，可用临时测点作为起始读数，基础完成后换成永久性测点。

2）荷载变化期间：沉降观测周期应符合不列要求：

① 高层建筑施工期间每增加 1～2 层，电视塔、烟囱等每增高 10～15m 应观测一次；工业建筑应在不同荷载阶段分别进行观测，整个施工期间的观测不应少于 4 次。

② 基础混凝土工浇筑，回填土及结构安装等增加较大荷载前后应进行观测。

③ 基础周围大量积水、挖方、降水及暴雨前后应观测。

④ 出现不均匀沉降时，根据情况应增加观测次数。

⑤ 施工期间因故暂停施工，超过 3 个月，应在停工 2h 及复工前进行观测。

3）结构封顶至工程竣工，沉降观测周期应符合下列要求：

① 均匀沉降且连续 3 个月风平均沉降量不超过 1mm 时，每 3 个月观测 1 次。

② 连续 2 次每 3 个月平均沉降量不超过 2mm 时，每 6 个月观测 1 次。

③ 外界发生剧烈变化应及时观测。

④ 交工前观测 1 次。

4）使用期一般第 1 年至少观测 5～6 次，即每 2～3 个月观察 1 次，第 2 年起约每季度观测 1 次，即每隔 4 个月左右观察 1 次，第 4 年以后每半年 1 次，至沉降稳定为止。

观测期限一般为：砂土地基，2 年；黏性土地基，5 年；软土地基，10 年或 10 年以上；

5）当建筑物发生过大沉降或产生裂缝时，应增加观测的次数，必要时应进行裂缝观测。

6）沉降稳定标准可采用半年沉降量不超过 2mm。当工程有特殊要求时，应根据要求进行观测。

（3）一般需进行沉降观测的建（构）筑物

1）高层建筑物和高耸构筑物；重要的工业与民用建筑物；造型复杂的 14 层以上的高层建筑；

2）湿陷性黄土地基上建筑物、构筑物；对地基变形有特殊要求的建筑物；

3）地下水位较高处建筑物、构筑物；

4）三类土地基上较重要建筑物、构筑物；

5）不允许沉降的特殊设备基础；

6）在不均匀或软弱地基上的较重要的建筑物；

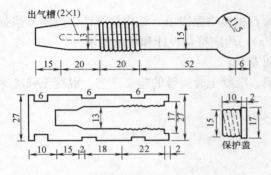

图 3　螺栓式标志

（适用于墙体上埋设，单位：mm）

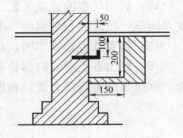

图 4　窨井式标志

（适用于建筑物内部埋设，单位：mm）

7）因地基变形或局部失稳使结构产生裂缝或损坏而需要研究处理的建筑物；

8）建设单位要求进行沉降观测的建筑物；

9）采用天然基础的建筑物；

10）单桩承受荷载在 400kN 以上的建筑物；

11）使用灌注桩基础设计与施工人员经验不足的建筑物；

12）因施工、使用或科研要求进行的沉降观测的建筑物；

13）沉降观测记录说明栏可填写：建（构）筑物的荷载变化；气象情况与施工条件变化。

（4）沉降观测资料应及时整理和妥善保存，并应附有下列各项资料：

1）根据水准点测量得出的每个观测点高程和其逐次沉降量；

2）根据建筑物和构筑物的平面图绘制的观测点的位置图，根据沉降观测结果绘制的沉降量，地基荷载与连续时间三者的关系曲线图及沉降量分布曲线图；

3）计算出的建筑物和构筑物的平均沉降量，对弯曲和相对倾斜值；

4）水准点的平面布置图和构造图，测量沉降的全部原始资料。

（5）沉降观测网应布设符合或闭合路线。

附 3：山石牢固性检查记录

1. 资料表式

山石牢固性检查记录用表可按施工试验记录（通用）表 C6-1 执行

2. 应用指导

山石牢固性应检查以下内容：

（1）假山或塑山工程的假土堆筑、土山点石、置石、塑筑山石等，其基槽必须开挖至老土，必须进行钎探，地基及基础做法、强度应符合设计要求，假山或塑山的基础处理，应符合设计要求，同时核查其相关施工资料。

（2）山石牢固性检查重点是山石构造的连接部位，山石底部及上部构造尺寸，均应符合设计和规范要求。

（3）同一山体的假山石材的质地、品种、色泽应协调，石料不得有裂缝、损伤及剥落现象。人造山石体必须牢固、形态自然美观、形体协调牢固、符合设计意图，山石选材必须符合设计要求。

（4）假山拉底的施工工艺、石材咬合、大石相接空隙嵌填、结构整体性、砌筑砂浆强度及质量，拉底的石块强度（不应低于 30MPa），均应符合设计和规范要求。

（5）特置峰石必须牢固，且应保证质量和安全。

（6）塑山石工程的砌体骨架、钢结构骨架、混凝土骨架等的施工工艺、混凝土强度等级、砂浆强度等级符合设计和规范要求。

4.3 竣 工 图

4.3.1 竣工图的内容

（1）竣工图是园林绿化工程竣工档案中最重要部分，是工程建设完成后主要凭证性材料，是园林景观真实的写照，是工程竣工验收的必备条件，是工程维修、管理、改造、扩建的依据，各项新建、改建、扩建项目均应编制竣工图，竣工图由建设单位委托施工单位或设计单位进行绘制。

（2）竣工图应包括与施工图相对应的全部图纸及根据工程竣工情况需要补充的图纸，真实反映项目竣工验收时的实际情况。

（3）各专业竣工图按专业和系统分别进行整理，主要包括绿化种植工程、园林景观构筑物及其他造景工程、园林铺地工程、园林给水排水工程、园林用电工程竣工图等。

4.3.2 竣工图的基本要求

（1）竣工图均按单位工程进行整理。

（2）竣工图应加盖竣工图章（表1），竣工图章应有明显的"竣工图"标识。包括编制单位名称、编制人、审核人、项目负责人、编制日期、监理单位名称、总监理工程师等内容。编制单位、编制人、审核人、项目负责人要对竣工图负责。监理单位、总监理工程师应对工程档案的监理工作负责。

竣工图章　　　　　　　　　　　　　　　　　　　　表 1

竣 工 图			
施工单位			
编制人		审核人	
技术负责人		编制日期	
监理单位			
总监理工程师		现场监理工程师	

|← 20 →|← 20 →|← 20 →|← 20 →|

|← ————————————— 80 ————————————— →|

（3）凡工程现状与施工图不相符的内容，均应按工程现状清楚、准确地在图纸上予以修正。如在工程图纸会审、设计交底时修改的内容、工程洽商或设计变更修改的内容等均应如实地绘制在竣工图上。

（4）专业竣工图应包括各部位、各专业深化（二次）设计的相关内容，不得漏项或重复。

（5）凡结构形式改变、工艺改变、平面布置改变、项目改变以及其他重大改变，或者在一张图纸上改动部位超过三分之一以及修改后图面混乱、分辨率不清的图纸均应重新绘制。

（6）编绘竣工图，应采用不褪色的黑色绘图墨水。

4.3.3　竣工图的类型和绘制

（1）竣工图的类型包括：重新绘制的竣工图、在二底色图（底图）上修改的竣工图、利用施工蓝图改绘的竣工图。

（2）重新绘制的竣工图应完整、准确、真实地反映工程竣工的现状。

（3）在原底图或用底图、施工蓝图复制的底图上，利用刮改的方法编绘的竣工图，应在修改时编写修改备考表（表2），注明修改内容、洽商编号、修改人和日期。

修改备考表　　　　　　　　　　　　　表2

洽商编号	修改内容	修改人	日期

（4）利用施工蓝图改绘的竣工图所使用的蓝图应是新图，不得使用刀刮、补贴等方法进行绘制。

（5）利用计算机改绘竣工图。其原则与底色上修改的竣工图相同。

4.3.4　竣工图的折叠

竣工图的折叠，不同幅面的竣工图纸应按《技术制图复制图的折叠方法》（GB/T 10609.3—89），统一折成 A4 幅面（297mm×210mm），图标栏露在外面。

4.4　工程资料编制与组卷

4.4.1　编制质量要求

（1）工程资料的内容应真实地反映工程的实际情况，具有永久和长期保存价值的材料应完整、准确和系统。相关责任者的签章手续应齐全、真实、有效。

（2）工程资料应使用原件，如有特殊原因不能使用原件的，应在复印件或抄件上盖章并注明原件存放处。

（3）工程资料的签字应使用档案规定用笔。工程资料应采用打印的形式并手工签字。

（4）工程档案应为原件，采用耐久性强、韧力大的纸张。它的编制和填写应适应计算机输入的要求。

（5）凡采用施工蓝图改绘竣工图的，应利用反差明显的新图，修改后的竣工图应图面整洁、图样清晰，文字材料字迹工整、清楚。

（6）工程照片（含底片）及声像档案，要求图像清晰，声音清楚，文字说明内容准确。

4.4.2　载体形式

（1）工程资料可采用以下两种载体形式：

1) 纸质载体；

2) 光盘载体。

（2）工程档案可采用以下两种载体形式：

1) 纸质载体；

2) 光盘载体。

（3）纸质载体和光盘载体的工程资料应在建设过程中形成，并进行收集和整理，包括工程音像资料。

（4）光盘载体的电子工程档案：

1) 纸质载体的工程档案经有关部门验收合格后，进行电子工程档案的核查，核查无误后，进行电子工程档案的光盘刻制；

2) 电子工程档案的封装、格式应按要求进行标注。

4.4.3 组卷要求

（1）组卷的质量要求

1) 组卷前要详细检查基建文件、监理资料、施工资料，按要求收集齐全、完整；

2) 绘制的竣工图图面整洁、线条字迹清楚，修改符合技术要求，图纸反差良好，能满足计算机扫描的要求；

3) 达不到质量要求的文字材料和图纸。一律重做。

（2）组卷的基本原则

1) 建设项目按单位工程组卷；

2) 工程资料应按基建文件、监理资料、施工资料和竣工图分别进行组卷，施工资料还应按专业分类，以便于保管和利用；

3) 工程资料应根据本标准表 1 要求的保存单位进行组卷；

4) 卷内资料排列顺序要根据卷内的资料构成而定，一般顺序为：封面、目录、文件部分、备考、封底。组成的案卷力求美观、整齐；

5) 卷内资料若有多种资料时，同类资料按日期顺序，不同资料之间的排列顺序可参照本标准表 1 的编号顺序排列。

（3）组卷的具体要求

1) 基建文件可根据数量的多少组成一卷或多卷，如工程项目报批卷、工程竣工总结卷、工程照片卷、录音录像卷等。每部分根据资料多少又可以组成一卷或多卷；

2) 监理资料部分可根据资料数量的多少组成一卷或多卷，如监理验收资料卷、监理月报卷等，每部分可根据资料多少还可组成一卷或多卷；

3) 施工资料组卷应按照专业、系统划分，每一专业、系统再按照资料类别从 C1～C7 顺序排列，并根据资料数最多少组成一卷或多卷。施工资料具体组卷内容和顺序可参考表 4.7.2；

4) 竣工图部分按专业工程进行组卷。可分综合图卷、绿化种植卷、景观构筑物及其他造景卷、园林铺地卷、园林给水排水卷、园林用电卷，每一专业工程根据专业竣工图内容要求及图纸张数多少可组成一卷或多卷；

5) 文字材料和图纸材料原则上不能混装在一个装具内；如文件材料较少需在一个装

具内时，文字材料和图纸材料应装订在一起，文字在前、图纸在后。

（4）案卷页号的编写

1）编写页号以独立卷为单位，在案卷内文件材料排列顺序确立后，均以有书写内容的页面编写页号；

2）每卷从1（阿拉伯数字）开始用打号机或钢笔依次逐张编写页号，采用黑色油墨或墨水。案卷封面、卷内目录、卷内备考表不编写页号；

3）工程资料页号编写位置：单面书写的文字材料的页号编写在右下角，双面书写的文字材料页号正面编写在右下角，背面编写在左下角；

4）竣工图纸折叠后无论何种形式一律编写在右下角。

4.4.4　封面及目录

（1）工程资料案卷封面

案卷封面包括名称、案卷题名、编制单位、技术主管、编制日期、保管日期、密级、共__册第__册等。

（2）工程资料卷内目录

工程资料的卷内目录，内容包括序号、工程资料题名、原编字号、编制单位、编制日期、页次和备注。卷内目录内容应与案卷内容相符，排列在封面之后，原资料目录及设计图纸目录不能代替。

（3）分项目录

分项目录（一）适用于施工物资资料（C4）的编目，目录内容内容应包括资料名称、厂名、型号规格、数量、使用部位等，有进场见证试验的，应在备注栏中注明。

分项目录（二）适用于施工测量记录（C3）和施工记录（C5）的编目，目录内容包括资料名称、施工部位和日期。

（4）工程资料卷内备考表

内容包括卷内文字材料张数、图样材料张数、照片张数等，立卷单位的立卷人、审核人及接受单位的审核人、接受人签字。

4.4.5　案卷规格及案卷装订

按照 GB/T 50328 的规定执行。

4.5　验收与移交

4.5.1　验收

（1）工程资料的验收应与工程竣工验收同步进行，工程资料不符合要求，不得进行工程竣工验收。

（2）工程资料的验收是工程竣工验收的重要内容之一。建设单位应按照国家和本市城建档案管理的有关要求，对勘察、设计、施工、监理汇总的工程档案资料进行认真审查，确保其完整、准确。

（3）工程档案资料的形成和编制单位，应按照本标准的规定，认真编制工程档案，凡验收中发现有不符合技术要求、缺项、缺页等，应退回形成或编制单位进行整改，直至合格。

（4）建设单位应将竣工验收过程及验收备案时形成的文件资料归入工程档案。

4.5.2　移交

按国家及本市有关规定执行。

通常技术文件的移交说明

（1）应根据本市园林绿化工程技术文件立卷的原则与方法、文件排列、案卷编目、案卷装订、案卷装具等的实行规定，将工程准备阶段文件（按程序、专业、形成单位组卷）、监理文件（按单位工程、分部工程、专业、阶段组卷）、施工文件（按单位工程、分部工程、专业、阶段组卷）、竣工验收文件（按单位工程、专业组卷）、竣工图（同竣工验收文件）、声像材料（按建设项目或单位工程组卷）分别按其要求组卷。

（2）将汇整组编好的工程档案，列出移交内容一览表，将包括其工程档案报送责任书、工程档案审查验收认可书、工程档案专项验收申请表、工程档案专项验收认可书和档案接收清单等正式办理移交，且形成移交手续。

注：档案接收清单表式内容应包括：序号、移交单位文件编号、档案名称、制作时间、份数、张数、页数、盘数、密级、保管期限、备注等项内容。

4.6　计算机管理

（1）工程资料的形成、收集和整理应采用计算机管理。

（2）工程资料应采取资料数据打印输出加手写签名和全部数据计算机管理并行的方式。

（3）计算机管理软件所采用的数据格式应符合相关要求，软件功能应符合本标准的要求。

4.7　园林绿化工程技术文件组卷目录

为了便于文件资料的汇总组卷，园林绿化工程技术文件资料依据（DB11/T 212—2009）附录 B 质量验收分部（子分部）分项名录划分和（DB11/T 712—2010）附录 A 园林绿化工程分部（子分部）工程划分与代号索引表的序目编制。

4.7.1   园林绿化工程质量验收文件组卷目录

园林绿化工程质量验收文件组卷目录表

表 4.7.1

序号	资　料　名　称	表格编号	数量	备注
	园林绿化工程单位（子单位）工程竣工验收			
(1)	园林绿化工程单位（子单位）工程竣工验收记录	(DB11/T 212—2009)		
(2)	园林绿化工程单位（子单位）工程质量控制资料核查记录	(DB11/T 212—2009)		
(3)	园林绿化工程单位（子单位）工程安全功能和植物成活要素检验资料核查及主要功能抽查记录	(DB11/T 212—2009)		
(4)	园林绿化工程单位（子单位）工程观感质量检查记录	(DB11/T 212—2009)		
(5)	园林绿化工程单位（子单位）工程植物成活率统计记录	(DB11/T 212—2009)		

序号	分部工程名称	资　料　名　称	表格编号	数量	备注
1	绿化种植子单位工程 **01**	**种植基础分部工程**	C7-01		
		一般性基础子分部工程	**C7-01-01**		
		整理绿化用地检验批质量验收记录表	表 C7-01-01-1	√	
		地形整理（土山、微地形）检验批质量验收记录表	表 C7-01-01-2	√	
		通气透水检验批质量验收记录表	表 C7-01-01-3		C7-01-08-1
		架空绿地构造层	**C7-01-02**		
		防水隔（阻）根检验批质量验收记录表	表 C7-01-02-1	√	
		排（蓄）水设施检验批质量验收记录表	表 C7-01-02-2	√	
		边坡基础	**C7-01-03**		
		锚杆及防护网安装检验批质量验收记录表	表 C7-01-03-1	√	
		铺笼砖检验批质量验收记录表	表 C7-01-03-2	√	
		种植分部工程	C7-01		
		一般性种植子分部工程	**C7-01-04**		
		种植穴（槽）检验批质量验收记录表	表 C7-01-04-1		C7-01-05-2
		栽植检验批质量验收记录表	表 C7-01-04-2		表 C7-01-05-3
		草坪播种检验批质量验收记录表	表 C7-01-04-3	√	
		分栽检验批质量验收记录表	表 C7-01-04-4	√	
		草块铺设检验批质量验收记录表	表 C7-01-04-5	√	
		大规格苗木移植	**C7-01-05**		
		掘苗及包装检验批质量验收记录表	表 C7-01-05-1	√	
		种植穴（槽）检验批质量验收记录表	表 C7-01-05-2		表 C7-01-04-1
		栽植检验批质量验收记录表	表 C7-01-05-3	√	
		坡面绿化	**C7-01-06**		
		喷播检验批质量验收记录表	表 C7-01-06-1	√	
		栽植检验批质量验收记录表	表 C7-01-06-2		表 C7-01-05-3
		分栽检验批质量验收记录表	表 C7-01-06-3		表 C7-01-04-4
		养护分部工程	C7-01		
		苗木养护子分部工程	**C7-01-07**		
		围堰检验批质量验收记录表	表 C7-01-07-1	√	
		支撑检验批质量验收记录表	表 C7-01-07-2	√	
		浇灌水检验批质量验收记录表	表 C7-01-07-3	√	
		树木修剪检验批质量验收记录表	表 C7-01-07-4	√	
		古树复壮	**C7-01-08**		
		通气透水检验批质量验收记录表	表 C7-01-08-1	√	
		修补树穴检验批质量验收记录表	表 C7-01-08-2	√	
		古树保护检验批质量验收记录表	表 C7-01-08-3	√	

序号	分部工程名称	资 料 名 称	表格编号	数量	备注
		地基基础分部工程	C7-02		
		无支护土方子分部工程	**C7-02-01**		
		土方开挖检验批质量验收记录表	表 C7-02-01-1		表 202-23
		土方回填检验批质量验收记录表	表 C7-02-01-2		表 202-24
		地基及基础处理子分部工程	**C7-02-02**		
		灰土地基检验批质量验收记录表	表 C7-02-02-1		表 202-1
		砂和砂石地基检验批质量验收记录表	表 C7-02-02-2		表 202-2
		碎砖三合土地基检验批质量验收记录表	表 C7-02-02-3		表 202-13
		混凝土基础子分部工程	**C7-02-03**		
		模板检验批质量验收记录表	表 C7-02-03-1		
		现浇结构模板安装检验批质量验收记录表	表 C7-02-03-1A		表 204-1
		模板拆除检验批质量验收记录表	表 C7-02-03-1B		表 204-3
		钢筋检验批质量验收记录表	表 C7-02-03-2		
	园林景观构筑物及其他造景子单位工程 02	钢筋原材料检验批质量验收记录表	表 C7-02-03-2A		表 204-4
2		钢筋加工检验批质量验收记录表	表 C7-02-03-2B		表 204-5
		钢筋连接检验批质量验收记录表	表 C7-02-03-2C		表 204-6
		钢筋安装检验批质量验收记录表	表 C7-02-03-2D		表 204-7
		混凝土检验批质量验收记录表	表 C7-02-03-3		
		混凝土原材料检验批质量验收记录表	表 C7-02-03-3A		表 204-12
		混凝土配合比设计检验批质量验收记录表	表 C7-02-03-3B		表 204-13
		混凝土施工检验批质量验收记录表	表 C7-02-03-3C		表 204-14
		砌体基础子分部工程	**C7-02-04**		
		砖砌体检验批质量验收记录表	表 C7-02-04-1		表 203-1
		混凝土砌块砌体检验批质量验收记录表	表 C7-02-04-2		表 203-2
		石砌体检验批质量验收记录表	表 C7-02-04-3		表 203-3
		桩基子分部工程	**C7-02-05**		
		钢筋混凝土预制桩检验批质量验收记录表	表 C7-02-05-1		表 202-18
		混凝土灌注桩钢筋笼检验批质量验收记录表	表 C7-02-05-2		表 202-21
		混凝土灌注桩检验批质量验收记录表	表 C7-02-05-3		表 202-22
		主体结构分部工程	C7-02		
		混凝土结构子分部工程	**C7-02-06**		
		混凝土模板检验批质量验收记录表	表 C7-02-06-1		
		现浇结构模板安装检验批质量验收记录表	表 C7-02-06-1A		表 204-1
		模板拆除检验批质量验收记录表	表 C7-02-06-1B		表 204-3
		钢筋检验批质量验收记录表	表 C7-02-06-2		
		钢筋原材料检验批质量验收记录表	表 C7-02-06-2A		表 204-4
		钢筋加工检验批质量验收记录表	表 C7-02-06-2B		表 204-5
		钢筋连接检验批质量验收记录表	表 C7-02-06-2C		表 204-6
		钢筋安装检验批质量验收记录表	表 C7-02-06-2D		表 204-7
		混凝土检验批质量验收记录表	表 C7-02-06-3		

序号	分部工程名称	资　料　名　称	表格编号	数量	备注
2	园林景观构筑物及其他造景子单位工程 02	混凝土原材料检验批质量验收记录表	表 C7-02-06-3A		表 204-12
		混凝土配合比设计检验批质量验收记录表	表 C7-02-06-3B		表 204-13
		混凝土施工检验批质量验收记录表	表 C7-02-06-3C		表 204-14
		砌体结构子分部工程	**C7-02-07**		
		砖砌体检验批质量验收记录表	表 C7-02-07-1		表 203-1
		石砌体检验批质量验收记录表	表 C7-02-07-2		表 203-3
		叠山检验批质量验收记录表	表 C7-02-07-3		√
		钢结构子分部工程	**C7-02-08**		
		钢结构焊接检验批质量验收记录表	表 C7-02-08-1		表 205-9
		紧固件连接检验批质量验收记录表	表 C7-02-08-2		表 205-11
		单层钢结构安装检验批质量验收记录表	表 C7-02-08-3		表 205-28
		钢构件组装检验批质量验收记录表	表 C7-02-08-4		表 205-18
		木结构子分部工程	**C7-02-09**		
		方木和原木结构检验批质量验收记录表	表 C7-02-09-1		表 206-1
		木结构防护检验批质量验收记录表	表 C7-02-09-2		表 206-4
		基础防水子分部工程	**C7-02-10**		
		防水混凝土检验批质量验收记录表	表 C7-02-10-1		表 208-1
		水泥砂浆防水检验批质量验收记录表	表 C7-02-10-2		表 208-2
		卷材防水检验批质量验收记录表	表 C7-02-10-3		表 208-3
		涂料防水检验批质量验收记录表	表 C7-02-10-4		表 208-4
		防水毯防水检验批质量验收记录表	表 C7-02-10-5		√
		装饰分部工程	**C7-02**		
		地面子分部工程	**C7-02-11**		
		水泥混凝土面层检验批质量验收记录表	表 C7-02-11-1		表 209-11
		砖面层检验批质量验收记录表	表 C7-02-11-2		表 209-17
		石面层检验批质量验收记录表	表 C7-02-11-3		表 209-18
		料石面层检验批质量验收记录表	表 C7-02-11-4		表 209-20
		木地板面层检验批质量验收记录表	表 C7-02-11-5		表 209-24
		墙面子分部工程	**C7-02-12**		
		饰面砖检验批质量验收记录表	表 C7-02-12-1		表 209-19
		饰面板检验批质量验收记录表	表 C7-02-12-2		表 209-18
		顶面子分部工程	**C7-02-13**		
		玻璃顶面检验批质量验收记录表	表 C7-02-13-1		√
		阳光板检验批质量验收记录表	表 C7-02-13-2		√
		涂饰子分部工程	**C7-02-14**		
		水性涂料涂饰检验批质量验收记录表	表 C7-02-14-1		表 210-24
		溶剂型涂料涂饰检验批质量验收记录表	表 C7-02-14-2		表 210-25
		美术涂饰检验批质量验收记录表	表 C7-02-14-3		表 210-26
		仿古油饰子分部工程	**C7-02-15**		
		地仗检验批质量验收记录表	表 C7-02-15-1		√
		使麻、糊布地仗工程检验批质量验收记录表	表 C7-02-15-1A		√

序号	分部工程名称	资 料 名 称	表格编号	数量	备注
2	园林景观构筑物及其他造景子单位工程 02	单披灰地仗工程检验批质量验收记录表	表 C7-02-15-1B	√	
		修补地仗检验批质量验收记录表	表 C7-02-15-1C	√	
		油漆检验批质量验收记录表	表 C7-02-15-2	√	
		混色油漆检验批质量验收记录表	表 C7-02-15-2A	√	
		清漆检验批质量验收记录表	表 C7-02-15-2B	√	
		贴金检验批质量验收记录表	表 C7-02-15-3	√	
		大漆检验批质量验收记录表	表 C7-02-15-4	√	
		打蜡检验批质量验收记录表	表 C7-02-15-5	√	
		花色墙边检验批质量验收记录表	表 C7-02-15-6	√	
		仿古彩画子分部工程	**C7-02-16**		
		大木彩绘检验批质量验收记录表	表 C7-02-16-1	√	
		斗栱彩绘检验批质量验收记录表	表 C7-02-16-2	√	
		天花、枝条彩绘检验批质量验收记录表	表 C7-02-16-3	√	
		楣子、芽子雀替、花活彩绘检验批质量验收记录表	表 C7-02-16-4	√	
		椽头彩绘检验批质量验收记录表	表 C7-02-16-5	√	
		园林简易设施安装分部/子分部工程	**C7-02-17**		
		果皮箱检验批质量验收记录表	表 C7-02-17-1	√	
		座椅（凳）检验批质量验收记录表	表 C7-02-17-2	√	
		牌示检验批质量验收记录表	表 C7-02-17-3	√	
		雕塑雕刻检验批质量验收记录表	表 C7-02-17-4	√	
		塑山检验批质量验收记录表	表 C7-02-17-5	√	
		园林护栏检验批质量验收记录表	表 C7-02-17-6	√	
		花饰制作与安装检验批质量验收记录表	表 C7-02-17-7		表 210-1
		花坛设置分部/子分部工程	**C7-02-18**		
		立体（花坛）骨架检验批质量验收记录表	表 C7-02-18-1	√	
		花卉摆放检验批质量验收记录表	表 C7-02-18-2	√	
3	园林铺地子单位工程 03	**地基及基础分部/子分部工程**	**C7-03-01**		
		混凝土基层检验批质量验收记录表	表 C7-03-01-1	√	
		灰土基层检验批质量验收记录表	表 C7-03-01-2	√	
		碎石基层检验批质量验收记录表	表 C7-03-01-3	√	
		砂石基层检验批质量验收记录表	表 C7-03-01-4	√	
		双灰面层检验批质量验收记录表	表 C7-03-01-5	√	
		面层分部/子分部工程	**C7-03-02**		
		混凝土面层检验批质量验收记录表	表 C7-03-02-1	√	
		砖面层检验批质量验收记录表	表 C7-03-02-2	√	
		料石面层检验批质量验收记录表	表 C7-03-02-3	√	
		花岗石面层检验批质量验收记录表	表 C7-03-02-4	√	
		卵石面层检验批质量验收记录表	表 C7-03-02-5	√	
		木铺装面层检验批质量验收记录表	表 C7-03-02-6	√	
		路缘石（道牙）检验批质量验收记录表	表 C7-03-02-7	√	

序号	分部工程名称	资 料 名 称	表格编号	数量	备注
4	园林给水排水子单位工程 04	**园林给水分部/子分部工程**	**C7-04-01**		
		管沟及井室检验批质量验收记录表	表 C7-04-01-1A		√
		井室检验批质量验收记录表	表 C7-04-01-2B		√
		管道安装检验批质量验收记录表	表 C7-04-01-2		√
		园林排水分部/子分部工程	**C7-04-02**		
		排水盲沟、管道安装检验批质量验收记录表	表 C7-04-02-1		√
		排水盲沟检验批质量验收记录表	表 C7-04-02-1A		√
		管道安装检验批质量验收记录表	表 C7-04-02-1B		√
		管沟及井池检验批质量验收记录表	表 C7-04-02-2		√
		园林喷灌分部/子分部工程	**C7-04-03**		
		喷灌管沟及井室检验批质量验收记录表	表 C7-04-03-1		√
		喷灌管道安装检验批质量验收记录表	表 C7-04-03-2		√
		喷灌设备安装检验批质量验收记录表	表 C7-04-03-3		√
5	园林用电子单位工程 05	**电气动力分部/子分部工程**	**C7-05-01**		
		成套配电柜、控制距（屏、台）和动力、照明配电箱（盘）安装检验批质量验收记录表	表 C7-05-01-1		表 303-3
		低压电动机、电加热器及电动执行机构检查接线检验批质量验收记录表	表 C7-05-01-2		表 303-4
		槽板配线检验批质量验收记录表	表 C7-05-01-3		表 303-13
		钢索配线检验批质量验收记录表	表 C7-05-01-4		表 303-14
		低压电气动力设备试验和试运行检验批质量验收记录表	表 C7-05-01-5		表 303-7
		电线、电缆导管和线槽敷线检验批质量验收记录表	表 C7-05-01-6		表 303-12
		电缆头制作、接地和线路绝缘测试检验批质量验收记录表	表 C7-05-01-7		表 303-15
		开关、插座、风扇安装检验批质量验收记录表	表 C7-05-01-8		表 303-19
		电气照明安装分部/子分部工程	**C7-05-02**		
		成套配电柜、控制距（屏、台）和动力、照明配电箱（盘）安装检验批质量验收记录	表 C7-05-02-1		表 303-3
		低压电动机、电加热器及电动执行机构检查接线检验批质量验收记录	表 C7-05-02-2		表 303-4
		槽板配线检验批质量验收记录	表 C7-05-02-3		表 303-13
		钢索配线检验批质量验收记录	表 C7-05-02-4		表 303-14
		电线、电缆导管和线槽敷线检验批质量验收记录	表 C7-05-02-5		表 303-12
		电缆头制作、接地和线路绝缘测试检验批质量验收记录	表 C7-05-02-6		表 303-15
		开关、插座、风扇安装检验批质量验收记录	表 C7-05-02-7		表 303-19
		普通灯具安装检验批质量验收记录表	表 C7-05-02-8A		表 303-16
		专用灯具安装检验批质量验收记录表	表 C7-05-02-8B		表 303-17
		建筑物照明通电试运行检验批质量验收记录表	表 C7-05-02-9		表 303-20

4.7.2 园林绿化工程施工技术文件组卷目录参考表

施工资料、竣工图组卷参考表   表 4.7.2

序号	案卷题名 专业名称	案卷题名 类别名称	表格编号（或资料来源）	资 料 名 称	备注
1		C0 工程管理与验收资料	表 C0-1	工程概况表	
			表 C0-2	项目大事记	
			表 C0-3	工程质量事故记录	
			表 C0-4	工程质量事故调（勘）记录	
			表 C0-5	工程质量事故处理记录	
			DB11/T 212—2009	单位（子单位）工程质量验收记录	
			DB11/T 212—2009	单位（子单位）工程质量控制资料核查记录	
			DB11/T 212—2009	单位（子单位）工程安全、功能和植物成活要素检验资料核查及主要功能抽查记录	
			DB11/T 212—2009	单位（子单位）工程观感质量检查记录	
			DB11/T 212—2009	单位（子单位）工程植物成活率统计记录	
			施工单位编制	施工总结	
			表 C0-6	工程质量竣工报告	
2	绿化种植工程	C1 施工管理资料	表 C1-1	施工现场质量管理检查记录	
			施工单位提供	企业资质证书及相关专业人员岗位证书	
			表 C1-2	施工日志	
		C2 施工技术文件	施工单位提供	施工组织及施工方案	
			表 C2-1	施工组织设计审批表	
			表 C2-2	图纸会审记录	
			表 C2-3	设计交底记录	
			表 C2-4	技术交底记录	
			表 C2-5	设计变更通知单	
			表 C2-6	工程洽商记录	
			表 C2-7	安全交底记录	
		C3 施工物资资料	表 C3-1	工程物资选样送审表	
			表 C3-2	材料、构配件进场检验记录	
			表 C3-3	材料试验报告（通用）	
			表 C3-6	产品合格证衬纸	
			表 C3-7	苗木选样送审表	
			表 C3-8	非圃地苗木质量证明文件	
			表 C3-9	苗木进场检验记录	
			表 C3-10	种子进场检验记录	
			表 C3-11	客土进场检验记录	
			表 C3-12	非饮用水试验报告	
			表 C3-13	客土试验报告	
			表 C3-14	种子发芽率试验报告	

序号	案卷题名		表格编号（或资料来源）	资 料 名 称	备 注
	专业名称	类别名称			
2	绿化种植工程	C4 施工测量记录	表C4-1	工程定位测量记录	
			表C4-2	测量复核记录	
			表C4-3	基槽验线记录	
		C5 施工记录	表C5-1	施工通用记录	
			表C5-2	隐蔽工程检查记录	
			表C5-3	预检记录	
			表C5-4	交接检查记录	
			表C5-5	绿化用地处理记录	
			表C5-6	土壤改良检查记录	
			表C5-7	病虫害防治检查记录	
			表C5-8	苗木保护记录	
		C6	表C6-1	施工试验记录（通用）	
		C7	DB11/T 212—2009	检验批质量验收记录	
			DB11/T 212—2009	分项工程质量验收记录	
			DB11/T 212—2009	分部（子分部）工程质量验收记录	
3	园林景观构筑物及其他造景工程	C1 施工管理资料	表C1-1	施工现场质量管理检查记录	
			施工单位提供	企业资质证书及相关专业人员岗位证书	
			监理单位提供	见证记录	
			表C1-2	施工日志	
		C2 施工技术文件	施工单位提供	施工组织设计及施工方案	
			表C2-1	施工组织设计审批表	
			表C2-2	图纸会审记录	
			表C2-3	设计交底记录	
			表C2-4	技术交底记录	
			表C2-5	设计变更通知单	
			表C2-6	工程洽商记录	
			表C2-7	安全交底记录	
		C3 施工物资资料	表C3-1	工程物资选样送审表	
			表C3-2	材料、构配件进场检验记录	
			表C3-3	材料试验报告（通用）	
			表C3-4	设备开箱检验记录	
			表C3-5	设备及管道附件试验记录	
			表C3-6	产品合格证衬纸	
			供应单位提供	各种物资出厂合格证、质量保证书和商检证	
			表C3-15	预制钢筋混凝土构件出厂合格证	
			表C3-16	钢构件出厂合格证	
			供应单位提供	水泥性能检测报告	
			供应单位提供	钢材性能检测报告	

续表

序号	案卷题名		表格编号 (或资料来源)	资 料 名 称	备 注
	专业 名称	类别 名称			
3	园林景观构筑物及其他造景工程	C3 施工 物资 资料	供应单位提供	木结构材料检测报告	
			供应单位提供	防水材料性能检测报告	
			表C3-17	水泥试验报告	
			表C3-18	砂试验报告	
			表C3-19	钢材试验报告	
			表C3-20	碎(卵)石试验报告	
			表C3-21	木材试验报告	
			表C3-22	防水卷材试验报告	
		C4 施工 测量 记录	表C4-1	工程定位测量记录	
			表C4-2	测量复核记录	
			表C4-3	基槽验线记录	
		C5 施工 记录	表C5-1	施工通用记录	
			表C5-2	隐蔽工程检查记录	
			表C5-3	预检记录	
			表C5-4	交接检查记录	
			表C5-9	地基处理记录	
			表C5-10	地基钎探记录	
			表C5-11	桩基础施工纪录	
			表C5-12	砂浆配合比申请单、通知单	
			表C5-13	混凝土配合比申请单、通知单	
			表C5-14	混凝土浇筑申请书	
			表C5-15	混凝土浇筑记录	
		C6 施工 试验 记录	表C6-1	施工试验记录(通用)	
			表C6-2	土壤压实度实验记录(环刀法)	
			表C6-3	土壤压实度实验记录(灌沙法)	
			表C6-4	混凝土抗压强度试验报告	
			表C6-5	砌筑砂浆抗压强度试验报告	
			表C6-6	混凝土抗渗试验报告	
			表C6-7	钢筋连接试验报告	
			表C6-8	防水工程试水记录	
			表C6-9	水池满水试验记录	
			表C6-10	景观桥荷载通行试验记录	
			表C6-11	土壤干密度试验记录	
		C7	DB1/T 212—2009	检验批质量验收记录	
			DB1/T 212—2009	分项工程质量验收记录	
			DB1/T 212—2009	分部(子分部)工程质量验收记录	

续表

序号	案卷题名		表格编号 （或资料来源）	资 料 名 称	备 注
	专业 名称	类别 名称			
4	园林铺地工程	C1 施工 管理 资料	表 C1-1	施工现场质量管理检查记录	
			施工单位提供	企业资质证书及相关专业人员岗位证书	
			监理单位提供	见证记录	
			表 C1-2	施工日志	
		C2 施工 技术 文件	施工单位提供	施工组织设计及施工方案	
			表 C2-1	施工组织设计审批表	
			表 C2-2	图纸会审记录	
			表 C2-3	设计交底记录	
			表 C2-4	技术交底记录	
			表 C2-5	设计变更通知单	
			表 C2-6	工程洽商记录	
			表 C2-7	安全交底记录	
		C3 施工 物资 资料	表 C3-1	工程物资选样送审表	
			表 C3-2	材料、构配件进场检验记录	
			表 C3-3	材料试验报告（通用）	
			表 C3-4	设备开箱检验记录	
			表 C3-5	设备及管道附件试验记录	
			表 C3-6	产品合格证衬纸	
			表 C3-15	预制钢筋混凝土构件出厂合格证	
			表 C3-16	钢构件出厂合格证	
			供应单位提供	水泥性能检测报告	
			供应单位提供	钢材性能检测报告	
			供应单位提供	木结构材料检测报告	
			供应单位提供	防水材料性能检测报告	
			表 C3-17	水泥试验报告	
			表 C3-18	砂试验报告	
			表 C3-19	钢材试验报告	
			表 C3-20	碎(卵)石试验报告	
			表 C3-21	木材试验报告	
			表 C3-22	防水卷材试验报告	
		C4 施工 测量 记录	表 C4-1	工程定位测量记录	
			表 C4-2	测量复核记录	
			表 C4-3	基槽验线记录	
		C5 施工 记录	表 C5-1	施工通用记录	
			表 C5-2	隐蔽工程检查记录	
			表 C5-3	预检记录	
			表 C5-4	交接检查记录	
			表 C5-9	地基处理记录	

续表

序号	案卷题名		表格编号 （或资料来源）	资　料　名　称	备　注
	专业 名称	类别 名称			
4	园林铺地工程	C5 施工记录	表 C5-10	地基钎探记录	
			表 C5-12	砂浆配合比申请单、通知单	
			表 C5-13	混凝土配合比申请单、通知单	
			表 C5-14	混凝土浇筑申请书	
			表 C5-15	混凝土浇筑记录	
		C6 施工试验记录	表 C6-1	施工试验记录（通用）	
			表 C6-2	土壤压实度实验记录（环刀法）	
			表 C6-3	土壤压实度实验记录（灌沙法）	
			表 C6-4	混凝土抗压强度试验报告	
			表 C6-5	砌筑砂浆抗压强度试验报告	
			表 C6-6	混凝土抗渗试验报告	
			表 C6-11	土壤干密度试验记录	
		C7	DB11/T 212—2009	检验批质量验收记录	
			DB11/T 212—2009	分项工程质量验收记录	
			DB11/T 212—2009	分部（子分部）工程质量验收记录	
5	园林用电工程	C1 施工管理资料	表 C1-1	施工现场质量管理检查记录	
			施工单位提供	企业资质证书及相关专业人员岗位证书	
			监理单位提供	见证记录	
			表 C1-2	施工日志	
		C2 施工技术文件	施工单位提供	施工组织设计及施工方案	
			表 C2-1	施工组织设计审批表	
			表 C2-2	图纸会审记录	
			表 C2-3	设计交底记录	
			表 C2-4	技术交底记录	
			表 C2-5	设计变更通知单	
			表 C2-6	工程洽商记录	
			表 C2-7	安全交底记录	
		C3 施工物资资料	表 C3-1	工程物质选样送审表	
			表 C3-2	材料、构配件进场检验记录	
			表 C3-3	材料试验报告（通用）	
			表 C3-4	设备开箱检验记录	
			表 C3-5	设备及管道附件试验记录	
			表 C3-6	产品合格证衬纸	
			供应单位提供	低压成套配电柜、动力照明配电箱（盘柜）出厂合格证、生产许可证、试验记录、CCC 认证及证书复印件	
			供应单位提供	电动机、低压开关设备合格证、生产许可证、CCC 认证及证书复印件	
			供应单位提供	照明灯具、开关、插座及附件出厂合格证、CCC 认证及证书复印件	

续表

序号	案卷题名 专业名称	案卷题名 类别名称	表格编号（或资料来源）	资料名称	备注
5	园林用电工程	C3 施工物资资料	供应单位提供	电线、电缆出厂合格证、生产许可证、CCC 认证及证书复印件	
			供应单位提供	电缆头部件及钢制灯柱合格证	
			供应单位提供	主要设备安装技术文件	
			供应单位提供	低压成套配电柜、动力照明配电箱（盘柜）出厂合格证、生产许可证、试验记录、CCC 认证及证书复印件	
			供应单位提供	电动机、低压开关设备合格证、生产许可证、CCC 认证及证书复印件	
			供应单位提供	照明灯具、开关、插座、风扇及附件出厂合格证、CCC 认证及证书复印件	
			供应单位提供	电线、电缆出厂合格证、生产许可证、CCC 认证及证书复印件	
			供应单位提供	电缆头部件及钢制灯柱合格证	
			供应单位提供	主要设备安装技术文件	
		C5 施工记录	表 C5-1	施工通用记录	
			表 C5-2	隐蔽工程检查记录	
			表 C5-3	预检记录	
			表 C5-4	交接检查记录	
			表 C5-16	电缆敷设检查记录	
			表 C5-17	电器照明装置安装检查记录	
		C6 施工试验记录	表 C6-1	施工试验记录（通用）	
			表 C6-18	夜景灯光效果试验	
			表 C6-19	设备单机试运行记录（通用）	
			表 C6-20	电气绝缘电阻测试记录	
			表 C6-21	电气照明全负荷试运行记录	
			表 C6-22	电气接地电阻测试记录	
			表 C6-23	电气接地装置隐检/测试记录	
		C7	DB11/T 212—2009	检验批质量验收记录	
			DB11/T 212—2009	分项工程质量验收记录	
			DB11/T 212—2009	分部（子分部）工程质量验收记录	
6	园林给水排水工程	C1 施工管理资料	表 C1-1	施工现场质量管理检查记录	
			施工单位提供	企业资质证书及相关专业人员岗位证书	
			监理单位提供	见证记录	
			C1-2	施工日志	
		C2 施工技术文件	施工单位提供	施工组织设计及施工方案	
			表 C2-1	施工组织设计审批表	
			表 C2-2	图纸会审记录	
			表 C2-3	设计交底记录	
			表 C2-4	技术交底记录	
			表 C2-5	设计变更通知单	

序号	案卷题名		表格编号 (或资料来源)	资 料 名 称	备 注
	专业 名称	类别 名称			
6	园林给水排水工程	C2	表 C2-6	工程洽商记录	
			表 C2-7	安全交底记录	
		C3 施工 物资 资料	表 C3-1	工程物资选样送审表	
			表 C3-2	材料、构配件进场检验记录	
			表 C3-3	材料试验报告(通用)	
			表 C3-4	设备开箱检验记录	
			表 C3-5	设备及管道附件试验记录	
			表 C3-6	产品合格证衬纸	
			供应单位提供	管材产品质量证明文件	
			供应单位提供	主要材料、设备等产品质量合格证及检测报告	
			供应单位提供	水表计量检定证书	
			供应单位提供	安全阀、减压阀调试报告及定压合格证书	
			供应单位提供	主要设备安装使用说明书	
		C4 施工 测量 记录	表 C4-1	工程定位测量记录	
			表 C4-2	测量复核记录	
			表 C4-3	基槽验线记录	
		C5 施工 记录	表 C5-1	施工通用记录	
			表 C5-2	隐蔽工程检查记录	
			表 C5-3	预检记录	
			表 C5-4	交接检查记录	
		C6 施工 试验 记录	表 C6-1	施工试验记录(通用)	
			表 C6-12	给水管道通水试验记录	
			表 C6-13	给水管道水压试验记录	
			表 C6-14	污水管道闭水试验记录	
			表 C6-15	管道通球试验记录	
			表 C6-16	调试记录(通用)	
			表 C6-17	喷泉水景效果试验记录	
			表 C6-17	喷泉水景效果试验	
		C7	DB11/T 212—2009	检验批质量验收记录	
			DB11/T 212—2009	分项工程质量验收记录	
			DB11/T 212—2009	分部(子分部)工程质量验收记录